音频音乐与计算机的交融

——音频音乐技术2

主编　李伟　王鑫

復旦大學出版社

图书在版编目(CIP)数据

音频音乐与计算机的交融：音频音乐技术. 2/李伟，王鑫主编. —上海：复旦大学出版社，2022. 1
ISBN 978-7-309-15990-5

Ⅰ. ①音… Ⅱ. ①李…②王… Ⅲ. ①数字音频技术-应用-音乐制作-高等学校-教材②计算机应用-音乐制作-高等学校-教材 Ⅳ. ①J619-39

中国版本图书馆 CIP 数据核字(2021)第 217672 号

音频音乐与计算机的交融：音频音乐技术. 2
李 伟 王 鑫 主编
责任编辑/高 辉

复旦大学出版社有限公司出版发行
上海市国权路 579 号 邮编：200433
网址：fupnet@fudanpress.com http://www.fudanpress.com
门市零售：86-21-65102580 团体订购：86-21-65104505
出版部电话：86-21-65642845
上海盛通时代印刷有限公司

开本 890 × 1240 1/16 印张 27 字数 855 千
2022 年 1 月第 1 版第 1 次印刷

ISBN 978-7-309-15990-5/J · 466
定价：88.00 元

前　言

音频音乐技术是一个典型的多学科交叉领域，其研究对象主要是数字音乐及各种声音，具有很高的理论研究价值和广阔的应用前景。《音频音乐与计算机的交融——音频音乐技术》由50余位作者联合编写，历时3年，已于2019年12月由复旦大学出版社正式出版。主要内容包括全领域综述；音频及音乐基础；信号篇的音频特征及音频信号处理，数字乐器声合成；常用机器学习技术；音乐信息检索(MIR)技术篇的音高估计、主旋律提取与自动音乐记谱，音乐节奏分析，音乐和声分析，歌声信息处理，音乐搜索，音乐结构分析，音乐情感计算，音乐推荐，音乐分类，音乐演奏数据与建模；音乐生成篇的算法作曲/自动作曲，歌声合成；一般音频计算机听觉概述；音频信息安全；音频与视频和文本的融合；偏艺术领域的音乐制作、声景及声音设计，音乐录音，计算机交互与声音艺术以及包含各种实用工具的附录。全书主要偏重于音乐信息检索技术，限于篇幅，未能覆盖整个音频音乐技术领域的研究范畴。

为了补充其余内容，我们从2020年7月开始，组织近50位作者联合进行《音频音乐与计算机的交融——音频音乐技术2》的编著工作，于2022年1月由复旦大学出版社正式出版。本册主要内容包括：绪论；基础篇的律学概要(音乐与数学)，乐器声学(音乐与物理)，音乐心理学，心理声学与音频音乐感知，音乐与大脑；信号篇的音频压缩技术，人工听觉音频处理技术，声频质量的主观与客观评价；音乐人工智能篇的钢琴多音转谱技术，智能作曲算法，AI作曲技术鉴定；AI声学篇的一般音频计算机听觉——AI日常场景，一般音频计算机听觉——AI医学，一般音频计算机听觉——AI制造，一般音频计算机听觉——AI水声，一般音频计算机听觉——AI生物；偏艺术类音乐科技篇的音乐表演的量化分析，音色分析与主客观评测，自动混音与母带处理，声音景观——声音生态学，新乐器设计，艺术嗓音的检测与分析；音乐机器人；音乐治疗在康复医学中的临床应用进展以及包含各种数据库及工具包的附录。

《音频音乐与计算机的交融——音频音乐技术2》与《音频音乐与计算机的交融——音频音乐技术》互为补充，全面介绍了音乐与数学、物理、心理学、脑科学、信号处理、人工智能、计算机、医学等学科的交叉研究内容，以及一般音频计算机听觉在日常场景、医学、制造、水声、生物等典型领域的研究进展与应用。这两册书基本覆盖了未来可能设立的音乐科技一级学科以及一般音频计算机听觉领域的主要科研内容。在此基础上，经过适当扩展可形成多门与声音相关课程的教材，同时也是一本全面的科研参考资料。希望本书的出版能对国内文理科大学音乐科技和一般音频计算机听觉的学科发展起到积极作用。最后，对复旦大学出版社的大力支持表示衷心感谢！向为本书出版付出辛勤劳动的徐惠平副总编辑、高辉编辑、方毅超编辑致以最诚挚的谢意！

李伟
代表
《音频音乐与计算机的交融——音频音乐技术2》教材编委会
2021年8月13日于复旦大学

目 录
CONTENTS

第一章
绪　　论

第一节　声音的基本类别及听觉信息处理概述

一、声音的基本类别

声音是人类获取信息的重要来源。人耳能听到的声音可划分为语音(Speech)、音乐(Music)和一般音频/环境声(General Audio/Environmental Sound)三大类,如图1-1所示。语言具有特定的词汇及语法结构,人类将其用于传递信息,而语音是语言的声音载体,其基本要素是音高、音强、音长、音色等。语音信号大多以单声部的形式存在,两个及更多人同时讲话的情况很少。音乐是人类创造的复杂的艺术形式,基本要素包括节奏(Rhythm)、旋律(Melody)、和声(Harmony)、力度(Dynamic)、速度(Tempo)、调性(Tonality)、曲式(Form)、织体(Texture)等。音乐信号基本以多声部的形式存在,单声部的情况较少。音乐包括乐音(Musical Tone)、乐音性噪音(Musical Noise)和极少部分噪声。

音乐中极少部分的噪声是指在发音过程起始阶段所包含的极少量的噪声,例如弦乐器琴弓触弦的瞬间、弹拨乐器手指拨弦的一刹那、管乐器在吹响之前的短暂过程等。这些噪声虽不是构成音乐的主要声音材料,但对音乐的真切感和感染力具有很大的意义。随着社会文化的进步和技术条件的发展,音乐声中所包含的音响材料内容愈加丰富多彩,语音、电子声、环境声等宇宙中所有的声音成分都能成为音乐创作的声音材料。此处将音乐声音的探讨范围集中在乐音和乐音性噪音两部分,二者是大多数音乐的核心部分,也便于划分其他声音类型。

音乐中的乐音具有明确的音高,主要包括声乐、弦鸣乐器(Chordophones)(如钢琴、小提琴、吉他、二胡等)、气鸣乐器(Aerophones)(如萨克斯、小号、单簧管、管风琴等)、部分体鸣乐器(Idiophones)以及膜鸣乐器(Membranophones)(如定音鼓、马林巴等)。广义上的乐音还包括语音的元音。音乐中的乐音性噪音的音高不明确,但具有音区归属感,主要对应各种打击乐器的艺术化的噪音(如中国鼓、沙槌、三角铁、响板、镲等)。

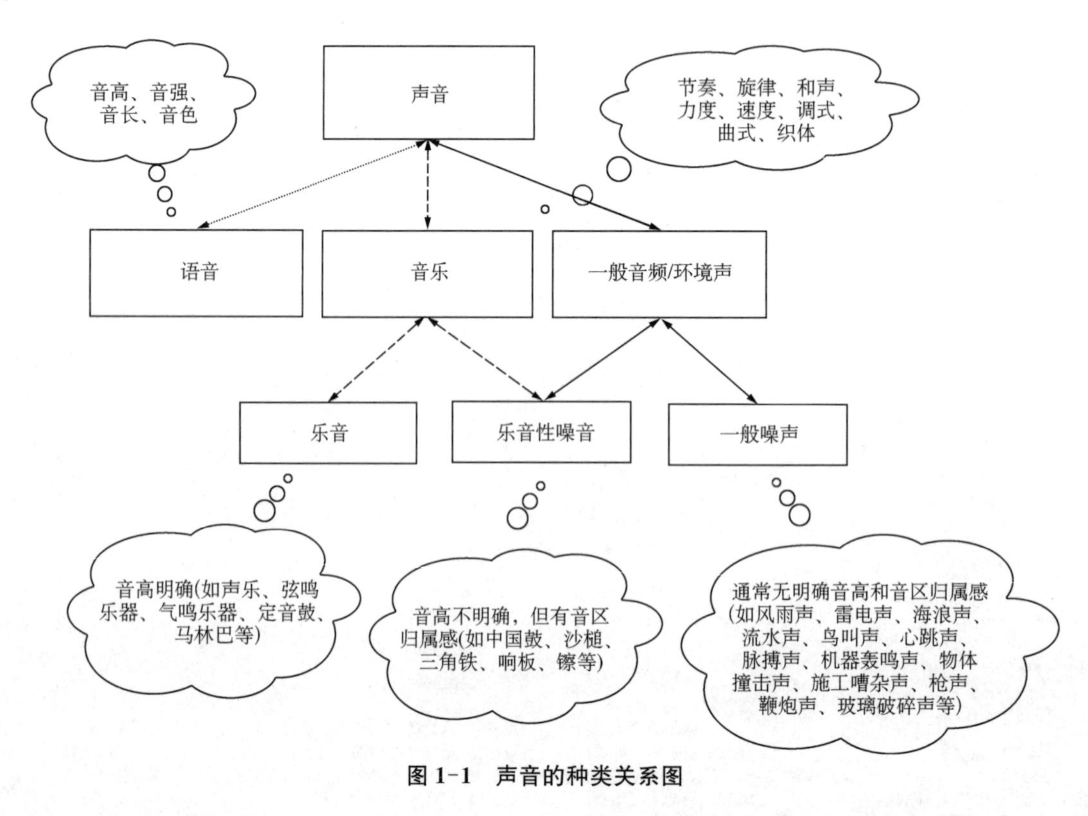

图1-1　声音的种类关系图

除了人类创造的语音和音乐,在自然界和日常生活中,还存在着数量巨大、种类繁多的其他声音,统称为一般音频或环境声，且基本上都是噪声。但在某些条件巧合的情况下，环境声当中也有少部分能够产生音乐中有音区归属感的乐音性噪音，例如，有文献记载，印度鼓的声音有时可以模仿雨滴落在荷叶上的声音。噪声没有明确的音高和音区归属感，在很多情况下会与其他声源以混合形式存在。去掉少数几种乐音性噪音后，其余的绝大部分噪声可称为一般噪声(Ordinary Noise)，包括自然界及日常生活中的风雨声、雷电声、海浪声、流水声、鸟叫声、心跳声、脉搏声、机器轰鸣声、物体撞击声、施工嘈杂声、枪声、鞭炮声、玻璃破碎声等。通常认为乐音及乐音性噪音使人感到心情愉悦，而一般噪声听起来使人感到不舒服。但这种划分也不是绝对的，例如一般噪声也可以作为素材用于电子音乐的创作。

二、听觉信息处理概述

根据声音的三大种类，可以粗略地将听觉信息处理分成两方面，如图 1-2 所示，其中专门处理语音的学科是语音信息处理，以语言声学为基础，历史悠久，发展相对成熟，已独立成为一门学科，包括计算语言学、语音识别、说话人/声纹识别、语种识别、语音增强/去噪/分离、语音合成、语音编码、语音情感计算、自然语言处理与口语对话等经典研究领域，其中面向音乐和一般音频信息处理的学科叫作声音与音乐计算(Sound and Music Computing, SMC)。该领域横跨文理学科，在国外已有 50 多年的历史，但是在中国仅有 20 多年历史，包含的研究领域随着时代变化也在不断扩展，而且由于涉及艺术创作，还具有一定的未知性。

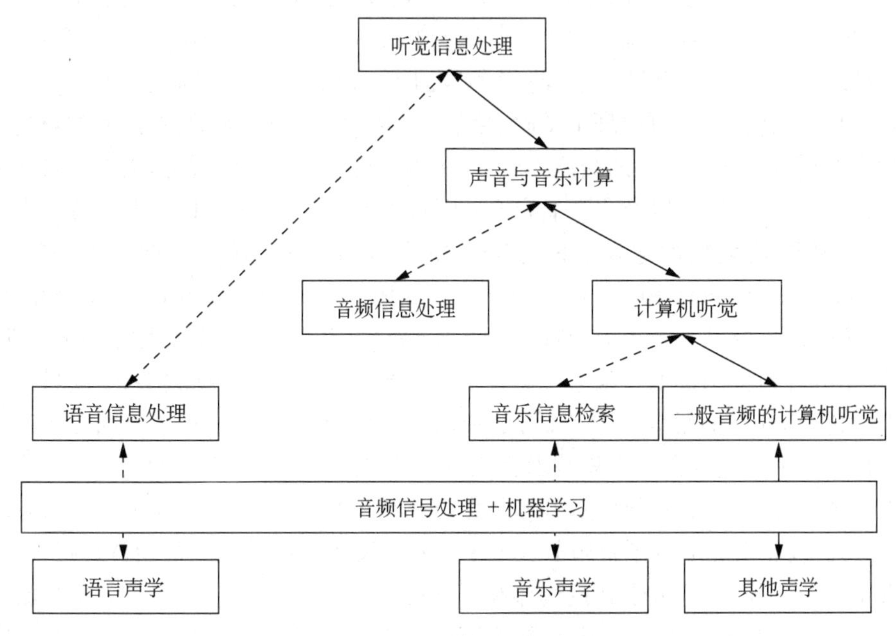

图 1-2 听觉各学科关系简图

第二节 音乐人工智能概述

一、音乐科技

音乐与科技的融合具有悠久的历史。早在 20 世纪 50 年代，一些作曲家、工程师和科学家已经开始探索利用新的数字技术处理音乐，并逐渐形成了音乐科技/计算机音乐(Music Technology/Computer Music)这一交叉学科。20 世纪 70 年代之后，欧美各国相继建立了多个大型计算机音乐研究机构，如 1975 年建立的美国斯坦福大学音乐和声学计算机研究中心(Center for Computer Research in Music and Acoustics, CCRMA)、1977 年建立的法国巴黎音乐声学研究与协调研究所(Institute for Research and Coordination Acoustic/Music, IRCAM)、1994 年成立的西班牙巴塞罗那庞培法布拉大学(Pompeu

Fabra University)的音乐科技研究组(Music Technology Group，MTG)以及2001年成立的英国伦敦玛丽皇后大学数字音乐研究中心(Center for Digital Music，C4DM)等。几十年来，音乐科技在世界各地逐渐发展起来，如美国的卡内基梅隆大学(Carnegie Mellon University)、哥伦比亚大学(Columbia University)、纽约大学(New York University)、乔治亚理工学院(Georgia Institute of Technology)等，加拿大麦吉尔大学的音乐媒体与技术跨学科研究中心(Center for Interdisciplinary Research in Music Media and Technology，CIRMMT)，还有德国、日本、新加坡、中国台湾地区等国家和地区的大学和研究机构，都取得了一定的成绩。欧洲由于其浓厚的人文和艺术气息更成为该领域研究的中心。

音乐科技在中国大陆发展较晚，大约20世纪80年代有人开始进行研究，到20世纪90年代一些音乐学院建立了音乐科技或音乐工程专业，2000年左右在一些综合性大学和理工大学有一批来自计算机等信息学科的科研工作者开始研究音乐科技。在中国文理科分割的教育体制下，这两类人群之间横亘着巨大的学科鸿沟。艺术领域的研究人员只能运用国内外的各种音乐科技软硬件产品进行音乐创作、表演、教育、理论研究，对其内在的科学技术原理知之甚少，更无法进行科技创新和产品研发。理工科专业的研究人员一般只具有初级的音乐知识，专业程度差距较大，研究集中于面向消费者的音乐科技产品，对于研发面向专业应用的音乐科技产品则力不从心。

直到2013年12月，第一届中国声音与音乐计算研讨会(China Sound and Music Computing Workshop，CSMCW)在复旦大学举办，才为国内从事音频音乐技术方向的同行搭建了一个产学研交流的平台。该研讨会在2016年更名为音频音乐技术会议(Conference on Sound and Music Technology，CSMT)，至今已召开九届(先后在复旦大学、清华大学、上海音乐学院、南京邮电大学、苏州大学与加利福尼亚大学洛杉矶分校苏州研究院、厦门理工学院、哈尔滨工业大学、中北大学、浙江大学与浙江音乐学院举办)，逐渐成为国内音乐科技全产业链的交流平台，对于加强科技与艺术的融合，消除学科鸿沟做出了重要贡献。随着中国社会的整体发展，以及人工智能(Artificial Intelligence，AI)技术的持续火热，到2017年左右，音乐科技在国内开始呈现加速发展的趋势。在2017年，音乐科技领域国内外的三大重要会议ISMIR会议(International Society for Music Information Retrieval Conference)、音频音乐技术会议、国际计算机音乐会议(International Computer Music Conference，ICMC)先后在上海和苏州举行。在2018年，中国音乐学院举办音频音乐技术会议第一届音乐人工智能(Music AI)研讨会；平安科技(深圳)有限公司与中央民族大学建立AI作曲联合实验室；腾讯音乐娱乐集团在美国上市；大型中文综述《理解数字音乐——音乐信息检索技术综述》(音频音乐技术会议2017年会议论文集)正式发表。在2019年，中央音乐学院建立音乐人工智能与音乐信息科技系，开始招收硕士研究生、博士研究生，实行音乐与科技双导师培养制；AI科学前沿大会、北京国际电子音乐节等多个重要会议开设音乐人工智能特约报告专场；上海音乐学院开设音乐人工智能课程；复旦大学教授李伟在百度百科定义“音乐科技”“音乐人工智能”“音乐信息检索MIR”“计算机听觉”“中国声音与音乐技术会议”等5个学科词条；大型中文综述《理解数字声音——基于普通音频的计算机听觉综述》(音频音乐技术会议2018年会议论文集)正式发表；《音频音乐与计算机的交融——音频音乐技术》在复旦大学出版社正式出版。在2020年，四川音乐学院以音乐科技为突破建立实验艺术学院，与平安科技(深圳)有限公司建立战略合作关系，与电子科技大学签约发展“新工科+新艺术”；浙江音乐学院开设艺术与科技专业；上海市人工智能学会成立智能音乐工程专业委员会；星海音乐学院与广州大学成立音乐人工智能与声音科技专业委员会；《音频音乐与计算机的交融——音频音乐技术》MOOC上线；中国传媒大学举办第七届音乐产业高端论坛，与全民K歌建立人工智能音乐联合实验室。在2021年，中国人工智能学会成立艺术与人工智能专业委员会；浙江音乐学院建立文化和旅游部数字音乐智能处理技术重点实验室；艺术学科专业目录修订拟新增艺术博士专业学位、音乐学一级学科、交叉学科门类音乐与科技一级学科；中国计算机学会成立计算艺术分会；中央音乐学院举办第一届世界音乐人工智能大会。中国的音乐科技历经坎坷，虽然进步巨大，但是在教育体制、科技评价、社会观念等方面的制约下，至今仍然处于起步阶段。

音乐科技是音乐与科学技术的交叉学科，包含众多的研究和应用领域。在音乐方面，包括计算音乐学(Computational Musicology)、电子音乐创作与制作(Electronic Music Creation and Production)、计算机辅助音乐教育(Computer-aided Music Education)、计算机辅助音乐表演(Computer-aided Music Performance)、录音混音(Recording and Remixing)、音效及声音设计(Sound Effect and Sound Design)等。该方面的研究课题比较零散,不成理论体系,依赖于音乐方面的具体应用,有些还涉及艺术创造。在科技方面,音乐科技指声音与音乐计算,如图 1-3 右半部分所示,下文将详细阐述。

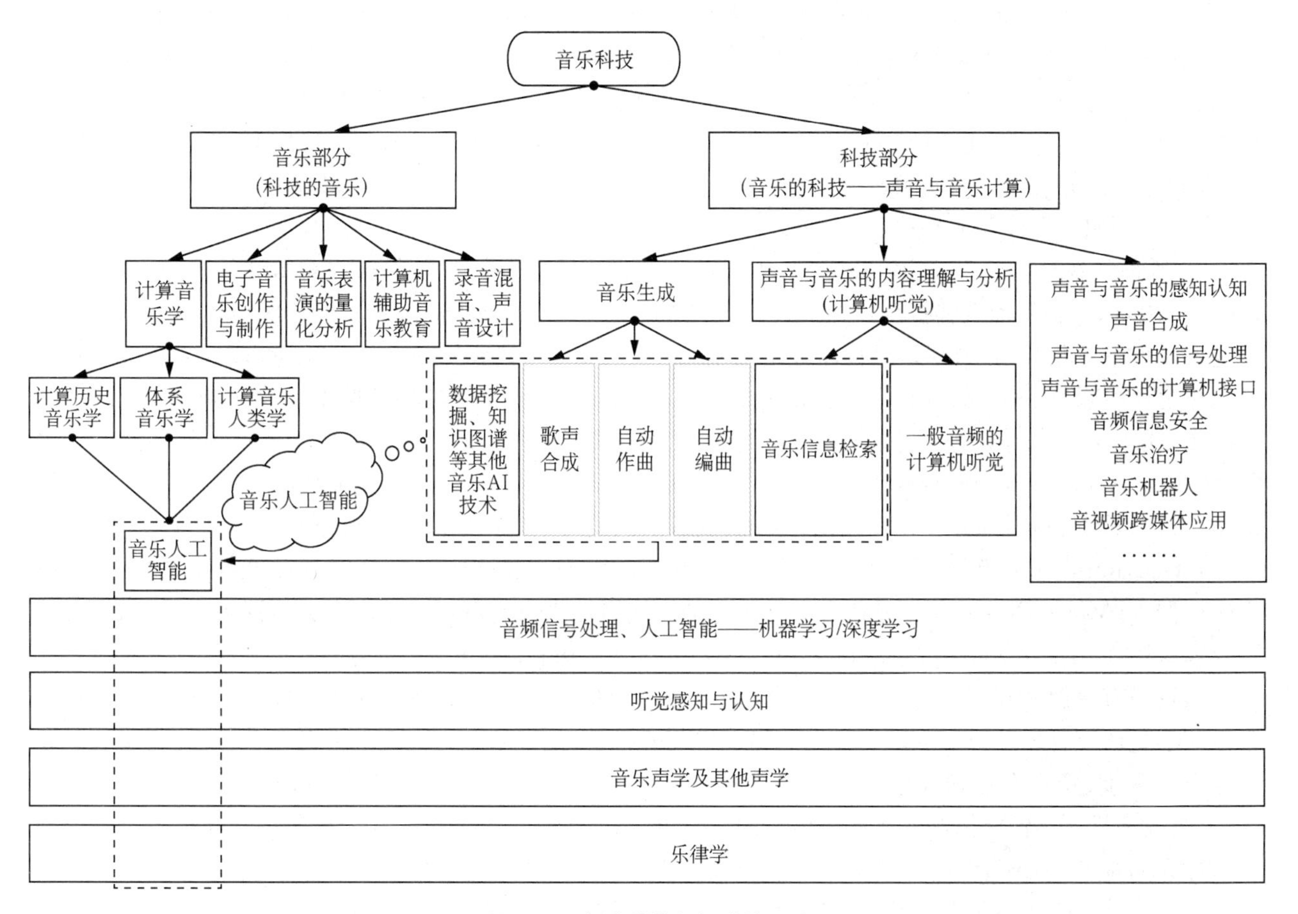

图 1-3 音乐科技各领域关系图

二、声音与音乐计算

声音与音乐计算是一个庞大的研究领域,可细分为多个分支学科,本书中所述内容是编者根据近年来研究的最新进展以及自己的理解进行补充完善而成。

① 音乐生成(Music Generation):包含歌声合成(Singing Voice Synthesis)、自动作曲(Automatic Composition)、自动编曲(Automatic Arrangement)等主要方向,需要较多的音乐知识,技术实现比较复杂,近年来大量使用机器学习/深度学习(Deep Learning, DL)技术,也可以称为人工智能音乐。歌声合成以语音合成为基础,但需要考虑音乐旋律、节奏、强弱、音色、结构、情感、艺术技巧等多种音乐要素。自动作曲早期称为算法作曲,近年来发展为基于深度学习的 AI 作曲。自动编曲在已知主旋律的基础上编配和弦及各个声部,使其成为一首完整的作品。上述研究方向目前只能模仿音乐专业人员,尚不具备类似人类源自灵感的创作能力,且主观性较强,评价标准难以统一。

② 声音与音乐的内容理解与分析:使用计算方法对数字化声音与音乐的内容进行理解和分析,例如音乐识谱(Music Transcription)、旋律提取(Melody Extraction)、节奏分析(Rhythm Analysis)、和弦识别(Chord Identification)、音频检索(Audio Retrieval)、流派识别(Genre Identification)、音乐情感计算(Music Emotion Calculation)、歌手识别(Singer Identification)、歌唱评价(Singing Evaluation)、歌声分离(Singing Voice Separation)等。该分支在 20 世纪 90 年代末随着互联网上数字音频和音乐的急剧增加而发展起来,研究难度大,多项研究至今仍在进行中。与计算机视觉(Computer Vision, CV)对应,该分支也

可称为计算机听觉(Computer Audition, CA)或机器听觉(Machine Listening)。注意,计算机听觉是用来理解分析而不是处理音频和音乐,狭义上不包括语音,在广义上包括语音。计算机听觉若剔除一般声音而局限于音乐,则可称为音乐信息检索(Music Information Retrieval, MIR)。

③ 声音与音乐信号处理:用于声音和音乐的信号分析、变换及合成,包括频谱分析(Spectral Analysis)、调幅(Magnitude Modulation)、调频(Frequency Modulation)、低通/高通/带通/带阻滤波(Low-pass/High-pass/Band-pass/Band-stop Filtering)、转码(Transcoding)、无损/有损压缩(Lossless/Lossy Compression)、重采样(Resampling)、回声(Echo)、混音(Remixing)、去噪(Denoising)、变调(Pitch Shifting)、保持音高不变的时间伸缩(Time-scale Modification/Time Stretching,TSM)、时间缩放(Time Scaling)等。该分支相对比较成熟,已有多款商业软件如 Gold Wave、Adobe Audition/Cool Edit、Cubase、Sonar/Cakewalk、EarMaster 等。

④ 其他与音频音乐相关的科技领域:例如声音与音乐的感知认知(Sound and Music Perception and Cognition),研究音乐的大脑机制,对心理、情绪的影响等;一般音频/环境声的合成(Sound Synthesis);声音与音乐的计算机接口,包括乐谱打印(Music Printing)、光学乐谱识别(Optical Music Recognition)、音响及多声道声音系统(Sound and Multi-channel Sound System)、声音装置及多媒体技术(Sound Device and Multimedia Technology)等;音频信息安全,包括音频信息隐藏(Audio Information Hiding)、鲁棒音频水印(Robust Audio Watermarking)、音频认证(Audio Authentication)、音频取证(Audio Forensics)、声纹识别(Voiceprint Recognition)、声音伪造(Sound Forge)、音乐抄袭(Music Plagiarism)、AI 音乐判别(AI Music Discrimination)等;音乐治疗(Music Therapy)是将音乐与医学、心理学、计算机相结合的典型范例;音乐机器人(Music Robot)包括东西方各种风格的表演机器人、指挥机器人等;听觉与视觉/文本相结合的跨媒体应用(Cross-media Applications Combing Audition and Vision/Text)等。

与音乐有关但是和声音与音乐计算不同的另一个历史更悠久的学科是音乐声学(Music Acoustics)。音乐声学是研究音乐的声音振动中存在的物理问题的科学,是音乐学与物理学的交叉学科,主要研究乐音与噪声的区别、音高音强和音色的物理本质、基于电磁振荡的电声学、听觉器官的声波感受机制、乐器声学、人类发声机制、音律学、与音乐有关的室内声学等。从学科的角度看,一部分音乐声学知识也是声音与音乐计算的基础,但声音与音乐计算研究更依赖于音频信号处理和人工智能——机器学习/深度学习这两门学科,同时,研究内容面向音频与音乐的信号处理、内容分析和理解。它与更偏重于解决声音振动相关物理问题的音乐声学有较大的区别。

三、音乐人工智能

近年来,随着国家对人工智能的重视并上升为国家战略,在音乐领域出现了音乐人工智能这一概念。音乐人工智能主要指以数字音乐为研究对象,以 AI 为主要技术手段的计算机软硬件系统的研发,可以看作 AI 在音乐领域的垂直应用。音乐人工智能属于音乐科技的一部分,包括音乐生成、音乐信息检索(含数十项应用)以及所有其他涉及 AI 的音乐相关的技术,如图 1-3 中虚线框所示的内容。

音乐信息检索是一个使用计算方法对数字音乐的内容进行理解和分析的交叉学科。它是音乐人工智能中体量最大的一个研究领域。

早期的音乐信息检索技术以符号音乐(Symbolic Music)如 MIDI(Musical Instrument Digital Interface)为研究对象。由于其具有准确的音高、时间等信息,很快就发展得比较成熟。后续研究很快转为以音频信号为研究对象,研究难度急剧上升。随着该领域研究的不断深入,如今音乐信息检索技术已经不仅仅指早期狭义的音乐搜索,而是从更广泛的角度上包含了音乐信息处理的所有子领域。我们根据自己的理解,将音乐信息检索领域的几十个研究课题归纳为核心层和应用层共九个部分(图 1-4)。核心层包含与各大音乐要素(如音高与旋律、音乐节奏、音乐和声等)及歌声信息处理相关的子领域,应用层则包含在核心层基础上更偏向应用的子领域(如音乐搜索、音乐情感计算、音乐推荐等)。核心层属于高层音乐信号特性分析或低层音乐语义分析,对应音乐心理学中的感知层次;应用层则属于高层音乐语义分析,对应音乐心理学中的认知层次。

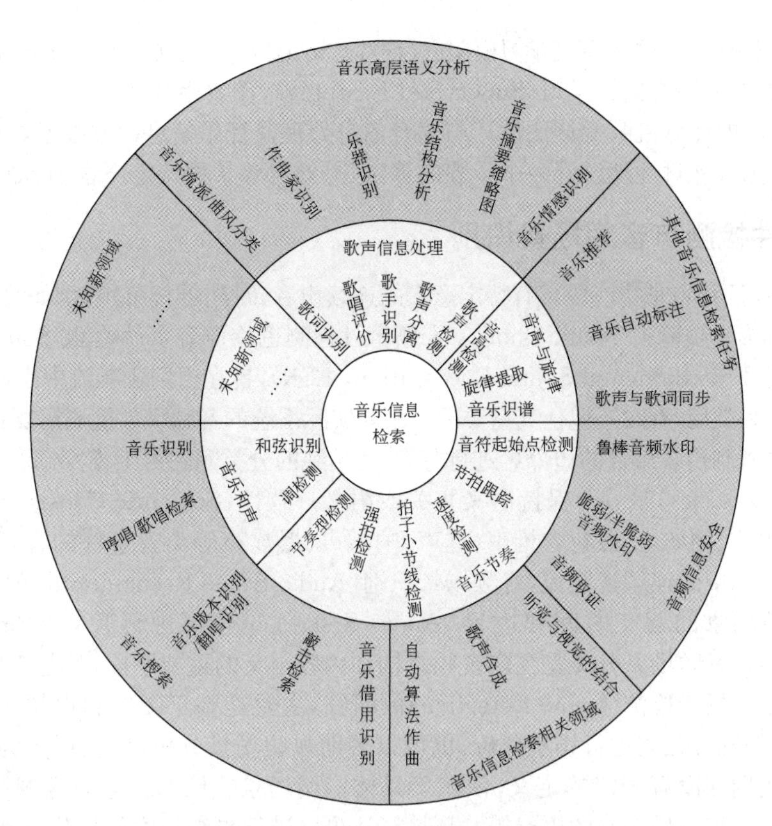

图 1-4　音乐信息检索的研究领域

基于内容的音乐信息检索有很多应用。在娱乐相关领域，典型应用包括听歌识曲、哼唱/歌唱检索、翻唱检索、曲风分类、音乐情感计算、音乐推荐、彩铃制作、卡拉 OK 应用、伴奏生成、自动配乐、音乐内容标注、歌手识别、模仿秀评价、歌唱评价、歌声合成及转换、智能作曲、数字乐器、音频/音乐编辑制作等。在音乐教育及科研领域，典型应用包括计算音乐学、视唱练耳及乐理辅助教学、声乐及各种乐器辅助教学、数字音频/音乐图书馆等。在日常生活、心理及医疗、知识产权等其他领域，还包括了乐器音质评价及辅助购买、音乐理疗及辅助医疗、音乐版权保护及盗版追踪等应用。此外，在电影及很多视频中，音频及音乐都可以用来辅助视觉内容进行分析。以上应用均可以在电脑、智能手机、音乐机器人等各种平台上实现。

第三节　一般音频计算机听觉概述

计算机听觉是使用计算方法对数字化声音与音乐的内容进行理解和分析的交叉学科。面向音乐时称为音乐信息检索，面向环境声时则称为基于一般音频的计算机听觉或 AI 声学。主要基础学科是各种声学、音频信号处理和人工智能——机器学习/深度学习。

一、计算机听觉通用技术框架

从实际应用的角度出发，一个完整的计算机听觉算法系统应该包括如下几个步骤。

① 首先采用麦克风(Microphone)/声音传感器(Acoustic Sensor)采集声音数据。

② 之后进行预处理(例如将多声道音频转换为单声道、重采样、解压缩等)。

③ 音频是长时间的流媒体，需要将有用的部分分割出来，即进行音频事件检测(Audio Event Detection，AED)或端点检测(Endpoint Detection，ED)。

④ 采集的数据经常是多个声源混杂在一起，还需要进行声源分离，将有用的信号分离提取出来，或至少消除部分噪声，对有用信号进行增强。

⑤ 然后根据具体声音的特性提取各种时域、频域、时频域音频特征，进行特征选择(Feature Selection)或特征抽取(Feature Extraction)，或采用深度学习进行自动特征学习(Feature Learning)。

⑥ 最后送入浅层统计分类器或深度学习模型进行声景(Soundscape)分类、声音目标识别或声音目标定位。

机器学习模型通常采用有监督学习(Supervised Learning),需要事先用标注好的已知数据进行训练。基于一般音频/环境声的计算机听觉算法设计与语音信息处理及音乐信息检索技术高度类似,区别在于声音的本质不同,需要更有针对性地设计各个步骤的算法,另外需要某种特定声音领域的知识。

二、音频事件检测与音频场景识别

音频事件(Audio Event)是指一段具有特定意义的连续声音,时间可长可短,例如笑声、鼓掌声、枪声、犬吠、警笛声等,也可称为音频镜头(Audio Shot)。音频事件检测也称声音事件检测(Sound Event Detection, SED)、环境声音识别(Environmental Sound Recognition, ESR),旨在识别音频流中事件的起止时间(Event Onsets and Offsets)和类型,有时还包括其重要性。面向实际系统的音频事件检测需要在各种背景声音的干扰下在连续音频流中找到声音事件的边界再进行分类,比单纯的分类问题更困难。

音频场景(Audio Scenes)是一个保持语义相关或语义一致性(Semantic Consistency)的声音片段,通常由多个音频事件组成,例如,一段包含枪声、炮声、呐喊声、爆炸声等声音事件的音频很可能对应一个战争场景。对于实际应用中的连续音频流,音频场景识别(Audio Scene Recognition, ASR)首先进行时间轴语义分割,得到音频场景的起止时间即边界(Audio Scene Cut),再进行音频场景分类(Audio Scene Classification, ASC)。音频场景分类是提取音频结构和内容语义的重要手段,是基于内容的音频、视频检索和分析的基础。目前场景检测(Scene Detection)的研究,主要是基于图像和视频。音频同样具有丰富的场景信息,基于音频既可独立进行场景分析,也可以辅助视频场景分析,以获得更为准确的场景检测和分割。音频场景的类别并没有固定的定义,依赖于具体应用场景。例如在电影等视频中,可粗略分为语音、音乐、歌曲、环境音、带音乐伴奏的语音等。环境音还可以进行更细粒度的划分。基于音频分析的方法用户容易接受,计算量也比较少。

三、基于一般音频/环境声的计算机听觉应用

基于一般音频的计算机听觉直接面向国民经济的各个领域,具有众多应用。例如在医疗卫生领域,涉及呼吸系统疾病(咳嗽、打鼾、言语、喘息、呼吸等)、心脏系统疾病,其他相关医疗活动(嗓音疾病、胎音和胎动、药剂吞服、血液流动、肌音)。在安防领域,涉及公共场所监控和私密场所监控。在交通运输、仓储领域,涉及铁路运输业、道路运输业(车型及车距识别、交通事故识别、交通流量检测、道路质量检测)、水上运输业、航空运输业(航空飞行器识别、航空飞行数据分析)、管道运输业、仓储业。在制造业领域,涉及铁路、船舶、航空航天和其他运输设备制造业,通用设备制造业(发动机、金属加工机械制造、轴承齿轮和传动部件制造、包装专用设备制造)、电气机械和器材制造业、纺织业、黑色及有色金属冶炼和压延加工业、非金属矿物制品业、汽车制造业、农副食品加工业、机器人制造。在农、林、牧、渔业领域,涉及农业、林业、畜牧业。在水利、环境和公共设施管理业,涉及水利管理业、生态保护和环境治理业。在建筑业领域,涉及土木工程建筑业、房屋建筑业。在其他领域,涉及采矿业、日常生活、身份识别、军事目标识别等。

第四节　总结与展望

音乐科技、音乐人工智能与计算机听觉以数字音乐和声音为研究对象,是声学、心理学、信号处理、人工智能、多媒体、音乐学及各行业领域知识相结合的交叉学科,具有重要的学术研究和产业开发价值,目前仍有大量几乎空白或没有得到充分研究的子领域。

与自然语言处理、计算机视觉、语音信息处理等相关领域相比,上述学科在国内外发展都比较缓慢。几个可能的原因包括:①数字音乐涉及版权问题无法公开,各种音频数据都源自特定场合和物体,难以全面搜集和标注。数据获取及公开的困难严重影响了基于机器学习/深度学习框架算法的研究及比较。②音乐和音频信号几乎都是多种声音混合在一起,很少有单独存在的情况。音乐中的各种乐器和歌声在音高上形成和声织体,在时间上形成节奏到曲式结构,耦合成多层次的复杂音频流,难以甚至无法分离处理。环境声音具有非平稳、强噪声、弱信号、多声源混合等特点,一个实际系统必须经过音频分割、声源分离或增强/去噪后,

才能进行后续的内容分析。③该领域几乎都是交叉学科，进行音乐科技的研究需要了解最基本的音乐理论知识，进行基于一般音频的计算机听觉研究则经常需要了解各相关领域的专业知识和经验。④作为新兴学科，还存在社会发展水平、科研环境、科技评价、人员储备等各种非技术原因阻碍计算机听觉技术的发展。

近年来随着我国经济社会的快速发展，对年轻一代音乐教育的普及和对人工智能等前沿技术的重视，上述领域也出现了良好的发展势头。本书希望能使全社会更多的人对音频音乐技术有所了解，加速推动中国音频音乐技术在学术研究和产业应用上的发展，走出一条具有中国特色的文理结合的道路，早日达到甚至超过世界先进水平。

参考文献

Camurri A, Depoli G & Rocchesso D. A taxonomy for sound and music computing[J]. *Computer Music Journal* (CMJ), 1995, 19(2): 4-5.

Dubnov S. Computer audition: An introduction and research survey[C]//ACM International Conference on Multimedia (ACM MM). New York: ACM, 2006: 9-9.

李伟，李子晋，高永伟. 理解数字音乐——音乐信息检索技术综述[C]//第五届全国声音与音乐技术会议(CSMT 2017)论文集. 复旦学报(自然科学版)，2018，57(3)：271-313.

李伟，李硕. 理解数字声音——基于普通音频的计算机听觉综述[C]//第六届全国声音与音乐技术会议(CSMT 2018)论文集. 复旦学报(自然科学版)，2019，58(3)：269-313.

李伟，李子晋，邵曦. 音频音乐与计算机的交融——音频音乐技术[M]. 上海：复旦大学出版社，2020.

作者：李伟(复旦大学) 夏凡(四川音乐学院)

第二章
律 学 概 要

第一节 律制的生律基础

律学是依据声学原理、运用数学方法来研究构成乐制的各音间相互关系的一门学科。其中，律是构成律制的基本单位。当各律在高度上作了精密规定，形成一种体系时，称为律制(Tuning System)。

律学虽然抽象，但与实际音乐活动密不可分。制造乐器需要调整音高，演奏乐器需要校音，等等，这些都涉及音高的规定。当然，即使没有数理的解释，音高规定以及音程关系也能够通过听觉感性直接把握，并不影响音乐实践，然而对于音乐学研究而言，律学是必不可少的基础之一，是对音乐的理性认知的重要工具。另一方面，我们的听觉有直接把握音高的能力，但音程关系、音阶形成，离不开律制的研究。人类从早期原始、自发地对音高的感知，到有系统地探索音与音之间的关系，再到确立律制中的每一“律”，是一个非常漫长的历程。从东西方乐律理论起源的时间看，中国律学起源的时间最早，毕达哥拉斯律(Pythagorean Intonation)和《管子·地员》记载的三分损益律是各自独立发现的，二者都是以 2∶3 作为弦长比数而确定音阶以及十二律的基础。巧合的是，在古印度和古代波斯也都是以 2∶3 及其转位 3∶4 作为生律基础。

对纯五度的协和的感知，存在心理声学的基础。有理论显示，我们在婴儿时期就通过接触谐波复合音(通常是语音)学习、感知倍频程(八度)的关系和其他音程。例如，周期性声音的前两次谐波的频率比是 2∶1，第二次和第三次谐波的比例是 2∶3，第三次和第四次谐波的比例是 4∶3，等等。通过接触这些声音，可以学习将特定频率比的谐波相关联。如果判断协和与不协和是取决于熟悉，那么这个学习过程可以解释我们对音程的感知。

律制的生律基础，源于周期性声音前二、三、四、五次谐波，也称为第二、三、四、五谐音，随着心理声学研究的不断进展，将来有更多的科学研究阐明人类对谐音的感知、发现，以及将其作为生律基础的听觉机制。关于谐音的产生原理，以一根琴弦振动为例，全弦振动的同时其分节也在振动。全弦振动产生基音(Fundamental Tone)，各部分振动产生泛音(Overtone)亦为谐音(Harmonic)，将基音和各泛音按照音高顺序排列起来称之为泛音列(Overtones)或谐音列(Harmonics)①，如表 2-1 所示。

表 2-1 谐音列

第一谐音	第二谐音	第三谐音	第四谐音	第五谐音	……	第 N 谐音
基音	第一泛音	第二泛音	第三泛音	第四泛音	……	第 $N-1$ 泛音
f(频率)	$2f$	$3f$	$4f$	$5f$	……	$N\times f$

各律制的生律基础、规定与谐音列密不可分。阐述三种常见律制(五度相生律、纯律和十二平均律)，须先说明音律的计算方法。

第二节 音律计算法

音律计算法即音程的计算法，使用频率比或音程值(Interval Value)来表示和计算音程的大小。音程值有四种，分别为对数值、八度值、音分值和平均音程值。

① 泛音、谐音、倍音、分音的异同在此简要说明。泛音指复合振动中基音以外的每个声音成分(不包括基音)，常用于描述构成整数倍或接近于整数倍声音关系的复合音。基音不是第一泛音。谐音指构成整数倍或接近整数倍声音关系的分音。基音为第一谐音。倍音意同泛音。自基音起，之后各音按次序分别称为“二倍音”“三倍音”“四倍音”等等。分音是指复合振动中的每一个声音成分，常用于描述构成非整数倍声音关系的复合音。基音为第一分音。基于本文的写作语境，采用“谐音”一词，取其接近整数倍以及谐和的内涵。

一、频率比

根据音的频率来计算，用频率比来表示两音的距离，即用两个频率的比值来表示音程的大小，表达式为：

$$k=\frac{f_2}{f_1} \tag{2.1}$$

式(2.1)中，k 为频率比，f_1、f_2 分别为两个音的频率，一般将较大的频率作为分子，较小的频率作为分母。例如 c1-e1 的频率比为：$\frac{f(\text{e1})}{f(\text{c1})}=\frac{329.63\ \text{Hz}}{261.63\ \text{Hz}}=\frac{63}{50}=1.26$，c1-c2 的频率比为：$\frac{f(\text{c2})}{f(\text{c1})}=\frac{523.26\ \text{Hz}}{261.63\ \text{Hz}}=\frac{2}{1}=2$，即一个八度的频率比为 2。

以上音高频率由国际标准音高计算得到。各音程对应的频率比在不同律制中略有不同，其对应关系可见表 2-2～表 2-6。

二、对数值

对音程中两个音的频率比取常用对数可以得到该音程的对数值(Logarithmic Value)，表达式为：

$$v=\lg\frac{f_2}{f_1} \tag{2.2}$$

式(2.2)中，v 为对数值，f_1、f_2 分别为两个音的频率。

对于对数值，通常取其千倍并四舍五入到个位来使用，并以对数值采用者的姓氏“沙伐”(Savart)作为这种“千倍对数值”的单位。例如 c1-c2 音程的千倍对数值为：$1\,000\times\lg\frac{f(\text{c2})}{f(\text{c1})}=1\,000\times\lg\frac{523.26\ \text{Hz}}{261.63\ \text{Hz}}=$ 301 沙伐(对数值为 0.301 03)。

音阶中各音的音程值，一般指其与主音的距离，而音程值中的对数值无法明示八度，因此不通用。

三、八度值

使用八度值(Octave Value)来表示音程值，可以避免对数值无法明示八度的缺陷，其求法与对数值类似，即对频率比取以 2 为底的对数，表达式为：

$$v=\log_2\frac{f_2}{f_1} \tag{2.3}$$

式(2.3)中，v 为八度值，f_1、f_2 分别为两个音的频率。例如 c1-c2 音程的八度值为：$\log_2\frac{f(\text{c2})}{f(\text{c1})}=\log_2\frac{523.26\ \text{Hz}}{261.63\ \text{Hz}}=1$。可以看出，当八度值大于 1 时，表示音程超出一个八度。

在已知音程对数值的情况下，可以将 $\frac{1}{0.301\,03}\left(\frac{\text{八度的八度值}}{\text{八度的对数值}}\right)$ 作为比例常数，从而更快捷地计算出音程的八度值，例如 c1-e1 音程的八度值为：$\frac{1}{0.301\,03}\times\lg(1.26)=0.333\,42$。

八度值与对数值一样，通常取其千倍值使用，称为千分八度值。其优点在于可明确看出音程包含几个八度。

四、音分值

音分值(Cent Value)是基于十二平均律的一种音程值，它规定八度的音分值为 1 200。各音程的音分值可根据其对数值进行计算，表达式为：

$$v_{音分} = k \times v_{对数} \tag{2.4}$$

式(2.4)中，$v_{音分}$ 为音程的音分值，$v_{对数}$ 为音程的对数值，k 为比例常数，由 $\frac{1\,200}{0.301\,03}\left(\frac{八度的音分值}{八度的对数值}\right)$ 计算得出，为 3 986.313 7。例如 c1-e1 音程的音分值为：3 986.313 7×lg(1.26)＝400.108 5。通常在使用音分值时会四舍五入到个位，即 c1－e1 音程的音分值为 400 音分。

十二平均律中每个半音的音分值为 100，不同律制下音程的音分值略有不同。使用音分值来表示音程较为直观且计算方便，所以在国际上被广泛使用。

五、平均音程值

平均音程值(Centitone)也是基于十二平均律的一种音程值，它规定全音为 1，半音为 0.5(音分值的全音为 200，半音为 100)。可以通过音程的音分值计算得出，也可通过对数值计算得出，表达式分别为：

$$v_{平均} = \frac{v_{音分}}{200},\ v_{平均} = k \times v_{对数} \tag{2.5}$$

式(2.5)中，$v_{平均}$ 为音程的平均音程值，$v_{音分}$ 为音程的音分值，$v_{对数}$ 为音程的对数值，k 为比例常数，由 $\frac{6}{0.301\,03}\left(\frac{八度的平均音程值}{八度的对数值}\right)$ 计算得出，为 19.931 57。例如 c1－e1 音程的平均音程值为：$\frac{400}{200}=2$ 或 19.931 57×lg(1.26)＝2.00，通常计算平均音程值时保留两位小数。

六、音律计算工具

现代研究者在进行音律计算时可以借助音频分析软件，例如英国伦敦玛丽皇后大学的数字音乐研究中心制作的 Sonic Visualiser 软件和美国的 Adobe 公司制作的 Adobe Audition 软件。通过软件可以查看音频的频谱、音高、音分值，对音频中的音程进行测量等，以便进行音律的计算与研究。

第三节 五度相生律

五度相生律(Circle-of-fifths System)是应用谐音列中的第二谐音和第三谐音之间的关系而构成的一种律制。它把构成纯五度音程的两个音的频率比规定为 2∶3，即由一律出发，根据第三谐音对第二谐音的距离产生下一律(上方五度或下方五度)，再由此律同理产生再下一律，继续相生，产生多个律，最后作八度移动，纳入同一八度。纯五度音的计算表达式为：

$$f_2 = \frac{3}{2} \times f_1 \text{ 或 } f_2 = \left(\frac{3}{2}\right)^{-1} \times f_1 \tag{2.6}$$

式(2.6)中，前者为“向上”取律，后者为“向下”取律，f_1 为当前律的频率，f_2 为下一律的频率。

这种每隔五度产生一律，继续相生而得各律的做法，称为五度相生法。严格按照纯五度的距离(2∶3)使用五度相生法得到的律制称为五度相生律。与五度相生法类似，还有三分损益法。两种产生法及其产生的律制相似而略有不同，详见第六节。

将各律按照五度关系排列构成五度音列，如图 2-1 所示。

←向下

^{bb}d --- ^{bb}a --- ^{bb}e --- ^{bb}b --- ^{b}f --- ^{b}c --- ^{b}g --- ^{b}d --- ^{b}a --- ^{b}e --- ^{b}b --- f ---(c)

c --- g --- d --- a --- e --- b --- $^{\#}$f --- $^{\#}$c --- $^{\#}$g --- $^{\#}$d --- $^{\#}$a --- $^{\#}$e --- $^{\#}$b

向上→

图 2-1 五度音列

一、五度律大音阶

从主音 c 起，向上连取五律，向下取一律，将构成五度律大音阶，如表 2-2 所示（c1 表示小字一组的 c 音）。

表 2-2　五度律大音阶

音级	1	2	3	4	5	6	7	8
音名	c1	d1	e1	f1	g1	a1	b1	c2
频率比	1	$\frac{\left(\frac{3}{2}\right)^2}{2}$	$\frac{\left(\frac{3}{2}\right)^4}{2^2}$	$\frac{\left(\frac{3}{2}\right)^{-1}}{2^{-1}}$	$\frac{3}{2}$	$\frac{\left(\frac{3}{2}\right)^3}{2}$	$\frac{\left(\frac{3}{2}\right)^5}{2^2}$	2
音分值	0	204	408	498	702	906	1 110	1 200
频率	261.63	294.33	331.13	348.84	392.45	441.50	496.69	523.26
名称	同度	大全音	五度律大三度	纯四度	纯五度	五度律大六度	五度律大七度	纯八度

其中频率比为该音与主音的频率比（按照产生方法表示），音分值为该音与主音构成音程的音分值，名称为该音与主音构成的音程名称。频率比中的 $\frac{1}{2^n}$ 表示向下移动 n 个八度。

五度律大音阶中，相邻两音间的音程有两种，分别称为大全音$\left(\text{频率比为}\frac{\left(\frac{3}{2}\right)^2}{2}=\frac{9}{8}\text{，例如 c1-d1}\right)$和五度律小半音$\left(\text{频率比为}\frac{\left(\frac{3}{2}\right)^{-5}}{2^{-3}}=\frac{256}{243}\text{，例如 e1-f1}\right)$。除去表 2-2 中提到的音程名称，还有五度律增四度$\left(\text{频率比为}\frac{\left(\frac{3}{2}\right)^6}{2^3}=\frac{729}{512}\text{，例如 f1-b1}\right)$和五度律减五度$\left(\text{频率比为}\frac{\left(\frac{3}{2}\right)^{-6}}{2^{-4}}=\frac{1\,024}{729}\text{，例如 b1-f2}\right)$，二者互为转位音程，都由六个五度级构成。

在五度音列上，从任何一音起，向上连取五律，向下取一律，都可以构成以起音为主音的各调五度律大音阶。例如五度律 G 调大音阶为：g-a-b-c-d-e-$^{\#}$f-g。

二、五度律小音阶

从主音 c 起，向上连取二律，向下连取四律，将构成五度律自然小音阶，如表 2-3 所示。

表 2-3　五度律自然小音阶

音级	1	2	3	4	5	6	7	8
音名	c1	d1	^{b}e1	f1	g1	^{b}a1	^{b}b1	c2
频率比	1	$\frac{\left(\frac{3}{2}\right)^2}{2}$	$\frac{\left(\frac{3}{2}\right)^{-3}}{2^{-2}}$	$\frac{\left(\frac{3}{2}\right)^{-1}}{2^{-1}}$	$\frac{3}{2}$	$\frac{\left(\frac{3}{2}\right)^{-4}}{2^{-3}}$	$\frac{\left(\frac{3}{2}\right)^{-2}}{2^{-2}}$	2
音分值	0	204	294	498	702	792	996	1 200
频率	261.63	294.33	310.08	348.84	392.45	413.44	465.12	523.26
名称	同度	大全音	五度律小三度	纯四度	纯五度	五度律小六度	五度律小七度	纯八度

五度律自然小音阶中，相邻两音间的音程也只有大全音和五度律小半音两种。若将五度律自然小音阶中的七级音换为五度律大音阶中的七级音，则构成五度律和声小音阶(c1-d1-^{b}e1-f1-g1-^{b}a1-b1-c2)。六级音和七级音之间将构成特殊音程五度律增二度$\left(频率比为\dfrac{\left(\frac{3}{2}\right)^{9}}{2^{5}}=\dfrac{19\,683}{16\,384}\right)$。

五度律小音阶中，在自然小音阶与和声小音阶之外，还有一种曲调小音阶，其上行音阶为：c1-d1-^{b}e1-f1-g1-a1-b1-c2，下行音阶为 c2-^{b}b1-^{b}a1-g1-f1-^{b}e1-d1-c1。

三、五度律大半音和最大音差

五度律 C 调大音阶中，c-d 之间有两个升降音$^{\#}$c 和^{b}d。$^{\#}$c 由 c 向上生七次得到，频率比为$\dfrac{\left(\frac{3}{2}\right)^{7}}{2^{4}}=\dfrac{2\,187}{2\,048}$；^{b}d 由 c 向下生五次得到，频率比为$\dfrac{\left(\frac{3}{2}\right)^{-5}}{2^{-3}}=\dfrac{256}{243}$。c-$^{\#}$c 是比五度律小半音(90 音分)稍大的半音(114 音分)，称为五度律大半音。

在五度相生律中，不同音名的半音即自然半音(Diatonic Semitone)，都是五度律小半音，又称林马(Limma)半音，相距五个五度级，例如 c-^{b}d、e-f。相同音名的半音即变化半音(Chromatic Semitone)，都是五度律大半音，又称阿波托美(Apotome)半音，相距七个五度级，例如 c-$^{\#}$c、^{b}d-d。

五度律大半音和五度律小半音之间的差值称为最大音差(Comma Maxima)。最大音差的频率比为$\dfrac{2\,187}{2\,048}\div\dfrac{256}{243}=\dfrac{531\,441}{524\,288}$，音分值为 114－90＝24 音分。相距十二个五度级的两律构成最大音差。五度律中，$^{\#}$c 比^{b}d 高一个最大音差(大全音之间的两个升降音关系都是如此)，增四度比减五度、增二度比小三度、增五度比小六度分别都大一个最大音差。

最大音差的存在，使五度相生律无法在十二律上循环构成各调音阶，即从主音出发，生律十二次(或更多次)并纳入同一八度后，无法回到主音，这对五度相生律的使用造成了一定障碍。

第四节 纯 律

纯律(Just Intonation)是在五度相生律的基础上加入了谐音列中的第四、五、六谐音之间的频率比而构成的一种律制，即使用纯律大小三度音程替换了五度相生律中的一些音程，又称为自然律(Natural Temperament)。其中纯律大三度音(根据第五谐音相对第四谐音的距离得到)和纯律小三度音(根据第六谐音相对第五谐音的距离得到)的计算表达式分别为：

$$f_2=\frac{5}{4}\times f_1,\ f_2=\frac{6}{5}\times f_1 \tag{2.7}$$

式(2.7)中，f_1 为当前律的频率，f_2 为生成律的频率。

一、纯律大音阶

从主音 c 起，按照五度相生法向上连取两律，向下取一律，得到 g、d、f 音，再在 c-g、g-d、f-c 之间各插入一个纯律大三度音，可得到纯律大音阶，如表 2-4 所示。

表 2-4 纯律大音阶

音级	1	2	3	4	5	6	7	8
音名	c1	d1	$\underline{\text{e1}}$	f1	g1	$\underline{\text{a1}}$	$\underline{\text{b1}}$	c2
频率比	1	$\frac{\left(\frac{3}{2}\right)^2}{2}$	$\frac{5}{4}$	$\frac{\left(\frac{3}{2}\right)^{-1}}{2^{-1}}$	$\frac{3}{2}$	$\frac{4}{3}\times\frac{5}{4}$	$\frac{3}{2}\times\frac{5}{4}$	2
音分值	0	204	386	498	702	884	1 088	1 200
频率	261.63	294.33	327.04	348.84	392.45	436.05	490.56	523.26
名称	同度	大全音	纯律大三度	纯四度	纯五度	纯律大六度	纯律大七度	纯八度

表 2-4 中，音名下的下划线表示其比五度律音阶中的同名音低一个普通音差(Common Comma)。普通音差即五度律大三度和纯律大三度的差值，频率比为$\frac{81}{64}\div\frac{5}{4}=\frac{81}{80}$，音分值为 408－386＝22 音分。纯律大音阶中，d-$\underline{\text{e}}$ 称为小全音$\left(\text{频率比}\frac{10}{9}\text{，音分值 182 音分}\right)$，$\underline{\text{e}}$-f 称为纯律大半音，简称大半音$\left(\text{频率比}\frac{16}{15}\text{，音分值 112 音分}\right)$，比五度律大半音(114 音分)稍小。大全音比小全音大一个普通音差，大半音(纯律大半音)比五度律小半音大一个普通音差。

纯律大音阶中的各音符合谐音列中某些音程，例如，大半音是第十五谐音到第十六谐音的音程，小全音是第九谐音到第十谐音的音程，等等，这也是纯律遵循自然法则的表现。

二、纯律小音阶

仿照纯律大音阶的生成，将纯律大三度音改为纯律小三度音，可得到纯律自然小音阶，如表 2-5 所示。

表 2-5 纯律自然小音阶

音级	1	2	3	4	5	6	7	8
音名	c1	d1	$^{\flat}\overline{\text{e1}}$	f1	g1	$^{\flat}\overline{\text{a1}}$	$^{\flat}\overline{\text{b1}}$	c2
频率比	1	$\frac{\left(\frac{3}{2}\right)^2}{2}$	$\frac{6}{5}$	$\frac{\left(\frac{3}{2}\right)^{-1}}{2^{-1}}$	$\frac{3}{2}$	$\frac{4}{3}\times\frac{6}{5}$	$\frac{3}{2}\times\frac{6}{5}$	2
音分值	0	204	316	498	702	814	1 018	1 200
频率	261.63	294.33	313.96	348.84	392.45	418.61	470.93	523.26
名称	同度	大全音	纯律小三度	纯四度	纯五度	纯律小六度	纯律小七度	纯八度

表 2-5 中，音名上的上划线表示其比五度律音阶中的同名音高一个普通音差。

若将纯律自然小音阶中的七级音换为纯律大音阶中的七级音，则构成纯律和声小音阶(c1-d1-$^{\flat}\overline{\text{e1}}$-f1-g1-$^{\flat}\overline{\text{a1}}$-$\underline{\text{b1}}$-c2)。六级音和七级音之间将构成特殊音程纯律增二度$\left(\text{频率比为}\frac{75}{64}\right)$。

在纯律大小音阶中相邻两音之间，有非常复杂的升降音，例如 c-d 之间，有$^{\sharp}\underline{\underline{\text{c}}}$，$^{\sharp}\underline{\text{c}}$，$^{\flat}\overline{\text{d}}$，$^{\flat}\overline{\overline{\text{d}}}$ 等，其中 c-$^{\flat}\overline{\text{d}}$ 为大半音(纯律大半音，112 音分)，而 c-$^{\sharp}\underline{\underline{\text{c}}}$ 称为纯律小半音$\left(\text{频率比}\frac{25}{24}\text{，音分值为 71 音分}\right)$，简称小半音。

第五节 十二平均律

十二平均律(Twelve-tone Equal Temperament)是把一个八度均分为频率比相等的十二个半音的律制,又称为十二等比律。

一、产生法

一个八度的频率比为 2∶1,则十二平均律各律之间的频率比应为:$\sqrt[12]{2}=1.059\ 46$。各律频率的计算表达式为:

$$f_n = 2^{\frac{n}{12}} \times f_1 \tag{2.8}$$

式(2.8)中,f_1 表示第一律(主音)的频率。

在求十二平均律时,可使用一种仿照五度相生律的求法:将每次相生使用的纯五度缩小最大音差的十二分之一,即使用平均律五度$\left(\text{频率比}\frac{433}{289}\right)$来进行相生,生律十二次,可得到十二平均律。十二平均律五度音列如图 2-2 所示。

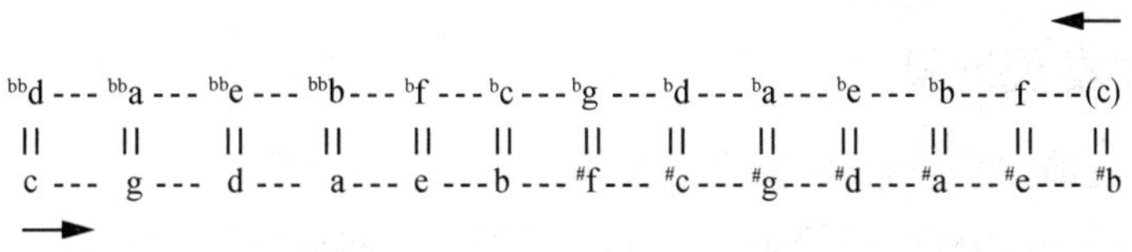

←

♭♭d --- ♭♭a --- ♭♭e --- ♭♭b --- ♭f --- ♭c --- ♭g --- ♭d --- ♭a --- ♭e --- ♭b --- f --- (c)

‖ ‖ ‖ ‖ ‖ ‖ ‖ ‖ ‖ ‖ ‖ ‖ ‖

c --- g --- d --- a --- e --- b --- #f --- #c --- #g --- #d --- #a --- #e --- #b

→

图 2-2 十二平均律五度音列

十二平均律如表 2-6 所示。

表 2-6 十二平均律

音级	1	2	3	4	5	6	7	8	9	10	11	12	13
音名	c1	#c1/♭d1	d1	#d1/♭e1	e1	f1	#f1/♭g1	g1	#g1/♭a1	a1	#a1/♭b1	b1	c2
频率比	1	$2^{\frac{1}{12}}$	$2^{\frac{2}{12}}$	$2^{\frac{3}{12}}$	$2^{\frac{4}{12}}$	$2^{\frac{5}{12}}$	$2^{\frac{6}{12}}$	$2^{\frac{7}{12}}$	$2^{\frac{8}{12}}$	$2^{\frac{9}{12}}$	$2^{\frac{10}{12}}$	$2^{\frac{11}{12}}$	2
音分值	0	100	200	300	400	500	600	700	800	900	1 000	1 100	1 200
频率	261.63	277.18	293.66	311.13	329.63	349.23	370.00	392.00	415.31	440.00	466.17	493.89	523.26

二、三种律制的比较

三种律制各有其特征。十二平均律解决了五度相生律和纯律中存在的一些矛盾,例如不断增加律数仍无法回到出发律的矛盾,但十二平均律又会影响音程的和谐性。总体而言,十二平均律将五度相生律和纯律加以调和与折中,介于两者之间而又更接近五度相生律。十二平均律是目前使用最广泛的一种律制。

三种律制的实践应用和理论探索在东西方有着各自的路径,也存在相同之处。下文将以中国和欧洲为典型案例,简述其律学发展概要。

第六节　中国律学简述

最迟在公元前 6 世纪中国从数学上发现了音程计算方法，时间上不会比毕达哥拉斯晚。尽管三分损益律和毕达哥拉斯律（五度相生律）在本质上一致，鉴于地理背景以及当时的世界科技水平，各自应是独立发现的。二者都以 2∶3 比例（纯五度）作为生律的基础，并且都是使用弦乐器作为律学实践的重要工具。

从声学角度来讲，弦鸣乐器和气鸣乐器各个分音能构成简单整数比的关系，即谐音列，因此使用这两种乐器进行律学实践，比较容易感知谐音列。然而巧合的是，欧洲、中国、波斯、古印度主要用弦鸣乐器作为律学实践的工具，其次将气鸣乐器作为律学实践的工具。对谐音列的感知和捕捉，以及在音乐中的应用和实践，体现了人类听觉审美的共同倾向。三分损益法就是采用了第二、三谐音（纯五度）和第三、四谐音（纯四度）。从八度范围内来看，纯四度是纯五度的转位。虽然三分损益法和毕达哥拉斯的五度相生法本质上相同，但二者生律而来的音阶是相异的。

为了简明扼要地说明中国律学发展的特点，将中国律学发展史大致分为四个时期：

① 三分损益律发现时期，约公元前 8 世纪至公元前 3 世纪，即春秋战国时期。

② 探求新律时期，约公元前 3 世纪至公元 14 世纪，即从秦代到元代。

③ 十二平均律发现时期，公元 16 世纪前后，即明代。

④ 律学研究新时期，1911 年至今。

一、三分损益律发现时期

在讨论律学发展史之前，我们需要掌握中国古代音乐的相关知识。

从西周时期开始，中国音乐就已经得到了一定的发展。在西周的宫廷里就有 1 400 多人组成的音乐机构，据《诗经》记载，乐器种类就有 29 种之多。春秋战国时期更是“百花齐放，百家争鸣”，为音律的研究发展提供了条件。

中国古代音阶有五声音阶、七声音阶，以“宫、商、角、徵、羽”作为音阶中各音的阶名。以“变”表示低半音，以“清”表示高半音，例如“变徵”表示比“徵”低半音，“清角”表示比“角”高半音。“宫商角徵羽”的名称早期记载于《管子·地员篇》和《周礼·春官》中，其具体开始使用的时间已无法确定。

中国古代又有十二律，以“黄钟”“大吕”等作为十二律的名称。高八度的律则加上“清”字表示，例如“清黄钟”。十二律的名称最早记载于《国语·周语》中，在公元前 522 年周代乐官州鸠答周景王问律时曾提到。

表 2-7 所示为十二律、五声音阶、七声音阶与现代音名的一种对应关系，列出以方便学习。十二律中的“黄钟”在不同时期音高不同，周朝时其音高接近十二平均律中的 f2。

表 2-7　十二律、五声音阶、七声音阶与现代音名的对应关系

十二律律名	黄钟	大吕	太簇	夹钟	姑洗	仲吕	蕤宾	林钟	夷则	南吕	无射	应钟	清黄钟
对应现在音名	f2	#f2	g2	#g2	a2	#a2	b2	c3	#c3	d3	#d3	e3	f3
五声音阶	宫		商		角			徵		羽			宫
七声音阶	宫		商		角		变徵	徵		羽		变宫	宫

表 2-7 中以宫为调首，构成的调式称为五声宫调式或七声宫调式，也可以其他音作为调首，例如徵调式（徵羽宫商角）。表中以黄钟作为宫音来构成宫调式称为黄钟宫调，也可以大吕、太簇等其他律作为宫音以构成高度不同的各种五声音阶、七声音阶。以十二律轮流作为宫音在古代称为旋宫。

根据相关文献及出土文物，我们可以推测中国古代是以“弦”定律。目前认为最早记载科学的律学理论的古籍为《管子·地员篇》，文中将宫商角徵羽各音与家畜的鸣声相比拟，同时从数理的角度，对各音的精密高度作了科学的论断，提出了三分损益律。

三分损益即先把一个振动体在长度上均分为三段；舍其三分之一余三分之二，称为三分损一，其发音比原音高纯五度；加其三分之一成三分之四，称为三分益一，其发音比原音低纯四度。下方纯四度就是上方纯五度的转位，所以三分损益律与五度相生律属于同一体系。对"宫"三分益一得到"徵"，对"徵"三分损一得到"商"，对"商"三分益一得到"羽"，对"羽"三分损一得到"角"。另外，《管子·地员篇》中将"宫"音的振动体长度设为 81，以确保五音都可以用整数表示。

战国时期的《吕氏春秋·音律篇》将三分损益法的应用由五律增加到十二律，其相生方法记载如下：黄钟生林钟，林钟生太簇，太簇生南吕，南吕生姑洗，姑洗生应钟，应钟生蕤宾，蕤宾生大吕，大吕生夷则，夷则生夹钟，夹钟生无射，无射生仲吕。在秦简《律书》中也有相关内容的记载。

数千年来，中国广大地区一直沿用这种三分损益律，但具体产生年代已经无法确定。根据近年的出土乐器和《管子·地员篇》中记载的内容，推测在春秋时期的中期甚至是初期即公元前 7 世纪、公元前 6 世纪或更早的时候，人们已经开始熟练使用三分损益律。

在 20 世纪出土的春秋、战国时期的编钟（例如曾侯乙编钟）对我国律学史的研究提供了珍贵资料。根据其音准可推测当时的人们先在弦上定律，铸钟时再按弦校音。同时出现在当时的音乐实践中，不仅已经采用三分损益律，还使用一些纯律音程，即使用纯律大小三度辅助三分损益律进行乐器制作。

二、探求新律时期

从秦代到唐代，在各族人民的交流学习与文化融合中，音乐取得了很大发展，乐器种类也不断增加。隋唐时期，宫廷宴享音乐（即广义的燕乐）非常繁盛。在这一时期，律学研究也取得了新的成就，极大丰富了音阶与调式。

人们为了解决三分损益法生律十一次后不能回到出发律的问题，提出了许多解决方法，可归为两类：一类是继续按照三分损益法生律；一类是调整十二律本身各律的高度。

汉代时，郎中京房提出了"六十律"，记载于《后汉书·律历志》中。他按照三分损益法从"黄钟"开始生律，一直生到六十律"南事"。其中第五十四律"色育"已与"黄钟"近似。南北朝时，钱乐之沿京房的六十律继续生律，生至三百六十律，记载于《隋书·律历志》中。该律达到中国古代律学史上音律细分的最高程度。同一时期，何承天创制了一种新律，是世界上最早的一种十二平均律，也记载于《隋书·律历志》中。与现代十二平均律相比，他改变的是振动体长度的差数而不是振动体长度的比数，但其效果已十分接近现代的十二平均律。之后还有隋代的刘焯和五代时期的王朴等人尝试调整十二律本身的高度，但效果都不如何承天的新律。另外，在秦简《律书》和西汉的《淮南子·天文训》中，都先用大整数计算各律比例（设黄钟振动体长为 177 147，称为黄钟大数），再约为小的自然数以表示各律的高度，简化了十二律间的关系，并且出现了一些纯律数据。宋代时蔡元定提出"十八律"的理论，仍然基于三分损益法继续生律，可在一定程度上实现十二律旋相为宫。

这一时期，主要使用的音阶有三种，分别为古音阶（或称雅乐音阶）、新音阶（或称清乐音阶）和清商音阶（或称燕乐音阶、俗乐音阶）。三种音阶的阶名与现代音名的对应关系如表 2-8 所示（以 c 为主音）。

表 2-8 三种音阶的阶名与现代音名的对应关系

雅乐音阶	宫/c	商/d	角/e	变徵/$^{\#}$f	徵/g	羽/a	变宫/b	宫/c
清乐音阶	宫/c	商/d	角/e	清角/f	徵/g	羽/a	变宫/b	宫/c
燕乐音阶	宫/c	商/d	角/e	清角/f	徵/g	羽/a	清羽(闰)/^{b}b	宫/c

同样在这三种音阶中，可以用各音（主要是宫商角徵羽五个音）轮流作为主音，构成各种调式，例如徵调式。在这三种音阶中，五声（宫商角徵羽）和加入的二声（如变徵、变宫等）有主次之分，分别称为正声和变声。这种区别是中国五声音阶体系的特征，也是有别于欧洲七声音阶体系的主要因素。例如古音阶徵调式和新音阶宫调式在表面上构成相同，但其本质上即正声和变声的位置却不同。

三、十二平均律发现时期

十二平均律最早由明代朱载堉发现，是中国律学史上的一项巨大成就，与今日所用的十二平均律完全相同,但在当时未得到广泛应用。在他的著作《律历融通》中,称十二平均律为"新法密率",并先后提出了两种求法:第一种是通过改变三分损益律中五度、四度的比值求得;第二种是通过几次开方以得到$\sqrt[12]{2}$的具体数值而求得(在当时计算精度已达到 25 位数),与前面提到的两种方法类似。同时,他还发现了以弦定律和以管定律的不同。在以弦定律时,只需更改弦长,而以管定律时,在缩短管长度的同时还需缩小其内径。

在民间,琵琶、阮、月琴等带有品、相(古代称为柱)的拨弦乐器,由于是一个品兼管几根弦,不可能产生三分损益律的大小全音。当这类拨弦乐器品位增多的时候,对微小音程的差异,只能相互迁就,产生了平均律的倾向。因此,朱载堉的"新法密率"虽然未得到具体的实施,但在民间乐器以带有品的拨弦乐器为例,确实存在倾向平均律的实践探索。

四、律学研究新时期

20 世纪初,在新文化运动的影响下,除了西方键盘乐器的传入使十二平均律得到广泛应用外,一些律学研究的方法和成果也被融合吸收,开创了我国律学研究的新局面。1911 年至 20 世纪 60 年代期间涌现出了大量的律学研究文献和以刘复、王光祈、杨荫浏、吴南薰为代表的研究者。

近年来,我国律学研究可概括为四个方面:①对律学史的研究表明,虽然三分损益律在我国占主导地位,但在战国时期纯律也已经开始得到了应用;②加强了对各民族、各地区民间音乐律制的研究;③使用现代科技手段与仪器对古代律学理论进行验证;④从数学、物理学、心理学等多个角度对律学进行研究与探讨。

第七节　欧洲律学简述

欧洲音乐曾经经历单声音乐(Monophony)、复调音乐(Polyphony)和主调音乐(Homophony)三种音乐体裁时期,其律学发展也与音乐体裁变迁有一定联系,可以分为三个时期:

① 毕达哥拉斯律时期,约公元前 6 世纪至公元 14 世纪。

② 纯律时期,约公元 15 世纪至公元 17 世纪。

③ 十二平均律时期,约公元 18 世纪至公元 20 世纪。

一、毕达哥拉斯律时期

公元前 6 世纪,毕达哥拉斯及其学生用数学方法研究当时音阶的定律法,提出了五度相生律也称毕达哥拉斯律。毕达哥拉斯律对当时的古希腊音乐和以后的欧洲音乐的发展都有着极为深远的影响。

古希腊的音乐是单声音乐,其调式构成的基础为四音列(Tetrachord),即在构成纯四度的音程中加入其他两个音。两个四音列连接在一起成为七声调式,在古希腊音乐中共有七种调式,其结构如表 2-9 所示,其中各音由五度相生律得出,除 b-c、e-f 为五度律小半音外,其他相邻两音音程均为大全音。

表 2-9　七种古希腊音乐调式结构

混合利第亚调式(Mixolydian Mode)	b-c-d-e-f-g-a-b
利第亚调式(Lydian Mode)	c-d-e-f-g-a-b-c
弗里吉亚调式(Phrygian Mode)	d-e-f-g-a-b-c-d
多里亚调式(Dorian Mode)	e-f-g-a-b-c-d-e
下利第亚调式(Hypolydian Mode)	f-g-a-b-c-d-e-f
下弗里吉亚调式(Hypophrygian Mode)	g-a-b-c-d-e-f-g
下多里亚调式(Hypodorian Mode)	a-b-c-d-e-f-g-a

毕达哥拉斯学派使用数学研究律学被称为理论派，而在公元前 4 世纪至公元 2 世纪还有一些研究者强调根据听觉来定律被称为和声派，代表人物有阿里斯托克塞诺斯（Aristoxenus）、季季莫斯（Didymus）、托勒密（Ptolemy）等。他们在自然四音列（Diatonic Tetrachord，即只含自然音的四音列）的基础上提出了变化四音列（Chromatic Tetrachord）和四分音四音列（Enharmonic Tetrachord），这些音列已经涉及纯律。

到了中世纪（约公元 500～1450 年），欧洲教会采用中世纪调式（Medieval Mode），也称教会调式，有七种调式，其结构如表 2-10 所示。若各音采用五度相生律得到，则除 e-f、b-c 为五度律小半音，其余均为大半音。值得注意的是，虽然部分名称沿用古希腊调式名称，但其结构并不相同，如多里亚调式等。表 2-10 中的七种调式在当时仅通用前六种。

表 2-10　七种中世纪调式结构

调式	结构
多里亚调式	d-e-f-g-a-b-c-d
弗里吉亚调式	e-f-g-a-b-c-d-e
利第亚调式	f-g-a-b-c-d-e-f
混合利第亚调式	g-a-b-c-d-e-f-g
爱奥利亚调式（Aeolian Mode）	a-b-c-d-e-f-g-a
伊奥尼亚调式（Ionian Mode）	c-d-e-f-g-a-b-c
罗克里调式（Locrian Mode）	b-c-d-e-f-g-a-b

欧洲一直采用单声音乐直到公元 9 世纪复调音乐开始萌芽。初期的复调音乐在协和性方面与毕达哥拉斯律没有矛盾，但随着复调音乐的逐渐成熟、三度和六度音程的同时结合得到普遍应用，纯律及其相应律制逐渐出现并得以应用。

二、纯律时期

纯律时期与文艺复兴时期在时间上大致相同。受文艺复兴运动的影响，音乐在内容和体裁上有了新的变化，复调音乐得到发展，并在 16 世纪进入繁盛时期。在 14 世纪初期，人们就想将古希腊和声派提出的一些纯律理论应用在多声部的结合中。英国的奥丁汤（Odington）于 13 世纪末提出纯律的三度音列，同一时期德国的弗朗科（Franco）把纯律大三度（5/4）和纯律小三度（6/5）作为协和音程。14 世纪初，法国的维特里（Vitry）把纯律小六度（8/5）作为协和音程，米里斯（Muris）把纯律大六度（5/3）作为协和音程。综合这些音程，就是现在的纯律大小三度和大小六度。

16 世纪时，意大利的札利诺（Zarlino）提出了纯律大音阶，同时专门为纯律设计了一种键盘。他首先提出了和弦构成的原理，为后来的和声学研究打下基础。札利诺不仅在纯律的研究上做出贡献，对中庸全音律和十二平均律也有一定研究。16、17 世纪时，纯律在音乐实践上的应用主要是在键盘乐器上应用各种中庸全音律（Mean-tone Temperament）和在无伴奏合唱（Acappella）上作特殊处理。

中庸全音律是基于纯律和五度相生法的一种律制，根据如何划分纯律中的普通音差而分类，例如札利诺于 1571 年提出的“四分之一音差中庸全音律”，就是将五度相生时使用的纯五度缩小“普通音差的四分之一”（与使用五度相生法生成十二平均律时将纯五度缩小“最大音差的十二分之一”类似）进行生律。根据“四分之一音差中庸全音律”的生律方法可知其大三度与纯律大三度完全一致（c 生律四次即为 e），其小六度也与纯律小六度相同，而其小三度、大六度与纯律对应音程仅差 6 音分，该律在使用时以及构成和弦时都可以产生纯律的效果。除“四分之一律”外，还有“三分之一”“五分之一”“七分之二”等多种中庸全音律，但一般认为“四分之一”为最佳。在十二平均律流行之前，中庸全音律在欧洲盛行数百年。至于在无伴奏合唱中的特殊处理，则包括省去音阶的六级音或临时将六级音提高一个普通音差等。

在产生中庸全音律的同时，欧洲还出现了一些不规则律（Irregular Temperament），和中庸全音律一样，多用于键盘乐器。这些律大多为各种中庸全音律的变形，或是中庸全音律与其他律制的结合。

三、十二平均律时期

1600 年前后，荷兰的斯特芬(Simon Stevin)用$\sqrt[12]{1/2}$的方法计算出十二平均律，但当时并未正式发表。1636 年，法国的梅尔桑(Marin Mersenne)在其著作《普遍的合谐》(Harmonie Universelle)中提出了十二平均律的半音比值，虽然其结果并不准确，但被认为是欧洲第一个发表十二平均律数据的人(现代也有研究者认为欧洲的十二平均律是由中国传入)。之后在欧洲，十二平均律与中庸全音律、不规则律相抗衡，直到 18 世纪中期开始处于优势地位。到 19 世纪，十二平均律成为键盘乐器的标准调音法，得到广泛应用。

在音乐实践中，当时的音乐家已深知十二平均律的便利之处，各国的作曲家、演奏家都开始使用十二平均律。例如德国的巴赫(Bach)创作有《十二平均律钢琴曲集》二卷，虽然并不是只使用了十二平均律(还使用了一些不规则律)，但被认为是充分发挥十二平均律的效能，可以自由转调的典范作品。从 16 世纪开始，欧洲不断有人从事研究十二平均律，到 18～19 世纪音乐理论家和键盘乐演奏家不断实践和完善十二平均律的理论数据以及调律(Temperament)实践。十二平均律的推广经历了近 500 年时间。

四、中欧律学史的异同

纵观中欧律学史可以发现，两者都是从五度相生律体系开始，发展到十二平均律，而中间的发展过程则不尽相同。在中国，人们出于对旋相为宫(即旋宫)的追求，开始了对新律的探索；在欧洲，则是由于多声部音乐的兴起，人们开始了对纯律的研究和应用。

两者有许多惊人的相似点，例如中欧各自独立发现的三分损益律和毕达哥拉斯律的产生时间大致相同，十二平均律的产生时间也大致相同；又如两者都是在公元前就已经开始对纯律的使用。这些相似之处表明人类听觉能力的成长和对自然音律的认识是有共性的，也说明了律学在社会发展中所占据的重要地位，同时引发我们对于中外历史发展的思考。

第八节　律制的应用

经过长时间的理论研究与音乐实践，人们认识到音律具有适度的变通性和灵活性，在不同的使用场景中有不同的应用方法。

一、小提琴的音律

小提琴是技术性很强的乐器之一，十二平均律、五度相生律和纯律都会出现在小提琴演奏上。根据对一些著名小提琴家的演奏进行测音可知，演奏中的小二度、小三度有缩小的趋势，而大二度、大三度有扩大的趋势，这与五度相生律更加契合。总体而言，小提琴演奏中五度相生律占上风，五度相生律对小提琴等弦乐乐器的影响也更深远。但因为大多数现代音乐从业者更熟悉十二平均律，在多声部音乐中也有对纯律的需求，所以在小提琴演奏中，十二平均律与纯律也是普遍存在的。在小提琴演奏中合理运用三种律制，既要做到以准确性为基础，又需要进行一些灵活的变通。

在小提琴和钢琴合奏或小提琴由钢琴伴奏时，小提琴演奏者需要适应钢琴的十二平均律。音乐创作者会尽量避免小提琴等声部和钢琴声部作完整的大音阶或小音阶的齐奏。

在小提琴等弦乐器中普遍应用吟音，有时也称为颤音(Vibrato)，是一种由原音和另一稍高的音迅速变换，产生波动的演奏方式。从律学研究的角度来看，吟音波动的平均幅度为 50 音分(即原音和稍高音的差距)，平均变换速度为 6.5 次/s。

二、声乐的音律

声乐上音律的变通性基本与小提琴相同。合唱训练者一般会要求合唱队员在唱大音程时尽量扩大音程，唱小音程时尽量缩小音程，倾向于五度相生律。若某一段需要纯律的效果，则临时修改为纯律。声乐用钢琴伴奏时，也需要适应钢琴的十二平均律。吟音在声乐上有极其广泛的应用，其平均幅度为96音分（接近半音），而平均速度与小提琴相近。

三、钢琴的音律

钢琴使用十二平均律调音，可应对音乐上移调、转调和变化音的需要。一般认为八度或纯五度的两音结合，产生协和音（完全协和）；大小三度、大小六度的两音结合，产生次协和音（不完全协和）；二度、七度或增减音程结合，产生不协和音。在十二平均律乐器上，因为存在不同音名的音位于乐器上同一位置的情况即等音（Enharmonic），造成协和音程与不协和音程的界限模糊不清的问题。例如♯d和♭e，在钢琴上位于同一个位置，音高相等，但分别与c音构成不协和的增二度与协和的小三度。要解决十二平均律的这个问题，我们不能只看一个音的音高，还要看一个音在调式、音阶与和弦中的地位，以及它与前后音如何联系，才能决定它是何音，产生何种意义。十二平均律中的等音虽然音高相同，但在做理论分析时还应将其进行区分。另外，少数的钢琴会使用中庸全音律进行调音，以演奏一些古典乐曲。

四、管弦乐队的音律

管弦乐队是由各类乐器集合而成的综合体，其中的小提琴等弦乐器包含常见的三种律制而偏向五度相生律；各种木管乐器在构造上都应用十二平均律，使用不同的指法和吹法可稍微改变音高以适应其他律制；铜管乐器易于发出纯律的音，但也可适应其他律制。所以尽管各类乐器都具有其中心的律制，但都能在一定限度内进行变通，以适应其他律制。管弦乐队的指挥可以根据乐曲或乐段的性质来决定使用或偏向某种律制。例如在演奏钢琴协奏曲时使用十二平均律；对于主要使用弦乐器演奏并且曲调性强的乐曲或段落则可以使用五度相生律；对于主要使用铜管乐器演奏并且和声性突出的乐曲或段落则可以使用纯律。

五、音乐实践中音律的灵活性

小提琴、声乐、钢琴、管弦乐队当中音律的特征以及倾向性主要是以欧洲音乐为背景。然而，全世界音乐形态的丰富与多样化，也体现于音律特征当中，即某一种民族音乐的风格特征，或多或少会与音律的特征存在一定关联。以中国为例，古代音乐典籍虽以三分损益法为主要生律方法，同时辅以纯律，但在具体的音乐实践中，两种律制并用（例如古琴），以及有品拨弦乐器对平均律的探索，都是非常重要的音律现象。从中国民族音乐的多样化形态来看，古丝绸之路上的西域，包括现在的新疆部分地区，其音律特征显现出独有的多律并用的倾向，且与丝绸之路上的音乐语境有着关联，这些都是民间音乐实践中较为典型的音律灵活多变的案例。

此外，上文提到中国、欧洲、波斯、古印度，都以2∶3即第二、三谐音和第四、五谐音作为生律基础，但这并不能代表全世界所有民族对谐音列的感知以及生律方法。印度尼西亚的甘美兰音乐，泰国、缅甸以及非洲以打击乐为主的音乐等，由于对乐器选择不同等原因，并非与中国和欧洲类似从三分损益法、五度相生探索到十二平均律。现今，十二平均律已经作为全世界通行的律制，给音乐实践带来很多便利，但是民族音乐的风格特征，显现于其多律并用的音律特征，并且还有少部分是游离于三种律制之间或之外的音程。音律的灵活性是音乐实践中音高的特征之一，也是赋予音乐灵魂与独特个性的方式之一。

参考文献

缪天瑞. 律学(第三次修订版)[M]. 北京：人民音乐出版社，1999.
李玫. 东西方乐律学研究及发展历程[M]. 北京：中央音乐学院出版社，2006.
戴念祖. 中国物理学史大系・声学史[M]. 长沙：湖南教育出版社，2001.
李重光. 基本乐理通用教材[M]. 北京：高等教育出版社，2004.
布赖恩・C. J. 穆尔. 听觉心理学导论[M]. 陈婧，吴玺宏，迟惠生，译. 北京：北京大学出版社，2018.

作者：夏凡（四川音乐学院） 汪照文（四川大学）

第三章
乐 器 声 学

第一节 乐器声学相关的基本概念

一、振动

(一) 简谐振动

简谐振动(Harmonic Vibration)是最简单的机械振动,是一种重复的、没有衰减的、周期性的正弦或余弦振动。设该振动的物理量为 x,则:

$$x = A\sin(\omega t + \varphi_0) \tag{3.1}$$

$$\text{或 } x = A\cos(\omega t + \varphi_0) \tag{3.2}$$

其中,A 为振幅;ω 为角频率;t 为周期;φ 为相位。以下为几种常见的简谐振动系统:

① 弹簧振子:振动系统由弹簧以及附在弹簧末端质量为 m 的振子组成,如图 3-1 所示。该振动频率为:

$$f = \frac{1}{2\pi}\sqrt{\frac{K}{m}} \tag{3.3}$$

其中,m 为振子的有效质量;K 为弹簧的刚度。

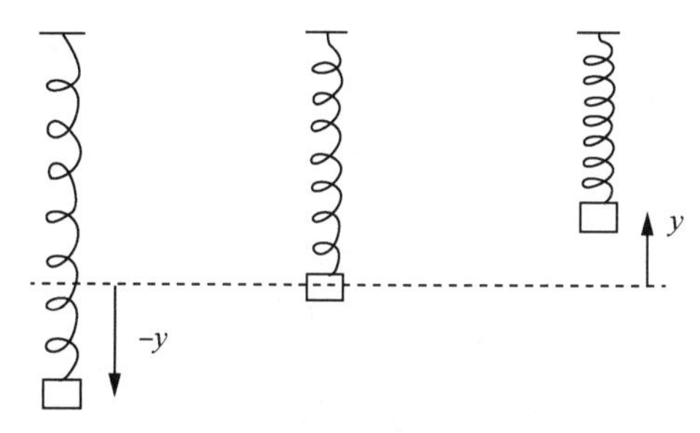

图 3-1 弹簧振子系统

② 单摆运动:一个质量为 m 的钟摆,附在长度为 l 的弦上作简谐运动,$x \ll l$,如图 3-2 所示。假设弦的质量远小于 m,则该振动的频率为:

$$f = \frac{1}{2\pi}\sqrt{\frac{g}{l}} \tag{3.4}$$

其中,g 为重力加速度。须注意,频率与质量无关。

③ 空气弹簧:一个质量为 m 的活塞,在面积为 A、长度为 l 的圆柱体气缸中自由移动,其振动方式与附在弹簧上的物体的振动方式大致相同,如图 3-3 所示。气缸内空气的弹性常数是由其可压缩性决定的,故 $K = \gamma pA/l$,该振动频率为:

$$f = \frac{1}{2\pi}\sqrt{\frac{\gamma pA}{ml}} \tag{3.5}$$

其中,p 是气压;A 是面积;m 是活塞的质量;γ 是一个常数,空气为 1.4。

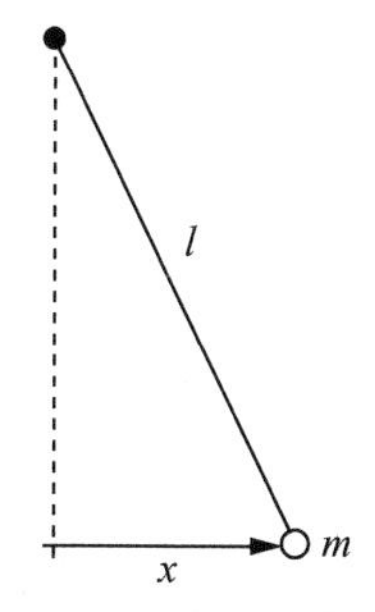

图 3-2 单摆运动

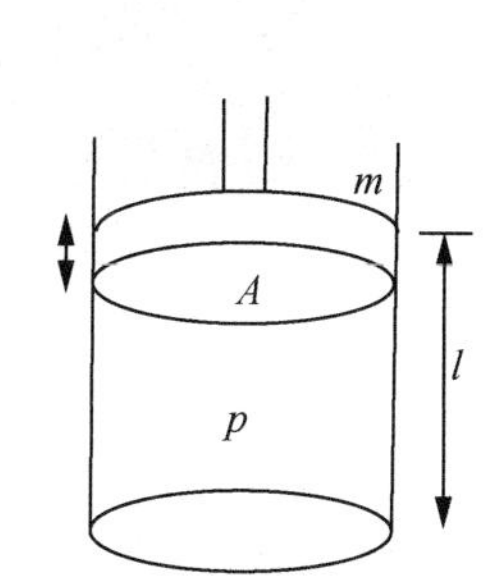

图 3-3 在气缸内自由振动的活塞

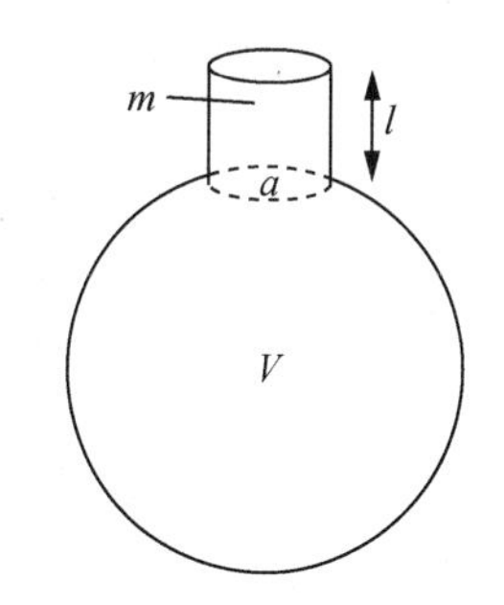

图 3-4 亥姆霍兹共鸣器

④ 亥姆霍兹共鸣器:另一种常见的空气振动器,以亥姆霍兹(H. von Helmholtz, 1821～1894)命名,如图 3-4 所示。此时颈部的空气质量充当了活塞,而较大体积的重的空气则成了弹簧。该振动频率为:

$$f = \frac{v}{2\pi}\sqrt{\frac{a}{Vl}} \tag{3.6}$$

其中，a 是颈部的面积；l 是它的长度；V 是共鸣器的体积；v 是声速($v \approx 344$ m/s)。亥姆霍兹共鸣器可以有各种形状和大小，例如向空汽水瓶吹气，汽水瓶颈部的空气会以相当低的频率振动。须注意，颈部面积 a 越小，振动频率越低。

(二) 复杂振动与傅里叶分析

在自然界中的实际振动都比简谐振动复杂。法国数学家傅里叶(Joseph Fourier，1768～1830)提出，任何一个周期性振动，无论其振动模式多么复杂，都可以分解成一系列不同频率、不同振幅、不同相位的正弦波或余弦波的叠加，该理论称之为傅里叶变换(Fourier Transform)，其表达式为：

$$X^{\mathrm{F}}(\omega) = \int_{-\infty}^{+\infty} x(t)\mathrm{e}^{-\mathrm{i}\omega t}\,\mathrm{d}t,\ \omega \in \mathbf{R} \tag{3.7}$$

其中，$X^{\mathrm{F}}(\omega)$ 为傅里叶变换结果；ω 为角频率；$x(t)$ 为时间连续的输入信号。其逆变换为：

$$x(t) = \frac{1}{2\pi}\int_{-\infty}^{+\infty} X^{\mathrm{F}}(\omega)\mathrm{e}^{\mathrm{i}\omega t}\,\mathrm{d}\omega,\ t \in \mathbf{R} \tag{3.8}$$

信号经过傅里叶变换后，由时域转换为频域，显示信号振幅随频率的变化，称之为频谱(Spectrum)。为节省计算量，后来又出现了快速傅里叶变换(Fast Fourier Transform，FFT)、短时傅里叶变换(Short-Time Fourier Transform，STFT)等算法。在许多音频编辑软件中，都使用傅里叶变换来分析频谱。除此之外，ARMA 模型谱估计、高阶谱分析(High-order Spectrum Analysis)与小波变换(Wavelet Transform，WT)等方法也用以获取时域信号的频谱信息。

(三) 乐器中的振动

绝大多数乐音都是由一些复杂振动产生的，无论是小提琴上的琴弦，还是小号里的空气柱，或扬声器里的音圈。通常乐器的振动系统包含多种振动方式，如单簧管的簧片振动和空气柱振动，钢琴的弦振动和音板振动，吉他的弦振动和琴身振动。

1. 弦振动

当振子数巨大时，振动弦可以被视为弹簧振子系统的极限。弦本身具有质量与弹性，会产生许多振动模式，它们的频率近乎为最低频或基频的整数倍。当高次振动的频率为基频的整数倍时，我们称之为谐波。图 3-5 为弦振动的几种模式。例如吉他。

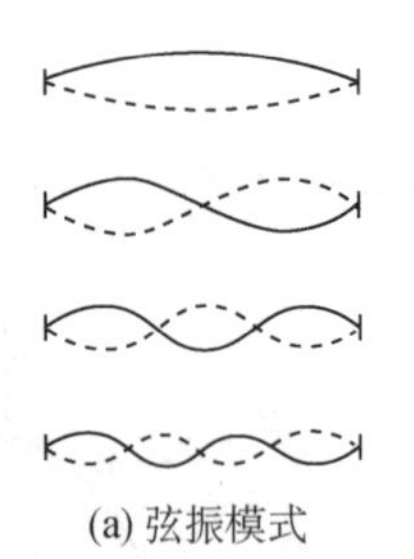
(a) 弦振模式

(b) 弦以最低两种模式振动的频闪灯图像

图 3-5　弦振动的模式

2. 膜振动

鼓面是在某种张力环或框架上拉伸皮革或塑料制成的薄膜而成。膜可以被认为是一根二维的弦，因为其回复力来自边缘施加的张力。膜和弦一样，可通过改变张力来调音。由于膜是二维的，有许多非谐和的振动模式。圆膜的振动模式如图 3-6 所示，前两个具有圆对称性，后两个具有节线(用箭头表示)，这些节线是摇摆运动的枢轴。图 3-7 是通过膜振动发声的鼓的例子。

3. 棒振动

许多打击乐器都利用棒振动作为声源。棒的刚性在弯曲时提供回复力，因此无须施加张力。因此，棒

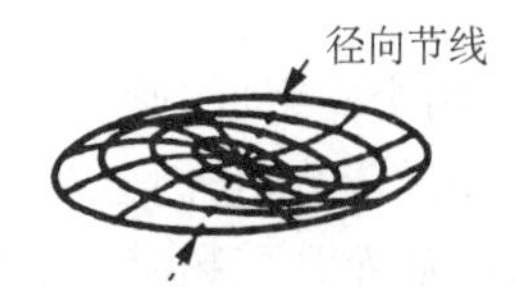

图 3-6 圆膜的振动模式

图 3-7 低音鼓和定音鼓

的两端可能一端固定或两端均自由，就像大多数打击乐器。两端自由均匀的棒（如钟琴）的振动模态的频率为 1∶2.76∶5.40∶8.93 等，与谐振相去甚远，而马林巴（Marimba）、木琴（Xylophone）（图 3-8）等可被塑造成趋近于整数倍的频率比。棒也可以纵向振动，但棒的纵向振动模式在乐器中比较罕见。

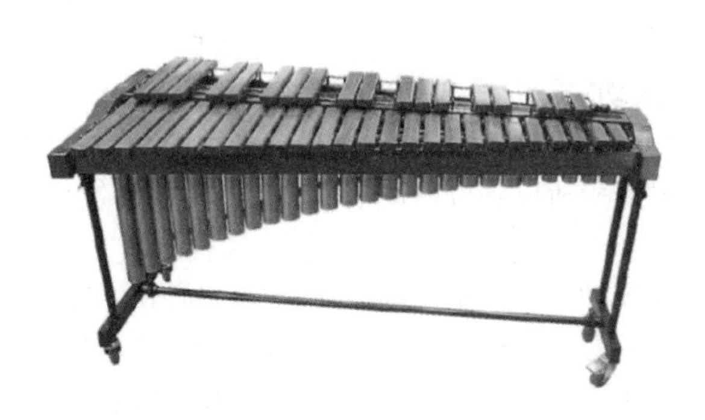

图 3-8 木琴

图 3-9 克拉迪尼图形

4. 板振动

振动板和振动棒一样，依靠自身的刚性来获得必要的回复力。板块有许多振动模式，有些极具复杂性。克拉迪尼（Chladni）在 1787 年首次提出了一种研究板振动的方法。将盐或沙子撒在振动板上，然后激发振动板。受振动扰动的颗粒倾向于沿着振动最小的节点线聚集，如图 3-9 所示，形成了克拉迪尼图形。图 3-10 为板振动乐器。

图 3-10 铙钹和锣

5. 音叉

音叉由一端连接在一起的两个棒组成，所以振动模式类似于一端固定的棒，如图 3-11 所示。音叉是非常便捷的频率标准器，一旦经过调节，它们会在一定时间内保持频率振动发声。通过缩短其长度可升高频率，也可移动尖端附近的材料从而升高频率，或移动尖头底部的材料降低频率，这样减少了其刚度。

如图 3-11 所示，音叉的两种振动模式为主要模式和"叮"声模式，后者频率要高得多(几乎高出三个八度)。在它们正常运动时，棒围绕箭头标记的两个节点旋转，使手柄上下移动。因此，如果手柄压在另外一个物体上(如桌面)，将使其变成音板从而使得声音能量得到有效的辐射。在嘈杂环境中，将手柄接触人的前额，亦可将声音直接传入内耳。

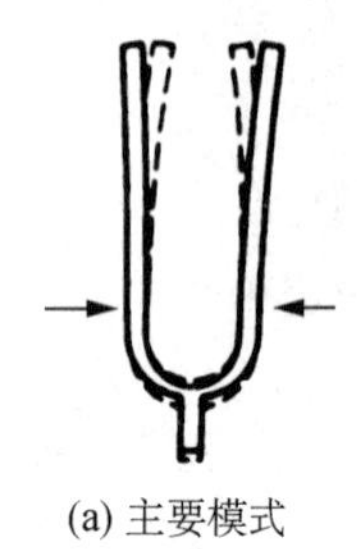

(a) 主要模式　　(b) "叮"声模式：发生于比主要模式更高的频率

图 3-11　音叉的振动

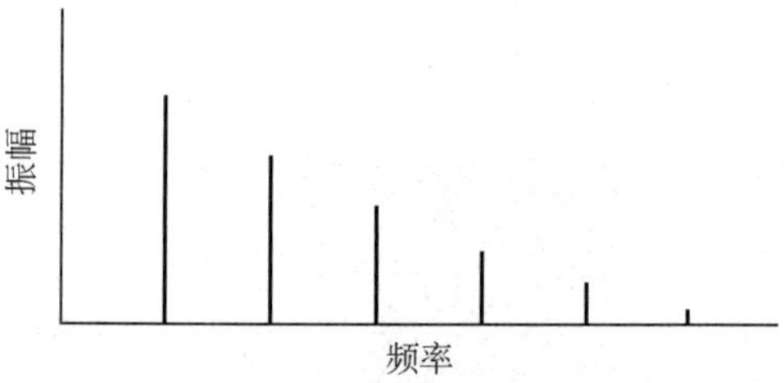

6. 空气柱

空气柱的振动(风琴管内和小号腔内的振动)，可以与上文中的空气弹簧相比较，但结合声波更好理解，故在下文详细探讨。

(四) 复杂振动：振动频谱

在前面已经介绍了可以以多种不同模式振动的系统，每种模式都有不同的频率，所以它可以被某种驱动力单独激发出该频率。

图 3-12　拨弦的振动频谱

(该频谱仪展示了每个振动模式的频率和振幅，在该案例中所有频率都是基频的谐频(整数倍)，但并不是所有振动系统都如此，例如无确定音高的打击乐频谱)

通常，当一个振动系统被激发时，它同时以多种模式振动，因此需要用振动频谱来描述每个振动模式的振幅和频率。图 3-12 为拨弦的振动频谱。频谱分析也被称为傅里叶分析，以纪念数学家约瑟夫·傅里叶(频谱分析数学的先驱)。

二、声波

媒质质点的机械振动由近及远的传播称为声振动的传播或称为声波。声波是一种机械波，适当频率和一定强度的声波传到人的耳朵，人们就感受到了声音。人耳可感知的声波范围为 20 Hz～20 kHz，其声压级范围为 0～140 dB。(关于声波的特征、基本参量等相关内容，具体请参见《音频音乐与计算机的交融——音频音乐技术》第二章内容)

三、共振

当周期性的外力作用在振动系统时，物体会产生受迫振动，这个外力叫策动力。当外部策动力的频率与物体固有频率波长接近或完全相等时，振幅会迅速达到其最大值，这种现象称为共振。

(一) 弹簧振子的共振

如图 3-13 所示，假设将弹簧附在曲轴上，使曲轴以频率 f 旋转，设弹簧振子固有频率为 f_0。如果 f 缓慢变化，则弹簧振子的振幅 A 会发生变化，在 $f=f_0$ 时达到最大 A_{max}。

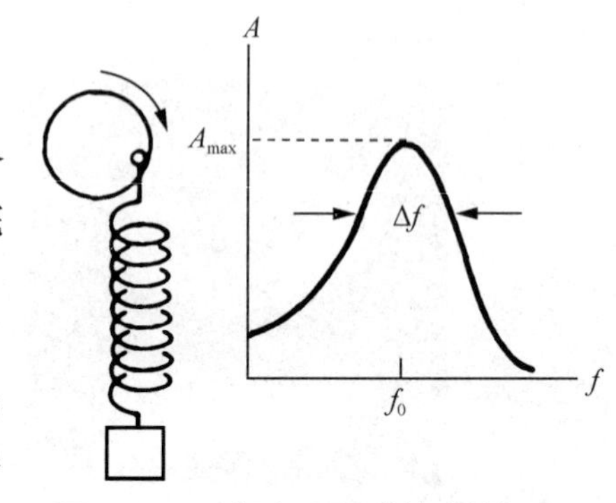

图 3-13　以频率 f 驱动的弹簧振子振动器的共振

振子被迫以曲轴的频率 f 振动，当 f 匹配系统的固有频率 f_0 时，便会发生共振。在共振过程中，会最大限度地发生能量转移，由于系统中的摩擦，振幅达到最大值 A_{max}。如图 3-13 所示，振幅 A 作为频率 f 的函数图，在其峰值附近几乎是对称的，其宽度 Δf 通常称为线宽(Linewidth)。线宽通常以 $71\% \times A_{max}$ 的振幅测量($A_{max}/\sqrt{2}$)。

就像 A_{max} 依赖于能量损失率(由于摩擦或阻尼)，Δf 也依赖于能量损失率。对于一个高阻尼系统，Δf 很大，A_{max} 很小。对于一个能量损耗很小的系统，会出现小 Δf 和大 A_{max} 的“尖锐”的共振，可以用 $Q = f_0/\Delta f$ 来描述共振的锐度(Q 源于描述电路的“质量因子”一词，高 Q 值电路是具有尖锐共振的电路，低 Q 值电路具有宽共振曲线)。如果振动器处于运动状态并任其自由振动，它的衰减时间与它的共振 Q 值成正比。

(二) 分音、谐音和泛音

如果一个系统的振动模式是其基频的整数倍，我们将其称为谐波，它们产生的声音称为谐音，其中第一谐音为基音。

当振动没有产生基频整数倍的频率时，便用泛音来指更高频率的振动。因此，谐音便是频率为基音整数倍的泛音。泛音不包含基音，则第一泛音为第二谐音。

分音(Partials)指振动系统或声音所包含的所有模式或成分。基音与泛音，无论是否为谐音都可称为分音。

对以弦振动或空气柱振动为主要振动模式的乐器而言，一般会产生谐音或泛音，而对以膜振动、板振动或棒振动为主要振动模式的打击乐器而言，一般会产生分音。

(三) 开、闭管

在管子的开口端，正压力脉冲反射为负脉冲；在闭口端，反射为正脉冲。这两个端点条件可用来得到开管和闭管的共振。因为空气的运动以纵向为主，因此与弦振动相比，空气中的声波很难形成横振动，即构成压缩波。空气的位移在开口端最大，而压力变化在闭口端最大。

对于一根理想的管子来说(内壁光滑、直径一致)，空气柱振动的频率为：

$$\text{开管：} f = \frac{v}{2L} \tag{3.9}$$

$$\text{闭管：} f = \frac{v}{4L} \tag{3.10}$$

其中，v 是声速；L 是管长。空气柱振动频率与管长成反比，与声速成正比。

在实际情况中，压力会在管子之外的一段距离内降为零，而不是管子的开口处。因此，管子的声学长度比其物理长度要长。对于半径为 r 的圆柱管，附加长度为 $0.61r$，称为管口校正。对于两段都开口的管子，上述数据的两倍加上管长便是其空气柱长度。

将不同的音叉放在管子一端，可以验证管子的共振频率，当音叉与管子的共振频率接近或相同时，可以感受到显著的音色与音量的变化。通过调节封闭端的活塞，便可以改变其共振频率。向一个闭口风琴管吹气可激发一定共振。轻轻地吹奏可获得基音，用力吹奏则获得第二泛音，即闭管的第三谐音($f_3 = 3f_1$)，基音上方十二度音。

(四) 声阻抗

声阻抗是指媒质在波阵面某个面积上的声压与通过这个面积的体积速度的复数比值，其被定义为声压 p 与体积速度 U 的比值，单位为 $\mathrm{Pa \cdot s/m^3}$：

$$Z_A = p/U \tag{3.11}$$

体积速度 U 是指声波通过时，每秒经过一定区域的空气量。声音在管道里传播时，面积为管道的横截面。

平面波在管道传播时，声阻抗可以用公式 $Z_A = \rho v/S$ 表示，其中 ρ 是空气的密度(室温下为 $1.15\ \mathrm{kg/m^3}$)，v 是声速，S 是管道的横截面积，因此 $Z_A \approx 400/S$。因此，当管道收缩、直径变化或有分支时，该点的声阻抗的变化会导致声波的反射。

(五) 共鸣板

振动系统辐射声能的效率取决于它运动时所移动的空气数量。一根弦或音叉在振动时仅移动少量的空气,它们辐射声能的效率很低,因此我们听到的音量很小。另一方面,扬声器和鼓的振动膜能相当有效地辐射声能,我们可以听到比较大的音量。

通过将音叉手柄压在木板或桌面,音叉的振动能量会由音板大面积地辐射。木材的振动称为共振,可以有效地放大声音。小提琴、大提琴、吉他、琵琶和其他弦乐器几乎完全依靠木质音箱的共振来辐射声音。这些乐器中大部分声音的辐射来自面板的共振,这是由振动弦通过琴马来传导的。面板对乐器大多数音域产生固有频率上的共振,而这些共振的分布很大程度决定了乐器的声音质量。木材的共鸣也会使乐器内部的空气产生振动,例如,小提琴和吉他的声能通过F孔或吉他的音孔被辐射出去。

第二节 乐器声学

一、乐器概述

(一) 乐器的声学结构

一件完整的乐器通常会根据不同的需求被分解。以吉他为例,吉他制作者通常将其分解为背板、侧板、面板、指板、琴颈、琴头等主体部分,以及琴弦、弦钮、系弦板等部件。从音乐声学角度来看,乐器通常由以下几个部分构成:

① 振动体:产生振动的部分,如弦乐器的琴弦、木管乐器的簧片等。就管乐器而言,一般有两个振动体,簧片(簧管乐器)、嘴唇(铜管乐器)或空气旋流(边棱音乐器)等为第一振动体,也称为激励体;空气柱为第二振动体,也称为共鸣体。

② 激励体:激发振动体振动的部分,如弓弦乐器的琴弓、钢琴的琴槌、吹奏或歌唱者胸腔中的气流等。

③ 共鸣体(辐射体):扩散振动体振动能量的部分,如弦乐器的琴箱、琴筒,钢琴的音板等。有些乐器的共鸣体同时具有耦合作用,可对发声体的音高进行调节,如木琴和钟琴(Glockenspiel)的共鸣管等。对弦乐器而言,为将琴弦的振动传导至共鸣体,一般在共鸣体上附加一个传导装置,如二胡的琴码、筝的弦柱等。

④ 调控装置:是对乐器的音响和演奏性能加以控制的装置,如钢琴的止音装置、波姆式管乐器的按键、弦轴等。

并不是所有乐器都包含上述所有声学结构,其中振动体和激励体是所有乐器发声的必要条件。音高、音色、音准对于乐器音响性能而言是最基本的评判标准。乐器的每个声学部分对音响的各个性能都有直接或间接的影响。一般而言,音高主要取决于振动体材质的刚性、张力;音色主要取决于激励体材质及激励方式、共鸣体的结构等;音准则主要取决于调控装置。

(二) 乐器的分类

根据地域、年代的不同,乐器的分类也多种多样,不同目的、不同视角也会产生不同的分类方法。以下介绍几种具有代表性的乐器分类法。

1. 八音分类法

八音分类法是中国古代乐器分类法,分类原则是依据主要的制作材质,分为八类:

金:用金属制作的乐器,如编钟、铙等。

石:用石或玉制作的乐器,如磬。

土:用陶土制作的乐器,如埙、缶。

革:用动物皮革制作的乐器,如鼓。

丝:用丝制弦的乐器,如琴、瑟、筝。

木:用木头制作的乐器,如柷、敔。

匏:用葫芦制作的乐器,如笙、竽。

竹:用竹子制作的乐器,如筚篥、笛。

该分类法的年代较早,现代的乐器大多不再由单一材质制作,故此分类法已不再适用。

2. 管弦乐队分类法

按西洋管弦乐队中乐器声部为标准的分类法,分为弦乐组、木管组、铜管组、打击乐组。在中国民族管弦乐队中,根据乐器的不同,又分为拉弦组、弹拨组、吹管组、打击乐组。这种分类法从乐队摆位、总谱写作、演奏方式等多方面来看,都是十分合理且方便的,故沿用至今。

该分类法仅适用于管弦乐器,适用场景比较有限。

3. H-S 分类法

萨克斯(Saches, 1881～1959)和霍恩博斯特尔(Hornbostel, 1877～1935)基于乐器声学振动特征,提出了一种至今通用的乐器分类体系,并以二者的名字命名,而后学者对其进行了补充。H-S 分类法将所有乐器分为弦鸣乐器、气鸣乐器、体鸣乐器、膜鸣乐器和电鸣乐器(Electronphones)。

4. 元素分类法

斯蒂夫·迈恩(Steve Mann)于 2007 年提出元素分类法(Elementary Classification),以声音产生的物质元素(物态)为分类依据。由此形成元素乐器学理论,即视乐器振动发声体元素的不同将乐器分为土、水、气、火的状态,并加入第五元素“典范”或“理念”(Idea),泛指以信息、意识等非物质元素作为发声源的新型乐器。

本章根据需要将以管弦乐队分类法为主、以 H-S 分类法为辅介绍各类乐器的声学特征。

二、弦乐器

弦乐器可以追溯到中世纪时期,甚至更早。在如今的管弦乐队中,仍然使用了四件不同尺寸的维奥尔(Viol)家族的乐器:小提琴、中提琴、大提琴、低音提琴。它们无论是声学结构、振动模式、演奏技巧都十分一致。本节将以小提琴为例阐述西洋弦乐器的声学内容。

(一) 小提琴的结构

小提琴有四根钢弦或肠弦,定弦为 G3、D4、A4 和 E5(分别为 196 Hz、294 Hz、440 Hz 和 660 Hz)。由于弦的直径很小,振动时能扰动的空气很少,因此发出的声音很小。但振动的琴弦会使小提琴的琴体产生共振,从而产生大量的辐射能量。小提琴的琴体被设计成在一个非常宽的频率范围内振动,使得它能在小提琴音域内产生大量的共振频段。

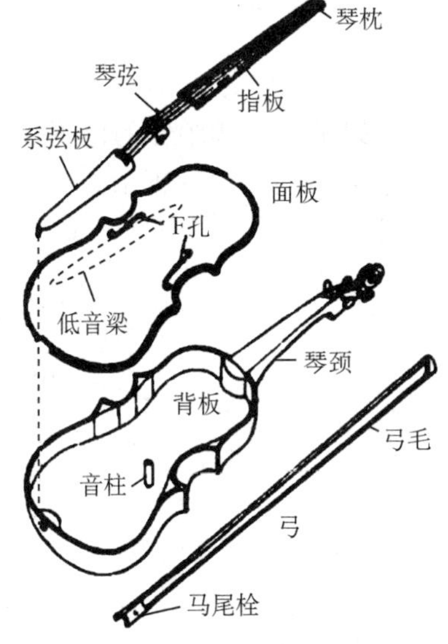

图 3-14 小提琴结构图

小提琴的结构如图 3-14 所示,琴体的面板通常由云杉制成,侧板和背板则由卷曲的枫木制成。在面板上切出两个 F 孔,一个低音梁直接粘在琴马(Bridge)一端下的面板上。在琴马的另一端有一根短木棒,叫作音柱(Sound Post),它从面板一直延伸至背板。琴弦固定在系弦板,穿过琴马,沿着指板,越过琴枕,最后固定在插入钉盒中的木钉上。

为了得到良好的振动,面板需非常薄(通常为 2～4 mm),当调到正常音高时,琴弦的综合张力约为 220 N。琴马向下施加在面板的力接近 100 N,如果没有音柱和低音梁,脆弱的面板将无法持久支撑该载荷。

弓由大量弓毛组成,被一根木棍(首选为伯南布哥木,是一种密度大且坚硬的木材)拉紧。小提琴琴弓长度约为 73 cm,重约 60 g。弓毛的张力是通过移动马尾栓(Frog)上的螺母调节的。

(二) 拨弦的振动

当琴弦受到弓擦、弹拨或敲击等激励时,产生的振动可看作常规模式与共振模式的结合。例如,如果拨动一根弦的中心点,产生的振动将由基波与奇次谐波组成。图 3-15 分解了这个过程,基波与各奇次谐波振动逐步叠加,形成琴弦振动所呈现的形状。

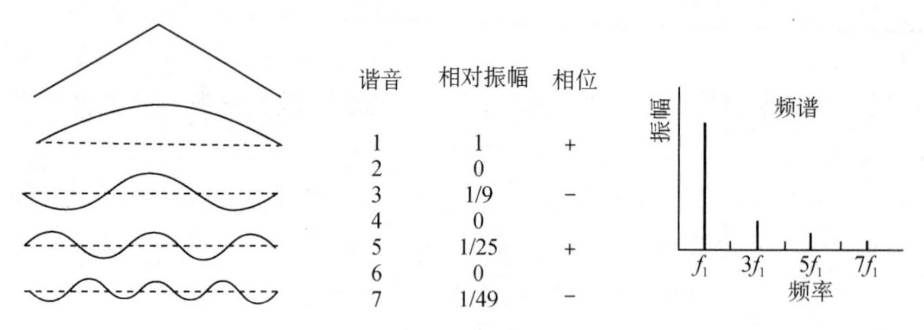

图 3-15　叠加而成的弦振形状

由于图 3-15 中所有模式的振动频率都不同,因此它们会迅速异相,弹拨后琴弦的形状也会迅速变化。两个相同的脉冲沿远离中心的相反方向传播,如图 3-16 所示,仍然可以通过图中所示的比例,将各模式相加来获得每个时刻的弦的形状。但是这样做比较困难,因为每种模式在其循环中都处于不同点。将琴弦运动分解为两个脉冲(如图 3-16 中的虚线所示)可以简化分析。

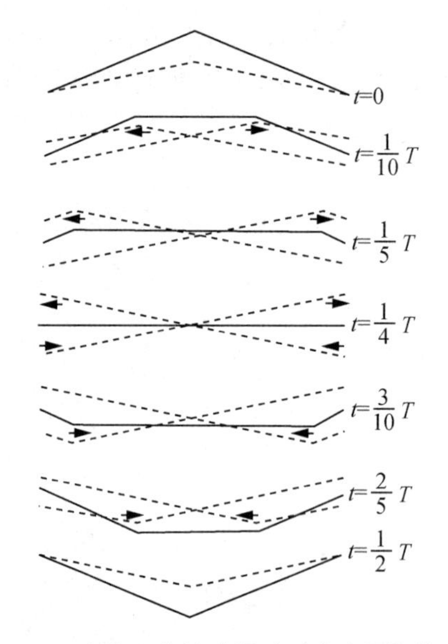

图 3-16　在中心点拨动琴弦时半个周期的运动

如果在弦非中心的位置拨动琴弦,其振动的组合模式便会不同。例如,如果在琴弦的 1/5 处拨动,其振幅如图 3-17 所示。注意,第五次谐波缺失了。在琴弦 1/4 处拨动,可抑制第四次谐波,依此类推。

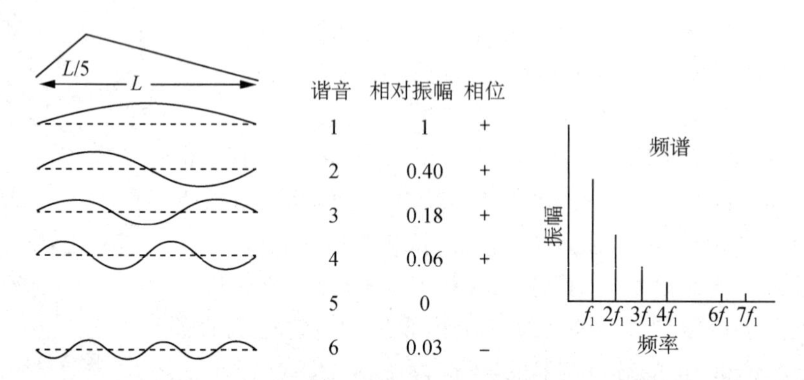

图 3-17　在弦长 1/5 处拨动琴弦的振动模式

图 3-15 与图 3-17 展示了不同振型的相对振幅。由于乐器的声学特性,通过共振体而辐射的声音频谱具有相同的频率,但相对振幅不同。

（三）擦弦的振动

当琴弓拉过小提琴琴弦时，大部分时间弦都是由琴弓附着的，然后突然分离，并迅速向相反方向移动，直到再次被琴弓控制。弦在琴弓下的运动如图 3-18 所示。

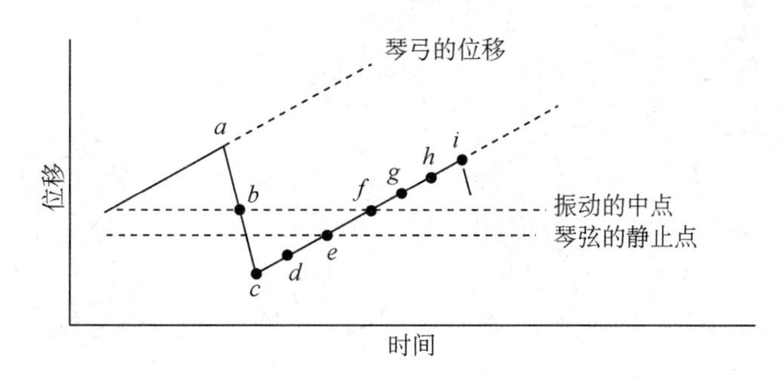

图 3-18　和弦在接触点位置的位移

（注意：在弓擦的作用下，弦振动中心点距离琴弦的静止位置略有偏移）

图 3-19 展示了周期性的弦振动。在释放时刻，如图 3-19(a)所示，弦的弯曲刚好经过琴弓。在图 3-19(b)中，弯曲到达了琴马，在图 3-19(c)、图 3-19(d)和图 3-19(e)中，它将反射回琴弦，直到到达图 3-19(f)中琴轴在此被反射。在图 3-19(c)中，琴弦再次被琴弓牵制，并以弓擦的速度向上移动。图 3-19 右图中的箭头代表了弦在部分点上的速度。

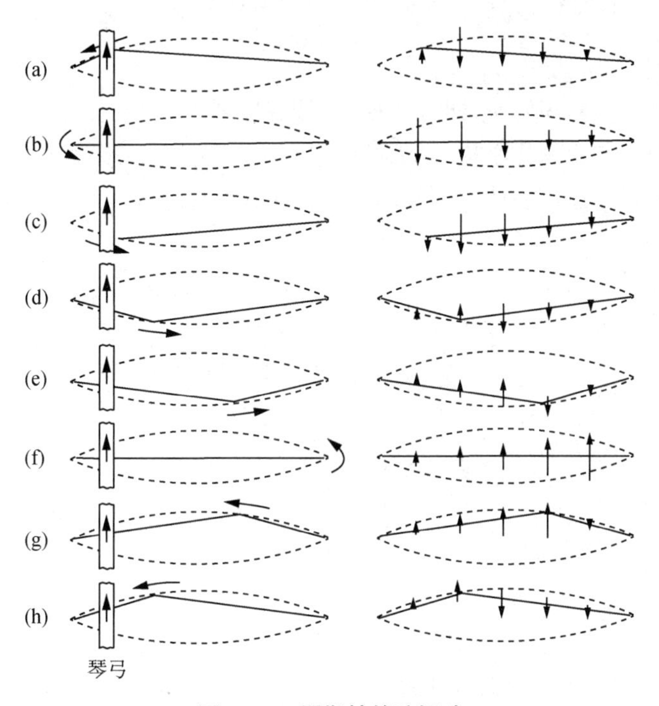

图 3-19　周期性的弦振动

琴弓的每个位置都有一个最大和最小的弓力。琴弓越靠近琴马，弓力范围越小。琴弓靠近琴马演奏(Sul Ponticello)能发出明亮的音色，而靠近指板演奏(Sul Tasto)产生的音色温和且明亮度降低。

（四）小提琴本体振动

小提琴琴体的振动直接影响了小提琴的音色和乐器性能。本体振动由面板、背板和封闭空气的耦合运动构成。其中琴颈、琴肋和指板也起到了少量作用。一般通过对琴马施加振荡力来观察小提琴各部分的运动。可以通过加速度计用电学技术完成，或通过全息干涉法用光学技术完成。

图 3-20 展示了小提琴的六种低频振动模式。A_0 模式和 T_1 模式都涉及了大量空气进出 F 孔的运动。两种模式都能有效地辐射声音，并在小提琴低频频谱中占主导地位。在 1 kHz 以上，本体振动与共振共同作用，难以单一识别。共振约集中在 2～3 kHz 范围内，这与歌剧歌手频谱中的“歌手共振峰(Singer's

Formant)”相似，这也是意大利老一辈制琴师如斯特拉迪瓦里(Stradivari)、格瓦涅里(Guarneri)等制作的小提琴的特点。

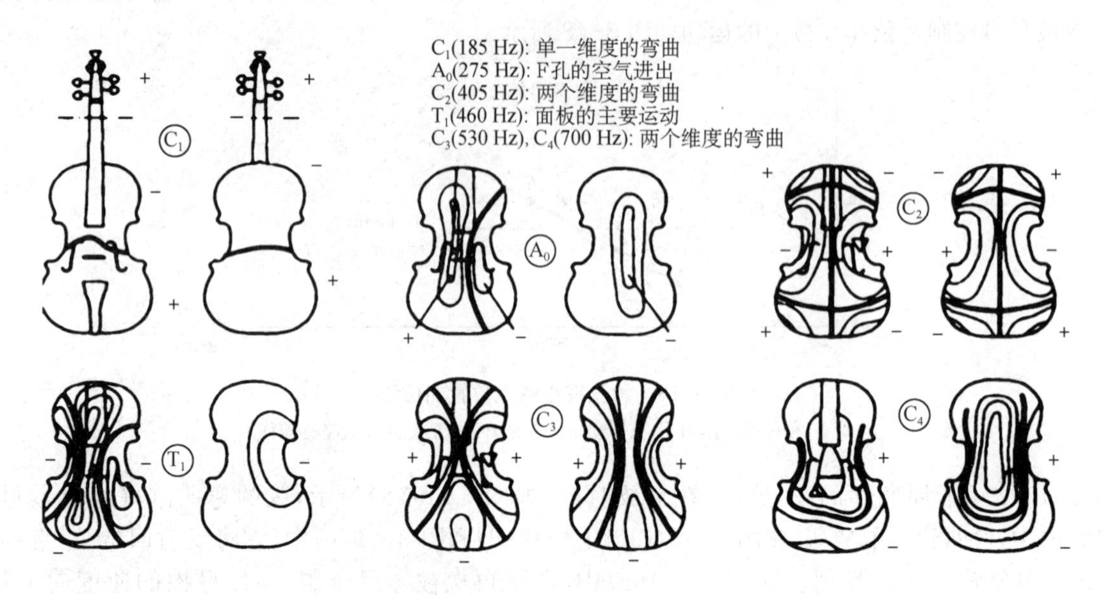

图 3-20　小提琴六种本体振动模式(面板和背板)

(粗线是节线；运动方向由＋或－指示；驱动点由一个小三角形表示)

(五) 其他弓弦乐器

在管弦乐队中，除小提琴外，还有中提琴、大提琴、低音提琴。中提琴、大提琴形制结构与小提琴相似，也都按五度定弦。虽然中提琴定弦比小提琴低五度，但它主要的空气共振频率通常比小提琴低三度，而板共振频率比小提琴低三度多一点。因此中提琴的最低音比较单薄。图 3-21 展示了小提琴、中提琴和大提琴的定弦与共振。

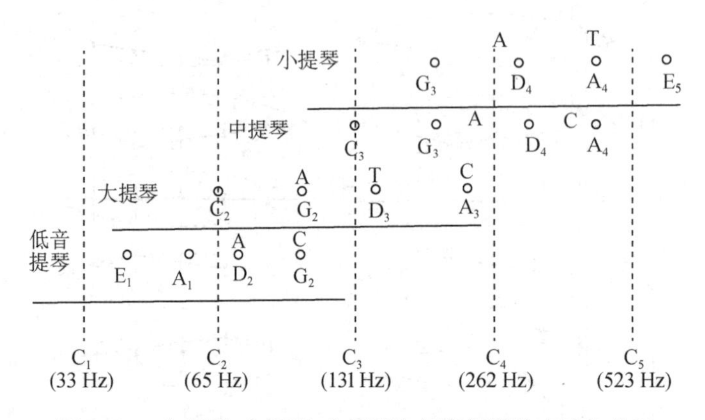

图 3-21　小提琴、中提琴、大提琴和低音提琴的定弦与共振

(A 代表主要的空气共振；T 和 C 代表板共振；○代表琴弦)

大提琴琴体共振频率与弦振动频率的关系与中提琴类似。但是大提琴的琴马很高，由此向木质琴身施加了更大的驱动力，带来了与琴身固有频率更强的频率响应。

低音提琴按四度定弦，这减少了手指在指板上移动的距离。其琴体肩部更为倾斜狭窄，背板则相对平直。

在中国民族管弦乐队中也有拉弦乐器组，由高胡、二胡、中胡、大提琴、低音提琴组成。它们同属于弓弦乐器，但其声学结构略有不同。在胡琴系列乐器中，皮膜共振代替了提琴的板共振，而且不具备提琴的指板与品。

(六) 吉他的结构

吉他历史悠久，琉特琴(Lute)与维拉琴(Vihuela)都是吉他的祖先。到了 20 世纪，吉他成为最流行的乐器之一，在弗拉明戈、民谣、爵士、摇滚音乐中都占有不可或缺的位置。

在吉他的设计发展过程中，琴身的大小和形状以及琴弦的数量都经历多次改革。托雷斯(Antonio de

Torres Jurado，1817～1892，现代吉他制作之父）设计出了现在流行的吉他：更大的琴身、扇形音梁的音板、65 cm长的琴弦。现代吉他有六根琴弦，定弦为E2、A2、D3、G3、B3、E4（分别为82 Hz、110 Hz、147 Hz、196 Hz、247 Hz、330 Hz）。放置在同一平面的弦直接固定在琴马上，长长的指板上具有品格，可简化和弦的演奏。

面板通常为云杉所制，刨成约2.5 mm厚。背板通常采用红木、桃花心木或枫木这类硬木，也约为2.5 mm厚。吉他的面板和背板都有音梁，面板的音梁是吉他的关键参数之一。音梁加固了脆弱的板，也将琴马的振动传递到音板的各个部位。图3-22展示了几种吉他音梁的设计。

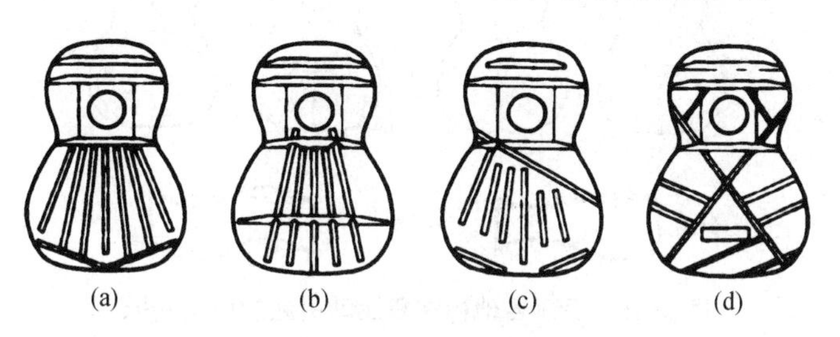

图3-22 不同的吉他音梁设计

原声吉他（Acoustic Guitar）通常可分为四大类：古典吉他、弗拉明戈吉他、平面吉他（民谣吉他）、拱面吉他（爵士吉他）。古典吉他与弗拉明戈吉他使用尼龙弦，平面吉他和拱面吉他使用钢弦。由于钢弦张力更大，平面吉他的琴颈内部通常嵌有钢条，而且它们的音板上有交叉的音梁。平面与拱面吉他的指板比古典和弗拉明戈吉他的指板窄。钢弦的音量比尼龙弦更大。

有些平面吉他具有十二根弦，成对地排列和演奏。最高音（B、E）的两对琴弦定弦一致，其他四对呈八度定弦，以此获得更明亮的声音（有时低音E弦呈两个八度定弦）。

（七）吉他的振动系统

吉他可被视为一个耦合振荡器系统。拨动的琴弦只能辐射出极小的声音，但振动激发了琴马和面板，进而将能量传递给了琴箱里的空气和背板。声音便通过板振动和音孔有效地辐射出来。

图3-23是吉他的振动系统简图。在低频下，面板通过琴箱里的空气腔将能量传送到背板和音孔，而琴马本质上是面板的一部分。然而在高频中，大多数声音是由面板辐射的，琴马的机械性能尤为重要。实际上，琴弦的刚度和阻尼很大程度影响了琴马受力的波形。

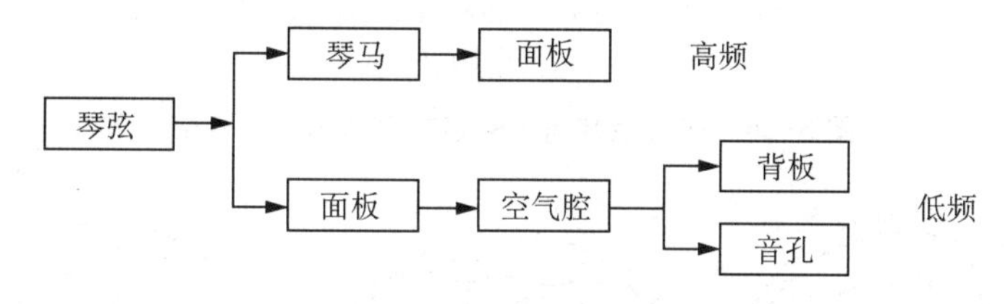

图3-23 吉他振动系统简图

（八）吉他的本体共振

吉他的大部分低频共振都来自面板、背板和封闭空气的耦合运动。如图3-24所示，以Martin D-28吉他为例，在其低音区中，具有102 Hz、193 Hz、204 Hz三种共振模式。

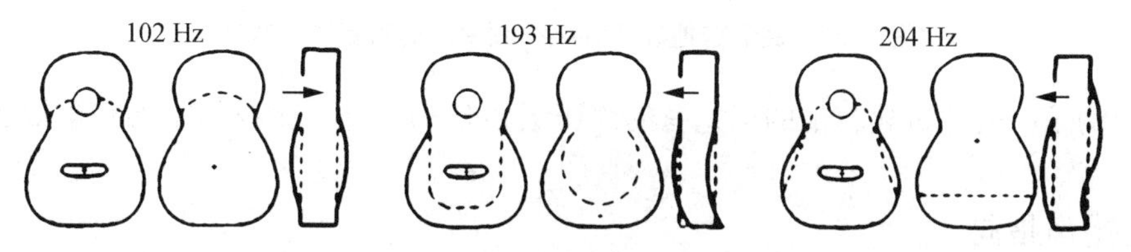

图3-24 无支撑的民谣吉他在低频范围内的三种强烈共振模式

第一次共振时，面板和背板反向运动，使空气从音孔进出。第二次共振时，面板和背板同向运动。第三次共振时，它们再次反向，但音孔中空气运动方向与第一次相反。固定侧板可将第二共振频率从

193 Hz 降至 169 Hz，但第一和第三共振基本保持不变，因为它们极少涉及侧板运动。这表明了振动模式对支撑方法的依赖性，并说明乐器的音色受到演奏者持握乐器方式的影响。

在古典吉他中，面板、背板和空气腔至少产生一个强烈共振（250～300 Hz），但在交叉音梁的民谣吉他中，该共振接近 400 Hz。图 3-25 展示了民谣吉他在该共振下的运动。在 400 Hz 以上，面板和背板之间耦合较弱，所以此时的共振主要由其中一个板体的共振构成。

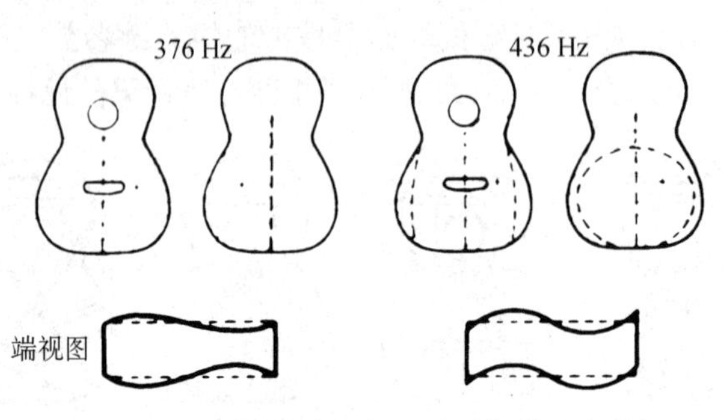

图 3-25　民谣吉他中往复运动引起的两次共振

（九）声辐射

面板、背板和音孔能辐射大量的低频。频谱取决于测量吉他的方位。图 3-26 展示了在消声室中，在特定方向上（音孔的正前方）辐射的声音是如何随频率变化的。图 3-27 展示了在图 3-20 和图 3-21 中的四种共振频率下，声压级如何随着方向变化。在 102 Hz 和 204 Hz，吉他全指向辐射均衡；但在 376 Hz，辐射图具有双极特征；在 436 Hz，显现四极特征。

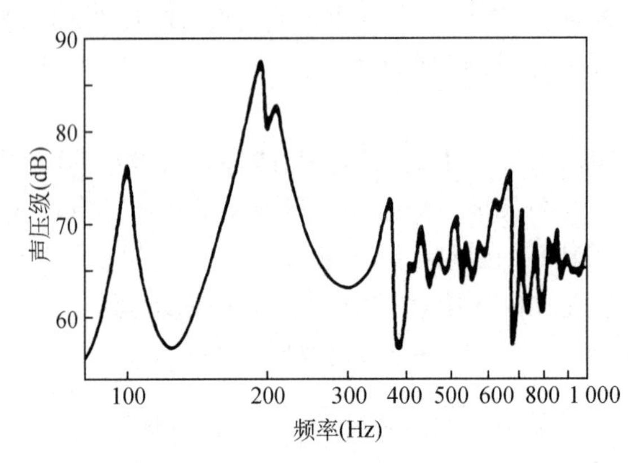

图 3-26　在特定方向上辐射的声音随频率变化

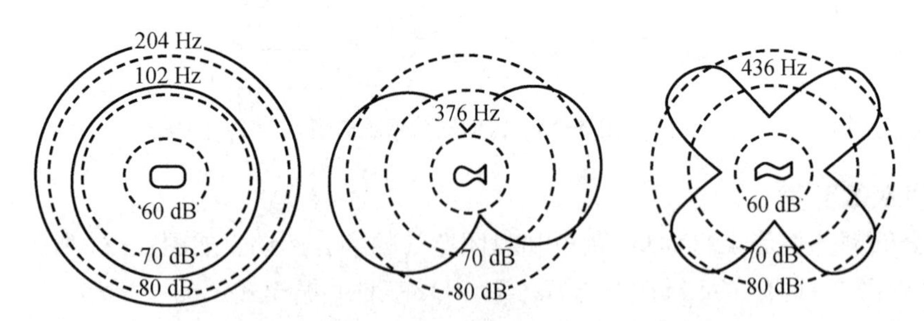

图 3-27　民谣吉他在四种共振频率下的声音辐射模式

民谣吉他的钢弦一般比古典吉他的尼龙弦的声压级强 5～10 dB。钢弦的张力和质量通常为尼龙弦的两倍。

（十）弦乐器声指向

声源的指向性表示声源辐射声音强度的空间分布。指向性声源在距离中心等距离不同方向的空间位置的声压级不相等。人声与乐器声都具有其指向性。本章以乐器在 f 力度下的取样音为例，展示不同乐器的指向性。

小提琴-f 力度-G4 音：

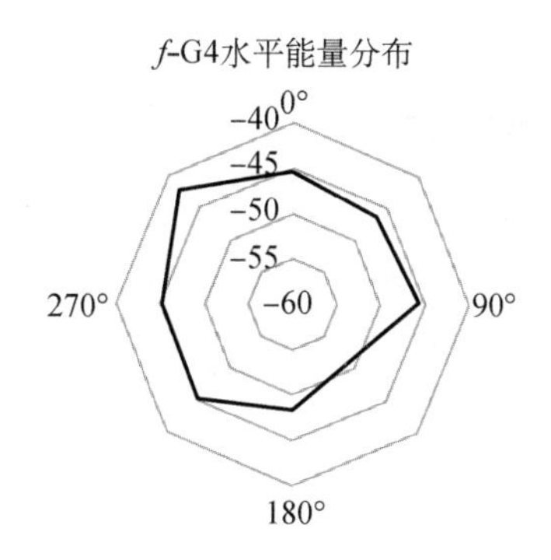

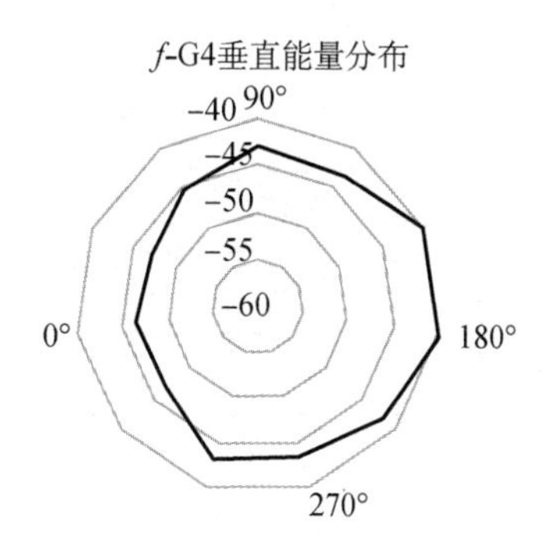

大提琴-f 力度-C3 音：

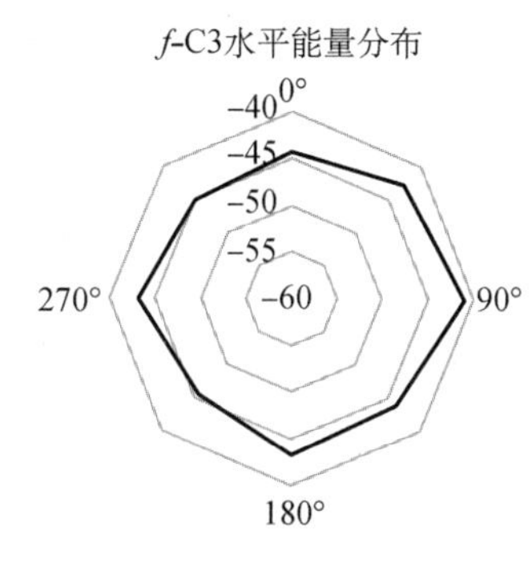

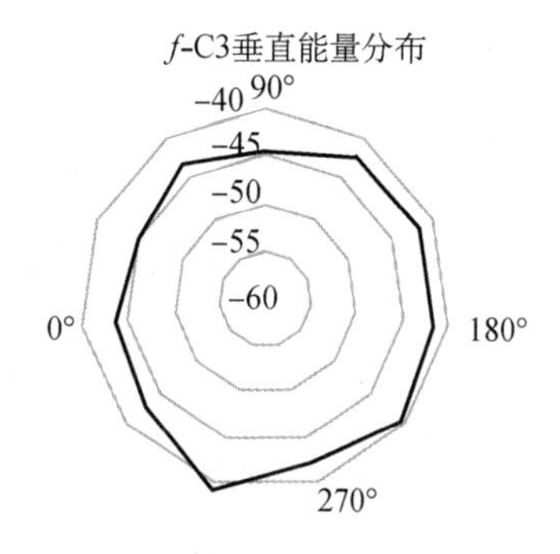

二胡-f 力度-A4 音：

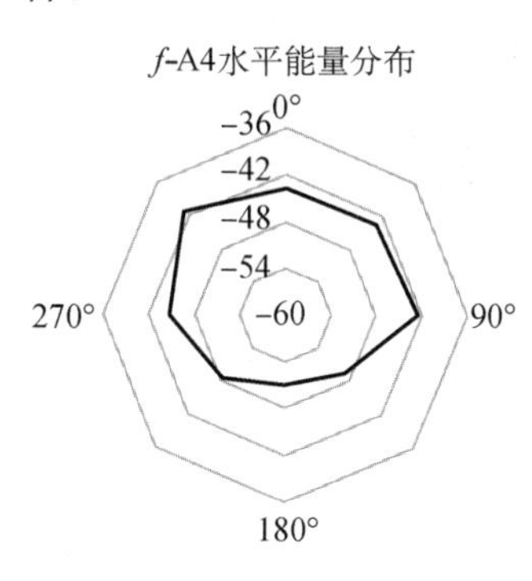

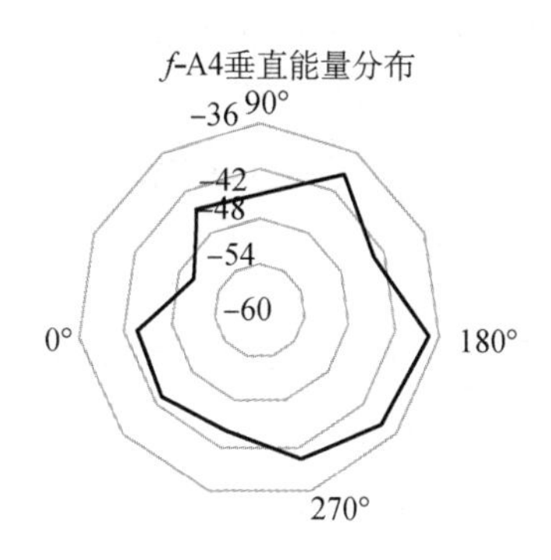

琵琶-f 力度-A4 音：

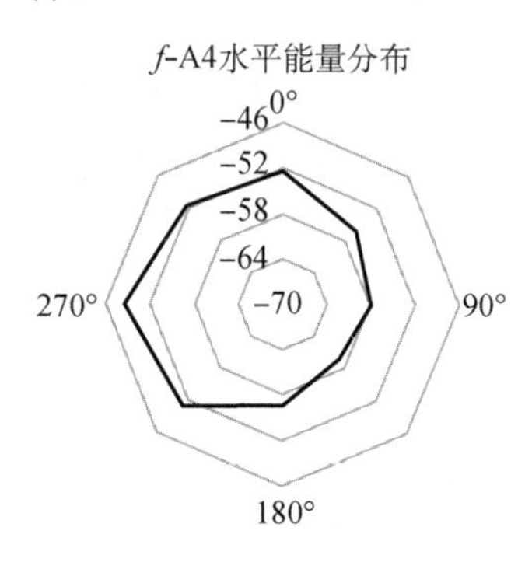

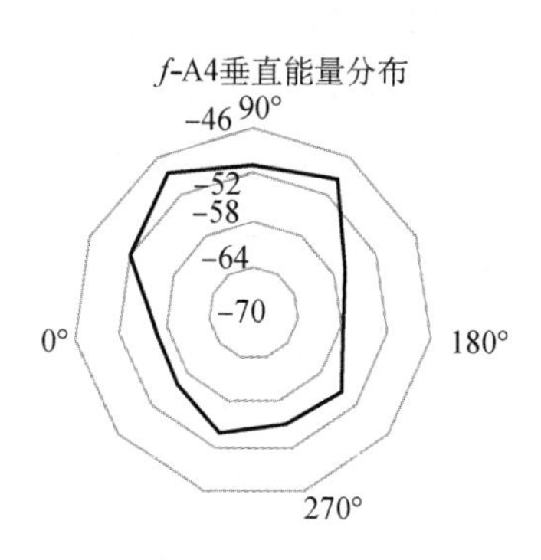

三、铜管乐器

(一) 铜管家族

铜管家族主要成员有小号、圆号(法国号)、长号和大号，音域如图 3-28 所示。除此之外，还有短号、富鲁格号、军号、次中音号等。

图 3-28 小号、法国号、长号、大号音域

铜管乐器由四个部分组成：号嘴、锥形吹管、圆柱形管

身、钟形喇叭口。小号、圆号和长号的圆柱形管身相当长，而富鲁格号、大号、次中音号管身大部分呈锥形，表3-1展示了上述乐器的基本信息。

表3-1　铜管乐器基本信息

	小号	法国号	长号	大号
理论基音	B2	F1	B1	B0
实际可演奏最低音	B3	F2	B2	B1
长度	140 cm	375 cm	275 cm	536 cm
管径	1.1 cm	1.1 cm	1.2 cm	1.8 cm
圆柱长度	53 cm	193 cm	170 cm	—
喇叭口径	11 cm	32 cm	18 cm	35～60 cm

(二) 管中的振荡

B调小号空气柱长度约为140 cm，其闭管的共振频率应为：

$$f_n = n\frac{v}{4L} = n\frac{343}{4(1.4)} = 61.3n \quad (n=1, 3, 5, 7, \cdots) \tag{3.12}$$
$$= 61, 184, 306, 429, \cdots \text{Hz}$$

如果演奏者在管子一端轻轻吹气，其频率则十分接近上述计算的结果。在铜管乐器上，通常基音很难靠唇振动获得，可以通过安装单簧管哨嘴得到。

观测声阻抗与频率的关系可以用于研究管乐器共振。扬声器驱动器迫使声音通过玻璃纤维毛细管，以产生恒定振幅的体积速度，号嘴旁边的压力麦克风用于检测压力的变化。由于速度振幅基本保持不变，故压力峰谷值为阻抗的峰谷值。

(三) 喇叭口和号嘴

所有铜管乐器都有一个钟形喇叭口，其对铜管乐器的声学特性起到重要作用：

① 改变了频率与阻抗峰值。

② 改变声辐射模式，使高频更具指向性。

③ 改变辐射声的频谱。

④ 使管内高压与外部低压相互匹配，以便有效地辐射声音。

钟形喇叭口决定了号管有效长度随频率的变化方式。将小型麦克风缓慢插入喇叭口时测量其声级，可以观测波形的变化。在大力度演奏下，将一根手指插入喇叭口也可以感受到变化。当小号管身装上喇叭口后，有效地辐射了高频能量，1 500 Hz以上的阻抗峰值消失了，同时，高频辐射更加突出。在低峰值的频率处，大多数声音从喇叭口反射回去，且振幅变大。但在高峰值频率处，大部分声音会辐射到房间中。

号嘴也改变了阻抗峰值的频率，尽管它对峰值的高度影响更大。号嘴最低共振附近的峰值与谷值会大大增强。号嘴的最低共振频率约为750～850 Hz，也被称为拍击频率(用手拍击号嘴而得)。

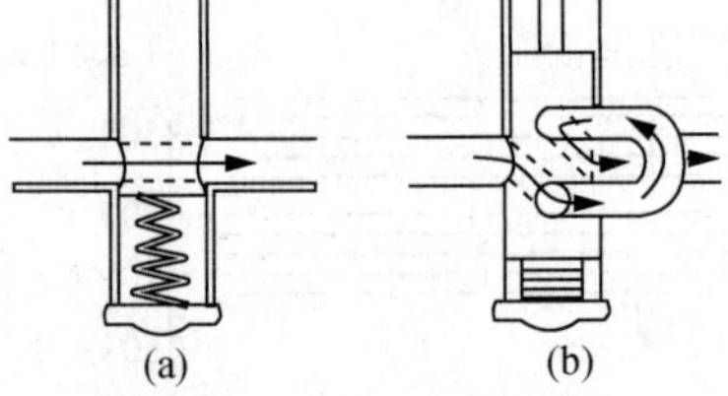

(a)　(b)

图3-29　小号活塞工作原理

(四) 活塞和伸缩管

通过活塞(长号伸缩管)的运动可获得更丰富的变化音及泛音。当活塞在原位时，空气柱在基础音管内振动发声；按下活塞后，使基础音管连接延长音管，从而改变空气柱长度，发出不同基频的自然谐音列，如图3-29所示。

长号以伸缩号管的方式来改变空气柱长度从而获得不同的泛音列。演奏音阶内所有音符需要伸缩至七个间距不等的位置。空气柱延长6%可以降低半音，但是随着管子延长，每延长6%的空气柱，其绝对长度也逐渐延长，如图3-30所示。

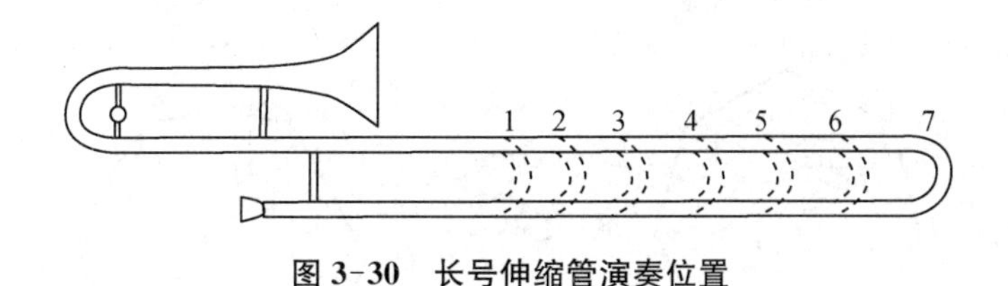

图3-30　长号伸缩管演奏位置

(五) 铜管乐器的频谱

演奏者吹奏乐器的力度越大，谐音列越为丰富，频谱里所含信息甚至超过人耳可闻范围。在任何管乐器中，辐射声的频谱既取决于乐器内部的驻波，也取决于泄漏到外部的声能。在铜管乐器中，后者又取决于喇叭口的辐射效率，并会随频率变化而变化。

图3-31展示了将小号的内部频谱与辐射曲线(频谱变换函数)组合而获得辐射声的频谱。随着音高的变化，内部和外部频谱会在频率轴上上下移动，但辐射曲线没有变化，因为它是由乐器形状决定的。因此，随着音高的变化，不同谐音高音增强的程度也有所不同。

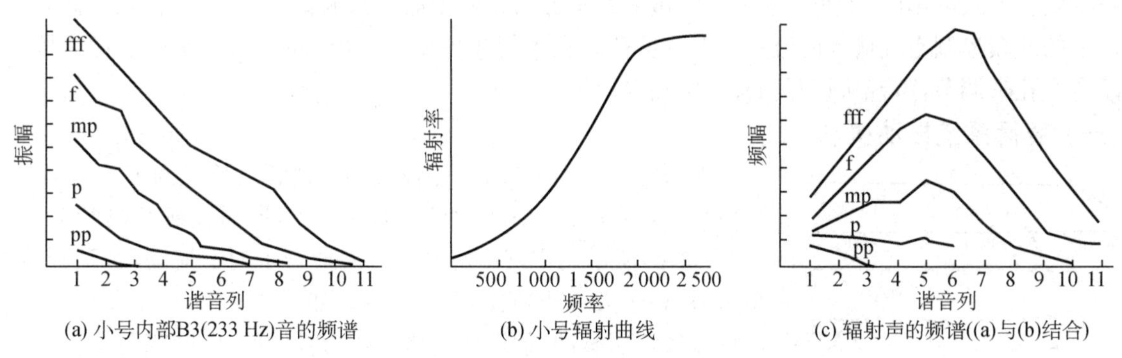

图3-31　小号内部频谱与辐射曲线及其组合的频谱

高频声在相对较窄的路线中直射，而低频声则由于衍射现象向各个方向辐射。此外，如果麦克风与喇叭口之间的距离足够大，则房间的声学效果也会对频谱产生很大影响。尽管有这些不确定性，但在较大的声音中，高次谐波的突出性是显而易见的。

(六) 弱音器

各式弱音器被用来改变铜管乐器的音色。图3-32展示了小号的三种弱音器。直式弱音器(Straight Mute)是一个截锥体，较大一端是封闭的，在圆锥周围有三个狭窄的摩擦垫，因此喇叭口和弱音器之间保持约3 mm的距离。碗式弱音器(Cup Mute)在原始圆锥的较大一端增加了第二个圆锥。哈蒙(哇声)弱音器(Harmon Mute)是一种特殊形状的金属外壳，一端有可调节的小喇叭口。

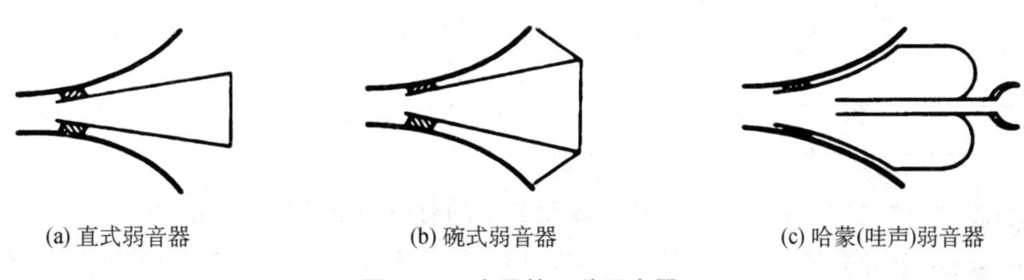

图3-32　小号的三种弱音器

演奏圆号时，有时用拳头堵塞喇叭口以获得“阻塞音”，发出类似弱音器的音响。

（七）铜管乐器声指向

小号-f 力度 b-B4 音：

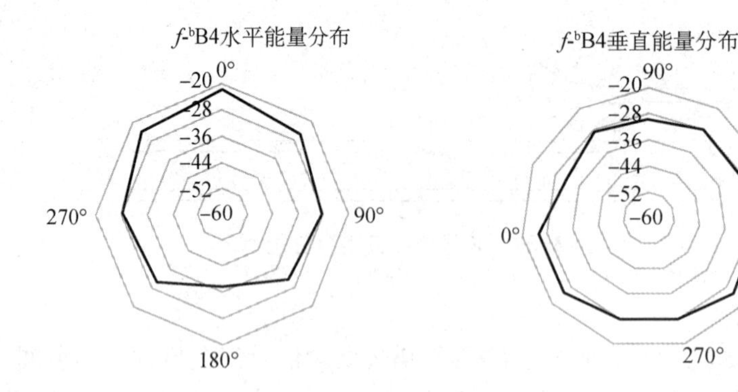

四、木管乐器

木管乐器种类繁多，形制各异。管弦乐队中常用木管乐器有长笛、单簧管、双簧管和大管，有时也加入短笛、英国管、低音单簧管和低音大管。萨克斯是爵士乐队、管乐团和军乐团中的重要乐器，偶尔也在管弦乐团中使用。

根据发音方式的不同，木管乐器又分为边棱音乐器与簧管乐器。像铜管乐器一样，木管乐器利用来自振荡气柱的反馈控制空气输入的流量并保持振荡。在木管乐器中，空气柱的共振频率靠手指或按键的打开和闭合音孔来调节，声音从打开的音孔中辐射出来。

（一）簧管系统振动机制

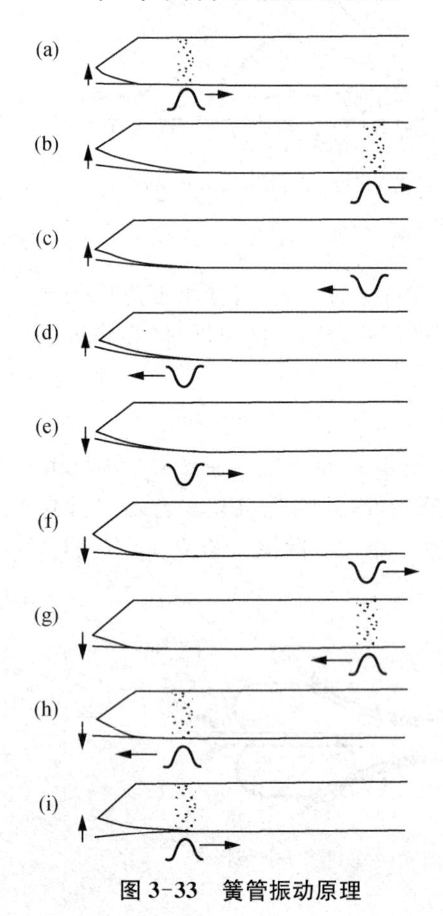

图 3-33　簧管振动原理

如果将簧片哨嘴安装到圆柱管上，簧管总长度为 L。演奏者向簧管内吹气，簧片使得小部分空气进入管内，同时使簧片向哨嘴摆动，如图 3-33(a)所示。空气（或正压脉冲）沿管子向下流动，直到开口端，过剩压力（高于大气压）突然下降到零。如图 3-33(b)和图 3-33(c)所示，这将导致负压脉冲（低于大气压的压力）沿管道向哨嘴传播回去。到达簧片时，簧片刚刚完成向吹嘴的摆动，负压脉冲将簧片拉得更近一点，如图 3-33(d)所示。因为簧片此时已关闭或几乎关闭，所以几乎没有空气进入，因此负压脉冲开始朝着开口端沿管子向下，如图 3-33(e)所示。负压力脉冲到达开口端，压力突然上升到零（即恢复到正常的大气压），而正压力脉冲开始返回到哨嘴，如图 3-33(f)和图 3-33(g)所示。到达时，簧片会张开，如图 3-33(h)所示，并且压力脉冲会将其推得更远，以便可以使演奏者吹入新的空气，如图 3-33(i)所示。

管道中的空气所具备的质量能够很大限度地迫使振动的簧片锁定在气柱的固有频率上。在单簧管上，当高音按键（泛音键）打开时，通过上述方式的三倍频振动，簧片也可以与空气柱锁频。在这种情况下，簧片会在压力脉冲的一次往返过程中关闭、打开并再次关闭，因此当负压力脉冲返回时，簧片将再次准备好受到拉力。如果管口压力很大，则可能进入该振动模式，该模式的频率是基频的三倍（假设管道是圆柱形的）。

（二）音孔

音孔可改变管子的有效声学长度。一般而言，音孔越大，管子有效长度越短。当音孔与管径大小相同时，管子有效长度实际上截止于音孔所在的位置。开闭音孔可改变管乐器的音高。

当管子有多个音孔，且开孔有规律地间隔开时，便形成了“音孔链”——一个传输高频波但反射低频波的滤波器。声波能通过音孔链传播的临界频率称为音孔链的截止频率，这是确定木管乐器音色的重要因素。

带有开口音孔的管子的有效长度会随着频率改变而变化，其方式与具有喇叭口的管子的方式几乎相同。管口在高频下的作用比在低频下的作用更长。因此，如图 3-34 所示，高频共振的阻抗有所降低。此外，超过截止频率的共振变得十分微弱。在截止频率以上，打开的音孔可以有效地辐射声音，只有小量的声音反射回哨嘴。

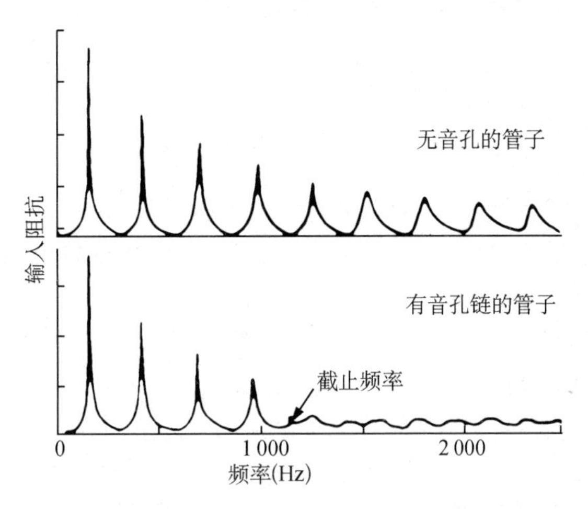

图 3-34　无音孔管子和有音孔链管子的阻抗曲线

封闭的音孔也会影响木管乐器空气柱的声学特性。每个封闭音孔增加了空气体积，从而降低了声波沿管子向外传播的速度。也就是说，一个有规则间隔凸起的管子比一个光滑的管子在声学上显得更长。

（三）单簧管辐射声

簧管乐器具有丰富的谐音列。单簧管在低音区中，几乎没有第二、第四谐音，偶次谐音从第六号谐音开始出现。第二、第四号谐音的缺失，使单簧管在低音区具有独特的“木质”音色。

单簧管演奏三个不同音区的音，可以看到随着音高上升，不仅偶次谐波变弱，高次谐波也随之变弱。单簧管在三个音区中的音色有很大的不同。此外，音色也会随声压级改变而变化。随着簧片振幅的增加，所有谐波振幅也会增加，基音声压级增加 1 dB，第 n 次谐音就增加 n dB。

（四）双簧乐器

管弦乐队中的双簧乐器有双簧管、英国管、大管和低音大管。它们的管身为锥形管，锥形尖端被切断，并附有双簧片。

双簧管大约 60 cm 长，管口近似直锥。由于圆锥体的共振为八度共振，所以双簧管的音区也以八度划分，从 D4 到 C5，从 D5 延伸到 C6。附加键和交叉指法将演奏范围从 B3 扩展到 G6。双簧管通常由三部分制成：顶部、底部和喇叭口，且三个部分都有音孔。

不同乐器的截止频率为 1 100～1 500 Hz 不等，高品质双簧管的截止频率在整个音域中几乎是恒定的。较高的截止频率具有明亮的音色，而较低的截止频率使音色黯淡。双簧管在 1 000～3 000 Hz 周围存在大量的高频谐音和共振峰，有学者将该声学特性归因于簧片的机械特性。

英国管是双簧管的中音版本，有一个梨形的喇叭口，能够使接近共振频带的音区富有独特音质。英国管为 F 调，比双簧管低五度。

大管（巴松管）管口接近圆锥形，总长度约为 254 cm。为了使管长达到理想的尺寸，管身具有几个弯曲。大管音域为 B1-C5（58～523 Hz），低音大管则低一个八度。高品质大管的开音孔截止频率范围为 350～500 Hz。与双簧管一样，大管有许多尖锐的共鸣，且具有丰富的泛音。

（五）边棱音乐器

管弦乐队中常见的边棱音乐器有长笛、短笛。当演奏者向边棱音乐器的吹孔吹气时，气流以一定的角度射入具有尖锐边缘的吹孔或管口，气流被分隔为两部分，形成两个独立的气体涡旋，涡旋之间产生空吸，持续的气流使之不断地互相碰撞，从而产生边棱音（图 3-35）。通过耦合边棱音与管内空气柱的频率，乐器便可发出稳定的声音。此时，辐射声的频率主要由空气柱的共振频率决定，它同时控制着空气经过边棱时产生振荡的速率。

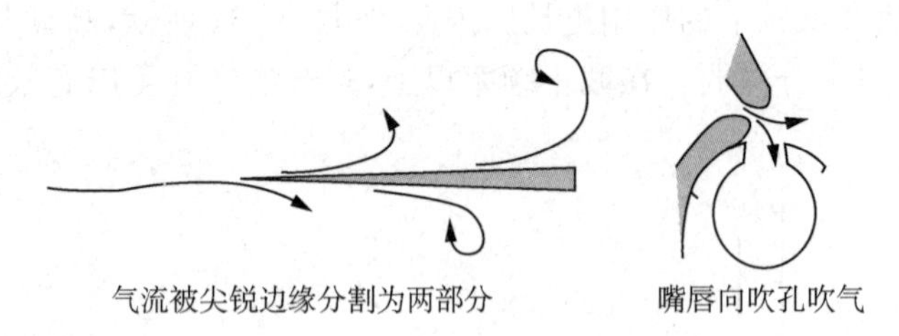

图 3-35 边棱音原理示意图

长笛的形状是一个两端开口的圆柱体，直径约为 1.9 cm，长 66 cm。它的基本音高是中央 C(C4)，音域有三个八度 C4-C7。长笛在管壁上有 16 个开口，可以用七个手指直接关闭其中的 11 个，左手拇指关闭 1 个，另外 4 个通过按键打开或关闭。

长笛的音高是通过开孔来缩短空气柱提高基频获得的。为了获得更高的音区，可以强迫空气柱发出它的第二谐音，比基音上升一个八度，该演奏技法称为超吹(Overblowing)。空气在边棱产生振荡，增加气流的速度会使音高上升，而演奏者将嘴唇朝向边棱包含，有助于完成超吹。通过嘴唇的调节并同时增加气流速度，空气柱可以从基频迅速转换到它的二次谐波，从而提高一个八度的音高。

(六) 边棱音乐器与簧管乐器声指向

双簧管-*f* 力度-G4 音：

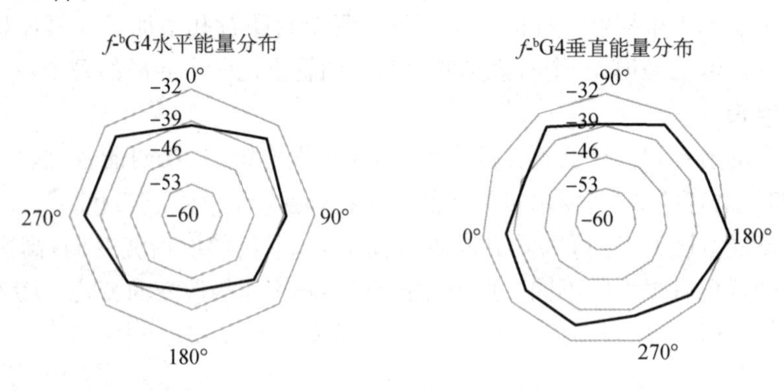

梆笛-*f* 力度-D5 音：

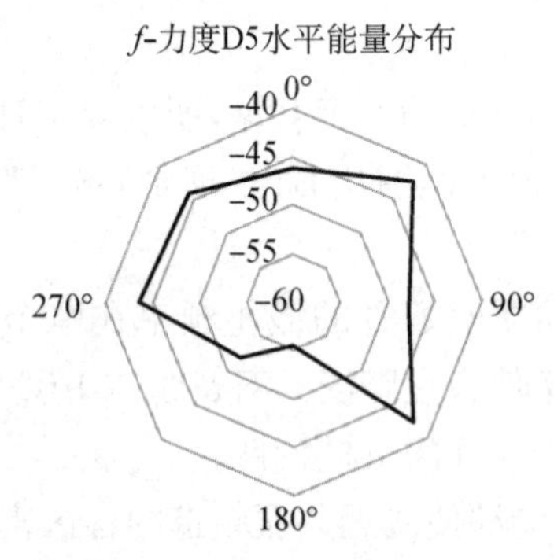

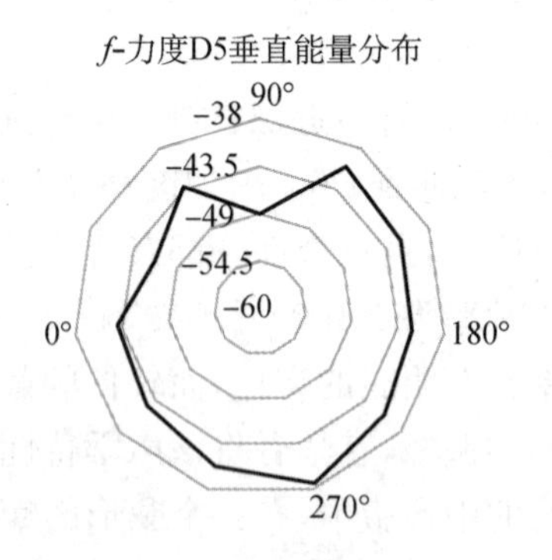

高音笙-*f* 力度-D6 音：

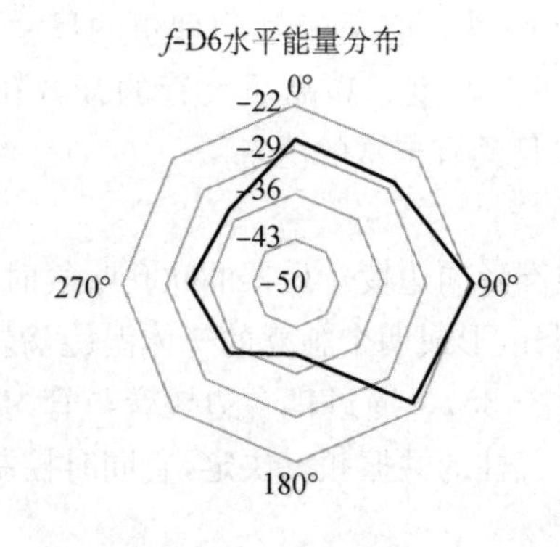

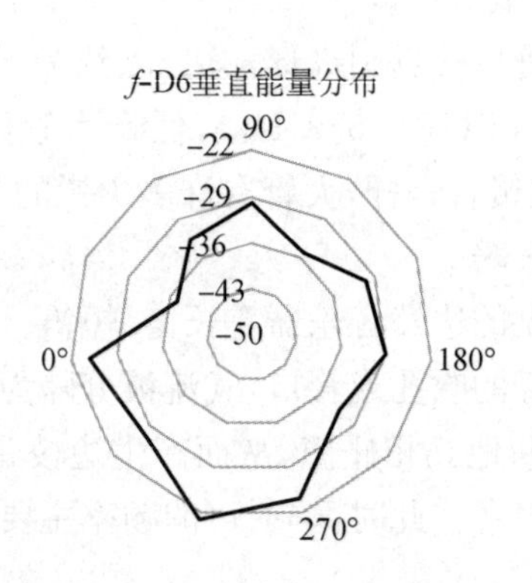

高音唢呐-f 力度-D6 音：

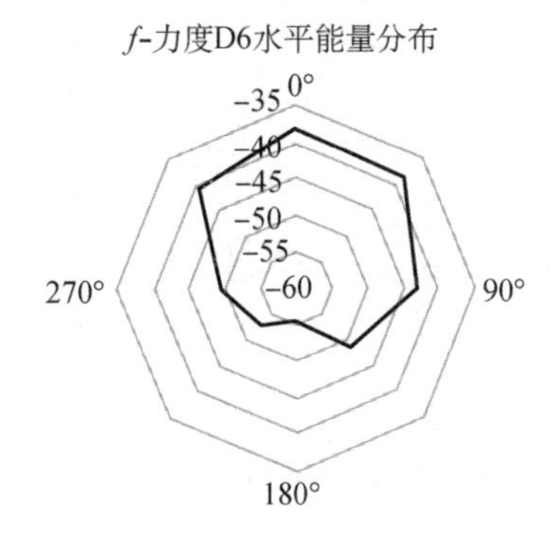

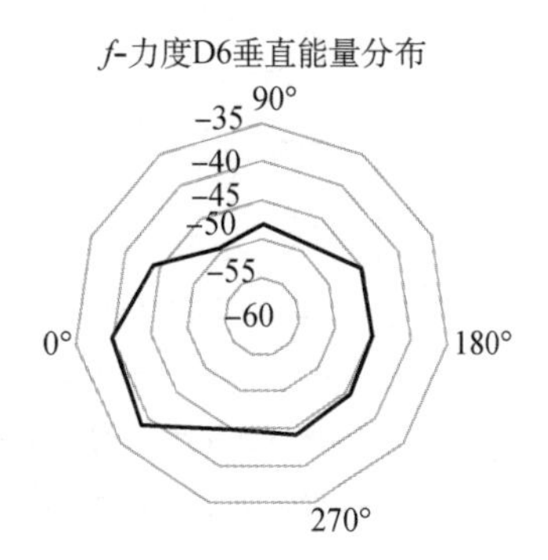

五、打击乐器

打击乐器数量繁多、形态各异，无论是从声学结构或演奏方式上看，都极为丰富多彩。打击乐大体可分为两大种类：膜鸣乐器和体鸣乐器。按照振动方式又可分为棒振动、膜振动和板振动。一般来说，这三种振动产生的泛音并不是谐音，这些复杂的振动使打击乐器具有独特的音色。

(一) 棒振动乐器

棒体可以纵向振动(通过伸缩长度)也可以横向振动(通过与长度成直角弯曲)。而在棒体打击乐器中，几乎所有乐器都是两段自由的棒，主要为横向振动模式。棒体在纵向或横向振动中的频率取决于其长度以及材料的密度和弹性，但是在横向振动中，频率也取决于条的厚度。

两端自由的棒横向振动频率计算公式为：

$$f_n = (\pi v_L K/8L^2)m^2 \tag{3.13}$$

其中，v_L 是声速($v_L = \sqrt{Y/\rho}$，Y 是杨氏弹性模量，ρ 是密度)；L 是棒体长度；K 是棒体的回转直径(对于矩形棒体而言 $K = t/\sqrt{12} = t/3.46$，t 是棒的厚度；对于管而言 $K = \frac{1}{2}\sqrt{a^2 + b^2}$，$a$ 是内径，b 是外径)；$m = 3.011\ 2, 5, 7, \cdots, (2n+1)$。

棒体如果是矩形体，其频率则取决于厚度、长度、宽度以及密度；如果是圆柱体，则取决于长度、截面半径和密度。

钟琴为矩形棒体乐器，由 2.5～3.2 cm 宽和 0.61～1 cm 厚的矩形钢棒组成，如图 3-36 所示，音域通常为 G5-C8(784～4 186 Hz)。钟琴通常使用黄铜或硬塑料槌敲奏。当用硬槌敲打时，钟琴会发出清脆的金属声音，这种声音会在指定的音高上迅速变为清脆的铃声。由于泛音具有很高的频率并很快消失，因此钟琴泛音对音色的影响不如马林巴和木琴大。此外，钟琴并没有将非谐泛音调整为谐音的机制，即便是钟琴上最低音棒的第一泛音，频率也高达 2 160 Hz，这已经是人耳音高辨别力减弱的频带。但实际上，其他棒体打击乐器并非如此。马林巴、木琴和颤音琴(Vibraphone)都是由带有共鸣管的棒体所构成，由不同硬度的琴槌敲击演奏。

图 3-36 钟琴

马林巴一般包含 3～5 个八度的音棒，它们由红木或玻璃纤维合成材料制成，宽度范围为 4.5～6.4 cm。在每个棒体下方都有一个具有棒体基音频的管状共鸣器。当用软性琴槌敲击时，则会产生十分柔和的音色。一般大型音乐会所使用的马林巴的音域为 A2-C7 (110～2 093 Hz)，低音马林巴扩充至 C2(65 Hz)。

马林巴棒体的底部，特别是低音区，都会切出一个深拱形，以减少低音所需的棒体长度，并使其获得理想的泛音。图 3-37 是马林巴 E3 音棒比例图，并展示了前七个振动模式的节点位置。注意，该棒体的第二振动模式 f_2 也就是第一泛音，是基音的 3.9 倍，与基音相隔近两个八度。

马林巴的共鸣器为圆柱体的管子，且已调谐到对应的棒的基频。当一根管的声学长度为声音波长的

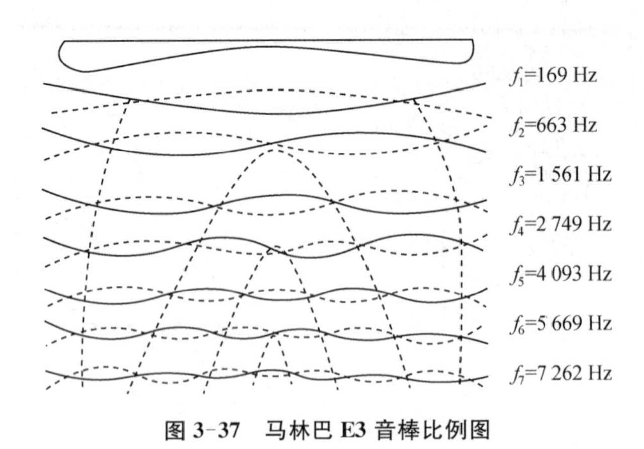

图 3-37　马林巴 E3 音棒比例图

四分之一时，一个闭管就会产生共振。共鸣管的目的是强调基音并增加响度，并且缩短声音的衰减时间。

(二) 膜振动乐器

膜可以看作一根二维的弦。因为膜和弦一样，是通过调节张力来改变音高，膜面振动的恢复力是由边缘施加的张力提供的。膜振动与弦振动的区别在于：一根理想的弦的振动产生的泛音频率与基音呈整数比，而膜振动却不能；膜上的节线取代了弦上的节点，这些节线的形状为周向或径向，如图 3-38 所示。每个模型上方第一位数字代表径向节线数量，第二位数字代表周向节线数量；模型下方数字代表该振动与整体振动的比值。例如，31 模式有三条径向节线和一条周向节线(外侧圆圈)，并以最低振动模式的 2.65 倍振动。

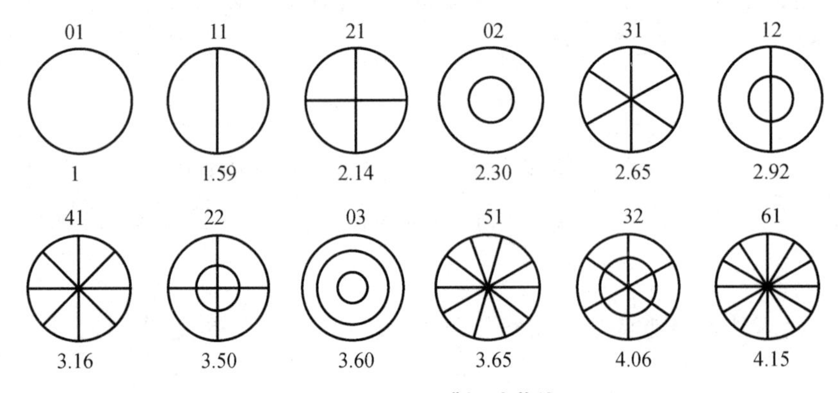

图 3-38　圆形膜振动节线

理想的圆形膜的不同振动模式频率的公式为：

$$f_{mn}=\frac{1}{2a}\sqrt{\frac{T}{\sigma}}\beta mn \tag{3.14}$$

其中，m 是径向节线数量；n 是周向节线数量；a 是膜半径；T 是张力；σ 是膜密度；β 是贝塞尔函数值。

膜振动典型乐器——鼓，是由动物皮革或合成材料制成膜面，并将膜面伸展固定在某种类型的空气腔上。有些鼓(如定音鼓、塔布拉鼓)具有音高，而其他鼓则没有明确的音高感。

定音鼓(Timpani)是管弦乐队中重要的打击乐器之一。大多数现代定音鼓都具有踏板操作的张力调整装置，在鼓边周围装有六个或八个调节螺丝，演奏者通常用踏板改变膜面张力从而改变音高。

虽然理想的膜的振动模式不是谐波，但一个通过调节的定音鼓能够产生一个强烈的主音以及两个或两个以上的谐音。这是因为：①膜振动带动了空气振动，而反过来空气振动的高阻抗降低了膜振动主要振动模式的频率；②鼓腔内的空气本身具有其固有共振，与具有相似频率的膜振动模式相互作用，从而强化了谐振动；③膜的刚度提高了较高泛音的频率。研究表明，上述第一个因素(空气载荷)是建立定音鼓谐音关系的主要因素，另外两个因素对频率起到了微调作用，但可能对声音的衰减率作用巨大。

小军鼓(Snare Drum)具有上下两个鼓面，直径为 33～38 cm，深度为 13～20 cm。外壳由木材、金属或合成材料制成。下鼓面有金属丝或肠线。敲击上鼓面时，金属丝会相对于下鼓面振动，从而产生特殊的音响。另外,金属丝弦也可以拆卸从而发出不同的音响。在小军鼓中,两个鼓面之间存在明显的耦合作用,尤其是在低频时。这种耦合可通过封闭鼓腔内的空气以声学方式进行,也可通过鼓身以机械方式进行。

(三) 板振动乐器

板振动与膜振动的关系,就像振动棒振动与弦振动的关系一样。对于弦和膜而言,恢复力是由张力产生的,而对于棒和板而言,恢复力是由固体材料的刚度产生的。在棒和板中,泛音往往要比基本音高得多。它们可以在各种边界条件下振动,包括一端固定或完全自由。

板振动模式十分多样。像圆膜那样,通常给圆板振动模式加上标签 m 和 n 分别指定径向节线和周向节线的数量。克拉迪尼观察发现板中各种模式的频率几乎与$(m+2n)^2$ 成正比,这种关系被称为克拉迪尼定律。

钹(Cymbals)在多种文化中都具有宗教和军事的用途。乐团和乐队中通常使用的土耳其钹是碟形的,中间有一个小圆顶;中国钹的边缘是向上的,更像是锣(Tam-tam)。管弦乐钹的直径通常为 40～55 cm,由铜制成。

管弦乐队、军乐队、爵士乐队使用许多不同类型的钹。管弦乐钹通常指定法国钹、维也纳钹和日耳曼钹,以增加厚度。爵士鼓手使用由拟声词指定的钹,如 crash、splash、ping、pang 等。钹的直径为 20～75 cm 不等。由于钹的直径和厚度范围很大,打击乐手可以使用各种音调的钹。此外,一个品质好的钹可以用不同的木棒在不同的地方敲击,从而产生许多不同的音调。通过轻轻敲击一个大钹的边缘,会发出类似于小锣的声音。最丰满的声音是通过从边缘大约三分之一处侧击而获得的。

图 3-39 所示的钹的振动模式,基本上是一个圆形板的振动,但会因钹的碟状形状而改变。请注意,在(60)模式之后,钹谐振是由两个或多个单一模式组合而成的。例如,1 243 Hz 的模式是(13.0)和(22)模式的组合。

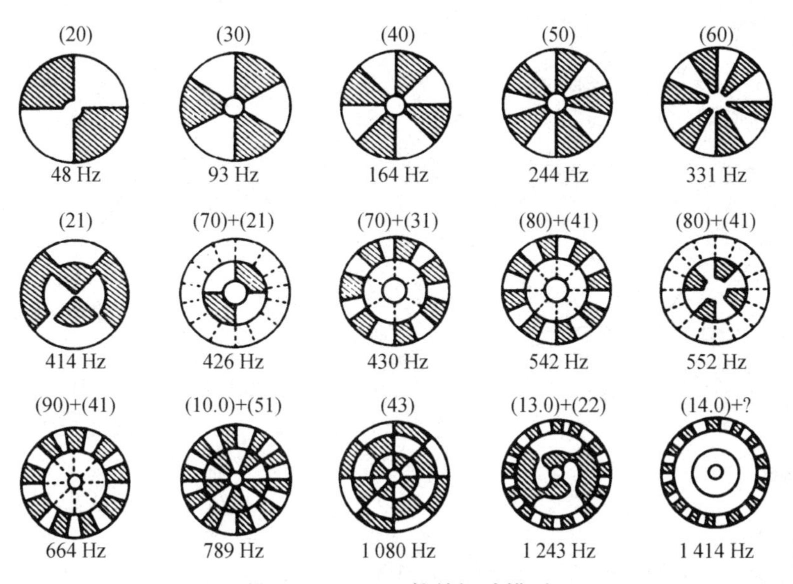

图 3-39 38 cm 钹的振动模型

钹可以通过许多不同的方式激发,可以用一根木棒、一个软槌或另一个铙钹在不同的部位敲击它。声音的起振特征在很大程度上取决于激发的方式。铙钹互击所产生的振动模式之间会形成重要的耦合,因此无论它是激发或是被激发,频谱中都会迅速出现大量非谐音频率成分。我们可以观察到下列情况:

① 低于 700 Hz 的声级在最初的 200 ms 内迅速下降,之后逐渐衰减。这是由于能量转换成了更高频率的振动模式。

② 在 700～1 000 Hz 范围内的几个强峰值在 10～20 ms 之间形成,然后衰减。

③ 在 3 000～5 000 Hz 范围内,声能在敲击后的 50～100 ms 内达到峰值。

④ 激发后的 1～4 s,声音在 3 000～5 000 Hz 时,钹的表面出现振荡。

⑤ 声音持续以低频为主,由于音量较小,故不容易被听见。

（四）打击乐器声指向

29 寸定音鼓-f 力度-常规敲击-G2 音：

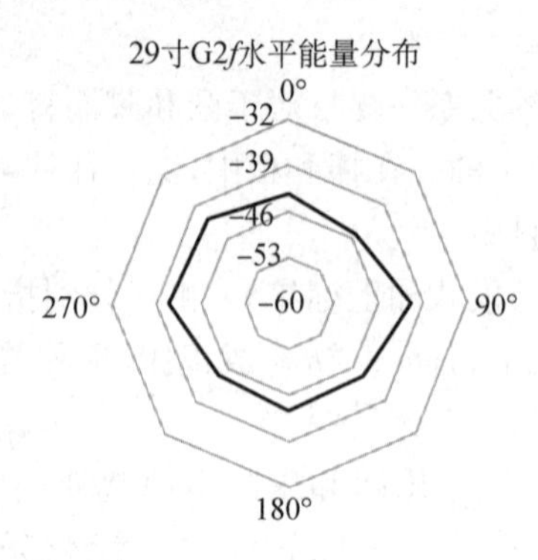

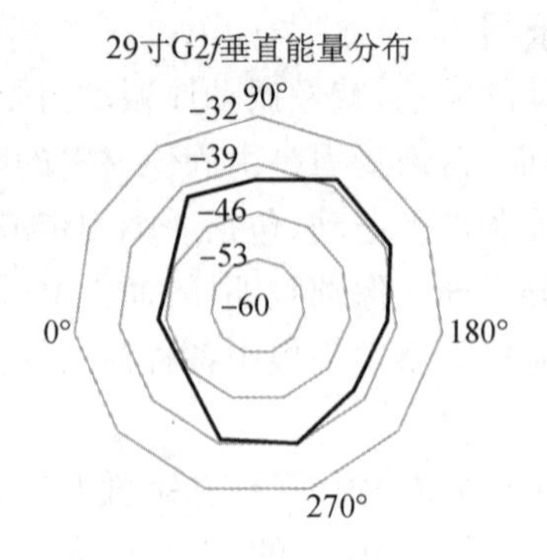

大锣-f 力度-常规敲击：

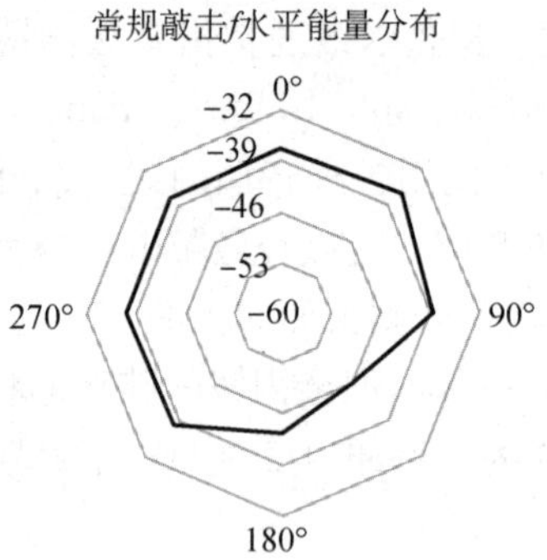

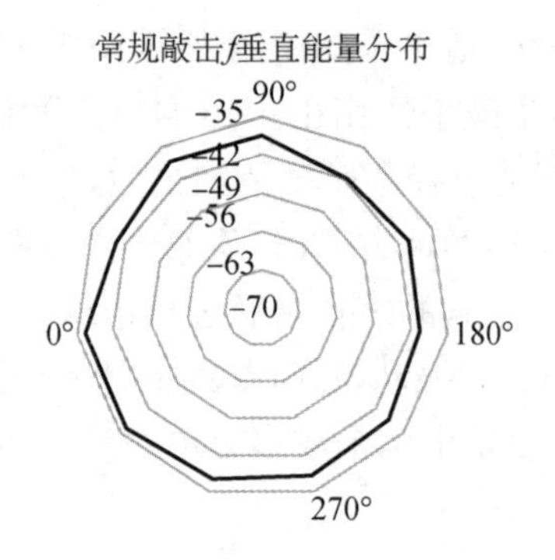

小镲-f 力度-常规敲击：

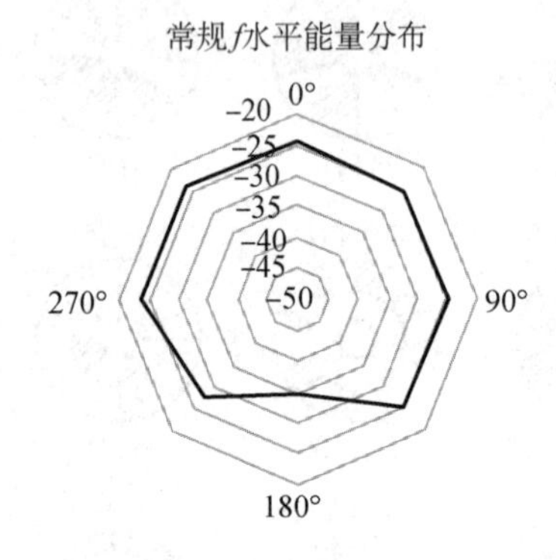

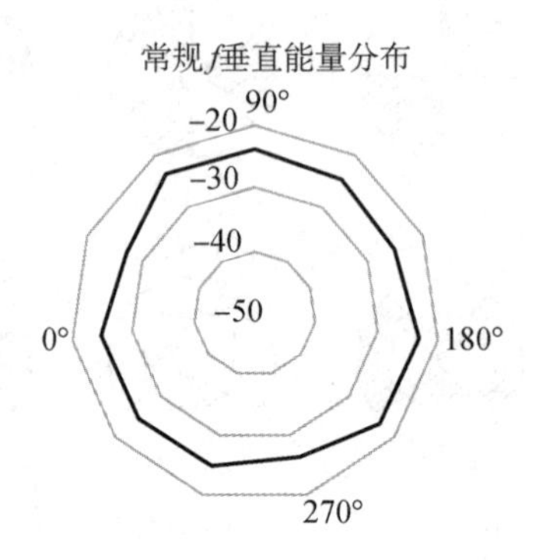

六、键盘乐器

（一）钢琴的结构

1709 年，佛罗伦萨的巴托罗密欧·克里斯多佛利（Bartolomeo Cristofori）发明了钢琴，如今钢琴已成为最受欢迎的乐器之一。钢琴音域 A0-C8，超过了七个八度，且具有较大的动态范围，同时钢琴的尺寸大小也十分多样。

钢琴主要构成部分有键盘、琴弦、音板、框架。200 余根琴弦从挂销伸出，穿过琴马至另一端的弦销轨道。当按下一个琴键时，阻尼器就会升高，琴槌就会投掷到弦上，使琴弦振动。弦振动通过琴马传递到音板。

一架典型的音乐会三角钢琴有 243 根琴弦，长度从最低音的约 2 m 到最高音的 5 cm 不等，其中包括 8 根缠弦、5 组双缠弦、7 组三缠弦以及 68 组三裸线（未缠弦），钢琴一共有 88 个键。

钢琴音板一般由云杉木所制，约 1 cm 厚，纹理贯穿整个音板。和小提琴或大提琴一样，音板是钢琴辐射声音的主要来源。为了获得理想的响度，钢琴琴弦可能会保持在 1 000 N 的高度张力下。一架音乐会钢琴所有琴弦的总张力超过 20 吨。为了承受如此巨大的力，并保持声音的稳定，三角钢琴具有坚固的铸铁框架。

钢琴有2～3个踏板，右踏板称为延音踏板(Sustaining Pedal)，在琴键释放后使琴弦继续振动。左踏板属于一种表情踏板，在大多数三角钢琴中，使琴槌向一侧移动，使得高音琴槌只能敲击三根弦中的两根。在立式钢琴中，左踏板称为柔音踏板(Una Corda Pedal)，可以使琴槌更靠近琴弦，从而减少琴槌敲击时所移动的距离，以此减少琴槌的敲击力度。

许多钢琴有第三个踏板(中间的踏板)。在大多数三角钢琴和一些立式钢琴中，中间踏板是选择延长踏板(Sostenuto Pedal)，它只保持踩下踏板之前弹奏的音，且不受另外两个踏板的影响。在一些钢琴中，中间踏板是低音延音踏板，只抬起低音的减震器。在一些立式钢琴中，中间踏板是练习踏板，它会使琴槌和琴弦之间的毛毡落下，从而降低音量。

(二) 钢琴的琴弦

钢琴的琴弦可以将琴槌移动所产生的动能转化为自身振动能量，并将此能量通过琴马传至音板，以此决定钢琴的音质。钢琴琴弦采用高强度的钢丝制成，为保证声音的效率，在保证琴弦高张力的同时，也要尽可能地减少非谐泛音，这需要使用最小直径的琴弦。

一根理想的弦会以一系列的模式振动，产生基音和一系列的谐音。实际上，琴弦具有一定的刚度，可以提供恢复力，也可以使所有振动模式的频率有略微提高。在高频部分，因为琴弦的弯曲度更大，所以额外的恢复力更大。因此，高频部分的频率相对于谐音列而言，有所偏差，不再呈基音的整数倍。换句话说，具有刚度的琴弦实际上是弦振动和棒振动并存的。

弦的非谐泛音(实际频率与谐音列不同的泛音)随谐音序号平方的改变而变化。

(三) 钢琴的琴槌

当琴槌质量小于琴弦时，琴槌极有可能被第一次反射的脉冲甩出琴弦。理论上频谱缺少 n/β 次谐波(β 是琴槌敲击时弦长的分数)。如果琴槌的质量不是很小，频谱包络会下降到比特定模式数高 $1/n$ (6 dB/倍频程)。较重的琴槌不易停住并被琴弦甩回，在几个反射脉冲到达期间，它可能与琴弦持续接触。

琴槌的软硬度对频谱也有影响。对于硬槌，频谱包络在高频下具有－6 dB/倍频程的斜率。对于琴槌质量超过琴弦质量的高音弦，频谱包络线的高频斜率可能会高达－12 dB/倍频程。

(四) 钢琴的音板

钢琴的音板兼具结构与声学作用。在结构上，它与弦的垂直力分量相反，每根弦的垂直力分量为10～20 N，所有弦共计为900～1 800 N。在声学上，音板是钢琴辐射声音的主要部分，它将琴弦和琴马的部分机械能转化为声学能量。

实木钢琴的音板都是由云杉木条粘在一起、再在云杉的纹理上增加直角的肋木制成。这些肋木是为了增加足够的横纹刚度，使之与木材沿纹理的自然刚度相等，通常是横纹的20倍。胶合板音板用于练习钢琴，成本较低，声学效果不如实木音板，特别是在低音频响方面。

卸载后的音板一般不是一个平面面板，在固定琴马的一侧有一个1～2 mm的音板框用以支撑琴马。当琴弦处于紧张状态时，琴马向下的力会使音板获得轻微的倾斜。在老式钢琴中，琴马向下的力可能会永久性地扭曲音板。音板通常呈中心厚、边缘薄。

现代钢琴一般有两个琴马：主琴马(或高音琴马)和较短的低音琴马。这些琴马将琴弦连接到音板上。琴马对钢琴的音色有着重要的影响，通过改变琴马可以改变钢琴的音量、音长和音质。

参考文献

Thomas D Rossing, Paul Wheeler, Richard Moore. The Science of Sound. Third Edition[M]. Massachusetts: Addison-Wesley Publishing Company Inc, 2002.

Neville H Fletcher, Thomas D Rossing. The Physics of Musical Instruments[M]. New York: Springer-Verlag New York Inc, 1991.

杜功焕，朱哲民，龚秀芬. 声学基础(第三版)[M]. 南京：南京大学出版社，2012.

韩宝强. 音的历程[M]. 北京：人民音乐出版社，2016.

作者：付晓东(中国音乐学院)　黄司祺(中国艺术科技研究所在站博士后)

第四章
音乐心理学

第一节　音乐心理学概况

音乐被称为无国界的语言。作为一门声音的艺术，音乐能够打破种族的壁垒，帮助人类实现跨越国家、超越种族的情感交流。那么，音乐怎样传递人际的特殊信息？音乐为何能够架起人与人之间心理的桥梁？音乐心理学从交叉学科的视角，融合了音乐学、心理学、人类学等多学科的知识，探究人类如何加工音乐以及音乐如何影响人类的科学问题，揭示音乐与人类心理之间的神秘关系。

一、国内外发展状况

在西方，音乐心理学的起源要追溯到古希腊时期。在公元前6世纪，毕达哥拉斯就论证了弦长比例对音乐和谐性的影响。近一百年来，伴随研究方法与技术手段的发展与革新，音乐心理学得到了快速发展。1919年，被称为"音乐心理学之父"的西肖尔(Seashore)从音高、时间、音色等音乐感知的多个方面界定了音乐才能的测量方法，并出版了《音乐才能心理学》(The Psychology of Musical Talent)一书。

随后，一大批学者开始从实证的角度，探讨音乐知觉、音乐表演、音乐治疗等音乐心理学中的核心问题，并在国际期刊上发表了大量的学术论文，推动了音乐心理学的快速发展。通过这些实证研究的积累，20世纪下半叶至今出版的音乐心理学专著集聚了各领域最前沿的学术成果，让人们对音乐心理学有了更加深入和全面的理解，例如，霍杰斯(Hodges)主编的《音乐心理学手册》(Handbook of Music Psychology)，多伊奇(Deutsch)主编的《音乐心理学》(The Psychology of Music)，帕泰尔(Patel)主编的《音乐、语言与脑》(Music, Language, and the Brain)以及克尔施(Koelsch)主编的《音乐与脑》(Brain and Music)等。近些年，从事音乐心理学的研究者还基于多学科的视角，对音乐加工的生理与神经机制进行了深入的钻研，很多具有重要价值的发现也集中在这些专著中。

我国早在战国时期，《礼记·乐记》中就记载道"凡音之起，由人心生也"。中国古代学者认为，所有的音乐源头都来自人的内心感动，这直接描述了音乐与人的心理所具有的密切关系。直到改革开放初期，也就是20世纪80年代，中央音乐学院张前向国内学者介绍了音乐心理学这门学科，才推动了中国音乐心理学的发展。

在此之后，音乐心理学开始受到音乐学、心理学领域大量学者的关注。1995年，罗小平和黄虹编译了《最新音乐心理学荟萃》。在这本书中，作者编译了西方音乐心理学经典著作《音乐的心理——音乐认知心理学》《音乐才能心理学》以及《音乐发展心理学》中的重要章节，从多个视角向国内学者介绍了音乐心理学的发展概况和前沿成果。刘沛和任恺在2006年出版了霍杰斯主编的《音乐心理学手册》第二版的中译本，系统和全面地梳理了音乐心理学的研究进展。基于音乐与语言的对比研究，中国科学院心理研究所的杨玉芳和蔡丹超翻译了帕泰尔主编的《音乐、语言与脑》，通过交叉研究的视角，对比了音乐与语言的声系统、节奏、旋律和句法等核心特征，对音乐心理学及其与其他学科的交叉研究产生重要的启发作用。

除了对国外著作的翻译，中国学者也出版了一些专著。例如，罗小平和黄虹的《音乐心理学》、周海宏的《音乐与其表现的世界:对音乐音响与表现对象之间关系的心理学与美学研究》、郑茂平的《音乐审美的心理时间》等。最近，蒋存梅出版的《音乐心理学》紧跟学术前沿，基于实证的视角，系统地阐述了音乐心理学领域中具有理论或实践意义的核心问题，其中也集中了近几十年中国学者在国际刊物上发表的优秀成果。这些专著的出版对中国音乐心理学的发展起到了巨大的推动作用。

二、研究技术与方法

音乐心理学的研究主要采用实证的方法，通过科学严谨的实验设计，获得相对客观的实验数据，从而对观点或假设加以佐证。实验心理学系统地阐述了如何针对一个有价值的研究问题，完成一个科学合理的实验。实验的方法通过操纵自变量、控制无关变量、测量因变量，选择合适的统计方法，最终尽可能精确地提供某种相关关系或因果关系。除此之外，常用的方法还有个案法、观察法、访谈法以及调查法等，这些方法通过对感性材料的收集，从中分析并归纳出具有规律性的结果。

目前，实验法是音乐心理学中主流的研究方法。研究者通过对行为指标和心跳、皮电等生理信号的记录，探究音乐的某些维度与心理的特殊关系。例如，周海宏在《音乐与其表现的世界：对音乐音响与表现对象之间关系的心理学与美学研究》一书中，为了探讨音乐与人类联觉的关系，研究者分别对音高、节奏和音色等音乐特征进行控制和操纵，观测并记录听者聆听音乐所诱发的心理表象，从而揭示音乐特征与心理联觉之间的神秘关系。在行为结果的基础上，有些研究者还借助多导生理仪测量被试的呼吸频率、血压、皮电、心跳等生理信号，通过更客观的数据来支持研究结论。由于情绪与生理改变常常存在着不受主观意志力所控制的内在联系，因此，电生理信号的分析尤其适合探究听者对音乐情绪的感知与体验。例如，白学军等人借助多导生理记录仪探讨音乐与情绪的关系，发现了音乐紧张感与更大的皮电和更高指脉率相关。

随着脑科学的发展，先进的脑神经成像技术为音乐心理学的研究提供了有力的工具。常用的技术手段包括脑电图(Electroencephalogram, EEG)、功能性核磁共振成像技术(functional Magnetic Resonance Imaging, fMRI)、脑磁图(Magnetoencephalography, MEG)、正电子发射断层扫描技术(Positron Emission Tomography, PET)以及近红外脑功能成像(functional Near-infrared Spectroscopy, fNIRS)等。其中脑电和功能性磁共振成像技术是研究中使用最为广泛的两种脑神经成像技术，这两种技术均对人体无创，且具有各自独特的优势。脑电具有高时间分辨率，特别适合探究听者对音乐展开中某个特定节奏或和弦的大脑响应。研究者常常通过事件相关电位(Event Related Potentials, ERP)的分析方法将脑电数据锁定在某个特定的时间范围，观察特定的脑电成分，或通过时频域(Time-frequency Domain, TFD)的分析方法，在关注时间进程的同时考虑脑电的频域信号，获得更丰富的数据。功能性磁共振成像技术具有高空间分辨率，通过观测被试的血氧水平依赖(Blood Oxygen Level Dependent, BOLD)信号，准确地定位大脑活动的皮层区域。另外，研究者还可以通过功能连接分析，进一步提取出人们对特定音乐任务加工的大脑神经网络。

第二节　音乐加工的心理过程

克尔施在《音乐与脑》一书中指出，音乐知觉的一般框架包括从音乐特征抽取、格式塔分析、结构构建到结构再分析的过程，贯穿始终的是音乐情绪与音乐意义的加工。本节将围绕音乐要素、音乐结构、音乐情绪与音乐意义等方面，简要地阐述音乐加工过程。

一、音乐要素的特征抽取与分析

音乐特征抽取与格式塔分析属于较低层级的音乐加工，也是在音乐知觉中较早开始的，包括对音色、强度、位置、音高、时长与协和性等多个维度的特征加工与分析。音高与节奏的特征抽取与格式塔分析受到学者的长期关注，并取得突出成果，下文将从这两个方面介绍一些经典的研究。

(一) 音高

音高分辨与音高识别是考察听者是否进行音高层面特征抽取的重要手段。在音高分辨的任务中，研究者通常呈现两个相同或不同频率的音，要求听者判断这两个音的音高是否相同。而在音高识别的任务中，研究者通常呈现两个不同频率的音，要求听者判断哪个音的音高更高或音高的变化方向。显然，与音高分辨相比，音高识别任务的难度更大，对音高特征抽取的精度要求更高。

音高分辨似乎是人类与生俱来的能力。研究者发现，人类在胎儿期就能分辨音高的差异。但这并不意味着所有人都能够进行音高分辨。失歌症(Amusia)俗称“五音不全”，这类人群无法分辨音高之间的细微差异。例如，蒋存梅等人选取了中国失歌症群体作为研究对象，考察他们的音高分辨能力，结果表明，失歌症群体对音高分辨的能力显著低于正常人。随后的研究也验证了这一点，失歌症者的音高识别能力也远远差于正常人。

除了音高判断的外显任务，研究者也采用内隐任务来探究被试的音高加工水平。Oddball 范式是

ERP 实验中的经典范式。在该范式中，被试将被动聆听两种一系列不同频率的声音刺激。两种刺激出现的概率有很大差别，大概率出现的刺激为标准刺激，小概率出现的刺激为偏差刺激。被试不需要做任何与音高相关的任务。研究者通过对偏差刺激所诱发的脑电反应来判断听者对音高加工的水平。常用的神经指标有失匹配负波(Mismatch Negative, MMN)和 P3 成分。

例如，戈莫(Gomot)等采用 Oddball 范式考察自闭症儿童与普通人对音高加工的差异。自闭症儿童和正常人都需要聆听高频率和低频率的两种纯音，一种纯音作为标准刺激，另一种纯音作为偏差刺激。被试的任务是不注意这些声音刺激，而是观看无声电影。研究结果发现，自闭症儿童比普通人对偏差刺激诱发了潜伏期更短的失匹配负波成分，表明他们对音高特征提取可能更为敏感和快速。对于 P3 成分来说，音高加工的水平越好，偏差刺激诱发的 P3 成分的波幅就越小。

(二) 节奏

音乐中的节奏可能是比音高更重要的维度，因为任何一部音乐作品都不可能缺失时间维度的特征。节奏特征的抽取首先体现在对音符长短的感知上，即通过对不同时值音符的编码获得节奏的感知。研究结果发现，无论听者是否接受过专业的音乐训练，他们都能够分辨出两个不同节奏序列之间的差异。

当研究者采用内隐任务时，也验证了该结果。有些研究者借助脑电技术，通过 Oddball 范式连续呈现包含两种节奏型的节奏序列，以大概率方式出现的节奏型为标准刺激，以小概率方式出现的节奏型为偏差刺激，考察听者在不注意的条件下是否对偏差刺激进行反应。脑电结果表明，偏差刺激在其出现后的 100～200 ms 诱发了失匹配负波、N150 或 N100 等脑电成分，表明听者在不注意条件下对节奏特征的自动提取。

音乐中节奏的分析还体现在拍子的提取上。从音乐的表层节奏中抽取时间间隔相等的拍子似乎是人类与生俱来的能力，即使没有受过音乐训练的人也会自发地跟着音乐打拍子或者翩翩起舞。研究者通过给婴儿呈现节奏序列的同时进行脑电测试，发现刚出生不久的婴儿就能在复杂的节奏中抽取出拍子。

除了人类，一些动物也能跟随音乐的拍子进行身体的摆动，例如，帕泰尔等发现一只名叫“雪球”的鹦鹉在听到音乐的时候，跟随音乐的拍子进行身体的同步运动。即使切换音乐或者改变音乐速度，这只鹦鹉总是能够准确地捕捉到音乐的拍子。最近的研究还表明，虎皮鹦鹉和斑胸草雀等一些动物也能够跟随音乐的拍子进行同步运动。有趣的是，并不是所有的动物都具备这种能力，例如，与人类同为灵长类动物的恒河猴就不能感知到音乐的拍子。

二、音乐结构的构建与整合

音乐并不是零散音乐元素的累加，而是具有复杂结构的声音序列。作曲家依据一定的规则，将不同的音乐元素编织成具有层级性的结构组织。在很多音乐作品中，音乐结构本身所体现出的美具有重要的意义。同时，特殊的音乐结构特征还能向听者传递音乐之外的情绪和意义。例如，音乐中的小调、中低音区以及舒缓的节奏等特征更容易让听者体验到忧伤的情绪，或是思乡、回忆等复杂的情感意义。与音乐特征分析等低层级的加工相比，音乐结构加工属于高层级加工，是音乐理解的核心环节。

(一) 和声结构

在音高维度，不同频率的音乐事件依据调式规则组织在一起。例如，在自然大调式中，相邻两个音级的关系分别是全音、半音、全音、全音、半音、全音、全音。全音是指两个音之间相隔大二度的音程关系，半音则指两个音之间相隔小二度的音程关系。重要的是，两两音级之间的音程关系导致了不同音级的稳定性呈层级性的分布。主音(调式中的Ⅰ级音)稳定性最高，其次是三音(调式中的Ⅲ级音)和属音(调式中的Ⅴ级音)，上中音(调式中的Ⅱ级音)、下属音(调式中的Ⅳ级音)和下中音(调式中的Ⅵ级音)是不稳定的音级，稳定性最差的是导音(调式中的Ⅶ级音)。

研究发现，即便没有接受过音乐训练的人也能够知觉调式中不同音级稳定性的差异。这说明对调式结构的知觉并非一定需要对音乐知识的外显学习才能获得，音乐环境中的后天暴露和被动聆听可能使得人们内隐学到了调式结构规则。

不同音级之间的纵向排列构成了和弦，和弦与和弦的续进为和声。在音乐的进行中，和声的组织规则

推动了音乐的发展与变化，这与语言通过语法将有限的元素组织成无限的句子或篇章类似。在一首乐曲中，调内和弦(建立在调内音级上的和弦)的出现意味着调式的稳定与巩固，而调外和弦(建立在调外音级上的和弦)的出现则意味着调式的偏离。和声的组织规则还对和弦的位置有所讲究。当调外和弦出现在乐曲中部时，它对乐曲的发展变化有很强的推动作用。但是，如果相同的调外和弦出现在乐曲结束时，则违反了和声规则。这是因为，整首乐曲需要一个非常稳定的和弦来收尾，即应该采用主和弦(建立在主音上的和弦)作为末尾和弦才是符合和声规则的。

大量学者采用和声序列的违反范式，探究听者在乐句水平上对和声结构的加工。在这个范式中，被试需要聆听由多个和弦组成的和声序列。和声序列包含两种类型，一种类型的末尾和弦采用符合和声规则的主和弦，另一种类型的末尾和弦采用违反和声规则的调外和弦或其他非主和弦的调内和弦。该研究范式的逻辑在于，在最后一个和弦出现之前，听者会根据和声序列中已经出现的和弦建构起一个统一的调式心理表征。如果被试掌握了和声规则，那么当末尾和弦违反规则的时候，他们会做出不同的判断或诱发不同的脑响应。反之，如果被试没有掌握和声规则，那么无论末尾和弦是否违反规则，他们可能都无法知觉。

大量的研究发现，与符合规则的末尾和弦相比，违反规则的末尾和弦会诱发更大的早期右前负波(Early Right Anterior Negativity, ERAN)，如图 4-1 所示。该成分是反映音乐结构规则加工的重要指标，它出现在违规和弦之后 100～250 ms 的时间窗口中，分布在大脑右侧的额部电极，体现出了听者对音乐结构违反的自动化加工。

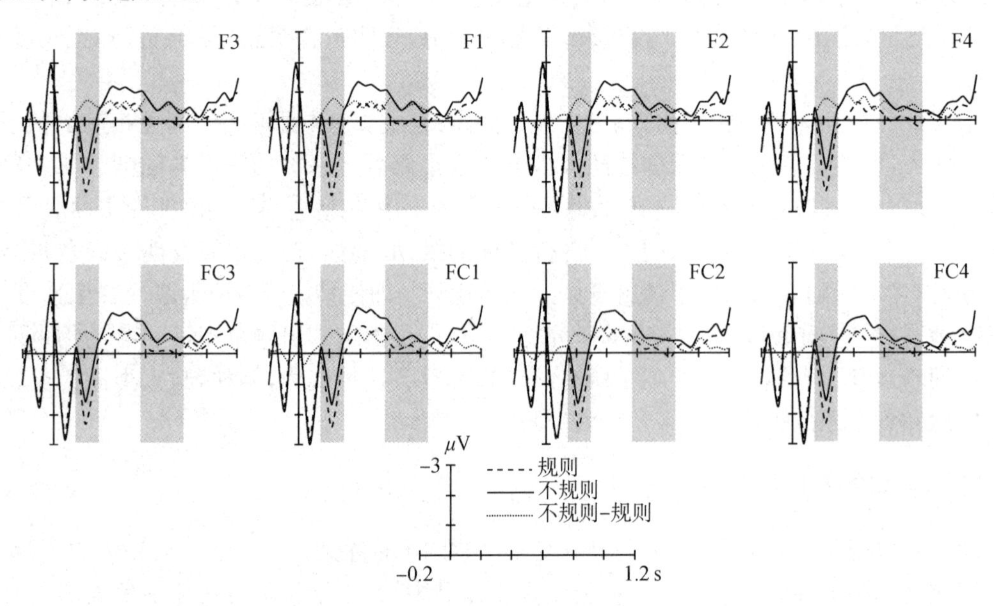

图 4-1　听者对规则的末尾和弦、不规则的末尾和弦加工诱发的 ERP 波形图

(二) 节拍结构

在时间维度上，节拍结构规则是音乐句法的重要方面。通过节奏特征抽取与分析，人们可以从复杂且非等时间隔的节奏序列中抽取出等时间隔的拍子。在此基础上，这些拍子遵循某种强弱关系的规则组织成具有层级性的节拍结构。例如，在 2/4 拍的音乐中，拍子的强弱规律是强-弱，而在 4/4 拍的音乐中，拍子的强弱规律是强-弱-次强-弱。强拍上出现的音乐事件最稳定，其次是次强拍，最不稳定的是弱拍。与和声结构规则相似的是，整首音乐的结束也应该以稳定的节拍结构收尾，即结束音必须出现在强拍上。

就乐句水平上来说，探讨节拍结构规则的研究比和声结构规则少很多。最近，我们团队首次探究了音乐家与非音乐家对节拍结构规则的加工及其背后的神经机制。实验操纵了句末位置的节拍结构，包含符合节拍句法规则(结束音在强拍上)以及不符合节拍句法规则(结束音在弱拍上)两种刺激类型。结果发现，对音乐家来说，节拍结构违反诱发了 ERAN 成分与 P600 成分，但是对于非音乐家来说，节拍结构违反仅诱发了 P600 成分。P600 反映了听者对句法的晚期整合与音乐再分析过程。该结果表明，非音乐家对节拍结构的加工主要体现在晚期的有意识整合阶段，而音乐家却能够较早地对节拍结构违反进行早期的自动化探测，对节拍结构更加敏感。

(三) 和声结构与节拍结构

音乐中音高和时间这两个维度的信息都具有层级性的结构组织，并且常常交织于一体。建立在和声结构与节拍结构的句法规则都相对复杂，对二者的知觉都属于高层级的加工，是音乐自上而下加工中非常关键的步骤。那么，人类如何同时加工这两种层级结构呢？这对音乐的理解具有非常重要的意义。

在节拍结构研究范式的基础上，我们对此问题进行了深入探讨。如图 4-2 所示，实验材料同时包含音高与时间的信息，研究者同时操纵了音乐序列中最后一个和弦的和声结构与节拍结构，使其符合规则或者违反规则。被试的任务是在聆听每一个音乐序列之后，在 5 点量表上对该序列的完成感进行判断。与此同时，研究者记录被试的脑电信号。行为结果发现，无论和声结构违反还是节拍结构违反，听者知觉到的完成感都更低。脑电结果发现，节拍结构的违反诱发了 ERAN 与 N5 两个脑电成分，而和声结构的违反仅诱发了 N5 成分。和声结构与节拍结构诱发的 N5 成分在波幅上还存在交互作用。N5 成分反映了听者对音乐中结构规则整合的过程。因此，该结果表明，节拍结构的加工时间比和声加工时间更早，而且听者对节拍结构与和声结构的加工并非独立进行，而是相互影响。

(a) 末尾和弦符合节拍结构与和声结构

(b) 末尾和弦符合节拍结构，但违反和声结构

(c) 末尾和弦违反节拍结构，但符合和声结构

(d) 末尾和弦既违反节拍结构，也违反和声结构

图 4-2　实验刺激样例

三、音乐情绪的知觉与体验

魏晋时期的诗人阮籍说道："乐者，使人精神平和，衰气不入，天地交泰。"可见，自古以来人们就相信音

乐对人类的情绪具有特殊的力量。那么,音乐如何诱发情绪?人类如何知觉和体验音乐情绪?怎样选择合适的音乐来调节情绪?下文将围绕以上这些问题进行具体的阐述。

(一) 音乐紧张感

欣德米特(Hindemith)曾说过"音乐无他,张弛而已",紧张-放松是音乐最直接的表达。在音乐心理学领域中,研究者将紧张和放松看作一个轴的两极,类似于"稳定与不稳定"或者"协和与不协和"的听觉感受。通俗地说,音乐紧张感类似于人们观看悬疑片时,故事情节环环相扣却真相未明朗时所诱发的紧张感受,是一种悬而未决的感受。与此相反,悬而未决的消解则会使听者产生放松感与终止感。正是由于音乐中紧张-放松模式的不断交替才推动着音乐的发展。音乐紧张感架起了客观音响与主观体验之间的桥梁,是音乐情绪产生的基础。

一方面,音乐的声学特征会影响音乐紧张感的知觉和体验,例如,力度、速度以及协和性等声学要素。研究者通常采用实时评价的测量手段探讨声学要素对音乐紧张感的影响。例如,在一项经典的研究中,研究者播放莫扎特 E 大调 K. 282 钢琴奏鸣曲第一乐章,并要求被试实时评价所体验到的紧张感强度。结果表明,音乐响度与紧张感之间具有显著正相关。这表明,音乐的响度越大,听者体验到的紧张感越强。后续研究还发现响度比其他声学特征能够更快地诱发音乐紧张感,而且对听者体验到紧张感的强度影响也更大。其原因从生物学的视角或许可以得到解释,危险的警示信号常常都是响度大的声音,听者可能对这类声音条件反射式地产生了紧张的心理感受。

另一方面,音乐结构通过音级/和弦的变换与排列方式也能够诱发具有层级性的紧张-放松模式。与声学要素相比,音乐结构是区别于其他声音流的重要特征,也是表达音乐复杂且细腻情绪的关键。每个处于特定背景中的音乐事件能够表达特定的紧张和放松。例如,在一个调式统一的音乐背景中,调外和弦的出现会使听者体验到强烈的紧张感,而主和弦的出现则会给听者带来最大的放松感。

根据调性音乐生成理论(Generative Theory of Tonal Music, GTTM)和调性紧张感模型(Tonal Tension Model, TTM),音乐中的各个事件还通过延长还原树被组织成复杂的紧张与放松模式,以层级的方式表达紧张感。在真实的音乐作品中,离散的元素在多个时间尺度上被组织起来,形成乐思、乐句、乐段、乐章等结构单元。基于不同层次的结构单元,局部的紧张-放松模式嵌入整体的紧张-放松模式中。最新的研究发现,在不同时间尺度的音乐结构中,紧张感会受到音乐结构的影响,相互重叠和交织从而形成了连续的紧张-放松体验。

除了音乐音响本身的声学要素与结构特征,个体差异也是影响音乐紧张感体验的重要因素。例如,特定音乐文化背景的听众通过长时间的环境暴露,对自身文化背景的音乐熟悉性高,对其他文化背景的音乐熟悉性低。研究发现,人们聆听非自身文化背景的音乐时,常常体验到更高的紧张感。例如,蒋存梅等的研究发现,具有西方音乐文化背景的听者对印度音乐的紧张感评价比西方音乐更高。中国人具有"双音乐文化的耳朵",既熟悉西方大小调式音乐,又熟悉中国传统的五声调式音乐。因此,中国人能够加工两种不同文化背景中音乐的紧张感。

(二) 音乐愉悦感

科学研究表明,聆听音乐可能是人们调节情绪最好的方式之一,具有缓解紧张和焦虑、帮助身心放松的独特效果。然而,并不是所有的音乐都有减压效果,不适合的音乐甚至会导致压力的产生。那么,怎样选择合适的音乐呢?

虽然通常情况下镇静音乐比刺激音乐能够更好地安抚和缓解焦虑情绪,但是并非如此简单。研究者发现,只有当被试聆听非偏好的音乐时,镇静音乐才比刺激音乐具有更大的减压效果。对于偏好的音乐来说,镇静音乐与刺激音乐都具有很好的减压效果。因此,当我们希望通过音乐调节心情时,无论听古典乐还是摇滚乐都是可行的。重要的是,我们应该尽可能选取偏好的音乐。

科学家们更关心的问题是偏好的音乐如何调节情绪。尤其是当自己喜爱的音乐响起时,我们的大脑究竟会做出怎样的反应。一篇发表在 *Science* 上的研究借助功能性核磁共振成像技术,揭示了人们在聆听偏好音乐时的大脑活动。实验很简单,被试躺在核磁共振仪中聆听自己喜爱的音乐片段,同时研究者对他们的大脑进行扫描。整个实验包含 60 个时长为 30 s 的音乐片段。被试的任务是在每个音乐片段结束后,做出愿意花多少钱购买的决定。研究结果如图 4-3 所示，人们在聆听自己偏爱的音乐时，中脑边缘的纹状体区域得到激活。而且，在聆听那些愿意支付更高价格购买的音乐片段时，伏隔核的激活水平更高，伏隔核与听觉皮层、腹内侧前额叶等音乐加工脑区的功能连接也更强。

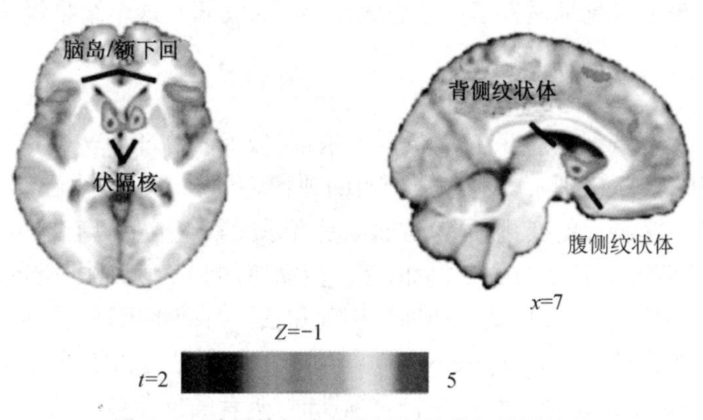

图 4-3 聆听偏好音乐激活与奖赏相关的脑区

纹状体与伏隔核是大脑奖赏系统的一部分，对增强生物适应性行为有重要作用。当生物(包括人类在内)的觅食或性等需求得到满足时，大脑的奖赏系统就会激活并释放多巴胺等神经递质，从而获得愉悦感。因此，人们在聆听自己偏好的音乐时，奖赏脑区的激活诱发了听者更多的愉悦感。

四、音乐意义的理解与表达

音乐和语言是人类拥有的两个重要的交流系统。通过语言，人们可以轻松地指向非常形象且具体的客观事物，也可以直接或间接地向他人表达自己的心理意图。与语言不同的是，音乐并不能传递如此明确的语义信息。在生活中，我们经常能听到周围人抱怨自己听不懂音乐。这可能是由于大部分的器乐音乐既没有歌词也没有标题，在这种情况下，听众无法从音乐中准确地获知作曲家所要表达的意义。事实上，这是非常常见的现象，并不意味着无法进行音乐欣赏。即便无法说出音乐所表达的具体内容，我们仍然能够体验音乐所带来的独特的审美体验。那么，音乐意义体现在哪些方面呢？

克尔施在《音乐与脑》一书中提出了音乐意义包含的三个方面，分别是外在意义(Extra-musical Meaning)、内在意义(Intra-musical Meaning)和乐源性意义(Musicogenic Meaning)。音乐的外在意义又包含形象意义、指示性意义和象征性意义三种。形象意义是听众最容易理解的一种音乐意义，主要通过对物体特质或声音等特性的模仿而实现。例如，穆索尔斯基在参观了朋友的一个画作展览会之后，创作灵感被激发，他希望通过音乐的形式诠释一些画作中的内容，于是创作了钢琴套曲《图画展览会》。这部套曲包含了 10 段钢琴曲，分别标注了非常形象的标题，如侏儒、穷富犹太人、女巫的小屋、基辅城门楼等。指示性意义与个体的心理状态相关性更大，如通过音乐模仿人的情绪或心境等。象征性意义则通过与音乐之外的世界建立联系从而给音乐赋予了一种特殊的意义，例如代表国家意志和民族精神的国歌具有很强的象征意义，歌颂着国家和人民的伟大。在异国他乡，当国歌响起时，唤起的是人们内心最深处的爱国情怀。

(一) 外在意义

一些中国音乐作品所表达的外在意义也是非常容易识别的，尤其当用音乐模仿一些动物的鸣叫声时，惟妙惟肖。在乐曲《百鸟朝凤》中，演奏者运用唢呐的音色和唢呐吹奏的特殊技法，模仿不同种类鸟的鸣叫声，包括布谷鸟、斑鸠、画眉鸟等，呈现出悦耳动听的百鸟争鸣声。二胡曲《赛马》通过不同的演奏手法模仿马蹄声和马的嘶鸣声，效果逼真，引人入胜。类似的音乐还有很多，它们都让听者自然而然地联想到某种具体的动物或形象。周海宏通过一系列实验验证了音乐与视觉对象之间的关系，得到了很多重要的且具有普适性的发现，例如，频率越高的音，听者联想到的物体越轻；频率越低的音，听者联想到的物体越重。

人们对音乐外在意义的加工还通过脑电实验加以验证。N400 是一个重要的 ERP 指标，是刺激呈现 300～500 ms 之后出现的一个负成分，反映了大脑对语义违反的加工。在音乐心理学的研究中，为了探究音乐所表达的意义，研究者通常采用启动范式，以音乐片段作为启动刺激，以词语或图片作为目标词，考察二者之间是否存在语义启动效应，即大脑是否能对目标词诱发相关的脑电成分。

克尔施等运用启动范式，将音乐作为启动刺激，词语作为目标刺激，考察被试对词语的脑电反应。音乐与词语的意义既可能出现一致的情况，也可能出现不一致的情况。结果发现，和与音乐意义一致的目标词相比，与音乐意义不一致的目标词诱发了一个更大的 N400 成分。这个结果说明，音乐能够启动与其意义相似的语义加工。

（二）内在意义

在音乐美学中，有一种观点认为音乐的美源自音乐本身，而不在于其外部表现的世界。从这个视角看，音乐的内在意义可能是音乐区别于其他声音刺激的独特之处。音乐的内在意义一方面来自声音的强弱、长短、高低、粗糙度等声学特征的变化，另一方面则是音乐元素组成的具有层级性的声音结构。

预期是获得音乐内在意义的重要方式。例如，在一段简短的和声序列中，听者能够根据已经出现的和弦，形成相对稳定的和声心理表征，并据此预期即将出现和弦。对即将出现的和弦的预期促成了一种类型的紧张感体验，称为期待紧张（Expectancy-tension）。当接下来出现的和弦符合预期时，听者的预期得到满足，感到放松和愉悦；当接下来出现的和弦不符合预期时，听者的预期被打破，就形成了另外一种类型的紧张感体验，称为惊讶紧张（Surprise-tension）。预期错误会促使听者将新输入的信息纳入已有的音乐背景中，从而形成新的预期。在音乐展开时，大脑依据音乐刺激进行主动且持续的预期，并不断更新自己的心理表征。这就是获得音乐内在意义最重要的心理机制之一。

研究发现，N5 是音乐内在意义加工的神经指标，它在音乐刺激之后 500 ms 左右出现，是分布在头皮额部电极的负成分。N5 成分反映了听者将音乐事件整合到音乐背景中所付出的认知资源。当音乐结构不符合听者期待时，音乐整合难度更高，听者会诱发 N5 成分。

研究发现，在和声违反范式中，不符合规则的和弦比符合规则的和弦诱发更大的 N5 成分。除此之外，与乐句中部的和弦相比，乐句起始和弦会诱发更大的 N5 成分。这是因为在乐句开始时，构建一个统一的调性心理表征的难度是最大的。随着和弦的进行，心理表征不断得到更新和巩固，整合难度越来越低，所需要的认知资源也越来越少。

（三）乐源性意义

乐源性意义是指由音乐诱发的身体、情绪和个人相关的效应。音乐诱发的身体反应是大众所熟知的。当我们跟着音乐打拍子、点头、跳舞或拍手时，与音乐同步的过程就使我们从音乐中获得了音乐的乐源性意义。这些由音乐所引发的动作，在社会情境下还有特殊的意义。它可以增强人与人之间的联结，拉近原有的心理距离，激发情感共鸣，甚至让人们产生同呼吸共命运的感觉。

在情绪方面，音乐能够诱发一种难以言说的或者难以被直接发现的微妙的情绪状态。而且，在用确切的语言形容这种感受之前，听者已经感受到这种特别的内心状态。也就是说虽然音乐不能像语言一样表达明确的意义，但是却能够传递用语言难以表达的感受，被学者称为先验的音乐意义（Priori Musical Meaning）。

从个体差异的视角来看，无论音乐本身，还是聆听音乐所诱发的体验感受，都蕴含着个体所独有的内在特质。遗憾的是，目前对乐源性意义的研究还很少，没有得到实证的依据和更深入的探索。

参考文献

白学军，马谱，陶云. 中—西方音乐对情绪的诱发效应[J]. 心理学报，2016，48(7)：757-769.

多纳德·霍杰斯. 音乐心理学手册(第二版)[M]. 刘沛，任恺，译. 长沙：湖南文艺出版社，2006.

罗小平，黄虹. 音乐心理学[M]. 海口：三环出版社，1989.

罗小平，黄虹. 最新音乐心理学荟萃[M]. 北京：中国文联出版公司，1995.

罗小平，黄虹. 音乐心理学(第二版)[M]. 上海：上海音乐学院出版社，2008.

蒋存梅. 音乐心理学[M]. 上海：华东师范大学出版社，2016.

Patel. 音乐、语言与脑[M]. 杨玉芳，蔡丹超，译. 上海：华东师范大学出版社，2012.

孙丽君，马小龙，杨玉芳. 听觉线索与个体差异对音乐紧张感加工的影响[J]. 心理科学进展，2021，29(1)：70-78.

张前. 音乐心理学[J]. 音乐研究，1981(4)：99-101.

张前. 音乐美学教程[M]. 上海：上海音乐出版社，2002.

郑茂平. 音乐审美的心理时间[M]. 重庆：西南师范大学出版社，2011.

周海宏. 音乐与其表现的世界：对音乐音响与其表现对象之间关系的心理学与美学研究[M]. 北京：中央音乐学院出版社，2004.

Bigand E, Parncutt R & Lerdahl F. Perception of musical tension in short chord sequences: The influence of harmonic function, sensory dissonance, horizontal motion, and musical training[J]. *Perception & Psychophysics*, 1996, 58(1): 125-141.

Deutsch D(Ed.). The Psychology of Music (3rd ed.)[M]. San Diego: Academic Press, 2013.

Farbood M M & Finn U. Interpreting expressive performance through listener judgments of musical tension[J]. *Frontiers in Psychology*, 2013, 4: 993.

Fitch W T. Rhythmic cognition in humans and animals: Distinguishing meter and pulse perception[J]. *Frontiers in Systems Neuroscience*, 2013, 7: 68.

Geiser E, Ziegler E, Jäncke L, et al. Early electrophysiological correlates of meter and rhythm processing in music perception[J]. *Cortex*, 2009, 45(1): 93-102.

Gomot M, Giard M H, Adrien J L, et al. Hypersensitivity to acoustic change in children with autism: Electrophysiological evidence of left frontal cortex dysfunctioning[J]. *Psychophysiology*, 2002, 39(5): 577-584.

Grahn J A & Brett M. Rhythm and beat perception in motor areas of the brain[J]. *Journal of Cognitive Neuroscience*, 2007, 19(5): 893-906.

Grahn J A & Schuit D. Individual differences in rhythmic ability: Behavioral and neuroimaging investigations[J]. *Psychomusicology: Music, Mind, and Brain*, 2012, 22(2): 105-121.

Granot R Y & Eitan Z. Musical tension and the interaction of dynamic auditory parameters[J]. *Music Perception: An Interdisciplinary Journal*, 2011, 28(3): 219-246.

Habibi A, Wirantana V & Starr A. Cortical activity during perception of musical rhythm: Comparing musicians and non-musicians[J]. *Psychomusicology: Music, Mind, and Brain*, 2014, 24(2): 125-135.

Hasegawa A, Okanoya K, Hasegawa T, et al. Rhythmic synchronization tapping to an audio-visual metronome in budgerigars[J]. *Scientific Reports*, 2011, 1(10): 120.

Hodges D A (Ed.). Handbook of music psychology[C]. Lawrence: National Association for Music Therapy, 1980.

Honing H & Ploeger A. Cognition and the evolution of music: Pitfalls and prospects[J]. *Topics in Cognitive Science*, 2012: 513-524.

Hopyan T, Schellenberg E G & Dennis M. Perception of strong-meter and weak-meter rhythms in children with spina bifida meningomyelocele[J]. *Journal of the International Neuropsychological Society*, 2009, 15(4): 521-528.

Jiang C, Hamm J P, Lim V K, et al. Fine-grained pitch discrimination in congenital amusics with Mandarin Chinese [J]. *Music Perception*, 2011, 28(5): 519-526.

Jiang C, Lim V K, Wang H, et al. Difficulties with pitch discrimination influences pitch memory performance: Evidence from congenital amusia[J]. *PLoS ONE*, 2013, 8(10): e79216.

Jiang C, Liu F & Wong P C. Sensitivity to musical emotion is influenced by tonal structure in congenital amusia[J]. *Scientific Reports*, 2017, 7: 7624.

Jiang J, Zhou L, Rickson D & Jiang C. The effects of sedative and stimulative music on stress reduction depend on music preference[J]. *The Arts in Psychotherapy*, 2013, 40(2): 201-205.

Klein M, Coles M G H & Donchin E. People with absolute pitch process tones without producing a P300[J]. *Science*, 1984, 223(4642): 1306-1309.

Koelsch S. Brain and Music[M]. Hoboken: John Wiley & Sons, 2012.

Koelsch S, Gunter T C, Friederici A D, et al. Brain indices of music processing: Nonmusicians are musical[J]. *Journal of Cognitive Neuroscience*, 2000, 12(3): 520-541.

Koelsch S & Jentschke S. Differences in electric brain responses to melodies and chords[J]. *Journal of Cognitive Neuroscience*, 2010, 22(10): 2251-2262.

Koelsch S, Rohrmeier M, Torrecuso R, et al. Processing of hierarchical syntactic structure in music[J]. *Proceedings of the National Academy of Sciences of the United States of America*, 2013, 110(38): 15443-15448.

Krumhansl C L. A perceptual analysis of Mozart's piano sonata K. 282: Segmentation, tension, and musical ideas[J].

Music Perception, 1996, 13(3): 401-432.

Krumhansl C L & Cuddy L L. A theory of tonal hierarchies in music. [J]. *Music Perception*, 2010, 36: 51-87.

Large E W & Palmer C. Perceiving temporal regularity in music[J]. *Cognitive Science*, 2002, 26(1): 1-37.

Lecanuet J P, Granier-Deferre C & Busnel M C. Fetal cardiac and motor responses to octave-band noises as a function of central frequency, intensity and heart rate variability[J]. *Early Human Development*, 1988, 18(2): 81-93.

Lerdahl F & Jackendoff R. A Generative Theory of Tonal Music[M]. Cambridge: MIT Press, 1983.

Lerdahl F & Krumhansl C L. Modeling tonal tension[J]. *Music Perception: An Interdisciplinary Journal*, 2007, 24 (4): 329-366.

Margulis E H. A model of melodic expectation[J]. *Music Perception: An Interdisciplinary Journal*, 2005, 22(4): 663-714.

Merchant H, Grahn J A, Trainor L, et al. Finding the beat: A neural perspective across humans and non-human primates[J]. *Philosophical Transactions of the Royal Society of London*, 2015, 370(1664): 91-106.

Nettl B. An ethnomusicologist contemplates universals in musical sound and musical culture// Wallin N L, Merker B & Brown S (Eds.). The Origins of Music[M]. Cambridge: MIT Press, 2000: 463-472.

Patel A D. Music, Language, and the Brain[M]. Oxford: Oxford University Press, 2008.

Patel A D. Syntactic processing in language and music: Different cognitive operations, similar neural resources? [J]. *Music Perception*, 1998, 16(1): 27-42.

Patel A D, Iversen J R, Bregman M R, et al. Experimental evidence for synchronization to a musical beat in a nonhuman animal[J]. *Current Biology*, 2009, 19(10): 827-830.

Patel A D, Iversen J R, Yanqing C, et al. The influence of metricality and modality on synchronization with a beat[J]. *Experimental Brain Research*, 2005, 163(2): 226-238.

Poulin-Charronnat B, Bigand E & Koelsch S. Processing of musical syntax tonic versus subdominant: An event-related potential study[J]. *Journal of Cognitive Neuroscience*, 2006, 18(9): 1545-1554.

Rüsseler J, Altenmüller E, Nager W, et al. Event-related brain potentials to sound omissions differ in musicians and non-musicians[J]. *Neuroscience Letters*, 2001, 308(1): 33-36.

Salimpoor V N, Bosch I v d, Kovacevk N, et al. Interactions between the nucleus accumbens and auditory cortices predict music reward value[J]. *Science*, 2013, 340.

Seashore C E. The Psychology of Musical Talent[M]. New York: Silver, Burdett and Company, 1919.

Speer J R & Adams W E. The effects of musical training upon the development of the perception of musical pitch[C]// the Meeting of the Society for Research in Child Development. Toronto. 1985.

Sun L, Feng C & Yang Y. Tension experience induced by nested structures in music[J]. *Frontiers Human Neuroscience*, 2020, 14: 210.

Sun L, Hu L, Ren G, et al. Musical tension associated with violations of hierarchical structure[J]. *Frontiers in Human Neuroscience*, 2020, 14: 578112.

Sun L, Liu F, Zhou L, et al. Musical training modulates the early but not the late stage of rhythmic syntactic processing[J]. *Psychophysiology*, 2018, 55(2): e12983.

Sun L, Thompson W F, Liu F, et al. The human brain processes hierarchical structures of meter and harmony differently: Evidence from musicians and nonmusicians[J]. *Psychophysiology*, 2020: e13598.

Winkler I, Háden G P, Ladinig O, et al. Newborn infants detect the beat in music[J]. *Proceedings of the National Academy of Sciences of the United States of America*, 2009, 106(7): 2468-2471.

Wong P C, Roy A K & Margulis E H. Bimusicalism: The implicit dual enculturation of cognitive and affective systems [J]. *Music Perception: An Interdisciplinary Journal*, 2009, 27(2): 81-88.

Zendel B R, Lagrois M É, Robitaille N, et al. Attending to pitch information inhibits processing of pitch information: The curious case of amusia[J]. *Journal of Neuroscience*, 2015, 35(9): 3815-3824.

作者：孙丽君（南京航空航天大学）

第五章
心理声学与音频音乐感知

第一节　外周听觉系统

心理声学(或称为听觉心理学)是研究声音的物理属性和听觉属性之间的量化关系的学科。本章简要介绍心理声学领域中若干关键内容。为了辅助对内容的理解,读者可以访问 http://auditoryneuroscience.com/获得更多听觉方面的刺激声的案例。

声波从声源发出,以振动的形式在空气中传播。在传播过程中,声波可能直达人耳,也可能会受到障碍物或界面的影响后到达人耳,其中最典型的障碍物之一是听者的头部(和躯干)。声音从任意角度入射时,头部会对到达两侧耳的声音进行不同的滤波,这种滤波特性与声音频率、头的尺寸、入射角等有关。听觉系统可以利用两耳处接收到的声波的频率、强度、时间等物理线索及其变化对声源发声属性、言语内容属性、声波传播路径属性、头部与声源(或包括障碍物)的空间关系属性等进行感知和理解。

声音可以通过气导或骨导两种方式进入听觉系统。正常情况下气导通路起主导作用。外周听觉系统的剖面示意图如图 5-1 所示。听觉具有高灵敏度、宽动态范围和丰富的感知功能,通过了解外周听觉系统中的声传导通路可以对这些方面做出一定的解释。

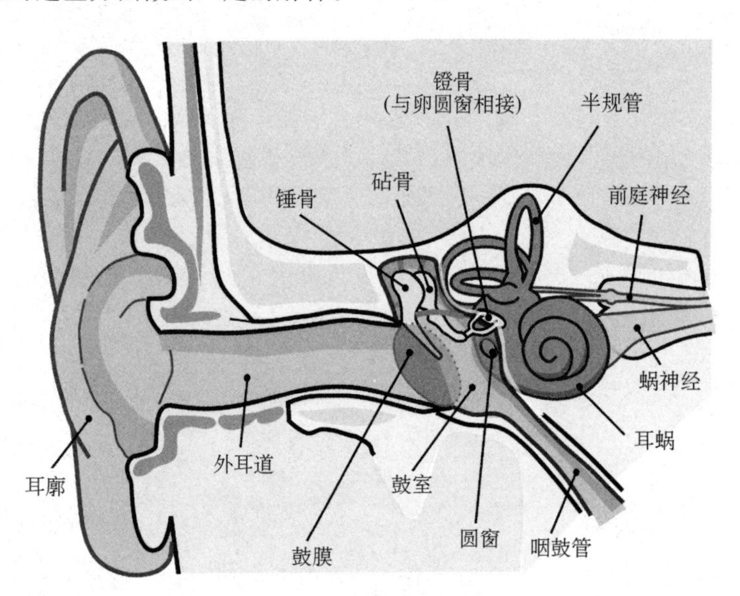

图 5-1　人耳剖面示意图①

声波经空气传播到达外耳(包括耳廓和外耳道)。耳廓对声波有收集作用,另外更重要的功能是在声源定位方面(尤其是仰角方向上)。耳廓会对声波(尤其是高频)进行滤波,这个滤波特性主要来源于耳廓内的复杂表面结构对高频声波的反射导致的耳道口处反射波和直达波间的叠加(见第九节空间听觉)。外耳道(或简称耳道)两端,一端是开放的耳道口,另一端是封闭的鼓膜,外耳道长度约为 2.3 cm。外耳道对声波中的中频段(对语音信号最重要的频段)起到谐振放大作用,例如在 2.5 kHz 附近很宽的范围内声压可以被放大 15~20 dB。常规的气导耳机、助听器都是将放声的扬声器单元固定在外耳(不同款式的固定位置不同),其中的声学设计除了考虑外耳的声音传导特性外,还要考虑设备对耳道内声场的影响。

鼓膜是外耳和中耳的分界。鼓膜一侧接收耳道中的入射声波,另一侧的中心与中耳②中三块听小骨中的锤骨相连接。另外两块依次连接的听小骨是砧骨和镫骨,镫骨底板与耳蜗的卵圆窗连接。中耳起到了从空气到液体的阻抗匹配功能:从鼓膜到卵圆窗之间的这些精妙的硬件结构将耳道中的声压进行放大,

---

① 根据 Wikipedia 的 Auditory System 词条中的图片翻译:https://en.wikipedia.org/wiki/Auditory_system#/media/File:Anatomy_of_the_Human_Ear.svg。

② 中耳中充满空气,通过咽鼓管与喉部相连,在吞咽动作中会与外界空气连通从而形成气压平衡。

目的是有效推动耳蜗中的液体对声波进行传播。其中气导放大作用的主要因素是鼓膜和卵圆窗(或镫骨底板)的面积比,约为 18.75 倍;另外锤骨和砧骨形成的杠杆作用,将声压放大约 4.4 倍;两者联合放大约 82.5 倍。听小骨还与一些小肌肉连接,当强声进入时这些肌肉会收缩,拉紧听小骨,从而减少声音的传入。即便在单耳给声时,也会在双耳同时发生这种声学中耳肌反射反应。这种反应有助于在一定程度上保护内耳免受强声的破坏,但这主要适用于约 1 kHz 以下的低频声(包括听者自己说话的声音通过骨导传递到中耳的部分)。而来自外界的瞬态噪声或高频噪声则会由于神经反应速度的限制而来不及给肌肉发出指令,从而给内耳带来损伤风险。

声音从卵圆窗进入耳蜗,耳蜗呈螺旋状,长度约为 30 mm,螺旋圈数约为 2.75 圈,由骨质结构包围,内部充满高密度的淋巴液。卵圆窗随着镫骨底板做纵向运动,在淋巴液中形成的声波从耳蜗底部沿着耳蜗中的前庭阶向上传播。耳蜗的圆窗与卵圆窗都有一层膜覆盖,前者与后者进行反向运动,从而能让耳蜗内的液体随着声波传入进行振动。

耳蜗的螺旋状管横截面见图 5-2。其中前庭阶和鼓阶在螺旋顶端连通,内部液体为外淋巴液;中阶中包含的柯蒂氏器(或称为螺旋器)是将声音振动转换为神经电冲动的关键器官,中阶内部为内淋巴液。声音在向上传播过程中,引起柯蒂氏器中的基底膜共振,声波由纵波变为横波。基底膜从蜗底到蜗顶逐渐变宽且弹性减弱,因此在蜗底部位对高频敏感,在越靠近蜗顶的部位对越低频敏感,正常耳蜗基底膜的频率覆盖范围是 20 Hz~20 kHz。基底膜对声音频率按照不同的部位进行了分解,基底膜的每个部位可以被看作一个带通滤波器,或称为听觉滤波器,因而基底膜可以被看作一系列有重叠的听觉滤波器。这些滤波器的绝对带宽随着中心频率的升高而升高。基底膜的振动会引起内毛细胞的静纤毛与盖膜之间发生剪切运动,导致内毛细胞上离子通道被打开,内淋巴液中的钾离子流入内毛细胞。内毛细胞与听神经纤维以突触形式连接,内毛细胞的电位变化会进一步通过突触传递到听神经中,从而完成声音从振动形式到电冲动形式的转换。输入声音在频率、时间、强度等方面的变化会表现为基底膜的振动模式以及相应的听神经放电模式的变化,这些变化的规律会对声音的各种属性(例如响度、音高等)在高级听觉系统中的表达产生影响。

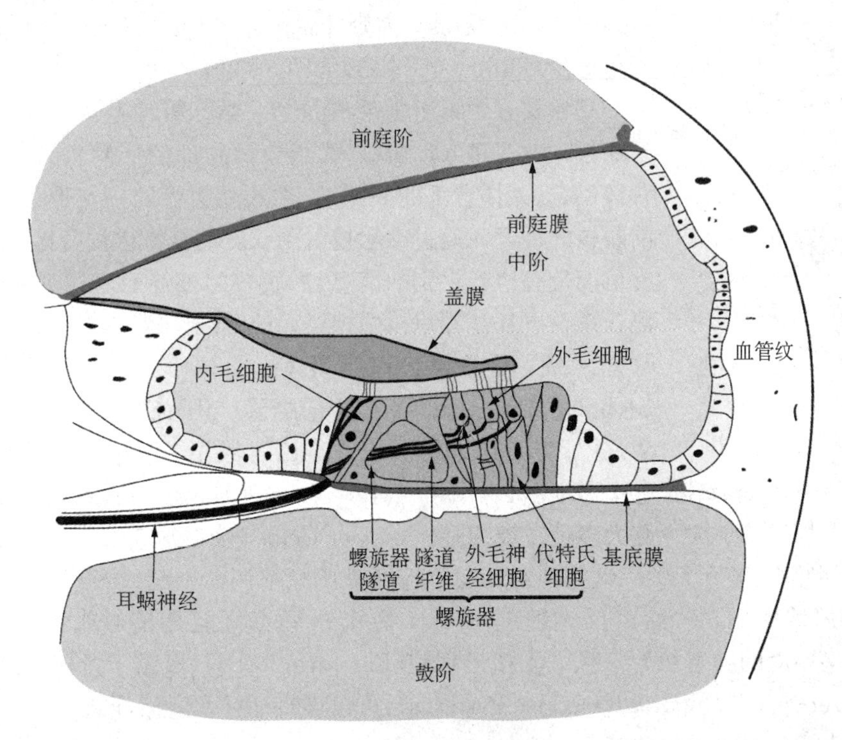

图 5-2 耳蜗螺旋状管结构的横截面示意图①

① https://en.wikipedia.org/wiki/Cochlea.

听神经中的神经冲动的波形形式是固定不变的，仅以神经冲动的个数和发放时间在神经细胞之间传递信息。例如，声级高时刺激发放速率高，即单位时间内的神经冲动个数多，从而实现对声级的编码；神经还会在纯音刺激的特定相位上发放脉冲，即所谓相位锁定现象，从而实现对声音频率的时间编码；另外，由于所连接的内毛细胞（及其基底膜）的差异，即不同听神经与不同的内毛细胞相连接，从而实现对声音频率的位置编码。这三个方面的编码会直接影响（或限制）声音感知的各个方面。

听神经在不受到声刺激时也会自发放电，并且有的自发放电速率高些，有的低些。它们都可能随着刺激声级的升高而产生更多的神经冲动。高自发放电速率的神经元比更低自发放电速率的神经元对弱声更为敏感，但是当刺激声级升高时，高自发放电速率的神经元比低自发放电速率的神经元更早地达到饱和状态（即不再随着刺激声级的升高而产生更多冲动）。这种差异性也在一定程度上保证了人类听觉系统的声级响应的大动态范围。

除了声音的传入，神经系统还会向外传出指令，具体表现在有一部分听神经与外毛细胞连接。外毛细胞的形态会随着传出指令（也是以神经冲动形式）的变化而变化，从而控制盖膜与内毛细胞之间的距离。这种主动控制可以提升耳蜗的频率选择性，也可能与所谓的“耳声发射”有关。耳声发射是耳蜗在有或无外界刺激时产生的，可以在耳道内用传声器测得声音的现象。该现象被广泛用于新生儿听力筛查，表明耳蜗的活性。

第二节　中枢听觉系统

脑干及大脑皮层的听觉中心被称为中枢听觉系统。声音信号经过外周听觉系统的处理从机械振动转成了神经冲动，通过听神经传入中枢听觉系统。

中枢听觉系统的上行通路经耳蜗核（Cochlear Nucleus）、上橄榄复合体（Superior Olive Complex）、外侧丘系（Lateral Lemniscus）、下丘（Inferior Colliculus）、内侧膝状体（Medial Geniculate Body），最后到达听觉皮层（Auditory Cortex），如图 5-3 所示。

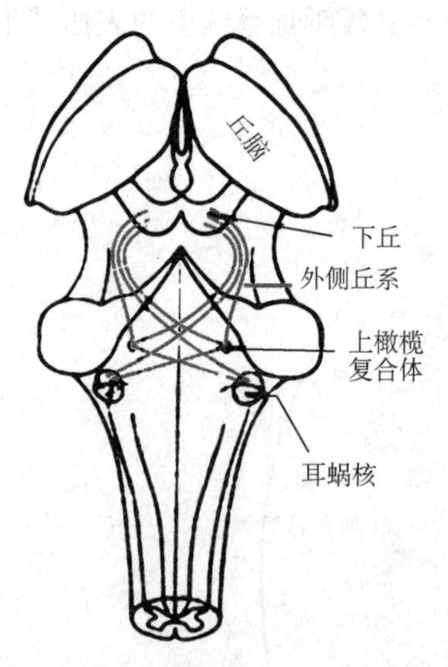

图 5-3　中枢听觉系统的解剖结构（耳蜗核至下丘）①

耳蜗核是中枢听觉系统的第一站。听神经从耳蜗传出，分两支进入耳蜗核。一支进入前腹核（靠近人体腹部的一侧），另一支进入后腹核及背核（靠近人体背部的一侧）。进入前腹核的一支带有声源定位的信息，前腹核的神经元通过突触投射到双侧的上橄榄复合体。进入后腹核的一支可能带有声音识别的信息，后腹核的神经元通过突触投射到对侧的外侧丘系及下丘。耳蜗核中神经元的解剖位置、形态、时间及频谱响应特性都有区别，可以分为以下几种：①球形/球形丛细胞（Spherical and Globular Bushy Cells），位于前腹核，与听神经相似，接受少量且强烈的刺激，进行初级的反应，可以说准确地保存了听神经携带的时间模式信息。②星形细胞（Stellate Cells），分布在前腹核与后腹核，前腹核中的星形细胞大多是斩波细胞（Chopper Cells），会对短纯音产生有规律、有节奏的反应，其相应频率与刺激声频率无关。这些神经元与听神经相比频率调谐更窄、动态范围更大，可以更好地编码输入刺激的频谱特征。③给声反应细胞（Onset Cells），形态可能是星形或者是章鱼形（Octopus Shaped），保存了高精度的纯音初始信息。④梭形细胞（Fusiform Cells），多位于背核，有更复杂的暂停时间反应模式（Pauser-type Temporal Response Patterns），可以被特征频率激活，同时抑制其他频率的刺激，有异特化的处理声音时间结构的功能。

上橄榄复合体接收来自双侧耳蜗核腹侧的连接，整合了双耳的信息，分为上橄榄内侧核（Medial

① 译自 https://en.wikipedia.org/wiki/Auditory_system#/media/File:Lateral_lemniscus.PNG。

Superior Olive)及上橄榄外侧核(Lateral Superior Olive)。上橄榄复合体可以利用来自双耳的信息确定声源的方向,其中上橄榄内侧核对双耳声音到达的时间差很敏感,而上橄榄外侧核则对双耳声音间的强度差较为敏感。上橄榄复合体的神经元投射到双侧的外侧丘系和下丘。

外侧丘系的腹核(Ventral Nucleus)接收来自对侧耳蜗核的输入,投射到同侧的下丘,并且可能和声音识别有关。外侧丘系的背核(Dorsal Nucleus)接收同侧上橄榄内侧核、同侧及对侧上橄榄外侧核、对侧耳蜗核的输入,被认为和声源定位有关。背核的神经元与双侧下丘形成抑制作用。

下丘是重要的声音信号处理枢纽,声源定位和声音识别的信息流汇聚在这里。下丘对声音的信息进行整合,主要对来自上橄榄复合体和背侧耳蜗核与声源定位有关的信息进行整合,进而投射到丘脑(Thalamus)和大脑皮层。下丘也接收从听觉皮层和丘脑的内侧膝状体传出的自上而下的信息。下丘分为几个子核,其中最大的是中央核(Central Nucleus),中央核以拓扑结构排列,每个区域负责加工相同频率的声音刺激。

内侧膝状体是丘脑的一部分。内侧膝状体的腹核与耳蜗核、上橄榄复合体、外侧丘系、下丘中央核一样以拓扑结构排列,每个区域负责加工相同频率的声音刺激(按频率投射),外侧的特征频率较低,内侧的特征频率则较高。而内侧膝状体的背核则不是这样的拓扑状排布。

听觉皮层是大脑皮层中接收听觉刺激的第一站。听觉皮层位于大脑的颞叶(Temporal Lobe),在外侧裂(Sylvian Fissure)中。具体位置在颞上回(Superior Temporal Gyrus, STG)中的布罗德曼 41 和 42 分区。听觉皮层负责加工声音的一些基本特征,例如音调和韵律。听觉皮层可以被分成几个不同的功能分区,包含初级听皮层(A1)、次级听皮层(A2)和更高级的皮层区域。初级听皮层包含各种听觉频率的感受野,同时对声调进行选择性加工。次级听皮层包围在初级听皮层外围,与更高级的脑区相连接。听觉皮层和前额叶负责执行功能的区域有联系,在识别言语声、音乐及噪音环境下的言语识别中发挥重要的作用。

听觉的信息流不但会按照上述的传导通路从耳蜗传导到大脑皮层(上行通路),也会从大脑皮层传达到耳蜗(下行通路)。下行通路的作用是为了使中枢参与声音信号的处理,或者参与感知学习。其中,由双侧橄榄核至耳蜗的神经纤维形成的“橄榄-耳蜗束”可以在一定程度上控制基底膜的运动。同时,目前已知的下行通路还包括上橄榄核及下丘到耳蜗核的通路,以及从听觉皮层到内侧膝状体及下丘的通路。

第三节　频 率 分 辨

人类的听觉功能依赖于听觉系统对声音中的不同频率成分的分解和区分。在心理声学中,对于频率分辨能力的讨论通常是从对耳蜗中的“听觉滤波器”的建模和心理物理测量开始的。耳蜗基底膜的连续的物理性质变化,使得基底膜上不同位置对不同的频率产生最大响应(相应的频率为特征频率),从蜗底到蜗顶呈现从高频到低频的趋势。实际上每个位置处的听觉滤波器是有一定带宽的,即每个位置会对特征频率附近的一个区域内的频率产生响应,其中距离特征频率越远的频率成分越不容易引起该位置的响应,所以可以把每个听觉滤波器看作一个带通滤波器。因此,对于听觉滤波器的滤波特性的描述,就是听觉频率分辨研究中的重要问题。

测量听觉滤波器的幅频响应曲线的心理声学实验,通常是采用了噪声中的纯音检测任务(属于一种掩蔽实验),通过调整噪声的带宽或纯音的强度来测量以纯音为特征频率的基底膜位置的频率选择性(即从复杂声中提取目标频率的能力),这里主要基于的是功率谱密度对掩蔽程度进行估计。通过这种实验可以观测到,在功率谱密度不变的前提下噪声带宽的增加会增强对纯音的掩蔽效果,而当超过某个带宽值时掩蔽的效果不再发生明显变化,这个带宽值被称为临界频带(Critical Band)。并且实验发现听觉滤波器的带宽是随着特征频率的升高而升高的,也就说明绝对的频率分辨能力随着频率升高而下降。一个临界频带的带宽也被称为一个巴克(Bark),这也就构成了巴克频率尺度(Bark Frequency Scale)。

假设听觉滤波器的幅频响应是以特征频率为中心向两侧逐渐衰减的,这个特性可以通过采用陷波噪声(即在连续频谱的白噪声中,设置一段频率区间的能量为 0)加纯音的掩蔽方法来测量。当其中能量为 0 的区域的带宽取不同的值时，在该区间中心处同时播放的纯音的掩蔽阈值会发生变化，这种变化可以反映听觉滤波器的形状(假设频率为对称分布的)。那么与该形状所表示的听觉滤波器具有相同的输出功率和功率谱峰值的理想矩形带通滤波器的带宽可以用来表示该听觉滤波器的带宽，这就是等效矩形带宽(Equivalent Rectangular Bandwidth, ERB)。ERB 在中心频率的 11%到 17%之间。正常听力年轻人在中等声级条件下听觉滤波器的 ERB 用 ERB_N 表示，它与中心频率(f，kHz)的关系满足以下公式：

$$ERB_N = 24.7(4.37f + 1)(\mathrm{Hz}) \tag{5.1}$$

从 ERB_N 可以看出，正常听力者的听觉滤波器的带宽在高频趋近于随着中心频率的升高而线性增宽，即中心频率与带宽的比值趋近于常数。

如果用纯音分辨实验，例如先后播放两对短纯音(即共计先后播放四个短纯音)，其中一对短纯音存在频率差异，另外一对短纯音频率相等，让被试选出存在频率差异的一对，然后在一系列试次中根据被试的反馈自适应调整差异大小，最终可以测得一个分辨阈值。图 5-4 所示为这样一组测试的结果。在 2 kHz 中心频率处阈值可达到约 0.2%(4 Hz)，在 250 Hz 中心频率处约为 0.44%(1.1 Hz)，在 8 kHz 处约为 1.27%(101.4 Hz)。这可以粗略反映频率选择特性。然而，与前面提到的部分掩蔽实验不同，这个纯音分辨测试并不反映单个听觉滤波器的性能。

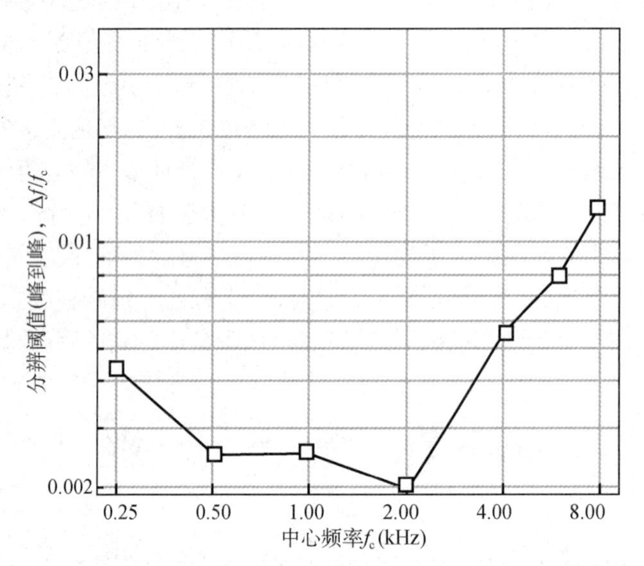

图 5-4　纯音的最小可分辨频率阈值与纯音中心频率的关系函数

信号处理中对于频率和时间的分辨率的博弈的讨论是很常见的，例如在短时傅里叶分析中窗函数长度的选择对时间分辨率和频率分辨率的影响，在有限长脉冲响应滤波器的设计中滤波器阶数(即脉冲响应的长度)对滤波器的坡度(即频率选择性)的影响，等等。在听觉滤波器的建模中，也可以把基底膜上不同位置处的脉冲响应进行建模，例如 Gammatone 滤波器，它的脉冲响应是一个伽马分布和一个正弦信号的乘积形式：

$$g(t) = at^{n-1}\mathrm{e}^{-2\pi bt}\cos(2\pi ft + \varphi) \tag{5.2}$$

其中 f 是中心频率(Hz)；φ 是载波的初相位(弧度)；a 是振幅；n 是滤波器阶数；b 是滤波器带宽(Hz)；t 是时间。有时可以用 ERB 来计算 b，例如在 MATLAB Audio Toolbox 中的 gammatoneFilterBank 函数。

在听觉系统的频率分辨率方面，历史上还有很多其他模型。例如，基于等分音高感知距离的梅尔尺度(Mel Scale)，基于听神经电生理实验的特征频率与耳蜗位置的映射关系函数 Greenwood 函数，基于非对称频响假设和对声级敏感的听觉滤波器 Gammachirp 滤波器，等等。其中 ERB 是基于噪声掩蔽的心理声学实验，心理声学家使用较多；梅尔尺度最初是基于音高的心理声学实验的，后来在工程领域广泛使用；Greenwood 函数是基于听神经电生理的，在涉及听神经层面的特征频率问题，比如在人工耳蜗(Cochlear

Implant，CI)电刺激听觉中，得到广泛应用；Gammatone 滤波器、Gammachirp 滤波器等可以用于对基底膜不同位置处的脉冲响应的建模，并且在 Gammachirp 滤波器中考虑了声级因素，实际上听觉滤波器的确是随着声级的升高而加宽的，这是一种非线性的表现。在应用中，根据具体需要来进行选择。

第四节　听觉时间加工

声音的特征随着时间不断地变化，从而传递听觉的信息。作为听者，需要对随时间不断变化的声音信息进行加工，这就是听觉的时间加工(Auditory Temporal Processing)。若不具备这种能力，就无法对听觉信息进行准确、充分的识别。在听觉时间加工中，时间的长度既可以很长，也可以很短。例如，对于一个言语声的识别，涉及短时程的听觉时间加工，而一列火车鸣笛行驶时，人们可以通过长时程的听觉时间加工来判断火车是驶向自己还是驶离自己(即利用多普勒现象)。听觉系统对于声音时间加工的精细程度非常高。就拿一个语音加工来说，当单词以每分钟 400 个的速率出现时，人们能够识别出来。也就是说，当每秒钟出现 30 个音素时，听觉系统能够识别出辅音和元音。听觉系统需要具备足够的时间分辨率(Temporal Resolution)才能够对这个音节中变化速度非常快的声学信息进行加工。这时就体现出了听觉时间加工的能力。

听觉时间加工主要包括两个方面：一是对随着时间快速变化的声音信息的加工；二是对于跨时间长度的听觉信息的整合。下面将分别对这两方面进行介绍。

对快速变化的听觉时间信息的加工与听觉系统的时间分辨率有关。人的听觉系统具有很高的时间分辨率，可以察觉短到持续 2～5 ms 的刺激变化。听神经可以表达丰富的时域精细结构(Temporal Fine Structure)。当听稳定且连续的声音时，对声音的感知与包络(Envelope)有更密切的关系，所以听觉系统的时间分辨率一般指对包络快速波动变化的反应能力。如果声音信号中具有重复的、周期性的包络波动，听觉系统对这种声音会更加敏感。虽然听觉系统具有较高的时间分辨率，但时间分辨率也可能被限制。听觉滤波器的时间响应可能是限制条件之一，在刺激停止后，基底膜继续振动几毫秒，延长了对刺激表征的时间，并且忽略了声音间隙这类的时间特征，这就造成了向前掩蔽(Forward Masking)。还有观点认为，向前掩蔽是神经适应的结果，在一种刺激声结束后，神经纤维还处在适应期，不太敏感，这时出现第二个声音，响应速度就会下降。此外，神经整合机制还可能造成向后掩蔽(Backward Masking)，随着时间推进，快速波动被平均化，限制了时间分辨率。

对于跨时间长度的听觉信息整合是指听觉系统可以整合长时间的声音信息，以提高处理听觉任务的能力。在不同任务下，加工声音需要的时间长度不同。例如同样的时间长度，对于低频声的整合效果好于高频声。听觉信息整合的能力对于人们在自然界中提取出声音客体十分重要。在嘈杂的声学环境中，对于某个声音客体的分离高度依赖于听觉信息整合的能力。

第五节　声音的强度与响度感知

响度(Loudness)是人对声音大小的主观感觉量，指人耳感受到的声音强弱。响度是一个主观量，同样强度(Intensity)的声音在不同的频率和时间长度上，响度可能是不同的。人的听觉范围指听觉系统能处理的声音的强度范围。要知道人的听觉范围，就需要知道人的最小可听强度(听觉阈限)和听觉上限。

测量听觉阈限是对于人类刚好能听见的声音强度的测量，一般需要测得几个频率下纯音的听阈，得到听力图。这里的听觉阈限即绝对阈限。在临床听力学检测的听力图中，纵坐标数值越低，则听觉阈限越低，听力就越好。人类可以听到的声音的频率范围为 20 Hz～20 kHz，其中 1～6 kHz 之间的声音的听觉阈限最低；越接近频率极限(即 20 Hz 或 20 kHz)，听觉阈限上升越快。在测量听觉阈限时分为耳机给声和声场给声。如果使用耳机给声，那么将各个频率上的听觉阈限在坐标轴上连线得到的曲线称为最小可听声压；如果在声场中测得，则称其为最小可听声场。

对于听觉响度上限的定义不同，其数值会有所不同。对于大多数人来说，100～110 dB SPL 的声音会引起强烈的不舒适，因此将其作为听觉响度上限。实际上 140 dB SPL 的声音也能被人耳感受，但感觉上更加类似于痛觉，而且人类无法区别大于 120 dB SPL 的声音之间的区别。

除了绝对阈限之外，人类对与声音强度的感知还有差别阈限。差别阈限是指刚刚能够引起感觉差异的最小的声音强度改变量。听觉差别阈限与原始刺激的强度有关。一般来说，听觉的差别阈限随着原始刺激量的变化而变化，而且表现出一定的规律性，用公式表达即：

$$\Delta\Phi/\Phi = C \tag{5.3}$$

公式中 Φ 为原刺激强度；$\Delta\Phi$ 为此时的差别阈限；C 为常数，这一定律称为韦伯定律。

响度是对声音大小的主观感受，即与声音强度相关的感知量。在不同频率上，人的听阈不同，同样响度在不同频率的声音下代表的声强也会不同。让被试听两个频率下不同声压级的声音，不断调整到一样响，即同样响度的声音。将所有频率下同样响度的声音强度连成线，得到的曲线叫作等响曲线。等响曲线以 1 kHz、40 dB SPL 的声音为参考响度，响度的单位为宋(sone)，参考响度即 1 宋。响度增加一倍为 2 宋，减小一半为 0.5 宋。响度级是响度的相对量，以 1 kHz、0 dB SPL 的声音为基准，单位为方(phon)。1 宋等于 40 方，2 宋等于 50 方，4 宋等于 60 方，响度级每改变 10 方，响度加倍或减半。将不同响度的等响曲线排列在同一张图上能够发现，响度越大，曲线越平滑；响度越低，弯曲越大，低频段尤其明显。等响曲线图可以参考《音频音乐与计算机的交融——音频音乐技术》一书心理声学章节中的内容。

响度除了受到频率的影响外，还会受到时间长度的影响。当声音为纯音时，如果声音的长度为几百毫秒以内，那么声音越长，响度越大。当声音为噪声时，如果声音的带宽大于听觉滤波器的带宽，那么带宽的增加也会导致响度增加。

响度大致和基底膜的运动速度的平方成比例，这说明基底膜的压缩决定了响度的增长，而无论中枢听觉神经系统如何处理，基底膜的运动对于响度的感知仍然起到至关重要的作用。

第六节　音高和旋律感知

音高(Pitch，或音调)是“一种听觉属性，依该属性，可以将声音进行从高到低的排序”。在音乐中，音符之间的音高变化，构成了音乐的旋律。在语音感知中音高也起到了重要作用，例如在语调、声调、噪声中的言语识别等方面。纯音是人为设计出来的；谐波复合音是在音乐、语音等声音中普遍自然存在的。纯音可以看作谐波复合音的特例。纯音在心理声学研究有大量应用，而谐波复合音对于实际生活中的音高感知问题更具有现实意义。

纯音(Pure Tone)只有一个频率成分(即单独一个正弦信号)，频率越高，产生的音高也越高。纯音的频率可以通过耳蜗内基底膜上兴奋的峰值位置进行编码。不同频率的纯音会引起基底膜上不同位置的兴奋，可以认为纯音音高由基底膜上最兴奋的位置决定，即位置理论。但有研究者发现，随着纯音声级的升高，基底膜上最兴奋的位置会呈现一定的偏移现象，而感受到的音高基本维持不变。另一个关于纯音感知的理论是时间理论，与听神经的相位锁定有关。在 4～5 kHz 之间，听神经倾向于在刺激波形的某一特定相位进行放电，因此，听神经的放电时间间隔约为刺激信号周期的整数倍，这种方式也提供了对纯音频率(或音高)的编码。

复合音(Complex Tone)中包含多个正弦信号。日常生活中常见的声音，例如乐器音(如图 5-5(a)所示)和语音，包含丰富的谐波复合音(Harmonic Complex Tone)。谐波复合音中的正弦成分的频率都是某个频率 f_0 的整数倍，其中 f_0 被称为基频值。乐音和语音中的谐波复合音，通常包含频率为 f_0、$2f_0$、$3f_0$、$4f_0$、…… 连续若干次谐波成分，见图 5-5(b)。谐波复合音虽然由多个谐波成分组成，但是通常认为在每一瞬间它只会诱发一个音高感受，而不是多个不同的音高感受，其音高通常与以 f_0 为频率的纯音的音高非常接近。即便如此，复合音的音高并不是简单地由频率为 f_0 的基频成分（即第一次谐波）决定的。当把基频从谐波复合音中去除后，复合音的音高并没有变化，这就是所谓基频缺失（Missing Fundamental）现象。基频缺失在生活中也不少见，例如一个小型扬声器不能播放出 150 Hz 以下的声音成分，那么 f_0 为 100 Hz 的谐波复合音经由该扬声器播放后的声音就不包含基频成分，但这并不影响相应的

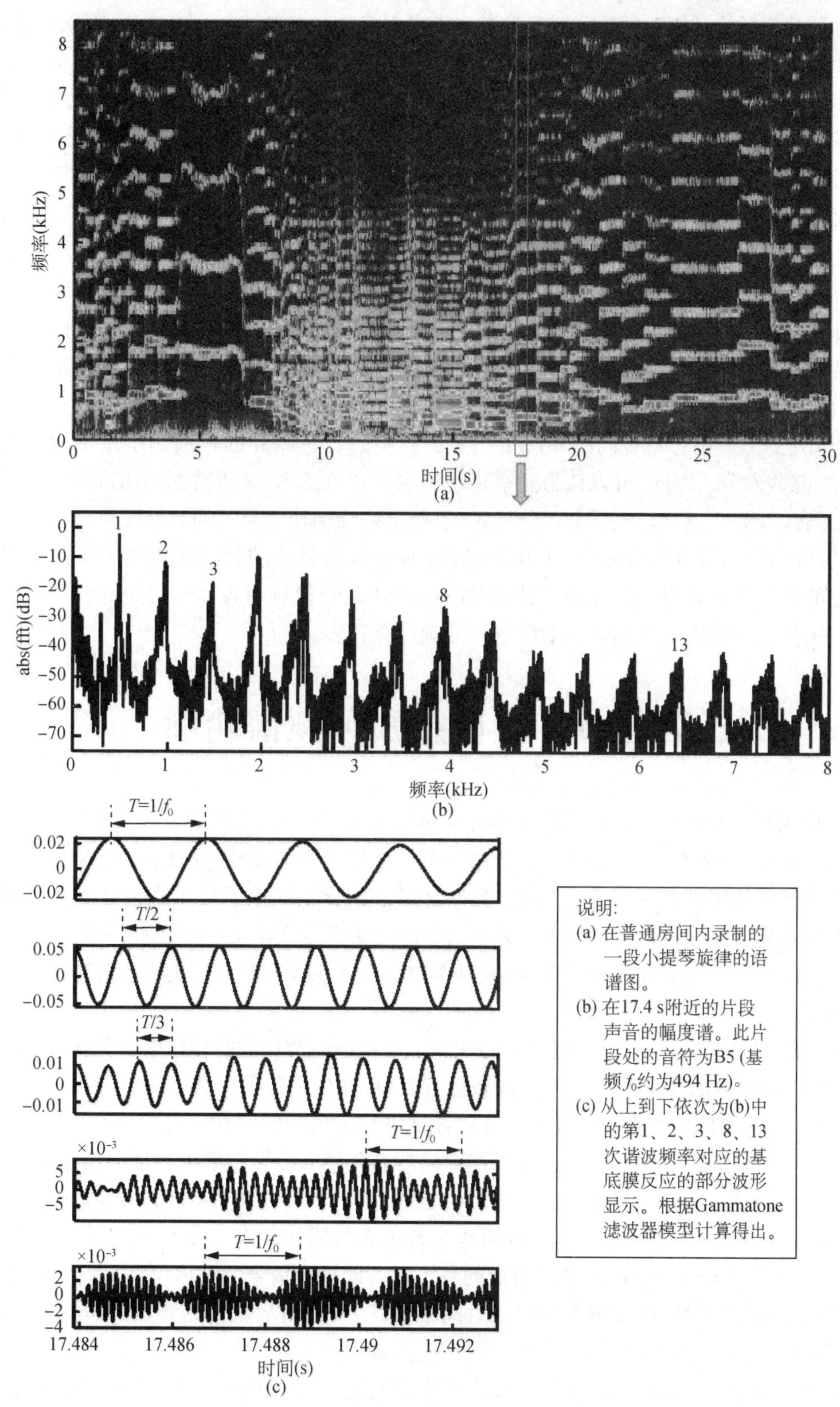

图 5-5　小提琴旋律和基底膜响应示例

音高感受。实际上，谐波复合音中并没有哪个谐波成分是对音高感受起决定性作用的，当噪声对谐波复合音产生污染时，残留的谐波成分（可能是在时间和频率维度上都是断续的）仍可以保证音高感知不变。

谐波复合音的音高感知机理需要进一步根据耳蜗对声音的时频编码规律进行探讨。基底膜上不同位置对不同的频率成分产生最大响应，而这种频率-位置映射关系不是均匀的线性划分的，如果把每个位置对输入声音的响应看作一个听觉滤波器，那么对更低频率（即更靠近蜗尖）产生响应的听觉滤波器的绝对频率带宽更窄。这种规律导致耳蜗对低频区域的频率分辨率更好。对于谐波复合音来说，低次谐波可能被基底膜不同位置处的听觉滤波器分别进行处理，而高次谐波则会出现多次谐波进入同一个听觉滤波器的情况。如图5-5(c)所示，低次谐波（例如第1、2、3、……次）的周期性直接可以通过基底膜的振动来反映（相应的振动周期为$1/f_0$、$2/f_0$、$3/f_0$、……）。听神经对低次谐波的音高编码就同时包含位置编码（即不同谐波在不同位置产生最大响应）和时间编码（听神经放电的相位锁定）。高次谐波频率对应的基底膜振动则在时域包络上反映出与f_0同步的周期性信息，对高次谐波的编码主要为时间编码（听神经会对该包络中的周期性进行相位锁定）。其中低次谐波对音高感知的贡献较强，高次谐波的贡献较弱。由此可见，f_0信息广泛分布于基底膜（或听神经）的不同位置，尤其是听神经对不同位置处的单个谐波或多个混合谐波的相位锁定会使得听神经的电脉冲间隔中大量分布着基频值的信息。正因为f_0相关信息在听神经中的不同位置的广泛分布，所以谐波复合音的音高感知是强烈地与以f_0为频率的纯音音高相同，且不容易受其他因素干扰。

谐波复合音中的谐波成分在一定范围内的强度比例（或谐波复合音的频谱包络形状）很大程度上决定了音色（Timbre）感知，但不会对音高感知产生明显的影响。音色差异的典型例子是不同乐器的声音、不同元音、不同的说话人等。因此，可以认为频谱包络影响了音色感知，频谱精细结构（即每个谐波的具体频率位置）影响了音高感知。然而，根据前述分析，这里频谱精细结构主要是通过低频可分辨谐波（每个谐波的周期性波动）和高频不可分辨谐波（局部多个谐波叠加形成的与f_0同步时域周期性）被相应区域的听神经以相位锁定的形式进行编码。因此，时域周期性（Periodicity）信息在音高编码中起到了决定性作用，在音高提取和编码算法中就需要对这个周期性进行准确计算和表达。

第七节　音色感知和频谱轮廓

音色与音高、响度、方向是声音的四个基本听觉感知量，但是音色比另外三个量更抽象。它的一个定义是，在不考虑方向感的情况下（例如单耳聆听条件下），如果两个声音的音高相同、响度也相同，那么用于区分这两个声音的感知属性就是音色。例如，音色是用于区分不同乐器或不同说话人的关键感知属性。在讨论不同类型乐器或不同说话人的音色差别时，这个“音色”的差异表示的是不同声源之间的差异。然而，基于以上定义，“音色”有更加广泛的含义，并且围绕它的理论研究和神经机理研究也跨越众多学科，是难点也是热点。

音色与多个维度的声学特征有关，经典的心理声学实验是两两比较的相似度评分实验，并用多维尺度（Multidimensional Scaling，MDS）的数学方法来进行分析，然后用各个声学特征与MDS算出的各个维度进行相关性分析，从而得出每个声学特征对于这些被试进行音色相似度打分的贡献大小，所得出的结论还受到所采用的声音材料的影响。常见的认为可能对乐器音色感知而言重要的特征包括谱重心、启动时间、频谱包络的调制程度等。实际上在不同的语音音素之间，不同的环境声（例如虫鸣和汽笛）之间也存在明显的音色差异，人工制造的各种产品的音质评价也与音色有着密切关系。图5-6展示了具有不同音色的四个声音经过32通道Gammatone滤波器组后的各个通道的输出信号的时域包络。它们的时域和频域包络都呈现出了明显差异（时域：例如钢琴的启动时间很短，达到峰值后就开始衰减；频域：频谱包络的局部峰值或共振峰出现在不同的频率区域）。

除了采用自然声源产生的刺激声开展心理声学实验对音色进行研究以外，心理声学家还采用合成的复合音对与音色感知密切相关的频谱轮廓（Spectral Profile，即各个听觉滤波器输出的时域包络及其组合）开展了大量研究。例如，有实验采用由一系列恒定幅度的正弦成分组成的复合音，只改变其中一个正弦成分的幅度大小，通过心理声学实验来测量被试可以检测到的最小幅度变化，结果仅为1～2 dB。通过单个听觉滤波器输出信号的幅度变化不足以解释这个结果，更可能是依赖于听觉对频谱形状或轮廓变化的检测。这也是音色区分的重要基础，听者可以检测耳蜗内一系列听觉滤波器输出幅度的差异，进而大脑可以利用这种差异来区分不同的音色。另外，大脑也可以比较多个听觉滤波器输出之间的时域调制同步性来减少噪声对目标声的掩蔽，这种现象被称为协同调制掩蔽释放(Co-modulation Masking Release，CMR)。音色感知和CMR都利用了频谱轮廓，都是人从出生就不断训练而习得的重要技能(可能也受遗传基因影响)，如果没有卓越的频谱轮廓利用能力，则各种听觉功能都无从谈起。

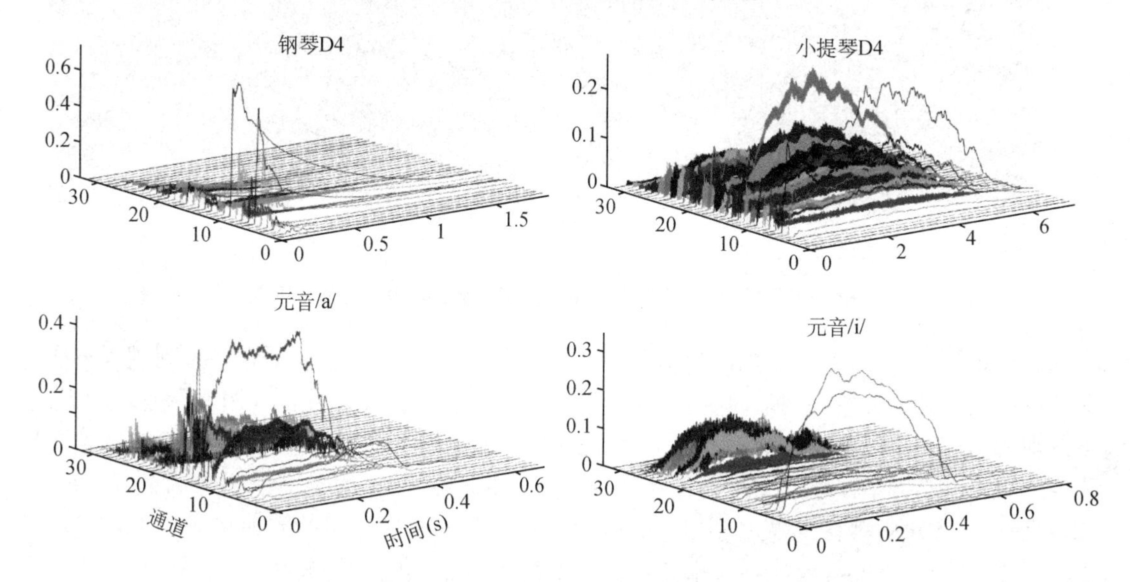

图5-6 音色示例：四个声音(钢琴、小提琴、元音/a/、元音/i/)经过32通道Gammatone滤波器组(50～8 000 Hz)后各个通道输出信号的时域包络

(四个声音信号的均方根相等。钢琴音和小提琴音的基频约为294 Hz，对应音符D4，元音/a/和/i/的基频分别约为303 Hz和340 Hz)

第八节 语音感知

语音是人类独有的一种沟通方式，是语言的声学载体或呈现形式。图5-7所示为一句女声语音“今天的阳光真好”录音的时域波形图和语谱图。从图中可以看出清音和浊音的区别、谐波趋势所表示的声调、共振峰差异所表示的元音的区别等。图中时域波形所代表的声压随时间的变化被耳蜗进行分析，转换为神经响应，其基本规律仍是前面章节反复提到的基底膜、毛细胞、听神经的运作规律，然而听者的大脑可以利用这样的神经响应对语音进行“解码”，把说话人的大脑和发声器官的编码信息解读出来，并且这种解读是高效的、不容易被干扰。由于篇幅限制和问题的复杂性，这里仅对语音感知(Speech Perception)相关的若干基本概念和问题进行介绍。

变异性(Variability)：如果把音素(例如/a/、/b/)作为语音的基本单位，那么最理想的情况是每个音素的声学模式是固定不变的。然而，实际情况恰恰相反。在同一说话人两次使用该音素之间都会发生明显的变化。在语音“流动”过程中，每个音素还会受到与其组合成一个音节的其他前后音素的影响，发声器官在音素之间是逐渐过渡的，这就形成了协同发音(Coarticulation)现象(例如图5-7中共振峰的滑动)。在不同组合的协同发音中，同一个音素会出现明显的声学模式差异。同一个语音在不同说话人之间，声学模式也具有明显的差异，这与发声器官的生理状态有关。然而，这并没有影响听者对语义的理解，说明语音的基本单位不是基于物理模式，而是基于感知模式。有一种语音感知的理论是运动理论(Motor Theory)，即听者的大脑调动运动功能区来分析说话人的发声器官的运动方式，从而对语音内容进行感知。

范畴化感知(Categorical Perception)：语音的范畴化感知是指人可以把语音刺激进行无意识分类，被分为同一类的刺激则被识别为同一个语音元素，否则是不同的语音元素。这就在一定程度上解决了上述

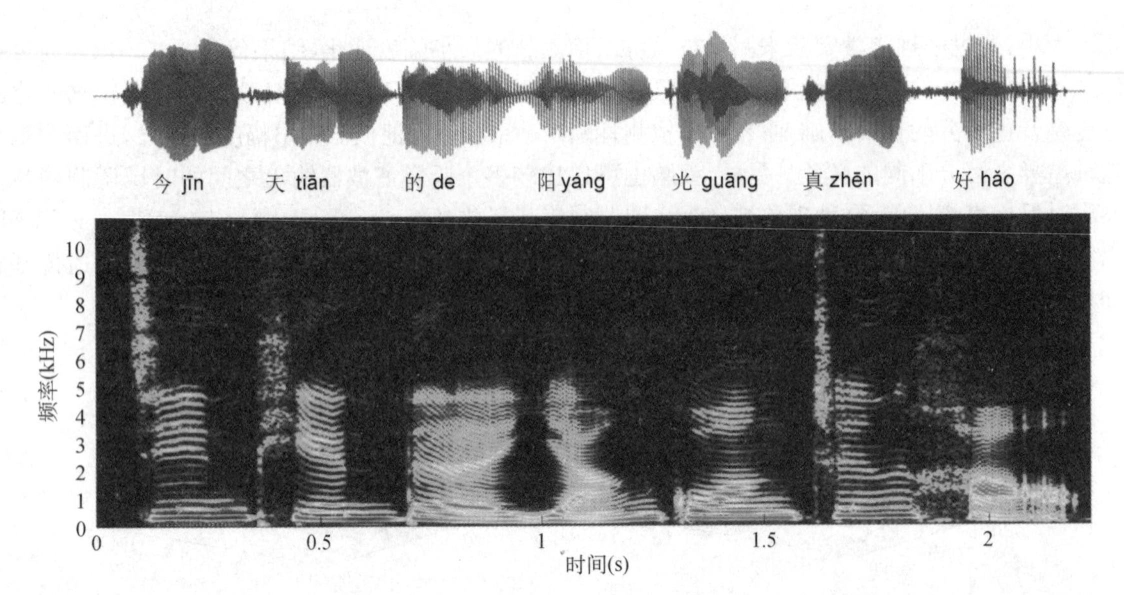

图 5-7　一句女声语音"今天的阳光真好"的时域波形图(上)和语谱图(下)

变异性问题。在感知实验中，人为操控语音刺激中的少数物理参数，让这些参数在一系列刺激声中等间隔变化。实验可以观察到参数值在两端时听者会比较确信听到了各自不同的语音(例如参数高时识别为 A，参数低时识别为 B)，并且对参数的变化不敏感，但是在中间时某些参数值出现不确定区域，在这个区域中随着参数值的升高或降低，听者相应的会有更高概率识别为 A 或 B。如果用识别为 A 或 B 的概率曲线(呈现 S 形)来描述，其中过渡区的宽度或相应的概率变化的斜率则代表了听者对两类刺激声的范畴化程度。例如，采用改变某一次共振峰所在频率位置来研究两个音素之间的范畴化，采用不同斜率的谐波(或基频)曲线来研究汉语声调第一声和第二声之间的范畴化。母语为日语的听者，不容易区分英语中的/r/和/l/，这是因为在日语中这两个音的发音都被认为是/r/(日语/r/与英语的/r/也有很大差别)，那么他们的上述曲线会非常平缓。母语为非声调语言的听者，对不同汉语声调(例如阴平→和阳平↗)没有明显的范畴化，随着基频曲线斜率的变化，他们比母语为汉语的听者会呈现出更宽的过渡带。因此，可见语音的范畴化感知受到母语的巨大影响。

语音可懂度指数(Speech Intelligibility Index, SII)：语音信号在噪声干扰条件下的可懂度可能会降低。语音信号中不同频率段可能对语音可懂度的贡献大小不同，基于此假设，研究者们建立了噪声中的语音可懂度预测模型——语音可懂度指数(SII)，其计算公式为：

$$\mathrm{SII}=\sum_{i=1}^{n} I_i A_i \tag{5.4}$$

其中 n 表示用于计算的频带个数，这个频带个数可以根据研究需要确定；I_i 表示第 i 个频带对语音理解的贡献权重，那么所有频带的 I_i 值也被称为频率重要度函数(Frequency Importance Function)，这个函数是高度依赖语音材料的，所有 I_i 值的加和等于 1，汉语普通话和英语在 1 000～2 500 Hz 之间，频率重要度函数达到峰值；A_i 表示频带的可听度，取值范围是 0 到 1，表示在第 i 个频带中语音线索可以被听到的比例，这可以根据该频带内的信噪比来计算。SII 与语音识别百分比之间呈单调函数关系，这个转移函数也与所采用的材料有关。SII 在平稳加性噪声中预测语音可懂度有一定的效果，但是局限性也是明显的，例如在非平稳噪声中，以及存在反射声条件下的预测能力可能有限，也没有考虑双耳因素。建议读者根据应用需要采用或开发不同的可懂度预测模型。

冗余度(Redundancy)：虽然上面提到了不同频带对语音可懂度的贡献程度不同，然而实际上没有任何频带的信息是必须存在的。例如，有研究表明完全滤除 1 500 Hz 以上的频率成分，或完全滤除 1 500 Hz 以下的频率成分，语音仍具有高度可懂度；日常语音中仅保留 1 330 Hz 和 1 670 Hz(1/3 倍频程)之间的成分仍几乎 100%可以被识别；提取语句信号中的前三个共振峰成分的幅度和频率值，分别对三个正弦信号的幅度和频率进行调制，然后再把三个调制后的正弦波叠加仍可以产生具有高可懂度的语音，这就是所谓正弦波语音(Sine-wave Speech)；对语音信号进行分通道的时域包络提取，然后再将这些时域包络用于对相应频带的带限噪声进行幅度调制，最后加和起来，研究表明用四个通道以上的时域包络即可保留足够多的可懂度信息。这些例子都展示了语音信号的高度冗余性。语音冗余性使得在干扰声存在时目标语音中的残留时频成分可以保障言语沟通保持顺畅，并且也正是语音的冗余性使得聋人可以利用人工耳蜗所提供的粗糙的时频信息进行言语交流。

本节仅对以上四个方面的内容进行简要介绍，读者可以根据研究兴趣和需要来查阅更多资料和信息。语音感知是非常复杂的知觉功能，在语音工程、心理声学、认知神经科学、认知语言学等领域都有很多理论和技术的进展。语音在传递语义的同时，还可以承载情感、心情、生理状态、周围环境等很多非语义信息。

第九节　空 间 听 觉

在 20 ℃时，空气中声音的传播速度 c 约为 343 m/s，那么可听声(频率 f 的范围为 20 Hz～20 kHz)的波长($\lambda=c/f$)范围是 0.017 15～17.15 m，人头部的尺寸介于其中。声波从声源发出直达人的双耳时，声波会受到声源与双耳的相对距离以及人头部的影响(衍射和散射)，随着听者和声源的空间位置关系的变化，这种影响也会发生变化。

当声音来自听者中垂面以外的方向时，声音会先到达近声源一侧耳，后到达另一侧耳，这就形成了双耳间时间差(Interaural Time Difference, ITD)。中垂面上的声源对应的 ITD 为 0，而正对某一侧耳的声源对应的 ITD 为 650～700 μs 之间(相当于约 1 500 Hz 纯音的周期 1/1 500≈666.7 μs)。对于频率在 1 500 Hz 以下的声信号成分来说，当声源在水平面上方位角从 0 到 90°变化时(即从正前方向正右方移动)，双耳间相位差(Interaural Phase Difference, IPD)在 0 到 2π 之间单调变化。但是对于更高频的成分来说，相应的 IPD 变化会跨越一个甚至多个 2π 周期，那么就会出现所谓的相位模糊问题，即一个 IPD 可能对应两个或更多方位角的变化。虽然听神经的相位锁定可以锁定到上至 4～5 kHz 的频率成分的相位，但是由于 IPD 模糊性问题，只有在 1 500 Hz 以下低频区的 ITD 是稳定可靠的定位线索。

除了 ITD 外，由于头部的阴影和散射作用，导致声音到达远端耳时声级受到衰减，形成了双耳间声级差(Interaural Level Difference, ILD)。高频声(例如 6 000 Hz)的 ILD 上限可能高达 20 dB，而低频声(例如 500 Hz)的 ILD 上限在 5 dB 以下。

因此，低频成分的 ITD 和高频成分的 ILD 对声源定位起到重要作用，这是著名的二元论(Duplex Theory)。从物理量上来说，ILD 受到频率的显著影响，ITD 不受频率的明显影响(但是 IPD 的跨度受到频率的影响)。另外，在高频段，由于听觉滤波器的带宽较宽，对于任意信号(例如语音信号)来说，高频段的每个听觉滤波器输出的时域包络仍可能被听神经以相位锁定形式进行编码。所以高频段的时域包络的 ITD 也是一个补充定位因素。

在双耳线索之外，耳廓结构会对声波进行反射，导致耳道口处的声压会出现反射波与直达波的相长或相消，这个规律可以帮助听觉系统辨别来自不同仰角的声源。这个线索是由于耳廓的结构引起的，被称为单耳谱线索(Spectral Cue)，由于波长关系，主要在高频区起作用。

以上各种线索，包括低频 ITD(1.5 kHz 以下)、高频 ILD(4～5 kHz)、高频包络 ITD、单耳谱因素(5～6 kHz)等都可以通过测量头相关传递函数(Head-Related Transfer Function, HRTF)得到。HRTF 是描述点声源在自由场中到双耳的频域声学传输函数，与其等价的是点声源到双耳的头相关脉冲响应(Head-Related Impulse Response, HRIR)。HRTF 除了可以用来研究定位线索外，还可以用于双耳声重放的应用，或称为虚拟现实 VR 技术。

以上都在固定空间位置和单声源在自由场条件下进行的讨论。实际上，听者会根据需要转动头部和身体(解决所谓混乱锥体问题和前后混淆)，声源也可能发生运动(动态声源位置)，并且还经常出现多声源和反射声的情况。空间听觉除了方向定位，还包括距离定位、空间包围感、利用空间听觉进行去除掩蔽、多声源的融合和分离等问题。

第十节 多声源感知——听觉场景分析

在日常生活中，我们听到的声音极少是来自单一的某个声源。例如在餐厅里、地铁上与他人谈话时，周围还有其他人在聊天，或者被其他的噪声干扰。为了能够准确提取目标声源的信息，听觉系统要如何工作？听觉场景分析(Auditory Scene Analysis)就是对听觉系统面对多声源时一系列问题的解释。听觉场景分析的基本是来自不同声源的声音各自具有不同的特征和属性，如峰值、基频和位置等信息。听觉系统可以将属于相同声源的这些元素组合在一起，然后分离出不同的声音流。听觉场景分析一般分为同时组合与序列组合两种。

同时组合(Simultaneous Grouping)是组合分离同时进行的两种声音。通过耳蜗的频谱分析，可以分离出声音不同的频率分量，而同时组合就是要将耳蜗给予的分量信息分配到不同的声源中。听觉系统可以利用的线索可能有以下几个：①时间线索：同一声源的频率分量会倾向于同一时间开始和结束，另外在包络上相干的分量也会被分在一起。②谐波线索：和声上更相关的纯音频率，更可能来自同一声源。如果存在两个基频，那么更容易感受成两个声音。不同人元音的基频及谐波不同，只要有 1.5％的不同，就能帮助区分不同的说话者。③空间线索：对同时组合的帮助不明显，这有可能是声反射的影响，并且在声源定位之前，同时组合就已经完成了。格式塔心理学理论中关于感觉整合的原则也支持了这些线索。在整合中，皮层也存在自上而下的处理过程，可能是用来选择更好的低层线索。

序列组合(Sequential Grouping)是指组合来自同一声源的声音分量，成为一个可处理的声音流，比如语音和音乐。同样，序列组合有以下一些线索可以利用：①周期性线索：周期性相同，即纯音的频率或复合音的基频相同，会倾向于来自同一声源。②频谱信息：指声音中各频率的频率分布，与音色有紧密的联系。频谱信息不是序列组合的必要条件，却可能是充分条件。当两个复合音的基频相同，但谐波组合不同时，人们就会倾向于将它们分成两个声音流。③空间信息：来自同一位置的声音信息更容易被处理成同一个语音流，而来自不同位置的声音信息则更容易被处理为不同的语音流。例如一段语音在双耳间交替的呈现，就会降低语音的识别率。④连续性线索：如果声音的频谱信息具有连续性，则会更好地被整合在一起。反映在语音中，同一个人的语音基频是平滑过渡的，如果出现中断就很可能被处理成不同的声音客体。序列组合有时也需要注意力的参与。

第十一节 掩蔽与鸡尾酒会问题

听觉场景分析中一个常见的问题就是在多个声音刺激同时出现的时候，对其中的某一个声音流进行加工。例如在日常生活中，人们常常需要在十分嘈杂的环境中进行交谈、对话，有时在交织着引擎发动声、汽笛声、喧闹声的马路上，有时在充斥着车轮与轨道摩擦声、撞击声以及周围乘客的交谈声的地铁上，又或是在有许多说话人同时讲话的鸡尾酒会上。在上述嘈杂的情境中，就发生了“听觉掩蔽(Auditory Masking)”现象。人们所关注的目标说话人的语音称为目标声(Target Sound)或目标语音(Target Speech)，除目标声外的其他的干扰声被称作掩蔽声(Masking Sound)。在多个声音流中分辨出一个声音流，并对其进行加工的过程称为去掩蔽(Unmasking)。在现实生活中，掩蔽声的声强常常会超过目标声，可是这时人们仍然能够识别出目标声，完成去掩蔽的任务，并与对方进行正常的交谈，而这一功能目前在人工智能(如语音识别系统)中还无法达到人类听觉的水平。

“当有多人同时说话的时候，人们是如何识别出其中某一个说话人的声音的?”麻省理工学院的切瑞(Cherry)在 1953 年提出了“鸡尾酒会问题(Cock-tail Party Problem)”。提出问题的同时，切瑞也给出了可能的答案，他认为，如下几个线索可能会帮助人们在多个说话人的嘈杂环境中识别出某一个人的声音(即起到去掩蔽的作用)：①不同说话人的声音来自不同的空间位置；②人们可以利用唇读、看对方手势等方法帮助识别；③不同说话人具有不同的嗓音、声调、语速、性别等；④不同说话人的口音不同；⑤不同说话人可能有其独特的句法结构或嗓音的动态性。鸡尾酒会问题也是听觉场景分析中最受关注的问题之一。

为了探究人类去听觉掩蔽的机制，科学家们对听觉掩蔽的性质进行了研究。他们认为，任何一种掩蔽刺激都包括两种成分：能量掩蔽（Energetic Masking）和信息掩蔽（Informational Masking）。能量掩蔽发生在听觉系统的外周部分，包括外耳、中耳、内耳的耳蜗和听神经，与目标声音争夺外周神经的初级加工资源。能量掩蔽由物理属性上与目标声相近的刺激引起，例如稳态宽带噪声（Steady-state Wideband Noise）对语音的掩蔽。当掩蔽声和目标声同时出现，尤其是当两者在频谱上相重叠时，它们会共同激活外周神经系统的某些部分（如耳蜗基底膜上的同一群神经元），听觉系统对目标声的动态反应就会下降。能量掩蔽使进入听觉中枢系统的目标信息有实质性的缺失，而这种缺失是任何高级加工过程都无法补偿的。例如当噪声的响度很大时，噪声完全覆盖了目标声，使得目标声无法到达听觉系统的高级中枢，因而被试无法对其进行加工。在实验室中，常常用稳态的宽带噪声或者平稳的语谱噪声来模拟对语音的能量掩蔽。

信息掩蔽也称为中枢掩蔽或者非能量掩蔽，它发生在听觉系统的中枢部分，与目标声音争夺中枢神经系统的高级加工资源，如认知加工资源。例如当掩蔽声和目标声都是语音时，掩蔽声会在感觉（如音位识别）层面和认知加工（与语义加工）层面上与目标声争夺资源。当掩蔽声音与目标声音在信息的维度具有相似性时，信息掩蔽就会发生，这些相似性包括内容相似、音色相似、语调相似等。除了语音对语音的掩蔽，音乐对音乐、歌曲对歌曲等也会产生较强的信息掩蔽。掩蔽声与目标声之间的音色、内容、情感、声调越相似，产生的信息掩蔽量就越大。如果能有效地将认知加工资源加以引导，使其指向目标刺激，可以削弱信息掩蔽的作用。在实验室中，常常用多个说话人的语音来模拟对语音的信息掩蔽。

能量掩蔽与信息掩蔽的发生不是相互独立的。一个掩蔽声音在产生信息掩蔽的同时，往往也不可避免地产生能量掩蔽。例如，当目标声和掩蔽声都是语音时，掩蔽刺激既能产生信息掩蔽（掩蔽声与目标声具有语义上的相似性，在知觉加工过程中相干扰，并争夺中枢神经系统的语义加工资源），又能产生能量掩蔽（由于掩蔽声与目标声在频谱上具有相似性，可以激发基底膜上相同的一组神经元，在感觉层面上相干扰）。另外，当目标刺激与掩蔽刺激都是言语时，两种掩蔽成分还会随着掩蔽声音中同时说话的说话人的数量（或同时呈现的语音流数量）发生变化。有研究发现，多个说话人的语音刺激所产生的信息掩蔽量会随着说话人数目的增加而增加，当说话人的数目达到 3 个的时候会产生最大的信息掩蔽，如果说话人的数目继续增加到 4 个、5 个……信息掩蔽的成分就会减小，而能量掩蔽的成分则会逐渐增加。实验室里常常用由相当数量（200～300 个）的说话人的语音叠加而成的语谱噪声（Speech-spectrum Noise）来模拟能量掩蔽。语谱噪声的包络十分平稳，与白噪声相似，但它的频谱成分与语音相似（因其是由语音叠加而成）。在实际生活中，主要通过提高信噪比来降低能量掩蔽的作用。而对于信息掩蔽，仅靠提高信噪比无法有效地降低掩蔽的作用，人的认知加工系统的功能（例如注意）在去信息掩蔽中起到至关重要的作用。

参考文献

Sek A & Moore B C. Frequency discrimination as a function of frequency, measured in several ways[J]. *The Journal of the Acoustical Society of America*, 1995, 97(4): 2479-2486.

Fu Q J, Zhu M & Wang X. Development and validation of the Mandarin speech perception test[J]. *The Journal of the Acoustical Society of America*, 2011, 129(6): EL267-EL273.

Chen J, Huang Q & Wu X. Frequency importance function of the speech intelligibility index for Mandarin Chinese[J]. *Speech Communication*, 2016, 83: 94-103.

Hornsby B W. The speech intelligibility index: What is it and what's it good for? [J]. *The Hearing Journal*, 2004, 57(10): 10-17.

Xie B. Head-related Transfer Function and Virtual Auditory Display (2nd ed.) [M]. Plantation, FL: J. Ross Publishing, 2013.

李量，等. 在鸡尾酒会场景下利用去掩蔽知觉线索提高言语识别的脑网络机制[J]. 心理科学进展，2017，25(12)：2099-2110.

作者：孟庆林（华南理工大学）　张畅芯（华东师范大学）

第六章
音乐与大脑

第一节　音乐脑认知研究的背景

音乐是最古老、最具感染力的艺术形式之一，是人类表达思想和情感交流的特殊语言。作为人类文化传播最重要的载体之一，音乐具有丰富的文明与历史的内涵，在人类的生活中占有不可或缺的地位。对于音乐的研究由来已久，使用的方法也各不相同。随着人工智能技术从传统的智能实现技术逐步扩展到类脑机制的研究，如何从人类大脑机制出发去研究音乐成为一项迫切而又富有挑战性的任务。音乐的欣赏与创作过程几乎涵盖了所有的认知过程，对音乐认知的研究是揭开大脑之谜的理想的切入点，具有重要的研究意义。

关于音乐认知的研究主要分为两个方面，包括：①从音乐本身的特性出发，研究大脑是如何认知音乐的，例如，对音乐基本要素的认知研究，对音乐所具有情感的认知研究，对音乐认知与对语言认知的对比研究等；②以音乐对人的影响为出发点，研究音乐对大脑结构的可塑性，以及音乐是如何影响大脑认知能力的。对音乐进行分析和计算是音乐理论、认知心理学、音乐认知学、神经科学和人工智能等交叉学科领域的一项重要的研究课题。只有了解了音乐认知活动的脑机制，才能进一步研究音乐智能的本质，才能实现真正的音乐智能计算。同时，从认知机制出发对音乐智能计算进行理论指导，对于提高音乐教学自主性、效率与智能化程度有着巨大的推动作用，对于数字媒体产品交互能力的提升具有重要意义。

第二节　音乐基本要素的脑认知研究

一、音乐认知的实验范式

实验范式是研究音乐认知的第一步，也是音乐认知心理学研究的难点和精华之所在。在脑认知神经研究领域中，为了发现某些现象，或验证某种假设，往往会设计一系列具有验证性目的的实验。有些实验方法或者流程比较经典，因而被有相同目的研究者广泛使用，就形成了一种实验范式。许多重要的实验设计都是建立在经典而巧妙的实验范式的基础之上。实验范式具有科学性好、逻辑性强、可操作性等特点，能够有效地阐释某种现象，并得到更清晰准确的描述和表达。

目前研究音乐及音乐元素认知的经典实验范式有：Oddball 范式、Go-Nogo 范式、Stroop 范式以及 N-back 范式等。

Oddball 范式是在实验中对同一感觉通道的两种刺激进行随机呈现，这两种刺激的概率不同。季萌萌等人采用跨通道的听觉 Oddball 非注意实验范式研究视觉情感背景下听觉的自动加工。此外，近年来研究者提出了几种改进的 Oddball 范式，如刺激缺失、加入新异刺激等，为研究脑认知规律提供了更多的手段。

Go-Nogo 范式取消了标准刺激与偏差刺激之间大、小概率的差别，该范式中标准刺激与偏差刺激的概率相等，被试被要求对某种刺激做出反应，需要做出反应的刺激称为目标刺激，即 Go 刺激；不需要做出反应的刺激成为 Nogo 刺激。李西营等人采用线索 Go-Nogo 任务，考察了老年人和青年人在自动化情感调节上的差异。它的优点是节省实验时间，缺点是不能产生 Oddball 范式的概率差异及其含义所诱发的 ERP 成分。

Stroop 范式是指字义对字体颜色的干扰效应，于 1935 年由美国心理学家约翰·斯特鲁普（John Stroop）提出。听觉 Stroop 范式是其一个推广范式，采用听觉两个维度属性上一致或者不一致的语音材料，如以小音量播放大声，以研究在听觉通道上的表现及其脑加工机制。情感 Stroop 范式主要是利用情感信息对非情感信息的影响。例如用表示情感信息的图片、声音或词语作为标准刺激，颜色作为目标刺激，让被试对色块进行颜色命名。于波等人利用 Stroop 范式研究听觉认知控制效应，并提出了基于三阶段听觉认知控制模型。

N-back 范式于 1958 年由凯尔希纳(Kirchner)提出,被试将刚出现的刺激与前面 N 个刺激进行比较。N-back 范式是神经认知科学研究中常用的范式,常应用于连续加工的任务类型,被广泛用于工作记忆(Working Memory, WM)的神经成像研究中。越来越多的证据表明情感对认知的影响可能是通过影响工作记忆完成的。N-back 范式通过控制当前刺激与目标刺激的间隔长短来改变不同程度的难度,获得不同的负荷。因此,该范式的优点是在工作记忆上施加连续的、参数可变的负荷。

从上述经典实验范式可以看出,目前绝大多数的实验方法是应用于声响等短时刺激材料,研究对象是短时音乐要素诱发的脑活动成分,而针对长时刺激材料,如语音、音乐、影片等还没有较适合的实验范式和实验方法。

传统的脑电实验范式大多针对声响等短时刺激。为了进行长时音乐认知实验,薄洪健等人设计了针对长时声音刺激的实验范式。主要区别有两点:第一,实验设计不同以往的事件相关实验范式,被试在听音乐的过程中没有任何事件相关任务。其次,为了揭示听音乐的整个时序过程,实验设计成"听音乐前-听音乐时-听音乐后"三部分。这样设计的好处:一是通过对这三部分的联合对比分析,能够揭示出音乐欣赏的整个情感变化过程,从听音乐前-听音乐时-听音乐后的整个的情感相应激发-持续-消退的过程;二是音乐欣赏所诱发的情感变化是一个持续的过程,在听音乐前后各加入 15 s 静息部分,可以让被试平复前一次音乐刺激所带来的影响,这种实验设计更加适合长时音乐刺激的情感变化;三是通过听音乐前和听音乐后静息脑电的对比,可以很容易量化不同音乐所诱发的情感响应的强弱。

二、音乐属性的脑认知研究

音乐认知研究包含相当丰富的研究内容,不仅涉及理性的认识活动,如音高、音色、节奏、旋律等,还包含个体对音乐的感性认识,如情绪、偏好等。早期的研究者主要通过对脑损伤患者的观察研究提出假设性推断。随着现代电生理和脑成像技术的不断发展,如 EEG 技术、fMRI 技术等,研究者能够获得更加客观、精确的证据对音乐认知的神经基础做出判断,这使得对音乐认知的研究得以向更科学的方向发展。

(一) 音高

很多心理学家和神经生理学家对音乐的研究都是从音高开始的,因此对音高认知的研究是最广泛和最彻底的。早在 1996 年埃里克·施罗德(Erich Schröger)等人在研究感觉记忆编码时发现音高的感知能力与它对于音高差别的区分准确度相关联。

对音高的判断和加工是大脑颞叶的重要功能之一,音高加工主要定位在右侧颞叶的听觉皮层。1998 年,扎托尔(Zatorre)等人就利用 PET 技术发现了与音高识别相关的区域位于前额叶背外侧皮层后部。随后,约翰斯鲁德(Johnsrude)发现右侧颞叶听觉皮层受损的患者往往难以分辨音高变化的方向,由此推断出右侧颞叶对音高的变化处理起着关键作用。丹妮拉(Daniele)等人加以补充,发现音高加工主要位于右侧颞顶区。宋蓓等人利用事件相关电位、功能性核磁共振技术分别进行研究,发现先天性失乐症不能识别一个半音范围内的音高差异,原因是虽然听觉皮层功能正常,但右侧额叶下回发育异常导致额颞皮层神经通路连接受损,进而影响音高加工。越来越多的事件相关电位和功能性核磁共振的相关研究进一步证实了这种推断:额叶背外侧皮层后部和颞叶平面的确对音高认知起着关键作用。

音高的认知对音乐结构感知具有重要影响。贝松(Besson)和法伊塔(Faita)发现,和弦结构中的某一音高变化会诱发较大的晚期成分 P600,而且旋律变化越明显,P600 波幅越高,潜伏期越短,并且不受音乐经验的影响。和声学的理论认为人们对和弦结构非常敏感,结构不稳定的和弦由于与预期相反而引发人脑 P600 波的出现。这反映出失乐症被试具备正常的加工细微音高差异的神经通路,但可能是早期音高加工信息没有导向晚期高级意识参与阶段,导致失乐症患者出现与正常被试不同的音高加工。在佩雷茨(Peretz)等人的研究中,失乐症被试能感知细微音高变化并诱发显著的 N200 成分。失乐症被试在一个半音的音高变化范围内的 N200 和 P300 成分显著高于正常人,这可能由于失乐症被试需要较多的补偿性加工资源来识别音高之间的差异,因此在对音高感知的过程中,注意会起到一定的调控作用。张晶晶等人通过音高句法加工研究发现,音高早期独立加工并且在处理脑区上从感觉皮层向高级皮层表现出层级分布,与哈森(Hasson)等人提出的层级加工记忆模型一致。

(二) 调式

音乐调式是指不同音乐文化背景中所特有的基本音律创作格式,西方音乐调式包括大调和小调两个基本类型。调式规定了旋律发展需要围绕1～3个中心音进行,同时,调式非中心音根据自身与中心音和声距离的远近关系,形成不同的运动偏离模式,创造出不同的听觉倾向性特征。大调和小调作为西方音乐体系中特有的构成元素,它对人们情绪的影响在很大程度上能够逾越文化经验本身。

侯建成等人研究了音乐调式与速度诱发的脑电及各种生理指标的关系,发现不同调式的音乐诱发的脑电及心率呼吸幅度等生理指标存在显著差异。董世华等人研究了失乐症的引发机制发现,与正常人相比,失乐症患者对调性的加工能力存在缺陷,他们认为调性的加工能力障碍与细微音高加工障碍共同导致了失乐症的音乐加工缺陷。

佩雷茨和加侬(Gagnon)等经过一系列音乐实验后指出,调式与音高相关,调式依赖音高变化而变化,调式体验依赖于音高之间的距离。尤斯林(Juslin)等人在多项研究分析基础上提出,高兴、抒情(温情)等正性情绪更多是通过大调音乐来表现,而恐惧、愤怒、悲伤等负性情绪更多是通过小调音乐表现,大调音乐在听觉效果上明亮开阔,表现出更多的正性情绪,小调音乐则听起来曲折蜿蜒,表现出更多的负性基调。国内研究者发现在主观情绪体验上,音乐类型对惊奇和兴趣造成的差异显著,而且在大调音乐的平均值较之小调音乐高。同时,小调音乐与大调音乐引起的心率变化不同,小调音乐诱发了心率较为明显的变化,而大调音乐没有诱发心率的较大变化,但是大调音乐的呼吸幅度高于小调音乐的呼吸幅度。薄洪健等人对欣赏大调音乐与小调音乐的脑电进行研究发现,不同频段的时序加工过程存在显著差异。焦海丽等人通过ERP技术对中国和欧洲音乐的调式认知研究发现,无论中国还是欧洲大学生,都能对欧洲调性句法进行认知加工,可以通过ERAN成分进行衡量。

(三) 节拍

一种常见的多重认知任务的情形就是人类根据音乐进行的行为,包括跳舞、演奏、歌唱等。在这种情形下,人类需要在理解音乐的同时,再根据理解的信息进行相应动作,相当于同时进行两个认知任务,构成多任务情境。这一过程中的大脑皮层动态活动决定了在音乐感知任务和音乐有关动作任务中人类如何表现。在音乐理论中,基本节拍(Beat)是音乐时间结构的基础。因此研究大脑对基本节拍的反应是研究人类进行听觉-运动联合多任务认知机制的基础。

以往的研究已经发现,大脑中的多个解剖结构在节拍感知中都发挥了作用,其中大脑的听觉感知区域与运动区域在节拍感知过程中同时激活。这一现象已经在以往的研究中证实。同时,若干研究已经发现了在基于节拍感知的运动任务中,IPL、PMCv、S1、SMA和SMC等区域都有显著的激活。总体而言,这些结果表明,随着音乐节拍进行运动,是人类一种基本认知能力。人类可以利用这一能力完成与节奏有关的认知任务。大脑对节拍刺激做出动作这一过程尚未被完全研究透彻,业界提出了两种解释方法:一是帕泰尔等提出的神经牵动理论和基于同步机制的ASAP理论。它是尝试解释基本节拍感知底层神经机制的一种理论。根据ASAP理论,节拍感知是一种复杂的脑功能活动,涉及大脑听觉区域和运动计划区域的时间层面非常精细的交流,这一交流甚至不需要实际运动发生也可以存在。在基本节拍感知过程中,运动计划脑区首先与听觉脑区所感知的音频周期脉冲的频率同步进行,同步之后根据感知的频率进行预判性的活动。帕泰尔认为这一理论可以解释与音乐相关的人类活动中运动和听觉的同步关系。藤冈(Fujioka)等在脑磁图中发现Beta波段受到了节拍的调制,格兰(Grahn)等在脑电图中也发现了近似的现象。纳扎拉丹(Norzaradan)等在脑电图中直接寻找节拍刺激的分量。马丁(Martin)等尝试利用皮层脑电(Electrocorticogram, ECOG)的高频Gamma频段活动对音乐节奏的想象和感知进行解码。

(四) 节奏

听觉是节奏加工中最具有优势的通道,而在音乐的所有要素中,节奏是和时间过程相关的最基本要素,对节奏的认知必然要涉及大脑对时间信息过程的处理,因此对音乐节奏认知的研究十分重要。在20世纪早期,许多研究渐渐开始关注音乐节奏和速度的重要性。国际上针对音乐节奏的研究很早就开始了,琼斯玛(Jongsma)等人发现大脑中央区是负责节奏加工的主要区域,随着节奏加工内容的增加而扩展到额叶区。萨姆森(Samson)和本胡恩(Penhune)等人在对颞叶切除手术的脑伤患者研究中发现节奏处理与颞叶相关,而且具有右偏侧性。然而普拉特尔(Platel)通过PET技术的研究发现大脑对节奏的感知具有左偏侧性,主要是涉及左前额回(也被称为布罗卡区)。2006年利姆(Limb)等人使用功能性核磁共振将对节奏感知的神经结构定位双侧上颞区、左下顶叶和右额叶。这表明对节奏的认知处理依赖于更大范围的神经网络结构。伯罗卡尔等人通过"现象重音"设计了一个客观上存在节奏差异的实验,其ERP结果表明:二拍子的音乐序列,ERP波形的明显变化仍然出现在奇数位置,三拍子明显变化则出现在偶数位置。研究结果说明人们对音乐节奏的认知首先感知到的是节奏的重音,并且这种重音的感知与人们的高级认知加工过程密切相关。

琼斯玛等人通过ERP实验发现,当听到每小节三拍子的节奏时,大脑额叶和中央顶区的P300波幅大于每小节两拍子的节奏,这可能是三拍子结构较为复杂,需要调动更多的工作记忆成分予以加工。2017年,布雷瑟顿(Bretherton)通过节奏速度逐渐降低的研究发现,节奏认知表现出了明显的神经活动差异。在国内,欧阳玥等人在研究节拍速度变化的辨别能力的实验中发现,人们对提前的变化比对滞后的变化更敏感,并推导出,人们能比较准确地分辨加速的变化,相比之下对减速的变化不敏感。李梦婷等人在使用鼓作为节奏刺激研究节奏结构的实验中发现音乐节奏结构可以影响情绪的调节。

(五) 旋律

旋律融合了各个音符间间隔关系和音符序列的整体轮廓曲线,是用来表达艺术语言的主要手段。研究发现大脑颞叶上回负责旋律的识别,同时也能辨别和谐与不和谐结构的旋律。佩雷茨通过对脑损伤者的研究发现大脑右侧负责旋律中的轮廓认知,大脑左侧负责旋律中的音程认知。利杰奥斯·乔维尔(Liégeois-Chauvel)对癫痫患者的研究证实了上颞叶与旋律认知的相关性。同时颞叶深部的海马区域也出现活动,这可能是海马发挥了记忆功能,将瞬时的音乐信息组织为一个整体,或者使音乐信息和有关过去事件的复杂背景信息之间建立联系,在听到不同特点和风格的音乐时能回忆起过去发生的相应事件。

加西亚(Garcea)等人使用功能性核磁共振将音乐处理定位在脑右侧颞上回,然后在旋律重复任务期间对患者使用直接电刺激。发现正确的颞上回刺激会导致"音乐停滞"和音高错误,但不会影响语言处理。这些发现为人脑中音乐和语言处理的功能分离提供了因果证据,证实了右侧后颞上回在旋律处理中的特定作用。

(六) 音乐其他要素

音强作为音乐的一个属性,最早用于诱发失匹配负波的认知研究,其神经源位于听觉皮层附近区域。埃里克·施罗德等人在1995年通过两个连续的音强不同的音对作为标准刺激,相反顺序的音对作为偏差刺激,诱发出了听觉失匹配负波,说明听觉系统能够将音强的时间信息自动编码并储存于听觉记忆中,而这种编码过程不仅限于频谱编码,还可以进行幅度编码。随后,他们又发现这种失匹配负波只在音强较大的音作为刺激时出现,说明听觉的非注意模型是由音乐的时间信息决定的,只有当时间信息匮乏时,才会利用音强的信息。2010年,赖永秀等人采用ERP主动听觉实验范式发现音强重音对中速序列局部速度扰动的感知有显著影响。

音色指由有无泛音及各个泛音的相对强度决定的声音的品质,是人们用于认知和鉴别歌声或乐器的声音的共振特性。早期的音色感知的研究从行为实验开始,在1964年伯杰(Berger)通过使用被录下的声音以及将这些声音进行处理如部分去除或倒叙播放的方法评估对乐器的识别。随后,米尔纳(Milner)对颞叶损伤的患者研究发现右颞叶损伤者对音色的认知能力比左颞叶损伤者差很多。特瓦涅米(Tervaniemi)等发现音色的变化可以诱发失匹配负波。后来萨姆森等人的进一步研究也证实了右颞叶对音色的辨认起到十分重要的作用。安妮·卡克林(Anne Caclin)等在2007年对音色的起声时间、频谱中心以及频谱精细结构三者进行了冲突的研究,结果表明在其中一个维度上的分类速度受到与任务无关的另一音色维度的影响。其结果也支持了关于音乐属性具有独立的处理通道的理论,这些认知结果都可以帮助人们更好地改进音乐计算模型及系统。

第三节　音乐内容的脑认知研究

在对音乐要素进行研究的同时，研究者们从个体的感性认识方面入手，对基于音乐内容的脑认知活动展开了一系列的研究。如果将音乐类比为一种语言系统，那么音乐要素就是音乐语言的“字、词”。对音乐内容的认知是人类对于音乐语言的高级内容认知，如结构、文化与风格等。

一、音乐偏好与人格特征

音乐具有丰富的内容、多样的形式和强大的情绪感染力。人们在对其进行感知、联想和理解的同时，必然会受到不同音响的刺激，久而久之就会产生文化的输入并固化为内在的某种人格品质。施瓦兹(Schwartz)等人进行了一项青少年音乐偏好与个性发展的研究，结果表明偏好重音乐与偏好轻音乐的人在个性上有较大差异，偏好折中音乐的人则比较中庸，没有极端的人格。弗兰尼克(Franek)等用因子分析的方法从紧张反叛类、乐观传统类、能量节奏类、传统古典类、熟虑复杂类五个音乐维度进行研究，并使用EPQ测评被试的人格特征，结果发现外向性与古典音乐、乡村音乐、民族音乐的偏好负相关，与摇滚乐、另类音乐、世界音乐、新世纪音乐、电影配乐、说唱音乐、嘻哈音乐的偏好正相关。柯林斯(Collins)和巴雷特(Barrett)等人通过行为学与影像学实验发现，音乐情感认知过程不仅取决于音乐本身，还取决于听者的文化背景以及人格特性。

二、音乐对记忆和注意的影响

音乐对于人类认知的过程有着重大影响。保加利亚的心理学博士罗扎诺夫研发了一种音乐学习技术——暗示学习法，研究表明人们在欣赏舒缓节奏的音乐时音乐传递的信息节奏、旋律、和声、音色等对大脑整个功能的激活起到了良好的促进作用。音乐的节奏与信息输入的相互协调，可使大脑思维活跃、记忆力提高。除此之外音乐对人体潜能的诱发有着至关重要的影响，可以很好地梳理组织大脑中分散的信息，提高信息的整体性，增强人脑的创造力。劳舍尔(Rauscher)和她的团队在加州大学进行了一项研究，发现听过莫扎特协奏曲的学生的测验成绩明显好于没有听过的学生。“莫扎特效应”让人们看到了音乐的重要性。国内的孙长安等人的研究指出音乐可以很好地提高工作记忆。然而，隋雪等人通过研究认为音乐会对认知加工的模式产生负面影响，眼动数据表明音乐会导致注视次数的增加、注视频率的下降。

三、对音乐其他内容的认知研究

音乐结构是构建音乐意义的核心，无论是音乐的外在还是内在意义都和音乐的结构有关。孙丽君等人探究音乐训练对乐句结构加工影响的神经基础，针对音乐训练对音乐意义理解的提升，研究了大脑在对音乐进行理解时对乐句加工的神经基础。通过对音乐句法规则加工和乐句结构边界加工的研究，发现只有音乐家对和声结构产生的乐句结构边界具备加工能力，以及在工作记忆比较符合的条件下，对节奏句法规则具备早期自动加工的能力，同时也揭示了音乐训练对乐句加工的积极效应，为音乐教育提供了可靠的依据。

音乐层级指的是各个音乐事件(音符或和弦)的知觉稳定性存在差异，由此形成不同的水平：知觉越稳定则被认为越重要。焦海丽研究欧洲调性音乐与中国民族音乐的层级结构认知差异，针对音乐结构的层级性，研究了不同民族的听者能否对其他民族的音乐进行乐句层级结构的构建。通过探测音范式考察了不同民族的被试对不同民族的音乐的调式感，发现不同民族被试都能对中国音乐和欧洲音乐的音阶层级结构进行认知加工。在此基础上，作者使用包含句法规则与句法违规两个实验条件的实验范式，探究音乐层级结构的认知，结果表明欧洲大学生对中国民族音乐句法违规旋律的加工没有诱发ERAN，欧洲大学生不具备中国民族音乐乐句结构认知的内隐知识，为跨文化的音乐理解提供了依据。

第四节　音乐情绪的脑认知研究

情绪是人的一种综合状态，包含了人的感觉、思想和行为，对情绪进行分析和识别已经成为一项横跨多个领域交叉学科的重要研究课题。音乐是作曲家通过特定的声音结构和旋律变化来向听众表达其思想感情，音乐通过声音向听众描绘不同环境中的情绪和意境。人类的基本认知功能之一就是对音乐的情绪反应。

音乐情绪体验一直是音乐心理学关注的重要方面，近年来，针对情绪的认知神经科学研究也得到了飞速发展，使得音乐情绪的脑机制逐渐成为音乐心理学、神经音乐学等领域的研究热点之一。

一、情绪模型与音乐情绪诱发机制

对于音乐情感的研究由来已久，目前关于音乐情感的争议主要集中在音乐情感理论与音乐情感主体两方面。

目前主流的音乐情感理论有两种：一种是以埃克曼(Ekman)与伊扎德(Izard)等人为代表的基本情感理论(Basic Emotions Theory)，认为基本情感在人类是普遍存在的，包括兴奋、高兴、开心等基本积极情感以及悲伤、愤怒、厌恶和恐惧等基本消极情感，基本情感是相对独立的。另一种是拉塞尔(Russell)与布兰德利(Bradley)等人为代表的情感的维度理论(Dimensional Model of Emotion)，认为核心情感在大脑中是连续的，由愉悦度(非愉悦-愉悦)和唤醒度(非唤醒-唤醒)两大维度混合而成，其表示方式如图 6-1 所示。情感的维度理论是目前大多数学者所接受的。

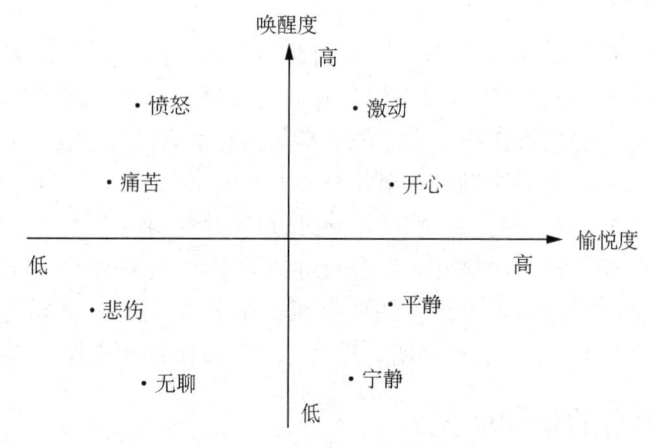

图 6-1　情感的维度理论模型

由于对音乐情感主体的不同认定，导致学术界对音乐情感的界定存在两种不同的观点，即音乐情感的“表达说”和“唤起说”。“表达说”认为，所谓音乐的情感是指作曲家或演奏者情感体验的表达。“唤起说”则认为，所谓音乐的情感是聆听音乐过程中听者所经历的情感体验。从情感内涵的角度来理解，“表达说”倾向于认为音乐情感是作曲家、表演者情感的外部表现，而“唤起说”倾向于认为音乐情感是听者情感的主观体验和生理唤醒。

20 世纪中后期，解析音乐元素、描述不同元素与情绪对应量值的变化，这种全新的研究方法开创了音乐情绪实证研究的先河，让二者有了紧密的联系。目前已有成果显示，与音乐相关的情绪主要分为两个方面：客体和主体。客体是指听众对音乐作品本身所表达的情绪的感知，即对作曲家想表达的情绪的认知，这种感知具有普遍性，不会因个体的差异而变化；主体是指听者在音乐刺激下，实际唤起的自身性情绪反应。客体与主体的主要区别在于：客体是普遍性的，主体是具有个人差异的。

许多研究者对音乐情绪提出了相应的诱发模型，目前主要有音乐线索一致性模型、音乐期待模型、音乐情绪的协同化理论、多重机制模型等。

音乐线索一致性模型认为脑对音乐事件的加工就是脑提取不同的音乐特征，再实现整合的过程。情绪就是脑对这些不同音乐特征的表现，听众的情绪感知可以通过音乐的调式、旋律、节奏等要素进行预测。例如，古典音乐中大调多对应正面情绪，而小调多对应负面情绪。

音乐期待模型认为音乐通过当前音乐刺激和被试脑中与音乐的旋律节奏等特征的期待进行匹配而产生情绪。当听众跟随当前音乐而产生对下一秒音乐的期待与实际一致时，会产生正面情绪，反之则产生负面情绪。因此，音乐情绪的诱发是期待值与实际值间的加工过程，它主要取决于个体引导期待的音乐图式。这种模型强调了期待在人的情绪产生中的作用。对于音乐事件而言，听众的期待与实际吻合时，个人就会产生缓解感、舒适感，反之，个人就会针对意外而产生紧张感。这种理论将音乐情绪视为音乐与人的博弈过程，过于强调人的主观感受，而忽视了音乐本身，具有一定的片面性。

音乐情绪的协同化理论认为听众享受音乐的过程就是与创作者实现互动的过程，音乐情绪的发生实际上也是听众与作曲家实现情绪上的共鸣和共情的过程。协同理论认为，人与外部环境进行互动会导致人根据环境进行自我调整而与环境保持一致。听众听音乐的过程就是自身与音乐情绪相一致的过程。这种理论强调音乐本身，而忽视了听众的主观感受。

多重机制模型提出在音乐唤起情绪的过程中，存在不同的诱发模型，并且多种模型间是并行关系，且存在相对独立的脑神经连接。随着不同的音乐刺激而采用不同的诱发模式，或者是多条通路共同发生作用。尤斯林等人总结了七种彼此独立的机制，并认为人脑中还存在未被发现的听觉机制。

二、音乐情绪认知研究现状

目前，研究者对音乐诱发情绪的脑认知机制的研究主要通过脑电信号和功能性磁共振成像完成的。

通过对国内外的文献进行解析，目前在音乐情绪认知方面已有许多成果。目前已有的研究结果证明脑在对音乐要素的认知过程中的确是存在着模块化的结构，如图 6-2 所示。某一区域的损伤不会影响其他区域对音乐要素的加工，说明脑区具有相对独立性。

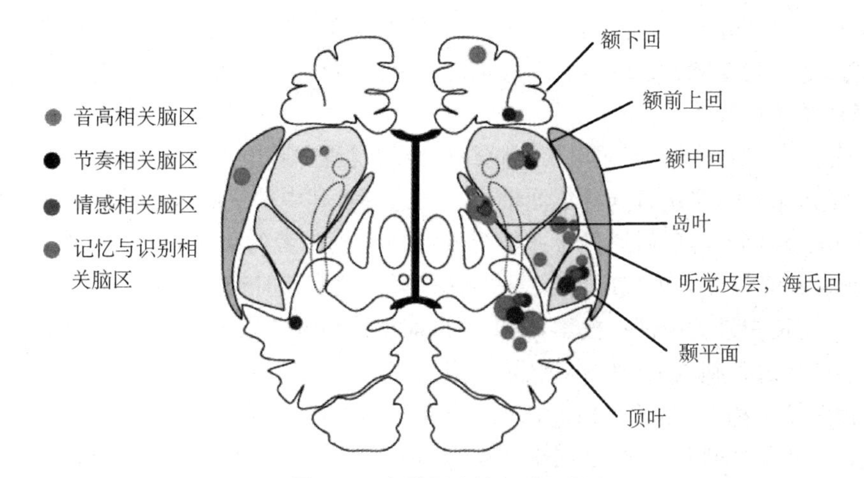

图 6-2　音乐要素认知脑区图

舒普(Schupp)通过情绪图片来诱发青少年的情绪脑电，通过 ERP 方法来探究音乐诱发情绪的神经机制，他们发现情绪的早期加工与 ERP 成分的前 120 ms 成分密切相关。波伊科宁(Poikonen)等人采用 ERP 方法来分析人听完整的音乐时的脑反应。他们首先提取了音乐的底层特征(包括均方根、明亮度、频谱通量和过零率等)。然后设计了一种算法，通过该算法找到使脑电发生变化的特征点，并把这些点作为试次，进行迭加平均。单个试次的 ERP 被认为是进行听觉诱发的最佳方法，所以波伊科宁假设由音乐底层特征引发的刺激是相似的，可以用来进行迭加平均。然后重点提取了 ERP 的 N100 和 P200 成分作为特征，结合音乐的底层特征来探究脑反应。

赖永秀等人采用 ERP 主动听觉实验范式发现，音强重音影响听众对中速序列局部速度扰动的感知，而且影响显著。项爱斋等人的功能性核磁共振研究结果显示，随着音乐的进行，人脑与情绪加工的相关脑区被显著激活，并且大脑对喜悦和恐惧情绪具有不同的神经加工网络。聂聃等人通过视频刺激，诱发被试产生积极情绪和消极情绪，并提取了 50 种不同特征，将这些特征映射到脑区和频段上，发现这些共性特征分布在 Alpha 频段、Beta 频段和 Gamma 频段。Alpha 频段特征主要分布在右枕叶和顶叶部位，Beta 频段特征主要分布在中间区域，Gamma 频段主要分布在左额叶和右颞叶。薄洪健等人通过 EEG 技术分析了声音与音乐情感的认知研究，结果发现不同类型的情绪处理通路不同，对应不同的信息加工脑区，在情绪判断中起重要的作用。

三、音乐情绪脑活动分析方法

研究者对音乐诱发情绪的脑认知机制的研究主要是通过脑电信号和功能性核磁共振成像完成的。功能性核磁共振可以让我们以图片的形式清晰地观察到被试的具体脑活动，具有无可比拟的优势，但是功能性核磁共振设备工作时会产生巨大的背景噪声，严重影响音乐欣赏的效果。同时功能性核磁共振时间分辨率低，通过功能性核磁共振得到的脑成像是几秒内脑活动的平均，而人脑在对刺激做出有效反应往往在 0.1～0.5 s，功能性核磁共振的低时间分辨率让我们无法对大脑的活动做出准确的分析。因此相较于功能性核磁共振，脑电图的用途更为广泛，脑电图信号不仅可以用于探究脑对音乐情绪的认知规律，还可以作为情绪的载体进行情绪的分类识别。目前基于脑电图的情绪脑电特征提取方法主要包括功率谱密度(Power Spectral Density, PSD)、能量及其不对称性(Asymmetry, ASM)、小波变换以及各种信息熵(Information Entropy)。

目前，研究者在进行脑电情绪分类中常用的脑电特征主要分为三类：时域特征、频域特征和时频特征。

祖利达奇斯(Zouridakis)和阿夫塔纳斯(Aftanas)等人利用离散傅里叶变换将预处理后的脑电信号映射到 Delta 频段、Theta 频段、Alpha 频段、Beta 频段和 Gamma 频段五种频段上，将电极的功率谱密度和每个频段对应的能量作为脑电特征，进行情绪识别。科特(Kothe)等人利用独立成分分析将频域信号通过稀疏学习，得到一系列的稀疏信号，并在此基础上，求出稀疏信号的功率谱密度，以此作为脑电信号的特征进行后续的情绪识别。林远彬等人通过短时傅里叶变换将脑电信号映射到上述五种脑电频段上，并根据时间窗计算功率谱密度，得到时间-功率谱密度，并以此为基础进行后续的情绪识别。穆鲁加潘(Murugappan)等通过小波变换来处理脑电信号，通过小波分解得到一系列的小波系数，并计算频段的能量，据此展开后续的情绪认知工作。

国内有学者通过功率谱来研究音乐对负面情绪的舒缓过程中脑电信号的变化。他们通过影片来诱发被试的负面情绪，随后用音乐来缓解这种负面情绪。对这一过程中采集的脑电信号，先将情绪诱发阶段和情绪缓解阶段的脑电信号分开，然后通过快速傅里叶变换得到二者的频域信号，分别求出其功率谱密度，以此为特征进行比较。李洪伟等人提出音乐事件相关电位，使用长时音乐作为刺激材料，对音乐信号进行特征提取，从提取的特征中进行事件点搜索，将事件点前后的脑电图分段从连续的脑电图中提取出来。然后按照时间锁定事件将这些脑电图分段排列，再以点对点的方式进行迭加平均。通过 music ERP 发现在长时音乐加工过程中，N1 和 P2 与情绪加工相关。此外，使用动态脑网络研究音乐与情绪的关系，发现宁静、开心和无聊这三类情感的脑网络特征层次分明，具体表现为在节点度变化图和聚类系数变化图上，宁静具有最高的节点度分布，开心次之，最低的是无聊。这种层次性在音乐持续期间一直保持。

在情绪识别方面，对情绪模式的识别属于有监督的模式识别，比较常见的学习方法有神经网络、支持向量机(Support Vector Machine, SVM)、贝叶斯网络决策树等。

阿尔梅达(Almeida)等人通过不同的面部表情图片诱发被试情绪，通过 ERP 分析，发现被试的 ERP (N170)成分在不同情绪下存在差异，然后通过时频分解，提取 N170 成分作为特征进行情绪识别。还有研究者通过快速傅里叶变换提取原始脑电信号的频域特征，并使用皮尔森相关系数作为筛选特征的指标，使用贝叶斯分类器进行情绪识别，在二分类上准确率达 70%以上，在三分类上达 55%左右。洛坎纳瓦尔(Lokannavar)等将快速傅里叶变换与自回归模型相结合，对五种脑电节律的功率谱密度做 AR 模型建模，将自回归系数估计作为分类特征，使用 SVM 作为分类器，在二分类下达到了 88.51%的平均识别率。贾图帕本(Jatupaiboon)等人使用高斯 SVM 进行情绪识别，并建立了实时情绪检测系统。高桥(Takahashi)等人分别用了多种分类器对情绪进行分类，并比较了分类结果，证明了在一定程度上 SVM 的分类效果相对比较好，在五种情绪类别下，识别率达到 41.7%。穆鲁加潘等人通过使用模糊 C 均值聚类的方法对样本进行聚类，利用聚类方法自动选择最适合情绪识别的特征，在三种情绪下，分类识别率达到 45.8%。

西南大学刘光远、温万惠等利用 300 名西南大学大一学生作为被试，采集了每位被试的皮肤电导、呼吸、肌电、心电、心率、脉搏和额叶的两路脑电共八路生理信号，构建了外周生理信号数据集。并对其用 WT、神经网络算法、禁忌搜索算法等多种算法进行特征提取进行情绪识别，分别识别高兴、惊奇、厌恶、悲伤、愤怒和恐惧共六种情绪状态，平均正确识别率达到了 60%以上。杨豪等人使用深度信念网络（Deep Belief Network，DBN）模型识别通过电影片段诱发出的积极、消极、中性三种情绪状态，提取差分熵（Differential Entropy，DE）特征作为网络输入进行情绪识别，平均准确率为 89.12%±6.54%。

第五节　类脑音乐计算

类脑音乐计算是基于神经科学的音乐计算，借鉴大脑神经系统对音乐相关信息处理模式，同时结合音乐理论、认知心理学、音乐认知学、神经科学、人工智能等多学科理论与方法，来研究如何智能地、自动地识别音乐的内容，并将这些信息应用于音乐结构与内容的分析。

一、听觉注意机制

注意力机制（Attention Mechanism）最早来源于对人类视觉选择性注意的研究，在听觉研究中，鸡尾酒会效应就是一种听觉选择注意。听觉注意被定义为：我们能够在声学环境中专注于一个具体方面的认知过程，从而忽略其他。听觉选择性注意分为自底而上的外源性注意和自顶而下的内源性注意。前者也称为显著性驱动注意，它是一种快速自底而上任务独立的自动化加工过程，通过这种注意我们可以检测目标信号，并得到它与其临近信号的显著差别；后者选择性注意是自顶向下的任务依赖过程，它用已有的先验信息将注意力集中在场景中的目标位置，以提高信息处理效率，是一种控制加工注意，而听觉显著图就是对已有先验信息的提取。

目前国内外对听觉注意计算模型的研究相对较少，主要集中在基于听觉显著图计算的外源性听觉注意模型。现有听觉显著图计算模型都源于视觉显著图计算模型的直接应用或改进，主要的模型几乎都参考了经典的 Itti 视觉显著图计算模型。2005 年凯泽（Kayser）等人提出了一个基于 Itti 视觉显著图计算模型的听觉显著图计算模型。该模型首先将声学信号通过听觉外周计算模型得到语音的听觉谱图，然后将听觉谱图作为一幅图像处理，主要利用二维高斯滤波器在不同尺度上提取图像的强度、频率对比度、时间对比度等特征，利用中心-周边差算子计算各特征的显著度并进行跨尺度整合，最后通过各特征显著度的线性合并得到声学信号的听觉显著图。随后卡林立（Kalinli）等人在 Kayser 模型的基础上增加了声学信号的方位信息和基音特征，同时采用不同的显著图归一化算法计算声学信号的听觉显著图，而 Duangudom 模型主要利用了信号的时频能量和时频调制特性，考虑听觉谱图中时频接受域的输出并计算出信号的听觉显著图。但这种听觉显著性计算模型没有深入考虑听觉显著性和视觉显著性的不同，简单地将声学信号的听觉谱作为一幅图像输入显著图计算模型，用图像的二维处理方法对输入图像进行显著图提取，应用到实际声学信号就存在较大问题。

人类的听觉感知对音乐和声结构的不同成分存在着注意程度不同的倾向。大量的心理学和神经解剖学实验表明：人脑对音乐旋律的感知过程存在着注意力的自发选择性，大脑的注意力主要集中于音乐中听感觉最为明显的声部，如旋律声部，而其中的主要和声部分也会被人的听觉感知机制整体处理，形成对旋律的有选择性的感知。李海峰等学者结合目前人类对音乐的认知心理学的研究成果和乐理知识，即人脑对音乐信号的感知存在较强的自发选择性，突出旋律部分，弱化和声部分，从而引入了“听觉显著度”（Auditory Saliency，AS）的概念，来定量地衡量模拟多声部音乐信号中各个声部在人脑中的显著程度，将听觉显著度与贝叶斯概率理论相结合实现了对音乐旋律部分的计算定位。另一方面，在听觉选择性注意的可塑性及其神经机制研究中，朱莉等学者通过听觉认知实验研究音乐训练是否能增强基于音高和空间位置的听觉选择性注意力，以及音乐训练对听觉可塑性的神经机制，发现受过音乐训练的被试的音高选择性注意感知能力的提高取决于认知神经能力的增强，音乐训练对听觉选择性注意具有显著的可塑性。

二、基于认知图的音乐计算模型

近年来，认知图技术是将大脑认知规律应用于计算模型的常用方法。认知图(Cognitive Map，CM)主要研究的是如何利用图模型来处理因果知识。认知图可以很好地利用系统的先验知识，并且可以用来表示树结构、贝叶斯网络和马尔可夫模型等难以表示的具有反馈的动态因果系统。认知图可以看作一个二元组 $<V,E>$，其中 V 是概念的集合，E 是边的集合。三值认知图是对传统的认知图的改进，它包括两种不同的边，一条为正，一条为负。正的边代表概念间的因果变化的方向相同，负的边代表概念间的因果变化的方向相反。认知图模型只能简单地表示概念间因果关系变化方向是否一致，存在不能量化因果关系变化程度的缺陷。科斯克(Kosko)等对三值认知图进行改进，结合模糊理论的知识，把概念间的三值逻辑关系扩展为区间[－1，1]上的模糊关系，提出模糊认知图模型(Fuzzy Cognitive Map，FCM)，用来表达和推理概念间模糊的因果关系，同时颗粒量化概念间因果关系的大小。认知图能表达和推理概念间模糊的因果关系，人类情感产生过程中的关系是模糊、不确定的。因此，采用基于认知图的情感产生模型类似于人类情感产生的模式。同时，认知图可以看作带反馈的图模型，可以通过人机交互来修改模型，更符合人类情感产生的方式。

第六节　音乐对大脑的影响研究

一、音乐与大脑可塑性

所谓脑的可塑性，一般指由于后天的某种专业训练或获得的经验引起脑的结构或功能的改变。关于大脑的可塑性研究，最著名的莫过于对伦敦出租车司机的大脑海马体的研究。由于伦敦的路况十分复杂，出租车司机需要经过高强度的训练从而具备在成千上万地址中正确到达目的地的导航能力，并通过执业考试才能从事该项工作。研究者通过对16名出租车司机的大脑进行MRI扫描，并和年龄相匹配的控制组(非出租车司机)大脑相对比，发现出租车司机大脑海马体后部灰质体积比控制组显著大，该结果揭示了导航训练对大脑海马体的可塑性影响。

在过去的几十年里，研究表明大脑在受伤后具有发生变化和重组的能力(即神经可塑性)，这确立了神经康复方法的概念转变。大脑的神经可塑性是由一个“使用或遗忘(use it or lose it)”的机制驱使的，因此促进神经可塑性需要一个有效的行为学机制来提升对“使用”的依赖程度。例如，约束诱导治疗(Constraint-induced Therapy，CIT)是一种广泛研究的方法，它基于强迫使用的范式，并结合了许多基于功能的任务，而神经音乐治疗(Neurological Music Therapy，NMT)依赖于听觉-运动夹带机制和重复的特性，为促进大脑的神经可塑性提供了基础，使其成为约束诱导治疗的有效治疗方法。一项临床研究显示，临床收治的患有帕金森病的患者在接受节律性听觉刺激(Rhythmic Auditory Stimulation，RAS)训练3周后，形成的记忆可保持长达3周时间，这意味着神经音乐治疗所产生的学习效果，可能与大脑内部在时间保持和节奏形成过程方面的可塑性(称为夹带机制)有关。加布(Gaab)等证明了音乐训练对阅读和写作技能的积极影响。他们的结论是，在听口语和获取新信息时，韵律特征的检测是至关重要的。莫雷诺(Moreno)等证实了音乐能力向语言能力的转移。在他们的研究中，8岁的孩子接受了为期6个月的音乐或艺术课程。在后续测试中，只有上过音乐课的孩子阅读能力有所提高。音乐训练提高了基本的听觉分析能力和辨别声音与音调细微差别的能力，这些技能支持语音表征的发展，而语音表征又对阅读技能很重要。以上结果为音乐训练后大脑可塑性增加提供了有力的证据。

二、音乐疗法

音乐治疗学是一门集音乐、康复医学、心理学于一体的边缘交叉学科，是音乐在传统艺术欣赏和审美领域之外的应用与扩展。现代音乐治疗作为一门独立、完整的学科，诞生于20世纪中叶的美国。音乐疗法被广泛应用在失忆症、失语症、抽动症、运动障碍、帕金森病、幻肢等疾病的临床康复中。自20世纪90

年代初以来，音乐在治疗中的作用经历了一些戏剧性的转变，这是由音乐和大脑功能研究的新见解所驱动的，特别是现代认知神经科学研究技术的出现，如脑成像和脑电波记录，使我们能够在活体内研究人类更高级的认知功能。涉及音乐的大脑研究表明，音乐通过刺激生理上复杂的认知、情感和感觉运动过程对大脑有着明显的影响。此外，生物医学研究人员发现，音乐不仅是一种高度结构化的听觉语言，涉及大脑中复杂的感知、认知和运动控制，而且这种感觉语言可以有效地用于对受损大脑进行再训练和再教育。

音乐中的转化生物医学研究导致了一系列科学证据的发展，这些证据表明了特定音乐干预措施的有效性。在20世纪90年代末，音乐疗法、神经学和脑科学的研究人员和临床医生开始将这些证据归类为一套治疗技术系统，现在称之为神经音乐疗法。这个系统在科学证据的支持下促进了标准化临床技术的空前发展。目前，神经音乐疗法的临床核心由20项技术组成，包括：节律性听觉刺激、模式化感官增强(Patterned Sensory Enhancement, PSE)、治疗性乐器表演(Therapeutical Instrumental Music Performance, TIMP)、旋律发音治疗(Melodic Intonation Therapy, MIT)、音乐语言刺激(Musical Speech Stimulation, MUSTIM)、韵律语音提示(Rhythmic Speech Cueing, RSC)、口腔运动与呼吸训练(Oral Motor and Respiratory Exercises, OMREX)、声调疗法(Vocal Intonation Therapy, VIT)、治疗性歌唱(Therapeutic Singing, TS)、音乐发展语言和语言训练(Developmental Speech and Language Training Through Music, DSLM)、音乐符号沟通训练(Symbolic Communication Training Through Music, SYCOM)、音乐感官定向训练(Musical Sensory Orientation Training, MSOT)、听觉感知训练(Auditory Perception Training, APT)、音乐注意力控制训练(Musical Attention Control Training, MACT)、音乐忽视训练(Musical Neglect Training, MNT)、音乐执行能力训练(Musical Executive Function Training, MEFT)、音乐记忆训练(Musical Mnemonics Training, MMT)、音乐回声记忆训练(Musical Echoic Memory Training, MEMT)、联想情绪与记忆训练(Associative Mood and Memory Training, AMMT)、音乐心理训练与辅导(Music in Psychosocial Training and Counseling, MPC)。这20项技术的具体内容不在本书讨论范围内，可自行参考教材《神经音乐疗法手册》(Handbook of Nuerologic Music Therapy)。随着音乐治疗学科的发展，越来越多的神经音乐疗法技术也相继诞生。神经音乐疗法核心技术库也将随着新技术的诞生而得到扩充。

随着神经音乐疗法核心技术的发展，音乐疗法在神经科学框架内得到应用，不再被视为一个辅助康复手段和补充学科。治疗性音乐练习可以有效地应用于受伤大脑的训练或再训练等核心领域，如运动康复、语言康复和认知训练等。将音乐在治疗中的概念从作为治疗过程中社会文化价值的载体，转变为影响认知和感觉运动功能的神经生理学基础的刺激，一个由对音乐和大脑功能的科学数据和见解所驱动的历史性范式转变已经出现。现在我们可以假设，音乐可以进入大脑中与控制运动、注意力、语言产生、学习和记忆有关的过程，有助于重新训练和恢复受伤或患病大脑的功能。

现在我国对音乐治疗学科已经进行了多年的探索，但相比于美国、澳大利亚、日本等引入音乐治疗较早的国家仍存在差距。我国音乐治疗学科的先驱、中央音乐学院高天教授曾提到，部分临床音乐治疗工作者依旧受限于传统的医学思维模式及缺乏音乐相关知识，错误地认为音乐具有类似药物的作用，试图将某种音乐与具体治疗的疾病联系起来，进而总结出一种"音乐处方"的错误观念，例如巴赫的音乐可以治疗胃病，舒曼的音乐可以治疗高血压等。这种错误的观点显然与神经科学框架内探讨的音乐治疗学科不符。

第七节　音乐认知研究展望

本章在对音乐与脑认知相关工作进行了细致的分析归纳整理，以期借鉴人类的认知机理指导音乐计算发展的同时，借助于计算机科学强大的计算能力为认知科学的发展提供系统科学的依据。音乐认知与音乐计算的研究有着十分重要的理论意义和现实意义，尤其是计算机科学正面临着高速发展中信息高速获取和海量数据等的挑战，借鉴人类处理复杂信息的认知机理去面对挑战是一种必然趋势。但面对音乐认知分析这个新生且小众的研究领域，依然有很多问题需要解决：①大脑认知机制研究与音乐计算结合不紧密。在当前的认知研究中,大多数只专注于脑认知机制研究,忽视了将认知机制用于识别模型。②缺乏长时音乐诱发的脑活动的分析方法。当前通过影像技术进行音乐的相关研究主要是脑对短时音符的反应,无法反映复杂环境下的音乐认知。如何通过长时间连续音乐来探究情绪与脑的认知规律、提高基于脑电信号的情绪分类的识别率仍是该领域的一道难题。

因此,我们仍需要以现有技术为基础,深入研究音乐的声学特性及乐理结构,提出更加完备的技术来自动分析识别其关键信息。

参考文献

Zhu Y, Zhang C, Poikonen H, et al. Exploring frequency-dependent brain networks from ongoing EEG using spatial ICA during music listening[J]. *Brain Topography*, 2020, 33(3): 289-302.

刘宇翔. 基于内容的音乐分析研究[D/OL]. 北京:清华大学,2011[2020-09-12].

朱碧磊,薛向阳. 基于时频分析的音乐识别和歌声分离算法研究[D/OL]. 上海:复旦大学,2014[2020-09-12].

李伟,李子晋,高永伟. 理解数字音乐——音乐信息检索技术综述[J]. 复旦学报(自然科学版),2018,57(3):271-313.

李洪伟,李海峰,马琳,等. 音乐欣赏中脑对音乐属性变化加工规律的脑电研究[J]. 复旦学报(自然科学版),2018,57(3):385-392.

李伟,高智辉. 音乐信息检索技术:音乐与人工智能的融合[J]. 艺术探索,2018,32(5):112-116.

Kumagai Y, Matsui R, Tanaka T. Music familiarity affects EEG entrainment when little attention is paid[J]. *Frontiers in Human Neuroscience*, 2018, 12: 444.

Schaefer H E. Music-evoked emotions—current studies[J]. *Frontiers in Neuroscience*, 2017, 11: 600.

Balasubramanian G, Kanagasabai A, Mohan J, et al. Music induced emotion using wavelet packet decomposition—An EEG study[J]. *Biomedical Signal Processing and Control*, 2018, 42: 115-128.

Poikonen H, Alluri V, Brattico E, et al. Event-related brain responses while listening to entire pieces of music[J]. *Neuroscience*, 2016, 312: 58-73.

Lee J, Han J H, Lee H J. Long-term musical training alters auditory cortical activity to the frequency change[J]. *Frontiers in Human Neuroscience*, 2020, 14: 329.

Bevington J, Knox D. Cognitive factors in generative music systems[C/OL]//Proceedings of the 9th Audio Mostly on A Conference on Interaction With Sound — AM'14. Aalborg: ACM Press, 2014: 1-8[2020-09-13].

Daly I, Williams D, Malik A, et al. Personalised, multi-modal, affective state detection for hybrid brain-computer music interfacing[J]. *IEEE Transactions on Affective Computing*, 2020, 11(1): 111-124.

Hsu J L, Zhen Y L, Lin T C, et al. Affective content analysis of music emotion through EEG[J]. *Multimedia Systems*, 2018, 24(2): 195-210.

诸薇娜. 音乐认知研究及其计算分析[D/OL]. 厦门:厦门大学,2008[2020-10-10].

赵志成. 音乐信号与脑电信号的非线性特征比较研究[D/OL]. 杭州:杭州电子科技大学,2019[2020-10-12].

Haumann N T, Lumaca M, Kliuchko M, et al. Extracting human cortical responses to sound onsets and acoustic feature changes in real music, and their relation to event rate[J]. *Brain Research*, 2021, 1754: 147248.

Bo H, Ma L, Liu Q, et al. Music-evoked emotion recognition based on cognitive principles Inspired EEG temporal and spectral features[J]. *International Journal of Machine Learning and Cybernetics*, 2019, 10(9): 2439-2448.

杨媛. 数字音乐学研究综述[J]. 北方音乐,2020(2):4-5+14.

Katthi J R, Ganapathy S. Deep correlation analysis for Audio-EEG decoding[J/OL]. ArXiv:2105. 08492 [Cs, Eess, q-Bio], 2021[2021-05-22].

Hasanzadeh F, Annabestani M, Moghimi S. Continuous emotion recognition during music listening using EEG signals: A fuzzy parallel cascades model[J]. *Applied Soft Computing*, 2021, 101: 107028.

Naser D S, Saha G. Influence of music liking on EEG based emotion recognition[J]. *Biomedical Signal Processing and Control*, 2021, 64: 102251.

Bakas S, Adamos D A, Laskaris N. On the estimate of music appraisal from surface EEG: A dynamic-network approach based on cross-sensor PAC measurements[J]. *Journal of Neural Engineering*, 2021, 18(4): 46-73.

作者:李海峰、马琳、薄洪健、房春英、李洪伟(哈尔滨工业大学)

第七章
音频压缩技术

第一节　语音与音频编码概述

声音是由物体振动所产生并通过介质进行传播的一种连续波，其中能被人类听觉器官感觉到的声音频率范围为 20 Hz～20 kHz。与人类生活最密切相关的两类声音信号分别是语音与音频信号。语音信号是由人的发音器官产生，负载着一定语言意义的声音信号。构成语音的四个要素是音高、音强、音长和音色。语音信息交流是人类社会交往中最基本的信息交流方式，语音信号也成为了各类通信传输的重点内容。从广义上讲，人类所能听到的声音统称为音频，而多媒体信号处理中所指的音频信号更侧重于音乐、歌声、乐器声、风声、雨声、鸟叫声、机器声等声音信号。在当前以计算机为核心的信息处理与通信技术中，数字信息成为处理的主要对象。数字化的语音与音频信号，由于其包含了巨大的数据量，给存储和传输带来了不小的压力。实际上，语音与音频信息在频域和时域上存在着大量冗余，同时人耳的听觉系统会掩蔽掉一部分数据信息，这使得语音与音频信号的编码压缩成为可能。在微信语音、网络视频、电视电话会议等应用场景，为了满足信道带宽要求，在传输前语音信号均须进行编码压缩处理。在音频数据存储时，也采用了诸如脉冲编码调制之类的音频编码方法来提高单位存储空间内音频文件的存储数量。

随着通信网络容量的持续增加和计算设备性能的不断提高，人们对声音的传输提出了更高的要求。在临境声通信中，希望在给定空间内重构真实场景中的声效。此时，原场景中包含的音频信息成分极其复杂，既包括场景中的各类声源，也包含了背景声和房间混响等信息。这类音频信息所占的数据量极大，要想进行传输必须同时对多个通路采集的音频数据进行压缩。这给音频编码提出了更高的技术要求。可见，不论是当前还是未来，语音频编码技术都有着广泛的应用前景。

语音与音频信号之所以能进行编码压缩，是因为信号本身存在着冗余。语音与音频信号的冗余主要分为四大类：时域冗余、频域冗余、空间冗余和听觉感知冗余。编码的核心就是去除冗余信息。

时域冗余：语音与音频信号在时域上幅度是非均匀分布的，且小幅度样值出现的概率比较大，甚至有长时间静音的情况出现。另外，音频是连续和渐变的，像浊音信号、乐器信号等在一定的时间内具有类周期特性，不论是帧内和还是在帧间，音频信号样值间都有一定相关性。这些特征说明语音与音频信号在时域上存在冗余。

频域冗余：一方面，在对语音与音频信号进行长时间间隔频谱统计分析时，发现功率谱具有非平坦特性且谱密度非均匀分布，具体表现为在一些频段强而另一些频段弱。功率谱弱频段的信息对人耳的听觉感知贡献小，意味着这些频率成分冗余。另一方面，通过分析短时功率谱发现在某些频率上出现较大能量值，而另一些频率上出现较小能量值。同时，信号功率谱包络随着频率的增加而减小，并且功率谱的细节是以基频成分及其高次谐波为基础。人耳对部分频率分量和频谱细节无法分辨，这也造成了频率冗余。

空间冗余：在基于多声道的空间声重构系统中，根据各声道信号间强度关系、相位关系及相关性，在声重构时展现其空间特征。所以，各声道信号间有较强的相关性，通过去除声道间相关性达到数据压缩的目的。

听觉感知冗余：人耳听觉系统对声音频率幅度的分辨能力有限，且有些频谱成分的存在会使得人耳无法感知其周围频率成分信息。因此，这些人耳无法感知的成分即为感知冗余信息。

第二节　编码器基本属性

认识一个编码器，首先要关注其基本属性。语音频编码器的基本属性主要包括带宽、编码速率、编码质量、延时和算法复杂度等因素，这几个因素相互依赖、相互制约。对于语音与音频的编码研究，主要问题就是限定编码速率和带宽时，如何得到尽可能高的编码质量，同时最大限度地减少算法延时和算法复杂度。

一、编码器带宽

编码器带宽指的是编码器所能处理信号的有效频带宽度。根据应用场景的不同，编码器处理信号的有效带宽也各不相同。语音频编码器的处理带宽主要分为窄带、宽带、超宽带和全带四类。表 7-1 给出了当前国际语音与音频编码标准中编码器带宽类型、采样频率、频率范围以及应用场景。

表 7-1　语音频编码器带宽及采样频率

应用场景	带宽类型	采样频率(Hz)	频率范围(Hz)
电话语音	窄带	8 000	300～3 400
电话会议及可视电话	宽带	16 000	50～7 000
音视频会议、移动音频	超宽带	32 000	50～14 000
激光唱片(CD)	全带	44 100	20～20 000
数字广播及数字磁带		48 000	20～20 000

窄带编码器主要应用于语音信号传输场景，所处理信号的采样频率为 8 kHz，有效带宽范围是 300～3 400 Hz。该频段保留了影响音节可懂度和语句理解力的主要特征，可以满足基本的通信质量要求，但丢失了表征特定清音、爆破音以及说话人特征的信息。当信号的有效频带扩展到 50 Hz～7 kHz 频率范围时，即为宽带信号，此时信号具有良好的语音可懂度。考虑到 7 kHz 频率以上成分能够反映音频信号的透明度和表现力，在音视频会议、移动音频等应用场景中编码对象的频带范围扩展到 50 Hz～14 kHz，此时编码器处理的是 32 kHz 采样的超宽带信号。而在激光唱片、数字广播和数字磁带等应用中，编码方式需要处理的是全带信号，其采样频率可达 44.1 kHz 或 48 kHz。全带信号频率范围被定义为 20 Hz～20 kHz，该频段正是人耳听觉系统所能感知的范围。带宽越宽所包含的频率成分越多，给听者的真实感觉越好，但所需编码速率高。通常根据具体应用需求折中选择合适的编码带宽。

二、编码速率

编码速率表示编码每秒音频信号所使用的比特数，度量单位为 b/s(比特每秒)。编码速率反映了编码处理对信号的压缩程度，根据编码速率不同，可将语音与音频编码器分为低速率编码、中速率编码和高速率编码三类。语音与音频编码速率划分方式如图 7-1 所示。

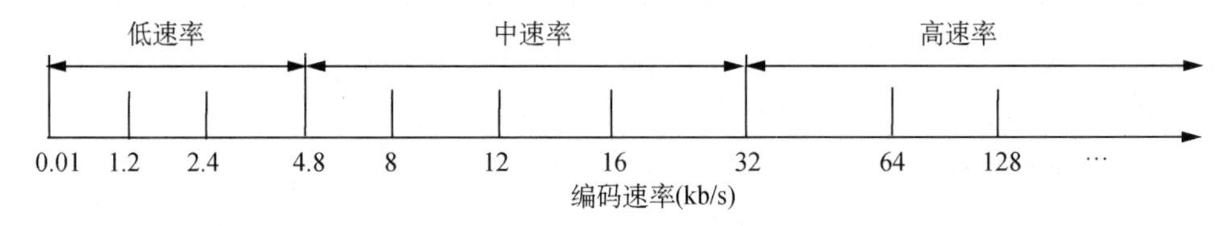

图 7-1　语音与音频编码速率划分方式

编码速率低于 4.8 kb/s 称为低速率编码。低速率编码器主要用于保密通信，通常采用参数编码方式。典型的低速率编码方式有欧洲电信标准协会 1989 年公布的 4.8 kb/s 正弦编码器和美国国防部数字声音处理协会公布的 2.4 kb/s 混合激励线性预测编码器。

编码速率在 4.8～32 kb/s 之间称为中速率编码。大部分中速率编码方法采用的是混合编码方式，典型的有国际电信联盟电信标准部(International Telecommunications Union-Telecommunication Standardizations Sector，ITU-T)制定的 8 kb/s 的共轭结构码激励线性预测(Conjugate-Structure Coded Excited Linear Predication，CS-CELP)。

编码速率高于 32 kb/s 称为高速率编码。典型的高速率编码技术有 64 kb/s 的脉冲编码调制和 32 kb/s的自适应差分脉冲编码调制，它们采用了波形编码方法。此外，动态图像专家组(Moving Picture Experts Group，MPEG)所制定的音频编码标准 MPEG 1/ MPEG 2 的 layer Ⅰ、layer Ⅱ、layer Ⅲ和

MPEG 高级音频编码(Advanced Audio Coding，AAC)等都属于高速率编码的范畴。

从 2000 年开始，一系列变速率语音与音频编码标准先后制定，打破了按编码速率对编码器进行分类的方式。典型的变速率语音频编码标准有 G. 722. 2、G. 729. 1 和 G. 718 等。其中，G. 722. 2 可支持 6. 6 kb/s、8. 85 kb/s、12. 65 kb/s、14. 25 kb/s、15. 85 kb/s、18. 25 kb/s、19. 85 kb/s、23. 05 kb/s 和 23. 85 kb/s 等多个码率。G. 729. 1 编码方法可以形成嵌套式码流，编码速率在 8～32 kb/s 范围内。与定速率编码不同，变速率编码方案通常要综合语音频信号和传输信道的情况，来自适应地确定编码模式和编码速率，可有效地提高信道的使用效率。

针对不同应用场景选用不同编码速率的编码器。在通信信道受限情况下，通信环境恶劣时，选用低速率编码器。通信信道宽、处理设备性能好、解码质量要求高时，则选用高速率编码器。

三、编码质量评价

编码质量是衡量编码器性能优劣的重要标志。对编码质量的评价方法主要分两大类：主观评价和客观评价。

主观评价通过请测听者对编码器处理后的解码信号进行测听打分，根据主观听觉感受对编码质量进行评价。常用的主观评价方法有平均意见分(Mean Opinion Score，MOS)测试、利用隐藏参考项和标记项的多重刺激(Multiple Stimuli with Hidden Reference and Anchor，MUSHRA)评价和主观 A/B 测试等。

在平均意见分测试中，将编码质量分为优、良、中、差、坏五个评分等级，分数分别对应 5 分到 1 分。各分数对应的编码质量和损伤程度如表 7-2 所示。

表 7-2　MOS 分数对应的编码质量和损伤程度

MOS 分数	质量等级	解码信号质量	损伤程度
5	优	非常好	察觉不到失真
4	良	好	对失真刚有察觉
3	中	可以	对失真有察觉且稍觉可厌
2	差	较差	失真能明显察觉且可厌，但可忍受
1	坏	差	失真不可忍受，非常可厌

测听人员根据听到的解码信号，从五个等级中选择一级作为其对该段信号的评价分数。最终，所有测听人员给出的 MOS 分的平均值即为该编码器平均 MOS 分。ITU-T 的 P. 800 标准对进行 MOS 评价所需满足的测试条件、测试数据库及测评人员都做了详细规定，并建议了三种 MOS 分测试方法：绝对等级测试(Absolute Category Rating，ACR)、降质等级测试(Degradation Category Rating，DCR)和比较等级测试(Comparison Category Rating，CCR)。主观 MOS 测试流程简单，参与评价人员不需要提前进行专门培训，直接根据自己的主观感受打分即可。最终所得 MOS 分反映用户的真实感受，可以用来评价各种类型的音频质量损伤。但是这种评价对测听人员的数量有一定要求。

MUSHRA 评价是另外一种典型主观评价方法，主要用于对音频相关算法进行性能评价。评价时除需要原始音频和被测音频信号外，测试序列中还需要增加一个隐藏参考项和一个标记项(Anchor)。其中，隐藏参考项是与原始信号相同的数据，而标记项通常为对原始信号以 3. 5 kHz 为截止频率进行低通滤波得到仅包含低频成分的信号。设置标记项的目的是为测听者设置一个评分下限，保证测听时打分的相对尺度尽可能接近绝对尺度，以此来降低测听过程中人为因素对评价结果的影响。

在进行 MUSHRA 评价时，将被测音频信号、隐藏参考项和标记项信号随机排序播放，并分别与原始信号进行对比。测听者凭主观感受对听到的每个数据进行打分，打分采用百分制，打分依据如表 7-3 所示。

表 7-3　MUSHRA 评价分数及对应听觉质量

质量评价	分数
优秀	80～100
良好	60～80
一般	40～60
较差	20～40
很差	0～20

对于每个数据，将所有测听者给出的分数求取平均，得到的平均分数就是该段数据的 MUSHRA 评价分数。同时，对测评分数要给出 95%的置信区间。相比于 MOS 评价，MUSHRA 评价只需要较少的测听者参与就能得到可信的评价结果。

不同于 MOS 评价和 MUSHRA 评价，主观 A/B 测试是一种非正式的实验级主观评价方法，主要用于直接比较两种编码算法的性能。主观 A/B 测试前，将所有音频数据分别通过两种编码器生成各自的解码音频信号。每次测试时，将同一段数据经两个编码器处理所得的两个解码信号随机播放给测听者，让测听者选出认为质量较好的一个。如果测听者认为两个解码信号质量相当，也可给出两编码器质量相同的评价意见。对所有测试结果求取平均值，得出两种编码器的偏爱率，由此来评判两编码器的相对性能。

主观质量评价方法可以真实、准确地反映出编码器的主观听觉质量，但是这类评价方式耗时长、测试过程烦琐、测试结果易受测试条件影响。对此，多家研究机构和研究者提出一系列客观的评价方法，用以模拟主观测听评价。根据处理对象不同，客观评价分为客观语音质量评价和客观音频质量评价。

针对语音信号的客观质量评价，ITU-T 在 2001 年 2 月制定了 P. 862 标准，该标准给出了一种语音质量感知评价(Perceptual Evaluation of Speech Quality, PESQ)方法。PESQ 算法通过比较编码前后信号间参数差异，结合信号时-频特性，计算出一个客观评价分数，分数范围在－0. 5～4. 5 之间，分数越低表明编码质量越差。当评价分数为 4. 5 时，表示没有编码失真。PESQ 算法采用了听觉模型，同时考虑了编码器算法延迟，对通信时延、环境噪声都有很好的鲁棒性。其评价结果与主观评价的相关度可达到 0. 95 以上。

语音质量感性评价算法侧重于对使用编码器处理后的音频信号进行质量评价，国际电信联盟无线电通信部(Radiocommunication Sector of International Telecommunications Union, ITU-R)在 1998 年制定的 BS. 1387 标准给出了一种音频质量感知评价(Perceptual Evaluation of Audio Quality, PEAQ)方法，并于 2001 年给出了 PEAQ 改进版本 BS. 1387. 1。PEAQ 算法计算过程充分利用了听觉掩蔽效应，对多个感知参数进行综合评价，得到客观差异等级(Objective Difference Grade, ODG)。客观差异等级反映了解码信号与原始信号的差异程度，其得分范围在－4～0 之间，客观差异等级得分越小表示差异越大，具体分数所对应音频损伤程度见表 7-4。评测时客观差异等级分数通常作为相对质量以供参考。PEAQ 结果与主观评价结果的相关度在 0. 8 左右。

表 7-4　客观差异等级分数及对应音频损伤程度

客观差异等级分数	音频损伤程度
0. 0	损伤不可察觉
－1. 0～－0. 1	损伤可察觉，但不厌恶
－2. 0～－1. 1	稍厌恶
－3. 0～－2. 1	厌恶
－4. 0～－3. 1	非常厌恶

此外，德国学者胡伯(Huber)和伯格·科尔迈尔(Birger Kollmeier)结合听觉感知提出了一种客观音频质量评价方法——PEMO-Q(Method for Objective Audio Quality Assessment Using a Model of Auditory Perception)。PEMO-Q通过计算感知相似度(Perceptual Similarity Measure, PSM)分数对音频质量进行度量，比较编码前后音频信号的感知差异。感知相似度分数范围为−1～1，分数越小表示失真越大；感知相似度分数为1时表示编码前后音频信号完全相同。相比于PEAQ，该方法能够更精确地反映编码前后音频信号的听觉失真程度。

四、延时和算法复杂度

在微信语音、网络视频、移动音频、电视电话会议等要求实时通信的系统中，延时是考核编码器性能的一项非常重要的指标。若延时太大，系统会出现接收信息之后的情况，从而影响用户体验。通常意义上，延时包括算法延时和传输延时。就编码算法本身而言，更多涉及的是编码器、解码器处理信号带来的算法延时。在设计语音频编码算法时，需尽量选取合理方式以减小算法延时。

编码算法复杂度主要包括时间复杂度和空间复杂度两项，指的是执行编码处理时运行过程中所占用的时间资源和内存资源。算法复杂度决定了硬件实现时的复杂程度、体积、功耗及成本。目前，很多语音频编解码算法都是在DSP芯片硬件系统上实时实现，因此编解码算法的复杂度越高，对DSP芯片提出的要求就越高，所需存储器容量、成本以及功耗也将大大增加。

第三节　听觉掩蔽特性

掩蔽特性是人耳听觉系统的一个典型特性。掩蔽效应主要分为三类：绝对掩蔽、时域掩蔽和频域掩蔽。

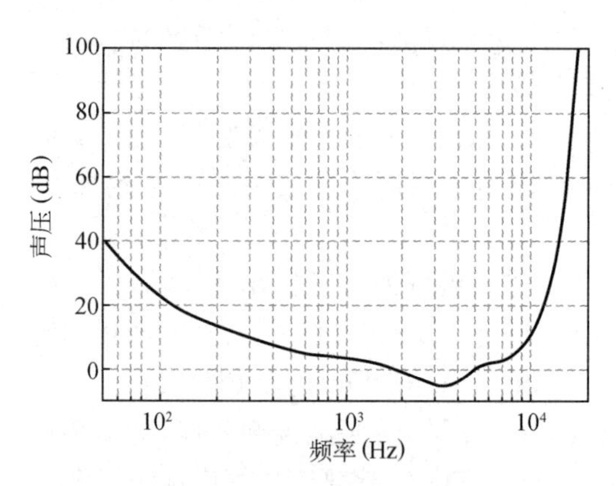

图7-2　绝对听觉掩蔽阈值

绝对掩蔽反应了人耳听觉系统对外界声音信息的感知门限。在安静环境下一个纯音信号需要大于某个门限才能被人耳所感知，这个门限值被称为绝对听觉掩蔽阈值。人耳的绝对听觉掩蔽阈值曲线可由弗莱彻(Fletcher)经实验总结出的非线性函数近似地表示，如图7-2所示。根据绝对掩蔽的概念可知，如果语音频信号某些频率成分的强度小于该频率下的绝对听觉掩蔽阈值，那么人耳无法感知这些频率成分，编码时可以不对这些成分做处理。

时域掩蔽指的是在时间上相邻的声音之间存在着的相互掩蔽效应，一般情况下能量较强的信号可以掩蔽其前、后或与其同时出现的能量较弱的信号。这三种掩蔽分别为前向掩蔽(Pre-masking)、后向掩蔽(Post-masking)和同时掩蔽(Simultaneous Masking)。如图7-3所示，前向掩蔽的作用时间约为20 ms，后向掩蔽的作用时间约为150 ms。

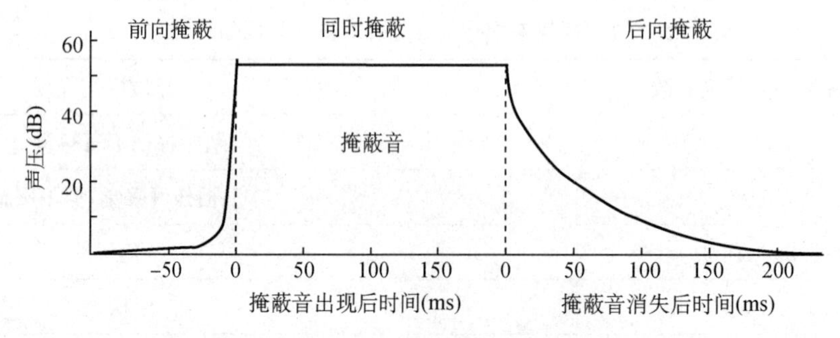

图7-3　时域掩蔽效应示意图

同时掩蔽也称频域掩蔽，指的是声音在频域的掩蔽特性。如图 7-4 所示，存在一个较强的频率成分 a，致使其周围频率内的听觉阈值大于绝对掩蔽值。频率成分 b 能量高于绝对听觉掩蔽曲线，但是因为 a 成分的出现提高了听觉掩蔽阈值，致使频率成分 b 无法被人耳所感知。换句话说，频率成分 b 被 a 所掩蔽，其中 a 为掩蔽音，b 为被掩蔽音。在音频信号处理中，掩蔽音和被掩蔽音主要针对纯音信号和噪声信号，这两类信号之间相互组合形成了四种掩蔽类型，不同掩蔽类型下信号掩蔽比（Signal-to-Mask Ratio，SMR）各不相同。

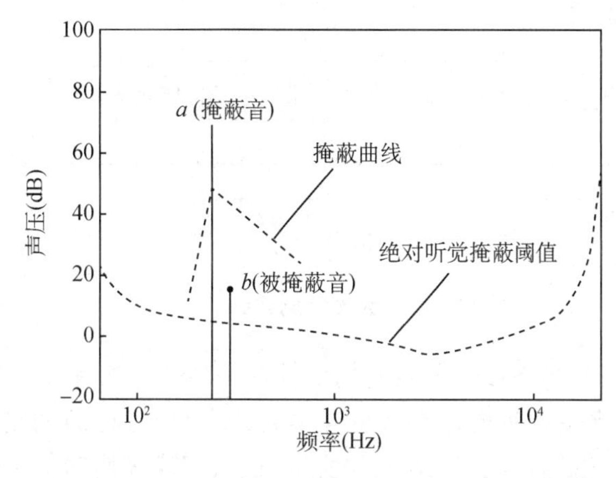

图 7-4　频域掩蔽效应示意图

利用人耳的听觉掩蔽效应可以对语音频信号进行高效编码，一方面可以将被掩蔽信号视为冗余信息不进行编码处理，从而提高编码比特分配效率；另外，可以结合掩蔽效应对编码噪声进行整形，将编码噪声控制在掩蔽阈值以下，提高低编码速率下的编码质量。掩蔽效应已经广泛应用于语音频编码算法中，如 MPEG-1 中所使用的心理声学模型Ⅰ、心理声学模型Ⅱ。

第四节　语音与音频编码方法

按照编码方式，语音编码可以分为波形编码、参数编码和混合编码三大类。

一、波形编码

波形编码是将语音与音频信号视为一般波形信号处理，直接对信号时域或频域采样值进行编码，力争使得重构信号的波形与原始信号尽可能一致。由于编码系统保留了原始信号特征，所以重建信号质量非常好。此外波形编码方法具有适应性强、算法复杂度低、编码延时短和抗噪性能强等优点，但其所需的编码速率较高，当码率降低时编码质量骤降。常用的波形编码方法有脉冲编码调制（Pulse Code Modulation，PCM）、自适应差分脉冲编码调制（Adaptive Differential Pulse Code Modulation，ADPCM）、自适应增量调制（Adaptive Delta Modulation，ADM）、自适应预测编码（Adaptive Predictive Coding，APC）、子带编码（Sub-Band Coding，SBC）和自适应变换编码（Adaptive Transform Coding，ATC）等。

二、参数编码

参数编码是使用合适的物理模型对信号进行表示，通过建立语音、音频信号的产生模型，将信号转化为相对应特征参数，并对提取参数进行编码。参数编码不追求在波形上与原始信号的一致，目标是还原原始信号的主要特征，使得重构信号有较好的可懂度。参数编码的优点是所需编码速率低，但编码计算复杂度高、重构信号质量较差、解码信号的自然度低。

常见的参数编码系统有线性预测编码（Linear Predictive Coding，LPC）、正弦变换编码器（Sinusoidal Transform Coder，STC）、共振峰编码器（Formant Vocoder，FV）和多带激励编码（Multi-band

Excitation, MBE)等。

线性预测编码体现了语音编码的核心模型——“激励+滤波器”模型,如图 7-5 所示。语音中存在着两种类型的相关性:样点之间的短时相关性和相邻基音周期间的长时相关性。利用线性预测方法去除语音信号的这两种相关性后,得到的余量信息为类噪声信息。其中,短时相关性对应频谱包络信息,长时相关性对应谱的精细结构。如果是浊音段,余量信号会存在与基音周期相同的尖峰脉冲。为了降低编码速率,并不直接用余量信号作为激励信号,而是采用二元激励模型。浊音段用间隔为基音周期的脉冲序列,清音段用白色随机噪声序列来替代。

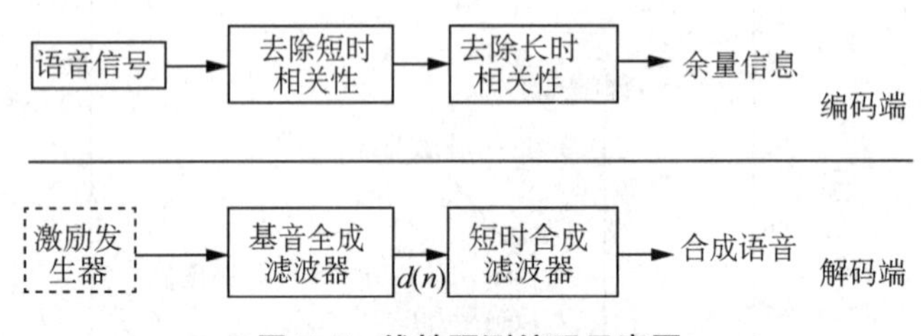

图 7-5　线性预测编码示意图

正弦编码主要利用了语音信号在浊音段具有周期性这一特征。浊音段信号可以表示为一系列谐波的叠加,谐波的基频与语音信号基音周期密切相关。在清音段,只要各谐波间足够接近,频谱在帧间缓慢变化,也可以描述为一系列正弦波的叠加。如图 7-6 所示,正弦变换编码时,将语音信号进行时频变换得到频域系数,通过对频域信息进行峰值检测,得到信号中各类正弦波的幅度及对应频率信息,同时估计出正弦波的相位信息。利用幅度、频率和相位信息对语音信号进行建模,将相应参数写入码流完成编码操作。解码端在得到正弦编码参数后,合成各正弦波信号,并把所有的正弦波相叠加得到解码信号。需要注意的是正弦编码中利用叠接相加的方式进行帧边界平滑,以保证解码信号的连续性。

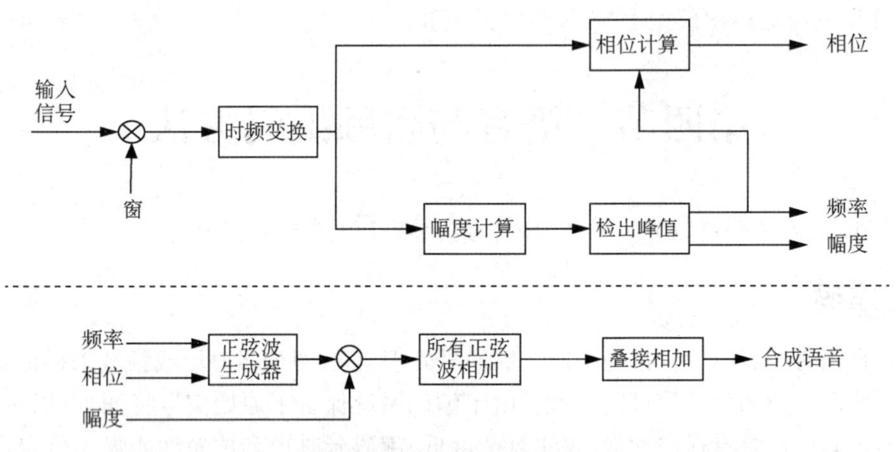

图 7-6　正弦编码示意图

近年来,研究人员将参数编码思想引入立体声编码和多声道编码中,通过提取各声道间的空间特征参数,使得低码率下进行多声道编码成为可能。

三、混合编码

波形编码合成信号质量高但是压缩比率小,参数编码压缩比高但是编码质量差,上述两种方法各自都有不足,而混合编码方法打破了波形编码和参数编码的界限,融合了两种方法的优势。混合编码中在完成语音或者音频信号参数建模后,将原始信号与参数合成信号之间的误差进一步进行编码,通过适当增加编码速率,达到提高整体编码质量的效果。代表性的混合编码方法有码激励线性预测(Code Excited Linear Prediction, CELP)、多脉冲激励线性预测编码(Multi-Pulse Linear Predictive Coding, MP-LPC)、共轭结构代数码激励线性预测编码(Conjugate Structure Algebraic Code Excited Linear Prediction, CS-ACELP)、混合激励线性预测编码(Mixed Excitation Linear Prediction, MELP)等。以码激励线性预测为例，它是线性预测编码的延伸，通过引入合成分析思路，在编码端利用重建语音与原始语音间的最小均方误差准则，寻找最佳激励信号。采用线性预测技术提取声道参数，并选用一个包含许多典型激励矢量的码书作为激励参数。每次编码时都在这个码书中搜索一个最佳的激励矢量，这个激励矢量的编码值就是这个序列在码书中的序号。

语音编码方法中大多采用了“激励＋滤波器”编码模型，该模型同样适用于各类乐器信号的编码处理。相比于语音信号而言，由不同类型声音混合而成的音频信号成分更为复杂，通过统一物理模型对所有音频进行表征有一定困难。变换编码成为压缩处理复杂音频信号的技术基础。

四、变换编码

变换编码属于间接编码方式，不是直接对时域信号进行编码，而是通过选择合适的时频变换方式将时域信号映射到变换域得到变换域系数，结合人耳听觉感知特性对变换域系数进行量化、编码处理。变换编码充分考虑了语音与音频信号的特性，在时域信号间相关性强、冗余度大；在频域，频域系数间相关性变弱、冗余减少、参数独立强，对变换域系数进行量化可以获得较高的压缩比。在语音与音频编码中，最常用的时频变换有离散傅里叶变换（Discrete Fourier Transform, DFT）、离散余弦变换（Discrete Cosine Transform, DCT）、修正的离散余弦变换（Modified Discrete Cosine Transform, MDCT）、小波变换等。MPEG-1、MPEG-2 和 MEPG-4 标准中均采用了变换编码方式。

图 7-7 给出了一个变换编码的基本原理示意，将输入的音频信号通过时频变换转换至频域，以变换域系数的形式加以表示，同时结合心理声学模型（主要涉及时域、频域掩蔽特性），采用与频率相关的量化方法，形成编码的码流信息。

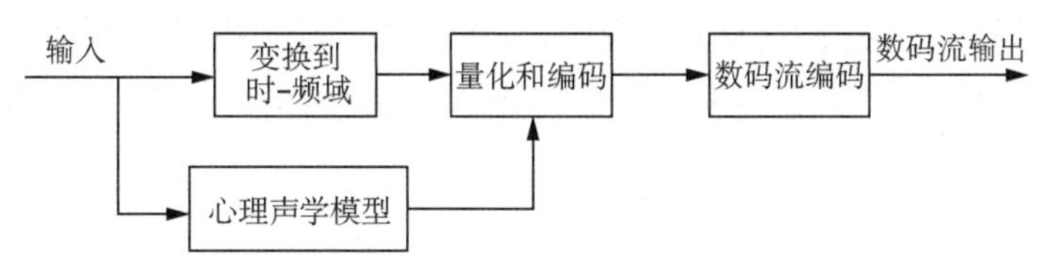

图 7-7　变换编码示意图

MPEG-1 标准建议的音频编码方法是最为典型的变换编码方法，支持 32 kHz、44.1 kHz 和 48 kHz 采样的单声道及立体声编码。MPEG-1 按照复杂度可分三层编码，即 layer Ⅰ、layer Ⅱ 和 layer Ⅲ。其中，layer Ⅰ 的压缩率为 1/4，layer Ⅱ 压缩率在 1/8～1/6 之间。layer Ⅲ 也就是目前广泛流行的 MP3 编码器压缩率可达 1/12～1/10，其在 128 kb/s 码率下对大多数音频信号的编码质量可达到接近 CD 的音效。MPEG-1 layer Ⅲ 音频编码原理如图 7-8 所示。

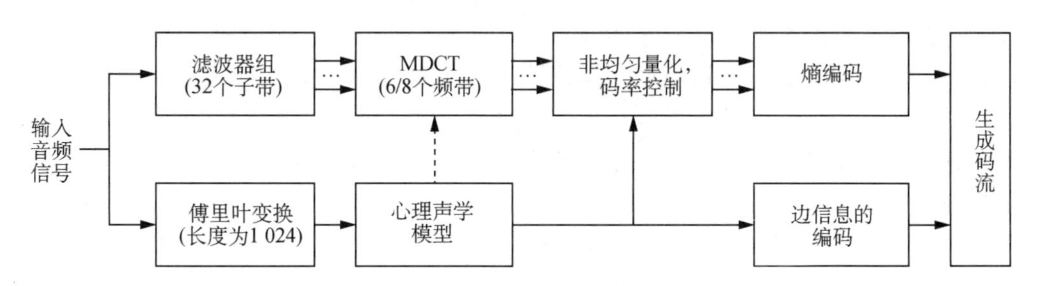

图 7-8　MPEG-1 layer Ⅲ 编码原理框图

输入的音频信号通过多相正交镜像滤波器组得到 32 个临界频带信号，不使用均匀带宽滤波器是为了与人耳听觉系统的非均匀频率分辨率相对应。在同样的掩蔽阈值下，低频段临界带宽窄，而高频段的临界带宽要宽。为提高子带频率分辨率，去除帧间块效应，对每个子带信号进行修正的离散余弦变换。修正的离散余弦变换的窗长为 12 或 36 个采样值，即修正的离散余弦变换的块长有 6 采样值或 18 采样值两种。相邻窗间有 50% 的交叠。一个长块可以分成三个短块，因此修正的离散余弦变换的采样值不受块长影响，可以都选用长块或短块。编码时自适应进行修正的离散余弦变换窗长选择可以在编码效率和编码质量间折中。根据心理声学模型分析得到的信号瞬时特征选取修正的离散余弦变换块长度，对于平稳的音频信号选择长窗进行修正的离散余弦变换以期得到高的频域分辨率，而对于变化剧烈的音频信号，为获得高的时域分辨率通常选择短窗进行时频变换。

MP3 编码方法中选用 1 024 点离散傅里叶变换对音频信号进行时频变换。人耳的听觉掩蔽特性与听到的信号息息相关，为此需利用频率信息进行心理声学模型分析，分析主要频率成分，这类成分可以掩盖其他频带编码噪声，并由此得出掩蔽函数。利用掩蔽函数确定不同频率成分所能允许的量化误差，用来指导各子带的编码和量化，动态分配各子带比特数。每个子带单独选择缩放因子，采用非均匀量化的方式量化频域系数。随后对量化系数选择霍夫曼编码方式进行熵编码。由于 MP3 中进行了自适应窗选择，选择不同窗长时编码比特数不相同。为了保证编码输出码率恒定，MP3 采用了自适应比特存储技术，即如果某一帧使用比特数少则将该帧的比特保留下来，供后续帧使用。在每帧信号量化编码前，根据信号感知信息计算所需比特数，来确定是否从前期预留比特中使用适当比特数用于本帧编码。

MPEG-2 是在 MPEG-1 基础上发展起来的可支持多声道编码的音频编码标准。MPEG-2 可以与 MPEG-1 相兼容，故又称为 MPEG-2 BC(Backward Compatible)。此外，MPEG-2 可支持 5.1 声道和 7.1 声道编码，且可编码 16 kHz、22.05 kHz 和 24 kHz 采样的音频信号。

MPEG-2 AAC(Advanced Audio Coding)是 1997 年在 MPEG-2 中新增的一个音频编码标准，在采样频率为 8～96 kHz 下提供了 1～48 个声道可选范围的高质量音频编码。MPEG-2 AAC 可以执行码率从 8～160 kb/s 多种需求的音频编码。MPEG-2 AAC 中增加了采用高分辨率滤波器组的统计技术、联合信道编码、瞬时噪声整形(Temporal Noise Shaping, TNS)、感知噪声替代(Perceptual Noise Substitution, PNS)等技术，将压缩率降低到 1/10 以下。当使用 MPEG-2 AAC 对单声道音频进行编码时，64 kb/s 下绝大多数音乐信号的编码质量可达到接近 CD 音质。1999 年完成的 MPEG-4HE AAC 是 MPEG-2 AAC 的增强版，主要增加了频带复制(Spectral Bandwidth Replication, SBR)技术，在卫星音频广播、3G 移动电话中已有应用。

五、可升级编码

固定速率编码器或基于选择的多速率编码器受自身编解码结构限制，无法在时变网络信道中进行传输。在基于分组交换的 IP 网络中，当出现丢包现象时，解码端会因码流信息丢失而无法进行正常解码，致使恢复的音频信号不连贯，给听者带来不适。为此，考虑在编码端进行分级编码处理，根据听觉感知重要性将信号分层编码，形成具有嵌套包含结构的码流。其中，每个码流层通常包含一个核心层和若干增强层。核心层提供了信号最基本的信息，增强层用以弥补细节信息，随着层数的增加，解码质量逐级提升，并逐渐接近于原始信号。当通信信道质量差，出现丢包现象时，解码端可在不丢失核心层码流的前提下，利用接收到的低层码流信息进行独立解码，保证解码信号的连续性。此外，可升级编码可结合信道的实时情况或用户对编码质量的实际需求，自适应地选择每帧信号的编码速率，减少了不必要的编码处理，提高了编码效率。

G.729.1 是 ITU-T 在 2006 年正式标准化的嵌入式可升级语音编码方法，它是一种码率在 8～32 kb/s 范围的带宽编码器，处理对象为窄带和宽带语音与音频信号。G.729.1 编码器产生的码流具有嵌入式结构，码流包含了 12 个嵌套的码率层，即层 1 到层 12。其中，第 1 层为核心层，编码速率为 8 kb/s。第 2 层为窄带增强层，在层 1 的基础上另外增加了 4 kb/s 的码率。第 3 层到第 12 层是宽带增强层，每层均在前一层基础上增加 2 kb/s 的码率。

图 7-9 为 G.729.1 编码原理框图。编码端主要通过三项技术实现码流的嵌套，它们分别是嵌入式的 ACELP 编码、时域频带扩展(Time-Domain Band-Width Extension, TDBWE)以及基于时域混叠抵消(Time-Domain Aliasing Cancellation, TDAC)的预测变换编码。ACELP 编码技术用于产生前两层的码流，其在解码端可恢复出有效频带范围在 50～4 000 Hz 的窄带合成语音；时域频带扩展用于产生第 3 层码流，对应于解码端的码率为 14 kb/s，解码信号的有效频带为 50～7 000 Hz；时域混叠抵消用于产生第 4 层到第 12 层码流，对应码率从 16～32 kb/s。

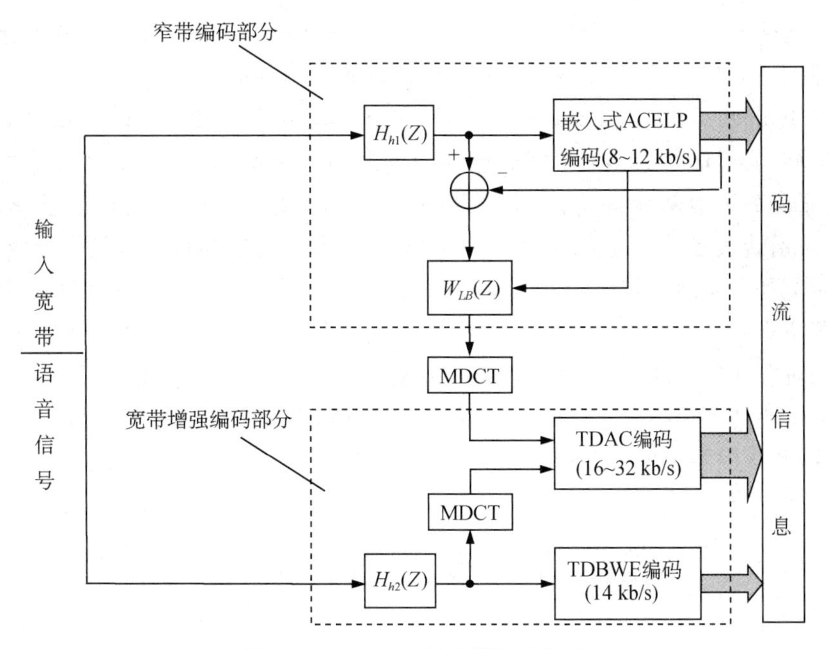

图 7-9 G. 729. 1 编码器原理框图

六、立体声编码

立体声通常意义上是指具有立体感的声音。自然界的声音均为立体声，人们可以从听到的立体声感受到声音的音色、音调、方位和层次等信息。在立体声编码中所指的立体声为双声道立体声信号。左右耳通过对听到声音的能量差和相位差来判断声源位置信息，双声道立体声信号正是通过模拟这一过程来呈现声音方位信息。立体声信号的编码主要有四种方法：

第一类方法是对左右声道进行独立编码，编码过程忽略了立体声信号的产生模型，压缩率低。

第二类方法是中值/边值立体声(Mid/Side Stereo, M/S)编码，编码时提取左右声道的和信号与差信号，分别对和信号、差信号单独编码。其中，和信号反映了各声道的共性特征，差信号表征了声道间的差异信息。中值/边值立体声编码方法通过去除两声道间的冗余成分，达到了降低编码速率的目的。当立体声信号左右声道相关性强时，和信号能量大、差信号能量很小，这样编码时给差信号分配较少的比特数即可实现高质量编码。

第三类方法是强度立体声(Intensity Stereo, IS)编码。强度立体声编码主要对一个声道进行编码，同时利用强度因子合成第二个声道，作为第一声道的幅度修正形式。强度立体声编码充分利用了人耳听觉系统对高频信号相位分辨能力不强的特点，编码时左声道传送立体声信号的幅度信息，右声道记录立体声信号的位置信息，由此在解码端重构立体声效果。强度立体声编码通常与中值/边值立体声编码方法配合使用。

当编码对象为时间差型立体声信号时，左右声道信号由声源传播延迟形成，上述三类方法编码效果不佳。针对这种特征的信号，最佳编码方法是双耳线索编码(Binaural Cue Coding, BCC)。双耳线索编码是范勒(Faller)、鲍姆加特(Baumgarte)等学者在 2002 年提出的一种参数立体声编码方式。图 7-10 为双耳线索编码原理框图。

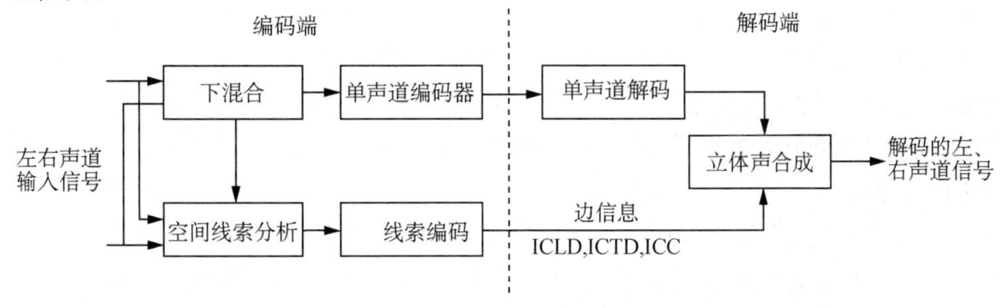

图 7-10 双耳线索编码原理框图

双耳线索编码对输入的立体声信号的左右声道信息通过下混合处理得到一个单声道的下混合音频信号，下混合操作伴随着提取双声道线索参数包括声道间能量差(Inter-channel Level Difference，ICLD)、声道间时间差(Inter-channel Time Difference，ICTD)和声道间相关系数(Inter-channel Correlation，ICC)。其中，声道间能量差对应于信号的频谱幅度信息，声道间时间差对应谱相位信息。下混合信号选用单声道编码方法编码，线索参数声道间能量差、声道间时间差、声道间相关系数作为边信息单独进行编码传输。需要注意的是，双声道线索参数的提取是在子带中进行的。参数提取前将输入信号分成若干个子带，各子带的中心频率和带宽是由与感知相关的 Bark 尺度决定的。分子带处理的原因是小的频带范围内出现一个声源占主导的概率更高。将频带划分成多个子带后，各子带内可能只有一个声源占主导，这样更容易在左右声道间找到相对应部分。即使子带中有多个声源同时存在，在子带利用线索参数和下混合信号合成立体声信号的精度也要高于全频带整体处理。双耳线索编码压缩率高，解码信号能有效保持原始立体声信号的空间特性，因此该模型也成为多声道编码的基础。

第五节　多声道音频编码

由于多声道空间音频系统可以为听者提供更为真实的听觉体验，关于多声道音频的处理技术也成为近年的研究热点。多声道空间音频系统中，利用多通路扬声器在空间区域内重构与原始声场尽可能接近的声场。每个声道独立记录和重放音频信号，所选声道数越多，声场中声源定位的精确度也就越高，重构的空间声场信息也就越接近原始声场。受存储容量和播放设备所限，选取的声道数不能无限量增加，实际应用时要在声道数与重建声场质量间进行折中考虑。当前，众多的国际标准通常选用的是 5.1、7.1、10.2 声道系统。由于多声道音频的数据量为单声道音频的数倍，为降低音频信号的存储数据量，需对多声道音频信号进行压缩和编码。随着信息技术与互联网的发展，多声道音频的网络传输将成为趋势和必然，并逐渐取代单声道和立体声成为网络音频的主要形式。

当前多声道空间音频系统主要有三种格式：基于声道的多声道音频、基于对象的多声道音频和基于高阶高保真立体声响复制(High Order Ambisonics，HOA)的多声道音频。

一、基于声道的多声道音频

利用多声道音频系统进行音频场景重构时，最常见的方式就是选用固定数目的扬声器在特定位置放置，通过扬声器播放的各声道信号联合进行声场重构。各扬声器播放的信号即为声道信号(Channel Signals)，每一路声道信号由一个扬声器播放。

现阶段绝大多数的多声道空间音频系统采用的是基于声道(Channel-based)的多声道音频格式，应用最广泛的是 5.1 声道信号。在 3D 音频的概念被提出后，声场的重构从平面扩展到了空间，重构的声场要有高度信息。此时，出现了多种适合 3D 重放的多声道音频格式。这些用于 3D 重放的多声道音频格式通常包含了不同高度的多层扬声器布局方式。如 7.1 声道系统和 9.1 声道系统都包含 2 个高度层面的声道信号，而 NHK22.2 系统包含了 3 个高度层面的多声道信号，其中上层包含 9 个扬声器，水平面包含 12 个扬声器，底层包含 3 个扬声器。

有关基于声道的多声道音频的处理方法，相关研究已经开展多年并日趋完善。然而，基于声道的音频信号必须在事先设置好的扬声器进行播放，即播放形式限定于预先设定的扬声器配置。若希望通过其他非预设的扬声器配置进行重放，则需要对信号进行额外操作，由此可能带来重构音频质量的下降。尤其是在不同扬声器数的重放系统间转换时，重构质量下降明显。

(一) MPEG 环绕声

对于基于声道的多声道音频信号，其各声道信号之间存在较大的相关性。利用这种相关性，多种多声道音频编码方法先后被提出。这些编码方法的基本框架为“下混合＋空间参数”，即将多声道音频信号下混合为单声道或双声道信号，同时利用各声道信号频域系数提取声场景空间参数作为边信息。下混合信号可进一步利用传统的单声道或立体声编码器进行编码，边信号独立编码；在解码端执行反操作恢复各声道信号。代表性的编码方式为 MPEG 环绕声(MPEG Surround, MPS)编码。如图 7-11 所示，MPEG 环绕声编码是一种多声道空间音频的参数编码技术，能够有效压缩基于声道的音频信号。

在编码时，MPEG 环绕声编码将多声道信号下混合为单声道/立体声，并提取空间参数构成边信息。MPEG 环绕声编码在编码端提取的空间参数包括声道间声级差、声道间相关性和声道预测系数(Channel Prediction Coefficients, CPCs)。生成的下混合信号可由单声道/立体声编码器进一步压缩，而边信息声道间声级差、声道间相关性和声道预测系数进行独立编码。

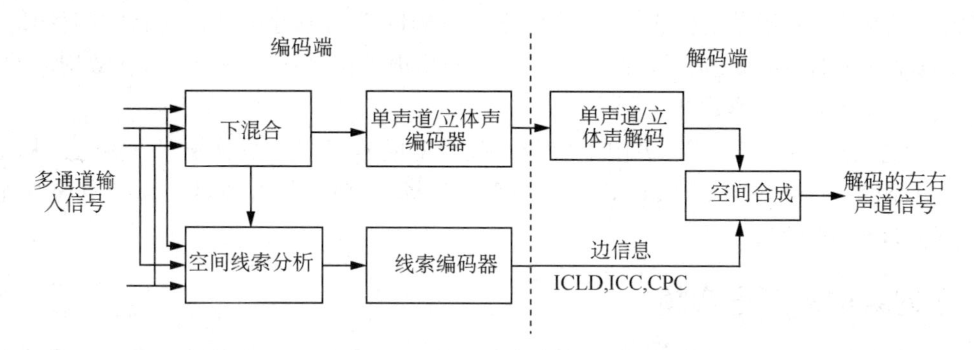

图 7-11 MPEG 环绕声编码原理框图

针对任意声道数信号的压缩，MPEG 环绕声使用了两种下混合模块，包括三声道下混合为双声道(Three-To-Two, TTT)模块、双声道下混合为单声道(Two-To-One, TTO)模块。每个下混合模块，都伴随着声道间声级差、声道间相关性和声道预测系数等空间线索信息的提取。这样对于任意声道数的输入信号都可以连续套用这两个下混合模块生成下混合信号和一系列的线索参数组合完成编解码操作。在 150 kb/s 的码率下，MPEG 环绕声解码音频达到了很好的听觉感知质量。

(二) 空间挤压环绕音频编码

基于“下混合信号＋空间线索”的基本框架中，编码生成的空间参数信息均包含于独立的边信息中，在这类方法中边信息的高质量编码显得尤为重要。如果没有边信息，仅利用下混合信号，解码端无法恢复各声道信号。

为了克服这一问题，澳大利亚学者提出了一种空间挤压环绕音频编码(Spatially Squeeze Surround Audio Coding, S3AC)。由空间听觉掩蔽效应可知，在同一频率，能量大的声源点可以掩蔽能量小的声源点，即在一个频率，人耳能明显感知到一个声源点。空间挤压环绕音频编码正是利用了这一特性，在编码时通过分析各声道信号，估计每个频率虚拟声源点的空间方位信息。当编码 5.1 声道信号时，在每个频率上，设定的 5 个扬声器中频谱幅度最大的 2 个扬声器信号被用于合成虚拟声源。这一虚拟声源点可被人耳明显感知。这样在各频率求得一个虚拟声源点，这些虚拟声源点存在于听者周围 360°的全景范围内，重构这些声源需要 5.1 声道扬声器。

随后，空间挤压环绕音频编码方法设定了一个从 360°到 60°的单值映射函数将原始声场空间进行挤压。在保持虚拟声源点响度不变的前提下，将其方位角分布范围从[−180°, 180°]压缩至[−30°, 30°]。重构[−30°, 30°]范围内的声源信息仅需 2 个扬声器即可。基于此思路，空间挤压环绕音频编码将五声道的数据下混合为两声道数据，下混合过程中提取各虚拟声源的声强和方位信息。下混合后的两声道信号可采用传统立体声编码器(如 MPEG-2 AAC)进行进一步压缩处理。

解码时，空间挤压环绕音频编码首先经 MPEG-2 AAC 解码得到双声道信号，并依次求出各频率点所对应虚拟声源点的方位角。之后，利用 60°到 360°的逆映射，还原声源点实际的方位角，并将方位信息存放于 5.1 声道数据中，从而得到解码后的 5.1 声道信号。

(三) 方向性音频编码

方向性音频编码(Directional Audio Coding, DirAC)是普尔基(Pulkki)等学者在 2006 年提出的用于压缩 4 通路 B-format 麦克风录制信号的编码方式。B-format 信号可由两种方式获得：一是由一阶声场麦克风采录并转化获得；二是由基于声道的音频信号转化得到。一阶声场麦克风由 4 个空间结构紧凑的全指向型麦克风构成，由声场麦克风采集的四声道音频信号，称为A-format信号。对A-format信号进行后处理可得到四声道B-format信号。

针对B-format信号进行编码时，方向性音频编码利用各声道信号信息，在每个时频点提取方向型成分(Direction Component)和散射型成分(Diffuseness Component)。其中，声强、方位角和仰角信息为方向性参数，扩散性参数由扩散度估计得到的增益权值表示。由空间听觉理论可知，在同一频率下仅保留一个方向性成分和一个散射型成分即可提供足够的人耳空间感知信息。

对方向型成分，方向性音频编码根据三个方向型采录信号与全指向型信号的关系，估计其方位角和仰角信息以构成空间参数。对于散射型成分，认为它来自各向同性的声源震动，仅估计其时频能量。由此，方向性音频编码将一个B-format信号压缩为一个全指向型声道信号和由三个空间参数构成的边信息，即形成"单声道信号+边信息"的形式。

在解码端，通过分析空间参数重构方向型成分和散射型成分。方向型成分进一步通过基于矢量的幅度平移(Vector Based Amplitude Panning, VBAP)重构各扬声器信号，并将散射型成分叠加于扬声器信号中，从而完成空间声场重构。

二、基于对象的多声道音频

基于声道的多声道音频信号仅能按照固定的扬声器设置进行重放，即多声道音频的播放限定于预先设定的扬声器配置。重放端无法根据使用者的意图对场景中感兴趣的声源进行灵活控制。

为了提高重放的灵活性，产生了基于对象的多声道音频格式。这种格式利用场景中的若干声源及其位置信息对音频场景进行重构，场景中的声源称为音频对象(Audio Object)。基于音频对象的多声道音频处理技术是当前3D音频研究的热点。

与基于声道的多声道音频格式相比，基于对象的音频(Object-based Audio)有两个特点：①各音频对象的空间信息(声源位置信息及声源运动轨迹)不依赖于扬声器布局设置(扬声器摆放位置及扬声器数量)；②每个音频对象可以随时间改变其空间位置信息以模拟实际音频情景。

由于音频对象的位置不要求与扬声器的摆放位置相同，故重放空间音频对象通常需要适当的重放算法，如基于矢量的幅度平移。从数据本身的角度看，音频对象包含对象信号和相应的元数据(Metadata)(元数据包括对象的空间位置信息和增益)。

当前多声道音频系统中，已大量采用了基于对象的音频信号。如在多轨音频(Multi-track Audio)文件中，各音轨包含不同类型的音频对象，各对象空间位置可由渲染工具(Panning Tool)通过分配扬声器的播放信号而自由设定。杜比全景声(Dolby Atmos)就是典型的基于对象的多声道音频系统。

由于各声道所包含音频对象的类型不同，故基于对象的多声道音频信号间的相关性要低于基于声道的音频信号。对基于对象的音频，典型的编码方式为空间音频对象编码(Spatial Audio Object Coding, SAOC)。如图7-12所示，空间音频对象编码由三个模块构成，分别是编码模块、解码模块和重放模块。在编码端，通过正交镜像滤波器提取对象各子带的时域信息，压缩为单声道或立体声下混合信号外加边信息，提取的空间参数为：对象声级差、对象间互相关、下混合声道声级差，同时反映各音频对象位置信息的元数据也要传输到解码端。

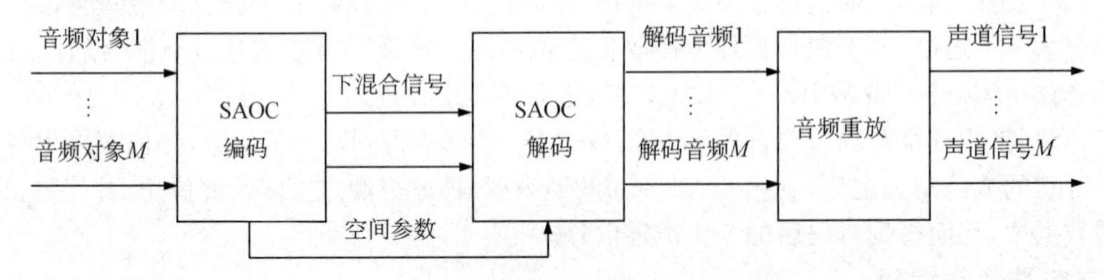

图7-12 空间音频对象编码及重放原理框图

当解码端解码生成各音频对象后，结合元数据选用适当的重放算法来还原各扬声器信息。在重放端，可根据用户的需求和偏好，自由地对各音频对象进行调节和设置，并根据元数据所提供的空间信息重构空间音频情景。最后，根据重放端的具体情况（如扬声器布局、室内环境等）转化为多声道扬声器信号或双声道耳机信号，从而实现空间音频情景的重放。

三、基于高阶高保真立体声响复制的多声道音频

研究发现可以使用高保真立体声响复制来描述三维空间声场，也就是用一些“系数信号”来表示声场的球形展开系数。例如，传统的一阶高保真立体声响复制将声场分解为四个不同指向性信号的表示形式。这四个信号为一个全指向信号和三个相互垂直的 8 字形指向信号。一般情况下，系数信号与声道或对象没有直接关系，同样与扬声器设置无关。关于高保真立体声响复制的学术研究有着悠久的历史，但其在承载高质量 3D 音频声场方面的能力有限。近些年将高保真立体声响复制扩展到了高阶，即高阶高保真立体声响复制。高阶高保真立体声响复制提供了更多的系数信号，从而增加了空间选择性，进行声场重放时降低了扬声器信号间的串音。与基于对象的多声道空间音频不同，高阶高保真立体声响复制中的空间信息不是通过显式的几何元数据来传递，而是通过系数信号本身来传递。因此，高阶高保真立体声响复制不适用于获取声场中的各独立对象信息，其功能类似于波场合成（Wave Field Synthesis，WFS）。简言之，高阶高保真立体声响复制具有提供高质量三维空间声场景描述的潜力，且这一描述与扬声器的布局无关。相比于基于声道和基于对象的多声道音频来说，高阶高保真立体声响复制还是一个新概念，在录制/制作设备方面还没有得到广泛支持。

第六节　语音与音频编码技术发展

针对语音与音频编码，国际电信联盟和动态图像专家组等国际标准化组织相继出台了多项编码标准。ITU-T 先后制定了从低速率到高速率，从固定码流结构到可升级编码结构的一系列标准。同样地，MEPG 给出了针对单声道、立体声、多声道的音频编码方案，尤其是 2015 年颁布的 MPEG-H 标准囊括了现有的几类空间音频编码方法。

在语音编码发展初期，采用的编码技术以波形编码为主。国际电报电话咨询委员会分别于 1972 年、1984 年、1988 年公布了 64 kb/s 脉冲编码调制的 G. 711、32 kb/s 自适应差分脉冲编码调制的 G. 721 和子带自适应差分脉冲编码调制的 G. 722。

为了满足无线通信、保密通信、卫星通信等恶劣通信环境下对语音编码的需求，低速率语音编码技术应运而生。研究人员在深入研究发声器官和语音产生过程的基础上，提出了基于源-系统模型的 2. 4 kb/s LPC-10 声码器。该编码方案被美国国防部接纳，随后又出现了其增强方案 LPC-10e。此外，国内外众多学者针对低速率编码做了大量研究工作，典型工作有混合激励线性预测编码器、正弦变换编码器、多带激励编码器及波形内插（Waveform Interpolation，WI）编码器，这些编码算法在 2～4 kb/s 速率下获得不错的编码效果。

进入 20 世纪 80 年代，有学者将合成分析方法引入源-系统编码模型中，提出了合成分析线性预测编码方法。该方法利用感知加权技术和波形编码准则去优化激励信号，大幅度提高了编码性能。依托此技术，ITU-T 制定了 16 kb/s 低延迟码激励线性预测的 G. 728、5. 3 kb/s 代数码激励线性预测的 G. 723. 1 和 8 kb/s 共轭结构代数码激励线性预测编码的 G. 729 等语音编码标准。

考虑到在语音通话时，大约有 70%的时间是没有讲话的，若采用固定码率进行实时语音编码，势必造成信道资源的浪费。为此，有学者提出了变速率编码的思想，根据实际需要动态调整编码速率。通常选用源控制、信道控制、网络控制和混合控制等方式来对编码速率进行控制。像源控制变速率编码器中采用了语音激活检测技术来判断每一帧信号类型，根据信号类型采用速率判决、舒适背景噪声填充、变速率矢量量化等技术进行编码。典型的变速率编码标准有美国通信工业协会推出的 8 kb/s、13 kb/s Qualcomm 码激励线性预测编码、增强型变速率编解码算法以及 ITU-T 的 AMR-WB 标准。

网络通信系统中，信号传输所面临的一个主要问题是分组丢失。在实时数据传输业务中，分组丢失问

题必然带来接收端信息的不完整，对于语音和音频而言，终端用户可以明显感受到声音信号的不连续。固定速率编码器和传统的变速率编码器由于自身编解码器结构的限制，不能适应网络传输中的丢包或丢帧现象。考虑到具有嵌入式码流结构的可升级编码算法能有效缓解丢包或丢帧对编码质量的影响，ITU-T 分别于 2006 年和 2008 年推出嵌入式语音编码算法 G. 729. 1 和 G. 718。

在音频编码方面，1992 年 11 月标准化的 MPEG-1 是世界上第一个高保真音频数据压缩标准。MPEG-1 可编码 32 kHz、44. 1 kHz 和 48 kHz 采样的单声道及立体声信号。1994 年 11 月标准化的 MPEG-2 BC 可以与 MPEG-1 向后兼容，此外，MPEG-2 BC 还可以处理 16 kHz、22. 5 kHz 和 24 kHz 采样频率的语音频信号。MPEG-2 BC 新增了对低频声道的处理能力，将编码对象扩展到了 5. 1 个声道信号。1997 年在 MPEG-2 中增加了 AAC 编码标准，可以对 1～48 个声道的音频信号进行高效编码。MPEG 后续开发的 MPEG-4 标准中，将交互性作为编码工作考虑的核心，指定的编码方案关注于交互式多媒体应用，标准化的编码结构上具有可扩展性。另外，MPEG-4 将前期开发的编码质量较好的编码器技术融合在一起。2000 年以后语音与音频编码标准化重点向无损压缩倾斜，MPEG 分别于 2005 年、2006 年先后制定了无损音频编码标准（MPEG-4 Standard for Lossless Audio Coding，MPEG-4 ALS）和可分级无损音频压缩标准（MPEG-4 Scalable to Lossless，MPEG-4 SLS）。2012 年，MPEG 制定了 MPEG-D 统一语音和音频编码（MPEG-D Unified Speech and Audio Coding，MPEG-D USAC），将增强 AAC 编码和全频带语音频编码结合成为一个高效的编码系统。随着空间音频技术的广泛应用，2006 年 7 月 MPEG 环绕声正式标准化，这也是第一个有关空间音频编码的标准。随后，MPEG 在 2010 年制定了基于对象的空间音频编码（Spatial Audio Object Coding，SAOC）标准，用于对基于对象的多声道音频信号进行编码。MPEG 从 2013 年开始征集有关 3D 音频技术的提案，于 2015 年正式发布 MPEG-H 标准。MPEG-H 将前期开发的性能较好且相互独立的多声道音频编码技术合并在一起后进行了扩展，可支持基于声道、基于对象和基于高阶高保真立体声响复制格式输入信号的多声道空间音频编码，同时支持多声道空间声重构和基于耳机的双耳重放。MPEG-H 不是单一的音频编码标准，而是集合了多种空间音频编码技术的通用编码标准，其处理信号的格式和输入信号格式无关，解决了对不同格式空间音频信号处理的兼容问题。

参考文献

贾懋珅. 超宽带嵌入式语音与音频编码研究[D]. 北京：北京工业大学，2010.
杨子瑜. 多声道空间音频可升级编码技术研究[D]. 北京：北京工业大学，2016.
谢菠荪. 空间声原理[M]. 北京：科学出版社，2019.
鲍长春. 数字语音编码原理[M]. 西安：西安电子科技大学出版社，2007.
王炳锡，王洪. 变速率语音编码[M]. 西安：西安电子科技大学出版社，2004.
Ohm J R. 多媒体信号编码与传输[M]. 卢鑫，金雪松，顾谦，译. 北京：电子工业出版社，2018.

作者：贾懋珅（北京工业大学）

第八章
人工听觉音频处理技术

第一节　电刺激诱发听觉技术发展

听力是人类感知世界、获取信息和交换信息的基本能力之一。俗话说“十聋九哑”，即：一旦新生儿被确诊为重度感音性耳聋，十有八九将来不会讲话，若不及时干预治疗，将给家庭和社会带来巨大负担。听觉系统是将声波振动的压力变化转化成颅内听神经活动，进而在大脑形成完整信息表达的生命系统。由于听觉器官或听神经环路的各种缺陷或病变，听力障碍是人类最常见的残障疾病之一。世界卫生组织（World Health Organization，WHO）发布最新统计结果显示，全世界有4亿多人（超过6%）患有听力损失，随着老龄化发展，预计到2050年将上升到9亿人，其中90%病例可能是由于耳蜗或听神经功能障碍引起的感音神经性耳聋。

人工听觉技术是为重建或修复听觉障碍而产生的医用治疗技术。作为人类声音信息交互最常用的方式——语音和音乐，是人工听觉技术关注的重点。

电刺激诱发听神经响应的研究最早可追溯到18世纪后期。1800年，意大利的沃尔特（Volta）首先发现使用金属棒插入正常耳内在适当电刺激下可“使头内产生轰鸣声”，但直到1957年法国的乔诺（Djourno）和艾利斯（Eyries）医生详细介绍了首次将电极植入一个全聋患者的耳蜗内，直接刺激耳聋患者听神经的研究结果，患者能有限地识别部分常用词，并且能提高唇读能力，还发现当刺激信号频率高于1 000 Hz时患者难以分辨刺激的变化。此研究具有开创性意义，证明了电刺激诱发听觉的可能性。

20世纪70年代以后，欧美等国科学家进一步开展通过电刺激使耳聋患者恢复听觉的研究，随后推出了相关产品。在商用方面，1984年美国国家食品药品管理局（Food and Drug Administration，FDA）通过第一个人工耳蜗产品的认证，开始推出的是单通道电极产品，并拥有几百名使用者，紧接着澳大利亚便推出了多通道电极耳蜗产品。大量临床治疗结果表明，多通道人工耳蜗产品比单通道人工耳蜗产品有更好的频谱感知和言语识别能力。截至今日，国外已形成人工耳蜗三大主要生产商，分别是奥地利的MED-EL公司、澳大利亚的Nucleus公司和美国的AB（Advanced Bionics）公司。全世界已有超过30万重度耳聋患者用上了人工耳蜗，其中半数以上是儿童。尽管越来越多患者愿意接受这种治疗方式，但由于其价格较贵，仍有大量患者有待接受这种装置的治疗。

我国开展人工听觉研究也起步于20世纪70年代，北京协和医院率先在国内开展人工耳蜗的设计、实验研究和临床应用，经过了多道插座式耳蜗植入（1979～1982）、单道感应式耳蜗植入（1982～1988）和多道感应式耳蜗植入（1988）三个阶段。1980年北京协和医院邹路得等给语后聋成人患者植入了国内首例单通道插座式人工耳蜗。1982年北京的王直中、上海的王正敏、西安的高荫藻和广东的陈成伟等均开展了单通道感应式人工耳蜗手术。1995年5月，北京协和医院在国内首先引进了澳大利亚多通道人工耳蜗装置，后又引进了奥地利和美国的多通道人工耳蜗装置。近十几年来，随着我国相关技术的引进、研究和消化，也推出了国产人工耳蜗产品，开展人工耳蜗植入手术的医院已达几十家，并且还在增多，植入的耳聋患者数量也不断增加。目前国产产品主要有杭州的诺尔康和上海的力声特两大品牌，均已用于临床治疗，有的还远销国外。国产人工耳蜗产品具有价格较低、性价比高的特点，其主要性能指标和临床治疗效果基本达到国外相应产品的水平。

随着人工耳蜗装置重建听觉的逐步推广和认可，植入者人数不断增加，产品性能也在改进，不仅出现越来越多人工耳蜗应用的成功案例，该装置适应症的范围也在扩大，例如，人工耳蜗可治疗重度耳鸣，其疗效和安全性也得到了验证。

然而，“听见”“听懂”只是第一步，人工听觉更丰富的听感知将是未来改进的重点，例如音乐的感知，人们期待未来的人工听觉装置能够让听障患者更好地感受有声世界。

语音是人们言语信息交换最直接的方式，而音乐是人们生活和工作不可或缺的美妙声音，同时是人们感知世界、陶冶情操、智力开发、提高生活品质不可或缺的声音感受。

第二节 听觉系统与耳聋

听觉是由外来物理声源振动的声波经听觉神经系统的传递，最终在大脑皮层产生的感觉。人的听觉系统具有精巧细密的生理结构，在整个听觉通路中，从耳廓一直延伸到大脑听觉皮层。听觉系统的不同部分起着不同作用，共同完成各种声音及言语信息的收集、传导、处理及整合加工的过程。

听觉系统从外向内可分为两大部分：外周听觉部分（外耳、中耳、内耳、听神经）和中枢听觉部分（脑干、中脑、丘脑、大脑皮层）。人耳是听觉系统的重要感知器官，外周听觉部分的组成结构如图 5-1 所示，包括外耳（耳廓、外耳道、鼓膜）、中耳（鼓膜、三块听小骨、鼓室、咽鼓管）及内耳（主要是耳蜗、半规管和蜗神经）。

人耳是如何感知声音的呢？首先声音信号被外耳收集、放大，经过耳道传输到中耳鼓膜；中耳鼓膜后连着三块听小骨（锤骨、砧骨、镫骨），将声阻抗与内耳的耳蜗流体阻抗进行匹配，并对鼓膜振动进一步放大，将声音传输到内耳；内耳感音部分在耳蜗，耳蜗是管状结构，其内有鼓阶、中阶、前庭阶三个腔室，如图 8-1(a)所示，鼓阶、中阶之间的基底膜是感音关键。声振动传输到内耳，带动附在基底膜上的柯蒂氏器运动，如图 8-1(b)所示。该运动带动其上面的外毛细胞和内毛细胞做剪切运动，内毛细胞将这种运动转为向后级神经元（即螺旋神经节）释放神经递质，使神经元释放电脉冲信号。每个内毛细胞连接一个螺旋神经节细胞，最后螺旋神经节细胞将电脉冲沿听神经通路传入听觉中枢系统，最后传至大脑皮层产生听感知。

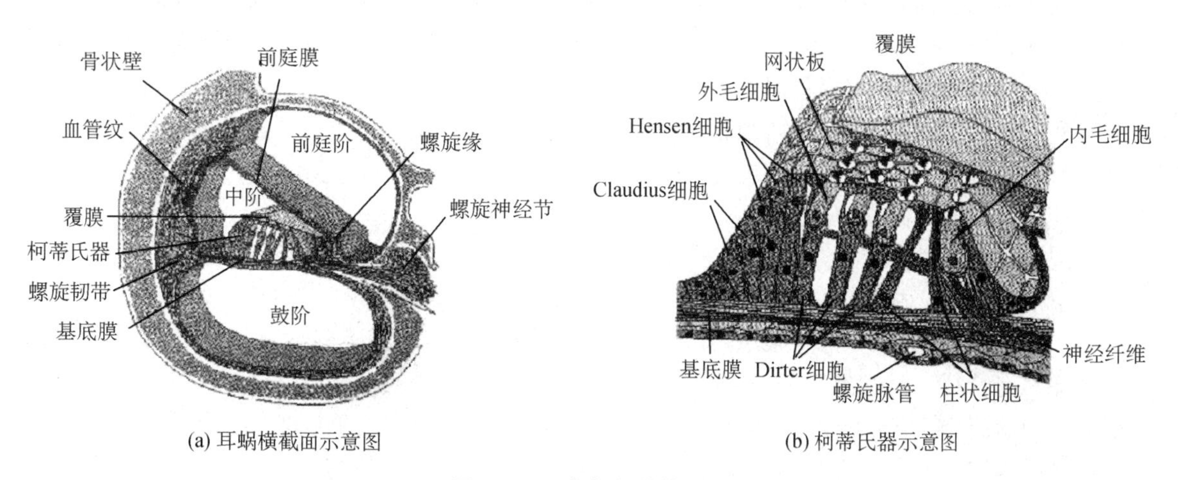

(a) 耳蜗横截面示意图　　(b) 柯蒂氏器示意图

图 8-1　耳蜗解剖结构图

耳蜗可以看作听觉系统的"声音频率分析仪"，如图 8-2 所示。不同频率声音成分作用于耳蜗基底膜的不同部位，其上分布着可接受和感应各声频信息的外周声音感受器（即内毛细胞）和蜗神经纤维。正常听力的耳蜗基底膜按部位排列着约 3 000 内毛细胞，人的耳蜗有 2～3 圈，若基底膜展开，长约 3 cm。基底膜在靠近耳蜗底部的宽度大约只有 0.04 mm，随着蜗轴旋转上升并逐渐变宽，在蜗顶处宽度可达 0.5 mm，如图 8-2(a)所示。传入不同频率的纯音信号将在基底膜的不同位置施加相应最大振幅。如果输入的声音是复合频率信号，那么整个基底膜的响应就是每个分量响应在相应部位的复合。

人耳感知声音的理论有两种经典学说，即部位学说和时间学说。

声音感知的部位学说认为，耳蜗收到声音的不同频率分量会刺激基底膜的不同部位，其中高频特征传递在耳蜗底部（蜗底），低频特征传递在耳蜗顶部（蜗顶），如图 8-2 所示。不同频率的声音引起的不同形式的基底膜振动，被认为是耳蜗区分不同声音频率的位置编码基础。人耳可听的频率范围通常在 20 Hz～20 kHz，语音有效频带在 5 kHz 以内，其发音特征一般以 3 至 5 个共振峰在频域的分布加以区分，语音的共振峰带宽较宽。对于音乐信号来说，其有效带宽较大，可超过 8 kHz，其频谱常有丰富的谐波结构。部位学说认为，听觉系统的音高感知是基于输入信号各频率成分的刺激部位来确定基频 f_0。对于音乐音高

的感知，可能确定方法有几种：第一种是直接根据基频 f_0 本身的大小；第二种是根据相邻谐波的最小频率差；第三种是根据所有频率成分的最大公因数。

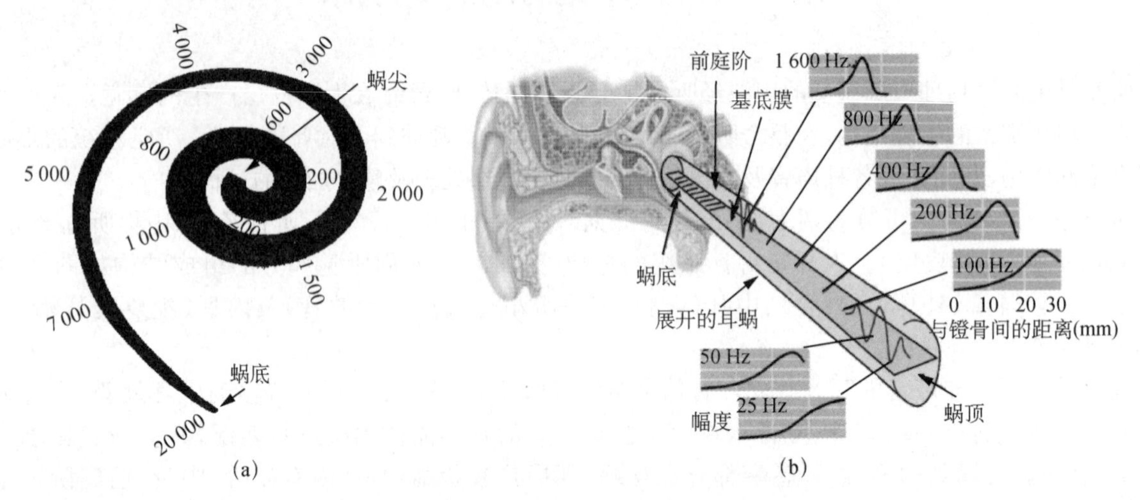

图 8-2 耳蜗基底膜的频率响应分布

声音感知的时间学说的理论基础是柯蒂氏器的神经放电机制。基底膜发生振动的部位会向后面连接的听神经细胞发出神经电脉冲。某一特定的神经纤维只能在刺激波形周期的特定相位或者特定时刻进行放电，称为锁相。基底膜相应部位在受到基频成分刺激后，其神经放电时间间隔可能是 $1/f_0$、$2/f_0$、$3/f_0$ 等，随着时间间隔越小神经放电的次数越多。例如，在基底膜对应的基频 2 次谐波刺激部位上，可能的神经放电的时间间隔是 $1/(2f_0)$、$2/(2f_0)$、$3/(2f_0)$、……。但通常认为，7 次以上的谐波位置上的放电时间间隔就与基波刺激放电的间隔相似。

总的来说，听觉感音神经所谓的"编码(Coding)"，指的是声音输入时感音神经的冲动以何种形式在神经纤维中传输或放电。这种冲动通常表现为三种形式，即：

① 神经冲动的时刻和节律。

② 神经冲动的强度。

③ 神经冲动的频段(或靶点)，即神经纤维对应基底膜的部位。

听神经是听觉中枢的唯一信息来源，其中的声音信息主要通过两种编码学说(即时间编码和空间部位编码)来传递声音特征。时间编码(Temporal Coding)可视为同一神经纤维上按时间顺序神经冲动发放的不同时刻；空间编码(Spatial Coding)可视为一组神经纤维按空间位置的排列或组合关系的放电神经通路，是听神经纤维按频率选择性开启对应神经通道、完成声音频率成分的解析表达。一个频率通道可以传输多个频率信号的刺激，多个频率成分可以在同一段频率通道中进行传输。所以，空间编码和时间编码共同作用，才能准确建立声音信息在听神经传导通路上的神经刺激。

目前，已认识的神经刺激响应的基本规律或特征如下：①刺激的强弱：只有刺激强度超过某一门限值时，才产生神经脉冲。②刺激的时间：存在"绝对不应期"和"相对不应期"制约。前者为 1～2 ms，此期间无论刺激多强，都不会产生神经脉冲；后者约 10 ms，此期间需要强刺激才会产生神经脉冲。③当刺激超过门限值并持续 10 ms 以上时，神经元将不断产生脉冲。换言之，刺激强度反应在放电脉冲个数上，但也有限制，最强刺激不超过 1 000 个/s。④放电脉冲沿神经纤维传输的速度取决于纤维的粗细。⑤神经元之间的信号传输机制主要靠释放电化学的神经递质。⑥神经纤维有兴奋和抑制两种状态。

人工听觉是治疗和修复听障患者听力的医用电子技术，常用的电子装置有助听器(Hearing Aid，HA)和人工耳蜗两大类。助听器是对外来声音信号作适当选择、放大等处理的声传导电子装置，而人工耳蜗是将外来声音进行分析编码，将声信号转化为适当电信号，进而刺激耳蜗内听神经重建听觉感知的神经电刺激装置。随着声、电联合刺激重建听觉技术的发展，人工耳蜗和助听器技术有相互融合、协同互补的发展趋势。但对双耳重度感音性耳聋患者来说，人工耳蜗植入是唯一有效的听力重建方法。图 8-3 是 2006 年的耳聋人数统计情况。随着老龄化发展，耳聋人数呈上升趋势。

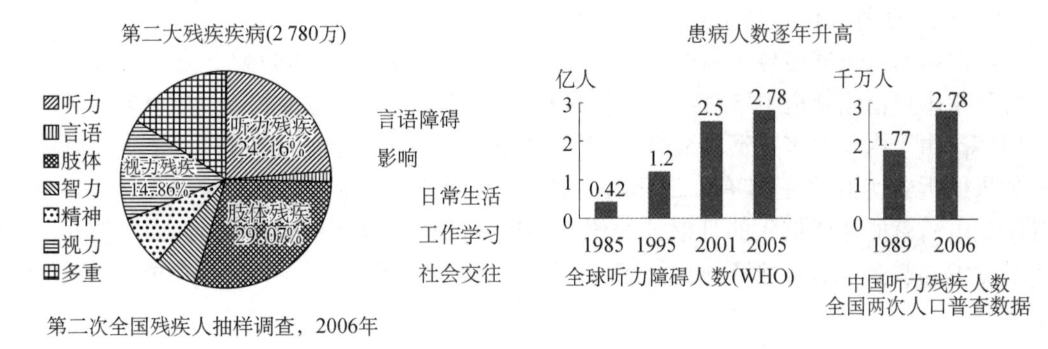

图 8-3 耳聋人数统计(2006 年)

造成听力残疾的原因很多,例如炎症、先天遗传、退行性病变、强噪声、外伤、不当用药等,造成听障程度也各不相同。世界卫生组织将听力损失分级如下:

① 平均听力损失介于 16～25 dB 为极轻度听力损失。

② 平均听力损失介于 26～30 dB 为轻度听力损失。

③ 平均听力损失介于 31～50 dB 为中度听力损失。

④ 平均听力损失介于 51～70 dB 为中重度听力损失。

⑤ 平均听力损失介于 71～90 dB 为重度听力损失。

⑥ 平均听力损失大于等于 91 dB 为极重度听力损失。

根据听觉系统所受影响的性质、原因和病变部位,可将听力损失分为三大类:传导性听力损失、感音神经性听力损失以及混合性听力损失。

传导性听力损失通常又称传导性听力下降,是指由于声波从外耳传到耳蜗时某环节遇到传导障碍而引起的听力障碍。传导障碍发生在何处需准确诊断。例如,耳道可能会因为耳垢或异物的积聚而堵塞;外伤或外耳和中耳之间压力过大或变化过快导致鼓膜穿孔;中耳炎症可能会破坏鼓膜和听小骨的正常振动;还有听骨链断裂或结构异常、听神经瘤阻塞传声等。中耳炎通常由感染引起,是儿童暂时性听力丧失的常见原因。炎症通常与积液有关,咽鼓管内壁会因过敏、刺激物和呼吸道感染(如感冒)而膨胀,造成咽鼓管堵塞,妨碍液体正常排出,导致中耳积液。所有导致声波传输到耳蜗效率降低的结果,都将提高感音的绝对阈值,类似于调低了放大器的音量。任何有阻于振动程序或阻碍振动向听觉神经传递的因素,都可能引起不同程度的听力下降,导致传导性耳聋。

感音神经性耳聋是由耳蜗内的外周感音细胞(即听毛细胞)受损或凋亡而引发的听力损失。重度感音神经性耳聋如图 8-4(b)所示,其发病率约为 3‰,覆盖各年龄段,例如先天遗传导致的语前聋,强噪声导致的语后聋,各种严重感音神经退行性病变导致的语后聋。当大量听神经纤维无法获得感音细胞传导的声信息时,将使多数内耳听神经通路与中枢听觉系统断开,因而无法在大脑皮层建立完整的听感知。

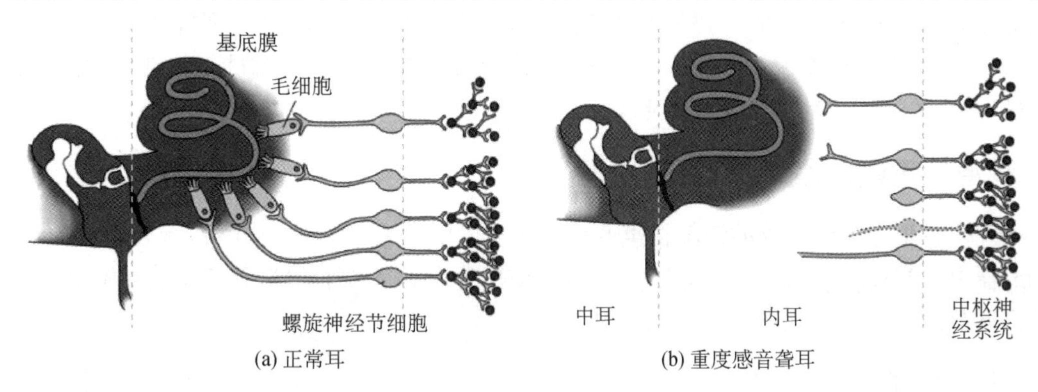

(a) 正常耳　　(b) 重度感音聋耳

图 8-4 正常耳与重度感音聋耳的听神经通路示意

混合型听力损失可能是传导性耳聋与感音神经性耳聋的复合,也就是说,声音从外耳向内耳传递过程中,由于外耳或中耳局部传导通路或链路结构发育异常导致传入内耳的声音发生畸变,即传声过程异常,同时也存在内耳感音听神经传导功能障碍，从而形成混合型感音障碍。

对于传导性耳聋，可根据传导声音受损频段和传声下降程度，选取和验配合适的助听器补偿听力损失。另外，外科手术可清除耳道中堵塞声音传导的障碍物，还有耳道再造术和听骨链修复术等。对于重度感音神经性耳聋，由于内耳大多数感音细胞（即听毛细胞）损坏，而毛细胞很难再生，正常耳蜗的生理功能基本丧失，如果助听器使用无效，唯有人工耳蜗植入可重建听觉。只要耳蜗内听神经元有正常电生理传导功能（即神经放电），就能利用植入的耳蜗神经假体与体外的声音处理编码器通信，将声信号绕过病变部分，以仿生听觉编码刺激耳蜗听神经，便可激活神经传导，重建外周听觉通路，使耳聋患者重获听觉感知。

第三节 人工听觉技术

人工听觉又称仿生听觉，是通过植入耳蜗的柔性金属电极的电流信号刺激听神经来恢复和重建听觉，所以通常也称人工耳蜗。早期是采用单电极通道的人工耳蜗，现在都是采用多电极多通道人工耳蜗。

人工耳蜗是一种电流刺激听觉神经的植入式神经电子装置，能够在一定程度上帮助重度感音性耳聋患者恢复听力。人工耳蜗的核心组成部分包括体内部分和体外处理器部分，二者必须协同工作才能带来良好的听觉效果。图 8-5 所示为人工耳蜗系统框图，其中体外部分由麦克风、声音处理器、编码器/发射器组成，体内部分由接收解码器、刺激器、电极阵列组成。

先进的声音处理技术对人工耳蜗治疗效果至关重要，下面分别说明各部分功能和原理。

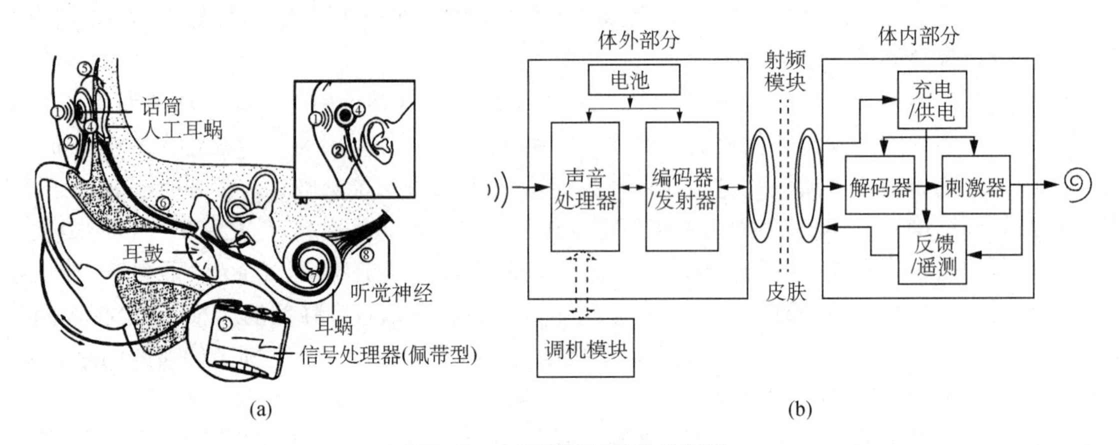

图 8-5 人工耳蜗系统结构框图

一、预处理

首先麦克风采集外部声音信号，需要对声音进行降噪等处理以抑制外界背景噪声的干扰，保留有用声音，以获得声音感知的可懂度及清晰度。预处理还包括灵敏度控制、自动增益控制、单/双麦克风降噪及混合输入选择，并将声音传送到声音处理器上。

二、声音处理器与编码策略

声音处理器将根据个体耳聋的情况将声音信号转换成电信号。如图 8-5 所示，处理后的信号被送到耳后的发射器上。当前临床治疗广泛应用的编码方案有连续间隔采样策略、高级混合编码策略等，具体编码方案见第五节。

三、射频传输

发射器中的线圈发射编码后的射频（Radio Frequency，RF）信号穿过皮肤，与植入皮下的接收器耦合。射频传输单元具有如下功能：①以相应的传输频率为植入体部分提供能量（无线充、供电）。②可靠地向植入体部分传输数据。为了保证传输数据的正确性，系统采用了一系列的验证方法，包括奇偶校验检查、循环冗余核对、数据范围检查及传输握手确认等常规技术。③使外部处理和植入单元部分同步，并为后者提供时序信息。④读取反馈信号，监测植入电极的信号状态，测量电极的阻抗和实现神经遥测功能。为了实现这些功能，外部信号处理器可通过脉冲宽度调制（Pulse Width Modulation，PWM）编码数字信号，控制驱动植入体内的刺激器（如电流源）工作。

四、接收/解码器和刺激器

植入体线圈接收射频信号产生电能供电，其中的电子电路对信号解码，还原出刺激电信号，控制电流源产生刺激电流，其沿引线送到耳蜗鼓阶内的电极阵列，此电流兴奋听神经。另外，为保证可靠性，植入芯片电路中可包含多个电流源，可实现间隔或同时刺激，支持多种刺激方式，如蜗内双电极的同极性、反极性刺激或包含 3 电极的三极性刺激等。

五、电极阵列

人工耳蜗通过蜗内电极阵列触点刺激听神经产生听觉。电极通常是由硅胶注塑的载体、多个蜗内刺激触点和 1 个蜗外参考电极组成。现有的电极设计既能最大限度地避免和减少插入造成的损伤，保证患者较好的听声效果，又能保证电极在人体内长期安全使用。此外，电极阵列还需具有以下特点：电极阵列直径足够小以适应个体耳蜗鼓阶的大小；电极的垂直面硬度应大于水平面硬度，这可以最大限度地减少植入电极时在垂直方向的偏移，以避免进入中阶或前庭阶。

重度耳聋患者的外耳、中耳以及无法正常工作的耳蜗在一定程度上被电子耳蜗设备所替代。输入语音通过言语处理器处理，经发射器发射、接收机接收和刺激器处理，生成 n 个电极上的刺激电流。

这个框架一直沿用至今，被大多数人工耳蜗系统采用。后面提到的人工耳蜗信号处理策略均可应用于该框架的人工耳蜗系统。虽然人工耳蜗的各个组成部分的设计可能因生产厂家不同而各异，但其整体工作原理都一样。话筒可以挂在耳廓上部，也可以别在胸前；传输线圈的形状、颜色和无线电频率值可以不同，但是电磁耦合结构却是相同的。

目前，人工耳蜗是运用最成功的生物医学神经接口装置之一。它的体外信号处理部分与其他助听装置有关，如助听器。已有研究表明，人工耳蜗的声-电刺激，在一定程度上可缓解和治疗重度耳鸣等难治疾病，展示了神经电子医疗装置具有深远而广泛的应用潜力。

第四节 人工听觉的应用与现状

当前，全球已有超过 30 万人植入了人工耳蜗系统，大多数人获得了令人满意的言语交流能力，而且在安静环境下语音感知效果较好，对节奏感很强的音乐感知也没有问题。

尽管许多人工耳蜗使用者通过当前的声音编码系统获得了有效语音交互能力，但这些人工耳蜗植入者与正常听力者在感知声音效果上仍存在较大差距，尤其在汉语声调感知和音乐感知上。多数讲汉语的语前聋儿在植入人工耳蜗后的声调识别率仅比随机水平稍高；大多数人工耳蜗植入者反应音乐感知效果不好，达不到欣赏音乐效果，甚至对某些乐器声音，听起来像噪声（例如小提琴音），另外，对音乐旋律和乐器品质也很难鉴别。

汉语的声调特征与音乐的旋律特征有较强相似性。关于音乐感知问题，具体感知效果与耳聋患者的耳聋状况有关联，因此在人工耳蜗植入者中音乐感知能力存在较大差异。例如，对一侧全聋、另一侧有残余听力的部分感音性耳聋患者，通过对全聋耳一侧植入人工耳蜗、对有残余听力的另一侧耳配用助听器，使两侧耳可构成“电”刺激和“声”刺激协同的声、电联合刺激，其音乐感知应无明显影响。因为音乐的基本特征（如旋律和乐器品质特征）可通过有残余听力侧的感音细胞在助听器声传导放大下仍能较全面地传给大脑感知，全聋侧的电刺激与声传导侧的声刺激在脑内听觉中枢部分可协同配合、强化传入的神经冲动特征，使两侧听觉环路在大脑皮层获得较全面的音乐信息,因此,这类患者歌唱能力也基本不受影响。对语后双侧耳全聋的人工耳蜗植入者来说,如果全聋时间不长,对以往熟悉的歌词和节奏有记忆,当听到这些熟悉的曲目时,人工听觉仍能唤起以往的听觉记忆而建立感知,还能欣赏这些音乐,但对全新乐曲的感知将会比较困难。对双耳遗传性、重度以上感音性耳聋(即语前全聋)患儿,人工耳蜗植入后,经过长期听声、学说训练,能获得基本的语音感知,可建立基本的言语交流能力,但对音乐特征的感知通常不佳,甚至反感。因为目前的人工耳蜗电极数最多不超过24通道,其传递和建立的外周听神经通路数与更精细的音乐频谱分辨率不匹配,有较多重叠或混淆,在中枢神经系统和脑皮层上难以建立全面清晰的音乐旋律和乐器音特征表达,所以人工耳蜗植入者很难建立准确哼唱的能力,但音乐节奏感不会受影响,能跳舞,也能模仿演奏乐器。

另外,现有人工听觉的言语识别性能在有噪声环境下会迅速下降,甚至无法正常使用,表明当前产品在适应环境的智能化方面仍有待提高,需结合先进的人工智能类脑计算和物联网技术,使设备能更好地适应环境,提高系统的抗噪能力。

为改善仿生听觉在噪声环境下的声音识别和音乐感知,需要构建高效可行的实时降噪方案,建立能精准表达有明确意义的声音特征与多通道神经放电活动的对应关系,并通过可行的信号编码策略传递给外周听神经的刺激调控,以适应患者具体感知能力,实现个体化感知的效果。

体外的声音处理器是信号分析编码的核心部分,它既涉及对外来声音分析处理的各种算法,也涉及声音处理器装置内软硬件结构设计以及与体内植入部分的信号解码、刺激电极驱动的调控;编码策略的实现需要与植入电极的布局和刺激方式相配合。声音处理器的改进算法可先进行人工听觉仿真实验和主、客观评估研究,这需要建立在与实际多通道电极布局对应的仿真实验环境上,再结合植入耳内的神经电极刺激部件,对人工耳蜗植入者做在体实际测试实验,以评估仿真研究结果的实际听觉效果。最新研究显示,补充或添加更多的听神经传入通道(即细化部位编码),或采用更精准细致的听神经锁相编码刺激方案(即优化时间编码),使原本声音信号中明确而精细的音乐频率特征与外周听神经放电特性建立刺激对应表达,从而使声音特征在大脑皮层构建完整全面的感应。针对汉语声调特征和音乐的音高特征如何与调控听神经放电的编码信号对应,一直以来都是人工听觉技术的焦点问题。

关于人工听觉的音乐感知改进有两个重要问题需要考虑:

① 需要刺激哪些频段或多少听神经群(设一个电极所刺激的多个听神经细胞为一个神经群)?

② 对特定的听神经群,电刺激电流如何设置?

问题①可理解为人工耳蜗的电极数目、电极间距和电极频段大小的问题;问题②可理解为对应每个电极的刺激电流幅度、时间间隔及刺激速率等参量的编码控制问题。

第五节 声音信号编码策略

声音信号编码策略是人工听觉系统中的关键技术之一,其中涉及带通滤波、特征提取、编码发送等处理环节。在过去的几十年发展中,电子耳蜗的声音信号编码逐渐从单频段单电极算法发展为多频段多电极算法,这些算法的演变使得人工耳蜗使用者的声音感知能力不断提高。

随着多通道人工耳蜗产品用户的增多,围绕人工听觉技术的声学实验手段也逐渐增多。声音信号处理策略的研究内容也开始细化,例如声音精细结构的编码、人耳感知模型、声调和音乐感知编码、降噪算法、双耳植入、声电混合等。下面简要介绍几种典型的编码策略,从而可见该技术的发展历程。

一、单电极语音处理算法

早期的人工听觉技术首先考虑的是语音信息传递和听觉重建。20世纪70年代末,使用单电极电刺激方式的简单电子耳蜗设备(House/3M设备)首先被植入患者体内。这个设备的信号处理非常简单:带通滤波语音信号调制16 kHz单频载波,调制后的信号被直接送往植入耳蜗中的单电极。但是,使用这种简单处理算法的大多数患者无法在只有听觉输入的情况下获得开集(Open-set)语音识别。随后,20世纪

80 年代初期，另一种单电极（单频段）电子耳蜗设备（Vienna/3M 设备）被开发使用。在这设备中，随着信号的强弱变化，其自动增益控制模块很好地保留了输入信号的时域细节；另外，其频率均衡滤波器保证了从 100 Hz 到 4 000 Hz 的频率成分都能很好地被传递。研究表明，使用该设备的患者对句子的单词正确识别率达到 45%（注：多数西方语言发音体系属无声调语音）。

二、多电极语音处理算法

单电极（单频段）电子耳蜗设备没有采用正常听觉系统对频率位置的表达，而电子耳蜗使用者只能感知有限的时域波动中的频率信息，所以单电极电子耳蜗设备所传递的频谱信息非常有限，对语音识别来说很不够。多电极（多频段）电子耳蜗设备使用电极阵列为耳蜗的不同位置提供电刺激，因而大大增加了信息传递的频域成分。多频段电子耳蜗设计的语音处理算法大致可分为三类：特征提取编码算法、波形表达编码算法以及特征-波形混合法。

（一）特征提取编码算法

这种算法包括 F0/F2、F0/F1/F2 以及多峰值（Multi-peak，即 Mpeak）算法，最初都是用于 Cochlear 公司的 Nucleus 系列多电极电子耳蜗设备。F0/F2 算法使用过零检测器（Zero-crossing Detectors）提取语音信号的基音频率（Fundamental Frequency，F0）和第二共振峰（Second Formant，F2）信息，并由电刺激信号向电子耳蜗传递这些重要语音信息。算法根据 F2 频率值在 22 个电极组成的电极阵列中选择相应电极进行电脉冲刺激，而且电脉冲刺激的幅度与 F2 的幅度成比例，以此传递 F2 信息；另一方面，在输入语音的浊音段，电脉冲刺激的速率等同于 F0，在输入语音的清音段，电脉冲刺激的速率则变为随机（平均每秒 100 个脉冲），以此传递 F0 信息。实验结果表明：F0/F2 处理算法能够使一些患者获得开集语音理解能力。

F0/F2 算法之后又被修改，加入第一共振峰（First Formant，F1）信息，并因此被称为 F0/F1/F2 算法。在 F0/F1/F2 算法中，有两个电极被选中并刺激，一个对应于 F1（从 5 个最靠近耳蜗顶端或低频段的电极中选择），另一个对应于 F2（从剩余的电极中选择）。为避免两个频段之间的干扰，算法对两个电极采取交错的方式进行电刺激。F1 信息的添加提升了电子耳蜗使用者的元音识别率，但是辅音识别率并没有显著变化。这是因为元音识别主要依据第一和第二共振峰信息，而辅音识别则需要很多其他信息，例如音素时长、高频成分，以及辅音到元音的过渡段的频谱特征。

为了包含对辅音感知非常重要的高频信息，F0/F1/F2 算法被进一步修改为 Mpeak 算法。Mpeak 算法除了像 F0/F1/F2 算法一样提取和传递 F0、F1、F2 信息外，还提取 3 个高频段的信号包络幅度（2 000～2 800 Hz，2 800～4 000 Hz，以及 4 000～6 000 Hz），并将它们固定输出到 3 个靠近耳蜗根部（即高频段）的相应电极上（电极 7、电极 4 和电极 1）。在输入语音的浊音段，Mpeak 算法以 F0 的速率刺激 F1、F2 相关电极，以及两个高频段相关电极（电极 7 和电极 4）；在输入语音的清音段，Mpeak 算法以随机速率（平均每秒 250 个脉冲）刺激 F2 相关电极，以及 3 个高频段相关电极（电极 7、电极 4 和电极 1）。在添加这些高频信息后，Mpeak 处理算法提升了电子耳蜗使用者的辅音识别和开集语音识别。

（二）波形编码算法

虽然特征提取算法提取和传递了语音信号中的重要识别信息，但是参数的提取往往容易受到噪声的干扰，并且这些特征对于复杂语音信号的识别来说未必全面，因此人们考虑把更多的语音波形信息传递给电子耳蜗使用者。波形表达算法包括压缩模拟（Compressed Analog，CA）算法和连续间隔采样（Continuous Interleaved Sampling，CIS）算法。两个算法都将输入信号通过带通滤波分成若干频段，并把各频段的波形信息输出到植入的电极上。

如图 8-6 所示，在 CA 算法中，输入信号首先被一个宽带自动增益控制模块压缩，然后被带通滤波分成 4 个频段（0.1～0.7 kHz，0.7～1.4 kHz，1.4～2.3 kHz，2.3～5.0 kHz），各频段滤波后的语音，采用不同放大倍数（例如 1～4 通道的增益分别为 1、2.6、8.4、19.6）（即有高频提升效果）调节增益，其中电极 1 对应蜗尖位置，电极 4 对应蜗底位置。该策略直接将模拟信号送至电极进行刺激，而非离散脉冲信号。CA 编码策略相比单频段电极处理算法，显著增强了语音识别效果，这是因为多频段的使用带来了频

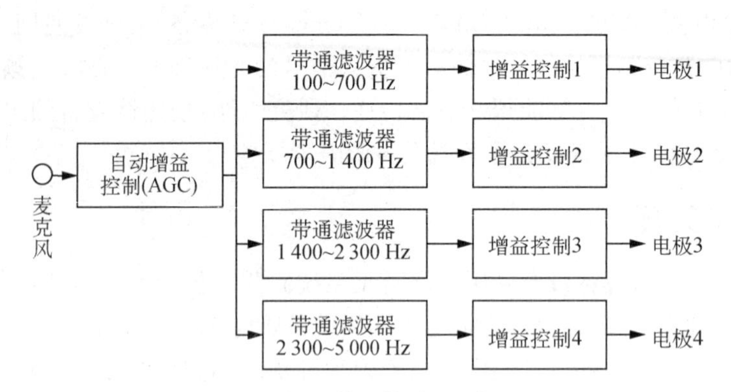

图 8-6　CA 策略算法原理框图

域分辨率的提高。但 CA 算法仍存在一些问题:它采用单极耦合方式,因而电流扩散范围大;不同电极上同时进行的连续模拟电刺激会导致各频段之间的强烈干扰,不利于语音识别的提高,其效果与同时代的其他方案(F0/F2、F0/F1/F2 等)并无差异。

美国学者威尔逊(Wilson)于 1991 年对 CA 策略提出改进方案,即 CIS 策略。该策略采用非同时、电极间间隔刺激方式,运用平衡双极脉冲序列,使脉冲间的时间偏移避免出现不同通道间的电流刺激叠加效应。为了更好地表达各电极信号的时域包络信息,CIS 策略采用了高刺激速率,刺激速率可达到每秒 800 个脉冲,即 800 PPS(Pulses Per Second),并且在浊音段和清音段速率固定。

图 8-7 给出了 CIS 处理算法的框图。声音经预加重后,输入信号被带通滤波分成若干个频段。在每个频段,使用整流器和低通滤波提取信号的时域包络,然后根据各个频段的听域动态范围对包络信息进行非线性压缩,以决定电刺激脉冲的幅度。由于交错电刺激的使用减少了频段之间的干扰,CIS 算法能够采用比 CA 算法更多的频段,从而增加了信号表达的频域分辨率。研究显示:CIS 策略比 CA 策略能让患者获得更好的测听效果。CIS 编码策略自提出后就被现有人工耳蜗公司沿用至今。

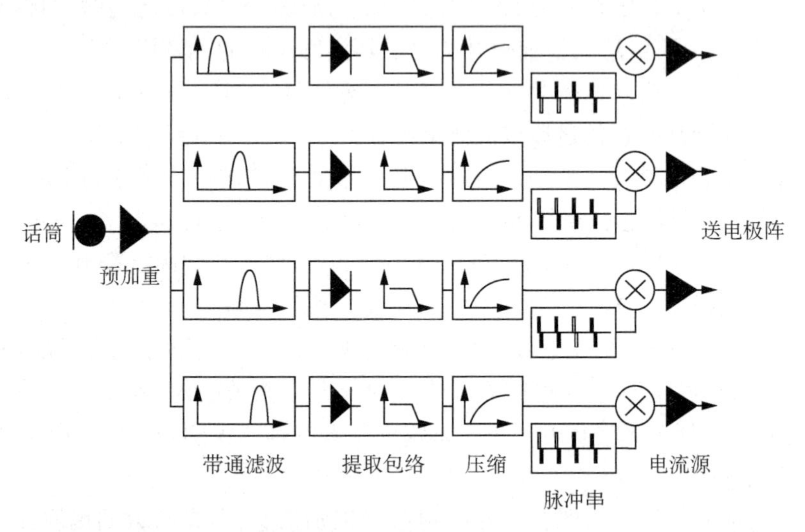

图 8-7　CIS 算法框图

为保留各通道信号波形精细时域信息,1999 年美国 AB 公司又引入一种模拟刺激策略——同步模拟刺激(Simultaneous Analog Stimulation, SAS)算法。该算法中,声音信号并不和 CA 策略一样直接进行模拟带通滤波、经压缩直接传送给电极刺激听神经,而是经过预处理后对信号进行模数(A/D)转换,然后用数字滤波器将语音信号分为 8 个频带,每个频带的信号再经过压缩和编码后传给植入电极,经数模(D/A)转换和增益调整,将模拟信号送给电极进行刺激。同步模拟刺激策略电极采用了双极耦合方式,使刺激电流扩散更局部化,从而有利于避免各通道同时刺激产生的相互作用和干扰,又由于各通道更新速度非常快(可达 9.1 kHz),有效保留了声音信号各通道时域上的细微变化,所以同步模拟刺激策略与其他现代声音处理方案效果相当或更胜一筹。

SAS 策略由 CA 策略演化而来，是各人工电子耳蜗公司目前唯一还在使用的模拟刺激方案。研究表明，使用 SAS 策略能获得较好的开放式测试效果，但 SAS 策略与 CIS 策略相比没有明显的优势。

(三) 特征-波形混合算法

另一类用于多频段电子耳蜗设备的声音处理算法结合了特征提取和波形编码两类算法的特点。谱峰值(Spectral Peak，即 SPEAK)算法就是典型的特征-波形混合算法之一。该算法中，声音信号的谱峰值特征和时域包络信息都被传递。SPEAK 算法首先将 250 Hz 到 10 kHz 的频率范围的声音信号划分为 20 个频段，进行带通滤波，提取各频段时域包络，选出时域包络幅度前 6～10 个频段，被用来调制相应电极的电脉冲序列；电脉冲刺激速率取决于所选择频谱峰值的数目以及患者设备调机时的设置参数，一般在 180～300 PPS 之间。有对比研究表明，SPEAK 算法比 Mpeak 算法在元音、辅音、单词以及句子识别上都要表现更好，因为 SPEAK 算法使用了 20 个频段，并在每个刺激周期内刺激其中 6～10 个电极，这带来了频谱分辨率的提高，同时因为 Mpeak 算法中参数估计易受噪声影响而出错，使识别性能不易提高。

现在，国际上已经开发和实现了许多种不同的时域包络提取方法。在一个典型的 CIS 算法装置中，带通滤波器的数目与电极数目相同，早期的 Ineraid 装置中是 6 个，Clarion CI 装置中是 8 个，Med-el 装置中是 12 个，而目前 Nucleus 24 装置中是 22 个，诺尔康的是 24 个。而在特征-波形混合类算法中，滤波器的数目 (m) 可以大于刺激电极的数目(n)，其中 m 个滤波器中的 n(一般为 6 或 8) 个子带信号包络能量最强的被传递给 n 个相应的电极。这种方法被命名为 n-of-m 方案或峰值提取法，被应用在 Nucleus 的 SPEAK 处理器中。为了能兼顾高速刺激的需要和减小电极间互扰的要求，两个或多个间隔较远的电极上的脉冲可能被同时刺激，因而又出现双脉冲采样(Double Pulse Sampling，DPS)和多脉冲采样(Multipulse Sampling，MPS)算法。这些算法都在一定程度上提高了信号的频域和时域分辨率，从而使电子耳蜗使用者在安静环境下的语音感知获得提高。

三、基于虚拟通道的信号处理策略

前面介绍的这些多通道信号处理策略都是在有限的电极数目中选择部分或全部电极进行刺激，利用了耳蜗感音机理的位置编码理论，通过电刺激耳蜗的不同位置使人工耳蜗植入者感知频率信息。

当前的人工耳蜗系统通常有 12～24 个物理电极，在有限的电极数目下利用前面提到的这些信号处理策略实际上很难改善人工耳蜗的频率感知分辨率。因此，出现了“虚拟通道”算法，即采用相邻电极同时刺激以在相邻电极间产生可分辨的音高差别感知。美国 AB 公司给出将虚拟通道策略用于产品的方案，称此技术为定向电流技术(Active Current Steering)。当左右两个相邻电极同时刺激、刺激电流强度为 5 CU (Current Unit，为预先定义的电流单位)时，引起两个电极间中间区域产生刺激响应；如果两个电极的电流大小不等，则响应区域向电流大的电极方向偏移；不同区域响应导致感受不同声音频率。但该方案实施效果不详。

四、精细结构处理策略

奥地利 MED-EL 公司在 2006 年提出了一种新的精细结构处理(Fine Structure Processing，FSP)策略，并将其用于新推出的 Opus 声音处理器中。与基于包络的策略相比，FSP 策略增加了传递给患者的时域精细结构信息，并在较高频段采用虚拟通道处理方法。此策略被认为可以增强噪声环境中的语音识别和音乐感知能力。研究显示，在不同信噪比环境下(＋15、＋10、＋5 dB SNR)，精细结构处理策略的平均言语感知效果较连续间隔采样策略有所改善。

五、增加调频信息处理策略

现代电子耳蜗大多数采用在有限数量频段内的信号幅度信息进行编码，这种方式已经可使植入者在安静环境下获得较高的言语交流水平，但在噪声环境下言语交流水平急剧下降。2005 年提出 FAME (Frequency Amplitude Modulation Encoding)处理策略，基于信号调幅(AM)—调频(FM)分析/合成模型，并参考相位声码器设计思想，通过调制调频信息来表达时域精细结构。在 FAME 策略中每个通道的载波频率将随提取的调频信息变化,以每个通道的中间频率为中心频率。通过对正常听力者进行仿生耳的合成音测听,FAME 策略在噪声背景下的言语识别率要明显好于 CIS 策略。进一步开展实验,如安静环境下的言语识别、噪声背景下言语识别、说话人识别等,结果发现:8 个通道的 FAME 策略均优于 16 个通道的调幅刺激策略。

除了 FAME 策略以外,多载频算法(Multiple Carrier Frequency Algorithm, MCFA)、Music-L 等策略都采用了变刺激速率的方法,即通过随时间改变脉冲刺激速率来传递更多已有电极通道上的时域精细结构信息,这里将此类算法统称为变刺激速率(Variable Stimulation Rates, VSR)策略。

第六节　音乐和语音信号的产生与感知

声音是引起听觉感知的物理刺激,它是由物体振动在弹性介质中以疏密波形式传导的纵波。人们最常接触的声音是语音和音乐。

一、语音信号的产生与感知

语音信号是由人通过发声器官产生的声音信号。人的发声器官包括肺、气管、鼻腔、咽喉和口。喉部也可称为声门,从喉部声门到嘴唇的通道叫作声道。从语音产生的生理机理角度分析,语音是通过气流激励声门,再送入声道,然后从嘴唇与鼻孔或同时从嘴唇和鼻孔辐射出来而形成的。语音信号的产生过程从电仿真角度来进行描述时,该模型应包括激励源 $G(z)$、声道模型 $V(z)$ 以及辐射模型 $R(z)$ 三部分,分别对应于人体的声带振动和肺部气流共同作用而形成的激励源、具有调音谐振特性的声道以及口鼻产生的辐射,如图 8-8 所示。研究已证实,语音的发音不同,声道形状也不同。根据声带是否振动,语音可大致分为浊音和清音两种类型,在汉语中所有的元音和部分浊辅音都属于浊音。发浊音时,气流的传播对声带产生冲击,声带随之产生振动,在声门处形成具有准周期特性的脉冲串。此脉冲串的周期称为基音周期,其倒数称为基音频率。

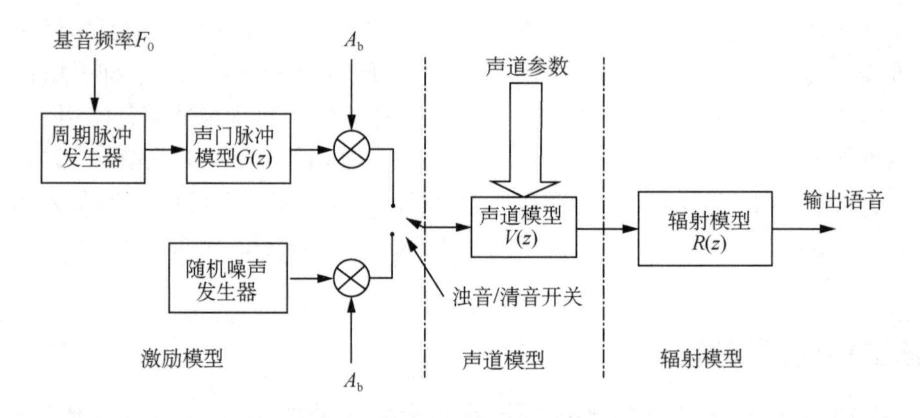

图 8-8　语音信号产生数学模型图

根据声音信号产生的“声源激励—声道传递”模型,声源部分的激励信号与声道传递特征的传输函数相作用(时域函数卷积,频域函数相乘),便形成传入听者耳内的声信号。该信号在时域和频域上随时间推移,均可近似按短时段分解为不同的频率特征、幅度特征及相位特征三个参量互相关联的线性叠加。

对于语音,同一说话者说不同单元音时,假设激励信号相对不变(即声调不变或无调),而系统传递函数(声道)不同,对应构成不同的无声调元音声谱分布。如图 8-9 所示,为不同元音的语音频谱产生过程。耳蜗内听神经能采集这些频域特征差异,在大脑皮层构建对不同语音内容的感知。

图 8-10 为实际采集绘制的不同汉语元音音节二维语谱。其中,共振峰频率是频谱包络的峰值频率,对应 100 Hz～5 kHz 频带范围,每个发音基元的共振峰大致有 3～5 个,平均每 1 kHz 带宽约 1 个共振峰。从图 8-10 中可以看出,在二维语谱中,不同元音的共振峰分布不同,而且频谱能量主要集中在共振峰附近。

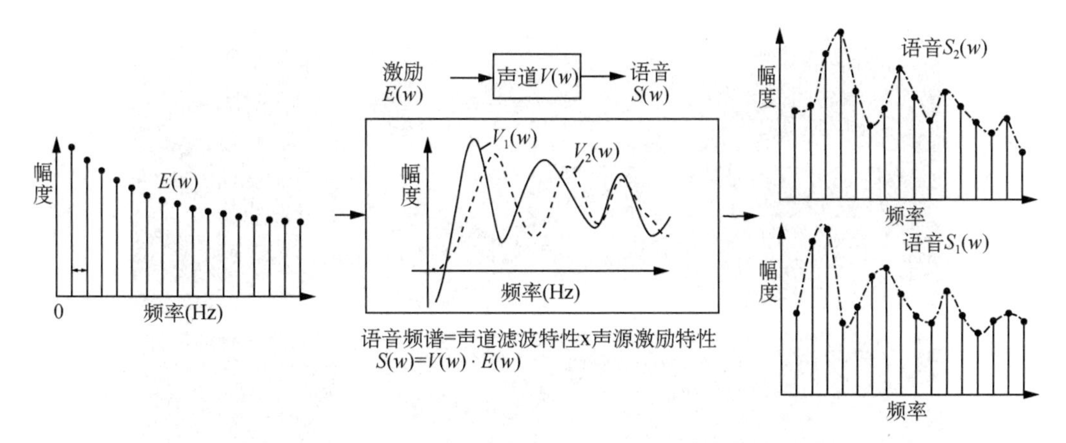

图 8-9 无声调的不同元音信号产生频域示意图

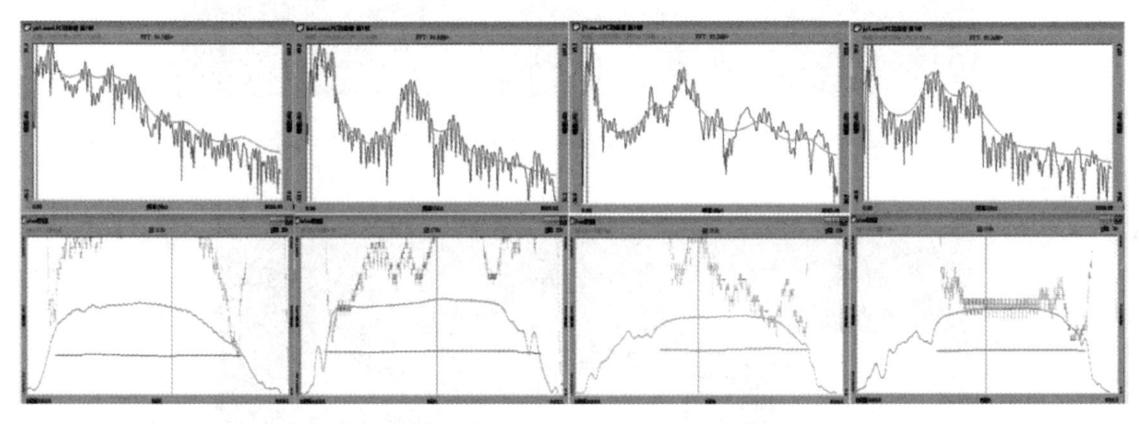

上图：分别为“啊”(a)“欧”(o)“一”(i)“屋”(u)频谱图 下图：为其对应基频曲线

图 8-10 不同元音音节二维语谱图

早期人工耳蜗编码策略并无对声调(即声源激励特征)中主要参量(即基频周期)信息进行专门编码传递。因为汉语是声调语音，其声调特征在语音中有辨义作用，所以人耳在听音时难以获取此特征，其学发音时就难以模仿(尽管可能与个人智力也有一定关系)。有些耳蜗植入者声调发音不准与此有一定关系，对于音乐感知也有类似问题。但汉语的四声发音，除了在声源基频参量上有明显区别以外，在发音内容的时域能量和时长上也有可循差异，可弥补感知声调基频特征的不足。

图 8-11 为相同音节、不同声调汉语音节的时域波形对比。从图中可以看出，不同声调元音音节的时域波形在信号能量和时长上存在比较明显的差异。对于有声调段的语音信号，发声音源用力使声带振动，在正常说话状态(一般较窄音高频率变化区间)，声带振动越快，发音用力越强，声信号能量相对越高，所以在不同声调高低变化时，随音节发音时间推移，对应的声音能量和发音长短会与声调变化有一定对应关系。例如，三声元音音节信号(图 8-11 左下图)，由于其基频参数(即音高)呈“中—低—中”的变化模式，其信号能量也随声调变化呈“中—低—中”态势，其能量包络与其他声调有明显区别。在时长方面，第四声基频参量呈“高—低”变化态势，自然衰减，发音最容易，其声调时长比其他三种声调(一、二、三声)更短促(图 8-11 右下图)。通常音节声调变化越复杂、起点音高越低，相对音节时长会增加(轻声除外)，如二声(“中—高”)、三声(“中—低—中”)音节时长均相对较长。对相同发音、声调不同的语音来说，由于声道形状基本不变，故各音节的频谱包络基本相似(可自行绘制二维语谱观测)，其区别主要在于声带振动快慢(即声源基频参量)、时域能量分布和时长的区别。

图 8-12 为相同声调(一声和三声)、不同音节汉语发音的时域波形对比。图中可见，同一声调不同音节的信号波形(上排为一声、三个不同音节，下排为三声、三个不同音节)，其时长变化总体上较为一致。但对于不同音节的发音，即使声调一致，时长相似，但其信号能量的动态变化与声道传递变化有较强关联，因此其时域波形和频域包络(绘制二维语谱自行观察)也会有明显差异。

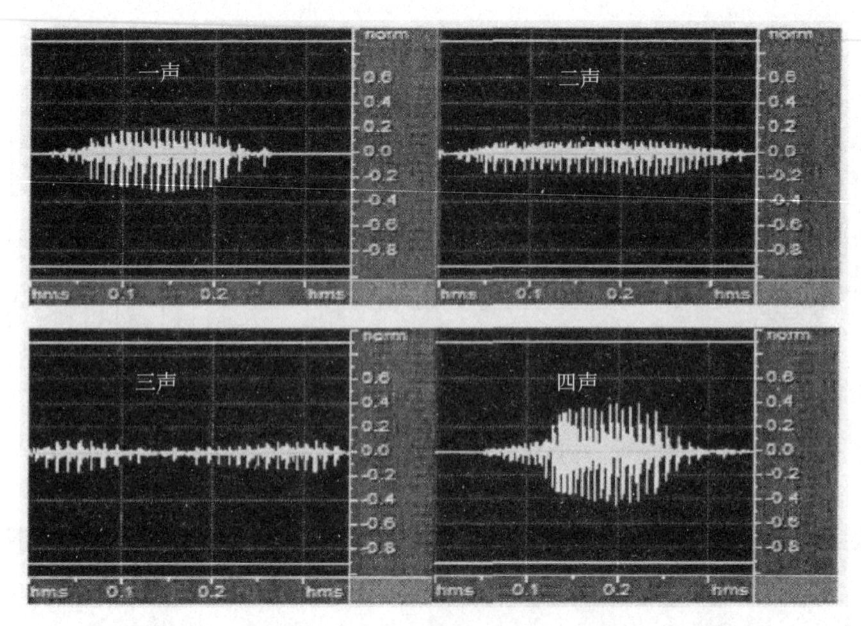

图 8-11　不同声调、相同元音音节的汉语语音时域波形对比

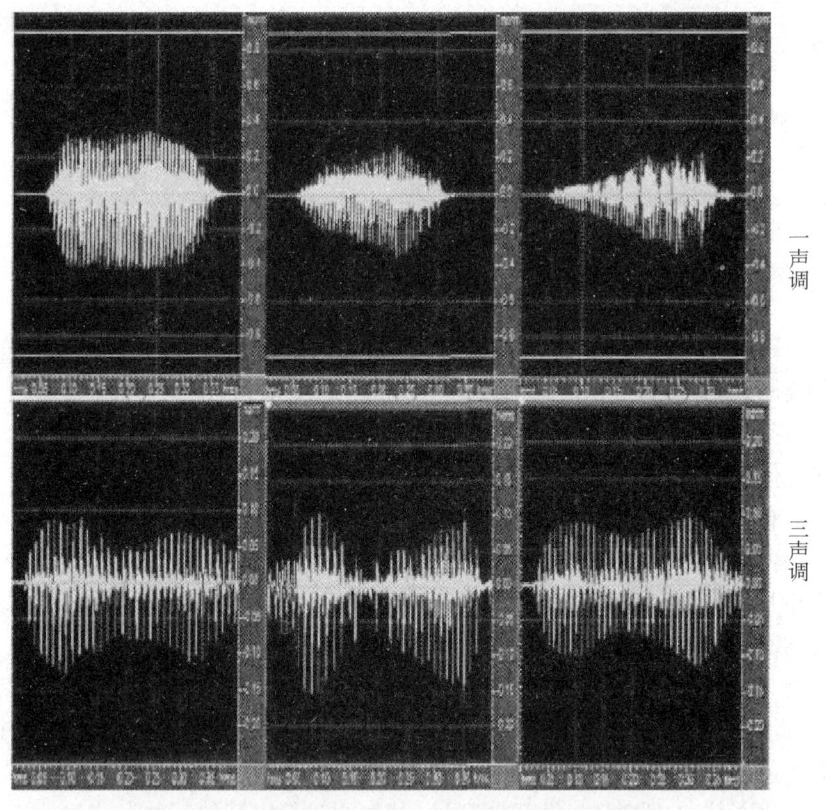

图 8-12　相同声调不同音节的汉语语音时域波形对比

通过以上分析，不难理解，基于多通带（或多通道）信号能量包络特征编码（包括波形编码和特征编码）刺激听神经、传导声音的人工耳蜗为什么可以很好地建立音节的感知和认知，而对分辨汉语的声调信息有一定难度。声调特征最重要的是基频参量（也是声调分类的依据），在多数编码策略中并未直接表达或传导不够。

但是，不同声调音节的时长和能量特征可给耳蜗植入者传递部分声调信息，再结合学习词汇、语义及语法等多方面知识，基本不会影响植入者的言语交流能力。当然，为更好地感知和辨别汉语的声调信息，人们一直在研究各种改进人工耳蜗声调感知的编码策略。

图 8-13 为一段语音信号的时域波形及三维语谱图。图中可见，语音信号的特征主要有：①语音信号的整体频率范围相比音乐信号较窄，一般语音基音变化范围为 60～400 Hz；②语音的频谱能量主要集中在带宽较宽、个数较少的共振峰附近，共振峰通常有 3～5 个频段；③语音信号高次谐波能量衰减较快，能量大部分集中在较低频段上。

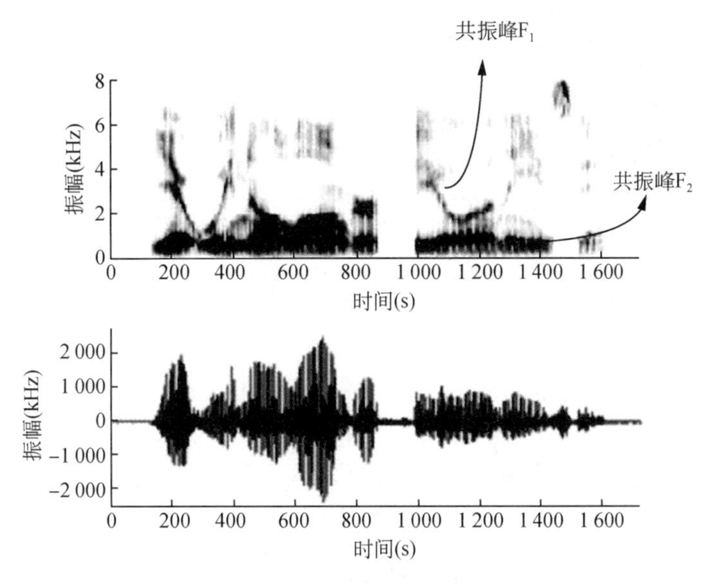

图 8-13　语音信号时域波形及三维语谱图

为了能更直观地了解语音信号的频域特征，可通过多种语谱进一步观察语音信号特点。图 8-14 为语音信号在两种语谱图中共振峰分布实例，可以发现该例中语音信号的前 3 个共振峰，分别为 F_1＝300 Hz、F_2＝3 000 Hz、F_3＝3 500 Hz。

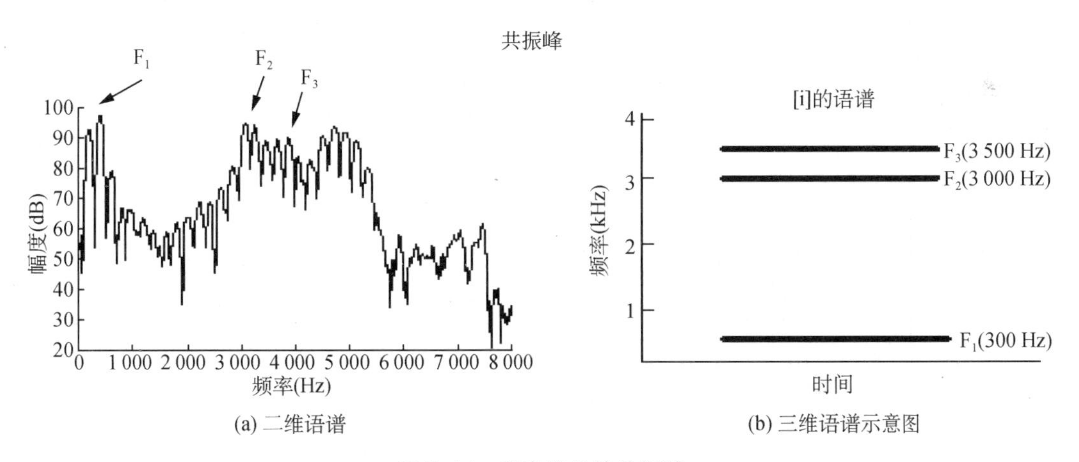

图 8-14　语音信号的共振峰

语音的感知与识别主要依赖于随时间推移各发音单元的 3～5 个共振峰特征的分布和组合，因为每个语种发音基本单元通常为几十个，再由基本单元构成更长的发音音段，如音节、词、句等，因此，对于耳蜗植入者来说，24 个电极对接神经通路足以表达语音基本单元以 3～5 个共振峰分布为特征的要求。

二、音乐信号的产生与感知

对于音乐信号来说，其音符单元要素（或特征）有音高、音长、音强、音色（品）。除了音乐中音长、音强和乐器音色以外，乐音音符（或音高）是组成和表达音乐内容的基本特征，而且音符的特征频段或频点较为固定，共有 120 个半音音高（表 8-1），目前最多为 24 个电极通道的听神经通路显然不足以用来传递和表达全部音符的区别特征，即频谱分辨率不够。这也许是当前人工耳蜗产品对语言感知好而对音乐感知不佳的主要原因之一。

表 8-1　音乐音高(音符)特征频率表

国际标准音高与频率对照表

八度 \ 频率 \ 音符	C(do)	$C^{\#}/D^{b}$	D(re)	$D^{\#}/{}^{b}E$	E(mi)	F(fa)	$F^{\#}/G^{b}$	G(so)	$G^{\#}/A^{b}$	A(la)	$A^{\#}/{}^{b}B$	B(si)
0	16.352	17.324	18.354	19.446	20.602	21.827	23.125	24.500	25.957	27.501	29.136	30.868
1	32.704	34.649	36.709	38.892	41.204	43.655	46.250	49.001	51.914	55.011	58.272	61.737
2	65.408	69.297	73.418	77.784	82.409	87.309	92.501	98.001	103.829	110.003	116.544	123.474
3	130.816	138.595	146.836	155.567	164.818	174.618	185.002	196.002	207.657	220.005	233.087	246.947
4	261.632	277.189	293.672	311.135	329.636	349.237	370.003	392.005	415.315	440.010	466.175	493.895
5	523.264	554.379	587.344	622.269	659.271	698.473	740.007	784.010	830.629	880.021	932.350	987.79
6	1 046.528	1 108.758	1 174.688	1 244.538	1 318.542	1 396.947	1 480.013	1 568.019	1 661.258	1 760.042	1 864.699	1 975.580
7	2 093.056	2 217.515	2 349.376	2 489.076	2 637.084	2 793.893	2 960.027	3 136.039	3 322.517	3 520.084	3 729.398	3 951.160
8	4 186.112	4 435.031	4 698.751	4 978.153	5 274.169	5 587.787	5 920.053	6 272.077	6 645.034	7 040.168	7 458.797	7 902.319
9	8 372.224	8 870.062	9 397.502	9 956.306	10 548.337	11 175.573	11 840.106	12 544.155	13 290.068	14 080 335	14 917.594	15 804.639

（注:画圈为22通道电极大致频段）

音乐信号是指由乐器产生的声音信号。音乐信号产生模型如图 8-15 所示。音乐信号的产生需要有振动声源，即激励源，如乐器演奏者拨拉琴弦或敲击按键。乐器的种类很多，根据乐器演奏表现方式，可分为肢体乐器和气息乐器。肢体乐器需要用手部力量和技能使其乐器发声，如小提琴、钢琴、古筝等；气息乐器是需要靠吹气发声的乐器，主要是一些管状乐器，如小号、大号、单簧管等。

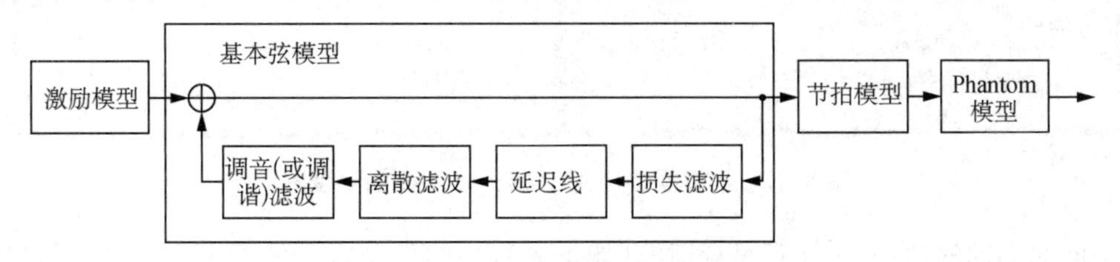

图 8-15 音乐信号产生模型图

对于肢体乐器，演奏者对乐器进行打击或弹拨，使得琴弦、音板或鼓皮产生机械振动，从而发出乐音。这些乐器发声的基本频率由振源的张力、位置或形状决定。对于气息乐器，通常主要依靠哨片、簧片的振动产生声音。簧片有很多种，不同的管弦乐器有不同的簧片，产生不同的声音。

乐器振源本身有固定的频率，称为固有频率，但是固有频率会受到振动力和共鸣腔的影响。不同种类的乐器，共鸣器腔结构不同，共鸣机理不同，所产生的声音频谱分布和音效有显著区别。共鸣腔特征是同种乐器具有特有音效的主要依据。当然，即便是同类乐器，由于乐器个体构成材料的差异，也会有音效上的精细差异。

对于乐音，某种乐器演奏不同音高乐音时，其信号特征会通过振动基频及各次谐波的分布共同展现。因为同一乐器的共鸣腔系统传递函数相对不变，不同音高的声音是通过不同位置的激励(例如按键位置不同)，由共鸣腔发出。图 8-16 为某单种乐器产生不同音符信号的频域示意图。

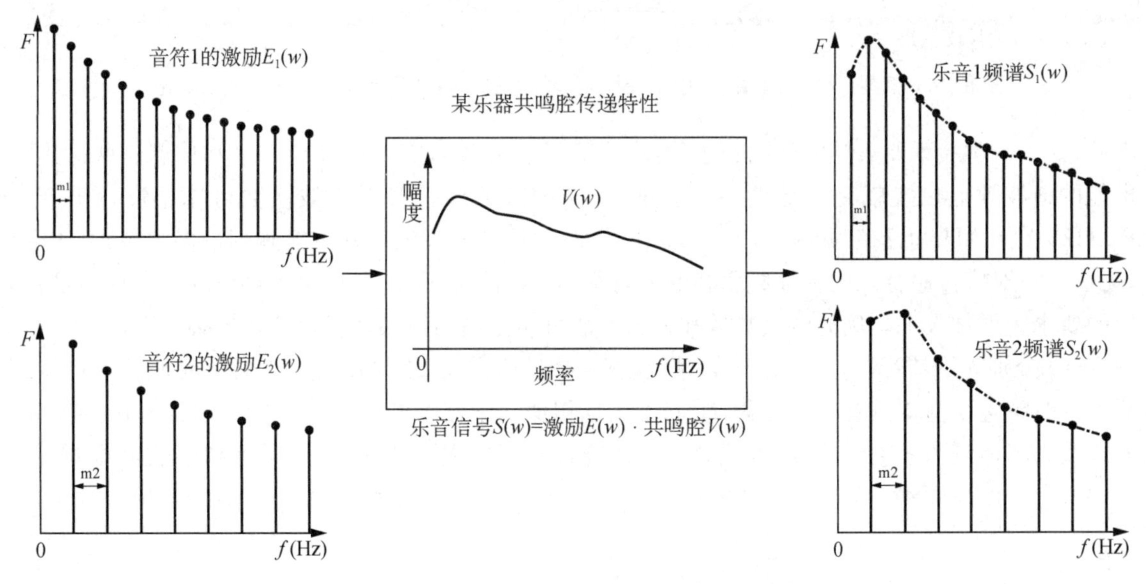

图 8-16 某乐器产生不同音符信号频谱示意

图 8-17 为同种乐器(小提琴)的 A3、A4、A5、A6 的频谱图对比。可以发现，同一乐器产生不同音符音的频域包络相似，因共鸣器传递特性相对不变。不同音符乐音的频谱是通过特征频率(基频＋谐波)分布来区别或表达。

图 8-18 为钢琴、单簧管及小提琴演奏同一音符 C4 的乐音信号时域波形、三维语谱图及二维频谱。图中可见，三种乐器演奏的同一音符 C4 音，在时域包络与频域包络上均有明显不同，这是由于不同乐器的振源激励方式和共鸣传递特性不同造成的，我们的听觉对此容易感知，加以区别。但三种乐器音均为 C4 音符，不难看出，在三维语谱(中列)、二维语谱(右列)上，其特征频率(即谱峰，包括基频和各次谐波)占位基本一致。同时，乐器音的各次谐波的频率通常是基波频率的整倍数，各次谐波幅值大小却存在较大差异，

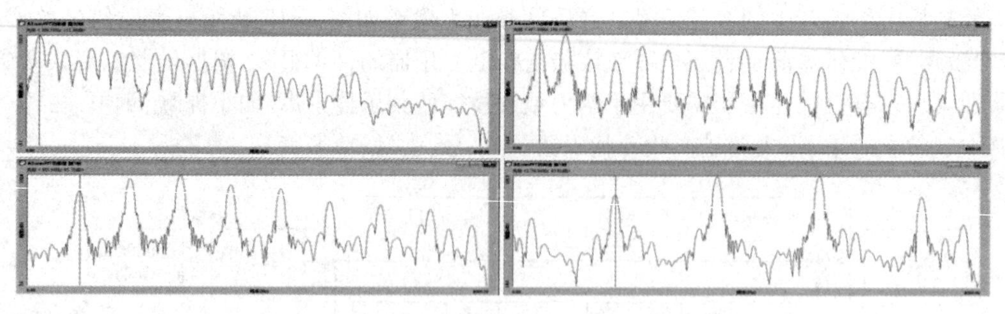

图 8-17　小提琴音符 A3、A4、A5、A6 的频谱图

是根据乐器不同而不同的，有的乐器音是全谐波（如钢琴），有的乐器音谐波不全、有缺失（如单簧管、小提琴），图中可见这三种乐器音的谐波分布有明显差异。正是这些频谱细节和时域包络变化上的差异，决定了各种乐器在音色上的不同。

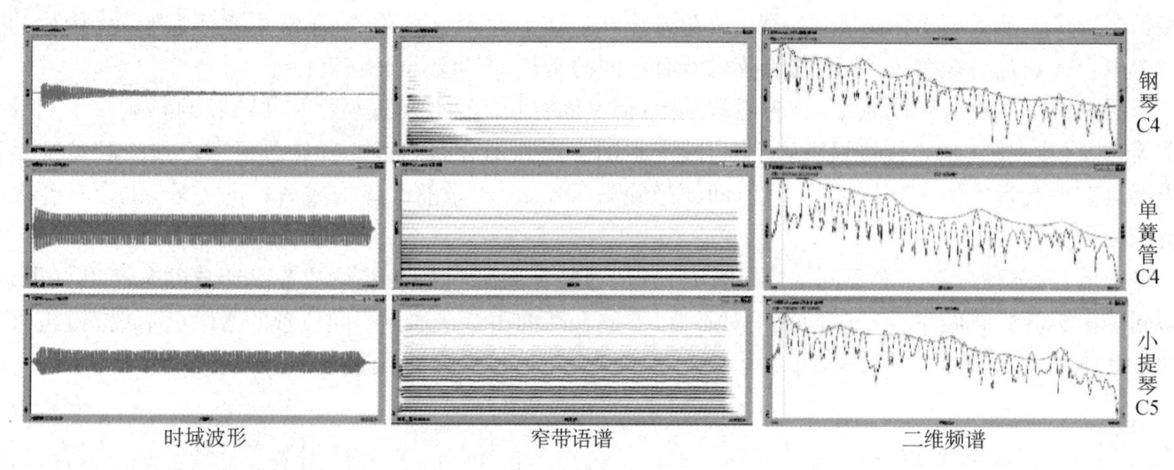

图 8-18　钢琴（上图）、单簧管（中图）及小提琴（下图）的 C4 乐音信号波形和频谱对比

因此，人工听觉装置要表达完整的音乐信息（音高及音品等），需要准确地表达和传递这些区别特征，其中可能的谐波频点位置就是关键所在。通常，音乐的较低音符音的谐波次数可能超过几十个，例如 C4（261 Hz），在 8 kHz 感音带宽内，包含约 30 次谐波，而目前的人工耳蜗电极阵列最多才包含 24 个刺激电极，无法一一对应传递音乐的特征频率和谐波特征，换句话说，目前的电极个数和占位很难满足音乐特征传递的要求。增加人工耳蜗的电极数量和分布方法可能是提高植入者音乐感知的必经之路。

图 8-19 分别为钢琴音 C3、C4、C5 的时域波形、窄带语谱、二维语谱对比。对比时域波形可发现，同一乐器音的时域包络基本没有较大变化，能量变化也相似。乐器音的每个音符能量特征是由乐器演奏的起振方式及共鸣体调音来决定的，通常键盘乐器音符音有明显强弱变化，而管乐器和弓弦乐器的音符音，

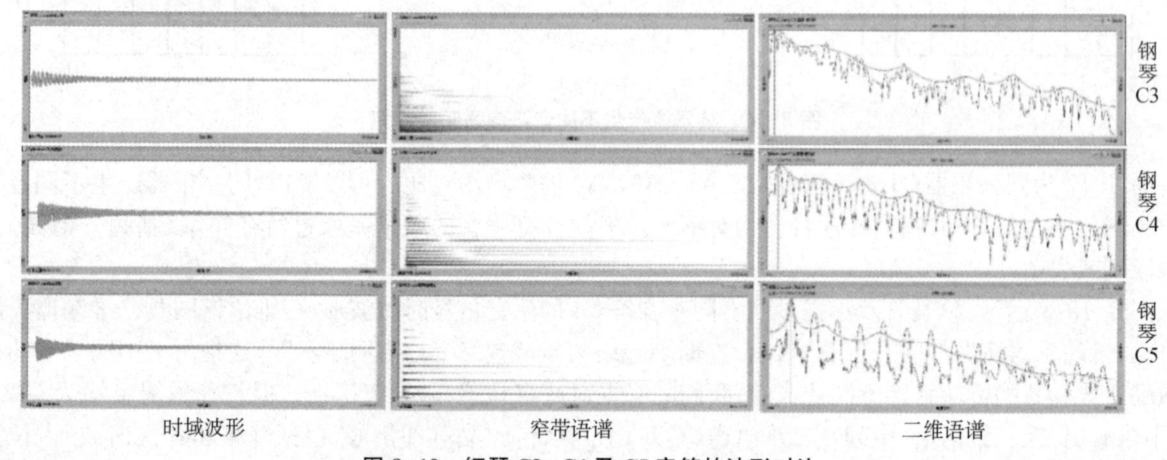

图 8-19　钢琴 C3、C4 及 C5 音符的波形对比

其音量变化较小。窄带语谱中，平行的横条纹表示各次谐波的频率分布，条纹的颜色灰度代表了谐波能量大小。明显可见，对应钢琴的三个音符音，其信号的谐波频率占位非常有规律，区分显著，因此人耳感知明确，但由于来自相同乐器，其振源和共鸣体一致，产生的乐音信号能量分布基本一致，这也是不管演奏哪个音符，一听便可区分是钢琴，还是别的乐器。对比二维语谱也可进一步发现，钢琴音各音符谐波结构可不同，但整体频域的谱包络相似。

综上所述，音乐信号的特征主要有：①音符的基本频率（即音高）覆盖低、中、高各个频段，基频范围比语音信号宽得多（可达几千 Hz），而且更精细、固定；②音乐信号音符音的频谱能量主要分布在基频以及相应的谐波上，而且存在高次谐波频率与更高音符音的基频频率可能重叠；③音乐信号的谐波能量衰减较慢，整个频谱比较平坦，在高次谐波上依旧有较强的能量分布。

三、音乐与语音特征的区别

音乐与语音都是从某种声源系统中发出的声音信号，有许多相同之处。例如，从时域上看，浊音音节和单个音符均呈现明显的（准）周期特性。在频域上都有谱峰结构，语音信号表现为共振峰结构，能量主要分布在共振峰处，如图 8-20 右下图的窄带语谱图；音乐信号则表现为能量主要分布在基频及各次谐波的分布模式上，见图 8-20 左下图的窄带语谱图。

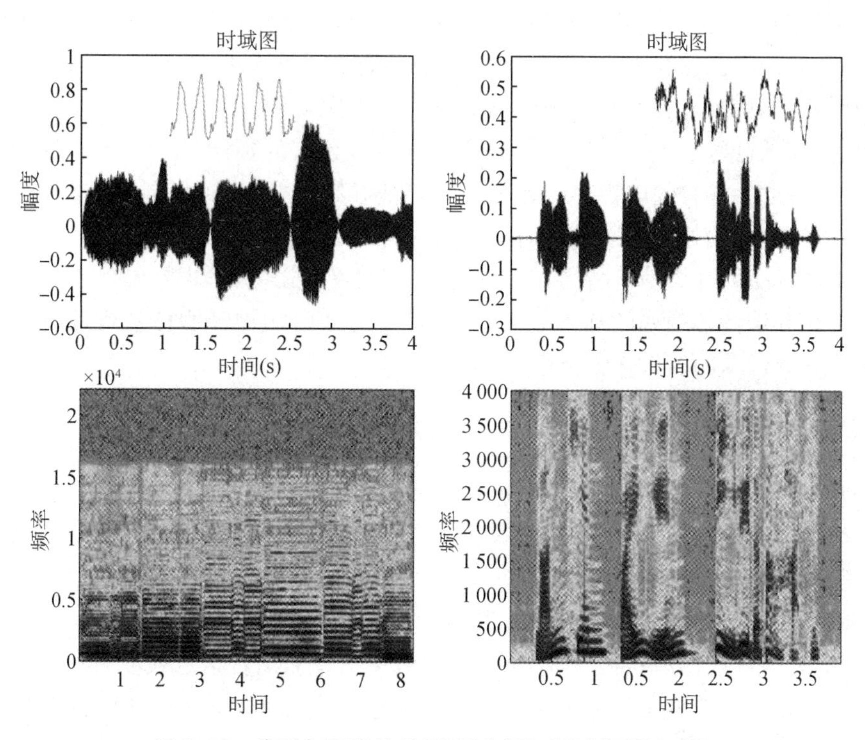

图 8-20　音乐与语音信号时域（上图）、频域（下图）对比

音乐与语音也有许多不同之处。在时域上表现为音乐信号的基音周期范围比语音信号的基音周期范围大很多，语音信号的基频一般低于 400 Hz，而音乐信号的基频高达几千 Hz。语音的特征频率（共振峰）带宽较宽且少，而音乐信号的特征频率（基频和谐波频率）的带宽较窄且多。图 8-20 中语音信号和音乐信号的三维语谱对比可略见一斑。音乐和语音信号的不同之处可总结为如下几方面：

① 有效频带宽度不同。音乐信号有效频率范围比语言信号的更宽，音乐的音高频率和频谱覆盖均可高达 8 kHz 以上，而语音信号的有效频率范围约 5 kHz 以内。

② 特征频率分布不同。语音的频谱能量分布在较宽共振峰带宽的频段上（频率冗余度高），而音乐的音符音频谱能量主要分布在音高基频以及相应谐波上，而且谐波带宽很窄。

③ 能量衰减的快慢不同。音乐信号的谐波能量衰减较慢，整个频谱包络比较平坦，高次谐波上依旧有较强的能量分布，而语言信号谐波能量衰减较快，能量大部分集中在较低频段上。

④ 音高基频的频率和谐波范围不同。语音信号的基频变化范围较小，通常在 65～400 Hz，其谐波主要分布在第 1、2 共振峰频段上，高频区谐波信息较少。音乐信号的音高基频范围很宽，覆盖低、中、高各频段，其谐波范围比语音信号大得多，而且基频与谐波间保持规律的整倍数关系。

第七节　未来与展望

人工耳蜗系统的设计和听觉重建医疗技术已经取得了很大的进展。然而，有些问题仍有待改进，特别是在嘈杂、复杂细腻声音环境下，获取和辨别声音信息的能力仍不如人意。例如，在有噪声或多个说话者竞争听音的环境中，使用单侧人工耳蜗植入的患者不能满意地感知声音信息，欣赏音乐还有困难，很难区分比语音更丰富、更细腻音频信息的差异。近年来，编码策略与电极阵列的优化和改进已经取得了一些进展，这为减小植入者与正常耳之间的听觉感知和认知的差距提供了新的可能。

一、改进电极阵列

目前的人工耳蜗电极数量一般不超过 24 个，尽管各厂家的电极阵列分布在频率值对应关系上略有不同，但大致都是依据临界带或频率掩蔽关系划分。用这样的电极分布传递话音中语音共振峰和清音信息，其分辨率基本够用。对于语音感知来说，可达到 95%以上的语音可懂度、辨识率，但仍有很多丰富的声信息难以区分，如说话者辨识，植入者的听力距离正常的听力还差很多。

而且，若传递音乐声信息，由于音乐信号频谱结构与话音频谱的不同，很多音乐音符的基波特征无法准确通过听神经传导。因为现有的电极对应频带与音符基波频率覆盖(或跨越)未形成全面的对应关系，是一种比较粗略或“多对一”的频率映射关系，音乐的音高特征和神经通路间失配，打乱了音高和音质原有的频率结构关系，所以目前的耳蜗植入者很难欣赏音乐，对弓弦乐器音感知更差。

因此，研究能传递音乐特征频率的耳蜗电极，并制备更高密度的神经假体器件，可能是改进人工听觉音乐感知不佳、无法欣赏音乐的有效途径之一。

二、改进声音编码策略

目前广泛使用的处理策略(例如 CIS 策略和 *n*-of-*m* 策略)尽管较好地传递了各频段时序包络上的信息，但针对音乐特征的精细结构特征并未准确编码。如何增加更多与音乐特征对应的编码信息，需要在编码策略上深入研究。

2002 年史密斯(Smith)等学者在 *Nature* 上发表文章指出，通过希尔伯特变换和嵌合音方法把声音信号分解成包络和精细结构，进行分析，再合成，发现频段包络信息对语音信息获取有重要作用，而精细结构在声调、音乐感知及空间定位方面起重要作用。因此，改进并优化人工耳蜗编码策略在精细结构上的表达，增加音乐特征的编码，传递更多且准确的音乐信息，是编码策略研究人员所面临的挑战。

三、声电联合刺激

研究已表明一侧耳蜗采用声刺激，另一侧耳蜗采用电刺激构成声电联合刺激，相比单纯用电极的电刺激，患者可获得更高的声音辨识能力。对于有一定残留听力的患者来说，这是在最大限度保留原有听觉通路的同时，更全面地传导声信息的优选方案。这种方案充分利用和考虑了听觉系统中残余感音器通路和听神经的可塑性，特别适合那些中枢听觉通路和听觉信息的皮层处理功能良好的患者。

四、新型光刺激耳蜗的研究

鉴于现阶段人工耳蜗存在的局限性，科研工作者开始着手寻找一种能进一步提高听神经刺激精度和空间选择性的新方法，以期获得提高人工听觉装置性能的神经刺激替代方式。自从 20 世纪 60 年代初激光器发明以来，激光迅速在各种领域和行业开始应用。在生物医疗领域，特别是在光与生物组织相互作用的相关研究中得到越来越多的应用。激光具有很好的方向性和能量密度，激光刺激神经的可调参数多样，通过调整不同激光参数可以控制神经兴奋或者神经抑制。近年来，基于脉冲近红外激光的神经刺激方法受到了广泛关注。作为一种直接的神经刺激方法，红外神经刺激（Infrared Neural Stimulation，INS）通过光辐照神经组织所引发的能量瞬变可诱发相应的神经响应。该方法因其独有的特性和优势，已经在神经科学的多个领域获得应用和发展。另外，利用光遗传技术，采用基因工程方法，将特定光敏蛋白转染到病变的耳蜗听神经上，用特异性光信号辐照刺激这些听神经，引发神经细胞膜上光敏蛋白（通道）的构象变化，从而引发神经细胞膜内、外带电离子的流动，诱发神经放电，以达到调控听神经传导信号的效果。

和传统的基于脉冲电流的听神经刺激方法相比，激光刺激方法具有下列优点：第一，光刺激非接触，无源，无刺激尾迹，无电场扩散；第二，激光具有很好的方向性，其空间选择性更好，可提高刺激分辨率（或精度）；第三，红外激光刺激无须光感基因植入等转基因操作，非转基因光刺激可降低治疗操作难度，更具实际治疗意义。

无论非转基因光刺激，还是利用光遗传技术的转基因光刺激，这些都已打开了光学人工耳蜗研究的大门。另外，人体中是否有最敏感、安全可用的天然光敏通道，这也是值得深入探究的科学问题。若发展人工光学耳蜗技术，需要围绕能长期安全使用、低功耗、高效调控的神经光电器件，这将是该技术发展的关键。因此该技术的发展还有待进一步深入研究。

参考文献

Niparko J K，等. 人工耳蜗植入：原理与实践[M]. 王直中，草克利，主译. 北京：人民卫生出版社，2003.

赵非，郑亿庆. 成人听力康复学[M]. 天津：天津人民出版社，2015.

Zeng Fan-Gang, Rebscher Stephen J, Fu Qian-Jie, et al. Development and evaluation of the Nurotron 26-electrode cochlear implant system[J]. *Hearing Research*, 2015, 322(Sp. Iss. SI):188-199.

Wininger F A, Schei J L, Rector D M. Complete optical neurophysiology: Toward optical stimulation and recording of neural tissue[J]. *Applied Optics*, 2009, 48(10):218-224.

宋清华. 人工耳蜗的音乐信息感知仿真实验研究及其应用[D]. 济南：山东大学，2015.

韩纪庆，张磊，郑铁然. 语音信号处理[M]. 北京：清华大学出版社，2004.

张雄伟，陈亮，杨吉斌. 现代语音处理技术及应用[M]. 北京：机械工业出版社，2003.

Hudspeth A J. How the ear's works work: Mechanoelectrical transduction and amplification by hair cells of the internal ear[J]. *Macromolecular Chemistry & Physics*, 1955, 328(2):155-162.

Rhode W S. Observations of the vibration of the basilar membrane in squirrel monkeys using the Mössbauer technique [J]. *Journal of the Acoustical Society of America*, 1971, 49(4):1218-1231.

Hartmann W M. Principles of Musical Acoustics[M]. New York: Springer, 2013.

Howard D M, Angus J. 音乐声学与心理声学[M]. 陈小平，译. 北京：人民邮电出版社，2010.

Wilson B S, Finley C C, Lawson D T, et al. Better speech recognition with cochlear implants[J]. *Nature*, 1991(352): 236-238.

平利川，原猛，郗昕，等. 人工耳蜗使用者音乐感知评估系统的设计[J]. 声学技术，2010，29(5)：512-517.

Mahadevanjansen A, Kao C, Jansen E D, et al. Optical stimulation of neural tissue in vivo[J]. *Optics Letters*, 2005, 30(5): 504-506.

Shoham S, Deisseroth K. Special issue on optical neural engineering: Advances in optical stimulation technology[J]. *Journal of Neural Engineering*, 2010, 7(4):040201.

Richter C P, Tan X. Photons and neurons[J]. *Hearing Research*, 2014, 311(5):72-88.

Moreno L E, Rajguru S M, Matic A I, et al. Infrared neural stimulation: Beam path in the guinea pig cochlea[J]. *Hearing Research*, 2011, 282(1):289-302.

Wells J, Konrad P, Kao C, et al. Pulsed laser versus electrical energy for peripheral nerve stimulation[J]. *Journal of Neuroscience Methods*, 2007, 163(2):326-337.

田岚. 仿生听觉音乐感知重建与相关技术研究[R]. 山东省科技报告. 2018.

作者：田岚（山东大学）

第九章
声频质量的主观与客观评价

第一节 声频质量主观评价

一、音质主观评价的定义

声音作为多媒体信息重要的组成部分，是艺术传播与信息传递的重要载体。随着人民生活水平和审美意识的提升，人们对声音的要求越来越高。声音从最简单的单声道重放形式，过渡到双声道，直到现在多样的三维环绕声重放形式。随着声频技术的不断发展，表征音质的技术指标也越来越高，声音正在向着高保真、高解析度方向发展。然而声音毕竟是听觉艺术，音质的优劣最终应该由听者来评判。因此音质主观评价是评判音质的有效手段。所谓音质主观评价，是通过人们对声音的主观感受，按照一定的评判要点和评判规则对声音进行评价的一种方法。

声音信号从拾取、录制、处理，直到重放，构成一个复杂的系统。音质主观评价就是对节目源、重放声和整个声频系统做出评价，这不仅与声频系统的电声设备有关，还受录制和重放的声学环境、听者的生理和心理特性等诸多因素的影响。一般而言，音质主观评价具有以下的特点：

（一）个体评价的差异

对同一音质，不同的听者往往给出不同的评价。这种差异与听者所处的民族、生活环境、生活时代有密切关系，同时也因自我的艺术、美学修养的差异，生理、心理状态的差异，听觉、审美训练的差别而不同。尽管声音最终是给个体听的，但主观评价结果需要具有一定的整体性或普适性。在主观评价实验过程中，如何科学地设计实验、实施实验，采用有效的数理统计方法挖掘数据，得到高可信度的整体结果是音质主观评价的一大难点。

（二）艺术与科学的结合

音质主观评价的对象往往是音乐声。音乐声是一种创造性的声音，先后经过作曲家的创作，演奏家的演绎，录音师的录制等多层艺术加工过程。而最终听者对音乐声的感受和体验，是在声音物理层面基础上抽象出来的审美体验。这种审美体验是指听者在直观感受基础上的审美体验过程，这与听者的审美经验及不同文化的音乐审美特征有密切关系。因此，音质主观评价是一项带有艺术性的工作。

音质主观评价用于探究声音对听者心理活动产生的影响，属于实验心理学范畴。虽然人们对声音的感知存在很大的波动性，但是通过缜密的实验设计，严谨的实验方法，有效的数据统计分析，利用音质主观评价还是可以获得准确和有效的实验结论。

（三）多学科的融合

音质主观评价不同于音质的客观评价。客观评价往往针对某个评测指标进行，例如声压级、频率、频谱特性等。音质是音高、响度、音色及时长的整体表现，在进行主观评价时很难分清这四个要素的影响比重。此外，评价用节目源的类型，节目源的录制方式，听音室的建声环境，听音系统的电声指标以及听者生理、心理的状态都对音质主观评价的结果产生影响。音质主观评价不但与音乐声学、建筑声学、电声学等学科相关，还与心理学、生理学等学科有着密切关系。可见，它是一个多学科交叉的复杂问题。

一般而言，凡是与声音感知相关的问题都可以进行音质主观评价，评价对象主要包含以下几类：

① 节目源：包括广播电视节目及音像制品等，例如原国家新闻出版广电总局每年举行的广播节目技术质量评奖（金鹿奖）就是一个典型的范例。

② 声频系统（设备）：从前期拾取所需的传声器、调音台，到后期制作使用的效果器、扬声器等声频设备及构成的声频系统都可进行音质主观评价。

③ 声学环境：包括音乐厅、戏剧厅、歌剧厅等专业演出场所的音质评价。

④ 处理算法：通常包括不同拾音制式、不同压缩算法、不同重放格式等用于声音处理方面的算法之间的对比与评价。

为了保证音质主观评价的科学性和规范性，国内外相关专业组织已经制定了多项与音质主观评价有关的标准。国际电信联盟(International Telecommunication Union，ITU)已经形成较为完整的音质主观评价体系。ITU-R BS. 1284是音质主观评价通用方法标准；ITU-R BS. 1116是对小损伤音频系统(包括多声道环绕声)的音质主观评价方法标准；ITU-R BS. 1534是对中等声频质量的编解码系统的评价方法标准。欧洲广播联盟(European Broadcasting Union，EBU)也为音质主观评价制定了一系列标准。EBU Tech 3252-E是音质主观评价用节目源的录制说明；EBU Tech 3276是音质主观评价听音室建声与电声系统的要求；EBU Tech 3286是音质主观评价通用方法标准。中国国家标准局也制定了与音质主观评价相关的标准，主要包括《广播节目声音质量主观评价方法与技术指标要求》(GB/T 16463—1996)、《广播节目试听室技术要求》(GB 14221—93)、《电声产品声音质量主观评价用节目源编辑制作规范》(GB 10240—88)、《电声产品声音质量主观评价用节目源标样》(GSBM 6001—89)。

二、音质主观评价的要素

(一) 音质主观评价的两个主体

主试和被试是音质主观评价中常用的两个名词。主试是实验的设计者，他发出刺激给被试，通过实验收集心理学的资料。主试需要掌握实验心理学、心理声学、信号处理、音乐声学等方面的基础知识，主要应具备以下的能力：

① 实验的设计能力：主试需要根据实验的目的，明确实验中的自变量、因变量和控制变量，选择合适的实验方法，缜密地设计实验步骤以保证实验的效度。

② 实验的实施能力：在实验实施过程中，主试需要对听音室的监听环境及重放系统进行校准，并且能够对被试明确地交代实验任务，保证实验顺利地完成。

③ 数据处理和分析能力：实验数据收集后，主试能够熟练地运用数理统计方法，进行被试信度、实验效度检验，完成数据的处理和分析，得到有效的实验结果。

被试是实验对象，接受主试发出的刺激并做出反应。在音质主观评价中，实验的刺激是声音信号，往往以音乐声为主。这需要被试不仅具有听辨音高、响度等声音基本要素的能力，更需要具有一定的音乐鉴赏和分析能力。听音的准确程度，与被试对声音和音乐的理解能力、耳朵的听力好坏、听觉心理和对声音的认知程度等有重要关系。学会全面、真实、准确地判断声音，需要科学地进行审听训练。

在实验中，处理好主试和被试的关系是实验取得成功的一个重要因素。主试对被试的干预及被试对主试的实验态度都会对实验结果产生影响。由于音质主观评价实验都是通过被试完成任务的方式进行的，所以主试对被试最直接的干预是向被试交代任务。主试在交代任务时对被试所讲的话称为指导语。以人为被试时，指导语在实验中不仅是向被试说明实验，更重要的是给被试设定题目。这也是控制被试这一有机体变量的一种手段，通过指导语来控制被试的态度和反应的定向。主试在给出指导语时应注意以下几点：

① 按照实验的目的要求，确定指导语的内容。指导语的内容既要说明实验内容，又要向被试提出要求，不同的实验会有不同的要求，有的要求被试尽量做得准确，有的要求尽量做得快。被试听完指导语后，应该明白要做什么。主试事先要严格确定内容，并写到指导语中。

② 在指导语中，要把被试应当知道的事交代完整。主试要求被试所做的事，可能是他从未做过的，要说明将要给他呈现什么，需要他怎么做等内容。

③ 指导语要标准化，应在实验前全文写成，不能临时拟定，信口开河。在实验过程中，同一指导语要前后一致，不要中途更改语句或词语。

④ 指导语要简单明了，用语确切，通俗易懂，不用专业术语，更不要模棱两可。

在指导语不能充分控制反应时，就要很好地考虑刺激条件和实验装置，使刺激条件、实验装置与指导语配合起来，让被试只能做出主试所要求的反应。

(二) 音质主观评价的三个变量

变量是指数量上或质量上可变的事物的属性。一项心理实验包含三种变量：自变量、因变量和额外变量。

1. 自变量

自变量即刺激变量，它是由主试选择、控制的变量，决定着被试行为或心理的变化。自变量又包含以下四种类型：

① 刺激特点自变量：刺激的不同特性会引起被试的不同反应。如声音的电平大小、厅堂的混响时间等。

② 环境特点自变量：进行实验时环境的各种特点，如实验时的天气、噪声、温度、时间等。

③ 被试特点自变量：被试的各种特点，如年龄、性别、职业等。主试只能选择，不能任意调节这些自变量。

④ 暂时造成的被试差别：通常是由于主试给予不同的指示语造成的差别。

对于音质主观评价的自变量可以是录音方式、厅堂环境、声频设备或节目源等。

2. 因变量

因变量即被试的反应变量，它是自变量造成的结果。因变量的种类也有很多，一般有以下几种类型：

① 准确性、正确率或错误率。

② 速度或敏捷度。反应时间也可作为速度的指标。

③ 概率或频率。例如阈限的测定，根据"正"反应的概率来计算。

④ 反应的强度或力量。

⑤ 各种心理测验的量表分数及评价者的评定分数。音质主观评价的因变量主要是这一方面。

⑥ 高次反应变量，即用一个图或表来表示反应的多种情况，例如学习曲线，既可以表示学习的正确率，又能表示整个学习的进程情况。

对于音质主观评价的因变量往往是人对声音的主观感受，例如清晰度、混响度、包围感等。

3. 额外变量

额外变量也叫控制变量、无关变量，是在刺激作用到被试的过程中，除了自变量以外作用到被试身上，对其产生影响的变量。在实验中应该保持额外变量恒定不变，保证被试的反应结果即因变量只单纯由自变量造成。暂时的被试变量不作为自变量时，会影响被试的反应，应作为额外变量加以控制。暂时的被试变量是指非持续性的被试机能状态，例如疲劳、兴奋水平、诱因、抑制等。对被试变量的控制方法有指导语控制、主试对待被试的规范化、控制被试个体差异等。不作为自变量的环境变量也可以用一些方法消除，如心理实验在暗室、隔音室进行可以消除一些无关的视觉刺激和听觉刺激。

三、音质主观评价的流程

音质主观评价是将声音的一个或多个主观心理属性作为研究对象，通过开展科学的心理实验，从而得到听觉心理量表的过程。整个主观评价可分为三个过程：实验设计、实验开展和数据统计分析，如图 9-1 所示。实验设计是决定音质主观评价实验成功与否的关键步骤，包括确定评价对象、挑选被试和选择评价方法三个方面。实验开展部分则是影响音质主观评价效度的重要环节，而数据统计分析是决定音质主观评价结论正确与否的最后环节，包括信度检验、效度分析和有效数据统计三个部分。

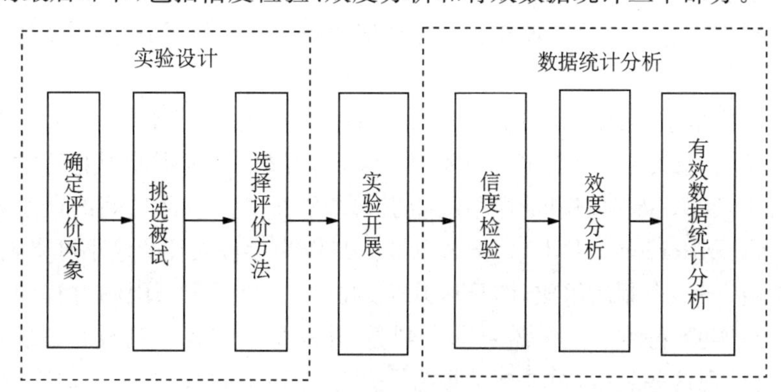

图 9-1　音质主观评价流程

(一) 评价对象与被试

评价对象即心理实验的因变量，在音质主观评价实验中，评价对象可以是各种音质属性，如响度、清晰度、空间感、协和感等。一次实验可以评价一个对象，也可以评价多个对象，但要考虑被试的注意能力。

对于音质主观评价的被试是否全部采用专家这一点存在争论。有学者认为声音制品的最终听众是消费者，他们并不是接受过训练的专家，所以被试应选择普通人。但是如果全部采用非专业人士，又会出现参量理解和声音鉴别困难的问题，造成实验的可靠数据太少。为了顺利开展音质主观评价实验，同时根据国家标准《广播质量声音主观评价方法和技术指标要求》(GB/T 16463—1996)的规定，参加音质主观评价的人员应该至少具备以下条件：

① 具有正常的听力条件，并且两耳听力应基本保持一致。

② 任何一耳在 125 Hz～8 kHz 的频率范围内，听力级不应高于 20 dBHL。

③ 具有高保真和临场听音的经验。

④ 被试应对音乐基础知识有一定的了解，具有一定的音乐理解能力。

如果想提高评价结果的权威性，最好邀请音响师、录音师、音乐工作者、音乐编辑、声频工程师、声学工作者等专业人士作为被试。此外被试的人数不能太少，否则会影响实验数据的可靠性。根据《厅堂、体育场馆扩声系统听音评价方法》(GB/T 28047—2011)推荐，由受过训练具有相同经验的被试组成的个体间可靠性非常高的听音小组，被试的人数以 7 人为宜，具体人数和年龄构成如表 9-1 所示。而 ITU-R BS. 1116 标准中提到，在技术和行为上严格控制测听测试条件的情况下，20 名被试的有效数据通常已经足够从测试中获得适当结论。当然如果被试之间的训练水平差距很大，并因此导致个体间的可靠性较低，这种情况下组成听音小组的被试人数应该更多。

表 9-1　国家标准中听音小组推荐的人数和年龄分布

		最少人数(5 人)	推荐人数(7 人)	最多人数(15 人)
性别	男	3	3 或 4	8 或 7
	女	2	4 或 3	7 或 8
年龄	18～40 岁	2	3	5
	40～60 岁	2	2	5
	60 岁以上	1	2	5

(二) 音质主观评价方法

音质主观评价方法的选择要根据不同的评价对象来选取，同时也要根据音质评价的要求和实际情况权衡。常用的评价方法有恒定刺激法、对偶比较法(Paired Comparison Method)、系列范畴法、等级打分法等。恒定刺激法用来测量等距量表，例如用来测量响度的绝对阈限或差别阈限。对偶比较法、系列范畴法、等级打分法用来测量顺序量表。其中系列范畴法和等级打分法是直接法，操作起来比较简单、快捷，但是受实验条件及被试的影响比较大，实验结果的一致性不太好。而对偶比较法为间接法，实验工作量较大，实验步骤相对复杂，但是它的一致性较好。因此对偶比较法是最常用的、客观属性最好的实验方法。

1. 恒定刺激法

恒定刺激法又称为次数法、常定刺激差别法等。在音质主观评价中，恒定刺激法主要用于对听觉阈限的测定。听觉阈限包括听觉的绝对阈限和差别阈限。绝对阈限是指刚刚能引起感觉的最小刺激强度，例如测量人耳的最低可听频率。差别阈限是指刚刚能引起差别感觉的刺激之间的最小差别，又被称作最小可觉差(Just Noticeable Difference, JND)。例如以 60 dB 作为参考人耳的最小可察觉响度变化阈限。

恒定刺激法通常由 5～7 个刺激组成，而且这几个刺激在整个测定阈限的过程中是固定不变的，恒定刺激法也因此得名。在实验开始前，主试需要选定刺激，并随机确定各个刺激的呈现顺序。实验中，主试安排好随机顺序，反复呈现这些刺激，要求被试报告是否感觉到了刺激，主试将每次报告的结果记录在表格上。

用恒定刺激法测定绝对阈限，对于刺激变量（自变量）的选定，通常选取感觉不到至感觉到这一过渡地带的 5～7 个等距的恒定刺激强度。所选刺激最大的强度，应为每次呈现几乎都能为被试感觉到的强度，它被感觉到的可能性不低于 95%。所选刺激的最小强度，应为每次呈现几乎都不能为被试所感觉，即它被感觉到的可能性不高于 5%。选定好刺激范围以后，再在这个范围内选出 5～7 个距离相等的刺激。每种刺激强度呈现的次数不能少于 20 次，各个刺激呈现的次数要相等，呈现的顺序要随机排列，防止任何系统性顺序出现，因而对实验要精心安排。

用恒定刺激法测定差别阈限，对于刺激变量的选定通常是从完全没感觉到差别至完全感觉到差别这一差别感觉的过渡地带，选择 5～7 个等距变化的强度作为刺激的变量。这几个刺激又被称作比较刺激。实验中这些刺激强度要与事先确定的标准刺激进行比较，从而测定某标准刺激强度的差别阈限。标准刺激可以随意确定，当标准刺激确定为零刺激强度时（完全没有被感觉的刺激），与零刺激的差别感觉就是绝对阈限。这不难看出，绝对阈限和差别阈限可以用同样的文字来定义。一般情况下，确定一个能被感觉的某一刺激强度作为标准刺激。比较刺激可以都大于（或小于）标准刺激，也可以在标准刺激上下扩展一段间距，即一部分比较刺激强度小于标准刺激，而另一部分大于标准刺激，这里也允许确定一个比较刺激强度恰好等于标准刺激。究竟比较刺激系列如何确定，要视所研究的具体问题和所确定的反应变量指标来定。但有一点要求是相同的，即都必须用比较刺激与标准刺激相比较，且比较刺激要随机呈现。

2. 对偶比较法

对偶比较法又称为比较判断法，是通过被评价对象的两两比较关系来间接地估计所有评价对象的相对心理尺度。这个方法由费希纳（Fechner）的实验美学选择法发展而来，由寇恩（Cohen）在其颜色喜好的研究报告介绍出来，后来又经过瑟斯顿（Thurston）进一步发展完善。

对偶比较法是把所有要比较的刺激两两配对，然后一对一对地呈现，让被试对于刺激的某一特征进行比较并做出判断：两个刺激中哪一个刺激的某种属性更加明显，这与恒定刺激法中的两类反应实验相类似。如果把这两类反应称作“优于”和“差于”，那么每个刺激的选择分数，就是报告“优于”的次数，而其百分数 P，就是报告“优于”的百分数。通过对比较结果进行数据处理，最终得到不同评价对象在评价属性的相对排序。

3. 系列范畴法

系列范畴法，也称为评定尺度法，通过直接方式用于测量顺序量表，即直接让被试对每一个评价刺激在给定的一组范畴上进行评价，适合于评价对象比较多的场合。由于系列范畴法让被试直接对评价刺激进行评价，对被试的判断能力和心理稳定性有较高要求，因此在实验前应让被试充分了解实验的过程及范畴的定义。

设有 n 个对象 a_1，a_2，…，a_n 以及按（好坏、轻重、大小、宽窄等）顺序排列的 m 个范畴（类别）C_1，C_2，…，C_m，一组被试将被评价的对象在 m 个范畴上进行分类排序，以这些分类数据为基础进行尺度化的方法称为系列范畴法。系列范畴法的范畴数目，在两极尺度的情况下，多采用 5、7、9 等奇数个范畴，其中中间的范畴类别多设计为中立项目，如非常轻、轻、有些轻、合适、有些响、响和非常响。

系列范畴法的理论基础是假设心理量是服从正态分布的随机变量，而且系列范畴法中范畴的边界并不是事先给定的确切值，也是需要通过实验来确定的随机变量。因此系列范畴法通常先通过实验来确定范畴边界，然后再比较每个评价对象的心理尺度值与范畴边界的关系，从而确定每个评价对象所处的范畴。

4. 等级打分法

等级打分法在国内及国际的主观评价标准中都有涉及，例如国家标准《广播节目声音主观评价方法和技术要求》（GB/T 16463—1996）、《EBU Tech 3286-Assessment methods for the subjective evaluation of the quality of sound programme material — Music》、《ITU R BS. 1116-Methods for the subjective assessment of small impairments in audio systems》和《ITU R BS. 1534-3-Method for the subjective assessment of intermediate quality level of audio systems》。该方法因应用目的不同，具体的设置存在一定差异，主要可用于声音节目录制技术质量评奖或者声音音质损伤的评判。

1）GB/T 16463的等级打分法

GB/T 16463标准提出的等级打分法，要求被试对评价术语直接进行评判，该方法的优点是操作相对简单，可以在短时间内获得大量数据。但是该方法测量精度不够高，而且必须假定被试对评价术语和等级标准的理解变化是统计独立的。然而实际上对评价术语和标准的理解因人而异，即使是同一名被试，对音质评判的记忆也很难持久。但是由于该方法简单易行，仍然在国内声音节目质量评定中广泛使用。为了避免被试差异对实验结果产生干扰，该方法对被试的要求相对较高，通常选择具有一定音乐素养和音乐理解力、有高保真及临场听音经验的被试。在声音节目质量评定中，被试常常由录音导演、录音师、录音声学工作者、乐队指挥等人构成。此外在正式实验之前，应对被试进行听音培训，统一对评价术语的理解和定级标准，保证每一位被试熟悉评定程序，以免中途出错而影响评价结果。

实验过程中，让被试就每一个评价术语在五个连续等级尺度上进行打分，等级划分如表9-2所示。

表9-2　GB/T 16463实验方法的等级划分

等　级	描　述
5分(优)	质量极好　十分满意
4分(良)	质量好　　比较满意
3分(中)	质量一般　尚可接受
2分(差)	质量差　　勉强能听
1分(劣)	质量低劣　无法忍受

对声音节目质量进行主观评价时，GB/T 16463—1996标准中推荐了八个音质主观评价术语和一项总体音质效果的综合评价。不同评价术语的描述及五个等级的打分尺度如表9-3所示。在实验过程中，允许被试对每一个评价术语打分时，保留一位小数。此外，如果声音节目中存在较大的失真、噪声或左右声道不平衡的现象则应扣分。

表9-3　GB/T 16463中不同评价术语的评价描述

<table>
<tr><th rowspan="2">评价术语</th><th rowspan="2">含　义</th><th colspan="5">打分尺度(分)</th></tr>
<tr><th>≥4.5</th><th><4.5
≥4.0</th><th><4.0
≥3.0</th><th><3.0
≥2.0</th><th><2.0</th></tr>
<tr><td>明亮度</td><td>高、中音充分，听感明朗、活跃</td><td rowspan="9">质量极佳</td><td rowspan="9">质量好</td><td rowspan="9">质量一般</td><td rowspan="9">质量差</td><td rowspan="9">质量劣</td></tr>
<tr><td>丰满度</td><td>声音融会贯通，响度适宜，听感温暖、厚实、具有弹性</td></tr>
<tr><td>柔和度</td><td>声音温和，不尖、不破，听感舒服、悦耳</td></tr>
<tr><td>圆润度</td><td>优美动听、饱满而润泽不尖噪</td></tr>
<tr><td>清晰度</td><td>声音层次分明，有清澈见底之感，语言可懂度高</td></tr>
<tr><td>平衡度</td><td>节目各声部比例协调，高、中、低频搭配得当</td></tr>
<tr><td>真实度</td><td>保持原有声源的音色特点</td></tr>
<tr><td>立体声效果</td><td>声像分布连续，结构合理，声像定位明确、不漂移，宽度感、纵深感适度，空间感真实、活跃、得体</td></tr>
<tr><td>总体音质</td><td>被评节目总体音质效果的综合评价</td></tr>
</table>

2）EBU Tech 3286的实验方法

在被试的选择上，该方法与GB/T 16463有着类似的要求。在正式实验前，也需要对被试进行听音训练，保证被试对评价术语有正确的认识和理解。在实验过程中，被试针对不同的评价术语在六个离散等级尺度上进行评判，被试可以对声品质或者声损伤进行评判，等级划分如表9-4所示。

表 9-4 EBU Tech 3286 实验方法中的等级划分

等级	声音质量	损伤程度
1	很差 存在明显的技术缺陷 不适合传输的声音	非常令人不悦的损伤
2	差 仅在特殊情况下才用于传输的声音 仅适用于较差音质的声音存储	很多令人不悦的损伤
3	一般	令人不悦的损伤
4	好	稍令人不悦的损伤
5	较好	可察觉,但不令人不悦的损伤
6	很好	察觉不到的损伤

EBU Tech 3286 中将评价术语分成六个评价维度,每个维度又包含不同数量的子评价维度,如表 9-5 所示。被试对不同评价维度进行等级打分,同时需要书写评论,以便主试进一步分析被试的评价结果。

表 9-5 EBU Tech 3286 实验方法中的评价术语

主评价术语	子评价术语
1. 空间声场 乐队在合适的空间环境中演出	空间声场的一致性 恰当的混响时间 声学平衡度(直达声与非直达声的关系) 声场纵深感 混响声的声品质
2. 立体声场 声像定位准确,声源分布恰当	各个声源的直达声比例合适 声像稳定度 乐队声像宽度 定位精确度
3. 通透度 清晰感知到演出的所有细节	声源清晰可辨 瞬态辨识度 声音可懂度
4. 平衡度 各个声源在乐队中比例合适	响度平衡 动态范围
5. 音质 可以精准地反映各个声源的特性	音色 声音的起振
6. 不存在噪声和失真 不存在各种噪声或失真现象,例如电噪声、声学噪声、公共噪声、误码、失真等	
7. 总体评价 前面六个评价术语的加权平均结果,需考虑整个声场的完整性以及各个评价术语之间的相互作用	

3) ITU-R BS. 1116 的实验方法

ITU-R BS. 1116 标准中提出的带隐藏参考的双盲三测试主观评价方法,是对小损伤声频系统的声音质量评价方法,适用于评测较高比特率或较高声音质量的编解码系统等。"双盲"是指实验的主试和被试之间不存在受控制的交互可能性,其目的是避免实验对象或实验人员的主观偏向影响实验结果。在评价时,对一个被测声频系统,同一个序列展现给被试的是 3 个测试信号,第 1 个测试信号 A 为参考信号,作为对比的基准信号,第 2 个测试信号 B 和第 3 个测试信号 C 是经过被测系统处理的测试信号和未经处理的参考信号(隐藏参考),但是顺序随机。测试信号时长通常为 10～25 s。被试在进行主观评价时,将信号 B 和信号 C 与信号 A 进行反复对比,判断出信号 B 和信号 C 哪一个是隐藏参考信号,评定为满分,再对另一个信号按照五级损伤标度评分。五级损伤标度如表 9-6 所示,是连续等级尺度,允许被试打分时保留一位小数。

表 9-6 ITU R BS. 1116 实验方法的等级划分

等级	损伤程度
5.0 分	察觉不到损伤
4.0 分	损伤可察觉,但不令人不悦
3.0 分	损伤稍令人不悦
2.0 分	损伤令人不悦
1.0 分	损伤令人非常不悦

为了让被试熟悉测试设备、测试环境、等级评分过程、等级评分刻度以及对应的使用方法,在正式实验前,需要有熟悉或训练阶段。在熟悉或训练阶段,可以让三位被试组成一个训练小组,便于他们对其检测内容自由地进行相互交流和讨论。该主观评价方法针对不同的声频系统给出不同的评价术语,如表 9-7 所示。

表 9-7 ITU-R BS. 1116 实验方法中的评价术语

声音系统	评价术语
单声道系统	√ 基本声音质量
双声道立体声系统	√ 基本声音质量 特别关注立体声声像质量
多声道立体声系统	√ 基本声音质量 √ 前方声像质量 √ 环绕声质量
先进声音系统	√ 基本声音质量 √ 音色质量 • 音色的色彩 • 音色一致性 √ 定位质量 • 水平定位 • 垂直定位 • 远距离定位 √ 环境声质量 • 水平环境声 • 垂直环境声 • 远距离环境声

4) ITU-R BS. 1534 的实验方法

ITU-R BS. 1534 标准中提出的主观评价方法即第七章中介绍过的 MUSHRA。该方法是对中等和大损伤声频系统的声音质量评价方法,适用于由于带宽等所限,工作在较低比特率而带来明显损伤的编解码系统。为了保证评价数据的有效性,通常也选取有临场听音经验的专业被试。

在该测试评价方法中,相同节目源的一组实验信号共包含 $4+X$ 个(1 个参考信号,1 个隐藏参考信号,1 个隐藏低等级锚点信号,1 个隐藏中等级锚点信号,X 个被测系统所处理的测试信号)。被试需要为除参考信号之外的 $3+X$ 个实验信号按照图 9-2 所示中的连续等级尺度打分。在实验过程中,被试以参考信号为标准,直接比较其他信号,可以更容易地检测损伤信号之间的差别,并给出相应的评定等级,如

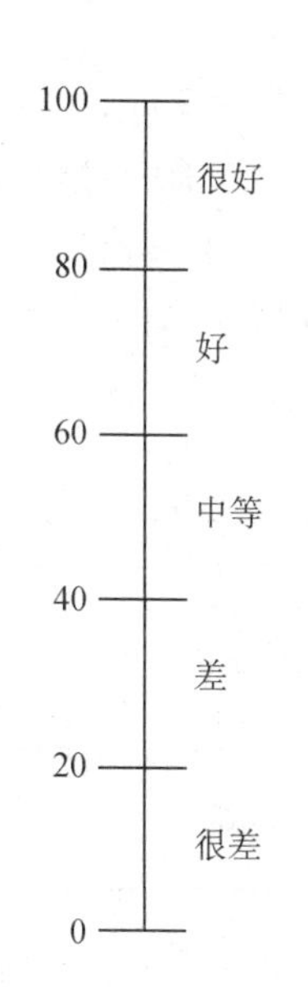

图 9-2　MUSHRA 方法的连续等级尺度

图 9-2 所示。建议在任何实验中实验信号的数量不超过 12 个(例如 9 个测试信号、1 个隐藏低等级锚点信号、1 个隐藏中等级锚点信号、1 个隐藏参考信号)。锚点信号又可称为基准信号,用于进行被试信度检验。低等级锚点信号通常为参考信号经过 3.5 kHz 低通滤波后的信号,中等级锚点信号为参考信号经过 7 kHz 低通滤波后的信号。每一条实验信号最大时长应该大约为 10 s,最好不超过 12 s。

MUSHRA 方法中评价术语通常是基本音频质量,当然也会根据被测系统的不同而有所差别。在 ITU-R BS. 1534 标准中也同样给出如表 9-7 所示的用于不同声音系统的评测维度和术语。与 ITU-R BS. 1116 标准相比,MUSHRA 方法具有同时显示很多测试信号的优点,这样被试能够在它们之间直接进行两两比较。相比于采用 ITU-R BS. 1116 标准的评测方法,采用 MUSHRA 方法进行主观评测所需的时间可以大大缩短。

(三) 信度与效度的检验

实验信度是指实验结论的可靠性和前后一致性程度。实验结果接近或等于实际真值或多次测量结果,才认为是可靠的。要保证实验信度,就应鼓励研究者进行验证性实验,这样即使推断统计显示仍存在犯错误的可能,但实验结果也是可信的。测量信度主要有三种方法,研究的侧面各不相同,测试信度的不同方面。

重测信度:估计实验中跨时间的一致性。

复本信度:估计实验跨形式的一致性。

内在一致性系数:估计实验跨项目或两个分半实验之间的一致性。

这些方法具有不同的意义,每一种信度系数不能代替其他信度系数,所以设计实验时,应该尽可能收集各种信度证据。

实验效度是指一个实验对所测量特性测量到什么程度的估计,也就是实验结果的准确性和有效性程度。效度的确定,是把测量的结果与一个预定的标准做比较,求其相关系数。在测量过程中,常有一些无关因素与实验变量相混淆,影响实验结果。在效度验证的过程中,实验的目的不同,对实验效度也有不同的要求。这个相关系数叫作效度系数,效度系数愈大,效度愈高。效度分成四种类型:

构想效度(Construct Validity)

内部效度(Internal Validity)

外部效度(External Validity)

统计结论效度(Statistical Conclusion Validity)

(四) 数据统计分析

通过音质主观评价实验得到主观评价结果后,为了进一步探究感知规律,往往对主观评价结果进行假设检验,或者考察主观结果与声音客观特征的关系,通过相关分析、聚类分析、因子分析及回归分析等,明确主观结果与声音客观特征的关系,以便做出定性结论。

1. 假设检验

假设检验(Hypothesis Test)是推论统计的重要内容,是根据已知理论对研究对象所做的假定性检验。在进行一项研究时,都需要根据现有的理论和经验事先对研究结果做出一种预想的、希望证实的假设。这种假设用统计术语表示时叫研究假设,记做 H_1。例如研究编解码技术是否造成声音音质损伤,即经过编解码后的信号和原始信号在音质上是否存在显著性差异,研究假设 H_1 为编解码技术会对声音音质产生损伤。在研究过程中,很难对 H_1 的真实性直接检验,需要建立与之对立的假设,称作虚无假设 H_0(Null Hypothesis),也叫零假设。在假设检验中 H_0 总是与 H_1 对立,因此 H_1 又称为备择假设(Alternative Hypothesis),即一旦有充分理由否定虚无假设 H_0,H_1 这个假设就作为选择假设。假设检验的问题,核心是要判断虚无假设 H_0 是否正确,决定接受还是拒绝虚无假设 H_0。

假设检验中存在两类错误,分别是Ⅰ型错误(也称为 α 型错误)和Ⅱ型错误(也称为 β 型错误),详情见

表9-8。Ⅰ型错误是指虚无假设 H_0 本来是正确的，但是拒绝了 H_0，即处理方法是没有效果的，却认为有效果，这种情况会导致严重问题，需要特别注意。Ⅱ型错误是指虚无假设 H_0 本来是不正确的，但是却接受了 H_0，是取伪错误。在实际研究中，通常是控制犯Ⅰ型错误的概率 α，使 H_0 成立时犯Ⅰ型错误的概率不超过 α。在这种原则下，假设检验也称为显著性检验(Significance Test)，将Ⅰ型错误犯的概率 α 称为假设检验的显著性水平。

表9-8　假设检验的两类错误

	接受 H_0	拒绝 H_0
H_0 为真	正确	Ⅰ型错误 α 型错误
H_0 为假	Ⅱ型错误 β 型错误	正确

根据实验数据的分布形态，假设检验包括参数检验(Parametric Test)和非参数检验(Non-parametric Test)。参数检验通常假设数据总体服从正态分布，实验样本服从 t 分布；如果数据总体分布情况未知，实验样本容量小且多为分类数据时，则采用非参数检验。非参数检验对总体分布不做假设，直接从实验样本分析入手进行统计推断。由于参数检验的精确度高于非参数检验，因此在数据符合参数检验的条件时，应该优先采用参数检验。在假设检验中进行实验数据处理时，通常讨论两个样本或多个样本平均数的差异问题，因此也称为平均数的显著性检验。根据实验数据分布特征以及检验内容的不同，平均值的显著性检验采用的方法也存在差异，如表9-9所示。表中仅列出每种情况下最为常用的检验方法，更加完备的检验方法请参考专业的心理统计书籍。

表9-9　平均值的显著性检验总结

	参数检验	非参数检验
两个独立样本	独立样本 t 检验	曼-惠特尼-维尔克松秩和检验(Mann-Whitney-Wilcoxon Rank Sum Test)
两个相关样本	配对样本 t 检验	维尔克松符号秩和检验(Wilcoxon Signed-Rank Test)
两个以上独立样本	完全随机设计的方差分析	克-瓦氏等级检验(Kruskal-Wallis Rank Test)
两个以上相关样本	随机区组设计的方差分析	弗里德曼检验(Friedman Test)

2. 相关分析

相关性分析是研究不同变量间密切程度的一种常用统计方法。相关系数是两个变量之间相关程度的数字表现形式。相关系数是描述相关强弱程度和方向的统计量，通常用 R 表示。R 的大小标明二者关联程度，$1 \geqslant R > 0$ 时，二者为正相关；$R = 0$ 时为零相关；$0 > R \geqslant -1$ 时，二者负相关。根据变量性质不同，常用的相关性分析包括皮尔逊(Pearson)积矩相关、斯皮尔曼(Spearman)相关和肯德尔(Kendall)相关等。

3. 聚类分析

聚类分析(Cluster Analysis)是根据事物本身的特性研究个体分类的方法。聚类分析的原则是同一类中的个体有较大的相似性，不同类中的个体差异很大。在聚类分析中，基本的思想是认为研究的变量之间存在着程度不同的相似性，根据一批样本的多个观测指标，具体找出一些能够度量样本或变量之间相似程度的统计量，以这些统计量为划分类型的依据，把一些相似程度较大的样本(或变量)聚合为一类，把另外一些彼此之间相似程度较大的样本(或变量)聚合为一类，关系密切的聚合到一个小的分类单位，关系疏远的聚合到一个大的分类单位，直到把所有大的样本(或变量)都聚合完毕，把不同的类型一一划分出来，形成一个由小到大的分类系统。最后再把整个分类系统画成一张分类图(又称谱系图)，用它把所有的样本(或变量)间的亲疏关系表示出来。根据分类对象的不同，分为样本聚类(Q型)和变量聚类(R型)。

4. 因子分析

因子分析(Factor Analysis)是一种通过降维技术把多个变量化为少数几个综合因子的多变量统计分析方法。最常用的因子分析包括 R 型和 Q 型。R 型因子分析是针对变量所做的因子分析,其基本思想是通过对变量的相关系数矩阵内部结构的研究,找出能够控制所有变量的少数几个随机变量去描述多个随机变量之间的相关关系。但这少数几个随机变量是不能直接观测的,通常称为因子。然后根据相关性大小把变量分组,使得同组内的变量之间的相关性较高,不同组之间的变量相关性较低。Q 型因子分析是针对样本所做的因子分析。它的思想与 R 型因子分析相类似,但出发点不同。心理学研究中常用的是 R 型因子分析。

5. 回归分析

回归分析(Regression Analysis)是研究一个或几个变量的变动对另一个变量变动影响程度的方法。回归分析主要解决以下几个方面的问题:

① 从一组样本数据出发,确定出变量之间的数学关系式。

② 对这些关系式的可信程度进行各种统计检验,并从影响某一特定变量的诸多变量中找出哪些变量的影响是显著的,哪些影响是不显著的。

③ 利用所求得的关系式,根据一个或几个变量的值来预测或控制另一个特定变量的取值,并给出这种预测或控制的精确度。

如果研究的是两个变量之间的关系,则称为一元回归分析;如果研究的是一个变量和一个以上的解释变量之间的相关关系,则称为多元回归分析。另外,根据回归模型的形态,回归分析又可分为线性回归和非线性回归。

第二节 声频质量客观评价

声频质量的主观评价方法耗费较多的人力和物力成本,同时也需要占用大量的时间,在很多应用场景下,满足不了相关企业对产品研发的实时性要求。为了克服上述诸多不足,声频质量的客观评价方法得到了发展。这种方法对人类的听觉生理和心理进行建模,从而对声频质量给出接近主观感知的评价。与主观评价方法相比,客观评价方法具有可重复性,而且能满足实时检测的要求。

声频质量的客观评价方法从结构上来看,可以分为有参考(Intrusive)评价和无参考(Non-Intrusive)评价两类,如图 9-3 所示。其中,有参考评价的关键是将待测音频与无损的参考音频进行对比,无参考评价则是直接评估待测音频。目前国际上比较通行的客观声频质量评价方法是国际电信联盟提出来的 ITU-RBS. 1387 标准,即 PEAQ。与 PEAQ 相似,但应用范围较窄的就是 ITU-TP. 862 标准,即 PESQ,它主要面向通信系统中的语音质量客观评价。上述标准其实都属于有参考的评价方法,而无参考的评价方法目前常用的标准则是 ITU-TP. 563 标准,但它只适用于窄带电话语音通信。本文主要介绍有参考的客观声频质量评价方法。

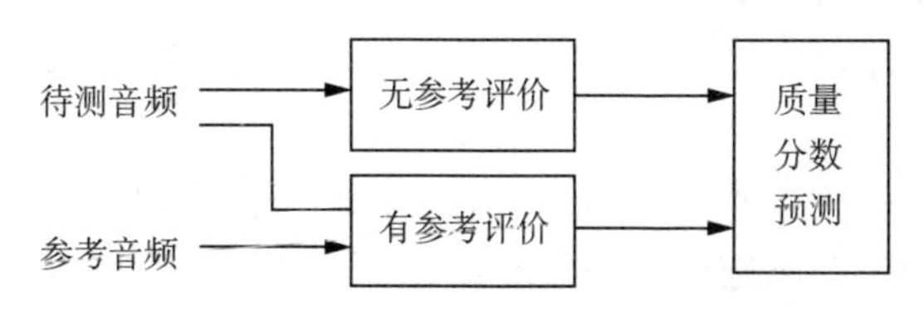

图 9-3 有参考和无参考质量评价系统

有参考信号的声频质量客观评价模型具有相似的处理流程。先对待测信号和参考信号分别进行预处理和特征计算,然后将两组信号的特征做对比,依据一定的模型来计算待测信号相对于参考信号的失真程度,最后将失真程度映射为 MOS 评分。具体可如图 9-4 所示。

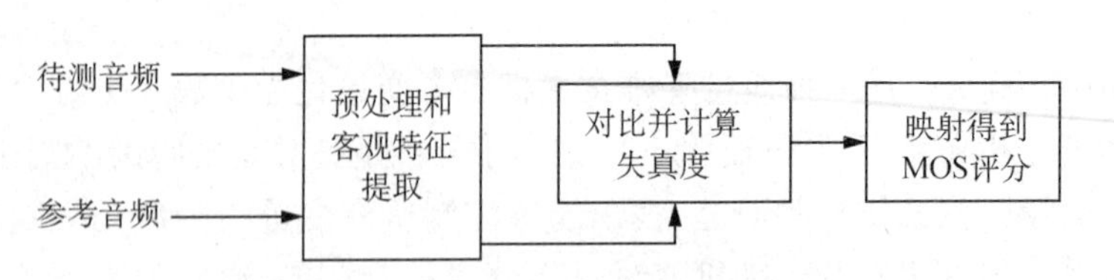

图 9-4　有参考信号的声频质量客观评价流程

一、PESQ

PESQ是国际电信联盟在2001年提出来的一种声频质量客观评价标准ITU-TP. 862，它根据心理声学感知模型，对音频的质量进行客观评分，其分数和MOS主观评分的结果非常接近，也就是说非常符合人类对声频质量的主观感知。它一般被用于窄带电话网络通信以及编码的语音质量评价。

PESQ的基本思想是将待测音频和无损伤的参考音频进行直接的比较，给出与主观MOS评分相近的数值。一般情况下，待测音频和参考音频之间的差异性越大，计算出的PESQ分数就越低。它的基本处理流程如图9-5所示，首先要调整待测音频与参考音频的电平值大小，将两者在强度上对齐，达到标准听觉电平。然后通过输入滤波器，模拟标准电话听筒的效果，对通过的音频信号进行滤波，并将通过的两路信号在时间上对齐。接下来把已经通过电平调整并且对滤波对齐后的两个音频进行听觉转换，这个转换过程中还需要对增益变化进行补偿，对系统的线性过滤进行均衡。经过这一系列处理后，就会得到两个新的信号。将两者进行对比，它们之间不同的部分作为扰动失真，即差值。这种差值在频率和时间上不断积累，通过系统模型的处理，计算出PESQ数值，再进行映射，获得转换后的MOS分数。

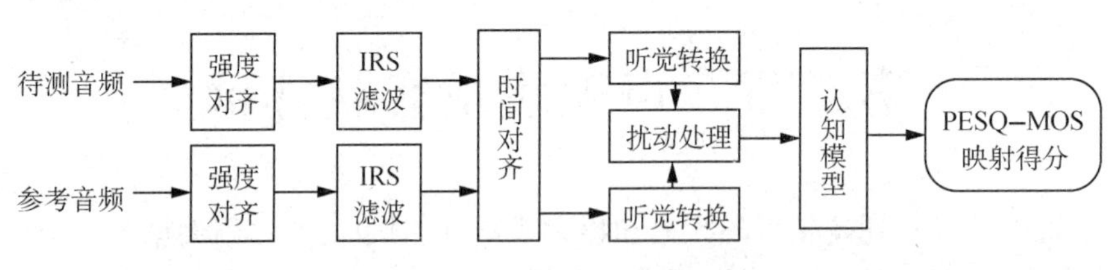

图 9-5　PESQ 算法基本流程

(一) 强度对齐

待测音频来源不一，录制设备也各有不同，因此会导致音频间强度差异较大，所以需要将待测音频与参考音频调整到统一的标准电平值。调整前，先要进行带通滤波，将250 Hz以下的频率部分完全过滤掉，250 Hz～2 kHz之间则保持原样，2 kHz以上的部分采取逐渐衰减的线性滤波。然后计算待测音频与参考音频的样本平方和的均值，最后再根据具体的强度要求，采取最大最小归一化或者标准归一化等方法，把两个音频的电平值调整到同一级别。

(二) IRS 滤波和时间对齐

感知模型必须考虑人在通话中感受到的实际效果，所以为了模拟典型的电话听筒的频响效果，需要用IRS(Intermediate Reference System)滤波来对待测音频和参考音频进行滤波。IRS滤波先对信号进行傅里叶变换，然后在频域用和话筒频响接近的分段线性滤波器进行滤波，最后用逆傅里叶变换得到时域信号。

接下来在时域计算待测音频和参考音频的延时，做时间对齐的处理。通常会将音频分成很多段，在每一段上采用基于直方图的互相关方法进行精确延时估计，而在时域包络上则进行粗略的延时估计，两者相结合得到最终的延时估计值。在整体延时估计结果的基础上调整待测音频和参考音频的时间映射关系。

(三) 听觉转换

听觉转换运用了与响度感知有关的心理声学模型，把音频信号的客观强度大小转换为主观感知的响度大小，一般可以分为Bark谱转换、频率均衡、增益补偿和响度映射四步。

① Bark谱转换：对音频信号进行分帧加窗，一般用Hanning窗函数，帧长32 ms，相邻帧之间有50%重叠。再做傅里叶变换得到线性频率频谱，利用Bark频率与线性频率的转换公式，把频谱转换为Bark频

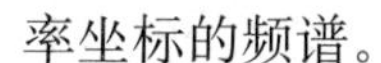

率坐标的频谱。

② 频率均衡：在 Bark 频谱上计算待测音频与初始参考音频的比值，估计出信道的传输函数，并将该传输函数运用到参考音频上，将其补偿到与待测音频相当的程度，但最多不超过正负 20 dB。

③ 增益补偿：增益是指参考音频的功率与待测音频的功率的比值。将待测音频信号乘以通过一阶低通滤波器的增益变化值，可将其补偿到与参考音频相同的量级。这一步也是在短时帧上进行的。

④ 响度映射：利用声压级为 40 dB 的 1 kHz 信号为校准信号，对上述操作以后的 Bark 频谱进行响度密度积分计算，得到以宋为单位的响度大小。计算时，结合心理声学中绝对听阈的知识，会设置一个响度阈限，能量大小超过该阈限的频段才会参与计算。

（四）扰动处理与认知模型

在每一个时间帧的每个频段上，待测音频和参考音频之间都会存在响度差，这就是扰动。扰动值有正有负，如果是正值，说明待测音频里面引入了噪声；如果是负值，说明待测音频相对参考音频来说，损失了一些分量。并非每个扰动都会被考虑，PESQ 会给扰动设置一个门限值，即待测音频和参考音频两个响度中较小值的 25%。如果扰动介于这个门限的正负值之间，那么扰动就被计为 0，认为其不会被主观感知到；如果扰动为正且高于这个门限，那么该扰动会减去门限，得到新的扰动值；如果扰动为负且低于该门限负值，则会加上门限，得到新的扰动值。经过上述操作以后，非零的扰动才会进入接下来的计算。

主观听感上，在感知音频失真时会有非对称现象。即原始音频中如果加入了新的时频分量，那么其感知评分会比减少时频分量的感知评分要低。所以 PESQ 对计算的扰动值还会乘以一个非对称因子，来模拟上述的非对称现象。这个非对称因子是待测音频与参考音频的 Bark 频谱能量密度的比值的 1.2 次幂。如果非对称因子小于 3，计为 0；在 3～12 之间则保持原值；大于 12 的均计为 12。接下来使用不同的范数，对扰动在频域上求平均。PESQ 在这里会计算两个均值，一个是经过非对称处理的平均非对称扰动，一个是不进行非对称处理的平均对称扰动。

在某些情况下，两个音频的时间对齐并不准确，导致了较大的计算误差，出现较大的扰动值，PESQ 把出现这样的扰动值的帧定义为坏帧，把该帧所在时间区间定义为坏区间。算法会对坏区间重新处理，估计出一个新的延时值，得到新的扰动。在解决了坏区间的基础上，PESQ 会用不同范数，对扰动在时域上求平均。同样这里也有平均非对称扰动和平均对称扰动两个结果。

（五）MOS 值预测

通过上述过程得到的待测音频和参考音频之间的差异就是 PESQ 得分。为了能更好地体现主观感知结果，与主观实验得到的 MOS 评分对比，需要将 PESQ 得分映射到 MOS 分值。这个映射函数是通过一系列的主观实验数据推导得到的，映射公式如下：

$$\text{PESQ\_MOS} = 4.5 - 0.1 \times \text{对称扰动} - 0.0309 \times \text{非对称扰动}$$

和早期的模型相比，PESQ 考虑了更多的噪声和时延干扰，加入更加精确的心理声学模型，所以能够给出与主观感知结果相关度更高的评分结果，得到了广泛的应用。

二、PEAQ

PESQ 是窄带声频质量评价标准，而随着对音频客观质量评价的深入研究，以及音频应用的快速发展，对宽带声频质量的客观评价的需求也逐渐增加。国际电信联盟在 1998 年综合各种竞争方案，提出了 ITU-RBS. 1387 标准，也就是 PEAQ。随后在 2001 年，国际电信联盟又公布了 PEAQ 的改进标准，即 ITU-RBS. 1387-1。PEAQ 是一种对人类听觉系统的心理声学原理进行建模的算法，这些心理声学原理被用于许多音频编解码器来降低比特率，同时保持较高水平的声频质量。它的算法流程可以分为两部分：心理声学模型和认知模型，如图 9-6 所示。

在图 9-6 给出的基本流程中，待测音频和参考音频分别经过心理声学模型处理，模拟人耳的听觉系统，将音频信号转换成基底膜响应信号，并考虑了掩蔽效应。然后由认知模型进行分析和综合，模拟听觉感知特性。最后通过神经网络模块，将上述两个模型计算得到的输出参数映射为一个 ODG 得分。

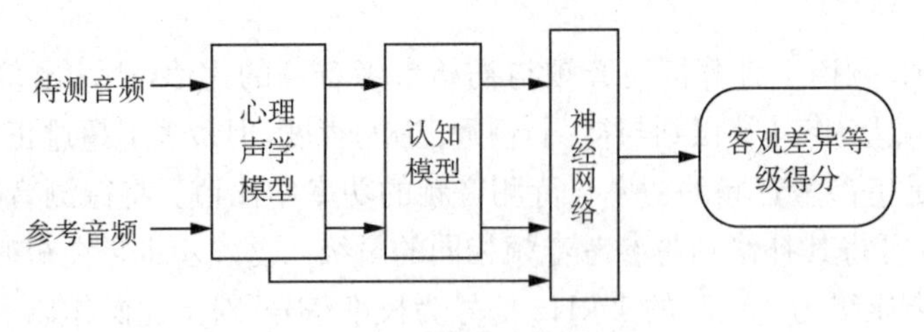

图 9-6　PEAQ 算法基本流程

(一) 心理声学模型

PEAQ 的心理声学模型分为两个部分:基本版和高级版,如图 9-7 所示。基本版使用了基于快速傅里叶变换的听觉感知模型,有 11 个输出参数;高级版则同时使用了基于快速傅里叶变换和滤波器组的两种听觉感知模型,却只有 5 个输出参数。高级版对听觉感知的模拟更加准确,当然它的计算量也是基本版的 4 倍。根据计算能力和目标需求,可以选取不同的版本加以应用。

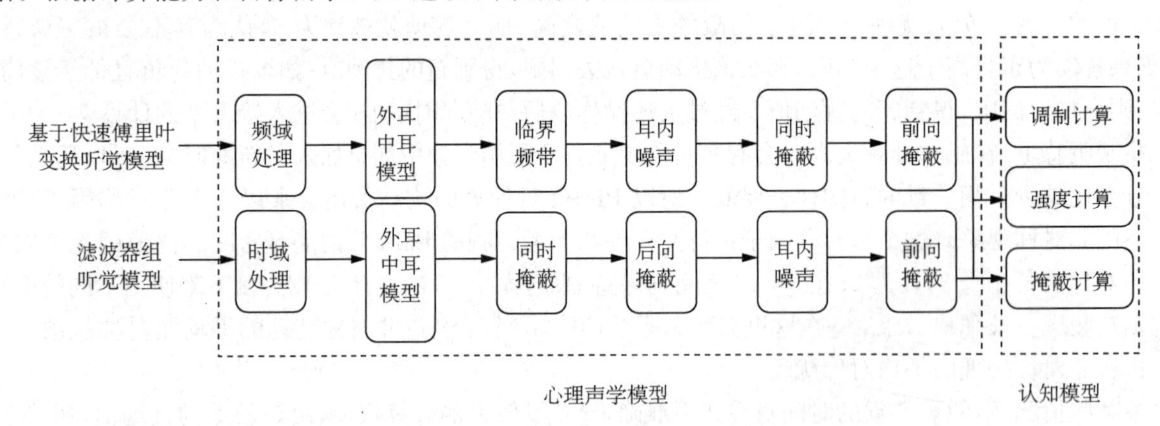

图 9-7　PEAQ 心理声学模型和认知模型

PEAQ 的基本版心理声学模型一开始便将时域信号变换到频域来处理,采用短时傅里叶变换,帧长为 2 048 个样本,两帧之间的交叠为帧长的 50%,窗函数选择了 Hanning 窗。然后用相关研究总结出来的公式模拟外耳和中耳的频响特性。再基于临界频带对信号的频谱进行了频段划分,给各个频段添加一个模拟人耳内部噪声的偏移量。最后引入了同时掩蔽和前向掩蔽的计算。每一帧信号的每个频段都会输出一个计算结果到认知模型。需要注意的是,除了上述最终结果的输出以外,基本版还会在同时掩蔽计算完成以后,把尚未经过前向掩蔽计算处理的结果也输出到认知模型。

PEAQ 的高级版心理声学模型则是先进行时域的直流滤波,然后再运用滤波器组,将信号分解为一组带通信号。滤波器组一共有 40 个滤波器,中心频率从 50 Hz 到 18 kHz。滤波之后就会使用和快速傅里叶变换基本版相同的外耳中耳频响特性处理,随后会用到的同时掩蔽、前向掩蔽和耳内噪声模型也是和基本版相同。但是高级版会加入在基本版里没有用到的后向掩蔽模型。PEAQ 在这里用了一个 12 阶的 FIR 滤波器来实现后向掩蔽的模拟。

(二) 认知模型

如图 9-7 所示,PEAQ 的认知模型主要负责计算心理声学模型得到的参数,通过调制、掩蔽还有强度等各个角度的计算,然后形成所谓的模型输出变量(Model Output Variables, MOV)。在基本版的心理声学模型上会计算出 11 个 MOVs,以下是具体描述。

① WinModDiff1:这是待测信号和参考信号时域包络的幅度调制量的差值,包络计算要经过加窗,而且采用的是响度包络。

② $AvgModDiff_1$ 和 $AvgModDiff_2$:这两个参数都是表示基于快速傅里叶变换听觉模型计算得到的调制差值的线性均值,区别仅仅在于求均值公式中的常数略有不同。

③ RmsNoiseLoud:这是在掩蔽信号存在的情况下,加性失真的部分感知响度参数。它是基于快速傅里叶变换的听觉模型下噪声响度的平方均值。

④ BandwidthTest：待测音频信号的平均带宽。

⑤ BandwidthRef：参考音频信号的平均带宽。

⑥ RelDistFrames：在信号具有足够强度水平的短时帧中，统计至少有一个频带包含显著噪声分量的帧的数量，计算这些帧所占的相对比例分数，就得到了这个参数。

⑦ Total NMR：计算所有帧的噪掩比（Noiseto Mask Ratio，NMR）的线性均值，同样只考虑那些强度水平足够高的帧。

⑧ Maximum Filtered Probability of Detection（MFPD）：这个参数是在待测音频和参考音频之间感知到差异的概率的度量，具体计算方法在 PEAQ 里面有相应定义。该参数其实是对一种感知现象的建模，即在信号开头的失真，相对结尾处的失真而言，容易被人遗忘。

⑨ Average Distorted Block（ADB）：如果某一帧的 MFPD 值大于 0.5，则将该帧视为失真。ADB 即为对失真帧数目的一种度量，具体计算公式参见 PEAQ 中的定义。

⑩ EHS：失真信号的频谱可能与参考信号本身具有相似的谐波结构，但谐波峰值在频率上会有偏移。这个参数据此来计算两者之间的谐波差异。

PEAQ 认知模型在高级版的心理声学模型上则计算出 5 个 MOVs，以下是具体描述：

① RmsNoiseLoudAsym：这个参数基于滤波器组的听觉模型计算。它是噪声响度的平方均值和待测音频中丢失的频率分量的响度的加权和。

② RmsModDiff：这个参数类似基于快速傅里叶变换基本版的调制差的计算过程。它是从滤波器听觉模型计算的调制量差值的平方均值。

③ AvgLinDist：该参数计算待测音频和参考音频的谱适应（Spectral Adaptation）过程中丢失分量的响度。所谓谱适应是指 PEAQ 中用于补偿待测音频和参考音频之间线性失真数量和强度水平这两类差异的过程。

④ Segmental NMR：这个参数和基本版中的 Total NMR 类似，不过计算的是局部的线性均值。

⑤ EHS：高级版本的 EHS 和基本版类似。

（三）MOV 到 ODG 的分数映射

从 MOV 这些参数推导出反映质量等级的分数，这显然不是一个线性映射的过程，推导出此类非线性度量的最便捷的方法则是神经网络。PEAQ 使用 BP 神经网络来完成从 MOV 参数到 ODG 分数的映射，节点激活函数是 sigmoid 函数。映射过程总共分成两步进行。首先，要把所有的 MOV 参数输入，通过 sigmoid 函数，合并为一个失真指数（Distortion Index，DI）。每个 MOV 参数都有各自的权重，这些权重系数是预先通过大量主观听音数据训练得到的。接下来，再通过公式由 DI 计算出 ODG 分数，具体公式如下：

$$\mathrm{ODG} = \mathrm{bmin} + (\mathrm{bmax} - \mathrm{bmin}) \times \mathrm{sigmoid}(\mathrm{DI})$$

其中，bmin 和 bmax 是预先定义好的尺度因子，在相关标准里面给出。最后得到的 ODG 是一个范围在 0～−4 之间的数值，0 代表最佳的质量，−4 代表最差的质量。PEAQ 算法在其开发过程中进行了广泛的测试，测试用到的素材中有多种不同类型的音频信号，将算法估计的 ODG 值与听力测试获得的 MOS 分数进行比较，发现基本版客观分数和主观分数之间的相关系数为 0.837，高级版本为 0.851。这也验证了 PEAQ 算法的有效性。

参考文献

王鑫，李洋红琳，吴帆．审听训练与音质主观评价（第二版）[M]．北京：中国传媒大学出版社，2021.

孟子厚．音质主观评价的实验心理学方法[M]．北京：国防工业出版社，2008.

孟庆茂，常建华．实验心理学[M]．北京：北京师范大学出版社，2013.

张厚粲，徐建平．现代心理与教育统计学（第 3 版）[M]．北京：北京师范大学出版社，2013.

杨治良．基础实验心理学[M]．兰州：甘肃人民出版社，1988.

朱滢.实验心理学[M].北京:北京大学出版社,2006.

彭聃龄.普通心理学(第四版)[M].北京:北京师范大学出版社,2012.

Rix A W, Hollier M P, Hekstra A P, et al. PESQ, the new ITU standard for objective measurement of perceived speech quality, Part I—Time alignment[J]. *Journal of The Audio Engineering Society*, 2002, 50(10):755-764.

Beerends J G, Hekstra A P, Rix A W, et al. PESQ, the new ITU standard for objective measurement of perceived speech quality, Part II—Perceptual model[J]. *Journal of The Audio Engineering Society*, 2002, 50(10): 765-778.

Thiede T, Treurniet W C, Bitto R, et al. PEAQ, the ITU-standard for objective measurement of perceived audio quality[J]. *Journal of The Audio Engineering Society*, 2000, 48(1/2): 3-29.

作者:王鑫、谢凌云(中国传媒大学) 吴帆(北京联合大学)

第十章
钢琴多音转谱技术

第一节　钢琴多音转谱技术简介

自动音乐转谱技术(Automatic Music Transcription, AMT)是将音乐的时域音频信号自动转化为符号音乐(如 MIDI 格式)的技术。该技术在智能化的音乐教育中有广泛的应用前景。高精度的音乐转谱能够准确地在用户所弹奏的音乐音频中检测出相应的音高、节奏、力度等信息,从而为用户的弹奏提供精准的反馈和指导。

在音乐教育的场景中,要做到准确的自动音乐转谱,需要面临几个挑战:①演奏的音频往往是多音音频,即同一时刻有多个音高,比如钢琴演奏中的和弦等。此时转谱模型需要把所有的音高准确地检测出来;②准确检测音符的起始截止时间点比较困难,这个问题对于弦乐来讲尤为明显,而对于弹拨类乐器,由于音符的能量在起始点(Onset)之后开始衰减,准确的识别音符的截止点(Offset)也存在困难;③用户的乐器设备和录音环境千差万别。即使对于同一类型的乐器,随着乐器品牌的不同,弹奏手法的不同,声场环境的差异,录音设备的差异,使得最终得到的音频也存在巨大的差异,如何设计鲁棒的模型应对复杂变化的音频是一项极具挑战性的任务。

自动音频转谱技术的研究有很长的历史。在早期,基于非负矩阵分解(Non-negative Matrix Factorization, NMF)的方法在多音音乐转谱中比较流行。近年来,随着深度学习技术的发展,深度神经网络(Deep Neural Network, DNN)也在自动音乐转谱中得到了更多的应用,并且取得了令人瞩目的进展。在本章的后续部分,我们将分别介绍基于 NMF 和深度学习方法的钢琴多音自动转谱技术。

第二节　基于 NMF 的多音转谱技术

将 NMF 应用于多音音高的研究估计有超过 20 年的时间,研究人员针对不同的场景和乐器,提出了众多的改进算法。概括来讲,这些算法主要包含以下四个步骤:

① 将时域的音频信号 S 转换为时频表示 X, $X \in \mathscr{R}_+^{M\times N}$ 可以是线性幅值谱,也可以是其他频谱表示。

② 将其时频表示分解成经过缩放的基谱之和。基谱可以是固定的,也可以是自适应的。这个缩放的系数即为基谱对应的时变幅度。

③ 对于自适应的基谱,提取每个基谱的音高。

④ 根据求解的相关时变幅度,得到对应音高的显著度。

下面我们针对这四个步骤介绍具体的操作方法。

一、NMF 钢琴转谱的基本方法

(一) 基于等效矩形带宽的时频表示

为了分辨音高,音频的时频表示必须至少能够分辨半音的频率差别。如果通过短时傅里叶变换进行时频表示,那么需要一个比较大的窗长(例如 64 ms),才能达到要求的频率分辨率,但是这同时意味着较低的时域分辨率以及较大的计算量。为了能以较小的计算量在低频范围取得较高的频率分辨率,同时在高频范围取得较高的时域分辨率,可以采用非线性频率刻度的滤波器组进行变换,如 constant-Q 变换等。在钢琴转谱领域,常见的做法是采用基于 ERB 的时频表示,这里采用一种根据人耳的听觉激励所设计的滤波器组。该滤波器组由 F 个以 f 为索引的滤波器组成,这些滤波器的中心频率在 5 Hz 到 10.8 kHz 范围内的 ERB 刻度上线性分布。ERB 刻度的计算公式如下:

$$v_f^{\mathrm{ERB}} = 9.26\ln(0.004\,37 v_f^{\mathrm{Hz}} + 1) \tag{10.1}$$

在这里 F 的取值设为 250。我们使每个滤波器的主频波瓣宽度为其中心频率与相邻滤波器中心频率差值的 4 倍,将每个子带分割成为 23 ms 的时间帧,用 t 来索引。我们可以计算每个框内的方均根幅值 X_{ft}。这个做法用很小的计算量得到了与短时傅里叶变换近似的结果。

(二) 幅值域的 β -散度非负矩阵分解

NMF 是一种矩阵分解方法,使得分解后的所有分量均为非负值,同时实现非线性的维度约减。给定一个观测数据矩阵 $X \in \mathscr{R}_{+}^{F\times N}$,NMF 的求解目标是找到如下一个矩阵分解:

$$X \approx WH \tag{10.2}$$

其中 $W \in \mathscr{R}_{+}^{F\times K}$ 和 $H \in \mathscr{R}_{+}^{K\times N}$,$K$ 一般取一个较小的值,满足 $FK + KN \ll FN$,以此来实现维度约减。这个分解往往是近似的,所以也被称为非负矩阵近似算法。由于实现简便,分解结果可解释,占用存储空间小等优点,已经被广泛地应用于信号处理、计算机视觉、模式识别、生物医学工程等领域。

在音乐转谱领域,我们采用 NMF 对观测频谱 X_{ft} 进行建模,用模型频谱 Y_{ft} 来逼近观测频谱 X_{ft},减少失真度。其中 Y_{ft} 的定义如下:

$$Y_{ft} = \sum_{i=1}^{I} A_{it} S_{if} \tag{10.3}$$

这里 S_{if} 和 A_{it}, $i \in \{1, \cdots, I\}$ 都是非负的,分别表示一组基谱及其时变幅度,写成矩阵表达形式即为 $Y = S^{\mathrm{T}}A$。其中 $S^{\mathrm{T}} \in \mathscr{R}_{+}^{F\times K}$ 是基矩阵,存储了一系列基谱的表示;$A \in \mathscr{R}_{+}^{K\times T}$ 是激活矩阵,代表这些基谱的时变幅度。NMF 的目标是要求解如下优化问题:

$$\min_{DA} D(X \mid S^{\mathrm{T}}A) \text{ s. t. } W \geqslant 0,\ H \geqslant 0 \tag{10.4}$$

其中 D 是某种可分离的散度,

$$D(X \mid S^{\mathrm{T}}A) = \sum_{f=1}^{F}\sum_{t=1}^{T} d([X]_{ft} \mid [S^{\mathrm{T}}A]_{ft}) \tag{10.5}$$

$[\cdot]_{ft}$ 是矩阵第 f 行第 t 列的元素,d 是一个标量的损失函数。在 NMF 问题中常用的损失函数是 β -散度,β - 散度的失真测度公式如下:

$$d(X_{ft} \mid Y_{ft}) \overset{\text{def}}{=} \begin{cases} \dfrac{1}{\beta(\beta-1)}[X_{ft}^{\beta} + (\beta-1)Y_{ft}^{\beta} - \beta X_{ft} Y_{ft}^{\beta-1}] & \beta \in \mathbf{R}/\{0,\ 1\} \\ X_{ft} \ln \dfrac{X_{ft}}{Y_{ft}} - X_{ft} + Y_{ft} & \beta = 1 \\ \dfrac{X_{ft}}{Y_{ft}} - \ln \dfrac{X_{ft}}{Y_{ft}} - 1 & \beta = 0 \end{cases} \tag{10.6}$$

常见的损失函数如欧式距离、广义的 Kullback-Leibler(KL)散度和 Itakura-Saito(IS)散度都是 β -散度的特殊情况(分别对应于 $\beta = 2,\ 1,\ 0$)。这些损失函数都由参数 β 控制,选取不同的 $\beta \geqslant 0$,可以使得失真度随着 X_{ft}^{β} 缩放。一个较小的 β 能够压缩更大动态范围的音乐,从而提高对响度小的声音的建模准确率。这个模型已经被应用于基于幅度谱或能量谱的音高估计。

式(10.4)的最小化问题,最直接的解法是采用以下的乘法更新规则。在初始化合适的参数后,交替地使用下列更新公式至收敛将会最小化 β - 散度:

$$A \leftarrow A \odot \frac{S[S^{\mathrm{T}}A^{\beta-2} \odot X]}{S(S^{\mathrm{T}}A)^{\beta-1}} \tag{10.7}$$

$$S^{T} \leftarrow S^{T} \odot \frac{[S^{\mathrm{T}}A^{\beta-2} \odot X]S}{(S^{\mathrm{T}}A)^{\beta-1}S} \tag{10.8}$$

其中 $\odot$ 表示逐点相乘。

对于音频转谱的问题,NMF 模型的参数估计有两种方式:

① 对于测试数据，交替地使用以上式(10.7)和式(10.8)，直接推断出自适应的基谱 S^T 和时变振幅 A。

② 先在训练数据上交替地使用式(10.7)和式(10.8)，学习到基谱 S^T；然后固定基谱 S^T，在测试数据上使用公式(10.7)，推断出时变振幅 A。

对于方式①，我们采用随机均匀分布对 A_{it} 和 S_{if} 进行初始化。对于方式②，我们将 A_{it} 的初始值设为 1。

（三）基于谐波梳的音高识别

MIDI 格式中用半音数表示音高，MIDI 数 p_i 与音高基频 $v_{i_0}^{Hz}$ 的对应关系如下：

$$p_i = 69 + 12\log_2(v_{i_0}^{Hz}/440) \tag{10.9}$$

$$v_{i_0}^{Hz} = 440 \times 2^{\frac{p_i - 69}{12}} \tag{10.10}$$

我们在有标注的训练数据上估计基谱时，可以把每个基谱关联一个固定整数音高的先验信息。我们将未激活音高的基谱对应的振幅置零来保证精确的训练。然而，如果从测试数据直接估计基谱矩阵，得到的基谱可能是有音高的，也可能是无音高的，并且这些基谱的音高需要通过后验推断得到。对于一个特定的音高，其频谱可以表示为基频和一些谐波分量的叠加，基频和各谐波分量有不同的幅值。基于这个特点，我们可以采用谐波梳方法在频谱上进行鲁棒的音高识别。一个简单的正弦梳估计器表示如下：

$$v_{i_0}^{Hz} = \underset{v_0^{Hz}}{\operatorname{argmin}} \sum_{f=1}^{F} S_{if}^2 [1 - \cos(2\pi v_f^{Hz}/v_0^{Hz})] \tag{10.11}$$

在这里，音高的区间从 $p_{low} = 21$(27.5 Hz)到 $p_{high} = 108$(4.19 kHz)，也就是钢琴的音域。如果基谱的估计音高在此区间之外，我们将它归类为无音高。这个方法不仅简易，同时被证明十分有效。

（四）基于振幅的音高显著度检测

给出所有基础频谱的时变振幅，我们可以通过式(10.12)计算一个整数音高 p 的显著度。计算所有和 p 差距 1/4 音程之内的总能量之和的平方根。

$$\bar{A}_{pt} = \left[\sum_{f=1}^{F} \left(\sum_{i \text{ s.t. } |p_i - p| < 1/2} A_{it} S_{if}\right)^2\right]^{1/2} \tag{10.12}$$

然后我们逐帧对得到的音高激活值进行二分类(是否激活)，如果满足下式(10.13)，则分类为激活状态。

$$\bar{A}_{pt} \geqslant 10^{A_{min}/20} \max_{pt} \bar{A}_{pt} \tag{10.13}$$

其中 A_{min} 是一个检测阈值(单位：dB)，可以手动设置，或者从训练数据中学习得到。

图 10-1 是一个基于 NMF 的音高识别的示例，输入的频谱 X 被近似建模为基谱矩阵 S^T 和激活矩阵 A 的乘积。这里的基谱矩阵的每一列都对应一个音高，可以清楚地看到它们的基频和谐波。将激活矩阵经过处理后即可得到每个时刻的音高。

图 10-1 中是比较理想的情况，而实际中的 NMF 分解几乎不可能像图 10-1 中展示的那么清晰干净。音乐中的各个声音之间是高度相关的，同时出现的音符往往都是和弦，这也意味着这些音符的谐波分量大多是互相重叠的。这种情况下，我们很难区分这些高次谐波的能量属于哪个音符。同时，这些音符的时频特性随着音高、弹奏手法、录音环境的不同而变化，这会使问题更加复杂。另外，由于各种原因，钢琴的高次谐波分量往往不完全是基频的整数倍，这被称为不和谐分音，而且对于不同的钢琴，这些不和谐分音的偏差量也不同。图 10-2 展示了一个不和谐分音的示例。

为了解决这些挑战性问题，研究人员对基础的 NMF 模型进行了扩展，使其能够学到更多样性的基谱矩阵和激活矩阵。改进的方法包括对激活矩阵施加稀疏性约束；在训练集上设计并训练好基谱矩阵，使其每个基谱仅包含一个单音的频谱；或者对基谱矩阵施加更精细的约束，等等。下文介绍一种自适应谐波分解的方法。

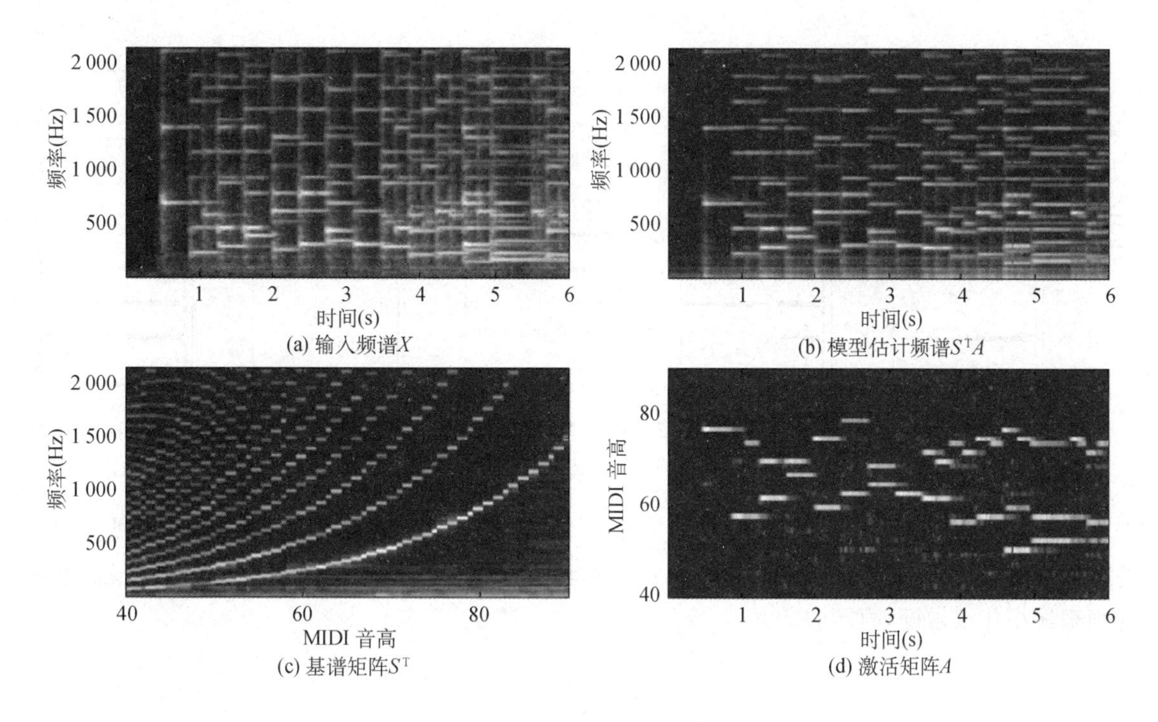

图 10-1　NMF 的示例①

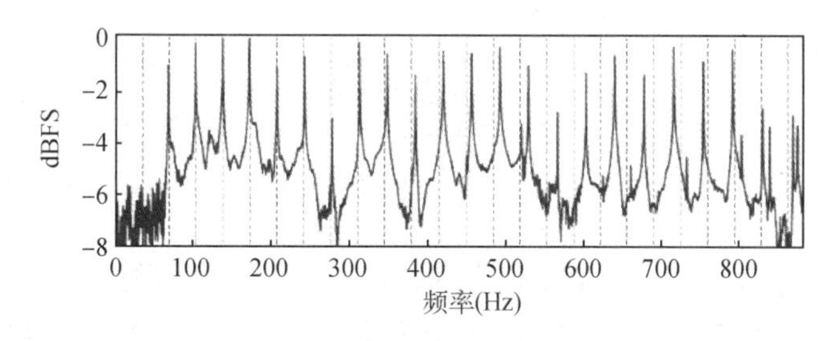

图 10-2　不和谐分音的示例①

（这是一个在钢琴上弹奏的 C♯1 音符的频谱，琴弦本身的硬度导致高次分音偏离基频整数倍的位置即虚线表示的位置。比如这里的第 23 分音出现在原本应该是第 24 分音的位置。注意频谱中 34.65 Hz 的基频消失了，因为一般钢琴的音板对于低于 50 Hz 频率的声音不产生共振）

二、自适应谐波分解

为了使基谱清晰并且能适应不同的音符，我们希望能够限制每个基础频谱只表示一个单音，同时将它的频谱包络拟合到测试数据上。为了达成这些目标，我们在模型中对基谱的结构进行精细的约束，但是给频谱包络一定的自由度。该过程如图 10-3 所示。

（一）频谱结构约束的总体框架

我们使每个基谱 S_{if} 对应一个整数音高，并且将具有相同音高但频谱包络不同的基谱用 $j \in \{1, \cdots, J_p\}$ 进行索引。为了保证每个基谱项 S_{pjf} 确实模拟了特定的音高 p，我们将它限制为如下形式：

$$S_{pjf} = \sum_{k=1}^{K_p} E_{pjk} N_{pkf} \tag{10.14}$$

其中 N_{pkf}，$k \in \{1, \cdots, K_p\}$ 是固定的窄带子谱，包含几个相邻的谐波分量；E_{pjk} 是频谱包络权重。那么现

① Benetos, Emmanouil, et al. Automatic music transcription: An overview[J]. *IEEE Signal Processing Magazine*, 2019.

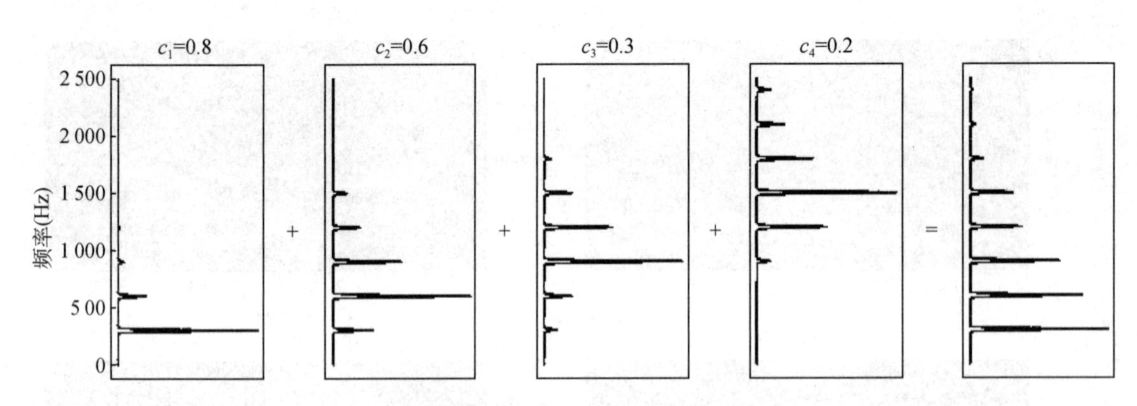

图 10-3　每个 NMF 的基谱①

（最右图表示为若干固定窄带子谱的线性组合）

在对于 NMF 模型参数的估计就变成了：在给定基谱结构的前提下，根据测试数据，推断频谱包络和每个基谱的时变幅度。由于约束是线性的，这两个量的估计可以被再次放入标准 NMF 框架。我们通过下述更新规则来最小化 β 散度，直至收敛。

$$A_{pjt} \leftarrow A_{pjt} \frac{\sum_{f=1}^{F} S_{pjf} Y_{ft}^{\beta-2} X_{ft}}{\sum_{f=1}^{F} S_{pjf} Y_{ft}^{\beta-1}} \tag{10.15}$$

$$E_{pjk} \leftarrow E_{pjk} \frac{\sum_{f=1}^{F} \sum_{t=1}^{T} A_{pjt} N_{pkf} Y_{ft}^{\beta-2} X_{ft}}{\sum_{f=1}^{F} \sum_{t=1}^{T} A_{pjt} N_{pkf} Y_{ft}^{\beta-1}} \tag{10.16}$$

通过设计窄带子谱 N_{pkf}，式(10.14)的约束可以表示一系列不同类型乐器的频谱结构，例如木管乐器的和谐分音，拨弦乐器的轻微不和谐分音，以及钟铃类的极不和谐分音。我们给出两种获取窄带子谱 N_{pkf} 的方式：一是基于和谐度与谱平滑约束来设计窄带子谱；二是从训练数据中学习获得窄带子谱。

（二）和谐度与谱平滑约束

在已知各分音频率的情况下，每个窄带子谱 N_{pkf} 可以定义为几个独立的分音频谱的加权和：

$$N_{pkf} = \sum_{m=1}^{M_p} W_{pkm} P_{pmf} \tag{10.17}$$

其中 P_{pmf} 是第 m 个分音的幅值谱；M_p 是分音的数目；W_{pkm} 是表示频带 k 的频谱形状的参数。

每个分音的频谱可以从时频变换中特定频率窗的带通滤波器的频率响应中推出。对于前文中 ERB 滤波器组，我们得到：

$$P_{pmf} = \left| \operatorname{sinc}[L_f(v_f^{\mathrm{Hz}} - v_{pm}^{\mathrm{Hz}})] + \frac{1}{2}\operatorname{sinc}[L_f(v_f^{\mathrm{Hz}} - v_{pm}^{\mathrm{Hz}}) + 1] + \frac{1}{2}\operatorname{sinc}[L_f(v_f^{\mathrm{Hz}} - v_{pm}^{\mathrm{Hz}}) - 1] \right| \tag{10.18}$$

其中 v_{pm}^{Hz} 是第 m 分音的频率(Hz)；sinc 是正弦基函数且 L_f 是频率 f 处的滤波器长度。假设所有谐波都能被观测到，我们将分音的数量设置为 $M_p = \lfloor v_F^{\mathrm{Hz}} / v_{p0}^{\mathrm{Hz}} \rfloor$，其中 v_F^{Hz} 是最大频率。

权重 W_{pkm} 的选择会影响音高估计的性能。如果每个窄带子谱 N_{pkf} 代表一个单一的分音，则基础频谱 S_{pjf} 会包含多个基频，导致替换错误。而如果它包含太多分音，则基谱可能不能很好地适应频谱包络，导

① Benetos, Emmanouil, et al. Automatic music transcription: An overview[J]. *IEEE Signal Processing Magazine*, 2019.

致插入或删除错误。为了避免这些问题，每个窄带子谱应该仅跨越一个包含几个分音的窄频带。这些分音的相对振幅的选择也会受到频谱平滑性的约束，强制相邻的分音振幅相似。我们经过一系列的探索，计算权重 W_{pkm} 如下：

$$W_{pkm}=w\left(\frac{v_{pm}-v_{p0}-(k-1)b}{2b}\right) \tag{10.19}$$

其中 w 是一种窗函数(建议采用 n 阶 Gammatone 窗)，v_{p0} 和 v_{pm} 表示基频频率以及第 m 个分音的频率，b 是连续频带之间的间隔，$2b$ 是带宽。选择一个更大的带宽($2b$) 能够提升基谱的平滑度。我们假设所有频带能够被观察到的最大索引为 $K_{\max}$，因此频带的数量为 $K_p=\min\{\lfloor(v_F-v_{p0})/b\rfloor+1,\ K_{\max}\}$，其中 v_F 是 ERB 刻度上最高的频率窗口(Frequency Bin)。此时，最大的带宽等于 $b_{\max}=K_{\max}b$。

(三) 从训练数据中学习窄带子谱

除了以上的和谐性与谱平滑性约束以外，也可以通过在标注样本上训练得到窄带子谱。为了确保学到的子谱有窄带特性，我们可以对其添加如下约束：

$$N_{pkf}=0\ 若\ |v_f-v_{p0}-(k-1)b|>2b \tag{10.20}$$

其中 v_f 和 v_{p0} 是在 ERB 刻度上的频率 f 和基频。这样的话，就可以用标准的 NMF 框架来训练这个窄带子谱，其乘法更新规则如下：

$$N_{pkf}\leftarrow N_{pkf}\frac{\sum_{j=1}^{J_p}\sum_{t=1}^{T}A_{pjt}E_{pjk}Y_{ft}^{\beta-2}X_{ft}}{\sum_{j=1}^{J_p}\sum_{t=1}^{T}A_{pjt}E_{pjk}Y_{ft}^{\beta-2}} \tag{10.21}$$

以上更新法则与式(10.15)、式(10.16)交替使用。

第三节　基于深度学习模型的多音转谱技术

近年来，随着深度学习技术的发展，DNN 也在自动音乐转谱中得到了更多的应用。卷积神经网络(Convolutional Neural Networks, CNN)在图像分类任务中取得的巨大成功，也启发着人们将它应用于自动音乐转谱中。因为音频文件经常用二维的时频特征来表示，这个时频特征可以类比于图像。凯尔兹(Kelz)等将一种 CNN 声学模型用于钢琴多音转谱任务，悉达多(Siddharth)等进一步地从语音识别领域借鉴了 CNN 声学模型与循环神经网络(Recurrent Neural Network, RNN)语言模型的结构，用于该任务。在这些工作的基础上，柯蒂斯(Curtis)等提出了结合音符起始点识别进行双目标钢琴多音转谱的 DNN 模型。这里我们主要介绍柯蒂斯等的方法。

双目标钢琴转谱模型

在钢琴多音转谱中，有一种技术是逐帧转谱，即对每一帧音频进行音高识别。进行逐帧钢琴转谱任务通常首先处理原始音频帧，然后产生音符激活帧。以往的一些逐帧预测模型认为每一帧互相独立，并且同等重要。但是由于音符能量在起始点后立即开始衰减，它的所在帧相对而言是最容易识别且最有意义的帧，因此我们认为各个帧的重要性并不相同，并且音符起始点所在的帧是最重要的帧。

我们可以利用音符起始帧的这种特性，先训练一个专用的音符起始点检测器，并以该检测器的结果作为条件，再进行逐帧的音高检测。基于这种思路，可以设计一个音符起始点检测网络和一个逐帧音符激活检测网络。使用音符起始点检测网络的原始输出作为逐帧音符激活检测网络的附加输入。接下来，在音符检测的过程中，如果音符起始点检测器的输出高于某个阈值，就认为该帧中出现了音符起始点，然后逐帧音符激活检测器才能够开始一个音符。

在凯尔兹等提出的卷积声学模型网络的基础上，我们进行了一些修改，构建了起始点检测模型和逐帧音符激活检测模型。模型结构如图 10-4 所示。接下来我们将分别介绍数据预处理和模型构建的各个环节。

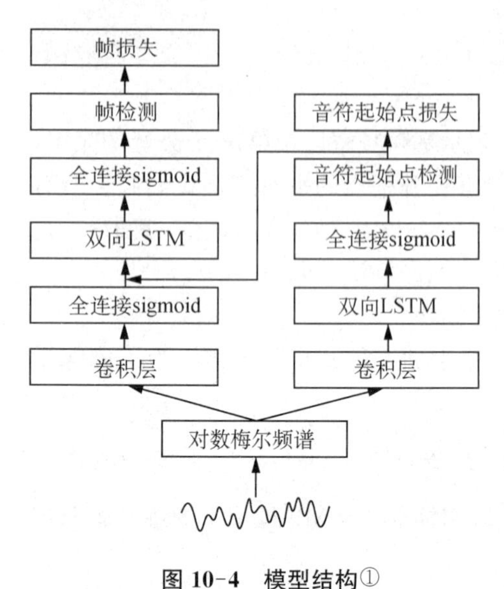

图 10-4　模型结构①

（包含一个音符起始点检测器和一个逐帧音符激活检测器）

特征提取：我们将原始音频重采样至 16 kHz，选用 2 048 的窗长，512 的窗移进行傅里叶变换，计算 229 维的对数幅度梅尔频谱(Log-Mel Spectrum)。

音符起始点检测器：底层是一个声学模型，接上一个 128 单元的双向长短时记忆(Long Short-Term Memory, LSTM)网络，再之后是一个包含 88 个输出单元的全连接层，激活函数是 sigmoid，对应于 88 个钢琴键中每个键作为音符起始点的概率。

逐帧音符激活检测器：其前端是一个另外的声学模型，后面是一个由 sigmoid 激活的全连接层，具有 88 个输出单元。这个 88 维的输出与音符起始点检测器的 88 维输出连接在一起，共同输入一个 128 单元的双向长短期记忆网络。最后，该长短期记忆网络的输出连接到一个由 sigmoid 激活的 88 单元的全连接层。

数据对齐：标注数据的音符标签在时间上是连续的，但是音频处理的结果是逐帧的，并不连续。在计算训练损失时，我们对标注的音符标签进行量化，使用相同的帧长来作为频谱图的输出。当计算性能评价时，我们将模型推断结果与原始连续时间的标签进行比较。

损失函数：模型的损失函数是两个交叉熵损失函数之和，分别来自音符起始点检测和逐帧音符激活检测。

$$L_{\text{total}}=L_{\text{onset}}+L_{\text{frame}} \tag{10.22}$$

$$L_{\text{onset}}=\sum_{p=p_{\min}}^{p_{\max}}\sum_{t=0}^{T}CE[I_{\text{onset}}(p,t),P_{\text{onset}}(p,t)] \tag{10.23}$$

$$L_{\text{frame}}=\sum_{p=p_{\min}}^{p_{\max}}\sum_{t=0}^{T}CE[I_{\text{frame}}(p,t),P_{\text{frame}}(p,t)] \tag{10.24}$$

其中 $p_{\min/\max}$ 是钢琴的 MIDI 音高范围；T 是输入样本的帧数；$I_{\text{onset}}(p,t)$ 和 $I_{\text{frame}}(p,t)$ 都是指示函数，如果在音高 p 和帧 t 有音符起始点则值为 1，否则值为 0，$P_{\text{onset}}(p,t)$ 和 $P_{\text{frame}}(p,t)$ 是模型在音高 p 和帧 t 的概率输出，$CE(\cdot)$ 表示交叉熵损失函数。

此外，对于逐帧音高检测的损失函数 L_{frame}，可以通过加权来提高音符开始处的准确性。假设音符从 t_1 帧开始，在 t_2 帧完成了它的起始点，在 t_3 帧结束。我们对音符的早期帧分配更高的权重，以此来激励模型更准确地预测音符的开始，从而保留了乐曲音频中最重要的音乐事件。改进的加权帧损失函数定义如下：

$$L_{\text{frame}}(l,p)=\begin{cases}cL'_{\text{frame}}(l,p) & t_1\leqslant t\leqslant t_2\\ \dfrac{c}{t-t_2}L'_{\text{frame}}(l,p) & t_2\leqslant t\leqslant t_3\\ L'_{\text{frame}}(l,p) & \text{其他}\end{cases} \tag{10.25}$$

① Hawthorhe C, Elsen B, Song J L, et al. Onsets and frames: Dual-objective piano transcription[C]//Proceedings of the 19th International Society for Music Information Retrieval Conference(ISMIR). Paris: International Society for Music Information Retrieval, 2018:50～57.

这里的 $c=5.0$ 是一个超参数。用以上损失函数训练图 10-4 中的模型,即可得到一个音符起始点检测器和逐帧音符激活检测器,可以将其用于钢琴曲音频中的音高检测。图 10-5 是用该模型进行钢琴音频转谱的示例。

力度检测器:我们可以进一步扩展以上模型进行音符力度检测。力度检测模块类似于音符起始点模块和逐帧检测模块,但是并不与这两个模块相连接。在训练阶段,需要把数据的力度标签进行归一化,所有的力度值除以力度最大值,归一化至区间 $[v_{\min}/v_{\max}, 1]$。力度检测模块的目标函数为:

$$L_{\text{vel}}=\sum_{p=p_{\min}}^{p_{\max}}\sum_{t=0}^{T}I_{\text{onset}}(p, t)(v_{\text{label}}^{p, t}-v_{\text{predicted}}^{p, t})^2 \tag{10.26}$$

在检测阶段,把模型的输出截断到$[0, 1]$之间,然后用以下公式换算成 MIDI 的力度数值:

$$v_{\text{MIDI}}=80v_{\text{predicted}}+10 \tag{10.27}$$

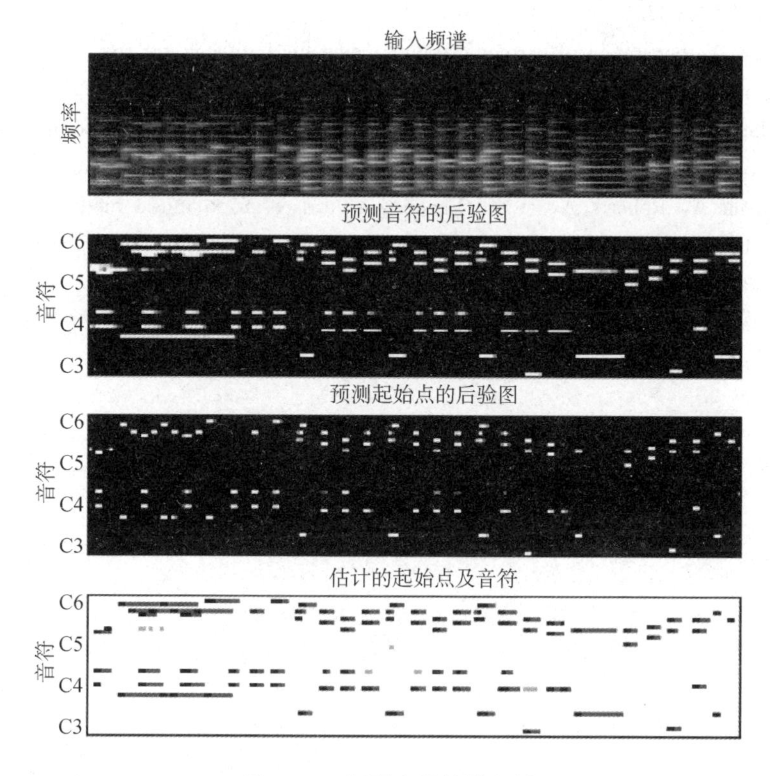

图 10-5 钢琴音频转谱示例

(从上到下分别是:钢琴音频的对数幅度梅尔频谱,逐帧音频激活检测模型输出的音符概率,音符起始点检测模型输出的概率,经过阈值筛选的音符起始点以及音符。在最下面的图中,黑色表示有对应音符起始点的音符,灰色是没有检测到音符起始点而被过滤掉的音符)

近年来,钢琴多音转谱受到越来越多的关注,研究人员提出了各种各样的改进算法提高钢琴多音转谱的精度,比如针对 NMF 方法设计平移不变的基谱字典,在神经网络模型中添加音符截止检测模块等。随着相关音乐转谱数据量的增大,钢琴转谱算法的性能得到了显著的提升。我们也能看到这些算法越来越多地被应用于智能音乐教育场景,改进学习方式,提升学习效率。

参考文献

Vincent E. Musical source separation using time-frequency source priors[J]. *IEEE Transactions on Audio, Speech, and Language Processing*, 2006,14(1): 91-98.

Lee D D & Seung H S. Algorithms for non-negative matrix factorization[C]//International Conference on Neural Information Processing Systems. Cambridge: MIT Press, 2000.

Févotte, Cédric & Idier, et al. Algorithms for nonnegative matrix factorization with the beta-divergence[J]. *Neural*

Computation, 2010, 23(9): 2421-2456.

Benetos, Emmanouil, et al. Automatic music transcription: An overview [J]. *IEEE Signal Processing Magazine*, 2019.

Par S V D, et al. A new psychoacoustical masking model for audio coding applications[C]//2002 IEEE International Conference on Acoustics Speech & Signal Processing. Piscataway: IEEE, 2002.

Kelz R, Dorfer M, et al. On the potential of simple framewise approaches to piano transcription[C]//Proceedings of the 17th International Society for Music Information Retrieval Conference (ISMIR). New York: International Society for Music Information Retrieval, 2016.

Sigtia S, Benetos E & Dixon S. An end-to-end neural network for polyphonic piano music transcription[J]. *IEEE/ACM Transactions on Audio, Speech, and Language Processing*, 2016, 24(5), 927-939.

Hawthorne C, Elsen B, Song J L, et al. Onsets and frames: Dual-objective piano transcription[C]//Proceedings of the 19th International Society for Music Information Retrieval Conference (ISMIR). Paris: International Society for Music Information Retrieval, 2018: 50-57.

Virtanen T & Klapuri A. Separation of harmonic sounds using linear models for the overtone series[C]//2002 IEEE International Conference on Acoustics, Speech, and Signal Processing. Piscataway: IEEE, 2002,

Fuentes B, et al. Harmonic adaptive latent component analysis of audio and application to music transcription[J]. *IEEE Transactions on Audio, Speech, and Language Processing*, 2013, 21(9): 1854-1866.

Hawthorne C, Stasyuk A, Roberts A, et al. Enabling factorized piano music modeling and generation with the MAESTRO dataset[C]. International Conference on Learning Representations. New Orleans: ICLR, 2019.

作者:张宁(上海交通大学)

第十一章
智能作曲算法

第一节 智能作曲算法简介

机器能作曲吗？如果人创造了机器，而机器学会了作曲，那么真正在作曲的是人还是机器呢？这是个乍一听不好回答的问题。如果机器只是严格地执行人预先设定好的每一个动作，那么机器最多可以算作人类躯体的延伸。扳手、自行车，甚至算盘都是如此。但如果人类仅仅是帮助机器设定学习方法与目标，具体内容都由机器自己习得，甚至在此过程中机器学会了举一反三，那么机器就应该算得上是人类的学生。学生的独立作品就算不得是老师的了。

其实，人们对自动作曲的尝试由来已久。自动作曲至少可以追溯到著名的中世纪音乐家圭多·阿雷佐(Guido D'Arezzo)，他设计了基于规则的元音到音高(Vowel-to-pitch)映射算法来生成音符序列。尽管此类作曲方法在当时算不上主流，但随着现代计算机的发展，算法作曲或广义的自动音乐生成已变得越来越引人注目。计算机算力的发展极大地加快了实验速度，使人们可以更快地测试新奇想法。此外，先进的计算模型和数据驱动算法使计算机能够通过继承"训练数据"的特点来生成音乐。近年来，随着人工智能和神经网络的突破，基于深度学习的深度生成模型已成为自动音乐生成的主流，仅对于模仿巴赫，我们就已经看到了 BachBot、DeepBach、CNNBach 等工作，其中大多数都能产生令人信服的结果。随着对 AI 的接受度普遍提高，人们也开始称自动作曲为智能作曲。

在生活中，人们往往撰写乐谱(Sheet Music)来表示音乐，而用计算机承载和表示音乐的基本方法分为两大类：音频域和象征域，后者可视为前者的抽象。

① 音频域(Audio Domain)，通用的表示方法有波形(Waveform)、时频谱(Spectrogram)、梅尔频谱图(Mel Spectrogram)等。

② 象征域(Symbolic Domain)，通用的表示方法有 MIDI 消息(MIDI Messages)、钢琴卷帘(Piano Roll)以及 MusicXML 等。

通常，自动音乐生成(Automated Music Generation)兼指两类，而自动作曲、算法作曲(Algorithmic Composition)与智能作曲则通常专指后者，这也更符合大众对"作曲"的理解。从智能算法(Intelligent Algorithm)的角度出发，两类音乐的生成模型实则大同小异，本章为了整体叙述的简洁性，只针对象征域介绍智能作曲算法。

本章有两大主线，分别为预测生成法(Generation by Prediction)和类比生成法(Generation by Analogy)。每条主线都会由浅入深地介绍智能作曲领域的研究成果。由于智能作曲是个相对新的领域，本章也可视为对诸多前沿研究文章的整理和概述。无论哪条主线上的研究，最终的目的都是培养"优秀"的计算模型，产出高质量的音乐。那么从人工智能和音乐学的角度，什么是优秀的智能作曲计算模型呢？我们总结了以下四个方面：

自然性：机器作品听起来很像人类的作品。

创造力：新作品有与众不同之处。

可解释性：模型的计算过程是可以被理解的，而不是一个黑匣子。

结构性：模型本身与之所创造的音乐具有复杂的结构。

请注意，这四个挑战不一定相互排斥。例如，结构音乐听起来可能比非结构音乐自然。接下来就让我们步入正题，其中数据表征和预测生成法的内容相对基础，带有科普性质。如果对深度学习或音乐生成算法有了解的读者，可直接跳到第四节预测生成法 vs. 类比生成法，学习相关内容。

第二节 数 据 表 征

计算机如何表征音乐？对人来说，最通用和常见的音乐数据表征是乐谱。对于计算机，则有不同的格式用于表征象征域音乐。其中，主要包括下面三种格式：MIDI 消息、钢琴卷帘、ABC 标记（ABC Notations）。此外，一些结构化的方法也被用来表示音乐。

一、MIDI 消息

MIDI 是一种技术标准，描述了各种电子乐器控制器与合成软件之间的操作协议。2020 年，MIDI 2.0 的新标准被正式介绍，彰显了 MIDI 协议的蓬勃生命力。

每个 MIDI 文件是由一系列 MIDI 事件构成的消息流。我们主要关注两个最重要的 MIDI 事件。

（1）Note on：这个事件表示一个音符被演奏，包含了下面三个信息：

① 一个 channel number，指示乐器或者音轨，用[0, 15]之间的整数表示。

② 一个 MIDI note number，指示音高，范围为[0, 127]之间的整数。

③ 一个 velocity，指示响度，范围同样为[0, 127]之间的整数。

（2）Note off：这个事件表示一个音符被结束。同样地，事件包含上述三个信息，此时 velocity 代表音符被多快地结束（类似手指从琴键上抬起的速度）。

除此之外，一个事件还包含了事件发生的时间偏移值（Delta-time Value），它可以是：

相对节拍（Relative Metrical）时间。

绝对（Absolute）时间，更常用于记录真实表演的音乐。

下面来看一个 MIDI 消息的摘录，此前已约定一拍的长度为 384 ticks。

```
2, 96, Note_on, 0, 60, 90
2, 192, Note_off, 0, 60, 0
2, 192, Note_on, 0, 62, 90
2, 288, Note_off, 0, 62, 0
2, 288, Note_on, 0, 64, 90
2, 384, Note_off, 0, 64, 0
```

这个 MIDI 消息对应的乐谱如图 11-1 所示：

用 MIDI 消息表示音乐是对音乐的常见预处理方式，然而它并不是完美的表示法。一个显而易见的问题在于，MIDI 消息难以表示跨音轨的事件之间的关系。例如，当两个音轨上有两个音同时响起，我们很难通过 MIDI 消息发现这一点。

图 11-1　MIDI 消息对应的乐谱表示

二、钢琴卷帘

钢琴卷帘则是另外一种通行的表示法。钢琴卷帘格式受到了传统的利用镂空纸带进行自动演奏的钢琴机械装置的启发，如图 11-2 所示。

图 11-2　早期的自动演奏钢琴

现代的钢琴卷帘则是类似下面的表示，图 11-3 来自开源项目 Pianoroll. js①：

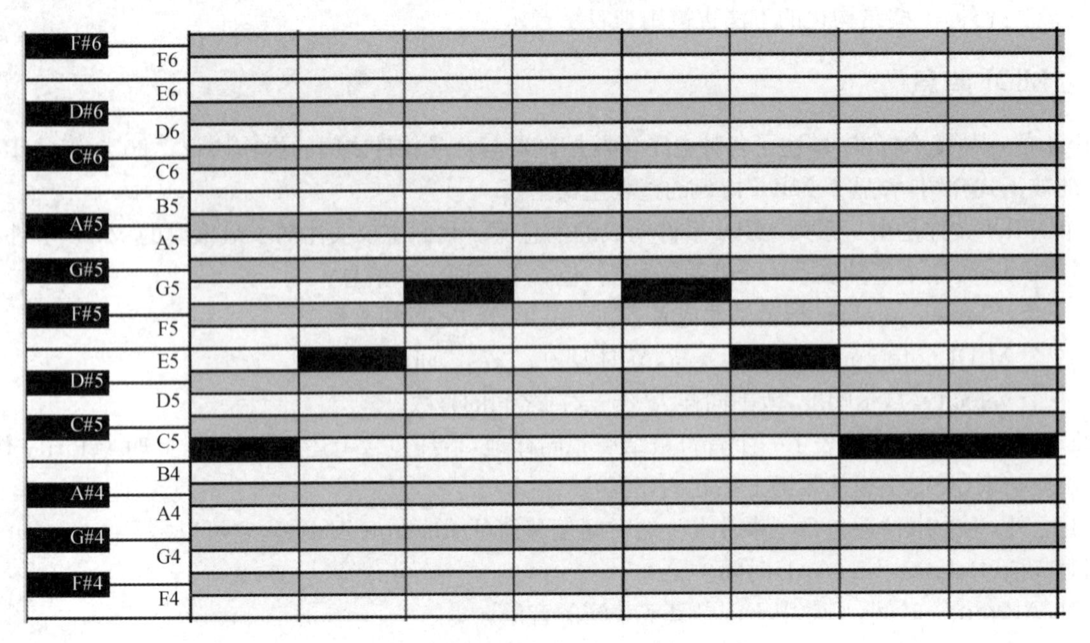

图 11-3　用钢琴卷帘表示音乐的一个示例

图像的 x 轴是时间轴，y 轴则是音高。钢琴卷帘作为常见的乐谱替代品，最显著的优点是很直观，即使音乐非常复杂，有多个音符同时被弹奏，钢琴卷帘也能很好地表示它们。将钢琴卷帘以矩阵形式保存下来，便可输入模型之中。很多库支持这样的转换，如 music21②、Pretty MIDI③、pypianoroll④、muspy⑤。此外，也有一些工作如 MidiNet 模型尝试将钢琴卷帘作为图像进行处理，并通过生成钢琴卷帘图像的方式生成音乐。

三、ABC 标记

ABC 格式是以文本形式来表示旋律的格式，是各地民歌存储格式事实上的标准。被广泛使用的 Nottingham 数据集最初就是以 ABC 格式进行存储和记录的⑥。

比如图 11-4 所示的乐谱，其对应的 ABC 表示如下。其中前面几行是元数据（Metadata），约定了音乐的基本属性，而最后的两行记载了旋律。

```
T:Jingle Bells
R:March
C:James Lord Pierpont, 1857
O:USA
Z:Paul Hardy's Xmas Tunebook 2019(see www.paulhardy.net). Creative Commons cc by-nc-sa licenced.
M:4/4
L:1/4
Q:1/4=200
K:G

"G"DB AG|D3 D/2D/2|DB AG|"C"E4|"Am"Ec BA|"D7"F3 z/2 F/2|dd cA|"G"B3 z/2 D/2|
DB AG|D3 z/2 D/2|DB AG|"C"E3 z/2 E/2|"Am"Ec BA|"G"dd dd|"D7"ed cA|"G"G2 "D7"d2|
```

---

① http://www.oliphaunts.com/pianoroll-js/.
② http://web.mit.edu/music21/.
③ http://craffel.github.io/pretty-midi/.
④ https://salu133445.github.io/pypianoroll/.
⑤ https://arxiv.org/abs/2008.01951.
⑥ http://abcnotation.com/.

图 11-4　儿歌《Jingle Bells》的乐谱

在旋律中，C 代表 C4，c 代表 C5，而 c′代表 C6；C 的时长是一个四分音符，C/2 的时长是八分音符，而 C2 的时长是二分音符；小节线使用|标记。通常认为 ABC 格式只能用来记录单音旋律，但是在一些情况下，可以通过 V 标记记录大谱表[①]，也可以用一些特殊标记记录同时弹奏的音[②]。

四、结构化的表示

（一）MusicXML

MusicXML 是一门标记语言（Markup Language）[③]，可以完善地记录复杂的音乐，供音乐软件记录、修改、存储乐谱。同 HTML 及 XML 语言一样，MusicXML 有着层级结构，因此不便直接使用。几乎没有机器学习模型直接使用 MusicXML 进行训练。图 11-5 所示是一个 MusicXML 文件和对应乐谱的示例[④]。

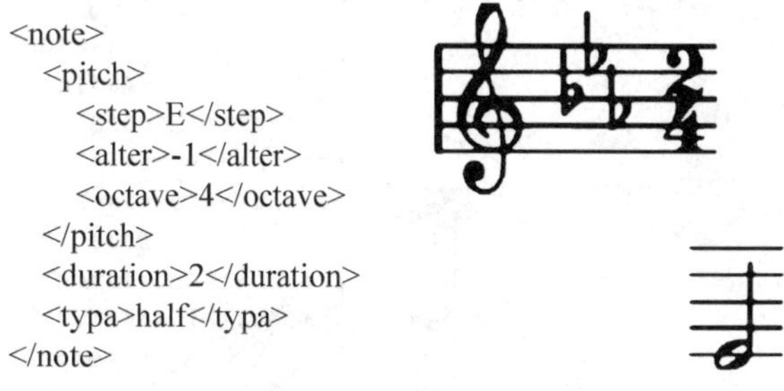

图 11-5　MusicXML 及对应的乐谱表示

（二）MEI

MEI（Music Encoding Initiative）是一种和 MusicXML 类似的结构化编码方式，有完善的 MEI 社群（community）维护编码的标准[⑤]，并开设了对应的国际会议 MEI conference。相对于 MusicXML，MEI 的区别主要是：

① MusicXML 设计主要用于软件渲染，而 MEI 设计主要用于捕获语义。
② MEI 对要编码的音乐的性质不做任何具体假设。
③ MEI 文件能够存储的元数据数量非常可观[⑥]。

总的来说，MEI 是比 MusicXML 含义更加丰富的替代方案。

第三节　预测生成法

一、基本流派介绍

预测生成法是神经网络探索音乐生成最主流和最常见的方式，即依照一定顺序逐步生成音乐。预测

① 例子见 http://abcnotation.com/tunePage?a=richardrobinson.tunebook.org.uk/static/tunebook/07690。
② 例子见 http://abcnotation.com/tunePage?a=trillian.mit.edu/~jc/music/abc/contrib/Tunes/JingleBells/0001。
③ https://www.musicxml.com/.
④ https://www.audiolabs-erlangen.de/resources/MIR/FMP/C1/C1S2_MusicXML.html.
⑤ https://music-encoding.org/.
⑥ https://musescore.org/en/node/24208.

生成法可以使用的模型非常多，首先我们按照深度学习模型的演化与复杂度分为下面几类：

① 原始和简单：全连接网络(Full Connected Network)、受限玻尔兹曼机(Restricted Boltzmann Machine, RBM)。

② 经典和主流：RNN、隐马尔可夫模型(Hidden Markov Model, HMM)、变分自编码器(Variational Auto-Encoder, VAE)。

③ 复杂和前沿：Transformer。

④ 少见：CNN、生成对抗网络(Generative Adversarial Network, GAN)、强化学习(Reinforcement Learning, RL)。

其次，如果从概率分布的角度来看，又可以分为两大类：

① 通过从分布中采样(Sampling)生成音乐，如 RBM、VAE。

② 通过前馈(Feedforward)的方式生成音乐，如 RNN、Transformer。

最后，如果从作曲应用场景角度看，可以分为以下几类：

① 机器基于一小段材料，全自动作曲。

② 人机协同作曲，即人类可以指定风格或者与机器交互作曲。

下文我们主要根据第一种分类方式作为引导，做简要的模型介绍。

二、全连接网络

MiniBach 模型：MiniBach 模型是一个简单的全连接模型，通过输入巴赫四声部音乐的一个声部，输出其他三个声部的方式进行监督学习训练。模型的结构如图 11-6 所示：

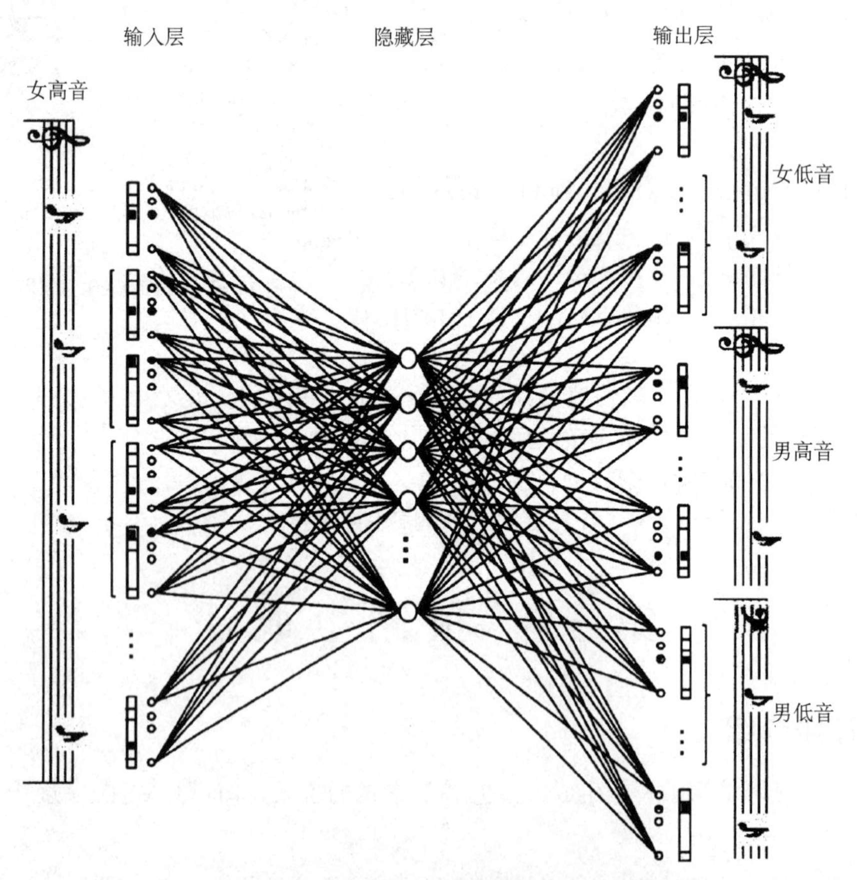

图 11-6 MiniBach 模型的神经网络结构图①

① Briot J P, Hadjeres G, Pachet F D. Deep learning techniques for music generation—A survey[J]. *arXiv preprint arXiv*:1709.01620, 2017.

MiniBach 模型的输入层有 1 344 个神经元,输出层有 4 480 个神经元。图 11-7 所示是 MiniBach 模型生成的一个音乐样例:

图 11-7　MiniBach 模型生成的音乐

这个模型的弱点在于,全连接的单层网络因为其宽度和深度限制,无法很好地建模出音乐生成模型。但它仍可以被视为神经网络音乐生成的一个起点,之后神经网络的方法就慢慢丰富起来了。

三、受限玻尔兹曼机

(一) RNN-RBM

2012 年,布朗热·莱万多夫斯基(Boulanger-Lewandowski)、本希奥(Bengio)等人提出使用 RBM 来模拟多声部音乐。他们的目的其实是为了提高从音频中转录多声部音乐的能力。他们设计 RBM 从语料库中学习同时可能的音符的分布,即和弦的曲目。该工作的训练语料库是巴赫的合唱曲集(与 MiniBach 一样)。复音(同时音符的数量)从 0 到 15 不等,平均复音为 3.9。输入表示有 88 个二进制可见单元,按照 multi-hot 编码,跨越了钢琴从 A0 到 C8 的整个范围。这些序列被对齐(转位)到一个单一的共同调性上(例如,C 大调/小调),以方便学习过程。

在训练过程中,人们可以通过块吉布斯采样(Block Gibbs Sampling)①从 RBM 中采样,通过执行从可见层节点中对隐藏层节点(被认为是变量)采样的替代步骤。模型的想法是将 RBM 与一个具有单一隐藏层的确定性 RNN 进行耦合,如此则:

① RNN 对时间序列进行建模,以产生连续的输出,对应于连续的时间步长。

② 这些输出是 RBM 的参数,更准确地说是偏置(Bias)。RBM 对伴奏音符的条件概率分布进行建模,即哪些音符应该一起演奏。

如图 11-8、图 11-9 所示是模型结构和生成样本样例。

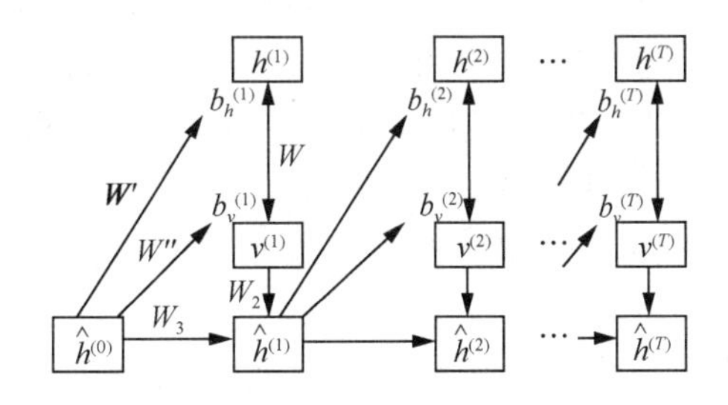

图 11-8　RNN-RBM 的模型结构

① 吉布斯采样是统计学中用于马尔科夫-蒙特卡洛(MCMC)的一种算法,用于在难以直接采样时从某一多变量概率分布中近似抽取样本序列,块吉布斯采样是其一种变体。

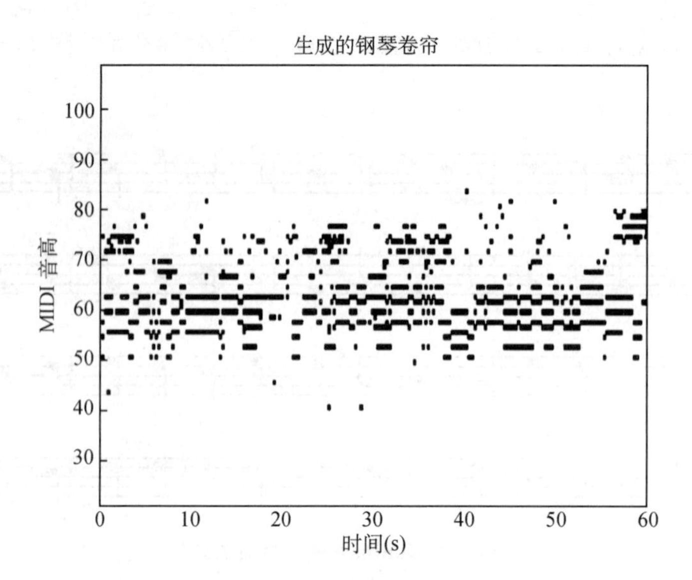

图 11-9 RNN-RBM 所生成的钢琴卷帘格式音乐

四、循环神经网络

RNN 与上述网络的根本不同在于网络内部有“固有时间”的概念。因此，采用 RNN 的方法又被称为深度时序生成模型。

人们往往简单地将网络的固有时间和乐谱时间做一一映射，比如，网络里的“一步”相当于音乐里的“一拍”。神经网络的代表是 RNN、LSTM 与门控循环单元(Gated Recurrent Unit, GRU)。严格地说，LSTM 和 GRU 是 RNN 的流行变种。这里我们略过一些基础的 LSTM 逐音符生成音乐的简单模型，认识一些完成度比较高的模型。

(一) DeepBach 模型

哈吉雷斯(Hadjeres)等人提出了用于生成巴赫合唱曲的 DeepBach 模型的架构。该模型架构如图 11-10 所示，结合了两个递归网络 LSTMs 和两个前馈网络。与标准使用的 LSTM 只考虑单一时间方向不同，DeepBach 架构考虑了两个方向：时间上的前进和时间上的后退。因此，使用了两个 LSTM，一个总结过去的信息，另一个总结来自未来的信息，再加上一个非递归网络负责同时发生的音符。它们的三个输出被合并，经过一个有 200 单元的隐藏层，最后传递到一个前馈神经网络的输入层。最终输出的激活函数为软最大化函数(Softmax Function)。

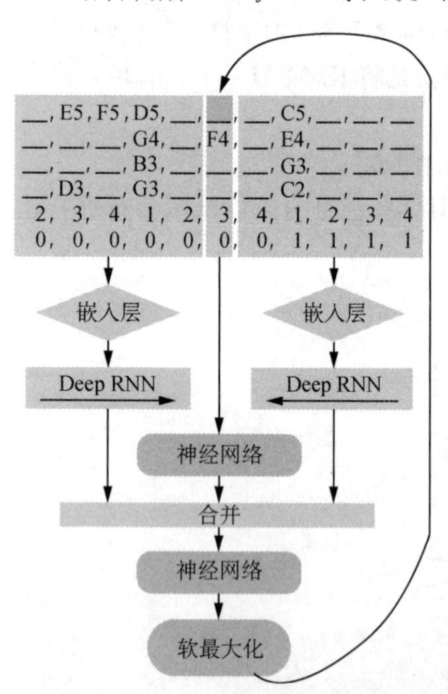

图 11-10 DeepBach 模型的结构

从架构上来说，DeepBach 模型的结构仅仅略强于 Bi-LSTM 模型，缺乏有效的先验以及编码的稀疏性。现在看来 DeepBach 模型稍显落伍。但是，作为一个早期深度模型，DeepBach 模型是非常重要的一个代表。

初始语料是巴赫的多声部合唱曲集，作曲家为女高音选择了各种给定的旋律，并以对位的方式创作了另外三首(中音、男高音和低音)。最初的数据集(352 首合唱曲)通过添加所有符合最初语料库所定义声部范围的合唱曲的转调来增强，逐渐建设了 2 503 首合唱曲的总语料库。

(二) 小冰乐队模型

小冰乐队模型不仅借用了 RNN，还将 AI 作曲从简单的四部和声推广到了整个乐队配置。小冰乐队模型获得了 KDD(知识发现与数据挖掘会议，简称 KDD)2018 最佳学生论文，是多轨音乐生成模型的一个精彩尝试。要理解小冰乐队模型的流程，需要结合图 11-11 研究：

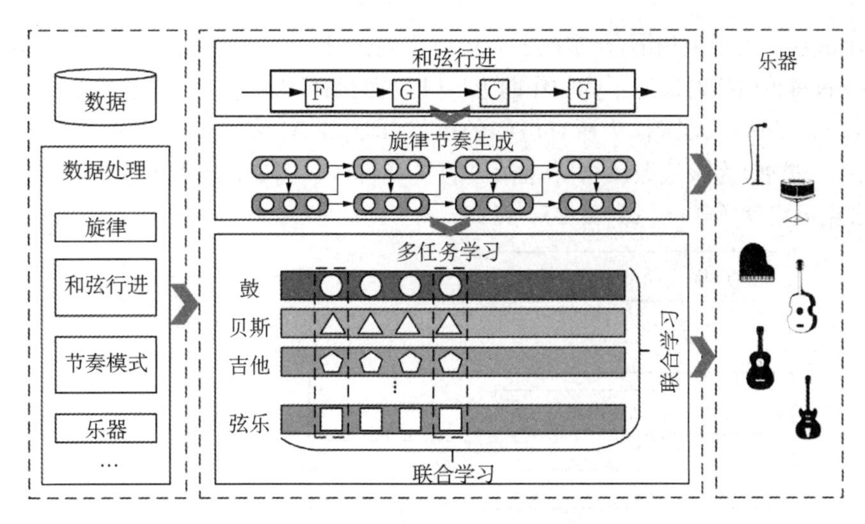

图 11-11　小冰乐队的模型结构示意图

从图中可以看到，小冰乐队模型将生成流程划为了三个部分：和弦行进、旋律节奏生成、多任务学习。旋律节奏生成的基本流程如图 11-12 所示，使用的是一种交织的编码器—解码器方案。

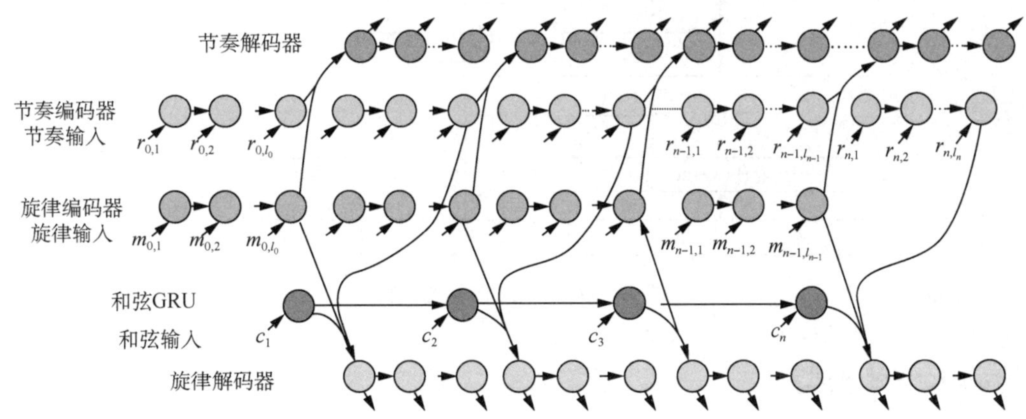

图 11-12　小冰乐队模型生成旋律和伴奏的过程

在实际应用中，音乐中包含了多个音轨，如鼓、贝斯、弦乐、吉他等。为此，作者制定了一个一对多序列生成任务。与传统的多序列学习不同，一对多序列中生成的序列是紧密相关的。在生成其中一个序列时，我们要考虑它与其他序列的和声、节奏匹配、乐器特性等。小冰乐队的这个模型的主要意图是想让多个序列能互相注意，从而生成协调的音轨。

图 11-13 展示了此过程的基本结构。图(a)代表模型进行按时间顺序的多序列生成，而在每一个时间步里，模型通过图(b)的 attention 机制强化了乐器之间的关系；图(c)是具体生成音符的 MLP 模型。

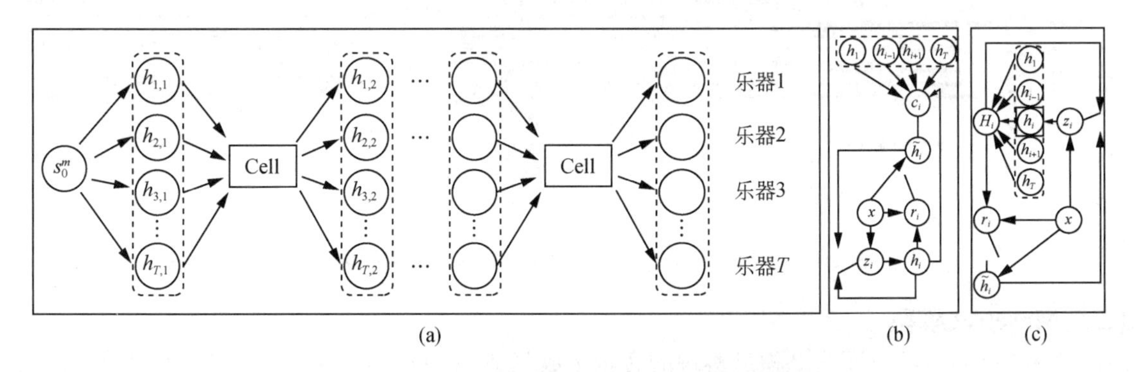

图 11-13　小冰乐队模型使用 attention 机制生成协调的音轨

（三）DeepJ 模型

DeepJ 模型是一个典型的使用 RNN 系模型进行风格化音乐生成的例子，如图 11-14 所示。这个工作的亮点在于把时序生成和人为干预相结合，实现了人机协作创作（Human-computer Co-creation）。在实验中，作者考虑了 23 种风格，每种风格对应于不同的作曲家（从巴赫到柴可夫斯基）的特定风格。他们将风格或风格的组合进行编码，以 multi-hot 形式作为所有可能的风格（即作曲家）的表示。作曲家被归入音乐流派。因此，一个流派被指定（扩展）为该流派风格（作曲家）的平等组合。例如，如果巴洛克风格是由作曲家 1 至 4 定义的，那么巴洛克风格就等于[0.25，0.25，0.25，0，0，0，…]。

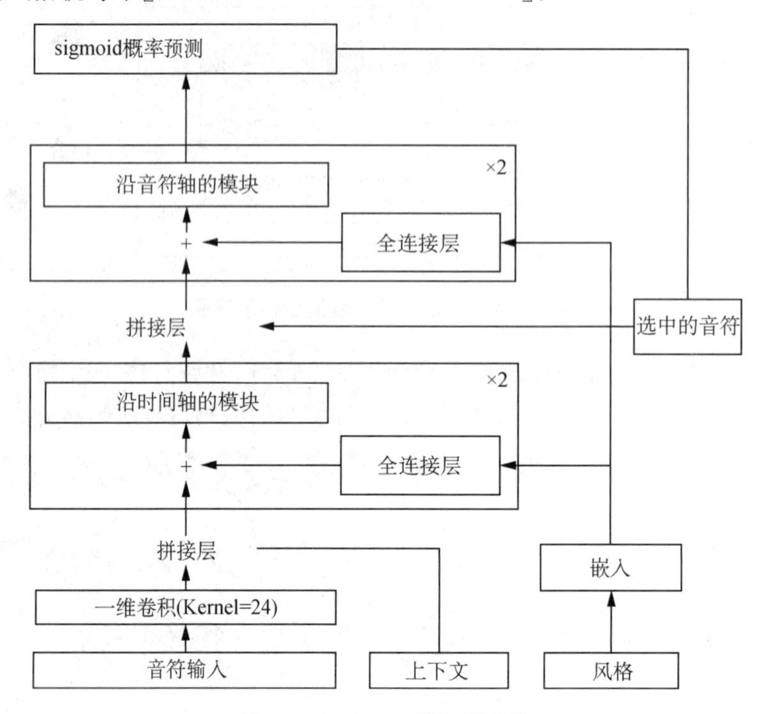

图 11-14 DeepJ 的模型结构

五、Transformer 模型

（一）Music Transformer 模型

Music Transformer 模型是 Transformer 模型在音乐上发挥作用的一项重要工作。Transformer 模型的亮点在于借助了自注意力机制来刻画“长时依赖关系”，使得模型预测每一个音符的时候都会向前计算这个音符与之前所有音符的联系。这样做的显著成果是可以生成比上述其他模型更长、更有时序的结构性的音乐。图 11-15 所示是某一个时刻的音符与之前音符的相似性注意力计算的可视化。

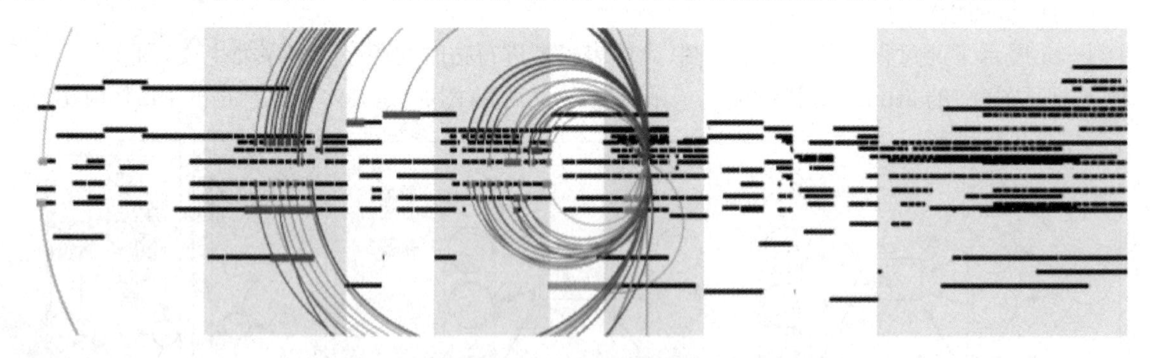

图 11-15 Music Transformer 模型生成音乐的可视化界面①

（二）MuseNet 模型

MuseNet 模型是基于 GPT-2 模型实现的音乐生成模型，是 Transformer 语言模型发展到极致之后产生的复杂深度模型。MuseNet 模型作为一个 DNN，可以用 10 种不同的乐器生成 4 min 的音乐作品，并且

① https://magenta.tensorflow.org/music-transformer.

可以结合从乡村到莫扎特到披头士的风格。MuseNet 模型并没有明确地用我们对音乐的理解进行编程，而是通过学习预测数十万个 MIDI 文件中的下一个令牌标记（Token）来发现和声、节奏和风格的模式。MuseNet 模型使用与 GPT-2 相同的通用无监督技术，GPT=2 是一个大规模的 Transformer 模型，经过训练可以预测序列中的下一个令牌标记，无论是音频还是文本。

六、卷积神经网络

（一）Bach Doodle 模型

Google 公司的 Bach Doodle 模型完成了一项任务，即由人来创作一部分旋律，而模型补全剩下的声部直到一首四声部合唱被完成，如图 11-16 所示。Bach Doodle 的模型精髓用一句话便可精妙概括：这是将乐谱一次次擦除并补全的迭代过程。

图 11-16　Bach Doodle 模型的交互界面

Coconet 模型接收不完整的乐谱，并填补缺失的材料。为了训练它，我们从巴赫合唱团的四部对唱数据集中抽取一个例子，随机抹去一些音符，并要求模型重建被抹去的音符。巴赫的创作和 Coconet 模型的制造之间的差异给了我们一个学习信号，可以通过这个信号来训练我们的模型。

我们把这堆钢琴卷轴当作卷积特征图，时间和音高构成二维卷积空间，每个声音提供一个通道。由于我们输入模型中的分数是不完整的，我们为每个声音提供一个额外的通道，并提供一个掩码：在每个时间点上表示该声音的音高是否已知的二进制值。因此，进入模型的是一个八通道特征图。

从模型中得到的又是一堆钢琴卷，每个声音一个，但这次包含了被擦除音符的音高的概率分布。模型使用给定的音符来尝试找出被擦掉的音符，结果是每个声音在每个时间点上所唱的音高的分类分布。

一旦模型得到训练，我们可以通过采样的方法从模型产生的概率分布中提取音乐。Coconet 模型使用了一个很稳健的采样程序：首先，把模型的输出当作一个粗略的草稿，然后通过反复重写来逐步完善。具体地说，模型同时对所有的音高进行采样，得到一个完整的（但通常是无意义的）分数，然后将其部分擦除并再次传入模型，之后这个过程重复进行。随着时间的推移，我们擦除和重写的音符越来越少，如图 11-17 所示。

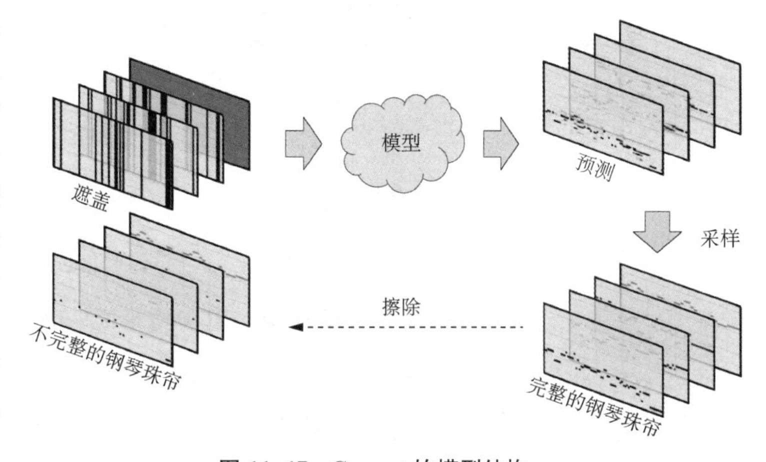

图 11-17　Coconet 的模型结构

七、生成对抗网络

MidiNet 模型：MidiNet 模型以及它的多音轨版本 MuseGAN 是少数使用 GAN 进行音乐生成的模型(SeqGAN 也被短暂地使用过)。模型基于 DCGAN，核心的处理思路是将乐谱钢琴卷帘当作一张图片进行处理和生成。

杨奕轩等人使用 CNNs 当作生成器在符号域中一个个小节生成旋律(一系列 MIDI 音符)。除了生成器之外，我们还使用一个判别器来学习旋律的分布，使其成为一个生成性对抗网络，如图 11-18 所示。此外，我们还提出了一种新的条件机制来利用现有的先验知识，因此该模型可以从头开始生成旋律，通过遵循和弦序列，或通过对前几小节的旋律进行条件调节(例如一个初始化旋律)，以及其他可能性。由此产生的模型被命名为 MidiNet，可以扩展到生成多个 MIDI 通道(即音轨)的音乐。

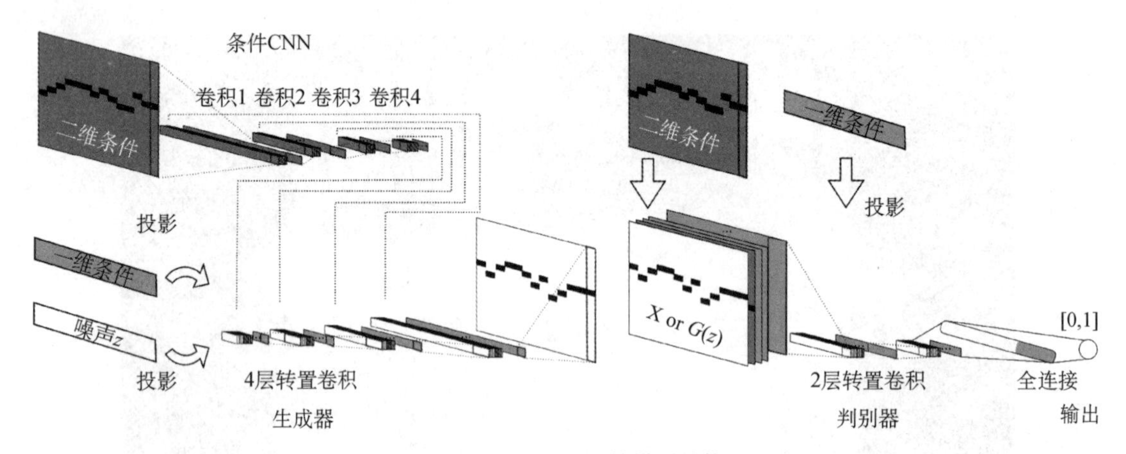

图 11-18　MidiNet 的模型结构

八、强化学习

(一) RL-Duet 模型

使用强化学习的模型少而又少，目前被认为是人机交互作曲中可能的方向之一。本模型提出了一种用于在线伴奏生成的深度强化学习算法，具有实时交互式人机对唱即兴演奏的潜力。与离线音乐生成和声不同，在线音乐伴奏需要算法响应人类的输入，并按顺序生成机器对应的音乐。我们将其投向一个强化学习问题，生成代理(Agent)根据之前生成的上下文(状态)学习一个策略来生成一个乐音(动作)，如图 11-19 所示。

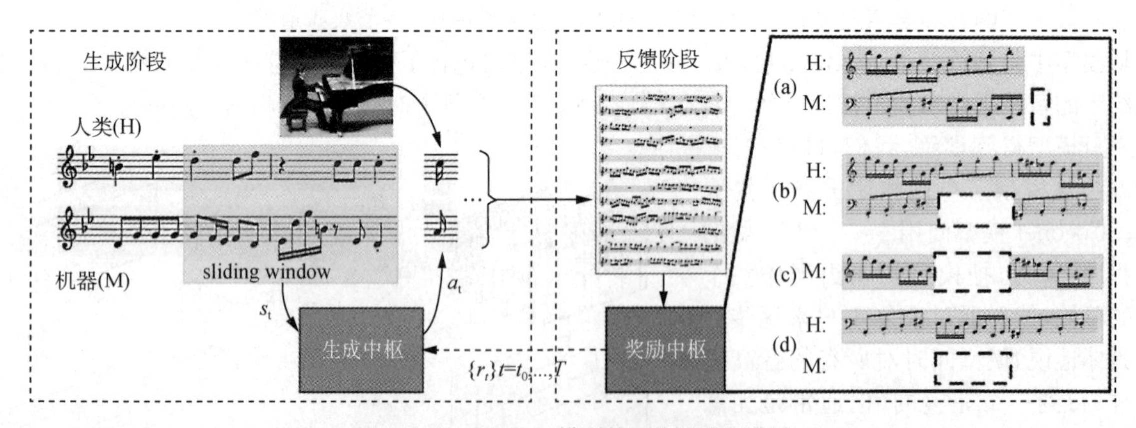

图 11-19　RL-Duet 模型的工作流程示意图

这个算法的关键是功能完善的奖励模型。我们没有使用音乐构成规则来定义它，而是从单音和多音训练数据中学习这个模型。这个模型考虑了机器生成的音符与机器生成的语境和人类生成的语境的兼容性。

实验表明，该算法能够对人类生成的部分做出反应，并生成旋律性、和声性和多样性的机器部分。对偏好的主观评价表明，所提出的算法生成的音乐作品质量高于基线方法。

第四节　预测生成法 vs 类比生成法

我们在前文中已经初步领略了预测生成法取得的很多进展，但如果我们在生成方法与结果上稍做推敲，就会发现预测生成法在解决四大挑战上仍然乏善可陈。

究其根本，当把音乐生成视为预测问题时，我们不可避免地会遇到一个问题：在生成过程中的任何时刻，音乐都有许许多多可能的走向，那么模型应遵循哪个方向呢？答案是该模型不会选择任何特定方向，而是根据大数据训练选择一个所有可能选择的平均值。这种选择平均值的做法显然极不明智（一个强化学习中的经典例子：一辆汽车在学习如何避开一棵树，训练数据里有从左绕也有从右绕，但 AI 算法经常是取平均值，结果就是撞树），甚至会生成很多毫无音乐性的结果，更不用提去解决智能作曲的四大挑战。

为了避开平均值，算法往往要外加很多约束。约束过的算法起码是"能听的"，但自然性与创造性往往难以兼顾。具体而言，约束较弱的算法通常是"太随机"，很少能生成和人类作曲相似的音乐作品（尽管从当代的角度来看，许多作品都很有趣且富有创造力）；反之亦然，具有强约束的算法（要么通过规则显性地约束生成过程，要么通过训练数据隐式地约束结果）虽然能生成很自然的乐曲，但大多数过于平庸，缺乏从真正有创意的作品中可以轻易感知到的探索性和动态性。

再则，深度学习方法往往被称为"黑匣子"，也就是整个生成过程不具备可解释性。换言之，研究者无法打开这个黑匣子，并明确定位，从音乐数据中学习的各种特征到底储存在哪个变量里。在这些藏在黑匣子的特征里，音乐结构可能是最重要的。无法在深度学习模型中显性地定义音乐结构（与其他重要特征）意味着生成过程不可控。人类只能看着机器作曲搞得如火如荼，却无法真正地参与到这个过程中来（当然，可以像 Bach Doodle 模型和类似的工作一样，给机器一些反馈，或者觉得哪些片段不好重写，但这种人机协作太浅层）。从人机交互的角度看，如果一种算法可以将"人"置于美学创造过程的循环（Human in the Loop）中，并且其可解释的模型可以为人机共同创作提供友好的界面，则它会更具价值。从模型表达的角度看，结构感知模型具有产生有长期依赖性的连贯音乐的潜力，包括在不同层次上的重复和变奏，这些功能都是目前基于预测的生成算法难以企及的。

这些预测生成法的弱点驱使着我们寻找一种新的音乐生成方式。一个很有潜力的替代方法就是类比生成法。

第五节　类比生成法

通常，如果两个系统共享通用的抽象（Abstraction），即高级表示及其关系，则这两个系统是类似的，可以通过两个系统成对的元组 A：B：：C：D 来形式化表达。例如，"氢原子就像我们的太阳系"可以被形式化为"核：氢原子：：太阳：太阳系"，在这两个类比例子中共享的抽象是"更大的一部分是整个系统的中心"。

对于生成算法，一个聪明的捷径是通过解决"A：B：：C：?"的问题进行类比。回到音乐生成领域，如果一首非常抒情的乐曲 B 有着节奏模式 A，则这种类比方法可以帮助我们实现"如果乐曲 B 使用了一个快速且有着切分的节奏模式 C"的假想情况，来生成全新的乐曲 D。在这种情况下，A 和 C 是节奏模式。类比生成法其实不局限 A 和 C 节奏，它们还可以是别的音乐属性，如和弦、旋律曲线等。

从哲学的角度来看，类比生成法其实是在偷懒。类比生成的底层逻辑是这世界上没有绝对新鲜的东西，所谓新事物只不过是原有事物在抽象层面的重组。但这种偷懒办法有个巨大的先天优势——它是个可解释的控制过程，因为我们知道重组时各个音乐因素的影响来源。这种方法还具有产生自然和创造性结果的巨大潜力，我们在重用人造音乐的元素，所以结果很可能保留自然性，但这些已知元素又以新颖的方式重组,这带来创造力。此外,如果音乐结构也是被重组的因素之一,那么就可以把预测生成法所面临的所有四个问题都解决。

接下来我们从三个方面探讨类比生成法的核心研究:表示学习、解耦、结构。

一、表示学习

机器自动地从数据中获得“抽象”的方法,被称为表示学习(或表征学习)。要注意的一点是,类比总是在表示层(抽象层)而不是观察层(数据层)上进行——仅将音符或数据样本从一个片段复制到另一个片段只会产生 re-mix,而不是类比音乐生成。从数据中提取表示形式,同时将表示形式分解为有意义的部分,对人类而言通常是直观的,但对计算机而言却并非易事。

迄今为止,VAE 和 GAN 是音乐表示学习的两个最受欢迎的框架。两者都使用编码器(或鉴别器)和解码器(或生成器)在观测值 x 的分布与潜在表示 z 之间建立双向映射,并且都通过从 $p(z)$ 采样生成新数据。就音乐生成而言,与 GAN 相比,迄今为止 VAE 是一种更成功的工具。VAE 为表示学习提供了一个行之有效的方法。

(一) VAE 模型和 MusicVAE 模型

VAE 是一种经典的生成模型,可以从高维数据 x 中学习低维潜向量 z。潜向量 z 可用于生成新数据或重建原始数据。z 的先验分布为 $p(z)$。因此,生成的数据 x 需要满足分布 $x \sim p(x \mid z)$。VAE 中的编码器使用分布 $q(z \mid x)$ 近似 $p(z \mid x)$,然后解码器对分布 $p(x \mid z)$ 进行参数化。图 11-20 是 VAE 的基本模式图:

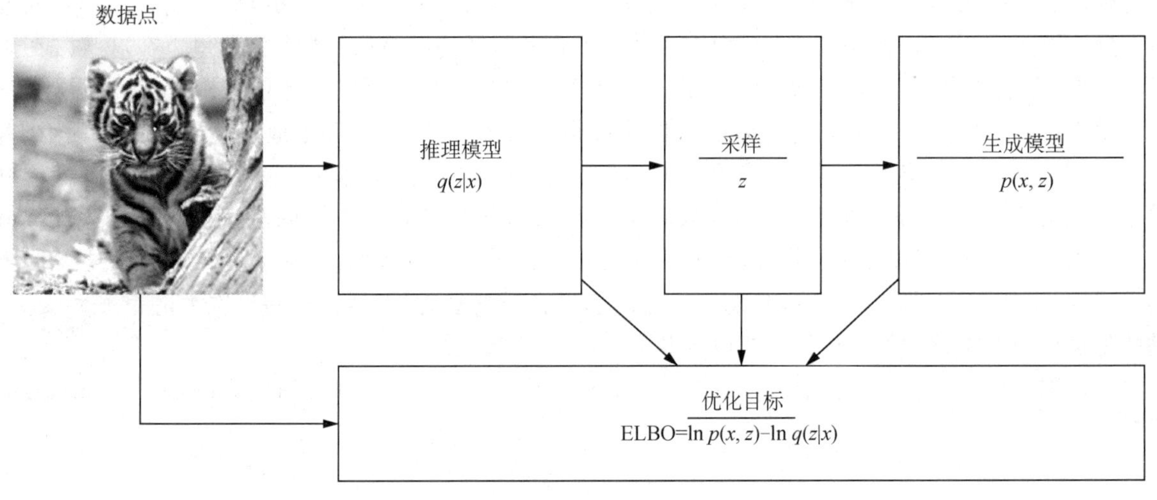

图 11-20 VAE 的基本模式图

训练的目的是通过最大化证据下界(Evidence Lower Bound, ELBO)来最小化 $q(z \mid x)$ 和 $p(z)$ 之间的 KL 散度:

$$\mathbb{E}[\ln p(x \mid z)] - KL[q(z \mid x) \parallel p(z)] \leqslant \ln p(x) \tag{11.1}$$

一般而言,编码器和解码器都是神经网络,并且 $p(z)$ 被参数化为对角协方差高斯,即 $z \sim N(\mu, \sigma)$。

Music VAE 模型是 VAE 在音乐上的一种应用。该模型需要输入音乐的格式为 4/4 拍的 2 小节 MIDI 音乐序列。每个 2 小节 MIDI 音乐序列都由一个 32×130 矩阵表示,具有以十六分音符为单位的 32 个时间步长,每个时间步长有 130 个状态,包括每个 MIDI 音高的 128 个开始状态、一个保持状态和一个休息状态。

为了处理这些时间序列数据,Music VAE 模型对编码器和解码器都使用双向 LSTM,模型架构如图 11-21 所示(注意,原始的 Music VAE 模型具有层次结构,可以处理更长的序列,但结果尚不令人信服)。

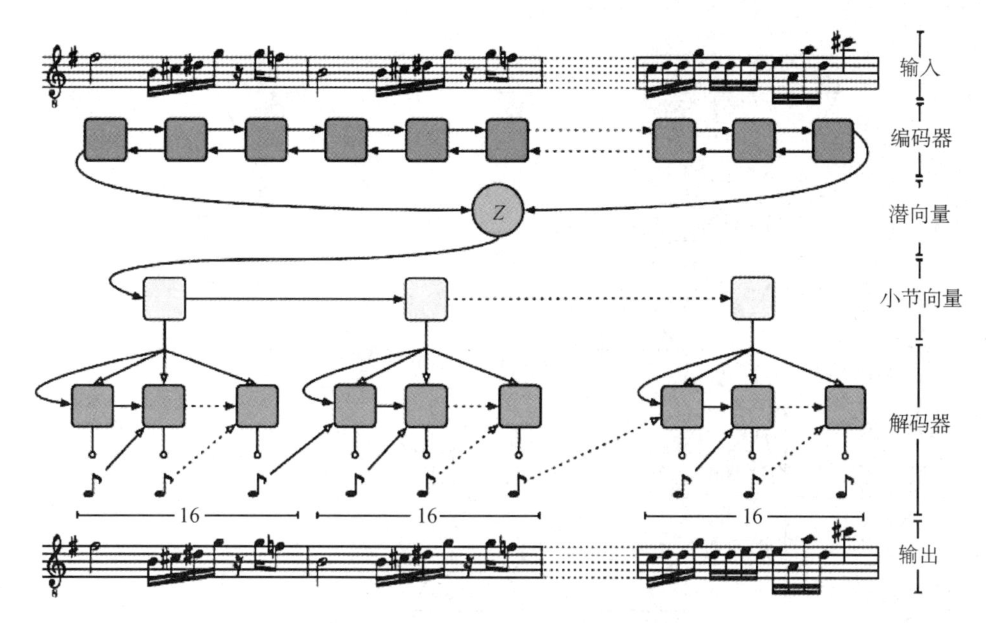

图 11-21 Music VAE 模型的结构

（二）PianoTree VAE 模型

PianoTree VAE 模型意图通过学习的方法编码复音音乐(Polyphonic Music),使得复音音乐能够被模型更有效地学习和生成。图 11-22 是一个音乐片段:

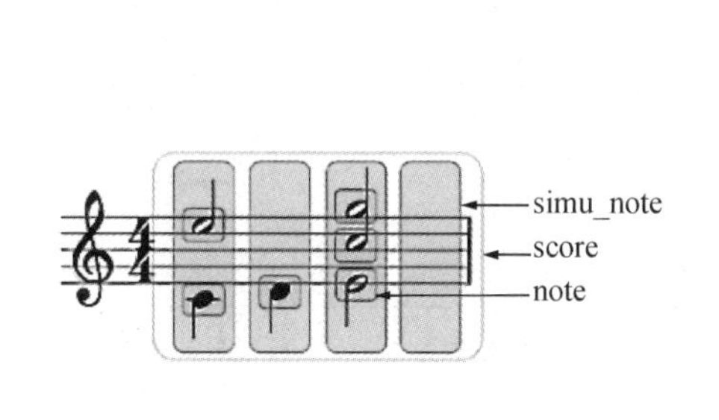

图 11-22 一个音乐片段

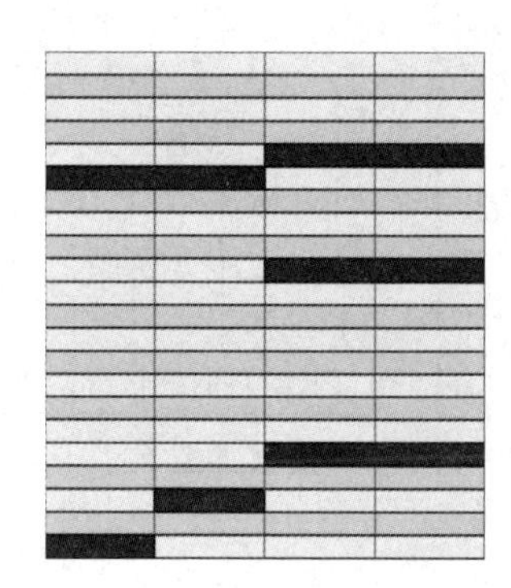

图 11-23 钢琴卷帘表示的音乐片段

用钢琴卷帘表示,则会表示成一个矩阵,如图 11-23 所示:

PianoTree 试图利用音符的稀疏性和时序性作为先验,进行层级化的表征。如图 11-24 所示,可以看到,同一时刻的 note 先被 simu note 表示,而 simu note 又被 score 表示:

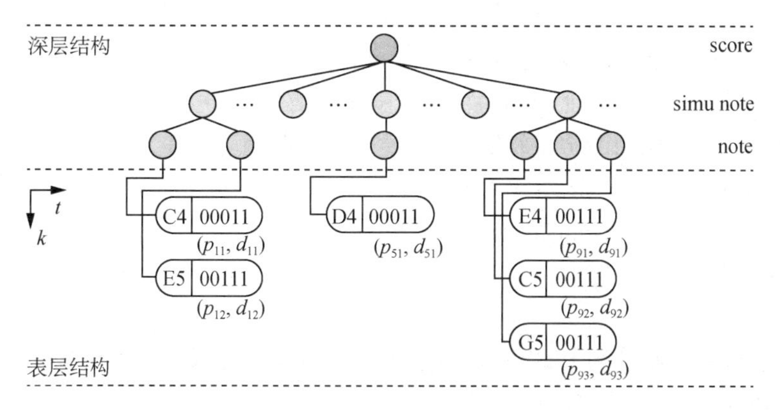

图 11-24 note, simu note 和 score 的层级关系

PianoTree VAE 模型的架构如图 11-25 所示,其编码表示的方法即层级化进行 GRU 编码,这样得到的表示 z 可以通过相反的路径解码回复音音乐:

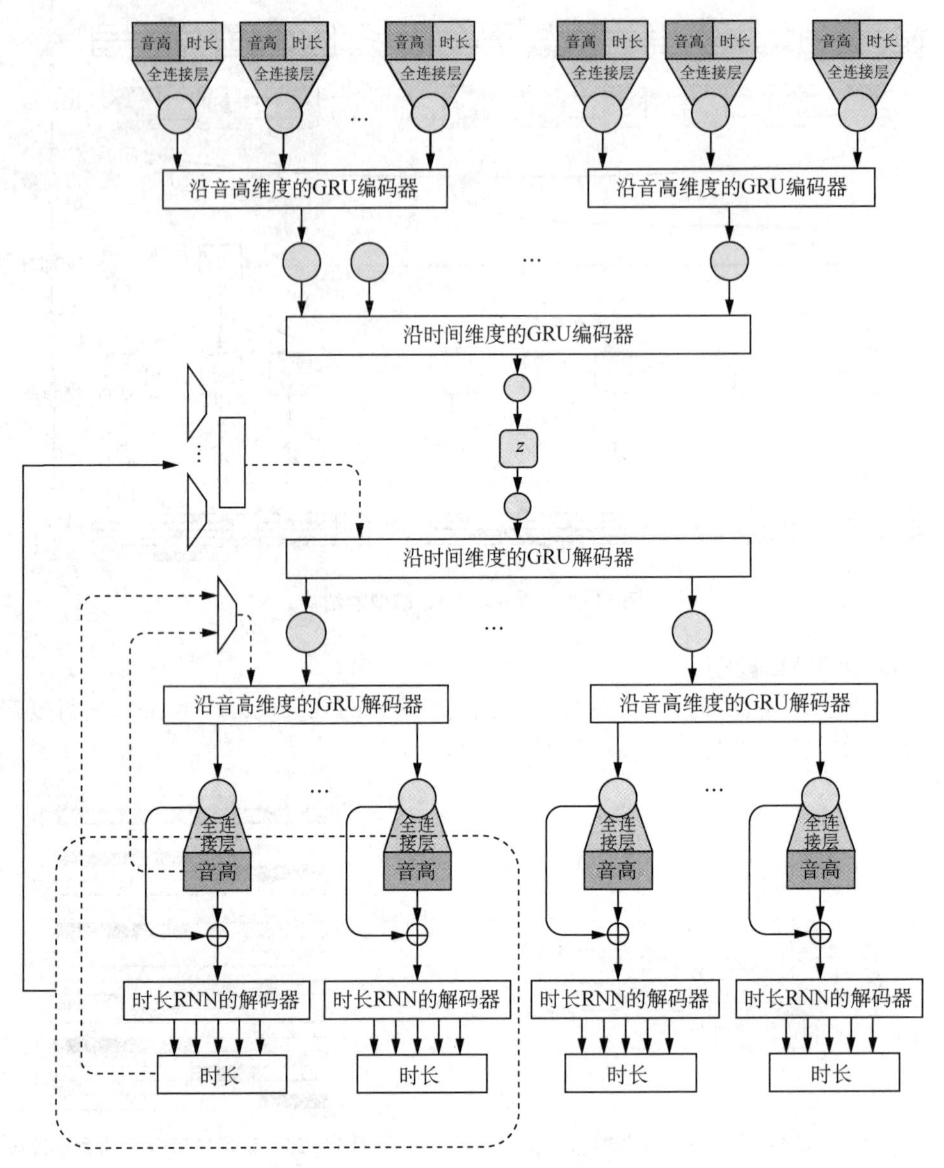

图 11-25 PianoTree VAE 模型的结构

二、解耦

仅仅学习到抽象的表征是不足以进行类比生成的。类比生成需要将一部分表征替换，同时保留其他部分，而这一部分被替换的表征，往往具有可解释性（也就是具有鲜明的语义）和高度的独立性。比如，替换一段音乐的节奏表征，保留音高表征。音高与节奏就是具有鲜明语义的表征片段，且彼此相对独立。

设计机器学习算法，使得模型能学习到数据的解耦表示，这个过程称为解耦表示学习。在计算机视觉等领域和自然语言处理领域中，解耦表示学习已经是一个热门的研究方向，而在音乐领域仍然有很多工作亟待解决。下面我们来看看一些近期的音乐表征解耦方法。

（一）EC^2-VAE 模型

1. 模型简介

EC^2-VAE 模型是对单音旋律的节奏-音高两个属性成功进行解耦的一个模型。其主要手段是通过对节奏表征进行显性的限制。

EC^2-VAE 的模型设计基于 Vanilla Sequence VAE 模型，这两项研究都是利用 VAE 学习固定长度旋律的表示。图 11-26 是模型架构的比较，其中图(a)是 Vanilla Sequence VAE 模型，图(b)是本研究中的模型设计。我们看到，两者都使用双向 GRU（或 LSTMs）作为编码器将每个旋律观测值映射到一个潜伏

表征 z，两者都使用单向 GRU(或 LSTMs)(在训练短语中使用 teacher-forcing)作为解码器从 z 中重建旋律。模型设计的关键创新是给解码器的一部分分配一个特定的子任务：通过明确鼓励 z_r 的中间输出与旋律的节奏特征相匹配，将潜伏的节奏表示 z_r 从整体 z 中分离出来。因此，z 的另一部分是除了节奏以外的一切，并被解释为潜在的音高表示 z_p。需要注意的是，这种显式的解构技术是相当灵活的——能够定义相应的潜伏因子的中间输出，我们就可以使用解码器的多个子部分来同时解构 z 的多个语义可解释因子。图(b)所示的模型就是这个家族中最简单的案例。

另外值得注意的是，新模型使用和弦作为编码器和解码器的条件。和弦条件的优点是将 z 从储存和弦相关信息中解放出来。换句话说，z 中的音高信息被底层和弦"减弱"，以获得更好的编码和重构。这种设计的代价是我们无法学习和弦进展的潜在分布。

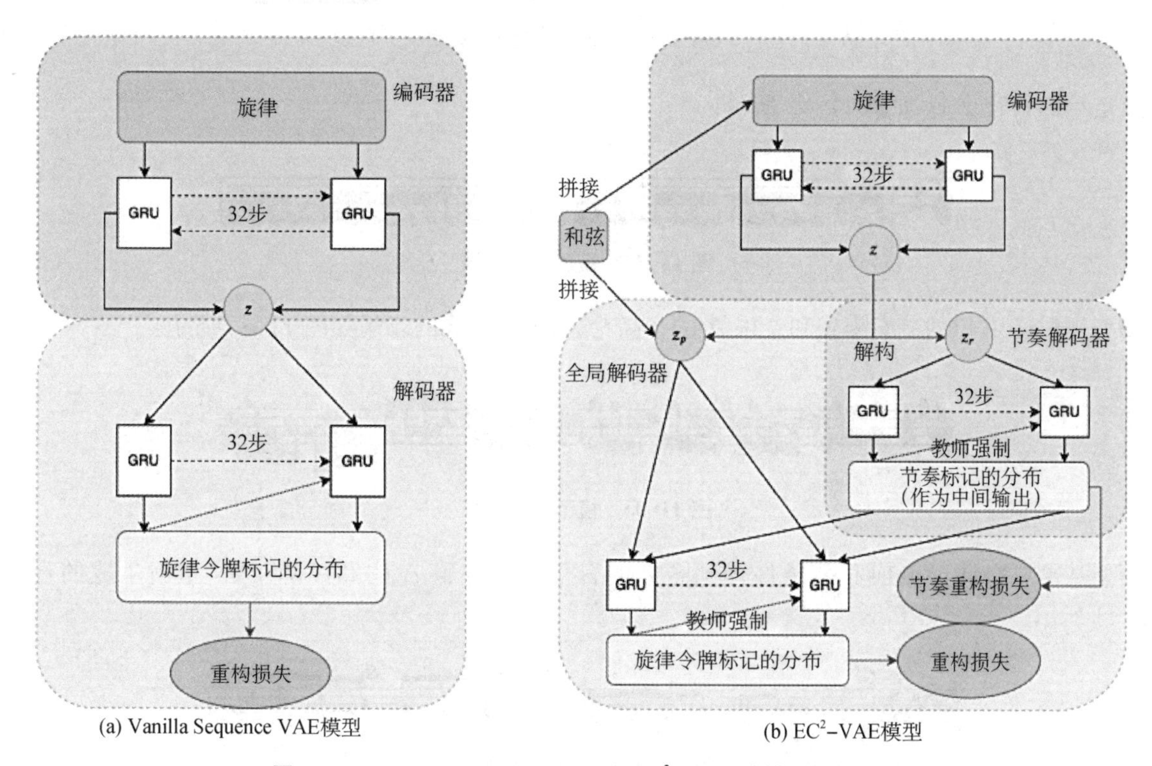

图 11-26 Vanilla Sequence VAE 和 EC^2-VAE 的模型结构对比

2. 生成样例

现在我们给定一个原音乐 A，如图 11-27 所示：

图 11-27 原音乐 A

接着给定第二首音乐 B，如图 11-28 所示：

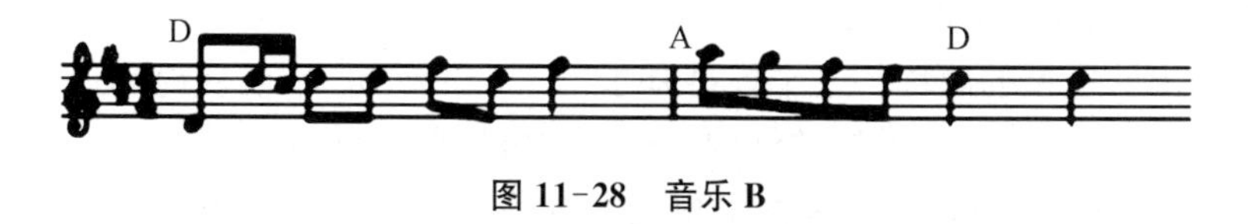

图 11-28 音乐 B

模型提取音乐 A 的节奏模式和音乐 B 的音高轮廓，重新生成的音乐如图 11-29 所示：

图 11-29 模型生成结果

给定第三首音乐 C，如图 11-30 所示：

图 11-30　音乐 C

模型提取音乐 A 的节奏模式和音乐 C 的音高轮廓，重新生成的音乐如图 11-31 所示：

图 11-31　模型生成结果

给定第四首音乐 D，如图 11-32 所示：

图 11-32　模型生成结果

模型提取音乐 D 的节奏模式和音乐 A 的音高轮廓，重新生成的音乐如图 11-33 所示：

图 11-33　模型生成结果

模型甚至可以通过更换和弦条件得到全新的音乐。将音乐 A 的和弦降半音，重新生成的音乐如图 11-34 所示：

图 11-34　模型生成结果

将音乐 A 的和弦从 G 大调转换到 G 小调，重新生成的音乐如图 11-35 所示：

图 11-35　模型生成结果

（二）Poly-Dis 模型

1. 模型简介

Poly-Dis 模型是对在“Learning Interpretable Representation for Controllable Polyphonic Music Generation”一文中提出的模型的简称。这个模型基于 PianoTree 编码，成功地实现了钢琴复音音乐的和弦-织体解耦。图 11-36 是 Poly-Dis 模型的结构，可以发现模型分为四块。

和弦编码器(Chord Encoder)首先应用基于规则的方法来提取一拍分辨率下的和弦进展。每个提取的和弦进展是一个 36×8 的矩阵，其中每一列表示一拍的和弦。每个和弦是一个 36-D 的向量，由三部分组成：一个 12-D 的根音类 one-hot 向量，一个 12-D 的低音类 one-hot 向量，一个 12-D 的 multi-hot 色度(Chroma)向量。然后将和弦进展输入双向 GRU 编码器，将 GRU 两端最后的隐藏状态进行串联，用来逼近 z_chd 的后置分布。按照标准 VAE 的假设，z_chd 具有标准的高斯前验，并遵循各向同性高斯后验。需要注意的是，虽然这里的和弦进展是利用算法提取的，但也可以由外部标签提供，在这种情况下，整个模型

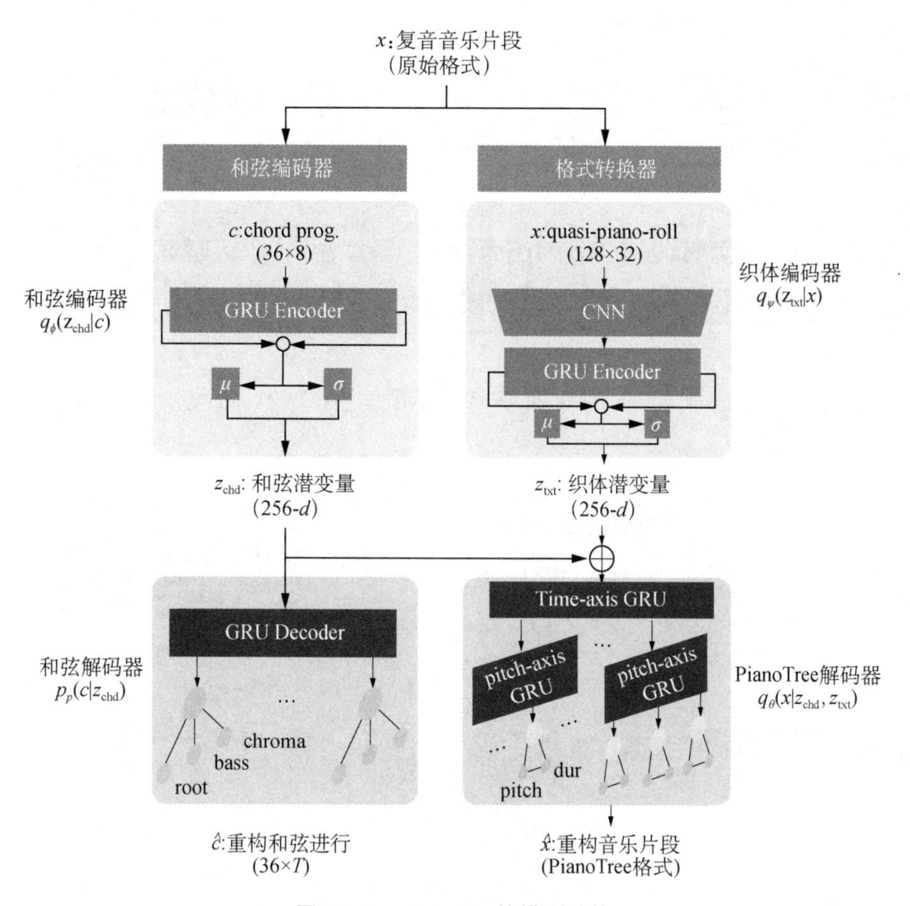

图 11-36　Poly-Dis 的模型结构

就变成了一个条件 VAE(CVAE)。

和弦解码器(Chord Decoder)使用另一个双向 GRU 对 z_chd 的和弦进行重建。和弦音阶的重构损失是用交叉熵函数将 8 个节拍的和弦损失相加计算出来的。对于每个拍子，和弦损失被定义为三部分的乘积：①根音损失；②低音损失；③色度损失。根音和低音都被认为是 12 路的分类分布，而色度被认为是 12 个独立的伯努利分布。

织体编码器(Texture Encoder)的输入是一个 8 拍的复音乐曲段，用类似于钢琴卷帘的图像数据格式来表示。每个 8 拍的片段用 128×32 的矩阵表示，其中每一行对应一个 MIDI 音高，每一列对应 1/4 拍。在(p, t)处的数据输入时，如果有音符开始，则记录该音符的持续时间，否则为零。织体编码器的目的是通过利用卷积的平移不变特性和最大池化层的模糊效果来学习织体的和弦不变表示。我们采用内核大小为 12×4、跨度为 1×4 的卷积层，然后进行 ReLU 激活和内核大小为 4×1、跨度为 4×1 的最大池化(Max-pooling)。卷积层有 1 个输入通道和 10 个输出通道。卷积层设计的目的是提取一个模糊的多音质的“概念草图”，它包含了底层和弦的最小信息。理想的情况是，当这种模糊的草图与具体的和弦表示相结合时，解码器能够以音乐的方式识别其具体的音高。卷积层的输出随后被输入到双向 GRU 编码器中，提取纹理表征 z_{txt}，类似于前面介绍的编码 z_{chd} 的方式。

PianoTree 解码器(PianoTree Decoder)将 z_{chd} 和 z_{txt} 的连接(Concatenation)作为输入，并使用 PianoTree VAE 中发明的同样的解码器结构对乐段进行解码，这是一种用于复音音乐表示学习的分层模型结构。该解码器的工作原理：首先，它使用 GRU 层生成 32 个帧隐藏状态(每 1/4 拍为一个)；然后，每个帧隐藏状态使用另一个 GRU 层进一步解码成单个音符的嵌入；最后，分别用一个全连接层和一个 GRU 层从音符嵌入中重建出每个音符的音高和持续时间。

2. 生成样本

现在有乐段 A，乐段特征已经标注在图 11-37 中：

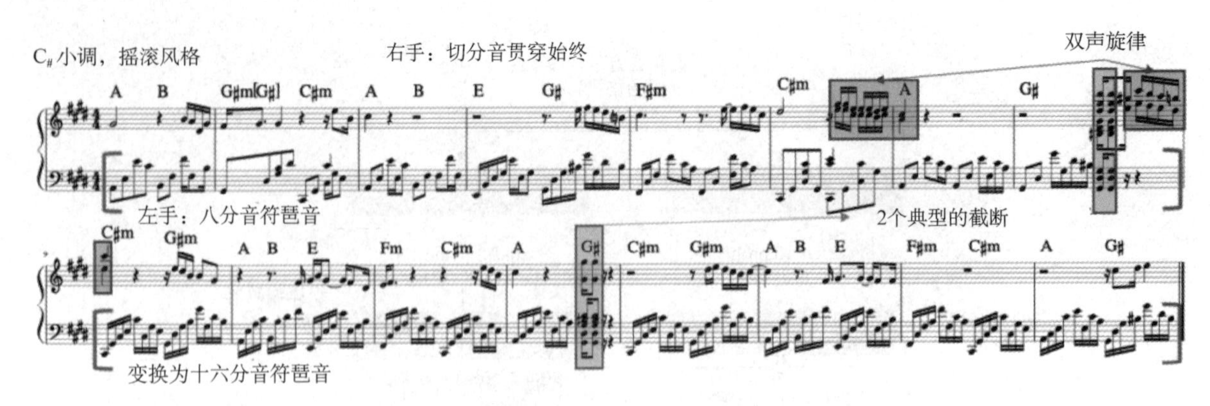

图 11-37 乐段 A

然后有乐段 B，如图 11-38 所示：

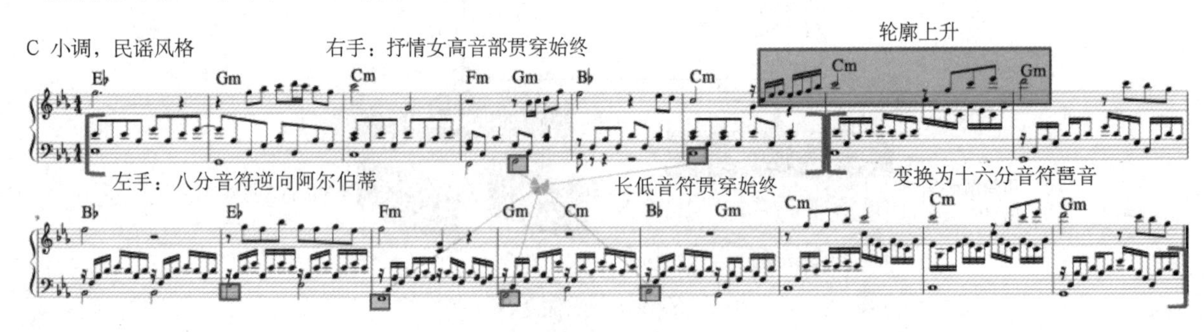

图 11-38 乐段 B

现在我们将乐段 A 的织体和乐段 B 的和弦组合起来进行类比生成，可以发现生成的音乐中保留了乐段 A 的重要特征：

图 11-39 模型生成结果

反过来，将乐段 B 的织体和乐段 A 的和弦组合进行类比生成，如图 11-40 所示：

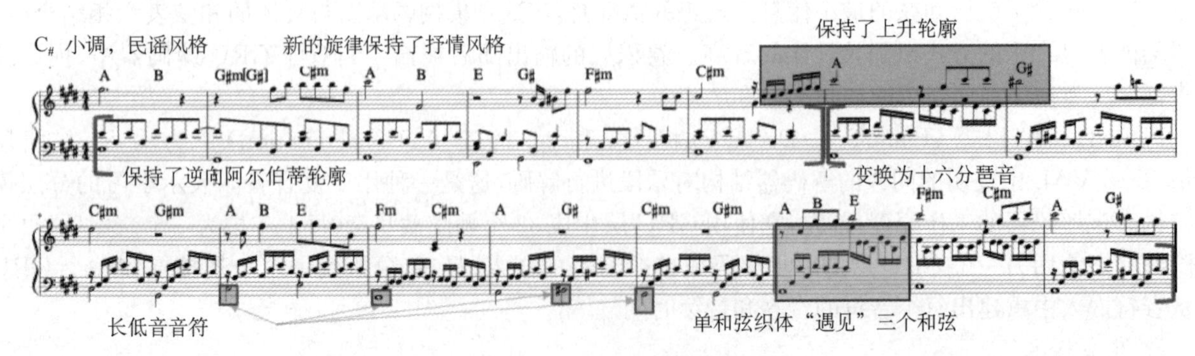

图 11-40 模型生成结果

总的来说，Poly-Dis 模型在复音音乐上的表现非常出色。

三、结构的表示

回顾一下通过预测生成法所面临的四个问题：自然性、创造力、可解释性和结构意识。EC²-VAE 模型与 Poly-Dis 模型通过学习可解释的表示形式，将它们重新组合成类似的人造音乐形式，为前三个问题提供了解决方案。但是，当前基于 VAE 的模型尚不能很好地处理时间序列的结构，并且对于乐句级别的音乐，其性能会大大降低。

我们这里说的音乐结构，是指在多个时间尺度上的音高、节奏、和弦等方面的长期依赖性、自相似性和音乐重复性。对于表示学习，音乐结构可以帮助编码长片段。有了良好的结构表示，模型就不再需要记住整个序列，而只需记住更高层次的动机是如何随着时间发展的，就可以记住主要动机。换句话说，弄清长片段的内容和结构表示，对音乐生成至关重要。

（一）Transformer-VAE 模型

Transformer-VAE 模型是结构表征学习方向上的一次有效尝试，是一种用于长期旋律表示学习的分层模型，可以看作 MusicVAE 模型和 Transformer 模型的组合。

该模型由两层组成：底层由多个并行工作的局部编码器（Local Encoder）组成，每个编码器都学习一个小节的潜在表示形式；顶层使用遮盖的注意力机制（Masked Attention）（通过让后面的小节关注先前的小节）来提取全局结构。在这里，结构就是小节之间的依赖关系。因此，所有局部表示形式基本上都是后续小节的“上下文条件（Context Condition）”，例如，如果两个相邻小节相同，则在给定第一个小节上下文的情况下，第二个小节的潜在编码仅需要包含“重复”信号。这种机制使 VAE 不必记住多余的信息，并且实质上提供：

① 一种有效的方式来存储结构化的长期信号。

② 上下文感知（Context Sensitive）的表示学习方法。

③ 通过上下文迁移（Context Transfer）的交互式生成过程，帮助我们实现了一种假想情况，即一首音乐的结构如果换成另一首音乐的结构会怎么样的问题。

1. *数据表示*

模型作者使用 Hooktheory 提供的数据集（一个经过人群注释的流行音乐转录数据源）进行实验。数据集包含了 16 142 首 4/4 拍的 8 小节作品（对应 Hooktheory 上最常见的格式），使用 80%的歌曲进行训练，20%的歌曲进行测试。数据集并没有涵盖所有可能的 MIDI 音高，或者某些 MIDI 音高的样本非常少，因此，首先在-4 到 4 个半音范围内对训练集进行数据增强，同时，采用 MIDI 音高 40 到 84 的有效音高范围。在数据增强后，所有未包含在音高范围内的音符都被删除。乐曲用一系列的标记来表示。每个标记代表一个十六分音符的时间步长（每小节 16 个标记）。可能的标记值包括 45 个起始状态（每个状态对应一个有效的 MIDI 音高）、一个延音（Sustain）状态和一个静音（Rest）状态。

2. *模型架构*

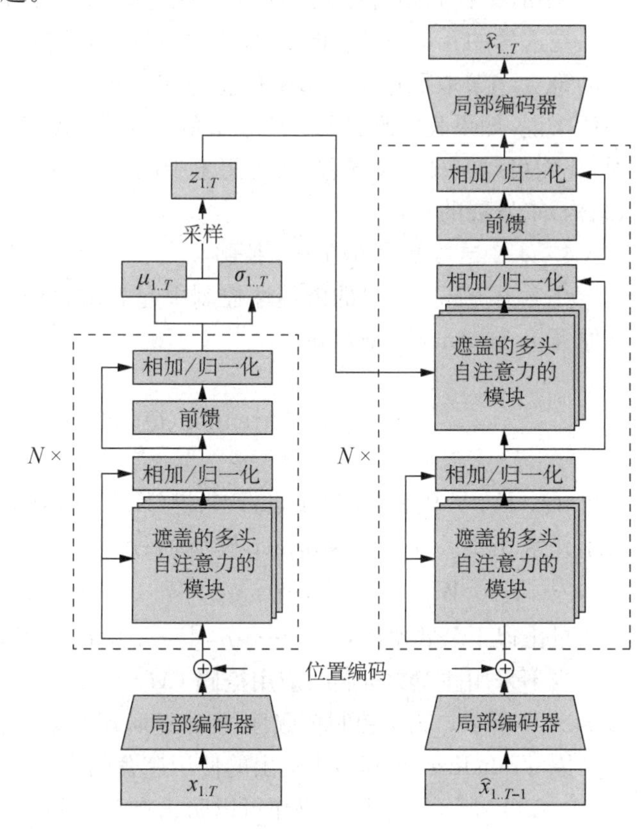

图 11-41　Transformer VAE 模型的结构

图 11-41 显示的模型在很大程度上基于 Vanilla Transformer 模型。Vanilla Transformer 模型擅长 seq2 seq 预测，包括机器翻译和音乐生

成。我们做了一些改动，使 Vanilla Transformer 模型能够在 VAE 环境下进行表示学习，即模型的输入和输出是相同的。具体地说：

① 我们在编码器的输出中加入高斯噪声，然后再将其输入解码器中。

② 我们对编码器和解码器都采用了掩蔽的注意力机制。

形式上，让 $x_{\langle 1\cdots T\rangle}$ 表示长度为 T 个小节的原始旋律，其中 x_i 表示第 i 个小节的旋律。首先，每一个小节都要经过一个共享参数的本地局部编码器 E_{local}，得到小节级的表示 $h^e_{\langle 1\cdots T\rangle}$，其中 $h^e_i = E_{\text{local}}(x_i)$。然后，Transformer 编码器将 $h^e_{\langle 1\cdots T\rangle}$ 作为输入，计算出潜码 z 的参数。

$$
\begin{aligned}
& g^e_{1\cdots T} = E_{\text{Transformer}}(h^e_{1\cdots T}) \\
& [\mu_i,\ \ln(\sigma_i^2)] = W_i g_i + b_i \\
& z_i \sim N(\mu_i,\ \sigma_i^2)
\end{aligned}
\tag{11.2}
$$

然后将潜变量 z 送入 Transformer 解码器 $D_{\text{Transformer}}$，与之前解码的小节表示一起，依次解码新的小节。从形式上看，

$$
\begin{aligned}
g^d_{1\cdots i} &= D_{\text{Transformer}}(z_{1\cdots i},\ h^d_{0\cdots i-1}) \\
\hat{x}_i &= D_{\text{local}}(g^d_i)
\end{aligned}
\tag{11.3}
$$

其中，$\hat{x}_{\langle 1\cdots T\rangle}$ 为解码后的小节，$h^d_i = E_{\text{local}}(\hat{x}_i)$ 为其小节级表示。这里，h^d_0 是音乐开始的特殊嵌入，其功能类似于自然语言处理中的句子开始标签。

3. 上下文感知的表示

模型的设计遵循以下假设：由于 Transformer 编码器的自注意机制（Self-attention Mechanism）使得表示 z_i 不仅包含 h^e_i 中的信息，还包含其他小节的上下文信息 h^e_j，$j \neq i$，因此，这些上下文信息可以潜在地帮助减少 $z_{\langle 1\cdots T\rangle}$ 中的冗余，学习一种上下文敏感的表示。例如，当输入旋律满足 $x_1 = x_5$（即精确重复），模型在编码第 5 个小节时，可以通过关注第 1 个小节来捕捉这些信息。如果该小节的内容已经存储在 z_1 中，则 z_5 不必再存储相同的信息，而只需要进行简单的结构描述，如“x_5 与 x_1 相同”。

在这样的冗余演绎假设下，值得注意的是，现在 z_5 本身变得不足以重建 x_5，但解码器中的注意层会帮助第 5 小节取回第 1 小节的信息并完成重建。另一方面，收益是我们现在可以更好地控制生成过程。一般来说，如果我们改变了一些小节的上下文，我们希望整个重构的音乐也会发生相应的变化。换句话说，我们可以实现语境转移，实现想象中的美学问题，比如“如果 A 曲的第 1 小节是按照 B 曲的音乐流程（结构）来发展的”。

4. 基于遮盖注意力的依赖控制

注意力掩码在变量的依赖性控制中起着重要作用。Transformer VAE 模型使用的注意力计算方法与原 Transformer 模型相同。

$$
\text{Attention}(Q,\ K,\ V) = \text{Softmax}\left(M \circ \frac{QK^{\text{T}}}{\sqrt{d_k}}\right)V
\tag{11.4}
$$

这里，Q、K、V 代表查询串（Query）、键（Key）和值（Value）矩阵，d_k 代表 K 的行数，M 为注意力掩模，“$\circ$”表示元素相乘。在 Transformer 模型的设定下，K 和 V 是同值向量的一些线性变换。$v_{\langle 1\cdots T\rangle}$，即 $K = [v_1,\ \cdots,\ v_T]^{\text{T}} W_k$，$V = [v_1,\ \cdots,\ v_T]^{\text{T}} W_v$，和 $Q = [q_1,\ \cdots,\ q_T]^{\text{T}} W_q$，其中 $q_{\langle 1\cdots T\rangle}$ 为相同长度的查询串。输出向量由以下公式给出：$[o_1,\ \cdots,\ o_T] = \text{Attention}(Q,\ K,\ V)^{\text{T}}$。

当不采用注意力机制时应用掩码（$M = 1_{\langle T\times T\rangle}$），每个输出令牌 o_i 受 $v_{\langle 1\cdots T\rangle}$ 中所有数值的影响，如图 11-42(a) 所示。为了控制依赖性，引入遮蔽函数来设置一些掩码值为 $-\infty$。

原 Transformer 模型中提出的使用遮盖的常见方法是将解码器的自注意力乘以一个上三角矩阵，如图 11-42(b) 所示。这样的操作可以防止在 Teacher-Forcing 训练过程中，未来结果的信息泄露到前几步。

但是，如果我们的 Transformer VAE 模型只采用这种掩码，潜码 $z_{\langle 1\cdots T\rangle}$ 的解释可能会有歧义。参照

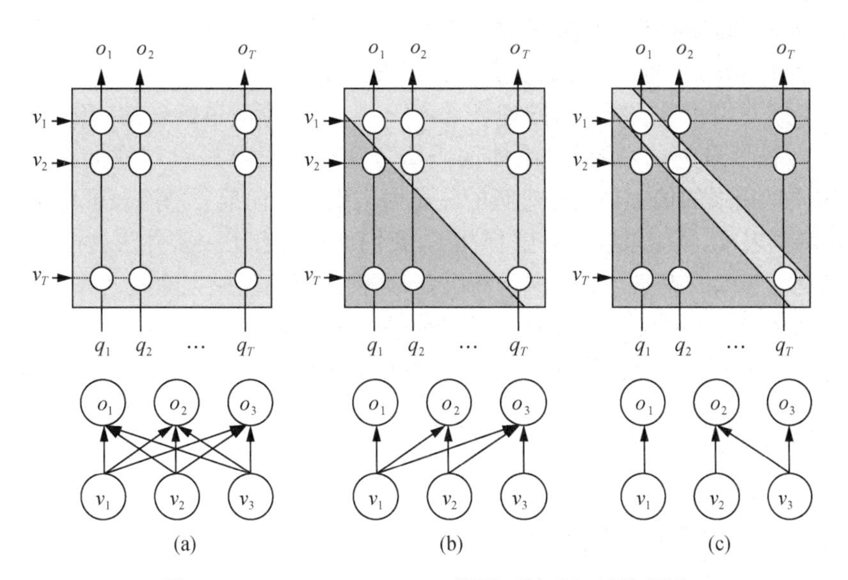

图 11-42　Transformer VAE 模型对掩码机制的利用

上一节使用的 $x_1=x_5$ 的例子，虽然我们知道信息仅仅会被存储一次，但我们并不知道信息是存储在 z_1、z_5 中，还是一半存储在 z_1、一半存储在 z_5 中。

我们通过为编码器和解码器中的所有注意力层引入上三角掩码，如图 11-42(b)所示来解决这个模糊性问题。这个操作起到了依赖性控制的作用：对于第 i 个小节 ① 编码器只能访问其左边的上下文($x_{1\cdots i}$)，② 解码器只能访问其左边的上下文和解码小节($\hat{x}_{1\cdots i-1}$ 和 $z_{1\cdots i}$)。因此，该模型将只学习存储重复小节的第一次出现的信息，这使得结构解释更加清晰。

5. 条件 VAE 的角度

为了更深入地理解 Transformer VAE 模型，可以采用条件 VAE 的观点。VAE 的条件是一些信息，在编码和解码阶段都被提供出来。为了对信号 x 进行编码，VAE 可以利用条件信息 c，而不需要将其记忆在潜伏表示 z 中，如果我们将 Info(一)定义为存储在变量中的信息，直观上我们就可以得到：

$$\text{Info}(z)=\text{Info}(x)-\text{Info}(c) \tag{11.5}$$

其中，减号可以理解为一个集合差操作。在类似的意义上，我们可以将该模型看作 T 个不同的 1-bar VAE 的组合，第一个是无条件的，其余的都是以前面的上下文为条件的(如图 11-43 的例子)。

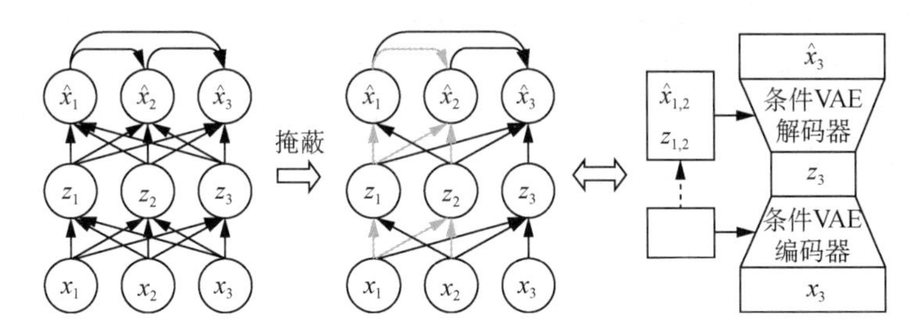

图 11-43　从条件 VAE 的角度理解 Transformer VAE 模型

因此，对于每一个小节来说，我们都可以这么理解：

$$\text{Info}(z_i)=\text{Info}(x_i)-\text{Info}(x_{1\cdots i-1})$$

这就是为什么要明确删除潜伏表示 $z_{1\cdots T}$ 冗余的原因。

四、类比生成法小结

类比生成的关键之处在于解耦表征，而解耦表征的深度学习算法的关键在于对模型恰当的设计与限制。这种限制在机器学习中往往被称为 inductive bias 即归纳偏置。比如，EC^2-VAE 模型里最重要的归纳偏置即节奏解码器与其附加的节奏损失函数。之所以称其为偏置，是因为节奏解码器相当于默认了旋律生成是一个先生成具体节奏，再综合考虑节奏和音高表征如何配合的过程。如果没有这个偏置，神经网络可能产生任意的生成方式和生成顺序。同理，PianoTree VAE 模型里最强的归纳偏置是“树形”的编码器和解码器；Poly-Dis 模型最强的偏置是“织体编码器”，这个编码器被设计成拥有织体的平移不变性；Transformer VAE 模型最强的偏置是通过遮蔽的注意力实现的只向前看的隐表征依赖关系。

一旦学习到解耦的表征，模型就拥有可解释性了，我们也同时有了很多办法去控制整个音乐的生成过程。最简单的方法是将解耦的表征打乱顺序重新组合，这就是类比生成。除此之外，我们还可以对单个的解耦表征进行插值（Interpolate）、采样等操作。但目前的类比生成与解耦学习还很初级，在音乐的应用上只能处理一个乐句。如何学习层级化的表征、解耦层级化的表征，是学界的挑战也是机遇。

参考文献

Müller M. Fundamentals of Music Processing: Audio, Analysis, Algorithms, Applications [M]. Cham: Springer, 2015.

MIDI Manufacturers Association. MIDI Specifications[EB/OL],[2017-4-14]https://www.midi.org/specifications.

Yang L C, Chou S Y, Yang Y H. MidiNet: A convolutional generative adversarial network for symbolic-domain music generation[J]. *arXiv preprint arXiv*, 2017:1703.10847.

Boulanger-Lewandowski N, Bengio Y, Vincent P. Modeling temporal dependencies in high-dimensional sequences: Application to polyphonic music generation and transcription[J]. *arXiv preprint arXiv*. 2012:1206.6392.

Hadjeres G, Pachet F, Nielsen F. Deepbach: A steerable model for Bach chorales generation[C]//Proceedings of the 34th International Conference on Machine Learning. Cambridge:PMLR,2017,70: 1362-1371.

Huang C Z A, Vaswani A, Uszkoreit J, et al. Music transformer: Generating music with long-term structure[C]// International Conference on Learning Representations. Vancouver:ICLR, 2018.

Vaswani A, Shazeer N, Parmar N, et al. Attention is all you need[C]//Advances in Neural Information Processing Systems. Cambridge: MIT Press,2017: 5998-6008.

Payne C. MuseNet[EB/OL]. OpenAI Blog, 2019.[2019-4-25]openai.com/blog/musenet.

Huang C Z A, Hawthorne C, Roberts A, et al. The Bach doodle: Approachable music composition with machine learning at scale[J]. *arXiv preprint arXiv*, 2019:1907.06637.

Dong H W, Hsiao W Y, Yang L C, et al. Musegan: Multi-track sequential generative adversarial networks for symbolic music generation and accompaniment[J]. *arXiv preprint arXiv*, 2017:1709.06298.

Yu L, Zhang W, Wang J, et al. SeqGAN: Sequence generative adversarial nets with policy gradient[C]//The 31st AAAI Conference on Artificial Intelligence. Palo Alto:AAAI Press,2017.

Kingma D P, Welling M. An introduction to variational autoencoders[J]. *arXiv preprint arXiv*, 2019:1906.02691.

Higgins I, Matthey L, Pal A, et al. beta-VAE: Learning basic visual concepts with a constrained variational framework[C]. Toulon:ICLR,2017.

Chen M, Tang Q, Wiseman S, et al. A multi-task approach for disentangling syntax and semantics in sentence representations[J]. *arXiv preprint arXiv*, 2019:1904.01173.

Wang Z, Wang D, Zhang Y, et al. Learning interpretable representation for controllable polyphonic music generation [J]. *arXiv preprint arXiv*, 2020:2008.07122.

作者：夏光宇（上海纽约大学） 张逸霄（伦敦玛丽皇后大学）

第十二章
AI 作曲技术鉴定

第一节 概 述

计算机音乐作曲识别技术现阶段的基本任务是识别音乐产生的主体，即分辨人工智能技术生成的旋律和人工写作的旋律。随着对于人工智能作曲技术理解的加深以及计算机音乐生成识别技术的发展，根据实际需求，计算机音乐作曲识别技术的任务还可以扩展到对于特定音乐生成算法的识别、对于特定计算机音乐生成模型的识别和对于特定模型训练数据集的识别。

目前，计算机音乐识别技术的主要作用有两点：一是在法律上出现音乐著作权相关纠纷时提供物证鉴定作用；二是在计算机音乐生成系统的开发过程中，用于对生成音乐系统的性能进行评价。

一、法律上的作用

计算机音乐作曲识别不仅使得乐曲创作方式多元化，对于完善音乐著作权的保护也产生了极为重要的作用。

一方面，对乐曲的著作权保护。如何区别“此乐曲”和“彼乐曲”，是保护著作权的客体即乐曲本身的重要前提。传统的识别方式往往以比对乐曲的旋律、节奏、结构为主，但这种方式缺乏客观、统一的标准，判断相似度多以主观感受为准。而计算机作曲识别能用数字量化，将不同乐曲的元素比对衡量出“数字化”结论，科学地界定“此乐曲”和“彼乐曲”。这样既能在使用计算机音乐作曲时防止使用者创作出相似作品，将侵权作品扼杀在摇篮中，更能轻而易举地将已有的不同乐曲进行比对，判断出是否侵权，从而保护了乐曲的著作权。不仅如此，基于对乐曲的改编所产生的演绎作品，通过计算机作曲识别也可准确区分。演绎作品和侵权作品都是对原有的乐曲进行不同程度的改编，区别在于演绎作品虽有相似度，但它因具有独创性足以构成一个新作品，那么在判定演绎作品的“独创性”上，也能使用计算机作曲识别从乐曲不同的元素等方面来比对“演绎作品”和“原生作品”的相似度。实际上，原作品、演绎作品、侵权作品都可以通过计算机作曲识别出其相似度，无非是当相似度达到某一数值时被认为“此作品”不是“此作品”，而当相似度达到另一数值时可被认为“此作品”已是“彼作品”。

另一方面，对音乐著作权人的保护。传统的作曲方式大多以著作权人自主创作为主。而计算机作曲由训练数据提供方、模型（软件）提供方、使用方（生成音乐）等分工所形成。各方都扮演着各自的角色，同时也承担各自的责任，共同确保创作出来的乐曲是合法的，并且创作的过程都是有迹可循的。如果在多人对同一乐曲主张著作权时，“真正的”著作权人可以通过提供计算机作曲软件来举证证明自己创作乐曲的过程，从而改进传统作曲方式因难以证明创作过程而影响对著作权权属的认定。

二、对于技术的推动作用

除了在司法实践上的用途，计算机音乐作曲识别技术对于计算机音乐生成技术也具有比较强的推动作用。实际上，产生一种人类无法分辨的由计算机生成的旋律，一直是计算机音乐生成技术的目标之一。

在目前计算机生成技术中，对于系统生成音乐旋律的评估方法多为主观测评，缺乏客观标准。这种情况在基于深度学习算法的系统中是非常罕见的。更常见的情况是，在深度学习算法中，有一个同系统性能相关的目标损失函数，用以指示当前模型在解决指定任务过程中的表现，而这个目标损失函数在模型参数构成的高层空间中是“可微”的，从而在训练过程中，通过梯度下降的方法，找到模型参数空间中系统表现较好时的系统参数值。

然而，几乎在所有的音乐生成方法中，都缺乏一种能够客观刻画计算机音乐生成系统的目标损失函数。这种目标损失函数的缺失，直接导致了深度学习系统的盲目性即通过梯度下降方法对深度学习系统进行优化时，所优化的函数损失并不保证实际计算机乐曲生成系统的性能。这种情况就造成了在构建计算机作曲系统时大量的计算过程没有服务于提高自动作曲系统的性能，使得自动作曲系统的构建过程效率低下。

如果一个系统能够识别计算机音乐生成系统所生成的旋律，同时这种识别方法所利用的数学公式是可微的，那么这种可以有效识别计算机音乐生成系统生成旋律的系统可以作为计算机音乐生成系统的损失函数，降低计算机音乐搭建过程中的盲目性，提高计算机音乐生成系统的性能。

三、计算机作曲识别的难点

计算机自动作曲技术的本质是通过收集数据建立一种数学模型。但是这种数学模型无论多么符合人类的感知，与人类作曲旋律的特征都会存在微小的分布差异。对于这种差异的检测，就成为计算机作曲识别技术的关键技术，直接决定了相关技术性能的优劣。

第二节　计算机作曲识别的作用

一、计算机音乐生成系统的使用框架

使用计算机音乐生成系统生成音乐较传统人工写作音乐涉及的环节更多。传统的人工写作音乐，其创作传播流程可以总结为：作曲家创作—音乐制作—音乐发行—音乐使用，共四个串行的环节，各方权利责任相对清晰。出现争议时，往往通过专家鉴定的方式解决争议。

使用计算机音乐生成系统进行音乐创作时，其流程更为复杂：计算机创作的音乐由一个数学模型生成，数学模型的产生是通过指定算法结合训练数据进行训练所导致的结果。与传统的作曲家创作模式相比，基于计算机生成的音乐创作模式用数据和算法代替了传统的作曲家一方，即以数据提供方和算法提供方代替了作曲家。需要指出的是，算法提供方与传统作曲家相似，需要较为专业的知识，可替代性不强，一般为专门机构或从业人员担任；数据提供方的任务相对简单，可由音乐使用方、发行方或制作方兼任，同时，数据提供方所提供的数据与生成的音乐存在因果关系，这就使得基于计算机的音乐生成系统，其出现著作权争议时的法律责任划分问题较传统方式更加复杂。

为了能够更好地理解基于计算机音乐生成技术中引入的法律问题，首先对计算机音乐生成框架下引入的训练数据提供方和算法提供方的特点进行说明。同时，对功能改变较大的音乐使用方的特点也进行阐述。

1. 训练数据提供方

所谓训练数据提供方，就是通过收集音乐及其相关特征的信息，并按照指定的方法对计算机音乐生成系统进行训练，最终得到能够生成音乐的计算机系统。从技术上讲，计算机音乐生成系统的训练数据对于最终生成的音乐具有非常大的影响。理论上，训练数据如果被进行特殊的设计，计算机所生成的音乐可以具有比较明显的指定特征。

还需要指出的是，训练数据本身往往是音乐数据或音乐特征数据，此时，被选为训练数据的音乐，其著作人权利仍然有效。

2. 算法提供方

算法提供方的职责是为计算机提供音乐生成算法。音乐生成算法的主要作用是为计算机提供生成音乐的规则，即根据特定规则（即算法）可以捕捉到训练数据中音乐特征的特定时序依赖关系，从而得到用于生成音乐的数学模型。需要特别指出的是，根据数学模型得出音乐的方法，也在算法提供方的职责内。算法提供方有时也同时作为数据提供方存在。

从技术上讲，算法提供方所提供的算法，只对于系统所生成音乐与训练数据的相似性有影响。因此，算法提供方在理论上无法通过技术完成具有主观故意的侵权行为。

3. 使用者（音乐生成方）

在传统的音乐产业中，大部分音乐使用者都是比较被动的一方：除了对作曲家或音乐制作方提出一定的要求外，音乐使用者只能被动地接受音乐成品。而在基于计算机的音乐生成系统中，音乐使用者由于可以作为数据提供方能够直接影响生成乐曲的音乐特征并以运行软件的方式生成音乐，同时对生成的音乐在使用

前进行筛选，因此，使用者作为音乐直接使用方，其对于发生一些特定侵权行为所承担的责任增加了。

二、由自动作曲技术所产生的新法律问题

如前所述，计算机作曲识别区别于传统作曲，通过科技手段将创作乐曲变得更加高效和科学，是科技发展到一定水平的新兴产物。但随之而来的是作曲不再是单一创作，而是经过不同工序所形成，那么在这些生产工序的环节中，不同的行为主体所承担的法律责任也是不尽相同的。

1. 训练数据提供方的责任

训练数据是计算机作曲识别的第一道工序。训练数据提供方将不同的"音乐数据"汇编，供后续的模型提供方和使用方使用，那么训练数据提供方的一个风险在于如何确保其提供的音乐数据是合法的。音乐数据有其特有的形式，可以由单个或多个音符、节奏形成，也可由音符与节奏组合形成。单个的音符或节奏只是乐曲构成的元素，不能独立称为作品，故使用单个的音符或节奏并不会产生侵犯著作权的情形。但多个音符、节奏或音符与节奏组合形成的数据，其本身就可能构成著作权法意义上的作品，数据库作品权利人行使著作权时，应避免发生侵犯原作品的著作权的情形。因此，甄别训练数据本身能否成为著作权保护的客体是判断训练数据库作品权利人是否承担侵权责任的重要前提。

2. 模型(软件)提供方的责任

模型提供方从技术上看，是连接训练数据方和使用方的一道桥梁，通过这道桥梁把使用方的创作需求和训练数据方提供的音乐数据结合，从而创作出乐曲；从法律角度来看，模型提供方是连接既有的音乐数据和未来的音乐作品之间的一道桥梁，这道桥梁需要保证既有的音乐作品和未来的音乐作品没有法律上的冲突。简言之，当使用方使用模型生成乐曲时，该乐曲的产生是经过了使用方输入指令以及模型提供方输出乐曲两个步骤，模型提供方在输出乐曲的过程中，它需要把使用方的指令转化成乐曲，而在转化时模型提供方会有自身的选择从而生成乐曲，因此模型提供方应确保基于使用方的指令所产生的乐曲不存在侵权，即该乐曲没有与任何已创作的乐曲达到足以侵犯著作权程度的相似。如果使用方创作出的乐曲侵害了其他乐曲的著作权，那么模型提供方作为乐曲创作的输出主体，亦难逃其法律责任。

3. 使用方(生成音乐)的责任

使用方在利用计算机作曲时，根据自身的创作需求而对模型提供方发出一系列指令，从而创作出其所需要的乐曲，这种指令实质上是对所创乐曲的音符、节奏、结构等的描述。由于使用方不是创作乐曲的直接输出主体，加之模型提供方在生成音乐之时已具备和肩负起识别乐曲是否存在侵权的功能和责任，那么使用方已得到了最大限度的保护，其小概率创作出侵权作品，亦小概率承担法律责任。不过，虽然模型提供方可以识别出基于使用方指令所产生的乐曲是否存在侵权，但就指令本身模型提供方无法判断由哪个使用方所创作，那么就有可能存在恶意的使用方在抄袭其他尚未输入模型的提供方的指令，从而生成乐曲。因此，对于这种恶意抄袭他人指令所创作出乐曲的使用方，仍然要承担侵犯著作权的责任。

4. 被作为数据使用的音乐著作权权利人的权利

我们可以把作为数据使用的音乐称为"数据音乐"。如前所述，用于计算机作曲的音乐数据分为两种，一种是不能构成乐曲作品的数据，另一种则是属于音乐作品的数据。前者因不属于乐曲作品从而不存在音乐著作权保护的问题，而后者可以成为著作权的保护客体从而导致该著作权人享有著作权。对于使用方在基于对数据的使用所创作的乐曲，应以不侵犯原作品的著作权为限。但音乐数据的著作权人所享有的著作权，应仅限于该音乐本身，不能扩大到利用音乐数据所创作的乐曲。一方面，计算机创作乐曲由若干个音乐数据组成，该乐曲已然是一个全新的具有独创性的作品；另一方面，开发计算机作曲的目的是为了由使用方创作乐曲，而并非由数据音乐的著作权人利用该数据音乐进行简单的重组、编排，数据音乐的著作权人的权利应止于此，不应无限扩大。

三、计算机自动作曲识别技术在法律实践上的作用

在司法实践中，音乐著作权的纷争多见于音乐著作权权属、侵权、著作权许可使用等案由，而计算机自动作曲识别技术对于缓解这些纷争有着巨大空间。

首先，计算机作曲识别技术能保护创作的合法性，从源头上保护乐曲的著作权。计算机作曲不仅能推动音乐创作，更能在创作的过程中识别乐曲的相似度来确认合法与否。对于乐曲的创作人来说，传统的作曲方式有可能存在创作人侵权而不自知或者创作人恶意“创作”侵权作品的情形，无论主观是否恶意，侵权作品都有可能产生，而计算机作曲技术能有效地防止侵权作品的“问世”。

其次，计算机作曲识别技术有助于著作权人维权。在利用计算机作曲创作过程中，创作人进行乐曲创作的每一过程都可以被保存下来，并且由于这些过程都记录在计算机软件当中，不仅便于保存，而且更能客观、真实地证明这一创作过程。因此，在发生著作权权属、侵权纠纷时，只要提供这些过程，便可以作为证明谁是著作权人的证据，从而保护了真正的著作权人的利益。

最后，计算机作曲识别技术可以作为识别侵权作品的方法。通过计算机作曲识别技术，将不同的乐曲进行比对，从而得出一个客观的相似度识别。我们只要解决认定侵权作品相似度识别的标准是多少，就可以轻松地判断乐曲是否存在侵权，而不必以传统的方式逐一比对乐曲的各方面，从而有效地提高了解决纷争的效率。

第三节　计算机作曲技术的方法

一、计算机作曲系统结构回顾

大多数音乐生成系统可分为三类：基于规则的系统、利用数学模型的方法和机器学习系统。机器学习系统，特别是深度学习系统，被认为是最先进的自动音乐生成系统。因此，数据挑战使用深度学习系统生成被标记为计算机生成的旋律。

影响自动音乐生成系统的性能最重要的因素是时间相关性的建模。基于规则的系统通常提出一组规则来生成一个序列，比如和弦。使用数学模型的系统旨在以数学方式描述音乐中的时间依赖性。然后，可以将生成过程视为数学模型的采样过程。对于时间相关性的建模，自从音乐产生的非常早期的阶段，马尔可夫模型为首选。最近使用这一原理的作品之一是 ALYSIA 系统，它同时创建歌词和旋律。

由于音乐通常具有长期依赖性，基于规则和数学模型的系统几乎不可能精确地学习长期依赖性。机器学习系统，特别是深度学习系统，更适合音乐生成的目的，因为长期依赖性可以建模为类似于语言模型的联合概率分布。

一个典型的系统是 RNN。马克里斯(Makris)使用 RNN 来生成鼓型的节奏。微软团队使用 RNN 编码音乐的音高、节奏以及和弦。随着建模较长时间依赖关系的需要，瓦斯瓦尼(Vaswani)等人提出了 Transformer 模型结构来捕捉更长时间的依赖关系。该结构被用在了音乐生成上。

除了使用语言模型来对音乐中的长时间依赖关系建模之外，音乐生成也可以通过一个生成模型来实现，比如 VAE 或 GAN。

VAE 是自编码器的一个变体，它是一个生成性的深度学习模型。布伦纳(Brunner)提出了一种基于 VAE 的自动作曲模型 MIDI-VAE，该模型处理具有多个乐器音轨的复调音乐，并对生成的音乐中音符的持续时间和速度进行建模。研究者提出了一种新的 VAE，使用模块化方法设计模型结构来生成音乐。有研究者使用 VAE 生成不同风格的中国民间音乐。Music VAE 模型根据音乐具有层次结构的特点，对 VAE 的结构进行了改进，旨在解决使用普通 VAE 生成的音乐缺乏连贯性的问题。Music VAE 模型更擅长于生成持续时间较长的音乐，因此本章提出的数据挑战选择 Music VAE 模型作为基于 VAE 的音乐生成系统的代表来开发和评估数据集。

GAN 是一个包含生成器和鉴别器的生成模型。在 GAN 中，生成器产生伪样本，鉴别器判断样本是否由生成器产生。音乐生成也经常使用 GAN。MidiNet 模型是为数不多的使用钢琴卷帘生成音乐的 GAN 模型之一，它可以在不产生伴奏的情况下生成旋律。

无论计算机音乐生成系统基于哪种方法，计算机自动作曲的方法主要是通过学习人类音乐特征中的“长时间依赖关系”，构建数学模型，然后再从相关数学模型中进行抽样，完成计算机自动作曲的过程。

二、计算机自动作曲的识别方法

计算机自动作曲的识别过程仍然属于一个计算音乐学问题，即通过分析一些音乐特征的分布，寻找可使用数学方法描述的特定规律或者有悖于音乐理论的规律，来确定音乐生成的来源。识别计算机自动作曲的方法主要包括基于规则的方法、基于分类器的方法、基于无监督聚类的方法。

（一）基于规则的方法

基于规则的方法是使用数学方式表达基本音乐特征，并利用这些基本音乐特征计算获得更加复杂的高级特征来辨别音乐是否由机器生成。该类方法的本质，是通过数学方法来对计算机所生成的音乐中违反乐理的方式进行识别。这种方法往往具有比较强的语义，当高级音乐特征的表达式可微时，是一种理想的音乐生成网络的罚函数项。

例如，在非机器生成音乐中，调式这一特征是广泛存在的。通过分析音乐重拍上的音程关系，可以推测出音乐的调式。如果一个乐曲在旋律行进过程中，接连不断地出现无法形成有效调式的情况，那么这段音乐就存在是机器生成的可能性。

实际上，基于规则的方法多是通过利用先验知识来确定的。例如，基于调式分析的方法，其假设是相应音乐片段是有调式的，对于一些调式不确定的现代音乐，往往会基于此假设被认定为机器生成的乐曲。

（二）基于分类器的方法

与基于规则的系统相比，基于分类器的方法更加常见。基于分类器的计算机生成音乐识别方法主要通过机器学习方法学习特定的音乐特征，并以此来搭建分类器。与 SVM 等传统机器学习分类器相比，对于时序关系进行特征提取的 RNN 是一种更加大众的解决方案。

基于分类器的计算机生成音乐识别方法把计算机生成音乐与人工写作音乐看作两种不同的音乐进行分类，即训练时将音乐特征序列输入分类器，得到能够识别人工作曲与计算机生成乐曲的分类器，在识别音乐类别时，由分类器根据音乐特征将音乐归类，完成识别过程。

由于基于分类器方法的计算机生成音乐识别技术，将识别任务考虑为分类问题，故在训练过程中，分类器只对训练数据库内的人工作曲曲目和计算机生成音乐进行建模。这就导致相关识别系统对于训练数据库之外的音乐类型或音乐生成算法所生成音乐的识别精度较低。

（三）基于无监督聚类的方法

为了克服分类器方法中，系统对于训练数据库外不同类型样本适应性差的问题，可以通过对人工智能生成音乐或人工写作乐曲中的音乐特征进行无监督聚类（注：这种通过对经过遴选的数据进行无监督聚类建模的问题，由于对数据遴选性质的理解不同，对算法归类的看法也不同。如将数据遴选看作先验知识，则该方法应为无监督机器学习问题；如将数据遴选看作标记过程，则该方法应被看作有监督机器学习问题），将人工智能作曲识别转变为一个离群点问题。

解决离群点问题的思路与基于分类器方法的思路并不一致：训练过程中，只有正样本存在，而没有负样本存在。本质上，训练过程需要对音乐中的特征进行提取，并通过适当的数学变换，使得这些特征在一个特征空间中适当分布，即人类所作乐曲或计算机生成音乐的特征分布在一个空间子集内，且非人类所作乐曲或非计算机生成乐曲在此特定特征空间内的分布尽可能地远离该子集。

基于无监督聚类的方法，其本质是对某一类别数据的特征进行建模，并将不符合相关特征分布规律的样本识别为“离群点”。该算法可以有效地避免基于分类器方案中，无法有效识别非训练集同类数据的问题。

（四）主要技术难点和挑战

识别计算机生成乐曲的主要难点，是寻找计算机生成音乐中长时间依赖特征的问题。由于音乐中各种特征繁多，时间复杂度较大，再综合空间复杂度，很难使用一种简单的方法对计算机生成音乐进行准确识别。因此，需要通过较为复杂的数学方法，对基础音乐特征进行运算，从而达到识别计算机生成音乐的目的。

基于规则的系统，从本质上而言是利用先验知识（音乐理论）构建数学模型，通过数学模型计算音乐特征的“合理分数”确定音乐是否由计算机生成。然而，由于音乐属于比较复杂的人类活动产物，其特征的分布往往很难达到语义上的统一，这导致了仅基于规则的计算机生成音乐算法的性能很难达到极致。而那些表现优异的基于规则的计算机音乐识别方法，其规则库的复杂度相对较高。在实际应用中，基于规则的系统更擅长对关键特征进行筛选和纠正，或基于高级音乐特征进行判断。

基于分类器的系统，其主要弱点在于较低的数据泛化能力。选用分类器方案的计算机音乐识别系统，需要着重强调对于数据库的涉及。理论上，一个囊括了所有计算机生成算法和所有人工写作乐曲类型的数据库，可以通过分类器方法训练出一个性能较强的计算机生成音乐识别系统。

与基于规则的系统相似，基于无监督聚类的系统将音乐特征通过更为复杂的数学变换，映射到一个具备空间子集的音乐特征空间中。但是与基于规则系统不同的是，这种音乐特征空间往往是不具有明确语义的。基于无监督聚类的系统，对于训练子集的有效性往往较强。与基于规则的系统类似，正负样本的逻辑判断边界也是基于无监督聚类系统的挑战之一。一般情况下，对于训练样本在特征空间中的分布密度是类似系统训练过程中，系统总体性能的重要指征。

实际上，无论哪种方案，单一模型或系统对于计算机音乐识别的有效性都是有限的。通过综合多个系统的判断，对计算机生成音乐进行识别，才是目前性能潜力较大的方案。计算机生成音乐识别技术拥有较大的应用潜力，但是相关的研究才处于刚刚起步的阶段。

参考文献

中华人民共和国著作权法. 2020-11-11.

中华人民共和国国务院. 中华人民共和国著作权法实施条例. 2013-01-30.

井音吉，李圣辰. 计算机自动作曲综述：一种通用框架[J]. 复旦学报(自然科学版)，2020(6)：639-657.

Li S C, Jing Y J and Fazekas G. A novel dataset for the identification of computer-generated melodies in the CSMT challenge[C]//Proceedings of the 8th Conference on Sound and Music Technology. Singapore: Springer, 2021: 177-186.

Deng Y, Xu Z Y, Zhou L, et al. Research on AI Composition Recognition Based on Music Rules[C]//Proceedings of the 8th Conference on Sound and Music Technology. Singapore: Springer, 2021: 187-197.

Ding M S and Ma Y H. A Transformer Based Pitch Sequence Autoencoder with MIDI Augmentation[C]//Proceedings of the 8th Conference on Sound and Music Technology. Singapore: Springer, 2021: 198-207.

作者：李圣辰(西交利物浦大学)

第十三章
一般音频计算机听觉——AI日常场景

第一节　概　　述

我们的世界中充满声音，这些声音对我们认知世界、感知周围环境起到了重要作用。声音可以来自自然界，如打雷声、鸟鸣声、狗叫声等；也可以来自人类的活动，如汽车鸣笛声、飞机轰鸣声、火警警报声等。一般音频计算机听觉的任务是通过设计一系列算法，使计算机能够识别、检测和理解世界上的声音。一般音频计算机听觉在我们私人生活和公共生活中有着广泛应用。这些应用包括检测异常声音，如老人跌倒的求救声、孩童哭声、火警警报声和救护车鸣笛声等。近年来，一般音频计算机听觉领域进展迅速，与之对应的是缺少相应的中文综述。本章将介绍一般音频计算机听觉的常见任务，包括音频分类、声音事件检测、声源分离和音频空间定位，并将介绍解决这些任务的经典方法和前沿方法。

近年来，随着计算机科学的快速发展，基于计算机的音频信号处理研究也随之增多。国际知名的音频研究机构包括芬兰坦佩雷大学、英国萨里大学、美国纽约大学、美国卡内基梅隆大学、西班牙庞培法布拉大学、英国伦敦玛丽皇后大学等。国内的一般音频计算机听觉领域也发展迅速，而且在一些领域已达到国际前沿水平。在20世纪90年代初，各个大学和研究机构通常独立开展研究，独立收集数据集并开发算法。这一阶段的一般音频计算机听觉发展较为缓慢。由于缺少统一的公开数据集，研究机构开发的算法难以进行公平比较。从2013年开始，一系列名为音频场景分类和事件检测（Detection and Classification of Acoustic Scenes and Events，DCASE）的挑战竞赛为世界范围内的研究者提供了公开的数据集，极大地促进了一般音频计算机听觉的研究。DCASE竞赛包括多个子任务。在竞赛进行期间，每个子任务都向研究者们提供开放的开发集数据。竞赛之后，开发集数据和测试集数据都会被公开，以此来促进后续研究。历年的DCASE竞赛包含多个子任务，包括音频分类、声音事件检测和音频声源定位任务等。在历年DCASE竞赛中，每个子任务会根据当年的热门方向做出一些改变。竞赛结束后，所有参与比赛的系统技术报告都会被公开。研究者们可以通过阅读历年的DCASE竞赛技术报告获取处理相关问题的前沿方法。在每年的DCASE竞赛结束后，会议承办方会轮流在世界各地举办DCASE研讨会（DCASE Workshop）。在中国，会议承办方会轮流在全国各地举办全国声音与音乐技术会议，该会议极大地促进了中国一般音频计算机听觉领域的发展。

一般音频计算机听觉——AI日常场景根据任务类型分为以下几大类：①音频分类或打标签，即识别一个音频片段所属的类别；②声音事件检测，即检测音频片段中声音事件的开始时间和结束时间；③声源分离，即从混合信号中分离出不同的声源；④音频空间定位，即识别声音事件在空间中的方向。在DCASE竞赛中，每个大类任务可能包含多个子任务，例如音频打标签或分类任务包括了音频场景分类、音频片段分类、城市街道中的车辆声音分类等。

第二节　数据库调研

在早期，一般音频计算机听觉的研究者们通常使用各自收集的数据库训练模型，例如20世纪90年代初期的工作，然而，这些数据库并没有对外开放。因此早期一般音频计算机听觉研究进展比较缓慢。近年来随着一般音频计算机听觉领域的发展，越来越多的研究机构和挑战竞赛发布了公开数据集。本节整理了近年来一般音频计算机听觉任务的数据集。

一、CLEAR 2007

CLEAR（Classification of Events，Activities and Relationships）2007是一项国际竞赛，包括视频跟踪和声音事件检测任务。其中，声音事件检测任务包含了十二类待检测的声音，如“敲门声”“脚步声”等。在CLEAR 2007中，同一时刻可能包含多个声音事件，例如，敲门声和语音可能同时出现。开发集数据录制于不同的会议室场景。测试数据包含 60 min 的音频，其中 36%被标记为声音事件，11%被标记为静音，53%被标记为未知。该竞赛的评测指标为准确率、召回率和错误率。

二、Noiseme 数据集

Noiseme 数据集是由卡内基梅隆大学收集的，用于声音事件检测。该语料库的长度从第一版本的 7.9 h 388 条音频增加到第三版本的 12.9 h 587 条音频。大多数音频的时长约为 1 min。该数据集包含了 48 种声音事件。数据集的标签信息包括声音类型、声音事件的起始时间和结束时间。在 Noiseme 数据集中，由于一些声音事件较少见，因此数据集中的四十八类声音被合并为十七类声音。在非静音音频片段中，平均每个时刻同时发声的声音事件数目为 1.40。

三、FreeSound 数据集

FreeSound 数据集是一个开放的声音数据集平台，由庞培法布拉大学的音乐科技研究组于 2005 年创建。FreeSound 数据集中的音频版权都是知识共享（Creative Commons）的，使用者对音频的下载和使用较为自由。FreeSound 数据集中的音频都是由用户上传的，目前包含了约 44 万个音频文件。下面列出了一些基于 FreeSound 的数据集。

① FreeField1010 是 2013 年从 FreeSound 中收集的数据集，包含 7 690 个音频样本。数据类别包括鸟叫声、城市中的声音和自然的声音等。每个音频片段包括了上传者、上传时间和版权信息。数据集被均匀分成 10 份，方便研究者开发和测试。

② UrbanSound 是 2014 年从 FreeSound 中收集的数据集，包括十类声音，如街道、孩子和狗等。数据集时长约为 27 h。UrbanSound 数据集的研究目标是分类城市中的声音。UrbanSound 包括四个大类：人类活动声音、自然界声音、机械声音和音乐，其中每个大类包含若干子类。在 UrbanSound 数据集的基础上，数据集制作者们创建了包含 8 732 个 4 s 声音片段的 UrbanSound 8k 数据集。

③ ESC-50 是 2015 年从 FreeSound 中收集的数据集，包含 2 000 个 5 s 的声音片段，包括五十类声音，分成动物声音、自然声音、人类活动声音、室内声音和城市声音五大类，每个大类包含十个小类，每个小类包含 40 个声音样本。

④ FSD50 是 2020 年从 FreeSound 中收集的数据集。该数据集包含 51 197 个音频片段，共 108.3 h。训练集包含约 80 h 数据，测试集包含约 28 h 数据。声音片段的长度从 0.3 s 到 30 s 不等。FSD 数据集采用众包的方式标注。该数据集共有两百种类别，包括自然界声音、人类活动声音和动物声音等。声音片段是弱标签的，即只包括声音事件是否出现在音频片段中的信息，不包含声音事件起始时间和结束时间信息。

四、DCASE 数据集

DCASE 竞赛是自 2013 年以来举办的一系列挑战竞赛。DCASE 竞赛为一般音频计算机听觉提供了公开数据集，竞赛中的任务由各个高校或企业提出。在竞赛期间，研究者使用主办方提供的开发集数据开发系统。竞赛结束后，主办方会公开测试数据集。DCASE 数据集包括音频场景分类、音频打标签、声音事件检测、声音定位和音频文字描述等。DCASE 数据集也是涵盖了一般音频计算机听觉各个任务最全面的数据集。本章将详细介绍 DCASE 数据集。

五、AudioSet 数据集

AudioSet 数据集是由 Google 公司收集的大规模弱标签音频数据集。在 2017 年发布的版本中，AudioSet 数据集包含了五百二十七种声音类别，共 200 万个 10 s 的音频片段，数据集总长度约为 5 000 h。音频片段的来源是 YouTube 视频网站。AudioSet 数据集是弱标注的，即每个 10 s 片段只被标记了存在哪些声音事件，而不包括声音事件起始时间和结束时间的标记。AudioSet 数据集中的音频片段是从真实场景中录制的，音频的录制设备也是不同的。每个音频片段至少带有 1 个标签。平均每个音频片段被标注了2.7个标签。AudioSet数据集中不同类型音频片段的数量呈长尾分布。例如,语音、音乐出现在了约100万个音频中,而点击鼠标声只出现在几十个音频片段中。AudioSet数据集中的数据标签是有噪声的,可能存在错误或者漏掉的音频类别。Google公司在发布数据的过程中提供了YouTube链接,用户需要自行下载音频数据。同时,Google公司发布了通过VGGish网络提取的音频特征。

第三节　DCASE挑战竞赛和数据集

一、音频场景分类

音频场景分类是一个根据音频片段识别录音场景的任务。音频场景可以是图书馆、火车站、飞机场等。音频场景分类在音频领域有广泛的用途,例如可以针对特定场景设计语音识别或声音事件检测系统等。音频场景分类是2013年最早出现的DCASE任务之一。DCASE 2013包含了十种不同的声音场景。开发集和测试集中每一类包含10个音频片段,每个片段长度为30 s,录音环境是双通道,采样率是44.1 kHz,位率是16 bit。在DCASE 2016中,音频场景类别增加到十六种。同一类的音频场景可能录制于不同的区域,例如不同的街道、不同的家居环境、不同的公园等。每种音频场景包含78个片段(39 min)用于训练,26个片段(13 min)用于测试。DCASE 2017延续了DCASE 2016的训练数据,并将DCASE 2016中的训练集和测试集合并为新的训练集,其中每类音频场景包含104个片段(52 min)用作训练,并保留了额外的测试集。在DCASE 2018中,共有十种音频场景类别。DCASE 2018音频场景分类任务的特点是包含多种不同设备的录音数据。数据集录制于6个欧洲城市,每段音频的长度为10 s。开发集中每类音频场景包含来自设备A的864个片段(144 min)用于训练。为了探究不同设备对音频场景分类的影响,DCASE 2018额外提供了同步使用设备B和设备C录制的音频片段,每个设备的每个音频场景包含72个片段(12 min)训练数据。开发集包含了来自设备A、B、C合计24 h+2 h+2 h共28 h的数据。在测试阶段,系统需要分别预测使用设备A、B、C录制的音频识别结果。DCASE 2018的另一个子任务允许使用额外训练数据训练系统,以探究数据规模对音频场景分类系统的影响。DCASE 2019拓展了DCASE 2018的数据,并将录音场景的城市数目增加到12个,其中训练集的音频录制于10个欧洲城市。开发集包含来自设备A、B、C的合计40 h+3 h+3 h共46 h的训练数据。DCASE 2019增加了一个开放类别音频场景分类任务,即系统需要识别来自十类音频场景之外的未知场景。DCASE 2019允许使用额外开发集数据训练系统。DCASE 2020在DCASE 2019的基础上,提供了使用冲激响应(Impulse Response, IR)函数生成的额外六种数据,包括来自设备A的40 h录音数据,来自设备B、C及六种仿真设备的各3 h录音数据,合计64 h训练数据。DCASE 2020新增了设计低复杂度音频场景分类系统的任务。参赛系统的模型大小被限制在500 kB以下。近年来,音频场景分类任务从早期的分类任务,发展到开发多设备识别、集外类别识别、允许使用额外训练数据、低功耗小模型系统等任务。

二、音频打标签

音频打标签(Audio Tagging)是一个分类音频片段的任务。音频打标签在工业界有着广泛应用,例如音乐分类、日常声音分类、人类活动声音分类等。音频打标签任务频繁出现在历年的DCASE竞赛中。在DCASE 2016中,首次提出了家庭场景中的音频打标签任务(Domestic Audio Tagging)。该任务的目标是识别音频片段中出现的事件,包括儿童说话声、电视声等七种类别。开发集和测试集分别包括4 378个和1 759个音频,其中每个音频片段长度为4 s,由3个标注者共同标记。在开发集中,共有1 946个音频有一致的标注,即3个标注者的标记相同。在系统评测阶段,等错误率(Equal Error Rate, EER)被用作评价指标。在DCASE 2017中,大规模弱标签智能车辆声音事件检测(Large-scale Weakly Supervised Sound Event Detection for Smart Cars)任务被提出。任务目标是预测音频片段中出现的车声种类。该数据集由来自YouTube视频网站的10 s音频片段组成,每个音频片段包含一种或多种车辆声音。该数据集共包含17种待识别的声音,包括火车鸣笛声、公交车声等。其中,训练集、验证集、测试集各包含51 172、488、

1 103 个音频片段。该数据集是不均衡的，例如小汽车包含 25 744 个样本，而倒车声音(Reversing Beeps)只包含 337 个样本。在评测阶段，F1 值被用作音频分类指标。DCASE 2018 包含三个和音频打标签相关的任务。第一个任务是通用音频打标签任务(General-purpose Audio Tagging of FreeSound Content with AudioSet Labels)，该数据集包含四十一种类别声音，包括长笛、敲门声等。该数据集包含约 3 700 个带有准确标签的音频和约 5 800 个带有带噪标签的音频，音频长度从 300 ms 到 30 s 不等。系统评测指标是平均准确率均值(Mean Average Precision, MAP)。第二个任务是鸟叫声音检测(Bird Audio Detection)，目标是识别一个音频片段中是否存在鸟叫声。训练集数据来源于 FreeField1010、Warblrb10k 和 BirdVox-DCASE-20k 数据库。测试集数据来源于 Warblrb10k、Chernobyl 和 PolandNFC 数据库。各个数据集中的录音场景和鸟的种类都有所不同。该任务的一个研究方向是探索系统在不同场景下的泛化能力。系统评测指标是 AUC(Area Under the ROC Curve)。第三个任务是通过多通道音频检测家庭活动(Monitoring of Domestic Activities Based on Multi-channel Acoustics)。该任务探索使用多个录音节点对家庭声音进行分类。声音类别包括洗碗、吸尘器等九种类型声音。开发集包含 72 984 个音频片段，每个音频片段录制于房间内不同位置的 4 个麦克风。系统评测指标为 F1 值。DCASE 2019 包含两个音频打标签任务。一个任务是音频带噪标签分类(Audio Tagging with Noisy Labels and Minimal Supervision)，目标是将音频片段归类为八十种类别中的一种或若干种。声音类别来自 AudioSet 数据集。音频片段长度从 300 ms 到 30 s 不等。训练集中有 4 970 个音频片段的标签是人工校准过的，有 19 815 个音频片段的标签没有被校准过，即可能包含错误标签。系统评价指标为按标签加权的标签排序平均精度(Label-weighted Label-ranking Average Precision, lwlrap)。另一个任务是城市声音打标签(Urban Sound Tagging)，目标是识别录制于纽约市街道的声音。其中粗粒度类别有七类，包括引擎声、音乐声等。细粒度类别有二十三类，包括小型引擎声、中型引擎声等。该任务的目标是探索不同粒度标签对音频分类准确率的影响。在 DCASE 2020 中，音频打标签任务结合了空间信息。数据集沿用了 DCASE 2019 中的城市音频数据集，同时提供了录音所在街区的位置信息。从音频打标签任务的发展历程可见，音频打标签从单分类任务发展到近年来的多分类、含噪标签分类、弱标签分类、变长音频分类、包含空间信息的音频分类等任务。

三、声音事件检测

声音事件检测(Sound Event Detection)是一个检测音频片段中声音事件起始时间和结束时间的任务。声音事件检测任务最早出现于 DCASE 2013 竞赛。DCASE 2013 一共包含十六种声音事件。在训练集中，每类声音事件包含 20 个样本。测试集包括了 1～3 min 的长音频片段，每个长音频包含了多种待检测的声音事件。DCASE 2013 包含两个子任务：一个是真实办公室(Office Live)场景声音事件检测任务，另一个是合成办公室(Office Synthetic)场景声音事件检测任务。该任务的评测指标是错误率(Error Rate)。DCASE 2016 与 DCASE 2013 相似，包含两个音频检测任务。一个是合成音频声音事件检测(Sound Event Detection in Synthetic Audio)任务，包含十一种待检测的声音类型，如咳嗽声、敲门声等。训练集中每类声音事件包含 20 个训练样本。合成声音片段允许有重叠的声音事件。声音事件和背景声音信噪比(Event-to-background Ratio, EBR)设置为−6 dB、0 dB 和 6 dB。首要评测指标是在 1 s 片段上的错误率。次要评测指标是只考虑开始时间(Onset-only)、容忍度为 200 ms 的事件级别 F1 值。DCASE 2016 第二个任务是真实场景的声音事件检测(Sound Event Detection in Real Life Audio)。与前一任务不同，该任务的音频录制于真实场景，并由人工后期标注。该任务包含十一种室内声音事件和七种室外声音事件。在评测中采用错误率作为评测指标。DCASE 2017 延续并调整了 DCASE 2016 中的合成声音事件检测和真实场景事件检测任务，同时增加了大规模弱标签智能车辆声音事件检测任务。与以往的声音事件检测任务不同，该任务的训练集是弱标注的，即只有片段级别的标注，没有声音事件的起始时间和结束时间标注。在测试阶段，需要预测声音事件的起始时间和结束时间。评测指标是在 1 s 级别上的错误率和 F1 值。DCASE 2018 首次提出了家庭环境中的大规模弱标签半监督声音事件检测(Large-scale Weakly Labeled Semi-supervised Sound Event Detection in Domestic Environments)任务。该任务包含十种待检测的声音事件。训练集包含 1 578 个弱标注的音频片段、14 412 个无标签的域内（In-domain）数据和 39 999 个无标签的域外（Out-of-domain）数据。该任务的一个研究方向是探索使用无标签数据训练声音事件检测模型的可行性。DCASE 2019 延续了 DCASE 2018 的家庭环境声音事件检测（Sound Event Detection in Domestic Environments）任务，同时提供了弱标注的真实录音样本和强标注的合成声音样本作为训练。该任务的一个研究方向是探索使用合成音频数据和真实数据训练声音事件检测模型。在 DCASE 2020 中，一个任务是无监督异常机器声音检测（Unsupervised Detection of Anomalous Sounds for Machine Condition Monitoring），目标是通过声音检测机器是否处于正常状态。该任务的特点是训练集只包含正常声音事件样本，不包含异常声音事件样本。该任务允许使用额外数据训练。DCASE 2020 另一个任务是家居环境的声音事件检测及分离（Sound Event Detection and Separation in Domestic Environments）。该任务延续了 DCASE 2019 中的任务，并增加了声音分离数据库（Free Universal Sound Separation，FUSS）。系统首要评测指标与 DCASE 2019 一致，并增加了复音检测指标（Polyphonic Sound Detection Score，PSDS）。该任务提出了一个开放问题：是否能同时完成声音事件检测和声音事件分离？音频分离使用了对置换与尺度不变的信噪比提升（Permutation-invariant Scale-invariant Signal-to-noise Ratio Improvement，SI-SNRi）作为评测指标。从声音事件检测的发展历程可以看到，该任务的研究方向从早期的声音事件检测，发展到多种声音重叠的、使用合成或真实音频的、大规模的、弱标签的、无标签的、异常事件检测等任务。

四、声源分离

传统的声源分离任务通常分离特定类别的声音信号，例如语音增强、音乐人声伴奏分离等。与之相对的，一般音频计算机听觉的声源分离目标是分离一般声音信号，例如动物叫声、车辆鸣笛声等。在 DCASE 2019 竞赛中首次提出了家居环境中的声音事件检测声源分离任务。该任务的一个研究目的是探索声音事件检测和声源分离两个任务是否能够互相帮助。例如，在低信噪比的环境，或者缺少声音事件强标签的情况下，探索声源分离是否能够帮助声音事件检测。实现该思路的一种方法是使用弱标注的音频数据训练通用的声源分离模型，该分离模型可以作为音频分类或声音事件检测系统的前端。DCASE 2020 挑战竞赛提供了开放的通用 FUSS 数据库。FUSS 数据库中的音频来源于 FSD50k 数据集。该数据集的特点是标签继承于 AudioSet 数据集的标签。在构造 FUSS 数据库的过程中，首先从 FSD50k 数据集中选取只包含一种声音的音频片段。选取的音频片段与房间冲激响应卷积之后被叠加起来作为混合信号。每个混合信号包含 1 到 4 个音频片段的叠加。时长超过 10 s 的音频片段被当作背景声音。每个混合信号包含一个背景声音和多个前景声音。房间冲激响应通过镜像法仿真生成。每个冲激响应对应着不同尺寸、墙壁材质的长方形房间。从声源分离的发展历程可以看到，一般音频分离是一个新兴的任务，该任务与音频分类、声音事件检测的结合仍处于研究阶段。

五、声音定位与检测

声音定位与检测（Sound Event Localization and Detection）是识别声源在空间中位置的任务。声源的位置通过方位角和仰角表示。空间中声源可以是移动或者静止的。在当前的研究中，仅考虑静态场景，即声源是固定的情况。DCASE 2019 竞赛提供了两种类型的数据：一种是 MIC 格式 4 通道麦克风阵列数据；另一种是 First-Order Ambisonic（FOA）格式 4 通道一阶高保真立体声响复制数据。开发集包含 400 条 1 min 长，采样率为 48 000 Hz 的音频数据。评测集包含 100 条 1 min 长的数据。这些音频是用室内冲激响应（Impulse Response，IR）合成的。方位角以 10 度为间隔，共 36 个方位角。仰角以 10 度为间隔，从−40 度到 40 度，共 9 个仰角。声源与麦克风距离为 1 m 或 2 m，合计 504 种方位角-仰角-距离的组合方式。合成的数据使用 30 dB 的环境声作为背景噪声。冲激响应收集于 5 个不同的室内环境，如公共区域等。DCASE 2020 延续了 DCASE 2019 的声音定位与检测任务。DCASE 2020 包含了十四种声音事件，如警报、儿童哭声等。声源可能是静止的，也可能是移动的。声音事件通过与房间冲激响应卷积，来仿真在不同尺寸、形状和声学环境中的声音。声音事件可以通过轨迹图描述，轨迹图包括了声音事件的到达方向

(Direction-of-arrival, DoA)、时域上的起始时间和终止时间。房间冲激响应于2017～2018年收集于坦佩雷大学的演讲厅、教室、会议室、开放体育场等环境。其中开发集包含了600个1 min的音频片段，测试集包含了200个1 min的音频片段。移动声音事件的移动速度可能是每秒10度、每秒20度和每秒40度。重叠声音事件的数目最多有两种。音频片段的信噪比从6 dB到30 dB不等。从声音定位与检测的发展历程可以看到，声音定位与检测是一个比较新的研究课题，是声音事件检测任务在空间上的拓展。该任务从2019年的静止声音事件定位，发展到2020年的移动声音事件定位、多房间冲激响应定位等任务。

第四节　方法综述

一、音频特征

本节介绍一般音频计算机听觉近年来的方法。经典的一般音频计算机听觉分为特征提取和构建分类器两个部分。音频特征分为时域特征和频域特征两大类。时域特征包括短时能量、过零率、短时自相关系数、短时幅度差和线性预测系数等。频域特征包括音高、谱质心和梅尔频率倒谱系数(Mel-frequency Cepstrum Coefficients, MFCC)等。通常频域特征能够更好地捕捉声音频率模式。近年来，对数梅尔谱图(Log Mel Spectrogram)在语音和一般声音信号处理中被广泛应用，并在音频识别任务上取得了较好的效果。对数梅尔谱图特征的计算如下：首先将一段音频信号分帧，帧长一般为30～100 ms，帧移(Hop Size)一般为10～30 ms。在音频信号处理中，通常假设每帧信号是短时平稳的，并使用傅里叶变换分析每帧。研究发现，较短的帧移能够带来较好的识别效果。将每帧信号的短时傅里叶变换幅度谱拼接起来即可获得语谱图。将梅尔滤波器组应用到语谱图上即可获得梅尔语谱图。由于人耳对音量是对数敏感的，因此可以取对数梅尔谱图作为特征。对于一段音频，对数梅尔谱图X是一个二维矩阵，形状记为$T \times F$，其中T和F分别是时间帧数和梅尔滤波器组的个数。对数梅尔谱图已被广泛地应用于基于神经网络的音频分类和检测方法中。

二、高斯混合模型

在早期研究中，高斯混合模型(Gaussian Mixture Model, GMM)经常被应用于音频分类任务，例如音频场景分类和音频打标签等任务。GMM属于概率图模型的一种，通常使用多个高斯函数的加权和来表示数据的分布。在音频分类中，GMM通常使用诸如MFCC等传统音频特征作为输入。MFCC+GMM也是经典音频分类特征和分类器组合方式。通常，一段音频可以被分成若干帧，每一帧的特征被作为GMM的输入。我们将每帧特征记作$x \in \mathbf{R}^D$，其中D是特征的维度。将第i类声音类别记作c_i，则GMM可以被写作：

$$p(x, c_i) = \sum_{m=1}^{M} w_{im} N(x; \mu_{im}, \Sigma_{im}) \tag{13.1}$$

其中M是每类的高斯分布的个数，例如可以为16、32或64等。高斯分布记作$N(x; \mu_{im}, \Sigma_{im})$，其中$w_{im} \in [0, 1]$，$\mu_{im} \in \mathbf{R}^D$，$\Sigma_{im} \in \mathbf{R}^{D \times D}$分别代表第$i$类声音第$m$个高斯分布的权重、均值和协方差矩阵。为了减少计算量，协方差矩阵Σ_{im}可以简化为对角阵。在训练中，w_{im}、μ_{im}和Σ_{im}是待估计的参数。GMM的参数估计是一个非凸优化问题，无法解析求得最优值。为解决这一问题，通常使用期望最大化(Expectation-Maximization, EM)算法来迭代优化权重w_{im}和高斯分布中的参数μ_{im}和Σ_{im}。GMM训练完毕后，给定待测试输入x，属于每一类的概率可以通过贝叶斯公式获得：

$$p(c_i \mid x) = p(x, c_i) / p(x) \tag{13.2}$$

在分类任务中，可以选取令$p(x, c_i)$最大的类别c_i作为预测类别。GMM的优点是生成模型，能够显式表示数据样本的概率分布。GMM的不足之处是没有考虑帧与帧之间的相关性，即每一帧特征都是被独

立输入到 GMM。然而，音频帧之间是具有相关性的，后续研究提出了 HMM 解决这一问题。

三、隐马尔可夫模型

HMM 属于概率图模型的一种，优点是能够捕捉帧与帧之间的相关性。HMM 最早被用于语音识别，之后被应用到音频分类任务上。HMM 的每个状态可以由高斯分布或者 GMM 建模。HMM 的参数包括初始状态概率矩阵 π，隐含状态转移概率矩阵 A 和每个状态的输出概率函数的参数 φ。隐含状态转移概率矩阵 A 描述了从一个状态转移到另一个状态的概率。比如每种类型的声音事件可以由三个状态的 HMM 进行建模，其中从左到右的 HMM 适合为时间序列建模。作为概率图模型的一种，HMM 的参数优化可以采用 EM 算法，并且可以通过 Baum-Welch 算法快速优化。在测试中，通常采用维特比解码算法来定位每个声音事件的开始时间和结束时间。HMM 拥有语言模型的优点，因此可以排除不太可能的声音事件序列。在 CHIL 项目中，HMM 构建的声音事件识别和检测系统优于 SVM 系统。在神经网络方法被广泛应用到音频分类任务之前，HMM 被广泛应用于音频分类和声音事件检测任务。HMM 的一个缺点是无法处理复音声音事件检测。海托拉(Heittola)等提出了一种多遍解码算法解决这一问题。

四、非负矩阵分解

NMF 是一种利用数据的结构性将一个矩阵分解为两个非负矩阵乘积的方法。通常分解后的矩阵具有稀疏和低秩特性。NMF 已被广泛应用于计算机视觉、文本聚类和音频信号处理等领域。在音频识别中，我们将语谱图记作 $X \in \mathbf{R}^{T \times F}$，其中 T 是时间帧数，F 是频率维度。NMF 将语谱图 X 分解为激活矩阵 $H \in \mathbf{R}^{T \times D}$ 和字典矩阵 $W \in \mathbf{R}^{D \times F}$ 的乘积：

$$X = HW \tag{13.3}$$

其中 H 和 W 是待估计的参数。NMF 的优化是一个非凸问题，可以采用类似 EM 的优化方法来迭代优化 H 和 W。研究人员提出了一种基于乘法的快速更新 H 和 W 的方法。近年来，NMF 被广泛应用于音频分类和声音事件检测任务。比如，在训练中为每一类声音事件训练一个字典矩阵。在测试中，通过对比激活矩阵的值来判断声音事件是否存在。NMF 擅长处理重叠声音的检测和分离。和 GMM 类似，NMF 的不足是只能独立对每帧输入频谱建模，无法利用上下文信息。

五、联结时间分类

联结时间分类(Connectionist Temporal Classification, CTC)是近年来应用在语音识别上的一种方法。上文中提到的 GMM 和 NMF 方法的缺点是需要用强标签数据训练，即每一帧数据都需要被标注。在实际任务中，训练数据和标签通常以序列标签的形式出现。例如在语音识别中，训练数据是一段语音和对应的文字，但并没有音频和音素对齐的标签。在声音事件检测中，序列标签可以是声音事件序列，如〈静音，汽车，狗叫，静音〉。联结时间分类法的优点是不需要依赖强标签，是一种通过序列标签定义损失函数的方法。

在一个音频片段上，CTC 损失函数定义为序列标签出现概率的对数似然值。在 CTC 中，将多种不同标签序列映射到一种标签序列的简单方法是将连续重复的标签简化为单个标签。例如标签序列 ABBBAA 可以被映射为 ABA。损失函数可以通过映射后的标签计算。CTC 的优点是只需要标签序列就可以定义损失函数，缺点是：①不能产生连续重复的标签序列，例如 ABBA；②每帧都必须输出标签，然而对于某些帧，例如无声帧，不输出标签则更为合理。为了克服这些缺点，CTC 在输出标签中添加了一个空白标签，用“-”表示。这样，CTC 可以将标签序列 AB-BAA 和 ABBB-BBA 都映射为 ABBA。标签序列的总概率可以通过类似 HMM 中的正向算法计算得到。CTC 方法已被应用于声音事件检测中。

六、其他方法

以上内容介绍了常用的音频分类和检测的方法，此外还有其他方法，例如 SVM、概率隐含语义分析(Probabilistic Latent Semantic Analysis, PLSA)、随机森林、RBM、纽曼-皮尔森准则等方法，由于篇幅限制,这些方法在本节不逐一介绍。有兴趣的读者可以阅读相关参考文献。

第五节　基于 DNN 的音频分类方法

近年来,随着深度学习的迅速发展,神经网络已成为音频分类的主流解决方案。基于神经网络的方法克服了传统方法的诸多不足,例如神经网络不再受 HMM 的拓扑限制,并且可以充分利用上下文信息。神经网络可以将特征提取整合到模型中,减少了传统方法所需的手工设计特征的步骤。早期的音频分类方法使用全连接神经网络,若干帧对数梅尔谱图特征会被拉平成一个向量,作为全连接神经网络的输入特征。后续研究提出了使用 CNN 等模型作为分类系统。CNN 的卷积核可以看作局部不变滤波器,从而能更稳定地识别声音事件。RNN 是一种能够充分整合上下文信息的神经网络,RNN 每一帧隐含层的输出都会作为下一帧的输入,因此可以捕捉音频信号的长时信息。近年来,结合 CNN 和 RNN 的卷积循环神经网络(Convolutional Recurrent Neural Network, CRNN)模型在音频分类任务中取得了较好效果。

根据音频类型,音频数据可以分为强标签和弱标签数据。强标签数据包括了一段音频中出现的声音事件类别,以及每个声音事件的起始时间和结束时间。与之相对,弱标签数据只包含一段音频中出现的声音类别,但不包含声音事件的起始时间和结束时间。近年来,基于弱标签的音频分类任务受到了广泛关注。相比于强标签数据,弱标签数据更容易标注,因此弱标签数据的量级通常远大于强标签数据。例如,Google 公司提出的 AudioSet 数据集包含约 5 000 h 的弱标签数据,也是截至目前世界上最大的公开音频数据集。在弱标签数据基础上,研究者们提出了序列标签数据,即音频片段包含了声音事件出现顺序的信息。使用序列标签搭建音频分类模型的方法包括联结时间分类等。

一、音频特征和标签编码

基于神经网络的音频分类方法一般使用对数梅尔谱图作为输入特征。如前文所述,我们将对数梅尔谱图记作 X,形状记作 $T \times F$,其中 T 和 F 分别是时间帧数和梅尔滤波器组个数。对于单分类任务,我们使用独热码(One-hot)编码标签。例如,对一个四分类问题,我们使用一个四维向量编码标签,第一类标签可以记作[1, 0, 0, 0],第二类标签可以记作[0, 1, 0, 0],依此类推。在独热码表示方法中,只有一个类别对应的值为 1,其余类别对应的值为 0。在多分类打标签任务中,每个音频片段可能对应多个标签,因此允许多个类别对应的值为 1。例如第一类和第二类同时出现在音频片段的多分类标签可以记作[1, 1, 0, 0]。在单分类和多分类任务中分别使用 softmax 和 sigmoid 激活函数预测输出类别概率。

二、基于词袋模型的音频分类方法

早期基于神经网络的音频分类方法使用了词袋模型搭建分类器。在词袋模型中,一个长声音片段被划分为多个短音频片段。每个短音频片段继承长音频片段的标签。我们将短音频片段记作 $B=\{x_1, \cdots, x_T\}$,其中 T 是短音频片段数目。每个短音频片段对应的标签被记作 $y \in \{0, 1\}^K$,其中 K 是声音类别数目。词袋模型的原理是,训练一个分类器 $f: x \mapsto y$ 预测每个短音频片段属于每类的概率。对于多分类任务,一般使用交叉熵作为损失函数训练神经网络:

$$d(f(x), y) = -\sum_{k=1}^{K} y_k \ln f(x_k) \tag{13.4}$$

在预测中,通常使用聚合短片段预测结果来计算长音频片段的预测结果。聚合方法包括平均聚合、最大聚合和注意力聚合等。其中,平均聚合可以写作:

$$F(B) = \frac{1}{|B|} \sum_{x \in B} f(x) \tag{13.5}$$

即使用所有短音频片段的平均预测概率作为整个长音频片段的预测概率。聚合函数设计是词袋模型方法的重要组成部分。

三、基于整个音频片段的分类方法

基于词袋模型的音频分类方法有较多缺点。首先，短音频片段并不能很好地描述长时音频信息。例如，救护车的警报声可能持续十余秒，因此将长音频切割成短音频片段会损失音频长时信息。其次，某些声音只在音频中出现很短的时间，因此基于每个短音频片段继承长音频片段标签的假设是不准确的。为了解决这一问题，研究者们提出了基于整个音频片段的音频分类方法，即将整个音频的对数梅尔谱图 X 作为网络的输入，用分类器 f 计算网络输出 $f(X)$。在基于 CNN 的分类方法中，对数梅尔谱图被用作网络的输入。通常，CNN 中的每个卷积层由一个线性卷积、一个批标准化(Batch Normalization)和一个非线性激活函数组成。批标准化可以稳定、加速深层 CNN 的训练。通常若干个卷积层之后会有下采样操作，用来减小中间特征层尺寸，并提取高维抽象特征。在卷积层之后，全局池化层被用来将变长音频特征图(Feature Map)池化为定长特征。最后，定长特征被输入若干个全连接层来预测长音频片段的输出。在多分类任务中，通常使用交叉熵作为损失函数训练神经网络：

$$d(F(x),\ y) = -\sum_{k=1}^{K} y_k \ln F(X)_k \tag{13.6}$$

常用的 CNN 结构包括 VGG 网络、残差网络 ResNet 等。近年来，基于 CNN 的模型在 DCASE 任务中取得了较好的表现。

为了更好地捕捉音频信号的长时相关性，研究者们提出将 RNN 应用于对数梅尔谱图上。RNN 最早被应用于自然语言处理任务，适合处理时间序列信号。与全连接神经网络不同，RNN 中前一个时间状态的神经元输出将被叠加到后续的神经元上，因此能够捕捉时间序列的长时依赖性。传统的 RNN 模型存在梯度消失或爆炸的现象。为了解决这一问题，研究者们提出了 LSTM 和 GRU 等改进版的 RNN 模型。同时，RNN 可以拓展为双向(Bidirectional)网络，即同时利用历史和未来信息。近年来，研究者们提出结合 CNN 和 RNN 的 CRNN。首先使用 CNN 抽取高维特征，然后使用 RNN 捕捉音频信号的长时依赖性。CRNN 在音频分类任务上取得了较好效果。

近年来，基于 Transformer 的模型被广泛应用于自然语言处理中。与基于串行计算的 RNN 相比，Transformer 能够充分利用 GRU 进行并行计算。Transformer 通过键、值和查询实现对全局信息的整合和对位置信息的编码。Transformer 中每个隐含层输出可以通过以下方式计算：

$$h = \mathrm{softmax}\left(\frac{QK^{\mathrm{T}}}{\sqrt{d_k}}\right)V \tag{13.7}$$

其中 Q、K 和 V 分别对应查询、键和值，尺寸分别为 $T \times d_K$，$T \times d_K$ 和 $T \times d_V$，其中 d_K 和 d_V 分别是输入和输出隐含层节点个数。将 Q 和 K^{T} 进行矩阵相乘来计算查询和键的相似性，之后与 V 矩阵相乘作为该层的输出。Transformer 已被应用于音频分类任务中。

四、音频分类任务

(一) AudioSet 打标签

音频分类可以分为特定声音分类和通用声音分类。特定声音分类的代表任务是 DCASE 竞赛中的分类任务，例如音频场景分类、家居环境分类等，特点是关注少量音频类别的分类。与之对应的，通用声音分类是识别自然界、生活中和媒体里上百种声音类别的任务，代表任务是 AudioSet 打标签。

近年来，基于 CNN 的系统被广泛应用于 AudioSet 打标签任务中。例如，Google 公司提出使用词袋模型做 AudioSet 分类，模型输入是时长 1 s 的短音频片段，输出是短音频片段的预测概率。早期研究工作多使用 Google 公司提供的嵌入特征搭建 AudioSet 分类模型。这些方法的优点是可以在嵌入特征上训练轻量级的分类器，缺点是分类结果受限于嵌入特征的表征力。在近期工作中，原始音频被作为输入特征，通过在整个音频片段的对数梅尔谱图上搭建 CNN，取得了比使用 Google 公司的嵌入特征更好的分类效果。研究发现，在 AudioSet 上使用深层网络取得了比浅层网络更好的分类效果。

（二）不同录音设备下的音频分类

在音频分类任务中，不同音频片段的录音设备也常不同，例如不同型号的麦克风或手机等。不同录音设备的频响曲线常常有差异。录音环境的音频信噪比也不同。不同录音设备下的音频分类任务是，设计一个稳定的音频分类系统，对不同设备录制的声音能够准确分类。DCASE 2019 音频场景分类竞赛提供了三种不同录音设备录制的音频片段。竞赛最佳系统提出了一种基于频谱校准的音频场景分类方法。该方法通过收集同一时刻不同设备录制的录音来完成频谱校准。目前，不同录音设备下的音频分类方法仍处于探索阶段。

（三）变长音频分类

通常声音片段的长度是不固定的，例如枪声片段持续时间较短，救护车声音片段持续时间较长。一些待预测的音频可能长达数十分钟，例如长视频或电影中的音频。DCASE 2019 竞赛任务 2 是一个变长音频打标签任务，音频长度介于 300 ms 到 30 s 之间。基于神经网络的音频分类方法通常将变长音频切成定长片段，每个片段的标签都继承变长音频的标签。若原始音频片段长度过短，则通过补零补成定长片段。在训练过程中，使用切好的定长音频片段作为输入。在预测中，通常将待识别的音频切成定长片段并识别，最后通过聚合函数，如投票聚合或平均概率聚合计算整个音频的预测概率。

（四）带噪声标签音频分类

在大规模音频标注中，通常使用众包的方式标注数据，因此不可避免会出现错误标注的情况。例如在 AudioSet 数据集中，包含了诸多错误标注或者遗漏标注的情况。近年来，带噪声标签音频分类任务受到了广泛关注，例如 DCASE 2019 竞赛任务 2 提供了大量带噪声标签音频数据和少量人工校准音频数据用作训练。研究发现，使用全部带噪标签和人工校准标签数据训练的模型，取得了比只使用人工校准标签数据训练模型更好的效果。该结果说明在音频分类中数据量是比标签质量更重要的因素。为了解决带噪标签音频分类任务，研究者们提出了多任务学习和半监督学习等方法。

第六节　基于神经网络的声音事件检测方法

声音事件检测是检测音频片段中声音事件开始时间和结束时间的任务。声音事件检测在工业领域、安全领域、家居领域有着广泛的用途，例如，声音事件检测系统可以用来检测救护车鸣笛声、设备异常声、家中孩童哭声、电话铃声等；在自动驾驶时，声音事件检测系统可以根据声音判断附近是否有车辆。声音事件检测系统对听力受损的人群具有较大价值。在一些特定场景中，由于光照、距离和障碍物遮挡等因素，一些异常事件难以被摄像机捕捉，因此难以使用计算机视觉方法检测异常事件。近年来，声音事件检测受到学术界和工业界的广泛关注。本节将介绍近年来取得较好效果的基于神经网络的声音事件检测方法。

一、基于强标签的声音事件检测

早期的声音事件检测方法使用强标签数据用于训练。在一段音频中，强标签数据标注了所有声音事件的起始时间和结束时间。基于强标签的声音事件检测方法将一段音频切成若干帧 $\{x_1, \cdots, x_T\}$，其中 T 是帧数。在每一帧都被标注标签后，得到每帧对应的标签为 $\{y_1, \cdots, y_T\}$，其中 $y_T \in \{0, 1\}^K$，K 是声音事件类别数。早期的全连接神经网络模型独立对每帧建模 $f: x_t \mapsto y_t$。在后续的研究中，研究者们提出使用神经网络学习一个从输入帧序列到输出标签序列的映射，例如 RNN、LSTM 等模型能够充分利用时间序列的上下文信息，在声音事件检测中取得了较好的效果。

二、基于弱标签的声音事件检测

通常，强标签数据标注难度较大，数据规模较少，因此限制了基于强标签的声音事件检测方法。与强标签数据对应的是弱标签数据，即一段音频只被标注了存在哪些声音事件，但并不包含声音事件起始时间和终止时间的标注。近年来，许多大规模音频数据库都是弱标签的，例如 DCASE 2017 任务 4 数据库和 AudioSet 数据集。本节将介绍基于弱标签数据的两种声音事件检测方法：基于词袋模型的方法和基于注意力模型的方法。

（一）基于词袋模型的声音事件检测方法

在基于词袋模型的方法中，将一段音频的弱标签记作 $y \in \{0, 1\}^K$，其中 K 是声音事件的种类数。一段长音频 X 被切分为短的片段$\{x_1, \cdots, x_M\}$，其中 M 为短音频片段个数。基于词袋模型的特点是，假设每个音频片段 x_t 都继承长音频的标签 y。通过这种方式，声音事件检测任务就转化为短音频片段打标签的任务。在训练阶段，通过搭建一个神经网络分类器 f 来预测每个短音频片段的标签。对于复音声音事件检测，同一时刻可能包含多个声音事件，因此使用在每一类上的二元交叉熵作为损失函数：

$$E = -\sum_{m=1}^{M}\sum_{k=1}^{K}[y_k \ln f(x_m)_k + (1-y_k)\ln(1-f(x_m)_k)] \tag{13.8}$$

在预测阶段，将长音频片段切成短片段 $\{x_m\}_{m=1}^{M}$，通过将短音频片段上的预测概率 $f(x_m)$ 按照时间拼接起来即可获得事件检测结果。然而，该方法的一个缺陷是，当一个声音事件只在一段长音频中短暂出现时，每个音频片段 x_m 都继承长音频片段的标签的假设是不正确的。为了解决这一问题，研究者们提出了基于注意力模型的端到端的声音事件检测方法。

（二）基于注意力模型的声音事件检测方法

为了解决在词袋模型中片段 x_m 的标签可能不正确的缺点，研究者们提出了基于注意力模型的端到端的声音事件检测方法。在端到端模型的训练中，不需要显式地给每个音频片段打标签。端到端的训练方法将短音频片段的预测记作 $f(x_m)$，其中 $f(x_m)$ 是模型隐含层的输出。之后通过设计一个聚合函数获得长音频片段 X 的预测标签。聚合函数可以是最大聚合、平均聚合或者注意力聚合等。例如，最大聚合函数可以写为：

$$F(X)_k = \max_m f(x_m)_k \tag{13.9}$$

平均聚合函数可以定义为：

$$F(X)_k = \frac{1}{M}\sum_{m=1}^{M} f(x_m)_k \tag{13.10}$$

通常，手工设计的聚合函数不是最优的，例如最大聚合函数只选取了输出概率最大的短音频片段作为输出，而平均聚合函数则假设所有短音频片段的预测对长音频片段预测概率的贡献相同。为了解决这些假设的缺陷，研究者们提出了基于注意力模型的聚合函数：

$$F(X)_k = \sum_{m=1}^{M} f(x_m)_k p(x_m)_k \tag{13.11}$$

其中 $p(x_m)$ 是可学习的权重，表示了片段 x_m 应该被注意的程度。长音频片段 X 的预测概率 $F(X)_k$ 可以看作所有短音频片段预测概率 $f(x_m)_k$ 的加权平均和，因此 $p(x_m)$ 应满足 $\sum_{m=1}^{M} p(x_m)_k = 1$。在实际中，$p(x_m)_k$ 可以通过 $p(x_m)_k = \frac{\exp(w(x_m)_k)}{\sum_{j=1}^{M}\exp(w(x_j)_k)}$ 表示，其中 $w(\cdot)$ 是一个线性变换。基于聚合函数的方法不需要使用强标签数据训练声音事件检测模型。训练损失函数可以定义为：

$$E = -\sum_{k=1}^{K}[y_k \ln F(X)_k + (1-y_k)\ln(1-F(X)_k)] \tag{13.12}$$

在预测中，长音频的声音事件检测结果可以通过神经网络的隐含层 $f(x_m)_k$ 获得。基于弱标签的声音事件检测方法的优点是能够使用大数据用作训练，并且可以通过单一模型获得音频分类和声音事件检测两种结果。

三、基于迁移学习模型的声音事件检测方法

声音事件检测的一个难点是缺少足够的训练数据。例如,有些声音事件数据较难以收集,例如打雷声、火山爆发声等。为了解决这一问题,研究者们提出了基于迁移学习的声音事件检测方法。迁移学习的实现方法有两大类:第一类是使用大规模弱标签数据训练的模型作为特征提取器,并在提取的特征上搭建分类器;第二类是在大规模弱标签数据上预训练模型,在新任务上微调预训练模型的参数。

(一)基于 VGGish 特征提取器的迁移学习

VGGish 是 Google 公司提出的音频分类神经网络,可以用作特征提取器。VGGish 网络是图像识别中 VGG 网络的一种变体,在训练中使用 960 ms 的音频片段的对数梅尔谱图作为输入特征。VGGish 网络包含 6 个卷积层、4 个最大池化层和 3 个全连接层。音频片段经过 VGGish 网络后可以得到 128 维的嵌入特征,称为 VGGish 特征。对于给定的新音频分类任务,用户首先通过 VGGish 网络提取 VGGish 特征,之后在 VGGish 特征上搭建轻量级的神经网络,例如全连接神经网络,即可实现音频分类。基于 VGGish 特征提取器的迁移学习方法的优点是只需要较少量数据就可以实现新任务的分类,训练速度较快。

(二)基于预训练音频神经网络的迁移学习

预训练音频神经网络(Pretrained Audio Neural Networks, PANNs)是研究者们提出的一种基于 CNN 的大规模弱标签音频分类模型。PANNs 使用 AudioSet 数据集中的原始音频文件用作训练。相对于基于 VGGish 特征提取器的迁移学习方法,PANNs 模型的改进包括:①在整个 10 s 音频片段上使用弱标签训练;②使用了更深的 CNN 训练;③使用了数据均衡等训练技巧。在训练中,PANNs 模型使用 AudioSet 数据集中 200 万个音频片段训练五百二十七类声音分类模型。在迁移学习中,PANNs 模型的参数会在新的任务训练数据上被微调。实验发现,微调网络的所有参数取得了比使用 PANNs 作为特征提取器更好的效果。一个解释是,不同任务数据的分布是不同的,因此微调预训练网络的权重能够更好地适应新的音频分类和声音事件检测任务。基于 PANNs 的预训练神经网络在音乐分类、场景分类、说话人情绪分类等多个任务上取得了比无预训练神经网络更好的效果。

第七节　基于神经网络的声源分离方法

声源分离是将混合声音信号分解为来自不同声源信号的任务。声源分离任务可以分为特定声源分离任务(例如语音增强、音乐人声分离)和非特定声源分离任务。在一般音频计算机听觉中,更关注非特定声源的分离,例如自然界声音、人类活动声音的分离。非特定声源的分离也是近年来新兴的研究课题。早期的声源分离系统多采用信号处理方法,例如独立成分分析、非负矩阵分解等。近年来,基于深度学习的方法被广泛应用于声源分离任务中。本节将首先介绍基于神经网络的特定声源分离方法,然后介绍非特定声源的分离方法。

一、特定声源分离方法

在基于神经网络的特定声源分离任务中,通常将混合信号记为 $x \in \mathbf{R}^L$,将待分离的目标信号记为 $s \in \mathbf{R}^L$,其中 L 为信号的长度。基于神经网络的声源分离方法通过学习映射

$$f: x \mapsto s \tag{13.13}$$

将混合信号映射为待分离信号。在声源分离任务中,通常将时域信号通过短时傅里叶变换转换为时频域信号,即 $X=F(x)$ 和 $S=F(s)$,其中 F 代表短时傅里叶变换,$X \in \mathbf{C}^{T \times F}$,$S \in \mathbf{C}^{T \times F}$ 是复数谱,T 和 F 分别是帧数和频率维度。基于短时傅里叶变换的时频表示方法被广泛应用于声源分离任务中。通常,声源

分离系统将 $|X|$ 作为系统输入，并输出分离信号的时频表示 $|\hat{S}|$：

$$|\hat{S}| = f_{sp}(|X|) \tag{13.14}$$

其中 f_{sp} 是一个包含可学习参数的映射，可以用全连接神经网络、CNN 或 RNN 建模。另一种估计 $|\hat{S}|$ 的方法是首先估计待分离信号的掩模 $\hat{m} = f_{mask}(|X|)$，其中 $m \in [0, 1]^{T \times F}$，然后将掩模与混合信号的频谱相乘获得分离信号的时频表示 $|\hat{S}| = \hat{m} \odot |X|$。之后，使用混合信号的相位估计复数域的时频表示 $\hat{S} = |\hat{S}| e^{j\angle X}$，其中 $\angle X$ 是复数谱 X 的相位。最后，将逆短时傅里叶变换 F^{-1} 应用到 $\hat{S}$ 上，并通过重叠-相加(Overlap-add)操作获得分离信号：

$$\hat{s} = F^{-1}(\hat{S}) \tag{13.15}$$

近年来，除了基于时频域的声源分离方法，研究者们提出了基于时域的声源分离方法，例如 TasNet 等模型。时域方法的优点是不需要预测信号的相位，且能够突破基于频域方法的理想掩模(Ideal Ratio Mask, IRM)方法的上限。基于时域的方法不需要傅里叶变换的先验知识，是完全端到端的模型。

在训练神经网络时，损失函数可以使用基于频谱的距离或基于时域波形的距离。基于频谱的平均绝对误差(Mean Absolute Error, MAE)可以写作：

$$\text{Loss} = \| S - \hat{S} \|_1 \tag{13.16}$$

基于时域波形的平均绝对误差距离可以写作：

$$\text{Loss} = \| s - \hat{s} \|_1 \tag{13.17}$$

在训练中，模型权重会根据损失函数的梯度更新，以令损失函数不断下降。在训练完毕后的测试中，将混合声音信号输入到训练好的网络中，即可输出分离的声音信号。这种特定声源分离方法被广泛应用于语音增强、音乐人声分离等任务。

二、通用声源分离方法

与特定声音分离任务不同，通用声源分离(Universal Sound Separation)需要将混合信号中的多种未知声音分离出来。待分离的声音信号不局限于语音或音乐，例如，待分离的声音可以是汽车鸣笛声、咳嗽声或动物叫声等。与通用声源分离问题相关的是鸡尾酒会问题，即将混合语音信号分离成独立的信号。通用声源分离是一般音频计算机听觉中的重要任务，自从 2019 年 Google 公司的通用声源分离工作以来，通用声源分离任务在近年来受到了很多关注。

第一大类通用声源分离方法是基于置换不变损失(Permutation-invariant Loss)函数的。该方法的特点是，不需要告知系统需要分离什么样的音频，系统可以自动将混合声音分为多个声源。Google 公司提出了一种通用声源分离方法，模型目标是预测 K 个不同声源的时频域掩模，其中 K 的数目限制为 3。模型使用了基于改进 TasNet 的时域卷积神经网络(Time-domain Convolutional Network, TDCN)模型。在训练中，该模型的一个特点是使用了置换不变损失函数将系统的 K 个输出和真实的 K 个目标对应起来。一般地，干净的声源信号较难获得为了解决这一问题，后续工作提出了一种使用混合信号无监督地训练声源分离系统的模型。输入信号是两个混合信号的混合(Mixtures of Mixtures, MoMs)，在训练中网络会同时学习到待分离的声音信号和混合矩阵。该方法的优点是不需要干净的信号作为输入。

第二大类通用声源分离方法基于联合音频分类与声源分离。该方法的特点是，需要告知网络需要分离什么样的音频，例如音频种类或音频样例等。斯里佐夫斯卡亚(Slizovskaia)等在基于神经网络的声源分离系统中加入了受控条件(Condition)来控制待分离出的乐器。LeeNet 模型使用音频样例作为系统的条件输入，从混合信号中分离与音频样例相似的声音。对于通用声源分离，常常缺少干净的训练数据。PANNs 模型提出了一种使用弱标注的 AudioSet 数据训练一般声源分离系统的方法。该方法首先使用预训练好的声音事件检测模型检测长音频中的声音事件，并截取包含声音事件的短音频片段作为训练数据。在训练中，系统使用随机混合的两个短音频片段作为输入，并将预测的软标签信息作为条件输入，来分离对应的音频。皮什达迪亚(Pishdadian)等提出使用音频分类模块监督声源分离模块。当一声源被完全分离出来时,音频分类模块会将该音频识别为对应的音频类别。若一声源未被分离干净,或存在分离失真时,音频分类模块会在其他类别上也输出预测概率。

从声源分离问题的发展历程可以看到,声源分离从早期的单一声源分离,发展到近年的多声源分离任务。声源分离可以作为多种声音信号处理(如音频打标签、声音事件检测)的上游任务。声源分离在一般音频计算机听觉中有较大研究和应用价值,目前仍处于探索阶段。

第八节　音频空间定位方法

音频空间定位也称声源定位,是指利用多通道麦克风同步录取的数据定位出声源的位置。声源发出的声波传递到多通道麦克风所组成的麦克风阵列,由于声速恒定以及声波的衰减特性,每个麦克风所接收的信号都有时间差和幅度差。空间声音定位正是通过利用这些信息定位出声源的准确位置。音频空间定位算法可以分为基于信号处理的方法和基于机器学习的方法。基于信号处理的方法需要麦克风阵列的几何形状信息,并且通常需要有声源个数的先验知识。基于深度学习的方法不需要麦克风阵列几何形状和声源个数的先验知识,但需要大量的标注数据训练预测模型。

一、声源定位方法分类

(一) 基于信号处理的声源定位方法

基于信号处理的声源定位方法大致可以分为三类:基于波达时间差的方法,基于子空间的方法以及基于波束成形的方法。基于波达时间差的方法是通过测量声源所发出的声波到达不同麦克风的时间差,以此计算出波达方向进行声源定位;基于子空间的方法是将各个麦克风所接收的信号变换到子空间中,通过子空间的谱信号特征求出声源位置,例如多通道信号分类法(Multiple Signal Classification, MUSIC)、根据旋转不变技术的信号参数估计方法(Estimation of Signal Parameters via Rational Invariance Technique, ESPRIT);基于波束成形的方法是用麦克风阵列形成波束,扫描所有方向的声能量,选择声能量最大的方向作为声源的方向,例如旋转能量响应方法。

(二) 基于深度学习的方法

基于深度学习的方法是近年发展出的新方法,其基本框架是将含有各个麦克风相位差信息的信号作为网络的输入音频特征,将音频特征数据送入 DNN 以学习音频特征数据到声源位置的映射。基于深度学习的声源定位方法对不同的噪声、混响环境具有较好的泛化能力。目前已有的方法针对固定的麦克风阵列(麦克风的几何相对位置不变)可以泛化到在不同的室内、室外环境定位声源。深度学习的方法可以将声源定位建模成多标签多类别分类问题或者多回归问题,并不需要声源个数的先验知识。

二、声源定位的基本框架

声源定位的基本框架包括输入特征、网络结构和输出格式三部分。

(一) 输入特征

一般而言,声源定位需要用到多麦克风信号之间相位差或者伪谱图(Pseudospectrum)作为网络的输入特征。常用的输入特征有相位变换的广义互相关(Generalized Cross Correlation Phase Transform, GCC-PHAT)、多通道信号分类的特征向量、幅度和相位谱、强度向量(Ambisonics 格式)以及双耳麦克风幅度和相位差。声源定位也可以和声音事件检测结合作为一个联合任务,此时输入特征可以是声音事件检测特征和声源定位特征在通道维度上的叠加。

(二) 网络结构

常用的网络结构包括全连接多层感知机,以及 CNN。常见的 CNN 网络包括 VGGish、ResNet 和 DenseNet 等。除了学习频谱局部信息的 CNN 外,经常用到的另一种网络结构是可以学习全局信息的

RNN或者Transformer。RNN可以学习声音事件及声源位置的长时信息，以弥补CNN的不足。Transformer功能和RNN类似，可以学习输入特征的长时信息。相比于RNN，Transformer可以并行训练，并且没有严重的梯度消失和梯度爆炸问题，更易收敛。

（三）输出格式

声源定位可以建模成多标签多类别的分类问题，也可以建模成多回归问题。多标签多类别分类问题是指把声源位置的波达方向角度按照一定角度间隔分为多个类别，例如可以把方位角360度按照5度的精度分为72个角度，由此将声源定位问题变换为角度分类问题，损失函数为交叉熵。多回归是指网络输出的是笛卡尔坐标或者球坐标的声源位置，输出的声源位置是连续的，损失函数为MAE或者平均平方误差（Mean Square Error，MSE）。

三、多事件的声音检测和定位

多事件的声音检测和定位是指对同一时间发生的多个声音事件同时进行检测和声源定位。联合声音事件检测和定位更适用于实际需求。

（一）SELDNet

SELDNet最早由阿德凡尼（Adavanne）等提出，该方法可以同时预测声音事件和声源位置。输入特征采用幅度谱图和相位谱图。网络结构采用CRNN。声音事件检测和声源定位共享CRNN高层特征层，随后将网络进行分支，分别用两个线性层进行声音事件检测和声源定位。声音事件检测是多标签多分类任务；声源定位是回归任务，其声源位置的输出格式为每个声源有自身对应的一个声源位置变量。训练和推理时先检测声音事件，然后根据检测出的声音事件估计对应的声源位置变量。该方法首次将声音事件检测和声源定位作为联合任务，但当数据量较少、模型容量较小时，声音事件检测和声源定位的性能互相影响。

（二）基于双阶段的声音事件检测和声源定位

在SELDNet的基础上，基于双阶段的声音事件检测和声源定位方法初步解决了将声音事件检测和声源定位联合训练时性能互相影响的问题。该方法采用与SELDNet相同的数据格式，即每一个声音事件有一个对应的声源位置变量。在训练时，该方法首先训练声音事件检测模型，随后采用域适应（Domain Adaptation）方法将所训练的声音事件检测模型的高层特征层转移到声源定位的特征层中，并进一步利用声音事件的真实标签激活相应的声源位置变量训练声源定位模型。在预测时，首先用所训练的声音事件检测模型预测声音事件并利用声源定位模型预测所有事件的声源位置，随后利用预测的声音事件激活相应的声源位置变量作为最终的声源位置。该方法的核心思想在于采用域适应的方法将训练声音事件检测的成果继承到声源定位上，在学习声源定位时也利用了声音事件的标签信息。

（三）基于独立事件的声音事件检测和声源定位

SELDNet和双阶段方法都采用相同的输出格式。这种输出格式认定每一个声音事件只有一个相对应的声源位置。我们称这种输出格式为SELDNet输出格式，在每一时刻，t 标签可表述为：

$$Y_{\text{SELDNet}}=\{(y_{\text{SED}},\ y_{\text{DoA}})\mid y_{\text{SED}}\in 1_S^K,\ y_{\text{DoA}}\in \mathbf{R}^{K\times 3}\} \tag{13.18}$$

其中 y_{SED} 和 y_{DoA} 分别是声音事件检测和声源定位的预测，1_S^K 是 K 个声音事件类别的一位有效编码，例如 $[1,\ 1,\ 0,\ 0,\ \cdots]$，S 是所有声音事件类别的集合，DoA中的数字3代表了 x，y，z 的坐标。

事件独立的声音事件检测和声源定位提出了一种新的输出格式，即基于音轨的输出格式。该输出格式假设同一时间最大重叠声音事件个数为 M。这种情况下音轨的个数为 M，每一个音轨含有一个声音事件及对应的声源位置。注意到通常情况下，$M \ll K$，这种格式可以表述为：

$$Y_{\text{Trackwise}}=\{(y_{\text{SED}},\ y_{\text{DoA}})\mid y_{\text{SED}}\in 1_S^K,\ y_{\text{DoA}}\in \mathbf{R}^{M\times 3}\} \tag{13.19}$$

$M\times 3$ 代表每一个音轨都预测 x，y，z 的坐标。由于每一个音轨都可以预测所有类别的声音事件，事件之间是相互独立并且和音轨无关，因此基于音轨的输出格式会引入音轨置换问题，即在时刻 t 时，音轨1可以预测事件1，在下一个时刻 $t+1$，事件1可能被预测在音轨2上，这就会导致音轨1和音轨2的真实标签可能会交换。这个问题可以用置换不变训练来解决。

置换不变训练(Permutation Invariant Train, PIT)被首次应用在说话人分离问题上,用于解决音轨置换问题。给定一个置换集 P,包括了所有可能的预测-标签配对组合方式。当计算损失函数时选择损失最小的对应的预测-标签配对,并取该预测为音轨预测。具体的损失函数可以表述为:

$$\mathcal{L}^{\mathrm{PIT}}=\min_{\alpha\in P}\sum_{M}\{\ell_{\alpha}^{\mathrm{SED}}+\ell_{\alpha}^{\mathrm{DoA}}\} \tag{13.20}$$

其中 $\alpha\in P$ 是一种可能的置换配对;$\ell_{\alpha}^{\mathrm{SED}}$ 和 $\ell_{\alpha}^{\mathrm{DoA}}$ 分别是在置换配对下声音事件检测和声源定位的损失函数。

基于事件独立的声音事件检测和声源定位方法有效地解决了一个声音事件只能有一个对应声源位置的问题。由于声源位置不和事件绑定,只和音轨绑定,因此该方法可以预测多个同一类别的声音事件具有多个不同声源位置的情况。此外,由于基于该方法的声源位置数目大幅减少,训练网络所需要的数据也大幅减少,该方法相比于 SELDNet 和双阶段方法,性能有显著提升。

参考文献

李伟,李子晋,高永伟.理解数字音乐——音乐信息检索技术综述[C]//第五届全国声音与音乐技术会议(CSMT 2017)论文集.复旦学报(自然科学版),2018,57(3):271-313.

Woodard J P. Modeling and classification of natural sounds byproduct code hidden Markov models[J]. *IEEE Transactions on Signal Processing*,1992, 40(7):1833-1835.

Saraceno C & Leonardi R. Audio as a support to scene change detection and characterization of video sequences[C]//IEEE International Conference on Acoustics,Speech,and Signal Processing. Piscataway:IEEE,1997, 4:2597-2600.

Liu Z, Wang Y & Chen T. Audio feature extraction and analysis for scene segmentation and classification[J]. *Journal of VLSI Signal Processing Systems for Signal,Image and Video Technology*, 1998,20(1-2):61-79.

Stowell D, Giannoulis D, Benetos E, et al. Detection and classification of acoustic scenes and events[J]. *IEEE Transactionson Multimedia*,2015,17(10):1733-1746.

Mesaros A, Heittola T, Benetos E, et al. Detection and classification of acoustic scenes and events: Outcome of the DCASE 2016 challenge[J]. *IEEE/ACM Transactions on Audio,Speech,and Language Processing*,2017, 26(2):379-393.

Mesaros A, Heittola T & Virtanen T. A multi-device dataset for urban acoustic scene classification[J]. *arXiv preprint arXiv*:1807.09840,2018.

CSMT. Conference on Sound and Music Technology[EB/OL]. http://www.csmcw-csmt.cn/.

Stiefelhagen R, Bernardin K, Bowers R, et al. The clear 2007 evaluation[M]//Multimodal Technologies for Perception of Humans. Berlin:Springer,2008:3-34.

Burger S, Jin Q, Schulam P F, et al. Noisemes:Manual annotation of environmental noise in audio streams[D]. Pittsburgh:Carnegie Mellon University,2012.

Wang Y & Metze F. Recurrent support vector machines for audio based multimedia event detection[C]//Proceedings of the ACM on International Conference on Multimedia Retrieval. New York:ACM,2016:265-269.

Stowell D & Plumbley M D. An open dataset for research on audio field recording archives:freefield1010[J]. *arXiv preprint arXiv*:1309.5275,2013.

Salamon J, Jacoby C & Bello J P. A dataset and taxonomy for urban sound research[C]// Proceedings of the ACM International Conference on Multimedia. New York:ACM,2014:1041-1044.

Piczak K J. ESC:Dataset for environmental sound classification[C]//Proceedings of the ACM International Conference on Multimedia. New York:ACM,2015:1015-1018.

Fonseca E, Favory X, Pons J, et al. FSD50k: An open dataset of human-labeled sound events[J]. *arXiv preprint arXiv*:2010.00475,2020.

Mesaros A, Heittola T, Diment A, et al. DCASE 2017 challenge setup: Tasks,datasets and baseline system[C]//DCASE on Detection and Classification of Acoustic Scenes and Events. Munich: Tampere University,2017.

Gemmeke J F, Ellis D P, Freedman D, et al. Audio set:An ontology and human-labeled dataset for audio events[C]//IEEE International Conference on Acoustics,Speech and Signal Processing(ICASSP). Piscataway: IEEE, 2017:776-780.

Hershey S, Chaudhuri S, Ellis D P W, et al. CNN architectures for large-scale audio classification[C]//IEEE International Conference on Acoustics, Speech and Signal Processing(ICASSP). Piscataway: IEEE, 2017: 131-135.

Foster P, Sigtia S, Krstulovic S, et al. Chime-home: A dataset for sound source recognition in a domestic environment [C]// IEEE Workshop on Applications of Signal Processing to Audio and Acoustics(WASPAA). Piscataway: IEEE, 2015: 1-5.

Mesaros A, Diment A, Elizalde B, et al. Sound event detection in the DCASE 2017 challenge[J]. *IEEE/ACM Transactions on Audio, Speech, and Language Processing*, 2019, 27(6): 992-1006.

Fonseca E, Plakal M, Font F, et al. General-purpose tagging of freesound audio with audioset labels: Task description, dataset, and baseline[J]. *arXiv preprint arXiv*: 1807.09902, 2018.

Stowell D, Wood M D, Pamula H, et al. Automatic acoustic detection of birds through deep learning: The first bird audio detection challenge[J]. *Methods in Ecology and Evolution*, 2019, 10(3): 368-380.

Dekkers G, Lauwereins S, Thoen B, et al. The SINS database for detection of daily activities in a home environment using an acoustic sensor network[C]//Proceedings of the Workshop on Detection and Classification of Acoustic Scenes and Events. Munich: Tampere University, 2017: 32-36.

Fonseca E, Plakal M, Font F, et al. Audio tagging with noisy labels and minimal supervision[J]. *arXiv preprint arXiv*: 1906.02975, 2019.

Bello J P, Silva C, Nov O, et al. SONYC: A system for monitoring, analyzing, and mitigating urban noise pollution [J]. *Communications of the ACM*, 2019, 62(2): 68-77.

Mesaros A, Heittola T & Virtanen T. TUT database for acoustic scene classification and sound event detection[C]// European Signal Processing Conference(EUSIPCO). Piscataway: IEEE, 2016: 1128-1132.

Serizel R, Turpault N, Eghbal-Zadeh H, et al. Large scale weakly labelled semi-supervised sound event detection in domestic environments[J]. *arXiv preprint arXiv*: 1807.10501, 2018.

Turpault N, Serizel R, Salamon J, et al. Sound event detection in domestic environments with weakly labelled data and sound scape synthesis[C]//Proceedings of the Workshop on Detection and Classification of Acoustic Scenes and Events (DCASE). Piscataway: IEEE, 2019.

Koizumi Y, Saito S, Uematsu H, et al. ToyADMOS: A dataset of miniature-machine operating sounds for anomalous sound detection[C]//IEEE Workshop on Applications of Signal Processing to Audio and Acoustics(WASPAA). Piscataway: IEEE, 2019: 313-317.

Wisdom S, Erdogan H, Ellis D, et al. What's all the fuss about free universal sound separation data? [J]. *arXiv preprint arXiv*: 2011.00803, 2020.

Bilen Ç, Ferroni G, Tuveri F, et al. A framework for the robust evaluation of sound event detection[R]//IEEE International Conference on Acoustics, Speech and Signal Processing(ICASSP). Piscataway: IEEE, 2020: 61-65.

Adavanne S, Politis A & Virtanen T. A multi-room reverberant dataset for sound event localization and detection[J]. *arXiv preprint arXiv*: 1905.08546, 2019.

Politis A, Adavanne S & Virtanen T. A dataset of reverberant spatial sound scenes with moving sources for sound event localization and detection[J]. *arXiv preprint arXiv*: 2006.01919, 2020.

Choi K, Fazekas G & Sandler M. Automatic tagging using deep convolutional neural networks[J]. *arXiv preprint arXiv*: 1606.00298, 2016.

Kong Q, Cao Y, Iqbal T, et al. PANNs: Large-scale pretrained audio neural networks for audio pattern recognition [C]//IEEE/ACM Transactions on Audio, Speech, and Language Processing. Piscataway: IEEE, 2020, 28: 2880-2894.

Levorato R. GMM classification of environmental sounds for surveillance applications[J]. *Mathematics*, 2010.

Takahashi G, Yamada T, Makino S, et al. Acoustic scene classification using deep neural network and frame-concatenated acoustic feature[C]//Workshop on Detection and Classification of Acoustic Scenes and Events (DCASE). Piscataway: IEEE, 2016.

Malkin R, Macho D, Temko A, et al. First evaluation of acoustic event classification systems in chil project[C]. HSCMA'05 Workshop. Piscataway: IEEE, 2005.

Zhou X, Zhuang X, Liu M, et al. HMM-based acoustic event detection with AdaBoost feature selection [J]. *Multimodal Technologies for Perception of Humans*, 2007: 345-353.

Temko A, Malkin R, Zieger C, et al. Acoustic event detection and classification in smart-room environments:

Evaluation of chil project systems[J]. *Cough*, 2006, 65(48): 5.

Heittola T, Mesaros A, Eronen A, et al. Context-dependent sound event detection[J]. *EURASIP Journal on Audio, Speech, and Music Processing*. 2013, 2013(1): 1.

Lee D D & Seung H S. Learning the parts of objects by non-negative matrix factorization[J]. *Nature*, 1999, 401(6755): 788-791.

Lee D D & Seung H S. Algorithms for non-negative matrix factorization[C]//Advances in Neural Information Processing Systems. Cambridge: MIT Press, 2001: 556-562.

Gemmeke J F, Vuegen L, Karsmakers P, et al. An exemplar-based NMF approach to audio event detection[C]//IEEE Workshop on Applications of Signal Processing to Audio and Acoustic. Piscataway: IEEE, 2013.

Graves A, Fernández S, Gomez F, et al. Connectionist temporal classification: Labelling unsegmented sequence data with recurrent neural networks[C]//Proceedings of the International Conference on Machine Learning. Cambridge: PMLR, 2006: 369-376.

Wang Y & Metze F. A first attempt at polyphonic sound event detection using connectionist temporal classification [C]//IEEE International Conference on Acoustics, Speech and Signal Processing (ICASSP). Piscataway: IEEE, 2017: 2986-2990.

Mesaros A, Heittola T & Klapuri A. Latent semantic analysis in sound event detection [C]//European Signal Processing Conference. Piscataway: IEEE, 2011: 1307-1311.

Stork J A, Spinello L, Silva J, et al. Audio-based human activity recognition using non-Markovian ensemble voting [C]//IEEE International Symposium on Robot and Human Interactive Communication. Piscataway: IEEE, 2012: 509-514.

Schlüter J & Sonnleitner R. Unsupervised feature learning for speech and music detection in radio broadcasts[C]// Proceedings of the International Conference on Digital Audio Effects. Piscataway: IEEE, 2012.

Koizumi Y, Saito S, Uematsu H, et al. Optimizing acoustic feature extractor for anomalous sound detection based on Neyman-Pearson lemma[C]//European Signal Processing Conference(EUSIPCO). Piscataway: IEEE, 2017: 698-702.

Simonyan K & Zisserman A. Very deep convolutional networks for large-scale image recognition[J]. *arXiv preprint arXiv*: 1409. 1556, 2014.

He K, Zhang X, Ren S, et al. Deep residual learning for image recognition[C]//Proceedings of the IEEE Conferenceon Computer Vision and Pattern Recognition(CVPR). Piscataway: IEEE, 2016: 770-778.

Kosmider M. Calibrating neural networks for secondary recording devices[C]//Proceedings of the Detection and Classification of Acoustic Scenes and Events Workshop(DCASE). Piscataway: IEEE, 2019: 25-26.

Akiyama O & Sato J. Multitask learning and semisupervised learning with noisy data for audio tagging[C]// IEEE AASP Challenge on Detection and Classification of Acoustic Scenes and Events. Piscataway: IEEE, 2019.

Xu Y, Kong Q, Wang W, et al. Large-scale weakly supervised audio classification using gated convolutional neural network[C]//IEEE International Conference on Acoustics, Speech and Signal Processing (ICASSP). Piscataway: IEEE, 2018: 121-125.

Kong Q, Yu C, Xu Y, et al. Weakly labelled audioset tagging with attention neural networks[J]. *IEEE/ACM Transactions on Audio, Speech, and Language Processing*, 2019.

Wang Y. Polyphonic sound event detection with weak labeling[D]. Pittsburgh: Carnegie Mellon University, 2018.

Luo Y & Mesgarani N. Conv-tasnet: Surpassing ideal time-frequency magnitude masking for speech separation[J]. *IEEE/ACM Transactions on Audio, Speech, and Language Processing*, 2019, 27(8): 1256-1266.

Kavalerov I, Wisdom S, Erdogan H, et al. Universal sound separation[C]//IEEE Workshop on Applications of Signal Processing to Audio and Acoustics(WASPAA). Piscataway: IEEE, 2019: 175-179.

Wisdom S, Tzinis E, Erdogan H, et al. Unsupervised sound separation using mixtures of mixtures[J]. *arXiv preprint arXiv*: 2006. 12701, 2020.

Slizovskaia O, Haro G & Gómez E. Conditioned source separation for music instrument performances[J]. *arXiv preprint arXiv*: 2004. 03873, 2020.

Lee J H, Choi H S & Lee K. Audio query-based music source separation[J]. *arXiv preprint arXiv*: 1908. 06593, 2019.

Kong Q, Wang Y, Song X, et al. Source separation with weakly labelled data: An approach to computational auditory scene analysis[C]// 2020 IEEE International Conference on Acoustics, Speech and Signal Processing(ICASSP). Piscataway: IEEE, 2020: 101-105.

Pishdadian F, Wichern G & LeRoux J. Finding strength in weakness: Learning to separate sounds with weak supervision

[J]. *IEEE/ACM Transactions on Audio, Speech, and Language Processing*, 2020, 28: 2386-2399.

Brandstein M & Ward D. Microphone Arrays: Signal Processing Techniques and Applications[M]. Berlin: Springer, 2013: 157-178.

Knapp C & Carter G. The generalized correlation method for estimation of time delay[J]. *IEEE Transactions on Acoustics, Speech, and Signal Processing*, 1976, 24(4): 320-327.

Scheuing J & Yang B. Correlation-based TDOA-estimation for multiple sources in reverberant environments[M]// Speech and Audio Processing in Adverse Environments. Berlin: Springer, 2008: 381-416.

Schmidt R. Multiple emitter location and signal parameter estimation[J]. *IEEE Transactions on Antennas and Propagation*, 1986, 34(3): 276-280.

Roy R & Kailath T. ESPRIT-estimation of signal parameters via rotational invariance techniques[J]. *IEEE Transactions on Acoustics, Speech, and Signal Processing*, 1989, 37(7)984-995.

DiBiase J H. A high-accuracy, low-latency technique for talker localization in reverberant environments using microphone arrays[J]. *European Journal of Biochemistry*, 2000.

Xiao X, Zhao S, Zhong X, et al. A learning-based approach to direction of arrival estimation in noisy and reverberant environments[C]//IEEE International Conference on Acoustics, Speech and Signal Processing(ICASSP). Piscataway: IEEE, 2015: 2814-2818.

Takeda R & Komatani K. Discriminative multiple sound source localization based on deep neural networks using independent location model[C]//IEEE Spoken Language Technology Workshop(SLT). Piscataway: IEEE, 2016: 603-609.

Adavanne S, Politis A & Virtanen T. Direction of arrival estimation for multiple sound sources using convolutional recurrent neural network[C]//2018 26th European Signal Processing Conference(EUSIPCO). Piscataway: IEEE, 2018: 1462-1466.

Chakrabarty S & Habets E A. Multi-speaker DOA estimation using deep convolutional networks trained with noise signals[J]. *IEEE Journal of Selected Topics in Signal Processing*, 2019, 13(1): 8-21.

He W, Motlicek P & Odobez J M. Deep neural networks for multiple speaker detection and localization[C]//IEEE International Conference on Robotics and Automation(ICRA). Piscataway: IEEE, 2018: 74-79.

Cao Y, Kong Q, Iqbal T, et al. Polyphonic sound event detection and localization using a two-stage strategy[J]. *arXiv preprint arXiv*: 1905.00268, 2019.

Cao Y, Iqbal T, Kong Q, et al. Event-independent network for polyphonic sound event localization and detection[C]// Proceedings of the Detection and Classification of Acoustic Scenes and Events Workshop(DCASE). Piscataway: IEEE, 2020: 11-15.

Cao Y, Iqbal T, Kong Q, et al. An improved event-independent network for polyphonic sound event localization and detection[J]. *arXiv preprint arXiv*: 2010.13092, 2020.

Perotin L, Serizel R, Vincent E, et al. CRNN-based multiple DOA estimation using acoustic intensity features for ambisonics recordings[J]. *IEEE Journal of Selected Topics in Signal Processing*, 2019, 13(1): 22-33.

Shimada K, Takahashi N, Takahashi S, et al. Sound event localization and detection using activity-coupled Cartesian DOA vector and RD3net[J]. *arXiv preprint arXiv*: 2006.12014, 2020.

Adavanne S, Politis A, Nikunen J, et al. Sound event localization and detection of overlapping sources using convolutional recurrent neural networks[J]. *IEEE Journal of Selected Topics in Signal Processing*, 2018, 13(1): 34-48.

Yu D, Kolbæk M, Tan Z, et al. Permutation invariant training of deep models for speaker-independent multi-talker speech separation[C]//IEEE International Conference on Acoustics, Speech and Signal Processing(ICASSP). Piscataway: IEEE, 2017: 241-245.

作者：孔秋强（字节跳动公司） 王赟（Facebook公司） 曹寅（萨里大学）

第十四章
一般音频计算机听觉——AI医学

第一节　概　　述

计算机听觉在医疗卫生领域的应用是典型的多学科交叉新兴领域，内容涉及声学、医学、生命健康、力学、信号处理、机器学习、深度学习等领域的理论与技术。在如今国家大力倡导“医工融合”“人工智能＋X”“新工科”的趋势下，应用于医疗健康的计算机听觉（CA for Healthcare，CA4H）正在扮演越来越重要的角色。考虑到声音信号的“非侵入”特性以及其相对低成本的优势，相信未来在开发智能可穿戴设备、提供新型诊疗方法、融入多模态医学诊断与干预等方向，计算机听觉领域会呈现更多的成果与应用。在 2019 年的全国声音与音乐技术大会（CSMT 2019）上，来自学术界和工业界的专家学者进行了广泛深入的交流与讨论，认为计算机听觉对于健康医疗有重要意义，也面临一系列机遇与挑战。在最新一届的国际语音通信协会举办的顶尖会议 INTERSPEECH 2020 上，ComParE 2020 挑战赛公布的三个任务，即老年人情感识别、呼吸语言、口罩语音识别都与医疗健康相关。借助计算机听觉进行辅助诊断与治疗，既可部分减轻医生的负担，又可普惠广大消费者，是智慧医疗的重要方面。

利用计算机听觉，我们能够分辨出发生在人体的声音是生理性的还是病理性的。通过对比声音数据库，监测声音产生的响度、频率、速度、位置、具体时间和持续时长也可以辅助临床诊断。

人体自发可以产生的声音有呼吸、心音、言语及构音、关节弹响、肠鸣音等。下面我们将人体常见的可以主动发出的声音做了大致的总结，并列举了在病理情况下可能会出现的几种常见疾病，并对疾病的定义、声音的表现、产生原因及计算机听觉目前的研究进展进行说明。

第二节　听　　诊

在医学上，想要确定一个患者患的是哪种疾病，或者想要将具有相似体征和临床表现的病种筛除，就需要给患者进行临床诊断。诊断学是运用医学基本理论、基本知识和基本技能对疾病进行诊断的一门学科。其主要内容包括门诊采集病史，全面系统地掌握患者的症状，并通过视诊、触诊、叩诊和听诊，仔细了解患者所存在的体征，并进行一些必要的实验室检查，来揭示或发现患者的整个临床表现。其中，听诊是体格检查的基本方法，医生可以从听诊中获得有用的声音方面的信息。

听诊是指医生根据人身体各部分活动时发出的声音判断正确与否的一种诊断方法。广义的听诊，包括听身体各部分所发出的任何声音，如语声、呼吸声、咳嗽声和呃逆、嗳气、呻吟、啼哭、呼叫发出的声音以及肠鸣音、关节活动音及骨擦音，这些声音有时可对临床诊断提供有用的线索。

听诊方法分为直接听诊和间接听诊两种。直接听诊法是医生将耳直接贴附于被检查者的体壁上进行听诊。这种方法听到的体内声音很弱，这是听诊器出现之前所采用的听诊方法，目前也只有在某些特殊和紧急情况下才会采用。间接听诊法是用听诊器进行听诊的一种检查方法。此法方便，可以在任何体位听诊时应用；听诊效果好，因听诊器对器官活动的声音有一定的放大作用且能阻断环境中的噪声；应用范围广，除用于心肺腹的听诊外，还可以听取身体其他部位发出的声音，如血管音、骨折面摩擦音等。

听诊时需集中注意力，听肺部时要摒除心音的干扰，听心音时要摒除呼吸音的干扰，必要时需嘱咐患者控制呼吸配合听诊。用听诊器进行听诊是临床医生的一项基本功，是许多疾病，尤其是心肺疾病诊断的重要手段。听诊是体格检查基本方法中的重点和难点，尤其对肺部和心脏的听诊。医生需要长时间的学习和实践积累才能切实掌握、熟练分辨各种不同的声音。因此，医师的个人经验和熟练程度会在很大程度上影响疾病诊断的结果，诊断结果相应地也会受到医生主观上的影响。

第三节　呼吸音与计算机听觉

一、呼吸音

(一) 正常呼吸音

正常呼吸音有以下几种：

1. 气管呼吸音

是空气进出气管所发出的声音，粗糙、响亮且高调。吸气相与呼气相几乎相等，于胸外气管上面可听及。

2. 支气管呼吸音

为吸入的空气在声门、气管或主支气管形成湍流所产生的声音，颇似抬舌后经口腔呼气时所发出"ha"的音响，该呼吸音强而高调。吸气相较呼气相短，因吸气为主动运动，吸气时声门增宽、进气较快，而呼气为被动运动，声门较窄，出气较慢之故。正常人于喉部、胸骨上窝、背部第6、7颈椎及第1、2胸椎附近均可听到支气管呼吸音，且越靠近气管区，其音响越强，音调亦渐降低。

3. 支气管肺泡呼吸音

为兼有支气管呼吸音和肺泡呼吸音特点的混合性呼吸音。其吸气音的性质与正常肺泡呼吸音相似，但音调较高且较响亮。其呼气音的性质则与支气管呼吸音相似，但强度稍弱，音调稍低，管样性质少些和呼气相短些，在吸气和呼气之间有极短暂的间隙。支气管肺泡呼吸音的吸气相与呼气相大致相同。正常人于胸骨两侧第1、2肋间隙，肩胛间区第3、4胸椎水平以及肺尖前后部可听及支气管肺泡呼吸音。当其他部位听及支气管肺泡呼吸音时，均属异常情况，提示有病变存在。

4. 肺泡呼吸音

是由于空气在细支气管和肺泡内进出移动的结果。吸气时气流经支气管进入肺泡，冲击肺泡壁，使肺泡由松弛变为紧张，呼气时肺泡由紧张变为松弛，这种肺泡弹性的变化和气流的振动是肺泡呼吸音形成的主要因素。

肺泡呼吸音为一种叹息样或柔和吹风样的"fu-fu"声，在大部分肺野内均可听及。其音调相对较低。吸气时音响较强，音调较高，时相较长；反之，呼气时音响较弱，音调较低，时相较短。

正常人肺泡呼吸音的强弱与性别、年龄、呼吸的深浅、肺组织弹性的大小及胸坚的厚薄等有关。男性肺泡呼吸音较女性为强，儿童的肺泡呼吸音较老年人强，而老年人的肺泡弹性则较差。此外，矮胖体形者肺泡呼吸音亦较瘦长体形者为弱。

(二) 异常呼吸音

1. 异常肺泡呼吸音

1) 肺泡呼吸音减弱或消失

肺泡呼吸音减弱或消失与肺泡内的空气流量减少或进入肺内的空气流速减慢及呼吸音传导障碍有关，可在局部、单侧或双肺出现。发生的原因有：①胸廓活动受限，如胸痛、肋软骨骨化和肋骨切除等；②呼气肌疾病，如重症肌无力、膈肌瘫痪和膈肌升高等；③支气管阻塞，如阻塞性肺气肿、支气管狭窄等；④压迫性肺膨胀不全，如胸腔积液或气胸等；⑤腹部疾病，如大量腹水、腹部巨大肿瘤等。

2) 肺泡呼吸音增强

双侧肺泡呼吸音增强与呼吸运动及通气功能增强使进入肺泡的空气流量增多或进入肺内的空气流速加快有关。发生的原因有：①机体需氧量增加，引起呼吸深长和增快，如运动、发热或代谢亢进等；②缺氧兴奋呼吸中枢，导致呼吸运动增强，如贫血等；③血液酸度增高，刺激呼吸中枢，使呼吸深长，如酸中毒等；④一侧肺泡呼吸音增强，见于一侧肺胸病变引起肺泡呼吸音减弱，此时健侧肺可发生代偿性肺泡呼吸音增强。

3) 呼气音延长

因为下呼吸道部分阻塞、痉挛或狭窄，如支气管炎、支气管哮喘等，导致呼气的阻力增加，或由于肺组织弹性减退，使呼气的驱动力减弱，如慢性阻塞性肺气肿等，均可引起呼气音延长。

4）断续性呼吸音

肺内局部性炎症或支气管狭窄，使空气不能均匀地进入肺泡，可引起断续性呼吸音，因为伴有短促的不规则间歇，故又称齿轮呼吸音，常见于肺结核和肺炎等。必须注意，当寒冷、疼痛和精神紧张时，亦可听及断续性肌肉收缩的附加音，但与呼吸运动无关，应予鉴别。

5）粗糙性呼吸音

为支气管黏膜轻度水肿或炎症浸润造成不光滑或狭窄，使气流进出不畅所形成的粗糙呼吸音，见于早期的支气管或肺部炎症。

2. 异常支气管呼吸音

如在正常肺泡呼吸音部位听到支气管呼吸音，则为异常的支气管呼吸音，或称管样呼吸音，可由下列因素引起：

1）肺组织实变

使支气管呼吸音通过较致密的肺实变部分，传至体表而易于听到。支气管呼吸音的部位、范围和强弱与病变的部位、大小、深浅有关。实变的范围越大、越浅，其声音越强，反之则较弱。常见于大叶性肺炎的实变期，其支气管呼吸音强而高调，而且近耳。

2）肺内大空腔

当肺内大空腔与支气管相通，且其周围肺组织又有实变存在时，音响在空腔内共鸣，并通过实变组织的良好传导，故可听及清晰的支气管呼吸音，常见于肺脓肿或空洞型肺结核的患者。

3）压迫性肺不张

胸腔积液时，压迫肺脏发生压迫性肺不张，因肺组织较致密，有利于支气管音的传导，故于积液区上方有时可听到支气管呼吸音，但强度较弱而且遥远。

3. 异常支气管肺泡呼吸音

异常支气管肺泡呼吸音是在正常肺泡呼吸音的区域内听到的支气管肺泡呼吸音。其产生机理为肺部实变区域较小且与正常含气肺组织混合存在，或肺实变部位较深并被正常肺组织所覆盖之故。常见于支气管肺炎、肺结核、大叶性肺炎初期或在胸腔积液上方肺膨胀不全的区域听及。

（三）啰音

啰音是呼吸音以外的附加音，该音在正常情况下并不存在，所以不是呼吸音的改变。按性质的不同可分为下列几种：

1. 湿啰音

由于吸气时气体通过呼吸道内的分泌物如渗出液、痰液、血液、黏液和脓液等，形成的水泡破裂所产生的声音，故又称水泡音。或认为由于小支气管壁因分泌物黏着而陷闭，当吸气时突然张开重新充气所产生的爆裂音。

1）湿啰音的特点

湿啰音为呼吸音外的附加音，断续而短暂，一次常连续多个出现，于吸气时或吸气终末较为明显，有时也出现于呼气早期，部位较恒定、性质不易变。中、小湿啰音可同时存在，咳嗽后可减轻或消失。

2）湿啰音的分类

① 按啰音的音响强度可分为响亮性和非响亮性两种。

响亮性湿啰音：啰音响亮，是由于周围具有良好的传导介质，如实变，或因空洞共鸣作用的结果，见于肺炎、肺脓肿或空洞型肺结核。如空洞内壁光滑，响亮性湿啰音还可带有金属调。

非响亮性湿啰音：声音较低，是由于病变周围有较多的正常肺泡组织，传导过程中声波逐渐减弱，听诊时感觉遥远。

② 按呼吸道腔径大小和腔内渗出物的多寡分粗、中、细湿啰音和捻发音。

粗湿啰音：又称大水泡音，发生于气管、主支气管或空洞部位，多出现在吸气早期。见于支气管扩张、肺水肿及肺结核或肺脓空洞。昏迷或濒死的患者因无力排出呼吸道分泌物，于气管处可听及粗湿啰音，有时不用听诊器亦可听到，也称为痰鸣。

中湿啰音：又称中水泡音，发生于中等大小的支气管，多出现于吸气的中期。见于支气管炎、支气管肺炎等。

细湿啰音：又称小水泡音，发生于小支气管，多在吸气后期出现。常见于细支气管炎、支气管肺炎、肺淤血和肺梗死等。弥漫性肺间质纤维化患者吸气后期出现的细湿啰音，其音调高，近耳颇似撕开尼龙扣带时发出的声音。

捻发音：是一种极细而均匀一致的湿啰音。多在吸气的终末时听及，颇似在耳边用手指捻搓一束头发时所发出的声音。这是由于细支气管和肺泡壁因分泌物存在而互相黏着陷闭，当吸气时被气流冲开重新充气所发出的高音调、高频率的细小爆裂音。常见于细支气管和肺泡炎症或充血，如肺淤血、肺炎早期和肺泡炎等。但正常老年人或长期卧床的患者，于肺底亦可听及捻发音，在数次深呼吸或咳嗽后可消失，一般无临床意义。

③ 肺部局限性湿啰音：仅提示该处的局部病变，如肺炎、肺结核或支气管扩张等。两侧肺底湿啰音，多见于心力衰竭所致的肺淤血和支气管肺炎等。如两肺野布满湿啰音，则多见于急性肺水肿和严重支气管肺炎。

2. 干啰音

这是由于气管、支气管或细支气管狭窄或部分阻塞，空气吸入或呼出时发生湍流所产生的声音。呼吸道狭窄或不完全阻塞的病理基础有炎症引起的黏膜充血水肿和分泌物增加、支气管平滑肌痉挛、管腔内肿瘤或异物阻塞，以及管壁被管外肿大的淋巴结或纵隔肿瘤压迫引起的管腔狭窄等。

1）干啰音的特点

干啰音为一种持续时间较长带乐性的呼吸附加音，音调较高，基音频率为 300～500 Hz。持续时间较长，吸气及呼气时均可听及，但以呼气时比较明显。干啰音的强度和性质易改变，部位易变换，在瞬间数量可明显增减。发生于主支气管以上大气道的干啰音，有时不用听诊器亦可听及，也称为喘鸣。

2）干啰音的分类

根据音调的高低可分为高调和低调两种。

① 高调干啰音：又称哨笛音，音调高，其基音频率可达 500 Hz 以上，呈短促的“zhi-zhi”声或带音乐性。用力呼气时其音质常呈上升性，多起源于较小的支气管或细支气管。

② 低调干啰音：又称鼾音，音调低，其基音频率为 100～200 Hz，呈呻吟声或鼾声的性质，多发生于气管或主支气管。发生于双侧肺部的干啰音常见于支气管哮喘、慢性支气管炎和心源性哮喘等。局限性干啰音是由于局部支气管狭窄所致，常见于支气管内膜结核或肿瘤等。

（四）语音共振

语音共振的产生方式与语音震颤基本相同。被检查者用一般的声音强度重复发“yi”长音时，喉部发音产生的振动经气管、支气管、肺泡传至胸壁，由听诊器听及。正常情况下，听到的语音共振言词并非响亮清晰，音节亦含糊难辨。语音共振一般在气管和大支气管附近听到的声音最强，在肺底则较弱。语音共振减弱见于支气管阻塞、胸腔积液、胸膜增厚、胸壁水肿及肺气肿等疾病。在病理情况下，语音共振的性质发生变化，根据听诊音的差异可分为以下几种：

1. 支气管语音

为语音共振的强度和清晰度均增加，常同时伴有语音震颤增强、叩诊浊音和听及病理性支气管呼吸音，见于肺实变的患者。

2. 胸语音

这是一种更强、更响亮和较近耳的支气管语音，言词清晰可辨，容易听及。见于大范围的肺实变区域。有时在支气管语音尚未出现之前即可查出。

3. 羊鸣音

不仅语音的强度增加，而且其性质发生改变，带有鼻音性质，颇似“羊叫声”。被检查者说“yi-yi-yi”音时，往往听到的是“a-a-a”，则提示有羊鸣音的存在。常在中等量胸腔积液的上方肺受压的区域听到，也可在肺实变伴有少量胸腔积液的部位听及。

4. 耳语音

被检查者用耳语声调发“yi、yi、yi”音时，在胸壁上听诊时，正常人在能听到肺泡呼吸音的部位，仅能听到极微弱的音响，但当肺实变时，则可清楚地听到增强的音调较高的耳语音，对诊断肺实变具有重要的价值。

(五) 胸膜摩擦音

正常胸膜表面光滑、胸膜腔内有微量液体存在，因此呼吸时胸膜脏层和壁层之间相互滑动并无音响发生。当胸膜面由于炎症，纤维素渗出而变得粗糙时，则随着呼吸便可出现胸膜摩擦音。其特征颇似用一手掩耳，以另一手指在其手背上摩擦时所听到的声音。胸膜摩擦音通常在呼吸两相均可听到，而且十分近耳，一般于吸气末或呼气初较为明显，屏气时即消失。深呼吸或在听诊器体件上加压时，摩擦音的强度可增加。胸膜摩擦音最常听到的部位是前下侧胸壁，因为呼吸时该区域的呼吸动度最大。反之，肺尖部的呼吸动度较胸廓下部为小，故胸膜摩擦音很少在肺尖听及。胸膜摩擦音可随体位的变动而消失或复现。当胸腔积液较多时，因两层胸膜被分开，摩擦音可消失，在积液吸收过程中当两层胸膜又接触时，可再出现。当纵膈胸膜发炎时，于呼吸及心脏搏动时均可听到胸膜摩擦音。胸膜摩擦音常发生于纤维素性胸膜炎、肺梗死、胸膜肿瘤及尿毒症等患者。

(六) 呼吸节律

1. 呼吸频率

正常成人静息状态下，呼吸为12～20次/分，呼吸与脉搏之比为1∶4。新生儿呼吸约44次/分，随着年龄的增长而逐渐减慢。在病理状态下，往往会出现各种呼吸频率的变化。

1) 呼吸过速

指呼吸频率超过20次/分，见于发热、疼痛、贫血、甲状腺功能亢进及心力衰竭等，一般体温升高1℃，呼吸大约增加4次/分。

2) 呼吸过缓

指呼吸频率低于12次/分，见于麻醉剂或镇静剂过量和颅内压增高等。

2. 呼吸节律

正常成人静息状态下，呼吸的节律基本上是均匀而整齐的。在病理状态下，往往会出现各种呼吸节律的变化。

1) 潮式呼吸

又称陈-施(Cheyne-Stokes)呼吸，是一种由浅慢逐渐变为深快，然后再由深快转为浅慢，随之出现一段时间呼吸暂停后，又开始如上变化的周期性呼吸。潮式呼吸低周期可长达30 s～2 min，暂停期可持续5～30 s，所以要较长时间仔细观察才能了解周期性节律变化的全过程。

2) 间停呼吸

又称比奥(Biots)呼吸，表现为有规律呼吸几次后，突然停止一段时间，又开始呼吸，即周而复始的间停呼吸。

以上两种周期性呼吸节律变化的机制是由于呼吸中枢的兴奋性降低，使调节呼吸的反馈系统失常。只有缺氧严重，二氧化碳潴留至一定程度时，才能刺激呼吸中枢，促使呼吸恢复和加强；当积聚的二氧化碳呼出后，呼吸中枢又失去有效的兴奋性，使呼吸又再次减弱进而暂停。这种呼吸节律的变化多发生于中枢神经系统疾病如脑炎、脑膜炎、颅内压增高及某些物质中毒如糖尿病酮中毒、巴比妥中毒等。间停呼吸较潮式呼吸更为严重，预后多不良，常发生在临终前。然而，必须注意有些老年人深睡时亦可出现潮式呼吸，多为脑动脉硬化、中枢神经供血不足的表现。

3) 抑制性呼吸

为胸部发生剧烈疼痛所致的吸气相突然中断，呼吸运动突然短暂地受到抑制，患者表情痛苦，呼吸较正常浅而快。常见于急性胸膜炎、胸膜恶性肿瘤、肋骨骨折及胸部严重外伤等。

4) 叹气样呼吸

表现在一段正常呼吸节律中插入一次深大呼吸，并常伴有叹息声。此多为功能性改变，见于神经衰弱、精神紧张或抑郁症。

（七）打鼾声

为睡眠呼吸暂停低通气综合征的临床表现之一。典型者表现为鼾声响亮且不规律，伴间歇性呼吸暂停，往往是鼾声-气流停止-鼾声交替出现。

二、呼吸系统疾病与计算机听觉

与患者呼吸系统相关的常见的音频事件有咳嗽、打鼾、言语、喘息、呼吸等。监控患者状态，在发生特定音频事件时触发警报以提醒护士或家人具有重要意义。听诊器是诊断呼吸系统疾病的常规设备，有的文献研制光电型智能听诊器，能存储和回放声音，显示声音波形并比对，同时对声音进行智能分析，给医生诊断提供参考。

咳嗽是人体的一种应激性的反射保护机制，可以有效地清除位于呼吸系统内的异物。但是频繁剧烈和持久的咳嗽也会给人体造成伤害，是呼吸系统疾病的常见症状。不同呼吸疾病可能具有不同的咳嗽特征。目前对咳嗽的判断主要依靠患者的主观描述，医生的人工评估过程烦琐、主观，不适合长期记录，还有传染危险。鉴于主观判断的不足，研究客观测量及定量评估咳嗽频率（Cough Frequency）、咳嗽强度（Cough Intensity）等特性的咳嗽音自动识别与分析系统，为临床诊断提供信息就非常必要。有时还需要专门针对儿科人群（Pediatric Population）的技术。

有的文献通过临床实验测试了人类根据听觉和视觉来识别和计算咳嗽的准确性，还评估了一个全自动咳嗽监视器 Pulmotrack。被试依靠听觉可以很好地识别咳嗽，视觉数据对于咳嗽计数也有显著影响。虽然 Pulmotrack 自动测试的咳嗽频率和实际结果有较大差距，但基于音频的自动咳嗽检测（Audio-based Automatic Cough Detection）优于使用 4 个传感器的商用系统，说明了这种技术具有一定的可行性。

从含有背景噪声的音频流中识别咳嗽音频事件的技术框架与 AED 相同，只是集中于识别分类为咳嗽声的音频片段。最简单的端点检测是分帧，并对疑似咳嗽的片段进行初步筛选。一些文献基于短时能量（Short Term Energy, STE）和过零率（Zero Crossing Rate, ZCR）的双门限检测算法对咳嗽信号进行端点检测，也有文献研究了基于小波变换的含噪咳嗽信号降噪方法，通过实验确定小波函数和分解层数、阈值等。在已有工作中，几乎所有的咳嗽声音特征提取方法都来自语音或音乐领域，如 LPC、MFCC、香农熵（Shannon Entropy）、倒谱系数、线性预测倒谱系数（Linear Predictive Cepstral Coefficient, LPCC）结合小波包变换（Wavelet Packet Transform, WPT）和 MFCC 的 WPT-MFCC 特征等。从咳嗽的生理学特性和声学特点可知，咳嗽声属于典型的非平稳信号，具有突发性。在咳嗽频谱（Cough Spectrum）中能量是高度分散的，与语音和音乐信号明显不同。为提取更符合咳嗽的声音特性，有资料基于 Gammatone 滤波器组在部分频带提取音频特征。在咳嗽声分类识别阶段，有文献使用动态时间调整（Dynamic Time Warping, DTW）将咳嗽疑似帧的 MFCC 特征和模板库进行基于距离的匹配，也有使用 SVM、K 最近邻（K-Nearest Neighbor, KNN）和 RF 分别训练和测试，集成各种输出做出最终决策。使用 ANN、HMM、GMM 对咳嗽片段进行分类。在咳嗽声录音里经常出现的声音种类一般还有说话声、笑声、清喉音、音乐声等。

在计算机听觉的医学应用领域，目前各项研究都是用自行搜集的临床数据。有的文献收集了 18 个呼吸系统疾病患者的真实数据，并由人类专家进行了标注。也有文献搜集了 14 个被试的数据，录音长度 840 min。在识别咳嗽音频事件的基础上，如果集成更多咳嗽方面的专家知识，可以更精确地帮助提高疾病类型临床诊断的精确度。

在最近发表在《IEEE 医学与生物工程学杂志》上的一篇论文中，麻省理工学院的研究人员已经开发出可以识别 COVID-19 感染者咳嗽声的 AI 模型。该模型通过分析咳嗽录音，可以将无症状感染者与健康的人区分开来。所有人都可以通过网络浏览器以及手机和笔记本电脑等设备自愿提交录音。目前，该模型识别出确诊为 COVID-19 的人的咳嗽的准确率为 98.5%。其中，利用咳嗽声识别无症状感染者的准确率高达 100%。目前，该团队正与一家公司合作，根据他们的 AI 模型开发免费的预检应用程序。他们还与世界各地的多家医院合作，收集更大、更多样化的咳嗽记录集，这将有助于训练和增强模型的准确性。

肺的状况直接影响肺音。肺音包含丰富的肺生理和病理信息，在听诊过程中对肺部噪声振动频率（Lung

Noise Vibration Frequency)、声波振幅(Amplitude)和振幅波动梯度(Amplitude Fluctuation Gradient)等特征进行分析来判断病因。研究尘肺患者肺部声音的改变,可以探索听声辨病的可行性。有的文献对 30 多份相同类型的肺音进行小波分解,每个频带小波系数加权优化后,通过后向传播神经网络(Back Propagation Neural Network, BPNN)对大型、中型和小型湿啰音和喘息声进行分类识别。有的文献采集肺音信号,使用小波变换滤波抑制噪声获得更纯净的肺音,然后使用小波变换进行分析,将肺音信号分解为 7 层,并从频带中提取一组统计特征输入 BPNN,分类识别为正常和肺炎两种结果。

阻塞性睡眠呼吸暂停(Obstructive Sleep Apnea, OSA)是一种常见的睡眠障碍,伴随打鼾,在睡眠时上呼吸道有反复的阻塞,发生在夜间不易被发现,对健康造成极大的危害,对其进行预防与诊断十分重要。此疾病监测要对患者的身体安装许多附件来追踪呼吸和生理变化,让患者感到不适,并影响睡眠。目前使用的诊断设备——多导睡眠仪需要患者整夜待在睡眠实验室,连接大量的生理电极,无法普及到家庭。鼾声信号的声音分析方法具有非侵入式、廉价易用的特点,在诊断 OSA 上表现出极大的潜力。

鼾声信号采集通常使用放于枕头两端的声音传感器。整夜鼾声音频记录持续时间较长,而且伴有其他非鼾声信号。首先需进行端点检测,如采用集成经验模态分解(Ensemble Empirical Mode Decomposition, EEMD)算法,采用更加适合鼾声这种非线性、非平稳声信号的自适应纵向盒算法,采用基于 STE、ZCR 的时域自相关算法。文献通过整夜鼾声声压级(响度)、鼾声暂停间隔等特征,得到区分单纯鼾症(Simple Snoring, SS)与 OSA 患者的简便筛查方法。有的文献通过数字滤波器、快速傅里叶变换、线性预测分析等技术提取呼吸音相关特征,并用 DTW 算法进行匹配识别。也有采用由 f_0、SC、谱扩散(Spectral Spread)、谱平坦度(Spectral Flatness)组成的对噪声具有一定鲁棒性的特征集,以及 SVM 分类器,对笑声、尖叫声、打喷嚏和鼾声进行分类,并进一步对鼾声和 OSA 分类识别。文献采用类似方法,提取共振峰频率(Formant Freuenc, FF)、MFCC 和新提出的基频能量比(f_0 Energy Ratio)特征,经 SVM 训练后可有效区分出 OSA 与单纯打鼾者。而且将呼吸、血氧信号与鼾声信号相结合,优势互补,提高了整个系统的筛查能力。有文献使用相机记录患者的视频和音频,并提取与 OSA 相关联的特征。进行视频时间域降噪后,跟踪患者的胸部和腹部运动。从视频和音频中分别提取特征,用于分类器训练和呼吸事件检测,并提取能够描述打鼾时声道特性的特征(即共振峰)后进行 K-means 聚类,将音频事件中的鼾声检测出来。

在早期的鼾声分析的研究工作中,大部分的工作集中在基于鼾声分析被试是否患有睡眠呼吸暂停低通气综合征。然而,针对上气道阻塞部位的识别显然有更为重要的临床意义。因为当前临床的金标准是通过麻醉诱导睡眠结合鼻内窥金观测的方法,这种方法昂贵费时而且给被试带来不适感。如果可以通过无创的声音信号采集和分析处理方法去判断上气道阻塞部位将有利于开发出新型智能诊疗设备。有的文献通过多声学特征融合方法结合传统机器学习模型对利用药物诱导睡眠内窥镜(Drug-Induced Sleep Endoscopy, DISE)精确标注的上气道四类部位:软腭水平、口咽区(包括扁桃体)、舌根、会厌,进行分类识别,并指出利用小波及 WPT 提取的特征的有效性。有的文献引入了词包法(Bag-of-audio-words, BoAW)结合小波特征对鼾声信号进行识别。有的文献则系统总结了传统声学信号处理分析、现代机器学习和深度学习理论与技术,通过分析鼾声信号来自动定位上气道阻塞部位的工作,使其可以为耳鼻喉科医生在进行手术选择方案时提供帮助。

第四节　心音与计算机听觉

一、心音

(一) 正常心音

心脏的每次收缩和舒张,都会产生心音。按其在心动周期中出现的先后次序,可依次命名为第一心音(S1)、第二心音(S2)、第三心音(S3)和第四心音(S4)。通常情况下,只能听到第一、第二心音。第三心音可在部分青少年体中听到。第四心音一般听不到,如听到第四心音属病理性体征。

1. 正常 S1

听诊特点为音调低而钝、历时较长，在心尖部位清楚而响亮。

2. 正常 S2

听诊特点为音调高、历时短，在心底部位清楚而响亮。

3. 正常 S3

听诊特点为紧随 S2 之后，听到一个声音重浊，音调低沉，如“Le(勒)—De(得)—He(合)”的声音，很像第二心音的回声。

4. 正常 S4

S4 性质钝重、音调低。听诊几乎听不到，有则考虑冠心病等疾病的可能。

(二) 心音的改变及其临床意义

1. 心音强度改变

除肺含气量多少、胸壁或胸腔病变等心外因素和心包积液外，影响心音强度的主要因素是心肌收缩力、心室充盈程度(影响心室内压增加的速率)、瓣膜位置的高低、瓣膜的结构及活动性等。

2. 心音性质改变

心肌严重病变时，第一心音失去原有性质且明显减弱，第二心音也弱，第一心音、第二心音极相似，可形成单音律。当心率增快，收缩期与舒张期时限几乎相等时，听诊类似钟摆声，又称钟摆律或胎心律，提示病情严重，如大面积急性心肌梗死和重症心肌炎等。

(三) 额外心音

指在正常 S1、S2 之外听到的病理性附加心音，与心脏杂音不同。多数为病理性，大部分出现在 S2 之后即舒张期，与原有的心音 S1、S2 构成三音律，如奔马律、开瓣音和心包叩击音等；也可出现在 S1 之后即收缩期，如收缩期喷射音。少数可出现两个附加心音，则构成四音律。

1. 舒张期额外心音

1) 奔马律

是一种额外心音发生在舒张期的三音心律，由于同时常存在心率增快，额外心音与原有的 S1、S2 组成类似马奔跑时的蹄声，故称奔马律。奔马律是心肌严重损害的体征。按其出现时间的早晚可分三种：

① 舒张早期奔马律：最为常见，是病理性的 S3。常伴有心率增快，使 S2 和 S3 的间距与 S1 和 S2 的间距相仿，听诊音调低、强度弱，又称第三心音奔马律。舒张早期奔马律的出现提示有严重器质性心脏病，常见于心力衰竭、急性心肌梗死、重症心肌炎与扩张性心肌病等。

② 舒张晚期奔马律：又称收缩期前奔马律或房性奔马律，发生于 S4 出现的时间，为增强的 S4。多见于阻力负荷过重引起心室肥厚的心脏病，如高血压性心脏病、肥厚型心肌病、主动脉瓣狭窄等。听诊特点为音调较低，强度较弱，距 S2 较远，较接近 S1(在 S2 前约 0.1 s)，在心尖部稍内侧听诊最清楚。

③ 重叠型奔马律：为舒张早期和晚期奔马律在快速性心率或房室传导时间延长时在舒张中期重叠出现引起，使此额外音明显增强。当心率较慢时，两种奔马律可没有重叠，则听诊为 4 个心音，称舒张期四音律，常见于心肌病或心力衰竭。

2) 开瓣音

又称二尖瓣开放拍击声，常位于第二心音后 0.05～0.06 s，见于二尖瓣狭窄而瓣膜尚柔软时。由于舒张早期血液自高压力的左房迅速流入左室，导致弹性尚好的瓣叶迅速开放后又突然停止，使瓣叶振动引起拍击样声音。听诊特点为音调高，历时短促而响亮、清脆，呈拍击样，在心尖内侧较清楚。

3) 心包叩击音

见于缩窄性心包炎，在 S2 后 0.09～0.12 s 出现的中频、较响而短促的额外心音。

4) 肿瘤扑落音

见于心房黏液瘤患者，在心尖或其内侧胸骨左缘第 3、4 肋间，在 S2 后 0.08～0.12 s，出现时间较开瓣音晚，声音类似，但音调较低，且随体位改变。

2. 收缩期额外心音

心脏在收缩期也可出现额外心音，分别发生于收缩早期或收缩中、晚期。

1）收缩早期喷射音

又称收缩早期喀喇音，为高频爆裂样声音，高调、短促而清脆，紧接于 S1 后 0.05～0.07 s，在心底部听诊最清楚。

2）收缩中、晚期喀喇音

高调、短促、清脆，如关门落锁的 Ka-Ta 样声音，在心尖区及其稍内侧最清楚。改变体位从下蹲到直立可使喀喇音在收缩期的较早阶段发生，而下蹲位或持续紧握指掌可使喀喇音发生时间延迟。

3）医源性额外音

由于心血管病治疗技术的发展，人工器材的置入心脏，可导致额外心音。常见的主要有人工瓣膜音和人工起搏音。

（四）心脏杂音

指在心音与额外心音之外，在心脏收缩或舒张过程中的异常声音。杂音性质的判断对于心脏病的诊断具有重要的参考价值。

1. 杂音产生的机制

正常血流呈层流状态。在血流加速、异常血流通道、血管管径异常等情况下，可使层流转变为湍流或旋涡而冲击心壁、大血管壁、瓣膜、腱索等使之振动而在相应部位产生杂音。

2. 性质

指由于杂音的不同频率而表现出音调与音色的不同。临床上常用于形容杂音音调的词为柔和、粗糙。杂音的音色可形容为吹风样、隆隆样（雷鸣样）、机器样、喷射样、叹气样（哈气样）、乐音样和鸟鸣样等。不同音调与音色的杂音，反映不同的病理变化。杂音的频率常与形成杂音的血流速度成正比。临床上可根据杂音的性质，推断不同的病变，如心尖区舒张期隆隆样杂音是二尖瓣狭窄的特征，心尖区粗糙的吹风样全收缩杂音常提示二尖瓣关闭不全，心尖区柔和而高调的吹风样杂音常为功能性杂音，主动脉瓣第二听诊区舒张期叹气样杂音为主动脉瓣关闭不全等。

3. 强度与形态

即杂音的响度及其在心动周期中的变化。收缩期杂音的强度一般用 Levine 6 级分级法（如表 14-1 所示），对舒张期杂音的分级也可参照此标准，但也有只分轻、中、重度三级的。

表 14-1　杂音强度分级

级别	响度	听诊特点	震颤
1	很轻	很弱，易被初学者或缺少心脏听诊经验者所忽视	无
2	轻度	能被初学者或缺少心脏听诊经验者听到	无
3	中度	明显的杂音	无
4	中度	明显的杂音	有
5	响亮	杂音很响	明显
6	响亮	杂音很响，即使听诊器稍离开胸壁也能听到	明显

（五）血管杂音及周围血管征

1. 静脉杂音

由于静脉压力低，不易出现涡流，故杂音一般不明显。临床较有意义的有颈静脉营营音（无害性杂音），在颈根部近锁骨外，甚至在锁骨下，尤其是右侧可出现低调、柔和、连续性杂音，坐位及站立明显，系颈静脉血液快速回流入上腔静脉所致。

2. 动脉杂音

多见于周围动脉、肺动脉和冠状动脉。如甲状腺功能亢进症在甲状腺侧叶的连续性杂音临床上极为多见，提示局部血流丰富；多发性大动脉炎的狭窄病变部位可听到收缩期杂音；肾动脉狭窄时，在上腹部或腰背部可闻及收缩期杂音等。

3. 周围血管征

1）枪击音

在外周较大动脉表面，常选择股动脉，轻放听诊器膜形体件时可闻及与心跳一致短促如射枪的声音。

2）Duroziez 双重杂音

以听诊器钟形体件稍加压力于股动脉，并使体件开口方向稍偏向近心端，可闻及收缩期与舒张期双期吹风样杂音。

（六）胎心音

凡听到胎心音能够确诊为妊娠且为活胎。在妊娠 12 周用多普勒胎心听诊仪能够探测到胎心音；妊娠 18～20 周用一般听诊器经孕妇腹壁能够听到胎心音。胎心音呈双音，似钟表"滴嗒"声，速度较快，正常时每分钟 120～160 次。

二、心脏系统疾病与计算机听觉

心音（Heart Sounds，HS）信号是人体内一种能够反映心脏及心血管系统运行状况的重要生理信号。对心音信号进行检测分析，能够实现多种心脏疾病的预警和早期诊断。针对心音的分析研究已从传统的人工听诊定性分析，发展到对 T-F 特征的定量分析。有的文献系统地总结了心音识别领域的声学特征与机器学习/深度学习模型，并指出尽管当下关于心音识别的论文已经发表很多，但仍然面临诸如方法鲁棒性不强的问题。

真实心脏声信号的录制可使用电子听诊器，或布置于人体心脏外胸腔表面的声音传感器。有文献提出了基于计算机听觉的心音识别方法，旨在开发出便携、低成本和高效的异常心音识别智能设备，为解决临床中听诊能力强的医生数量不足、心脏彩超设备昂贵的痛点问题提供思路。胎儿的心音可通过超声多普勒终端检测后经音频接口转换为声信号。利用心音信号的周期性和生理特征可对心音信号进行自动分段。

心音信号非常复杂且不稳定。在采集过程中，不可避免地会受到噪声和其他器官活动声音（如肺音等）的干扰，在 T-F 域上存在非线性混叠。有的文献对原始心音信号通过小波变换进行降噪处理，而有的文献则使用针对非平稳信号的 EMD 方法初步分离心音。为解决模态混叠问题，又对 EMD 方法获得的 IMFs 分量进行奇异值分解（Singular Value Decomposition，SVD）。对各个特征分量进行筛选重构后，获得较为清晰的心音信号，优于传统的小波阈值消噪等方法。

心音信号检测使用的 T-F 表示包括短时傅里叶变换、Wigner 分布（Wigner Distribution，WD）和小波变换，使用的特征主要是第一心音（S1）和第二心音（S2）的共振峰频率 FF、从功率谱分布中提取的特征、心电图（Electrocardiograph，ECG）等辅助数据特征。S1 和 S2 具有重要的区分特性。实验表明，只依靠 S1 和 S2 这两个声音特征，无须参考 ECG，也不需要结合 S1 和 S2 的单个持续时间或 S1-S2 和 S2-S1 的时间间隔即可得到好的识别结果。

心音信号检测使用的统计分类器有 SVM、全贝叶斯神经网络模型（Full Bayesian Neural Network Model，FBNNM）、深度神经网络（Deep Neural Network，DNN）、小波神经网络（Wavelet Neural Network，WNN）等。有些文献定义了 8 种不同类型的心音。由于临床采集困难，目前研究中心音数据量都不大，如有的文献中有 64 个样本，有的文献仅有 48 例心音（异常 10 例），每例提取 2 个时长 5 s 的样本，共 96 个样本。

第五节　声音与计算机听觉

一、肠鸣音

肠蠕动时，肠管内气体和液体随之流动，产生一种断断续续的咕噜声（或气过水声），称为肠鸣音。通常可用右下腹部作为肠鸣音听诊点，在正常情况下，肠鸣音每分钟 4～5 次，其频率声响和音调变异较大，餐后频繁而明显，休息时稀疏而微弱。

（一）肠鸣音活跃

肠蠕动增强时，肠鸣音达每分钟10次以上，但音调并不特别高亢，常见于服用急性胃肠炎药、泻药后或胃肠道大出血时。

（二）肠鸣音亢进

指肠鸣次数多且响亮、高亢，甚至呈叮当声或金属音，常见于机械性肠梗阻。此类患者肠腔扩大，积气增多，肠壁胀大变薄，且极度紧张，与亢进的肠鸣音可产生共鸣，因而在腹部可听到高亢的金属性音调。

（三）肠鸣音减弱

指肠梗阻持续存在，肠壁肌肉劳损、肠壁蠕动减弱时，肠鸣音亦减弱，或数分钟才听到1次。见于老年性便秘、腹膜炎、电解质紊乱（低血钾）及胃肠动力低下等。

（四）肠鸣音消失

指持续听诊3～5 min未听到肠鸣音，用手指轻叩或搔弹腹部仍未听到肠鸣音，常见于急性腹膜炎或麻痹性肠梗阻。

二、嗓音

人体发声器官发出的声音。嗓音具有特异性，不同的人具有不同的嗓音特质。

（一）正常嗓音

正常的嗓音需要具备正常的发声器官，如喉、肺、声带、舌、下颌、牙齿和鼻腔等，能如实地呈现说话者的状态。

（二）嗓音障碍

指由于器质性、功能性或者神经源性、心理性疾病导致人体发声器官的结构和形态、发声功能及发出的声音出现异常状态。

1. 功能性嗓音障碍

因错误用嗓或用嗓不当而导致的嗓音问题，如大声喊叫、习惯性咳嗽等。

2. 器质性嗓音障碍

包括发声器官的先天性异常、声带增生性病变、喉部肿瘤、喉部的炎性病变及声带的病变等。

3. 神经性嗓音障碍

由于神经性疾病导致的嗓音问题。可见于声带麻痹、痉挛性嗓音障碍、帕金森病和特发性震颤等。

三、关节弹响音

活动时关节出现咔嗒声，可能由于软骨缺失和关节面不整所致。以膝关节骨关节炎最为常见。

四、骨摩擦音

骨摩擦音为骨折的主要体征之一，由于骨折断端相互摩擦而产生。医生与患者均可感觉到。

五、失语及构音障碍

（一）失语

是指在神志清楚、意识正常、发音和构音没有障碍的情况下，大脑皮质语言功能区病变导致的言语交流能力障碍，表现为自发谈话、听理解、复述、命名、阅读和书写六个基本能力的残缺或丧失。

1. Broca失语

又称表达性失语或运动性失语，由优势侧额下回后部（Broca区）病变引起。临床表现以口语表达障碍最突出，谈话为非流利型、电报式语言，讲话费力，找词困难，只能讲一两个简单的词，且用词不当，或仅能发出个别的语音。复述、命名、阅读和书写均有不同程度的损害。常见于脑梗死、脑出血等可引起Broca区损害的神经系统疾病。

2. Wernicke 失语

又称听觉性失语或感觉性失语，由优势侧额上回后部病变引起。临床特点为严重听理解障碍，表现为患者听觉正常，但不能听懂别人和自己的讲话。口语表达为流利型、语量增多、发音和语调正常，但言语混乱而割裂，缺乏实质词或有意义的词句，难以理解、答非所问。复述障碍与听理解障碍一致，存在不同程度的命名、阅读和书写障碍。常见于脑梗死、脑出血等可引起 Wernicke 区损害的神经系统疾病。

3. 完全性失语

也称混合性失语，是最严重的一种失语类型。临床上以所有语言功能均严重障碍或几乎完全丧失为特点。患者只限于刻板言语，听理解严重缺陷，复述、命名、阅读和书写均不能进行。

4. 命名性失语

又称遗忘性失语，由优势侧颞中回后部病变引起。主要特点为命名不能，表现为患者把词"忘记"，多数是物体的名称，尤其是那些极少使用的东西的名称。自发谈话为流利型，缺实质词，赘话和空话多。听理解、复述、阅读和书写障碍轻。常见于脑梗死、脑出血等引起优势侧颞中回后部损害的神经系统疾病。

（二）构音障碍

是和发音相关的中枢神经、周围神经或肌肉疾病导致的一类言语障碍的总称。患者具有语言交流所必备的语言形成及接受能力，仅表现为口语的声音形成困难，主要为发音困难、发音不清或者发声、音调及语速的异常，严重者完全不能发音。不同病变部位可产生不同特点的构音障碍。

1. 上运动神经元损害

主要表现为双唇和舌承担的辅音部分不清晰，发音和语音共鸣正常。最常见于累及单侧皮质脊髓束的脑出血和脑梗死。双侧皮质延髓束损害导致咽喉部肌肉和声带的麻痹（假性球麻痹），表现为说话带鼻音、声音嘶哑和言语缓慢。由于唇、舌、齿功能受到影响，以及发音时鼻腔漏气，致使辅音发音明显不清晰，常伴有吞咽困难、饮水呛咳、咽反射亢进和强哭强笑等。

2. 基底核病变

由于唇、舌等构音器官肌张力高、震颤及声带不能张开所引起，导致说话缓慢而含糊、声调低沉、发音单调、音节颤抖样融合、言语断节及口吃样重复等。常见于帕金森病、肝豆状核变性等。

3. 小脑病变

小脑蚓部或脑干内与小脑联系的神经通路病变，导致发音和构音器官肌肉运动不协调，又称共济失调性构音障碍。表现为构音含糊、音节缓慢拖长、声音强弱不等甚至呈暴发样，言语不连贯呈吟诗样或分节样。主要见于小脑蚓部的梗死或出血、小脑变性疾病和多发性硬化等。

4. 下运动神经元损害

支配发音和构音器官的脑神经核和(或)脑神经、司呼吸肌的脊神经病变，导致受累肌肉张力过低或张力消失而出现弛缓性构音障碍，共同特点是发音费力和声音强弱不等。

六、步态

步态是指行走、站立的运动形式与姿态。通过步态检测，可以捕捉到步行运动时脚后跟、脚尖与地面接触的声音、步态时间参数、脚步声等数据。机体很多部位参与维持正常步态，故步态异常的临床表现及发病因素多种多样。一些神经系统疾病，虽然病变部位不同，但可出现相似的步态障碍。步态可分为以下几种：

（一）正常步态

步行时躯干及四肢肌肉、关节等呈现协调的步行功能运动模式。身体向前移动时，其中一侧下肢充当移动性支撑源，另一侧下肢自身向前移动并成为新的支撑点。随后两侧下肢交换彼此角色，呈现交替的地面接触模式。单侧下肢完成这些活动的一个单独序列被称为一个步态周期。每个步态周期被划分为两个阶段：支撑相(60%时相)和摆动相(40%时相)。

（二）异常步态

1. 痉挛性偏瘫步态

表现为患侧上肢通常屈曲、内收、旋前，不能自然摆动，下肢伸直、外旋，迈步时将患侧盆骨部提得较高，或腿外旋画一半圈的环形运动，脚刮擦地面。常见于脑血管病或脑外伤恢复期及后遗症期。

2. 痉挛性截瘫步态

痉挛性截瘫步态又称“剪刀样步态”，为双侧皮质脊髓束受损步态。表现为患者站立时双下肢伸直位，大腿靠近，小腿略分开，双足下垂伴有内旋。行走时两大腿强烈内收，膝关节几乎紧贴，足前半和趾底部着地，用足尖走路，交叉前进，似剪刀状。常见于脑瘫的患者。

3. 慌张步态

慌张步态表现为身体前屈，头向前探，肘、腕、膝关节屈曲，双臂略微内收于躯干前；行走时起步困难，第一步不能迅速迈出，开始行走后，步履缓慢，后速度逐渐加快，小碎步前进，双上肢自然摆臂减少，停步困难，极易跌倒；转身时以一脚为轴，挪蹭转身。慌张步态是帕金森病的典型症状之一。

4. 摇摆步态

摇摆步态又称“鸭步”，指行走时躯干部，特别是臀部左右交替摆动的一种步态。是由于躯干及臀部肌群肌力减退，行走时不能固定躯干及臀部，从而造成摆臀现象。多见于进行性肌营养不良症。

5. 跨阈步态

跨阈步态又称“鸡步”，是由于胫前肌群病变或腓总神经损害导致足尖下垂，足部不能背屈，行走时，为避免上述因素造成的足尖拖地现象，向前迈步抬腿过高，脚悬起，落脚时总是足尖先触及地面，如跨门槛样。常见于腓总神经损伤、脊髓灰质炎或进行性腓骨肌萎缩等。

6. 感觉性共济失调步态

感觉性共济失调步态是由于关节位置觉或肌肉运动觉受损引起，传入神经通路任何水平受累均可导致感觉性共济失调步态，如周围神经病变、神经根病变、脊髓后索受损、内侧丘系受损等病变。表现为肢体活动不稳，晃动，行走时姿势屈曲，仔细查看地面和双腿、寻找落脚点及外周支撑。腿部运动过大，双脚触地粗重。

七、排尿音

排尿是人类维持正常生产生活的生理现象。根据尿液流体的惯性和可流动性，监测排尿的声音可以获得每日尿量、尿流率等有效信息。

(一) 正常成人每日尿量

1 000～2 000 mL/24 h。

(二) 异常尿量

1. 尿量增多

24 h尿量超过2 500 mL，称为多尿。可见于因水摄入过多时暂时性的多尿、糖尿病等内分泌疾病和肾脏疾病等。

2. 尿量减少

成人尿量低于400 mL/24 h或17 mL/h，称为少尿；低于100 mL/24 h，则称为无尿。例如因为休克等导致肾小球滤过不足而出现的肾前性少尿、排尿功能障碍所致的肾后性少尿等。

八、其他相关医疗问题与计算机听觉

有的文献使用自相关法提取嗓音的 f_0 特征，用SVM进行分类识别，区分病态嗓音和正常嗓音，完成对嗓音疾病的早期诊断。也有采集胎音和胎动信号，获得胎音信号最强的位置，即胎儿心脏的位置，以此判断出胎儿头部位置和胎儿的体位姿态。有文献检测片剂、丸剂或胶囊暴露于肠胃系统时所产生的声波，以确定该人已经吞服了所述片剂、丸剂或胶囊。有文献使用X射线图像确定血液速度的空间分布，根据速度分布人工合成可视谱所定义的声音。该方法允许心脏病学家和神经科学者以增强的方式分析血管，对脉管病变进行估计，并对血流质量进行更好的控制。肌音信号(Mechano Myo Graphic, MMG)是人体发生动作时由于肌肉收缩所产生的声信号，蕴含了丰富的能够反映人体肢体运动状态的肌肉活动信息。文献通过肌音传感器采集人体前臂特定肌肉的声信号，基于模式分类开发相应的假肢手控制系统。肠鸣音是另一种常见的与身体健康紧密相关的声音，早期的工作指出其主要的频率成分在 3 000 Hz 以下，而基于肠鸣音的声学分析将对肠易激综合征、帕金森病、严重败血症等疾病的辅助诊断产生意义。有文献系统总结了智能肠鸣音的分析方法，可以对肠道疾病的诊断和监护提供"非侵入式"方案。

第六节　心理疾病与计算机听觉

人类的语音中包含着发声者的心理状态信息，通过对语音信号的研究，可以准确识别出发声者可能存在的心理疾病。有的文献系统地介绍了基于语音信号判断抑郁症和评估自杀倾向的现有研究，并指出语音将成为一项重要的可以客观评价抑郁症和自杀倾向的标志物，同时具有简单、廉价和方便的特点。也有文献指出，可以通过语音来辅助诊断儿童的自闭症，并进行了跨语种（英语、法语、希伯来语和瑞典语）模型训练的尝试，更有文献提出了通过构建基于语音的回归模型（支持向量回归模型）对帕金森病患者的程度进行预测。有的文献则采用一种基于注意力机制的混合深度学习模型（CNN 加递归神经网络），可以通过叙述语音对老年人的阿尔茨海默病进行早期预判。

参考文献

Qian K，Li X，Li H F，et al. Computer audition for healthcare：Opportunities and challenges[J]. *Frontiers in Digital Health*，2020，2(5)：1-4.

Schuller B W，Batliner A，Bergler C，et al. The interspeech 2020 computational paralinguistics challenge：Elderly emotion，breathing & masks[C]//Proceedings of the INTERSPEECH，ISCA，in press，2020：1-5.

Schuller B W，Schuller D M，Qian K，et al. COVID-19 and computer audition：An overview on what speech & sound analysis could contribute in the SARS-CoV-2 corona crisis[J]. *arXiv preprint arXiv*，2020：1-7.

Cummins N，Scherer S，Krajewski J，et al. A review of depression and suicide risk assessment using speech analysis[J]. *Speech Communication*，2015(71)：10-49.

Schmitt M，Marchi E，Ringeval F，et al. Towards cross-lingual automatic diagnosis of autism spectrum condition in children's voices[C]//Proceedings of the ITG Symposium on Speech Communication. Frankfurt：VDE Verlag GmbH，2016：1-5.

Schuller B W，Steidl S，Batliner A，et al. The interspeech2015 computational paralinguistics challenge：Nativeness，Parkinson's & Eating condition[C]// Proceedings of the Annual Conference of the International Speech Communication Association. Dresden：International Speech Communication Association，2015：478-482.

Chen J，Zhu J & Ye J P. An attention-based hybrid network for automatic detection of Alzheimer's disease from narrative speech[C]//Proceedings of the INTERSPEECH，ISCA，2019：4085-4089.

Pevernagie D，Aarts R M & Meyer M D. The acoustics of snoring[J]. *Sleep Medicine Reviews*，2010，14：131-144.

Qian K，Janott C，Schmitt M，et al. Can machine learning assist locating the excitation of snore sound? A review[J]. *IEEE Journal of Biomedical and Health Informatics*，accepted，in press，2020：1-14.

Dwivedi A K，Imtiaz S A & Rodriguez-Villegas E. Algorithms for automatic analysis and classification of heart sounds：A systematic review[J]. *IEEE Access*，2019，7：8316-8345.

Dong F Q，Qian K，Ren Z，et al. Machine listening for heart status monitoring：Introducing and benchmarking HSS—the Heart Sounds Shenzhen Corpus[J]. *IEEE Journal of Biomedical and Health Informatics*，2020，24(7)：2082-2092.

Dalle D，Devroede G，Thibault R，et al. Computer analysis of bowel sounds[J]. *Computers in Biology and Medicine*，1975，4：247-256.

Craine B L，Slipa M & O'Toole C J. Computerized auscultation applied to irritable bowel syndrome[J]. *Digestive Diseases and Sciences*，1999，44(9)：1887-1892.

Ozawa T，Saji E，Yajima R，et al. Reduced bowel sounds in Parkinson's disease and multiple system atrophy patients[J]. *Clinical Autonomic Research*，2011，21：181-184.

Goto J，Matsuda K，Harii N，et al. Usefulness of a real-time bowel sound analysis system in patients with severe sepsis (pilot study)[J]. *Journal of Artificial Organs*，2015，18：86-91.

Allwood G, Du X, Webberley K M, et al. Advances in acoustic signal processing techniques for enhanced bowel sound analysis[J]. *IEEE Reviews in Biomedical Engineering*, 2019,12: 240-253.

Qian K, Janott C, Pandit V, et al. Classification of the excitation location of snore sounds in the upper airway by acoustic multi-feature analysis[J]. *IEEE Transactions on Biomedical Engineering*, 2017,64(8): 1731-1741.

Qian K, Schmitt M, Janott C, et al. A bag of wavelet features for snore sound classification[J]. *Annals of Biomedical Engineering*, 2019,47(4): 1000-1011.

Wang C, Wang X D, Long Z, et al. Estimation of temporal gait parameters using a wearable microphone-sensor-based system[J]. *Sensors*,2016,16(12):2167.

陈文彬,潘祥林. 内科学[M]. 北京:人民卫生出版社,1979.

陈文彬,潘祥林. 诊断学[M]. 北京:人民卫生出版社,1979.

乐杰. 妇产科学[M]. 北京:人民卫生出版社,1980.

陆再英,钟南山. 内科学[M]. 北京:人民卫生出版社,1984.

Jacquelin P, Judith M B. 步态分析:正常和病理功能[M]. 姜淑云,主译. 上海:上海科学技术出版社,2017.

石炳毅,廖利民. 常用尿流动力学检查技术[M]. 北京:中国人口出版社,1995.

吴在德,吴肇汉. 外科学[M]. 北京:人民卫生出版社,1984.

袁少英等,编译. 心脏听诊与心音图[M]. 石家庄:河北人民出版社,1981.

曾庆馀. 骨关节炎[M]. 天津:天津科学技术出版社,1999.

张光武,主编,吴四军,等,编著. 骨折脱位扭伤救治与康复[M]. 北京:金盾出版社,2006.

作者:张宏、魏美伊(上海中医药大学附属岳阳中西医结合医院)　钱昆(北京理工大学)

第十五章
一般音频计算机听觉——AI制造

第一节 计算机听觉在铁路、船舶、航空航天和其他运输设备制造业的应用

本章以国民经济行业分类国家标准(GB/T 4754—2017)中制造业的各个领域为主线,总结了计算机听觉技术在制造业中的应用。

近年来,计算机听觉技术在制造业的数十个细分领域中开始逐步应用。例如,基于声信号的故障诊断技术被大量应用在机械工程的各个领域,逐渐成为故障诊断领域的一个研究热点。对于很多设备如发动机、螺旋桨、扬声器等,故障发生在内部,在视觉、触觉、嗅觉上经常没有明显变化,而产生的声音作为特例却通常具有明显变化,因此基于声信号的故障诊断技术可用于机械损伤检测,成为其独特的优势。此外,传统上采用的基于摄像机和传感器的方法,也不能进行早期的故障异常检测。

转辙机用于铁路道岔的转换和锁闭,其结构损伤会直接影响行车安全。在生产过程中,需要对高铁转辙机的重要零件全部进行无损检测。基于声信号进行结构损伤检测具有非接触、高效等优点。有文献基于核的主成分分析(Principal Component Analysis, PCA)提取声信号特征,用 SVM 进行结构损伤分类识别。

水泥厂输送带托辊运行工况恶劣,数量众多,又要求连续运转,并且在线检修不便。要保证输送机长期连续稳定的运行,对有故障托辊的快速发现和及时处理非常重要。为快速安全可靠地发现有故障隐患的托辊,需适时安排检修,避免托辊带病运转可能造成更高的停机维修成本及产量损失,减少工人的工作强度。瑞典的 SKF 轴承公司发明了一种托辊声音检测仪,原理是对运行中的托辊发出的声音进行辨别,从而判断托辊是否正常,并对异常声音发出报警信号。该装置具有声音遮盖技术,可以区分托辊良好运行和带故障运行所发声音的差异。即使在高噪声环境下,也能过滤周边部件的信号,准确捕捉故障托辊的信号。

第二节 计算机听觉在通用设备制造业的应用

一、发动机

发动机是飞机、船舶以及各种行走机械的核心部件,有柴油机(Diesel Engine)、汽油机(Gasoline Engine)、内燃机(Internal Combustion Engine)、燃气涡轮发动机(Gas Turbine Engines)等。发动机故障是发动机内部发生的严重问题,传统的发动机故障诊断高度依赖工程师的技术能力,有文献根据发动机的高、中、低 3 个频带的频谱特性对其进行分析,通过分析汽车噪声的强度可大致判断出汽车发动机部件的故障。但是人工判断具有很大的局限性,一些经验丰富的技术人员也会有一定的失误率,造成时间上和金钱上的严重浪费。因此,我们急需一种自动化的故障诊断(Fault Diagnosis)方法。该方法既可直接用于自动诊断,提高系统可靠性,节约维护成本,也可作为经验不足的技术人员的训练模块,而且避免了只能拆分机器安装振动传感器的传统诊断方式的麻烦。

发动机在正常工作时,其振动的声音及振动频谱是有规律的。在发生故障时,会发出各种异常响声,频谱会出现变异和失真。每一个发动机故障都有一个特定的可以区分的声音相对应,可用于进行基于声信号的故障诊断,此类研究早在 1989 年即已开始。常见的发动机故障有失速、正时链张紧器损坏、定时链条故障(Timing Chain Faults)、阀门调整(Valve-setting)、消声器泄漏(Muffler Leakage)、发动机启动问题(Engine Start Problem)、驱动带分析(Drive-belt Analysis)、发动机轴瓦故障、漏气、齿轮异常啮合、连杆大瓦异响、断缸故障、油底壳处异响、前部异响、气门挺柱异响、发动机喘振、滑动主轴承磨损故障、箱体异响、右盖异响、左盖异响等。

发动机声信号的采集通常使用麦克风/声音传感器,也有的系统使用智能手机。声音采集具有非接触式的特点,有文献利用发动机缸盖上方的声压信号对发动机进行故障诊断。还有文献采用基于频谱功率求和(Spectral Power Sum)与频谱功率跳跃(Spectral Power Hop)两种不同的聚类技术将音频流分割。使用的时频(T-F)表示连续小波变换(Continuous Wavelet Transform, CWT)、短时傅里叶变换、离散小波变换(Discrete Wavelet Transform, DWT)、希尔伯特-黄变换(Hilbert-Huang Transformation, HHT)、稀疏表示等。

使用的声信号降噪采用各种滤波,如 SVD 滤波、小波滤波、EMD 滤波。理论描述表明,发动机噪声产生机理与独立成分分析(Independent Component Analysis, ICA)模型的原理相同。用独立成分分析可以将发动机噪声信号分解成多个独立成分。有文献研究表明,小波阈值降噪效果较好。但是具有突变、不连续特性的发动机声信号会产生伪吉布斯现象,进一步改进为基于平移不变小波的阈值降噪法。有文献基于一种改进的希尔伯特-黄变换进行经验模态分解,利用端点优化对称延拓和镜像延拓联合法抑制端点效应,同时采用相关性分析法去除经验模态分解的虚假分量,用快速独立成分分析(Fast ICA)去除噪声。还有文献对低频区域的声信号使用 db8 小波的 7 层分解进行降噪,利用快速独立成分分析盲源分离法对船舶柴油机的噪声信号进行分离。

提取对应于发动机各种故障状态的音频特征是研究的难点。由于声源的数量和环境的影响,这些特征非常复杂,可能被严重破坏,使得故障检测和诊断变得困难。文献中使用的特征有基于 WPT 的能量,经验模态分解的能量,梅尔频率倒谱系数,ZCR,基频 f_0,归一化均方误差(Normalized Mean Square Error, NMSE),傅里叶变换系数,声信号伪谱(Pseudospectrum)的链式编码(Chaincode),小波频带(Wavelet Subbands)导出的统计特征,自回归系数(Autoregressive Coefficients),自回归倒谱系数(Autoregressive Cepstral Coefficients),小波熵,码激励线性预测编码(Code Excited Linear Prediction, CELP),1/3 倍频程值,基于混沌(Chaos)技术提取的时间序列动力学轨道非平稳运行特征,共振峰的位置,基于小波变换的自功率谱密度,基于频带局部能量的区间小波包特征,信号的波形指标、峰值指标、脉冲指标、裕度指标、峭度系数、偏度系数等。有文献使用奇异值分解方法确定观察矩阵中哪个特征能够最好地识别内燃机的技术状态。提取音频特征集后经常采用 PCA 法,在不损失有效信息的情况下,将原始特征向量中的冗余信息约简。

初级的故障检测可以只区分正常和异常,更高级的方法可以识别具体的故障种类。故障识别可采用模板匹配的方法。有文献收集和分析了不同类型汽车的声音样本,代表不同类型的故障,并建立了一个频谱图数据库。将测试中的故障与数据库中的故障进行比较,匹配度最高的数据库中的故障被认为是检测到的故障。使用的距离有灰色系统(Grey System)的关联度量(Relational Measure)、马氏距离(Mahalanobis Distance)、Kullback-Leiber 距离。有文献采用线性预测方法模拟发动机声音时域特征与转速(表征发动机状态)之间的关系。更多的方法是基于机器学习统计分类器,如 SVM、HMM、高斯混合模型-通用背景模型(Gaussian Mixture Model-Universal Background Model, GMM-UBM)、模糊逻辑推理(Fuzzy Logic Inference)系统、BPNN、概率神经网络(Probabilistic Neural Network, Probabilistic NN)、小波包与 BPNN 相结合的 WNN。有文献采用 DTW 进行两级故障检测。第一阶段将样本粗分为健康和故障两类,第二阶段细分故障的种类。若有其他相关证据,可利用信息融合理论对发动机故障进行综合诊断。

二、金属加工机械制造

刀具状态是保证切削加工过程顺利进行的关键,迫切需要研制准确、可靠、成本低廉的刀具磨损状态监控系统。切削声信号采集装置成本低廉,结构简单,安放位置可调整。基于它的检测技术,信号直接来源于切削区,灵敏度高、响应快,非常适用于刀具磨损监控。需要注意的是,切削声信号频率低,容易受到环境噪声、机床噪声等的干扰,获取高信噪比的刀具状态的声音是监控系统的关键。

在 1991 年,已有文献利用金属切削过程中的声音辐射检测工具的状态,即锋利、磨损、破损。以 5 kHz 为边界,低频和高频带的频谱成分作为特征,可以很容易地区分锋利的工具和磨损的工具。对于破损的情况,鉴别时需要更多的特征。

有文献首先采集刀具在不同磨损状态下的切削声信号。通过时域统计分析和频域功率谱分析,发现

时域统计特征均方值与刀具磨损状态具有明显的对应关系，与刀具磨损相关的特征频率段为 2～3 kHz。还通过实验研究了不同主轴转速、进给速率对刀具磨损状态的影响。基于小波分析，将声信号分为 8 个不同的频带，以不同 SE 占信号总能量的百分比作为识别刀具磨损状态的特征向量，用 BPNN 进行状态识别。

加工的主要目标是产生高质量的表面光洁度，但是只有在加工周期结束时才能进行测量。有文献在加工过程中对加工质量进行检测，形成一种实时、低成本、准确的检测方法，能够动态调整加工参数，保持目标表面的光洁度，并且调查了车削过程中发出的声信号与表面光洁度的关系。AISI 52100 淬火钢的实验表明，这种相关性确实存在，从声音中提取梅尔频率倒谱系数可以检测出不同的表面粗糙度水平。

有文献利用采煤机切割的声信号进行切割模式的识别。将工业麦克风安装在采煤机上，采集声信号。利用多分辨率小波包变换分解原始声音，提取每个节点的归一化能量（Normalized Energy）作为特征向量。结合果蝇和遗传优化算法（Fruitfly and Genetic Optimization Algorithm，FGOA），利用模糊 C 均值（Fuzzy C-means，FCM）和混合优化算法对信号进行聚类。通过在基本果蝇优化算法（Fruitfly Optimization Algorithm，FOA）中引入遗传比例系数，克服了传统模糊 C 均值算法耗时且对初始质心敏感的缺点。

冲压工具磨损会显著降低产品质量，其状态检测是许多制造行业的迫切需求。有文献研究了发出的声信号与钣金冲压件磨损状态的关系。原始信号和提取信号的频谱分析表明，磨损进程与发出的声音特征之间存在重要的定性关系。有文献介绍了一种金刚石压机顶锤检测与防护装置。运用声纹识别技术，提取顶锤断裂声特征参数，建立顶锤断裂声模板库。再将金刚石压机工作现场声音特征参数与顶锤断裂声模板库进行比对，相符则切断金刚石压机工作电源，实现了对其余完好顶锤的保护。

有经验的焊接工人仅凭焊接电弧声音的响度和音调特征就可以判断焊缝质量。有文献基于焊接自动化系统采集焊接声信号，可忽略噪声的影响。根据铝合金脉冲焊接声信号的特点，提取 3 164～4 335 Hz 内声信号的短时幅值平均值、幅值标准差、能量和、对数能量平均值作为特征，通过 SVM 识别铝合金脉冲熔透状态，用粒子群优化算法对 SVM 模型的参数进行优化。

三、轴承、齿轮和传动部件制造

旋转机械（轴承、齿轮等）在整个机械领域中有着举足轻重的地位，发生故障的概率又远远高于其他机械结构，因此对该类部件的状态检测与故障诊断就尤为重要。针对传统的振动传感器需要拆分机器而且不易安装的缺点，可通过在整机状态下检测特定部位的噪声来判定轴承与齿轮等是否异常。

滚动轴承是列车中极易损坏的部件，其故障会导致列车故障甚至脱轨。非接触式的轨旁声学检测系统（Trackside Acoustic Detector System，TADS）采集并分析包含圆锥或球面轴承运动信息的振动、声音等信号。由美国 Seryo 公司设计的轴承检测探伤器除了用轨道旁的声音传感器收集滚动轴承发出的声音，还包括红外线探伤器。有文献提出一种铁路车轮自动化探伤装置，研究所需探测的缺陷类型。通过传声器检测发射到空气中的声音可用于发现轮辋或辐板的裂纹，而擦伤或轮辋破损则最好由安装在钢轨上的加速度计来探测。

有文献提出两种针对列车轴承信号的分离技术。第一种通过多普勒畸变信号的伪 T-F 分布，来获取不同声源的时间中心和原始频率等参数，利用多普勒滤波器实现对不同声源信号的逐一滤波分离；第二种基于 T-F 信号融合和多普勒匹配追踪获取相关参数，再通过 T-F 滤波器组的设计运用，得到各个声源的单一信号。

使用的音频特征有梅尔频率倒谱系数、小波熵比值即峭熵比（Kurtosis Entropy Ratio，KER）和集成经验模态分解。分类器有 BPNN、SVM。有文献则采用类似单类识别的方法，识别从某一轴承中产生的任何所接收到的标准信号，如果检测出非标准频率信号，将发出警报。它能在因表面发热导致红外线探测器触发前检测出损坏的轴承。

四、包装专用设备制造

有文献公开了一种基于声信号的瓶盖密封性检测方法。声信号的产生由电磁激振装置对瓶子封盖激振产生，由麦克风采集。有文献基于声信号实现啤酒瓶密封性的快速检测。瓶盖受激发后产生受迫振动，其振动幅度和振动频率与瓶盖的密封性存在一定的关系。瓶内压力增高时，若瓶盖密封性好，其振动频率就高，振幅就小；反之，若密封性差，振动频率就比较低，振幅也比较大。

第三节　计算机听觉在电气机械和器材制造业的应用

电机是用于驱动各种机械和工业设备、家用电器的最通用装置。电机有很多种，如同步电机(Synchronous Motor)、直流电机(DC Motor)、感应电机(Induction Motor)。为保证其安全稳定运行，常常需要工作人员定期检修、维护。电机在发生故障时，维护人员通过听电机发出的声音，以人工方式判断故障的类型，耗费大量人力，而且无法保证及时检测到故障，急需自动化检测系统。基于声信号的声纹识别系统将提取的音频特征与某一类型的故障联系起来，可以识别出电机异响及各种类型的故障，如线圈破碎和定子线圈短路。

利用声音传感器可以在电机轴向位置采集电机的声信号。有文献结合经验模态分解与独立成分分析，通过经验模态的自适应分解能力，解决独立成分分析中信号源数目的限制问题；同时利用独立成分分析方法的盲源分离能力，避免经验模态分解的模态混叠现象。通常需要对音频信号进行预加重、分帧、加窗等预处理。可以使用自适应门限的音频流端点检测进行分割。

使用的T-F表示有快速傅里叶变换、小波变换及小波包变换。小波分析对信号的高频部分分辨率差，小波包分解能够对信号高频部分进行更加细化分解并能更有效地检测出发电机故障。因为人耳对相位不敏感，只需要对幅度谱分析。使用的音频特征有LPC、LPCC，根据奇异值分解得到的特征向量、梅尔频率倒谱系数，基于加权、差分的梅尔频率倒谱系数动态特征，故障信号与正常信号小波能量包的相对熵、各频带的综合小波包能量相对熵。PCA被用于进行特征维度压缩。

使用的统计分类器有线性SVM、KNN、HMM、BPNN。针对BPNN收敛速度慢的问题，有文献提出了两点改进，利用区域映射代替点映射，动态改变学习速率。考虑到电机的故障率很低，很难收集到足够多的各类故障样本，且电机异音形成过程复杂，有文献基于SVM进行单类学习(Single Class Learning)实现异音电机检测。以足够数量的正常、无异音电机样本为基础建立一个判别电机声音是否异常的判别函数，不需要异音样本，凡是检测有不符合正常电机声音特征的样本一律判定为有故障样本。有文献根据小波包能量相对熵首先确定电机是否有故障，之后通过比较大小判断故障所处的频带位置，从而确定电机为何种故障。

电力系统中的许多设备在运行或操作时会产生声音对应各种状态。高压断路器是电力系统不间断供电的关键性保护装置，断路器合闸的声信号可用于识别其运行时的机械状态。变压器是变电站中的重要设备。变压器在正常运行时，有较轻微、均匀的嗡嗡声。如果突然出现异常的声音，则表明发生故障。不同的声音对应不同的故障。电力电缆发生故障时，故障电弧会发出声音，可用于故障定位。电力开关柜的内部故障电弧在剧烈放电前的局部放电会产生电弧声音，可用于故障电弧检测与预警。航天继电器中多余物的存在会导致其可靠性下降，不同的声音对应不同的材质。

各种电力设备主要依靠人工进行故障检测，耗时耗力。电力设备运行时经常是在高电压和强电磁场等复杂环境，不利于使用接触式设备故障检测方法。有经验的技术人员可以直接凭借电气设备工作时所发出的声音来判断设备是否发生异常。近年来，基于声信号的故障诊断逐渐发展起来。采集声音数据的方法各不相同。在低压电气输电线路导线绝缘层上可以设置声音传感器，或采用麦克风阵列有效抑制周围噪声干扰并将波束对准目标信号。

声音采集过程中经常会混合干扰信号，例如人的说话声，与电气设备发出的声音的统计是独立的。有文献采用独立成分分析来分离有用的电气设备声信号。还可以利用改进的势函数法进行声源数估计，通过集成经验模态分解得到多个IMF分量，重构形成符合聚类声源数的多维信号，利用拟牛顿法优化快速独立成分分析算法提取断路器操作产生的声信号。常见的线性模型盲信号分离算法包括：基于负熵的固定点算法、信息极大化的自然梯度算法、联合近似对角化算法。将这三种算法分别对电力设备作业现场多种混合声源信号进行分离。有文献提出一种基于小波包变换分解信号、自适应滤波估计噪声与遗传算法寻优重构相结合的声信号增强算法。

根据包络特征可以比对识别断路器的状态。也可以使用 SVM 实现对断路器当前状态的识别。有文献对航天继电器中多余物颗粒碰撞噪声的声音脉冲包络进行分析，使用径向基函数神经网络（Radial Basis Function Neural Network，RBFNN）将颗粒自动分为金属、非金属两类。有文献提取 0～1 000 Hz 内的 21 个谐波作为特征，建立样本库，利用矢量量化的 LBG（Linde，Buzo & Gray）算法训练得到变压器和高抗设备的码本，与未知声音特征匹配后实现运行状态的识别。有文献用梅尔频率倒谱系数作为声信号特征，与专家故障诊断库中各种各样的故障信号进行匹配识别，根据 DTW 判断是否发生电气设备故障。

第四节　计算机听觉在纺织业的应用

细纱断头的低成本自动检测一直是纺纱企业急需解决的一个问题。有文献利用定向麦克风采集 5 个周期的钢丝圈转动产生的声信号。正常纺纱时的声信号都具有分布均匀的 5 个较高波峰，而发生纺纱断头时采集到的声信号不具有该特点。按照此标准即可判断纱线是否发生断头。

第五节　计算机听觉在黑色及有色金属冶炼和压延加工业的应用

有文献对金属和非金属粘接结构施加微力，在频域提取与粘接有关的声信号的特征用于后续模式识别。有文献撞击非晶合金产品使其产生振动，并采集发出的声信号。以声信号衰减时间的长短作为特征，判断产品的合格性，可以准确地检测出非晶合金产品内部是否存在收孔或裂纹等缺陷。

有文献采集氧化铝熟料与滚筒窑撞击所产生的声音，通过分析频谱、幅度等数据区别熟料的三种状态：正常、过烧、欠烧，进行自动质量检测。也可以采集成品熟料与滚筒窑撞击所产生的声音，经滤波、谱分析等处理后，对烧结工序中的异常状态进行判断并发出警报。

在铝电解生产过程中，电解槽内电解质和镏液循环流动、界面波动、槽内阳极气体的排出、阳极效应的出现都伴随着相应的特征声音。检测这些特征声信号并分析，能够判断铝电解槽的运行状况。针对铝锭铸造是否脱模的故障检测难题，有文献尝试利用铸模敲击声信号进行诊断分析。首先基于改进的小波包算法对敲击声音进行降噪。进行频域分析后发现，某次敲击后如果铝锭脱模，那么将与下一次敲击声音存在明显的峰值频率差。此现象可作为故障特征，进行基于阈值的检测。

角钢是铁塔加工的必备原料。若不同材质的钢材混用，将对铁塔的强度、韧性、硬度产生很大影响。在铁塔加工过程中，角钢进行冲孔时会发出一定的声音，不同材质的角钢加工时会发出不同的声音。Q235 和 Q345 是两种标准角钢材质。有文献利用传感器采集并提取单个冲孔周期的声信号，基于梅尔频率倒谱系数和 DTW 计算待测模板与 Q235 和 Q345 两种标准模板之间的距离，距离小者判定为该种角钢材质。还可以通过分析 Q235 和 Q345 两种材质角钢声信号的频谱特征，计算在特定高频频带与低频频带的能量比值，找到能区别两种材质的能量比取值范围作为特征。

第六节　计算机听觉在非金属矿物制品业的应用

热障涂层（Thermal Barrier Coatings，TBC）是一层陶瓷涂层，沉积在耐高温金属或超合金的表面，对基底材料起到隔热作用，使得用其制成的器件（如发动机涡轮叶片）能在高温下运行。热障涂层有四种典型的失效模式：表面裂纹、滑动界面裂纹、开口界面裂纹、底层变形。有文献以小波包变换特征频带的小波系数为特征，后向传播神经网络为分类器，基于声信号进行热障涂层失效检测。有文献提取冲击声的 T-F 域特征及听觉感知特征，通过模式识别研究基于冲击声的声源材料自动识别。

第七节　计算机听觉在汽车制造业的应用

汽车的 NVH(Noise, Vibmtion, Harshness)表示噪声、振动与舒适性。汽车噪声主要来自发动机，是影响汽车乘坐舒适性的重要因素。对发动机、车辆传动系等进行声品质分析及控制的研究具有重要意义。声品质的改善目标是获得容易被人接受、不令人厌烦的声音。

有文献针对 C 级车，在中国第一汽车集团公司技术中心的半消声室内采集 4 个车型、5 个匀速工况下由发动机引起的车内噪声。用等级评分法对声音样本的烦躁度打分。计算出声音样本的 7 个客观心理声学参数，对主观评价值和客观参数进行相关分析。与主观评价值相关性较大的心理声学参数是响度、尖锐度、粗糙度。还可以使用集成经验模态分解获得的 IMF 的熵作为特征，比心理声学参量效果更佳。

以心理声学参数作为声品质预测模型的输入，主观评价值作为声品质预测模型的输出，建立声品质烦躁度的预测模型。有文献训练确定 BPNN 的结构，包括输入、输出层神经元个数、隐含层数、隐含层神经元个数和传递函数。用遗传算法(Genetic Algorithm, GA)对 BPNN 的权值和阈值进行编码，采用选择、交叉和变异等操作寻求全局最优解，将遗传输出结果作为 BPNN 的初始权值和阈值，得到声品质烦躁度的 GA-BPNN 预测模型。有文献以 Morlet 小波基函数作为隐含层节点的传递函数构建 WNN，同时运用遗传算法优化 WNN 的层间权值和层内阈值，构造 GA-WNN 模型用于传动系声品质预测。

有文献研究结果表明，响度是影响人们对车辆排气噪声主观感受的最主要因素，和满意度呈负相关。使用多元线性回归(Multiple Linear Regression, MLR)与 BPNN 理论分别建立了柴油发动机噪声声品质预测模型，实验表明 BPNN 模型预测值与实测值更接近，能够更好地反映客观参数和主观满意度间的非线性关系。有文献表明，在网络训练误差目标相同的情况下，GA-BPNN 预测模型比 BPNN 预测模型的收敛速度提高了 5 倍。由于 BPNN 预测模型初始权值和阈值的随机性，导致相同样本每次的预测结果都存在较大差异。而 GA-BPNN 预测模型采用遗传算法对 BPNN 的初始权值和阈值进行优化，保证了网络的稳定性，对声音样本声品质预测结果有较高的一致性。有文献研究表明 GA-WNN 网络较 GA-BPNN 能更准确、有效地对传动系声品质进行预测。

汽车内部安静并不是唯一目标，不同的汽车需要有对其合适的声音。一个有趣的课题是研究发动机声音和客户偏好之间的关系，对汽车声音进行主观评价。研究发现，加速度和恒定速度下的声音感知明显不同，不同的车主群体也有不同的感知。

第八节　计算机听觉在农副食品加工业的应用

在鸡蛋、鸭蛋等加工过程中，从生产线上分选出破损蛋是一道重要工序。目前，在我国工业生产中主要还是依靠工人在灯光下观察蛋壳是否有裂纹，或转动互碰时听蛋壳发出的声音等方法识别和剔除破损鸡蛋。这种方法效率低下，精度差，劳动强度大，成本高。研究自动化的禽蛋破损检测方法具有重大意义。经验表明，好蛋的蛋壳发出的声音清脆，而破损蛋的蛋壳发出的声音沙哑、沉闷，这使得基于声音音色进行蛋类质量判别成为可能。

有文献以鸡蛋赤道部位的 4 个点(1、2、3、4)作为敲击位置，采集鸡蛋的声信号。有文献对鸭蛋自动连续敲击，采集鸭蛋的声信号。在实际环境中，还需要音频分离或降噪技术。有文献根据海兰褐蛋鸡声音与风机噪声的功率谱密度在 1 000～1 500 Hz 频率范围内存在的差异，从风机噪声环境中分离提取蛋鸡声音。有文献用自制的橡胶棒分别敲击鸡蛋中间、中间偏大头一点、中间偏小头一点等 3 个位置，低通滤波消除噪声干扰，每次采样 128 点数据。

已用的音频特征各不相同，有文献使用鸡蛋最大(f_{max})、最小(f_{min})2 个特征频率的差值 $\Delta f = f_{max} - f_{min}$，有文献使用敲击声信号的衰竭时间、最小 FF、4 点最大频率差，有文献使用共振峰对应的模拟量频率值、功率谱面积、高频带额外峰功率谱幅值和第 32 点前后频带功率谱面积的比值。除了常规的好、坏两种分类，还可以进一步将鸡蛋分类为正常蛋、破损蛋、钢壳蛋、尖嘴蛋等四种。已用的识别方法有的基于规则，有的以 1 000 Hz 作为裂纹鸡蛋的识别阈值，有的基于机器学习模式识别，例如贝叶斯判别，基于最大隶属度原则的模糊识别、ANN 等。

第九节 计算机听觉在机器人制造业的应用

机器人需要对周围环境的声音具有听觉感知能力。声学事件检测在技术角度也属于计算机听觉，但专用于机器人的各种应用场景。面向消费者的消费服务机器人，在室内环境中识别日常音频事件。面向灾难响应的特殊作业机器人，识别噪声环境中的某些音频事件，并执行设定的操作。面向阀厅智能巡检的工业机器人，对设备进行智能检测和状态识别。

有文献将机器人听觉的整体技术框架分为分割连续音频流，用稳定的听觉图像(Stabilized Auditory Image, SAI)对声音进行 T-F 表示、提取特征、分类识别等步骤。使用的音频特征有功率谱密度，梅尔频率倒谱系数，对数尺度频谱图的视觉显著性，小波分解的第五层细节信号的质心、方差、能量和熵，从 Gammatone 对数频谱图中提取的多频带 LBP 特征，提高对噪声的鲁棒性，更好地捕捉频谱图的纹理信息。使用的机器学习模型有 SVM、BPNN、深度学习中的 RBM。基于人与机器人的交互，建立了一个新的音频事件分类数据库，即 NTUSEC 数据库。

参考文献

李伟，李子晋，邵曦. 音频音乐与计算机的交融——音频音乐技术[M]. 上海：复旦大学出版社，2020.

李伟，李子晋，高永伟. 理解数字音乐——音乐信息检索技术综述[C]//第五届中国声音与音乐技术会议(CSMT 2017)论文集. 复旦学报(自然科学版)，2018，57(3)：271-313.

李伟，李硕. 理解数字声音——基于普通音频的计算机听觉综述[C]//第六届全国声音与音乐技术会议(CSMT 2018)论文集. 复旦学报(自然科学版)，2019，58(3)：269-313.

Camurri A, Depoli G & Rocchesso D. A taxonomy for sound and music computing[J]. *Computer Music Journal* (CMJ), 1995, 19(2): 4-5.

Dubnov S. Computer audition: An introduction and research survey[C]//ACM International Conference on Multimedia (ACM MM). New York: ACM, 2006:9-9.

作者：李伟(复旦大学)

第十六章

一般音频计算机听觉——AI水声

第一节　声音对海洋动物的影响

海洋动物是海洋的主人，不仅可以在三维海洋中翱翔，而且大多数还利用声音来维系生存，依赖于长期进化的声音适应能力，它们能够在水下相互交流、定位食物以及保护自己。譬如海洋哺乳动物鲸鱼用声音识别食物、障碍物和其他鲸鱼等物体；鱼类用声音来吸引配偶和避开捕食动物；虾也会利用声音来防御甚至攻击敌人。因此，声音对于海洋动物的群体交流、路径导航、抵御敌人和适应环境等方面都有着不可或缺的作用。

一、声音对海洋动物的重要性

听觉是所有脊椎动物的普遍感官之一。声音在水下传播的距离远大于光的传播距离。因为光在海水中的吸收或散射损失要比声音大得多，在清澈的海水中光也只能传播几百米，这限制了海洋环境中的动物远距离的观察能力，就像陆地上被雾笼罩的世界一样。因此，在水下尤其是在昏暗的水中，远距离观测的最有效方法是利用声音。

声音使海洋动物能够远距离、全方位地收集信息和进行交流。声音的速度决定了发出声音时和听到声音时之间的延迟。在水下声音的传播速度是空气中声音传播速度的5倍，而且在水下声音的传播比在空气中要远得多。因此，海洋动物比陆地动物能感知更远距离的声音，而且由于声音传播得更快，它们也会在较短的时间延迟（相同的距离）后听到声音。海洋动物具有了许多不同的声音用途。

海洋动物利用声音感知周围的环境，互相交流，定位捕食，并在水下保护自己。海洋哺乳动物如鲸鱼用声音识别食物、障碍物和其他鲸鱼等物体，通过发出咔嗒声或短脉冲声可以监听回声和探测猎物，或者在物体周围导航。这种动物感觉就像海军舰艇上的声呐系统一样，对它们的生存至关重要。海洋世界为动物的听觉提供了非常不同的环境。在水下总是存在强烈的回声，因为声音的传播没有太多的损失，而许多水下表面会反射声音。听者可能需要对许多不同的声音和混乱的回声进行辨认分类，才能收集到信息。因此，利用水下声音进行通信是很棘手的。而海洋哺乳动物的声音很可能是结构化的，它们的声音就可以在所有的回声中被识别。

声音对鱼类也很重要。它们发出各种声音，包括咕噜声、吱吱声、咔嗒声和截击声，这些声音既能吸引配偶，又能避开食肉动物。对于蟾鲶来说，发声在求偶仪式中是非常重要的。声音由雄性蟾鲶发出，以吸引雌性交配，尤其是在蟾鲶栖息的昏暗水域，可见度有限。海洋无脊椎动物也依靠声音进行交配和保护自己。虽然人们对发出声音的海洋无脊椎动物的研究还很少，但对于那些发出声音的无脊椎动物如虾和龙虾来说，声音对于抵御食肉动物是非常重要的。

总之，声音对水下生物非常重要，大多数海洋动物依靠声音来生存，并依赖它们独特的适应能力，能够在水下交流、定位食物和保护自己。据不完全研究统计，已知全世界有109科超过800多种的鱼类会发声，这有可能被严重低估。其中，超过150种是在西北大西洋被发现的。发声鱼中有一些是丰富和重要的商业鱼类，包括鳕鱼、鼓鱼、鲈鱼、石斑鱼、笛鲷、杰克鱼和鲶鱼。重要渔业生物中的一些无脊椎动物也会发出声音，包括贻贝（*Mytilus edulis*）、海胆、白虾（*Penaeus setiferus*）、多刺龙虾、美国龙虾（*Homarus americanu*），甚至可能还有鱿鱼。

二、海洋动物的发声与行为

海洋中不少动物都会发声。声音对于海洋动物在群体内进行交流和引导以及捕获猎物等方面都有着不可或缺的作用，这种声音属于水下噪声的一部分。声通信和社会行为是鲸目动物表现出的最复杂的特征之一，从个体到种群呈现多样性和变异性。每个物种都有一个独特的通信系统，其发展是为了更好地对环境要求做出反应，以便最大限度地在个体之间和与它们所居住的栖息地之间进行信息传递。因此，一个物种声学曲目的变化反映了物种的行为和沿其分布的环境异质性。

（一）海豚

海豚发出的声音有三类：信号哨音、爆破脉冲音、连续的咔嗒声。连续的咔嗒声用于回声定位系统；信号哨音的频率非常高，人类常常听不见；爆破脉冲音有粗厉的叫声、长尖叫声、咔嚓声、噼啪声、咩咩声、咆哮声、呜咽声、哼哼声，这些都是海豚最常见的声音。通常情况下，两只海豚进行交流时，既用信号哨音，也用连续的咔嗒声。对此，有一种解释认为信号哨音是用来传递信息的，而咔嗒声用于定位对方的位置。

从20世纪50年代末开始，人们就意识到海豚至少会使用超声波信号作为生物声呐（某些动物在运动时利用自身产生的声反射的制导系统）的一种形式。它们可以利用声音探测和区分不同的鱼类种类和不同的生境特征。

（二）鲸鱼

对于大型鲸鱼来说，声音主要由低频信号组成，这些信号可以沿着整个海洋盆地传播，并可用于远距离通信。座头鲸复杂的歌唱行为产生了与海豚哨音一样高的频率。座头鲸的低频声音中有一个例外：在它们复杂的交配行为中使用声音，雄性歌手应该向雌性求爱，传递重要的信息以保证它们的繁殖成功。

科学家们认为，座头鲸能够发出动物世界中最长和变化最多的声音。它们追逐捕食的声音被形容为歌声，是因为其声音具有一系列有规则的旋律。座头鲸的歌曲有3～9个旋律，能够演唱8～15 min，有的歌曲甚至可以持续半个小时。座头鲸可以反复唱歌几个小时，因为必须浮出水面呼吸，所以只有这一刻钟才会短暂休息。因为共同旋律的歌曲经常会变化，所以在交配季节前常有“新歌曲”出现，并且成为该季节的首选曲目。

座头鲸唱歌的主要目的，是为了控制雌性座头鲸和其他雄性座头鲸行为。为此目的，歌曲仅需要传递唱歌者的特征。雌性座头鲸听到雄性座头鲸的歌曲后，就能够根据音高和歌唱的能力估算其体积。雄性座头鲸的歌曲包括低频率和高频率，声音从高到低循环反复，并且有声音能量的变化。低频率的歌曲是针对其他雄性座头鲸，可能是警告声，而高频率歌曲则是针对雌性座头鲸，是为了吸引异性。频率的幅度和高低会反映唱歌的座头鲸的“风格”，当然包含了其身份特征。雌性座头鲸极可能可以识别某个雄性座头鲸的歌曲，并且会连续多年选择同一个雄性座头鲸作为配偶。

尽管座头鲸歌曲的交配目的显而易见，雄性座头鲸也能对相互之间的歌曲做出不同的反应。另外歌曲也能够让座头鲸判断相互的距离以避免碰撞。座头鲸歌曲中的音质能够体现歌唱者的身份特征，所以，雄性座头鲸通过聆听相互之间的歌曲，就能够对对方的力量和支配性等特征做出估计。当雄性座头鲸最终发现了雌性座头鲸并且被雌性座头鲸所接受，它就会尽力保护雌性座头鲸，而且不让其他雄性座头鲸靠近。假如其他雄性座头鲸发现这位成功的雄性座头鲸年龄更长，体积更大，更具有支配性，它们就会知趣地离开。有时，体积小的座头鲸会组成联盟，将雌性座头鲸从更强壮的雄性座头鲸那里抢走。

（三）枪虾

海洋无脊椎动物的声传播研究没有其他海洋动物研究得那么深入。然而，一些海洋无脊椎动物被发现因为防御和求爱的目的而发出声音。虽然海洋无脊椎动物通常听不到脊椎动物一样的声音，但人们认为它们能够感知声音并产生相关的振动和流动。一些能在空气中产生声音的海洋无脊椎动物有专门的感觉器官，可以监测空气中的声压变化。已有的研究表明，海洋中的无脊椎动物可以监测粒子运动，通过其外部感觉毛和内部平衡囊对声音进行监测。另外，海洋无脊椎动物在摄食时发出尖声鸣叫的声音，是由摄食时使用的附属器官或嘴部运动发出的。在摄食过程中产生的声音可能会被其他海洋生物探测到，提醒它们附近食物的存在。

大多数海洋甲壳类动物（如龙虾、螃蟹和枪虾）覆盖着大量的感觉毛。与加速度、水动力流动和声音变化相关的水或底物传播的振动可能刺激这些感觉毛，从而帮助动物感知附近其他生物的运动。枪虾以一种非常有趣和独特的方式产生声音。在其扩大的爪闭合或螯合时，形成一个空泡，产生响亮的爆裂声。空泡的力量很强大，可以眩晕或杀死猎物。同样，空泡也可以被用于抵挡掠食者。

在许多具有重要生态和经济价值的沿海栖息地，枪虾所产生的声音往往被认为是声学环境的一个关键组成部分，但人们对枪虾的生态和声学行为了解甚少，所以要努力了解动物行为的生物声学(Bioacoustics)以及海洋声景中相关的变化，因此国外学者对河口枪虾的声学行为做了一系列的研究。

第二节　声景与水下声景的特点

海洋可以算是一个声音的世界，这其中不仅有环境噪声，还有海洋动物发出的声音，这些声音会形成一个独特的水下声景。水下声景取决于当地的环境和生物群，而且在空间和时间上也各不相同。如今可以利用被动声学记录器倾听水下声景，并使用这种无伤害的不受人为干扰的方法研究水下声景是如何产生的以及海洋动物是如何对其做出反应的（声学行为），从而最终了解海洋生态环境的变化。

一、声景的概念

声景来源于声音（Sound）和景观（Landscape）两个词语，最早由芬兰地理学家格兰西（Grance）于1929年提出，并由加拿大作曲家谢菲（Schafer）于20世纪60年代开始真正意义上发展了声景的理论与实践。随着声环境污染的加剧，各国也随之掀起了一波声景保护热潮，近20年来声景研究得到了迅速的发展。不同学者也尝试对声景进行界定：有人认为它是一种能被个人与社会识别的声音；有人认为它是一种体现地区、人文和文化遗产特点的声音；有人认为它是一种能被个人与社会感知和交互的声音；有人认为它是一种来源于地理景观的结构和功能的复合声源；有人认为它是一种能使人产生喜好偏好的声音；有人认为它是一种在地理上分布且能被感知的声音。综上，我们可以认为声景是一种具有地域性、历史性和语义性特征并能使人产生心理感受的声音。所以，我们在任何时候任何地方能够识别的声音都可以称为声景，并且它与声环境存在着一定的区别，一直影响着我们的生活和身心感受。原声环境指的是一个特定区域内所有原声资源的组合，包括自然声音和人类引起的声音以及环境被改变的声音，也包括地质震动过程的声音、生物活动的声音，甚至人听不到的声音，例如蝙蝠回声定位的叫声等。声景由原声环境组成，是能被人类感知和理解的。声景的特点和质量会影响这个区域人们的感知能力，它可以提供一种与其他地方不同的感觉。

声景所包含的一些基本概念：

① 声音基调。这是一个音乐术语，是识别一个音乐作品的关键声音。基调的声音并不总是能被听到，但它们“勾勒出了生活在那里的人的性格”。它们是由自然（地理和气候）创造的，例如：风、水、森林、平原、鸟类、昆虫、动物等。在许多城市，交通的声音已成为它们的基调；在西湾海洋保护区牡蛎礁栖息地，枪虾的声音也已成为它的基调。

② 信号声音。信号声音是突出的声音，是容易听到的声音。例如听到的警报声、钟声、口哨声、喇叭声等。

③ 标志声音。一个标志声音代表着一个地区特有的声音。因此谢菲曾写道，“一旦标志声音被确定，那么这个声音就应该被保护，因为它是这个地区特有的声音”。

声景有高保真和低保真的分别，无论是高保真的声景还是低保真的声景都可以创造声音环境。高保真声景具有好的信噪比，这些高保真声景可以使离散的声音能清楚地被听到，因为没有背景噪声，即使有干扰也是很小。乡村声景比城市声景有更高的高保真率，因为自然景观使得可以听到附近和远处范围内声音的机会。在一个低保真的声景中，一个声音信号往往被大多数其他的声音信号所掩盖，最终在广泛的噪声中失去这个声音信号。低保真声景里的声音都很紧凑，一个人只能听到最直接的声音。在大多数情况下，即使普通的声音都需要主动放大才能被听到。

在自然界中所有的声音都是独一无二的，在同一地方同一时间发出的声音是不能复制的。可以说，自然界中不可能以相同的方式发出两次完全相同的声音元素。

二、水下声景特点

大量有关海洋动力学和人类活动的信息，只需听一听周围的声场就可以获得。这种声学景观或者声景是多个声源的总和，所有这些声源都到达接收动物或声音记录器的位置。在声学记录器上测量的声音具有典型的物理参数特性，如声压级、加权声级、粗糙度和峰度。声音对海洋生物的感知取决于每个声源的相对贡献、源方向、在环境中的传播、行为语境、听者的听觉能力以及具有相似声音的听者的经历。

（一）水下声景构成及其相互关系

水下声景是动态的，它们在时间和空间上以及在栖息地内部和栖息地之间都是不同的。声音在水下传播如此之远，因此声景不仅受到当地条件的影响，而且还受到比空气中远得多的声源的影响。水下声景由人类活动（例如航运、渔船、地震气枪探测）、自然非生物或地球物理过程（例如风、雨、冰）和生物来源的声学贡献（例如动物活动产生的声音和海洋哺乳动物、鱼类与无脊椎动物产生的声音）所构成。在图 16-1 中，单箭头显示声景受人为因素和非生物因素的影响，而双箭头表明声景不仅受生物声景的影响，而且会影响生物声景的成分，因此水下声景不仅仅是测量和量化环境的物理参数。声景依赖于听者，并且有一个反馈循环，其中声景的变化有可能影响声学行为和生物因素，从而影响生态系统的行为生态学并最终改变声景。

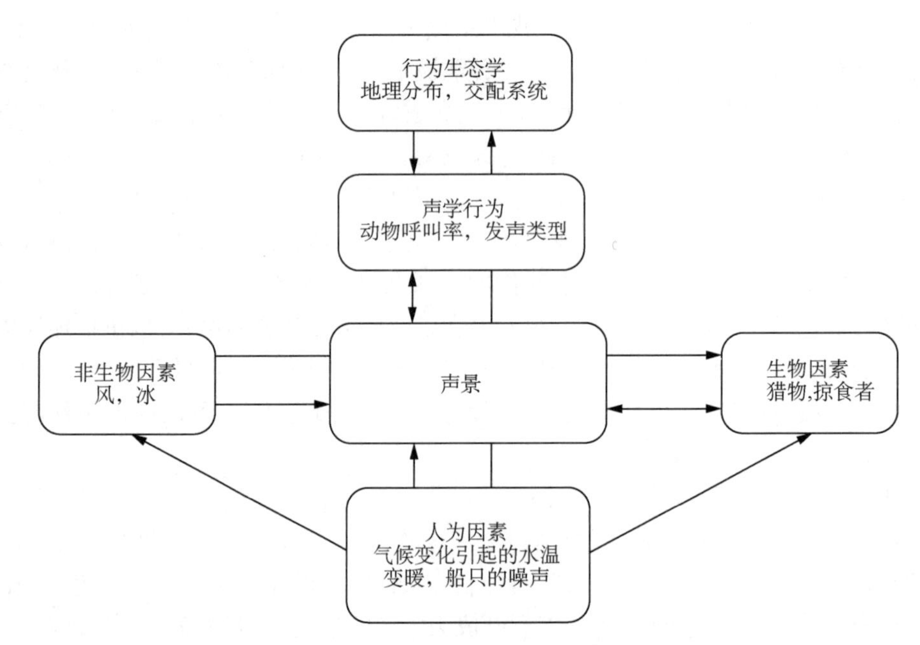

图 16-1　生态声学背景下的声景

（二）声景分析

声景分析是对现场数据流或接收的压力信号的记录进行分析。这些信号来自部署在海底或漂浮于水体中的被动声学记录器。这些记录使我们能够观察海洋栖息地，而不受人类存在或取样偏差的干扰。所有海洋声音的录音带宽都很宽（150 kHz 或更多），持续时间为数月至数年，通常是在多个地点收集。这些数据集被称为五维数据集，因为它们具有时间、频率、振幅、纬度和经度五个维度。声景分析的目的是从录音中提取信息，以确定存在哪些源、源振幅大小、源如何相互作用以及环境中的动物如何感知和响应声音。近年来，一些研究小组已经开始制作定向声景录音，通过添加到达方向将数据增加到六个维度。深水中的定向压力传感器也提供了测量粒子运动的潜力。不幸的是，这一方法没有扩展到精确测量海面附近、海底或浅水中的粒子运动，因为它与这些区域的压力不成线性关系。粒子运动与压力相反，是大多数鱼类和海洋无脊椎动物感觉到的声音的组成部分。它的测量和感知是一个需要深入研究的课题。

（三）水下声景的利用

在过去的 10 年里，收集和分析被动声监测数据的成本一直在稳步下降，导致越来越多的研究探索动物如何利用环境声景中的信息进行交流、定位和导航。使用环境或反射的声音（相对于特定的通信信号）作为指示移动或确定适当生境的线索的概念最近被确定为一个新的研究领域，称为声景定向。这一概念也包含在科学文献中更广泛的声景生态学领域。据推测，大型须鲸使用周围的声学信号或声学地标指导它们的迁徙。类似，有人提出声景提示可以在水中提供冰封信息，这是开放水和固体冰条件之间的一个显著的声学梯度，通过这种梯度，海豹可以定向寻找到保持呼吸的开放水通道。

实验室和实地研究表明，无脊椎动物和鱼类都使用声景线索定位或定位适当的栖息生境。斯坦利(Stanley)等人测量了几种螃蟹幼虫引起沉降和变形所需的声强水平，辛普森(Simpson)等人表明珊瑚礁鱼似乎对礁声景观的高频成分(>570 Hz)反应更强烈。与低多样性生境相比，生物多样性更大的生境往往与更丰富的声景联系在一起，这本身可能是水和空气中动物定向的重要线索。

长期声景分析的一个例子是过去 50 年对美国西海岸外水下低频声音的调查。使用解密的美国海军录音和科学数据集，低频声音(10～200 Hz)的稳步增长已被记录，主要是由于商业航运的增加。到 20 世纪 80 年代为止，声音水平一直以大约 0.55 dB/年的速度增长，然后减缓到 0.2 dB/年。这一地区的最新测量表明，尽管船只数量和大小有所增加，但自 20 世纪 90 年代末以来，声音水平有所下降。

蓝鲸、长须鲸、大须鲸、布氏鲸、露脊鲸和座头鲸都在 10～200 Hz 的频段内交流；海浪撞击岸上的次声(海洋动物可能用于定向)也在这个频段。了解海洋生物是如何使用这个频段，以及人类在同一频段内所做的贡献，是许多声景研究的主题。仅用船运的增加并不能完全解释观测到的从 1965～2003 年在 20～40 Hz 波段 10～12 dB 增加的原因。石油和天然气勘探与开发以及可再生能源的开发活动也增加了这一波段的总声级。由于鲸鱼数量的恢复和 Lombard 效应，生物性声音水平也有可能增加，这是为了补偿更高的噪声水平而增加的呼叫幅度。Lombard 效应已经在人类和许多动物群体中得到了证实，并可能导致低频水平的上升，因为动物的声音会在噪声上方发出更大的声音。

气候变化正在增加进入海洋的冰川冰的数量。当冰川崩解时，它们会产生低频率的噪声，产生较强的声源能级，从而导致区域长期的噪声干扰变化。即使对于低频率的长距离传播，声景的区域范围也受到长期声级增加差异的影响。虽然有研究报道北太平洋环境噪声水平显著增加，但目前在印度洋、南大西洋和赤道太平洋区域的研究并未观测到海洋声音水平的统一增加。对于整个全球声景知之甚少，这是海洋勘探的一个活跃领域。理论研究和观察表明，人类产生的噪声接近可能对海洋生物产生负面影响的水平。

水下声景的聆听有助于我们理解海洋物理和海洋生物群落如何对动态变化海洋的响应。现在我们可以通过倾听水下声音，并使用被动声学来评估海洋生物多样性、动物密度、生态系统的状况和健康。声音和生物体之间的关系已经成为生态学研究者感兴趣的问题，完全有理由创建一个独特的生态学研究分支：声景生态学。

第三节　新兴的声景生态学

被动声学监测(声景)数据可以有选择地分解，以便更好地了解形成声学环境的时间、空间和声谱模式的来源。关于水下声景的文献中有各种各样的声学测量和表现形式，与每一项研究的焦点有关。例如，对声景模式和趋势的研究往往采用声压级和声级超限百分数，而对生态系统生物多样性的研究则从代表某一地区发声物种数量的声景中得出声多样性指数。米克西斯-奥兹(Miksis-Olds)利用声景分析作为一种手段，以便更好地了解海冰存在和月球周期等环境参数对当地声学过程的影响，另外还可以应用于评估珊瑚礁的生境质量和健康状况，测量生物多样性，从而更好地了解人类对声景与海洋生物的贡献、影响和风险。

一、生态声学

经验证据表明：生物和非生物声音可能在动物种群聚集、群落组成和一般环境动力学具有相关的作用。声音也可以被视为检测和解释生态过程变化的适当材料，如气候变化下生态系统复原力的变化或人类入侵脆弱系统的干扰机制。继这些发展之后，在法国巴黎组织了一次会议(“生态声学：生态学和声学，从群落到景观的新兴特性”，2014 年 6 月 16 日～18 日)，首次从理论、方法和应用角度讨论了环境声音的作用。与会者达成了一个共识，创造一个独立的研究领域，并命名为生态声学。

生态声学被定义为一门理论和应用学科，它沿着广泛的空间和时间尺度研究声音，以解决生物多样性和其他生态问题。利用声音作为材料来推断生态信息,使生态声学能够调查种群、群落和景观的生态问题(图16-2)。

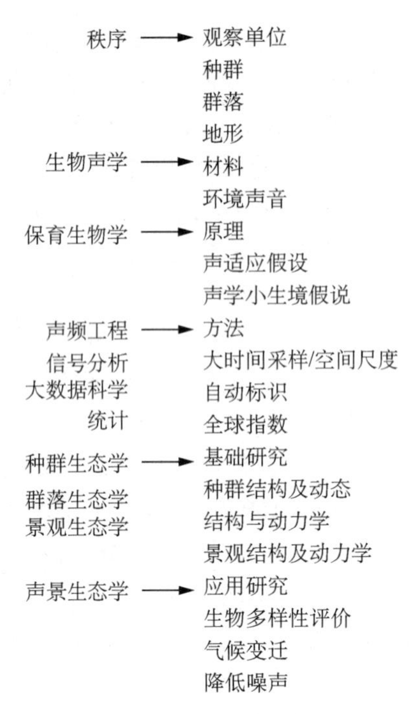

图16-2　生态声学的学科、概念和范围

图16-2中左边显示了不同的学科,这些学科超出了按生态声学分类的几个概念和范围。例如,生态学建议在种群、群落和景观尺度上观察声音,而不是在个体或物种尺度上观察声音。

生态声学最显著的特征之一是在很大观测范围内进行取样,目标是大规模的生态组织,如种群、群落或景观。使用声音的主要优点是可以用相当便宜的传感器远程和自主地记录声音,成本仅需要几百欧元或美元,这取决于使用空气或水中的声音设备的数字化质量等。这些传感器单元可以被同步,大量部署到高达数平方千米的大区域,并被精确地调度以确保适当的采样。生态声学也包含在较长时间内记录单个种群的研究,或者在相对短的时间内使用密集的空间采样,也可以包含在生态声学中。生态声学能够研究多种类型的介质,包括空气、海洋和淡水、土壤和植被,并且可以在原始环境和人类改良的生态系统中运行。进行大规模的研究需要开发处理大量数据的自动化系统,因此,生态声学与生态信息学密切相关,必须面对主要的"大数据"的科学挑战。

由于进行了大量的生态尺度调查,生态声学包含生态学中很少见到的声谱研究。生态声学在生物多样性评估、生境评估、种群生态学、群落生态学、景观生态学和保护生物学等方面都能完成多项任务,如表16-1所示。这些任务从检测感兴趣的单个物种到分析声景特性,都是为了更好地了解生态模式和过程。

表16-1　生态声学的主要任务由相关学科组成

学科和任务	参　考
生物多样性评估	
关注物种的出现检测	Bardeli et al. (2010)
物种数量的估计	Towsey et al. (2014b)
动物声学多样性变化的时间和空间估计	Rodriguez et al. (2014)
栖息地评估	
通过栖息声学特征进行生境监测	Bormpoudakis et al. (2013)

（续表）

学科和任务	参　考
评估生境质量的变化	Piercy et al. (2014)
按动物种类对生境选择的评估	Figueira et al. (2015)
迁徙动物的声景定位分析	Slabbeborn & Bouton et al. (2008)
种群生态学	
种群分布的估计，包括洄游模式	Risch et al. (2014)
种群密度估计	Lucas et al. (2015)
总体生存能力估计	Laiolo et al. (2008)
估计的种群结构	Laiolo & Tella et al. (2006)
对全球变化影响的估计	Llusia et al. (2013)
物种入侵动力学分析	Both & Grant et al. (2012)
群落生态学	
群落声学组成和动态描述	Sueur et al. (2008)
群落发声多样性评估	Gasc et al. (2013)
群落内划分假设的检验	Ruppe et al. (2015)
破译群落内部声波的相互作用	Tobias et al. (2014)
景观生态学	
景观分析中的生态声学理论与方法	Mazaris et al. (2009)
景观与声学之间的相互作用	Farina et al. (2010)
通过声学分析景观特性	Tucker et al. (2014)
通过声学发展景观规划	Brown & Mular et al. (2014)
沿景观梯度的声景变化估计	Joo et al. (2011)
保护生物学	
估计环境中噪声的相对重要性	Barber et al. (2011)
估计噪声对声学群落的影响	Pieretti & Farina et al. (2013)
透过声学评估提出保育计划的建议	Laiolo et al. (2010)
估计噪声对种群的影响	Azzellino et al. (2011)
声学社区和声景存档	Kasten et al. (2012)

表 16-1 中仅给出了单个关键引用例子，并不是相关处理主题的唯一参考。

更具体地说，在种群水平上，生态声学可以用于估计种群密度、种群内部结构、种群生存力、空间和时间上的种群分布以及全球变化的影响。生态声学也可以被用于监测入侵物种种群的动态。在侧重于群落时，生态声学方法旨在描述群落的声学组成、其成员对声学空间的潜在划分、一个或几个群落的空间和时间的变化以及一个群落内物种之间的声学相互作用。新兴的声学环境或声景可以用来研究景观的结构，如斑块镶嵌结构（边缘的大小和形状）的空间格局的影响，土地镶嵌的蔓延性、隔离效应和土地利用的影响（例如，砍伐森林、砍伐树木和自然火灾等）。

生态声学在生物多样性评估中发挥着核心作用，它能检测出潜在的感兴趣物种，并估计物种声学多样性随时间和空间的变化。通过提取声波标记图来评价物种的生境选择和生境质量的变化。生态声学还旨在评估人为噪声在塑造物种声音多样性方面的重要性。

虽然生态声学依靠自动录音机，但它还不是真正的遥控领域。下一代传感器必须能够通过无线连接发送数据，不管是原始的还是解释的。声学项目的自动识别必须达到更高水平的精度，而全球声学指数则需要更好地抵抗不必要的外部因素。如果生态声学领域计划提供智能手机或其他用于公民科学项目的手持设备的应用程序，这些改进是必不可少的。

二、生态声学与声景生态学

生态声学涵盖了所有的生态组织层面，包括自然声景生态学，这是专门研究景观中出现的声音的研究领域。生态声学可以看作声景生态学可以覆盖的一种伞形学科。

有科学家认为，生物声学对声景至关重要，其多样性对生态多样性有着重要的贡献。生物声学是一个跨学科的领域，它与声景生态学技术有关，因为它与行为学、生理学、生物物理学和生态学有关，致力于了解动物的声音产生和接收机制，以及动物如何通过声音进行交流。生态声学与生物声学密切相关，但不同之处在于生态声学认为声音是生态过程的一个组成部分和指示器，而生物声学是一门动物行为学科，主要研究声音作为传递信息的信号。

生物声学和生态声学是迅速发展的学科，以研究和监测生态系统的声景组成。这是一个世界性的新兴研究领域，旨在监测并对比可能由于当地人类活动和全球环境变化（气候变化和化学污染）而导致的栖息地减少和退化对生物多样性的影响。声学环境又称声景，已被公认为是生态系统的一个重要组成部分，因此当人类活动改变时，需要对其进行研究、监测、保护甚至恢复。在这种情况下，声音具有为科学、环境保护和教育服务的潜力。生态声学作为一门生物声学与生态学的交叉学科，在广泛的研究尺度上研究自然和人为的声音及其与环境的关系，包括空间、时间，也包括种群、群落和景观。生态声学在所有类型的陆地和水生（淡水和海洋）生态系统中运作，扩大了声学和生物声学的范围。声音既是生态研究的主题，也是生态研究的工具。作为研究对象，为了了解声音在环境压力下的演化、功能和特性，对声音进行了研究。作为工具，声音被用来研究和监测动物的多样性、丰度、行为、动态和分布，以及它们与生态系统的关系。

第四节　计算机听觉在水声领域的应用范例

计算机听觉在江河海洋领域主要用于水声目标识别、船舶定位、安全监控、生物及环境保护、智能养殖等。近年来国内外开始有了一些科研尝试，但仍处于发展的初级阶段。2019年国外声学领域的科学家提出了AI声学的概念，可视为基本等同于计算机听觉。

利用被动声呐（Passive Sonar），如安装在海床上的单水听器来检测船舶和自主水下航行器（Autonomous Underwater Vehicles）的活动，是对海洋保护区和受限水域进行远程监测的一种有效方法。传统方法利用水声数据的倒谱分析来测量直接路径到达和第一次多径到达之间的时间延迟，从而估计声源的实时范围。水下声道的环境不确定性常常是声场（Acoustic Field）预测误差的主要来源。

近年来，基于AI测量船舶距离的方法开始发展起来。有文献基于数据增强进行模型训练。在不同信噪比情况下，运用倒谱数据的CNN能够比传统的被动声呐测距方法更远地检测出船只，并估算船只所在的范围。有文献在圣巴巴拉海峡进行深水（600 m）船只距离估计实验。将观测船的采集数据作为前馈神经网络（Feed-forward Neural Network，FNN）和SVM分类器的训练和测试数据。分类器表现良好，检测范围达到10 km，远超传统匹配场处理的约4 km的检测范围。

计算机听觉技术同样在水声目标识别领域得到应用。有文献在浅水环境中记录了25个包括干扰的声源信号。每个声源使用单独的类，基于子空间学习法（Subspace Learning）和自组织特征映射（Self-organizing Feature Maps，SOFM）进行分类。使用机器学习方法需要注意过拟合问题。该文献测试时使用训练中出现的信号样本，准确率可以达到80%～90%；若使用来自相同声源的全新记录样本，准确率则下降为40%～50%。有文献采用基于核函数的SVM模型，在二类(Binary-class)和多类(Multi-class)分类的情况下，准确率均超过线性分类器(Linear Classifiers)。有文献基于无线声音传感器网络(Wireless Sound Sensor Networks，WSSN)搜集数据，结合梅尔频率倒谱系数和DTW实现一个海上无人值守侦察系统，对进入侦察区域的目标进行外形轮廓和声音的识别。由于海上船只、海面飞行物、海鸟以及海洋背景声音的复杂性，只能对进入侦察海域的声音进行初步感知。

生态环境声音在自动物种识别(Species Recognition)与保护监控，以及对相关环境、进化、生物多样性、气候变化、个体交流等的理解分析上都有重要应用。文献中根据声音研究分析的水体动物已有很多种，如海豹、海豚、鱼类等。动物发出的各种声音具有不同的声学特点，可以作为交流的手段。例如，沙虾虎鱼发出的声音由一系列脉冲组成，以每秒23～29次的速度重复；单脉冲的频谱为20～500 Hz，峰值在100 Hz左右；绝对声压水平在1～3 cm范围内为118～138 dB。雄性石首鱼集体的声音甚至可以掩盖捕鱼船引擎的噪声。有文献采用海豹叫声的持续时间作为特征反映海豹之间的个体差异。有文献使用水声传感器采集鱼群摄食时的声音，分析其与摄食量的关系，给出摄食时间、摄食量的估计，对于渔业养殖有重要意义。

以色列科学家发现一种检测水污染的新方法——听水生植物发出的声音。用一束激光照射浮在水面的藻类植物，根据藻类反射的声波，分析出水中的污染物类型以及水受污染的程度。激光能刺激藻类吸收热量完成光合作用，在这一过程中，一部分热量会被反射到水中，形成声波。健康状况不同的藻类的光合作用能力不同，反射出的热量形成的声波强度也不一样。

在水利管理业，钱塘江潮涌高且迅猛，伤人事故频发。为提高潮涌实时监测与预报水平，有文献提出一种基于音频能量幅值技术的潮涌识别方法，通过采集沿江各危险点潮涌来临前后的声音，经滤波后进行快速傅里叶变换幅频特性分析，提取潮涌音频能量幅值特征值自动识别，进行潮涌实时监测与预报。

参考文献

Au W W L & Lammers M O. Listening in the Ocean[M]. New York: Springer-Verlag, 2016.

Berk I M. Sound production by white shrimp (Penaeus setiferus), analysis of another crustacean-like sound from the Gulf of Mexico, and applications for passive sonar in the shrimp industry[J]. *Journal of Shellfish Research*, 1998, 17: 1497-1500.

Bormpoudakis D, Sueur J & Pantis J D. Spatial heterogeneity of ambient sound at the habitat type level: Ecological implications and applications[J]. *Landscape Ecology*, 2013, 28: 495-506.

Fish J F. Sound production in the American lobster Homarus americanus[J]. *Crustaceana*, 1996, 11: 105.

Fish M P. Biological sources of sustained ambient sea noise[M]//Tavolga W N. Marine Bioacoustics. New York: Pergamon Press, 1964.

Fish M P & Mowbray W H. Sounds of Western North Atlantic Fishes[M]. Baltimore: Johns Hopkins Press, 1970.

Harris S A, SearsN T & Radford C A. Ecoacoustic indices as proxies for biodiversity on temperate reefs[J]. *Methods in Ecology and Evolution*, 2016, 7, 713-724.

Hawkins A D & Popper A N. A sound approach to assessing the impact of underwater noise on marine fishes and invertebrates[J]. *ICES Journal of Marine Science*, 2017, 74, 635-651.

Henninger H P & Watson W H III. Mechanisms underlying the production of carapace vibrations and associated waterborne sounds in the American lobster, *Homarus americanus*[J]. *The Journal of Experimental Biology*, 2005, 208: 3421-3429.

Iversen R T B, Perkins P J & Dionne R D. An indication of underwater sound production by squid[J]. *Nature*, 1963, 199 (4890): 250-251.

Miksis-Olds J L, Martin B, Tyack P L. Exploring the ocean through soundscapes[J]. *Acoustics Today*, 2018, 14(1): 26-34.

Sueur J & Farina A. Ecoacoustics: The ecological investigation and interpretation of environmental sound[J]. *Biosemiotics*, 2015, 8: 493-502.

Kaatz I M. Multiple sound producing mechanisms in teleost fishes and hypotheses regarding their behavioural significance[J]. *Bioacoustics*, 2002, 12: 230-233.

Mann D A. Remote sensing of fish using passive acoustic monitoring[J]. *Acoustics Today*, 2012,8(3):8-15.

McWlliam I N & Hawkins A D. A comparison of inshore marine soundscapes[J]. *Journal of Experimental Marine Biology and Ecology*,2013, 446:166-176.

Miksis-Olds J L, Stabeno P J, Napp J M, et al. Ecosystem response to a temporary sea ice retreat in the Bering Sea[J]. *Progress in Oceanography*, 2013,111:38-51.

Moulton J M. Sound production in the spiny lobster Panulirus argus (Latreille)[J]. *Biological Bulletin*,1957, 113: 286-295.

Parks S E, Miksis-Old J L& Denes S L. Assessing marine ecosystem acoustic diversity across ocean basins[J]. *Ecological Informatics*, 2014,21:81-88.

Patek S N. Squeaking with a sliding joint: Mechanisms and motor control of sound production in palinurid lobsters[J]. *Journal of Experimental Biology*,2002, 205: 2375-2385.

Staaterman E, Paris C B, DeFerrari H A, et al. Celestial patterns in marine soundscapes[J]. *Marine Ecology Progress Series*, 2014,508:17-32.

Van Opzeeland I C & Miksis-Olds J L. Acoustic ecology of pinnipeds in polar habitats[M]//Eder D L. Aquatic Animals: Biology,Habitats,and Threats. New York:Nova Science Publishers,Inc. ,2012.

李伟,李子晋,高永伟.理解数字音乐——音乐信息检索技术综述[C]//第五届全国声音与音乐技术会议(CSMT 2017)论文集.复旦学报(自然科学版),2018,57(3):271-313.

李伟,李硕.理解数字声音——基于普通音频的计算机听觉综述[C]//第六届全国声音与音乐技术会议(CSMT 2018)论文集.复旦学报(自然科学版),2019,58(3):269-313.

作者:曹正良(上海海洋大学) 李伟(复旦大学)

第十七章
一般音频计算机听觉——AI生物

第一节　生 物 声 学

一、生物声学简介

由于对动物自然栖息地的占用和污染，人类活动对生态系统造成了很大的负面影响。环境监测已经成为生态环境健康评价的重要研究机制。声音作为一种自然界的天然特征，也可以用于测量环境变化，如降水强度和大气湍流等。动物生物声学通常简称为生物声学，是对非人类动物声音的研究，包括叫声交流、发声机制、听觉解剖及功能、声呐、声学跟踪，以及人为噪声和环境噪声对动物的影响等。生物声学监测在帮助生态学家进行动物调查方面有巨大的指示作用。通过声音分析，生态学家可以确定：

① 物种多样性和充裕度。

② 物种行为特性研究。

③ 栖息地干扰程度。

④ 生态环境健康测量。

二、生物声学监测及分析

早期的生物声学监测采用人工监测，然而随着监测时空的扩展，人工监测日趋无力，因此生态学研究人员越来越多地寻求计算机科学技术的辅助。借助于传感器网络的构建，极大地扩展了可监测的时空范围。在海洋和陆地环境监测中，声学传感器已经发挥了巨大的作用。然而，也正由于声学传感器能够长时间且大范围地采集数据，大量的声学数据被采集。同时，这些数据来自真实世界，具有真实世界的噪声环境包括风声雨声，人类活动所造成的声音如交通声和飞机声，又或者是来自非目标物种的声音，等等。这一低信噪比的音频特性使得发出叫声的物种的自动检测与识别任务变得极具复杂性及挑战性。

数据分析有人工分析、自动分析及半自动分析三种方式。人工分析对于观察高度可变叫声的单物种鉴定、行为分析和物种普查是有效的。熟练的手动分析提供了对声学数据精准全面的审查。然而，要手动分析大量的长时间录音是不可能的，此外，这些审查任务要识别许多物种的叫声，需要具有丰富经验的专业人员进行操作。为了解决这些问题，需要进行自动化物种分析。

自动分析有很多优势，例如覆盖范围广，简化生态学家的分析工作，人类语音识别研究技术的借鉴，执行物种识别、定位和行为分析，探索发现其他有趣的声音（如天气、人为干扰等），降低设备成本等。然而，使用自动化工具分析物种间关系和多样性的难度要大得多。关键障碍包括噪声、不精确性、预处理、陆地声学生态监测系统的有限研究、大量数据及处理、时间、物种、地区、距离、环境和设备的变化等。

基于机器学习模式识别的全自动分析在实践中需要大量的数据进行训练及测试，同时由于动物叫声结构的多样性及真实世界声音文件的噪声定义的宽泛性，导致一般普适性自动物种识别算法精确度不高，因此需要半自动分析算法。在半自动分析中，人的因素被加入，进行真值文件的标注、参数的经验值设定、结果的验证。同时，生物地理条件的指标比如温度、湿度、经度、纬度、季节、时间等因素也作为特征被引入识别模型以提升自动物种识别算法的精度。

到目前为止，已经有一些工作构建了自动化声学事件分析系统，这些系统的目的是在大的空间和时间尺度上自动获取录音。依据生态学家的要求，开发自动化工具来分析声学数据，主要的研究集中在物种识别上。在识别结果的基础上，生态学家运用其专业知识和经验给出生态学的意义。例如他们可以确定物种的存在/消失、动物行为分析和环境鉴定（人工/自然、城市/乡村、市区/郊区）等。

第二节　动物声音结构及特性

传统的动物叫声分类依赖于音节（Syllable）分类，需要将识别目标限定在音节相似的物种中，在此基础上提取特征向量进行表示。然而，这些音节在叫声中的结构信息被忽略了。统计特征与非统计特征可以用来描述音节，但是它们不能对叫声中音节之间的关系结构进行建模。因此，为了准确描述叫声结构，必须提取高级别的特征。这样的话，动物叫声分类任务就可以扩展到具有不同类型音节的物种。另外，贝里克(Berwick)等人还提出，许多鸟类的叫声结构可以由低阶马尔可夫链模型来模拟。上述这些观察结果表明，如果可以将一些常见的粒子结构定义为高级别特征，用以形成复杂的叫声，那么可以通过句法模式识别方法来构建低阶马尔可夫模型。考虑到这一点，就需要进行有关动物叫声结构的研究探索，以确定通用的粒子。

一、真实世界的声音

真实世界的声音在这里指的是在真实环境中收集的声音录音文件。不像人类的语音和在噪声受到严格限制的安静环境中收集的室内声音(例如教室、会议室等)，真实世界的声音的录音是由部署在环境中的多媒体传感器在噪声不受限制的条件下收集的。

噪声和多变性是真实世界声音的两大问题。环境声学记录可以获得各种各样的非生物噪声和各种动物的声音。这些非生物的声音有很大的强度，而动物的声音会受到物理环境的影响(植被、地理环境等)。此外，还需要考虑声源和采集设备话筒之间的距离。多变性存在于许多方面，如物种之间、某一特定物种的种群之间、某一特定种群的个体之间；同一物种的多样叫声；许多物种的模仿行为。根据时间和季节的变化，动物叫声也是多变的，例如在黎明和黄昏的时候，特殊的动物合唱也是很常见的，还有有些叫声是人类已知的，而有些叫声仍然处于人类未知的探索阶段。因此，识别真实世界的声音远比人类的语音和室内的声音更有挑战性。

二、声音可视化——声谱图

在动物叫声分析的研究领域中，声谱图是一种观察和分析动物叫声非常重要的工具。声谱图是在时间和频率为正交轴的 2D 平面上，短时傅里叶变换量值的彩色或灰度级再现。彩色声谱图的一个缺点是，与灰度图相比，不同颜色有可能影响用户的数据感知和理解。

声谱图把可听见的声音转换为视觉图像。在观察声谱图的结构时，动物叫声呈现出不同的结构，这对研究和分析提供了重要的帮助，主要是因为人类的视觉能力比听觉能力更敏感，特别是声谱图可以帮助鸟类观察者辨别出不同种类的声音进行更清晰的交流；通过建立视觉记忆库中已知的声音来增加“听鸟叫”技能；客观地进行评价记录。

声学事件是指音频流里的时间戳。如图 17-1 所示，一个声谱图中可能有很多事件，有些事件是有用的叫声，而有些则不是有用的叫声。更具体地说，有用的叫声被称为环境声学研究中的声学事件，那些无用的事件则是背景噪声。因此，背景噪声的定义是不明确的。

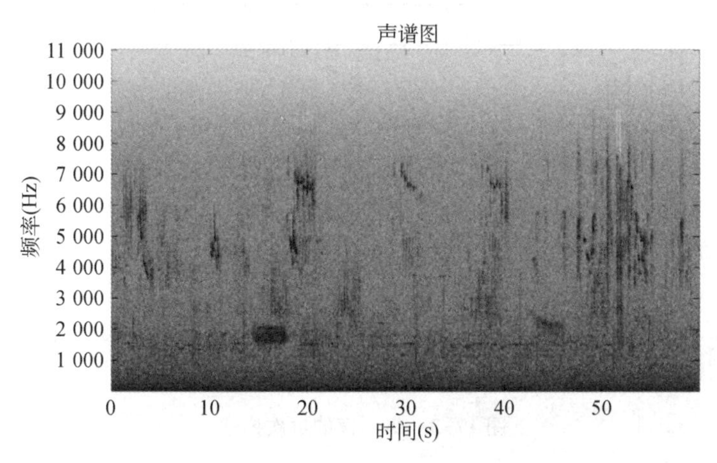

图 17-1　一分钟声音记录的声谱图

在一些应用中，背景噪声也可以是信号。例如在一段语音录音中，鸟叫分类的目的是找到属于某一个特定物种的叫声，其中也包括作为背景噪声的其他物种的叫声，比如树袋熊的叫声。然而生物多样性研究不仅关注鸟类还有树袋熊，在这个例子中，树袋熊也是一个信号。因此，噪声的定义取决于应用领域。

三、鸟类的发声机制

鸟类发声机制的主要组成部分包括肺、支气管、鸣管、气管、喉、鸟嘴和鸟喙。肺部的气流通过支气管传播到鸣管，这是声音的主要来源。然后，来自鸣管的声音被由气管、喉、嘴和喙所组成的声道调制。图 17-2 显示了一种鸟类声音产生机制的示意图。尽管这些机制的维度在不同物种之间有很大的差异，但是结构是非常一致的。

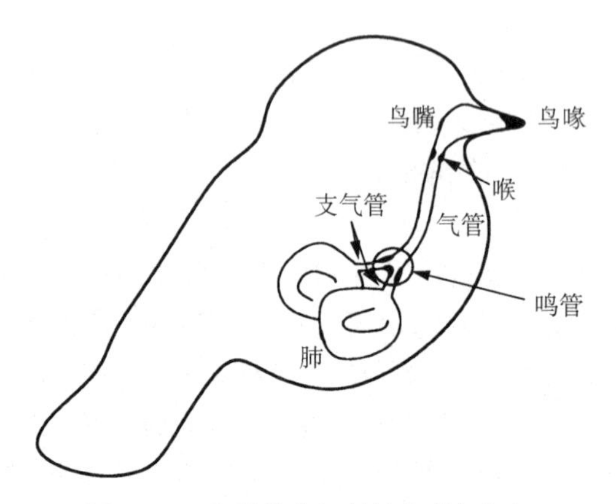

图 17-2　鸟类发声机制的组成与组织

鸣管是鸟类发声机制中最重要、研究最广泛的器官，它还提供了关于鸟类分类有价值的信息，因为这一器官在不同物种的解剖学上存在差异。鸟的气管是一根管子，连接鸣管和喉部，充当了由鸣管所发出声音的共鸣器。鸟类的嘴与人类相似，是一种腔体谐振器，但其灵活性较差。只有少数鸟类（主要是鹦鹉）可以用舌头控制嘴部的横截面区域，可以像人类一样用舌头发声，而大多数鸟类的舌头都很僵硬。喙的张开与闭合改变了声道的有效长度，但是对声道共振的影响是非线性的。

四、叫声结构

许多动物的叫声，特别是鸟叫声，都有一个层次结构（图 17-3）。一个复杂的鸟叫声可以被分成若干短语（Phrases），短语被分成若干音节，音节被分成若干元素（Elements）。

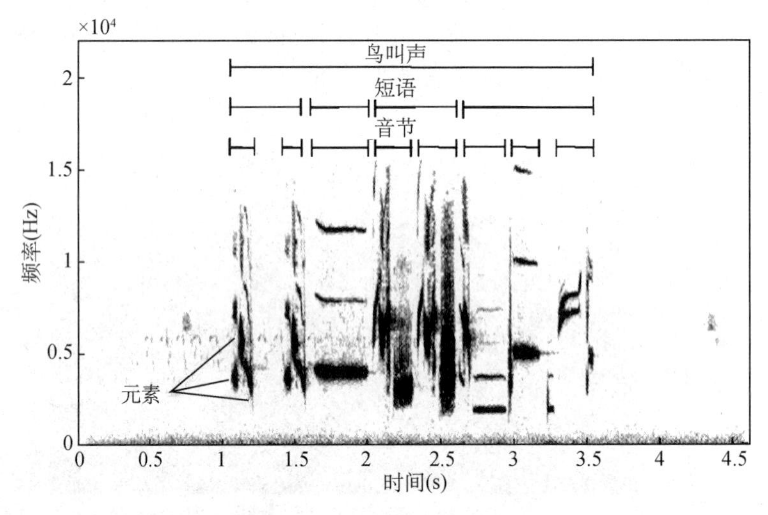

图 17-3　鸟叫声的层次描述

图 17-4 显示了在托西（Towsey）和普莱尼茨（Planitz）的研究中不同叫声结构的例子。这些图像是从声谱图中提取出来的，x 轴表示时间，y 轴表示频率，灰色表示声音强度。叫声结构可以分为两类：单音节和多音节。例如，一种带有调频口哨的噪钟鹊的叫声结构是一个单音节，而一种由叠加的谐波构成的雌性

树袋熊的叫声结构也属于单音节范畴。其他的动物叫声结构属于多音节范畴。多音节的叫声可能由相同的音节重复(例如壁虎)或音调不同的不同音节(例如地鹦鹉)和调制方式(例如黑喉啸冠鸫)组成。其他多音节的叫声可能具有复杂的结构,如杓鹬和雄性树袋熊。除了单音节和多音节的叫声结构,声音也可能是无结构的,如风声和雨声。

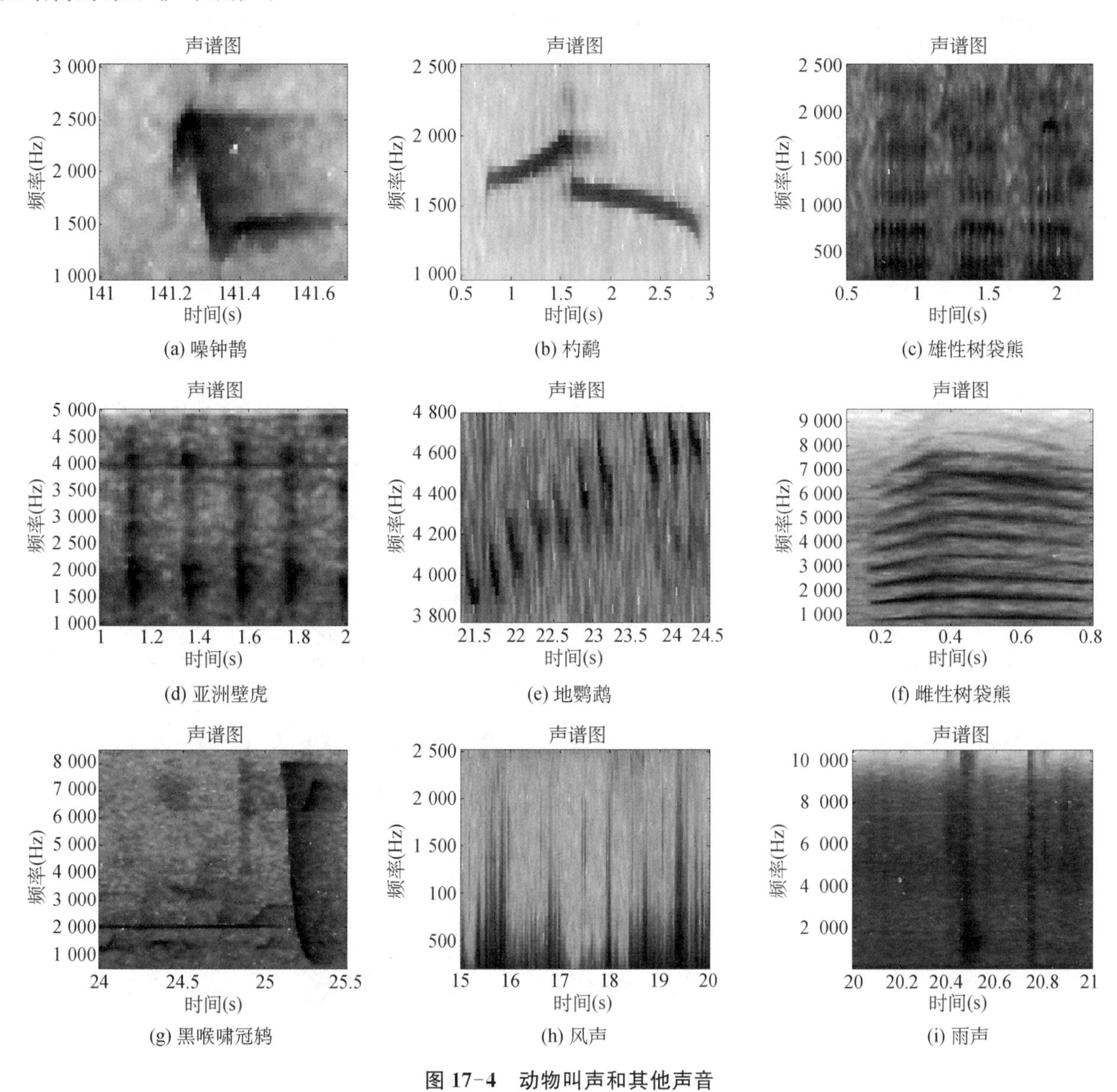

图 17-4 动物叫声和其他声音

五、声学部件

虽然动物的叫声因地域、季节、时间和其他因素而各不相同,但它们的叫声结构有一些共通的粒子模式。也许由于这些共通粒子模式对于鸟类叫声的语法分析具有重要性,因此已有一些人做出多次尝试来定义这些共通模式。麦卡勒姆(McCallum)根据声音的语音学列出了几种鸟叫声:载波频率(whistle、click、slur)、频率调制(周期频率调制)、谐波以及和弦。布兰德斯(Brandes)列出了声谱图中五大类离散声音单元的形状,用于物种级别的自动声音分析。这些声音单元包括恒定频率段、调频哨声段、宽带脉冲段、变频段,以及强谐波段。对这两种分类方法的研究表明,它们都是在声谱图中聚焦于声音信号的形状。麦卡勒姆从语音的角度解释了这些形状,而布兰德斯则更专注于声音的自动分析。虽然在这两种定义中使用了不同的术语,但它们在声谱图中的形状是相同的。例如,麦卡勒姆研究成果中的 whistle 与在布兰德斯研究成果中的恒定频率段是相同的。事实上,这两种共通模式的定义在某种程度上是相互重叠的。为了阐明和涵盖更常见的自动物种识别粒子模式,结合麦卡勒姆和布兰德斯的工作,根据声谱图中的表现形状来定义声学部件。这些部件的定义使用术语遵循麦卡勒姆的定义。

声学部件是可归因于特定来源的可听事件的基本要素。大多数叫声结构都可以由这些部件组成。基本部件包括 whistle、click、slur、warble 和 blocks。复合成分包括堆叠的谐波(Stacked Harmonics)和振荡(Oscillations)。事实上,基本的部件和堆叠的谐波类似于音节的一般性定义。它们在时间上是不可分割的,可以用来构造叫声结构。振荡是一种复合成分,是动物叫声中常见的一种叫声结构。它由重复的基本部件组成,这些基本部件通常是 clicks 或堆叠的谐波。在本文中,谐波被归类为一种部件,因为这种粒子模式的检测也是动物叫声识别的基础。表 17-1 总结了声学部件定义的表现形状和相应的代表性物种。这里列出的物种都来自澳大利亚的昆士兰州。

表 17-1　声学部件的定义、表现形状和代表性物种

成分	定　义	表现形状	代表物种
whistle	whistle 是一种连续的音调,在声谱图中显示为水平线	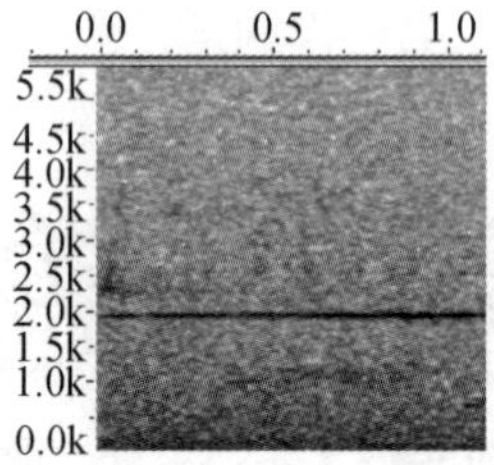	绿啸冠鸫、小布谷鸟、灰扇尾鹟等
click	click 是声谱图中的类似竖线	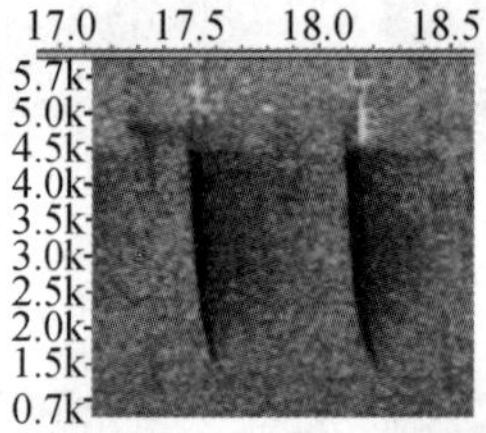	黄鸲鹟、绿啸冠鸫、槲寄生鸟等
slur	slur 涵盖了从 whip 到缓慢的 chirp 的所有的调频音调	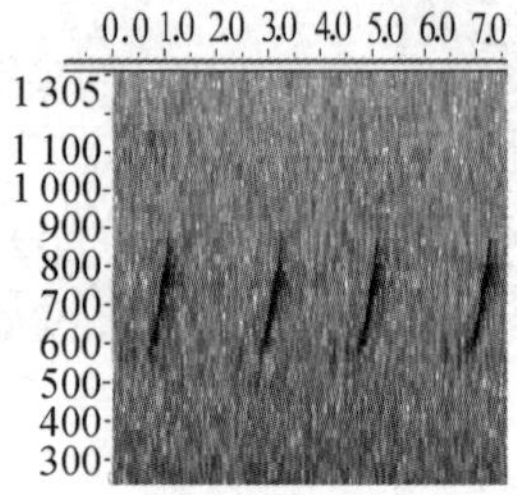	小吮蜜鸟、白眉丝刺莺等
warble	warble 是一种特殊的声谱线,随着时间多次改变音高趋势的声音	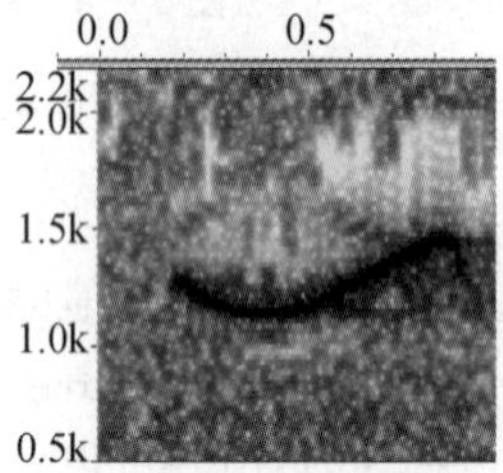	印度孔雀、澳东玫瑰鹦鹉、澳大利亚布氏鹦鹉等
blocks	blocks 代表了声能量的集中,表现为矩形、三角形或其他形状的声谱图	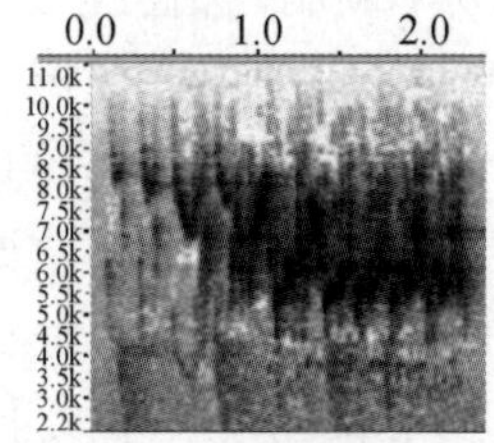	彩虹吸蜜鹦鹉、猫头鹰等

（续表）

成分	定　义	表现形状	代表物种
Stacked Harmonic	Stacked Harmonic 表现为频率上叠加的线条或 warble，通常是均等间隔的。其中的最小元素是基本频率	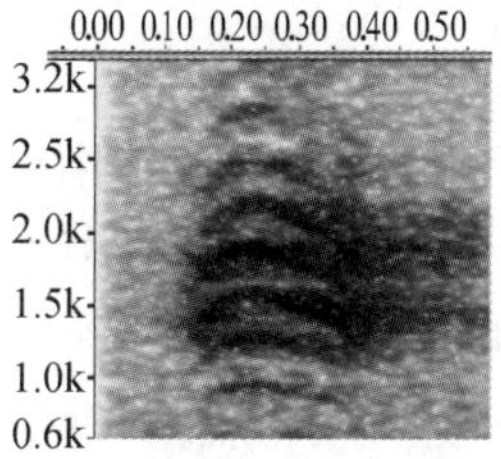	澳大利亚布氏鹦鹉、Corella 鸟、乌鸦等
Oscillation	Oscillation 包括了重复的声学部件，代表性的是重复的 click 或 Stacked Harmonic	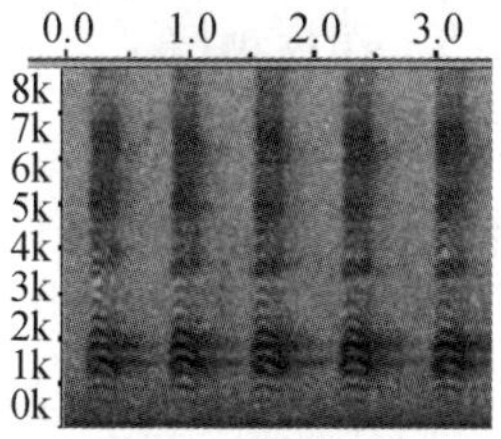	利氏花蜜鸟、棕腹隼雕、白眉丝刺莺、小吮蜜鸟等

whistle 在声谱图中是水平的，这意味着它的频率不会改变，而许多鸟叫声给载波频率的简单基音趋势增加了信息。通过鸟的声道进行频率调制，可以得到诸如 warbles、clicks 和 slurs 等衍生的频谱形状，这可以通过改变鸣管的形状或者改变环绕着鸣管的气囊的压力实现。click 是 whistle 的平面轨迹旋转近 90 度。click 的轨迹不可能是完全垂直的，因为完全垂直意味着瞬时的音高变化，这在物理上是不可能实现的。鸟的鸣管膜可以在 10 ms 内改变几千 Hz 振荡频率，这非常接近瞬时。在 whistle 和 click 之间的声音是 slur。根据频率的趋势，它可以是斜向上、斜向下的。warble 用来描述一种随着时间多次改变音高趋势的声音。

谐波是哺乳动物、鸟类和青蛙发声的典型模式，这种声音用振动膜调节空气流。膜的振动频率被称为基本频率，但是产生的声音包含额外的音调，其频率等于基本频率的整数倍。由于第二个谐波的频率变化是基频的两倍，所以谐波的振动更明显。因此，除非基本频率是平的，否则谐波就不会与之平行。

动物叫声的语法不能与人类的语言相提并论，主要是因为动物叫声没有词汇或语义。在一般的声学部件定义中，提取的声学部件可以被视为动物叫声的词汇，伴随不断地研究，这个词典是可扩展的。此外，定义的声学部件不仅包括澳大利亚的鸟类物种，也包括其他地区的鸟类物种，因为这些定义是基于世界各地多个现有的研究工作，对动物叫声的句法分析有着重要的贡献。

第三节　动物声音识别技术

语音识别技术已经经过了近一个世纪的研究，动物叫声识别技术借鉴了人类语音识别的技术与方法。尽管这些方法已经取得了一定的成功，但在生态环境中应用这些系统仍然存在着根本性的困难，特别是真实世界现场捕捉到的录音存在着高度不确定的环境噪声，相比之下，语音识别系统的设计和部署往往是在噪声被精确控制或模拟的环境中。并且，基于倒谱系数的特征提取方法在叫声信号变化缓慢的时候，可能会产生杂散效应。此外，有些物种的发声很难捕捉，导致机器学习中缺乏有效的数据训练分类器。

米特洛维奇（Mitrovic）等人在 2006 年提到，生物声学（动物声音）是环境声音中尚未得到细致研究的一个领域。而从环境声音中识别声源是听觉系统最重要的功能之一。在生物声学领域，有许多动物声音分类方法以及多种用于测量特定物种种群（比如鲸鱼或鸟类）大小的方法，因此开发研究具有“动物叫声特色”的AI算法是非常有必要的。近年来，已经有大量的工作致力于开发基于生物声学的自动物种识别系统，以期在复杂的自然环境中准确且高效地识别声源物种。

一、人工标注

人工标注具有手动检查、播放和可视化声学文件与相关频谱图的能力。这种方法借助一些工具来帮助识别声音并对声谱图进行标签注释。熟练用户的手动分析提供了对声学数据的准确而全面的审查，然而在处理大量数据时可能会很耗时。在声学复杂的环境中，手动方法可能是我们所必需的，因为自动化工具很难区分合唱和叫声。但是，考虑到与声学传感相关的大量数据，手动分析声音文件所需的时间和成本可能会让人望而却步。此外，这些任务需要训练有素的用户在识别许多物种的声音变化方面有着丰富的经验。为了解决这个问题，迫切需要自动识别标注。然而，由于声学传感器数据的复杂性，对物种的全自动分析仍然是一个巨大的挑战。在这种情况下，人们开始寻求公众的帮助，普通市民可以帮助分析数据、收集数据，这就是所谓的公民科学。

最早的现代公民科学项目，从20世纪初的鸟类数量开始，涉及集中的户外活动来记录动物。从那时起，公众的参与已经发展到了一系列的角色。由于对数据的渴求、网络互联的便捷性以及低成本传感器技术的兴起，公民科学正在扩大社会力量，推动提高科学的透明度和可访问性。越来越多的政府机构和国际组织开始介入这一行动。例如，美国和英国苏格兰的环境保护机构将公民科学纳入日常工作中。联合国环境规划署正在探索利用公民科学监测环境。欧盟委员会已经在其投入800亿欧元的“地平线”2020年研究和创新计划中，为公民科学提供了一系列资助机会。与此同时，公民科学支持者对该领域的未来有着巨大的憧憬。他们希望这些努力将成为决策者和科学家相关领域的高质量数据和分析的主要来源。在生物声学研究领域中，公民科学的加入有很多种办法，目前常见的形式有从人机交互的角度出发，在网站上开发趣味游戏，吸引市民参与；开发手机App，鼓励市民录制、上传声音数据，并通过后端自动分析，反馈声源物种。成熟的公民科学网站为人们提供了很好的平台，比如Galaxy Zoo（http://www.galaxyzoo.org）、eBird（http://www.ebird.org）。

然而，公民科学最重要的挑战之一是建立执行收集或分析任务参与者的技能水平或信用度的评价。为了实现这一目标，许多公民科学项目利用声誉管理对参与者进行分类，并建立他们的贡献的可信度。即便如此，在这方面，准确性和可信度仍然是一个很大的挑战。

二、自动识别技术

对生物声学的AI自动识别技术通常需要从三个步骤进行：预处理、基于模板的特征提取和选择、分类。还有一些研究在特征提取之前加入音节分割，以减小噪声的影响。

（一）预处理

预处理的目的是从背景噪声中分离声学事件，为特征提取和分类提供清晰的信号。针对具体应用，研究人员开发不同的降噪信号处理技术，有两种类型：时域和频域。在对蔗蟾蜍的检测中，研究人员在时域中将整个声音文件划分为若干时间切片，然后计算每个时间切片的振幅水平。设置一个阈值来确定这个时间片段是无声或纯噪。这种方法的优点是减少了传输大小，因为采用长度为1字节的特殊字符代替了无声/纯噪片段。但是，这种方法的缺点是在降噪后，原始信号的一些特性会消失。可能由于时域上的降噪不准确性，许多降噪算法工作在频域上，比如卡万（Kwan）计算鸟类叫声的倒谱系数来分割叫声和无声片段。

由于声谱图对于声音文件来说是一个很好的可视化工具，科学家们转而将声谱图作为静态图像来处理。他们采用图像处理技术对声谱图进行了降噪。布兰德斯等人采用模糊滤波和阈值滤波两种滤波方法去噪后对窄带蟋蟀和青蛙的叫声检测和分类。2009年，阿格拉纳特（Agranat）通过维纳滤波降低原始数据的背景噪声。

（二）基于模板的特征提取和选择

特征提取可以分为两大类：平稳（基于频率）特征提取和非平稳（基于时间）特征提取。平稳特征提取会产生一个全面的结果，详细描述包含在整个信号中的频率。在平稳特征提取中，没有区分这些频率在信号中发生的位置。相反，非平稳特征提取将信号分成离散的时间单元，可以识别频率发生在信号中的特定区域，有助于帮助我们理解信号。非平稳特征提取包括短时傅里叶变换、快速（离散）小波变换、连续小波变换等。平稳特征提取包括线性预测系数和梅尔频率倒谱系数等。

特征是声音事件最重要的表征，更具体地说，是叫声结构的表征。合适的特征与合适的分类器相结合，可以得到准确的识别结果。因此，特征的选择和提取在识别算法中起着至关重要的作用。在机器学习和统计中，特征选择也称为变量选择、特征约简、属性选择或变量子集选择，是选择相关特征的子集来构建鲁棒学习模型的技术。早期的研究工作主要集中在已标注数据分类的特征选择上（监督特征选择）。然而，最新的发展表明，上述通用选择流程也可以很好地用于未标注数据的特征选择中（无监督特征选择）。

采用不同评价标准设计的特征选择算法大致可以分为三类：过滤模型、包装模型和混合模型。过滤模型依赖于数据的一般特征来评估和选择特征子集，而不涉及任何数据挖掘算法。包装模型需要一种预先确定的数据挖掘算法，并以其性能作为评价标准。它搜索更适合数据挖掘算法的特征，以提高数据挖掘性能，但它也往往比过滤模型的计算开销更大。混合模型试图利用这两种模型在不同搜索阶段的不同评价标准。

（三）识别分类

实现分类的算法，特别是在具体实现中，被称为分类器。术语“分类器”有时也指数学函数，由一个分类算法实现，它将输入数据映射到一个类别。应用最广泛的分类器有最大熵分类器、Naive Bayes 分类器、SVM、决策树、感知器、神经网络（多层感知器）、KNN 分类器和径向基函数分类器。分类技术可分为三类：基于假设的分类、基于实例的分类和基于核的分类。基于假设的分类算法包括感知器算法、决策树和神经网络等。KNN 分类器是基于实例分类的典型表示。基于假设和基于实例的分类方案各有优点：

① 建立在假说基础上的分类学习期间可能计算复杂。通常优化问题涉及局部最优。相反，基于示例的分类不涉及任何优化。

② 建立在假说基础上的分类算法对新输入的分类通常比基于实例的分类更快。

③ 建立在假说基础上的分类需要一个假设的选择空间。相比之下，基于实例的分类不需要假设空间的说明。

基于核的分类为基于假设和基于实例的分类提供了桥梁，并集合了它们的优点。典型的基于核的分类器是 SVM，它本质上是最大边际分类器和 Mercer 核这两种成分结合的结果。基于核的分类器还包括最近邻分类器、核最近邻分类器、核感知器学习等。

表 17-2 中列出了用于动物声音识别中常用的特征和分类器。

表 17-2　动物声音识别中常用的特征和分类器

特征	FT、MFCC、HCC、FWT、CWT、ZCR、STE、LPC、SRF、FB、MP、DBN、mRMR、FF、HNR、MLP、LPCC、Ecology Bag、Entropy、Ceptrum Feature、LoHAS、LoLAS、DSBF、FBS、SC、SS、SF、SFX、CDFs、ATFs、STE、LSTER、BP、SBC、PLP、BFCC、MFCC-Delta、MPEG-7、LLDs、FFT、STFT 等
分类器	ANN、HMM、VQ、GMM、SVM、NN、SNR、DTW、Bayesian Classifiers、LDA、Decision Trees、Feed-Forward Neural Network、FCDA、KNN、LSTM-RNN、RNN、LSTM、DTD、MLP、TDNN、GMM-UBM、LR-HMM、LSTM、LDA、TESPAR、AD、CQT、STS、LVQ、SOM、EDS、Binary Classifier 等

生物声学事件识别器是根据特定的应用领域开发的，这些领域包括个体目标、特定物种和特定叫声结构的识别。

1. 个体目标

程金魁等选择梅尔频率倒谱系数结合高斯混合模型对 4 只雀鸟进行个体识别。为了优化识别结果，需要对高斯混合模型进行改进，同时较大的背景噪声仍是该算法面临的重要问题。梅尔频率倒谱系数还与人工神经网络相结合被用于鉴别 14 只蓝猴子。其局限性在于神经网络需要有一个相当大的有代表性的训练数据集才能收敛。

2. 特定物种

许多科学家把注意力集中在特定的动物物种上，例如青蛙和蔗蜍，因为这些动物对环境变化非常敏感。在 2004 年，卡万选择梅尔频率倒谱系数和高斯混合模型分类器的特征，对鸟叫声进行分类，例如麻雀、加拿大鹅。Hu 等人把重点放在蔗蜍的监控上，他们对蔗蜍叫声的波形进行了分类。他们提取的特征是蔗蜍叫声波形的包络，然后进行匹配滤波处理。然而，该算法并不是一般检测和分类的最佳算法。此外，匹配模板是在很严格的条件下构建的，没有噪声。莫波拉斯(Mporas)等人集成了时间背景信息用于欧亚苍头燕雀(Eurasian Chaffinch)和普通翠鸟(Kingfisher)两种鸟类的声音识别。该方法将时域上下文信息加入识别结果的后处理中，其目的是消除当前音频帧由于瞬间突发干扰等因素而产生的零星错误标记，从而提高整体分类精度。

3. 特定叫声结构

声学事件有不同的叫声结构，有音节和多音节。根据叫声结构的外形，叫声结构可以分为若干组：线型、块型、颤音型、振荡型和叠加谐波型。由于动物叫声总是有些相似的结构，因此科学家们转而为特殊的叫声结构定义识别器，而不是识别特定的物种。

2006 年，布兰德斯等人使用与图像处理相关的技术来检测和分类窄带蟋蟀与蛙的叫声。这是首次将与图像处理相关的技术应用于声谱图的物种识别，可以获得较高的真正精度，此应用可以是具有窄带结构的调用。然而，准确度在很大程度上取决于已知的声型与声型特征值的重叠程度，错误分类的可能性很大程度上取决于库的完整性和多样性。在 2008 年，布兰德斯提取了峰值频率、短时频率和轮廓向量特征，用以识别蟋蟀、青蛙和鸟叫声的调频特征。该方法在声音信号识别方面取得了有效的进展，在噪声环境下对鸟类、蟋蟀和青蛙的识别取得了较好的效果。遗憾的是，这种方法不能很好地处理大风、暴雨和大型物种一起发声时对声音掩盖的效果，处理对象只能是具有窄短时频率带宽结构的叫声。在 2006 年，马赫(Maher)等提出了一种基于谱峰轨迹的鸟叫声(堆叠谐波和非谐波)检测算法。这种方法有两个方面的局限性，首先该方法不适用于含有周期性或噪声类成分的鸟叫声，因为在这种情况下，违背了连接峰轨迹的假设；其次，如果潜在频谱成分的频率变化太快或振幅波动过大，以致不能可靠地确定峰值轨迹，则该方法也不适合。2007 年，塞林(Selin)等人将小波应用于非谐或瞬态鸟叫声的识别中，使其既能保留频率和时间信息，又能分析含有不连续和尖峰的信号。这种方法的局限性在于声学数据是人工选择的，特别是对于具有非调谐和瞬态特征的鸟叫声。在 2009 年，巴德利(Bardeli)等人开发了一种简单元素周期性重复的算法，这种算法在动物发声中经常遇到。托西开发了一种振荡检测算法来识别包含重复或振荡结构的叫声。他还开发了 AED 来检测矩阵型结构，如地面鹦鹉叫声、风和雨的声音。段淑斐等还开发了一种系统来检测不同种类的声学成分，如声谱图中的线型、块型叫声结构等。

三、半自动识别

半自动标注提供了一种混合方法，致力于解决人工分析和自动技术各自的优缺点。手动分析利用了专业用户复杂的识别能力，但不能有效地扩展到大量数据。自动技术对于确定大量数据的目标物种来说是有效的，但是这些方法需要高度的技能来发展，并且不能适应动物叫声表现出来的多变性。2011 年，温默(Wimmer)提出了一种名为“human-in-the-loop”的半自动识别方法，可以识别：

① 有广阔发声范围的物种(尤其是鸟类)，这些声音可能有显著的区域差异。

② 由于风、雨、植被和地形等环境因素导致减弱、抑制和扭曲的动物叫声。

在半自动分析中，把人的经验加入算法设计中，比如参数的经验值设定、结果的验证等。另外，还可以加入生物地理条件的指标，例如温度、湿度、经度纬度、季节、时间等，这些因素都会影响动物叫声的规律性。可以把这些因素加入全自动分析里面，以提高精确度。最后，公民科学的加入，由市民来参与叫声结构数据库的构建和标注，也是半自动分析的重要一环。

第四节　评 价 指 标

查准率(Precision)和查全率(Recall)是两种被广泛使用的数据标准。查准率可以看作对精确性或准确性的衡量,而查全率则是对完整性的衡量。真阳(True Positives, TP)、真阴(True Negatives, TN)、假阴(False Negatives, FN)、假阳(False Positives, FP)的定义如下:

TP:阳性被正确识别。

TN:阴性被正确识别。

FN:阳性被识别为阴性。

FP:阴性被识别为阳性。

查准率、查全率和精确度(Accuracy)被定义为:

$$\text{Precision}=\frac{\text{TP}}{\text{TP}+\text{FP}} \tag{17.1}$$

$$\text{Recall}=\frac{\text{TP}}{\text{TP}+\text{FN}} \tag{17.2}$$

$$\text{Accuracy}=\frac{\text{Recall}+\text{Precision}}{2} \tag{17.3}$$

此外,F 评分法和 ROC(Receiver Operating Characteristic)曲线也经常被用作数据衡量。

① F 评分法,这是一个测试准确性的方法,同时考虑了测试的查准率和查全率来计算分数。F 值可以被译为查准率和查全率的加权平均值,F 值的最佳分数值是 1,最差分数值是 0。

$$F=\frac{2\times\text{Precision}\times\text{Recall}}{\text{Precision}+\text{Recall}} \tag{17.4}$$

② ROC 曲线,它是敏感度(Sensitive 和上文的 Recall 一样)的图形化表示,代表真阳率和假阳率的对比。ROC 也可以通过绘制阳性部分中的真阳部分与阴性部分中的假阳部分的对比来等价地表示。该分析可以用来选择可能的最优模型,在不考虑成本或等级之前去掉次优模型。

第五节　常 用 软 件

目前,声音分析软件涵盖了多个应用领域,如语音识别、海洋生物监测和陆生动物检测。本章只探讨陆栖动物声学工具,特别是自动声音监测和探测工具。

一些通用工具可以跨领域应用于基本的声学分析,主要是为普通用户学习、讲授和分析生物声学,进行基础工作,比如播放声音文件,并观察相关的声谱图等。代表性软件包括 Audacity、Adobe Audition 和 Sound Ruler。这些通用工具不具备进行生物声学分析的功能。

面向目标的自动化软件工具可以方便地辅助进行自动物种识别这项任务。目前,Wildlife Acoustics Inc、Cornell Laboratory of Ornithology 和 Avisoft Bioacoustic Company 已经开发出了先进的产品,即 Song Scope(Wildlife Acoustics, 2011)、Raven(Cornell University, 2011)和 Avisoft-SASLab Pro(Avisoft Bioacoustics, 2012)。这些工具促进了生态学家的工作,尽管动物叫声的自动识别还没有达到使生态学家可以在没有仔细核实结果的情况下使用这些方法。

除了软件之外,澳大利亚昆士兰科技大学生物声学(Bio-acoustics)研究组多年持续致力于基于生物声学的生态环境监测,他们创建了 Ecosounds 网站(https://www.ecosounds.org/)。在该网站上生态学家可以便捷地查看并标注数据，普通用户也可以交互式地标注数据。表 17-3 列出了几款动物声音识别领域中的代表性软件。

表 17-3　动物声音识别领域中几款代表性软件

软件名字	特　点	应用域
Song Scope	这是一个先进的数字信号处理应用程序，旨在快速、轻松地扫描野外录制的长音频，并自动定位特定鸟类和其他野生动物发出的叫声	通用型动物声音识别
Pamguard	这是一个海洋哺乳动物声学监测软件。Pamguard 为声学探测、定位和分类提供了世界标准的软件基础设施，以减轻对海洋哺乳动物的伤害，并对其丰度、分布和行为进行研究	海洋哺乳动物声学
Raven Software	由美国康奈尔大学鸟类学实验室制作，是一个用于声音采集、可视化、测量和分析的程序软件。Raven 以音频文件为中心，被视为波形和声谱图，并允许用户应用一组分析工具。它为鸟鸣分析工作流而设计，例如提供执行带通滤波器和手动或半自动音节分割的工具	通用型动物声音识别，特别是鸟鸣分析
XBAT Software	它也是由美国康奈尔大学鸟类学实验室制作。XBAT 和 Raven 类似，但它基于 MATLAB、开源(GPL)，并且是可拓展的，提供了利用宽限功率进行音节分割的功能。与 Raven 不同的是，它提供了一个基于 MATLAB 的 API 添加过滤器、检测器和图形工具，从而实现可拓展性	通用型动物声音识别，特别是鸟鸣分析
Avisoft-SASLab Pro	它是由德国 Avisoft Bioacoustics 公司推出的动物声谱分析系统，它提供了广泛的处理和分析工具，可以极大地提高分析项目的效率	通用型动物声音识别

第六节　公 开 数 据 集

许多公布的数据集极大地促进了世界各地研究人员的研究。这些数据集的组织者使得不同国家的交流更加有效，技术发展更加迅速。在表 17-4 中列出了部分用于动物声音识别的数据集。从这个表格中可以发现只有很少的数据集是公开的，可以与研究人员共享。此外，这些公开数据集已经被使用了很多年，特别是康奈尔大学鸟类学实验室在 1990 年发表的环境声音标记的数据集。究其原因，主要在于数据收集的成本很高，创造者没有充分挖掘数据集。然而，为了更好地开展声音识别研究，需要更多新的、全面的数据集。

表 17-4　用于动物声音识别的部分数据集

名　称	内容和特点	是否公开
HU-ASA database	HU-ASA 数据集是一个大型的动物叫声档案库，记录了物种叫声和附加的元数据，包括 1 418 条 MP3 编码的可获得音频文件，文件的总记录长度是 20 423 s(5 h 40 min 23 s)。大多数可用的记录包括鸟声、哺乳动物声，以及蜥形纲、昆虫纲的其他物种的叫声	是
Cornell-Maaulay Library of Natural Sound	Geoffrey A Keller.《加州鸟类叫声》(Bird Songs of California)，康奈尔大学鸟类学实验室，3-CD，2003	是
Peterson Field Guides: Bird Songs	《北美西部，西部鸟类叫声野外指南》(Western North America, A Field Guide to Western Bird Songs)第二版，康奈尔大学鸟类学实验室互动音频，1992；《北美东部和中部，鸟类叫声野外指南》(Eastern and Central North America, A Field Guide to Bird Songs)第三版，康奈尔大学鸟类学实验室互动音频，1990	商业公开
Common Bird Songs (Audio CD)	Lang Elliott.《常见的鸟类及其叫声》(Common Birds and Their Songs)(书籍和音频 CD)波士顿：霍顿米夫林出版公司，1998	商业公开

第七节　问题与挑战

与语音识别和音乐识别相比，生物声学自动识别的研究才刚刚起步，这个领域目前的工作主要集中在识别特定的目标。换句话说，研究人员只对他们感兴趣的特定物种建立识别器，如青蛙、鞭鸟和鲸鱼等。需要收集有关目标的详细先验知识，并且需要手动标记和选择训练数据。在音乐识别标注中，其中一个挑战是关于"冷启动"问题，即没有标签的音乐，而在自动物种识别方面也遇到了相同的问题，我们现在能做的是检测已知的物种，对于未知的物种该如何检测？这对生态学家来说是相当重要的，因为它可以提供一个地区物种多样性的信息，并探索新物种。另一个大问题是噪声，事实上，在真实世界环境中噪声的定义是相当主观的，因为它取决于研究人员所捕捉到的信号及应用领域。因此，信号分割、增强、降噪也得到了很大的关注。

参考文献

Porter J, Arzberger P, Braun H W, et al. Wireless sensor networks for ecology[J]. *BioScience*, 2005, 55(7):561-572.

Celis-Murillo A, Deppe J & Allen M. Using soundscape recordings to estimate bird species abundance, richness, and composition[J]. *Journal of Field Ornithology*, 2009,80(1): 64-78.

Towsey M, Planitz B, Nantes A, et al. A toolbox for animal call recognition[J]. *Bioacoustics*, 2012:1-19.

Berwick R C, Okanoya K, Beckers G J L, et al. Songs to syntax: The linguistics of birdsong[J]. *Trends in Cognitive Sciences*, 2011, 15(3):113-121.

Fagerlund S. Automatic recognition of bird species by their sounds[D]. Helsinki: Helsinki University Of Technology, 2004.

Somervuo P, Harma A & Fagerlund S. Parametric representations of bird sounds for automatic species recognition[J]. *IEEE Transactions on Audio, Speech, and Language Processing*, 2006,14(6):2252-2263.

Towsey M & Planitz B. Technical report: Acoustic analysis of the natural environment[D]. Brisbane: Queensland University of Technology, 2010.

McCallum A. Birding by ear, visually. Part 1: Birding acoustics[J]. *Birding*,2010, 42:50-63.

Brandes T, Naskrecki P & Figueroa H. Using image processing to detect and classify narrow-band cricket and frog calls [J]. *The Journal of the Acoustical Society of America*, 2006, 120:2950-2957.

Mitrovic D, Zeppelzauer M & Breiteneder C. Discrimination and retrieval of animal sounds[C]// Proceedings of the 12th International Multi-Media Modelling Conference. Piscataway:IEEE,2006.

Truskinger A M, Yang H, Wimmer J, ea al. Large scale participatory acoustic sensor data analysis: Tools and reputation models to enhance effectiveness[C]//IEEE International Conference on E-science. Piscataway:IEEE,2011.

Yang H, Zhang J & Roe P. Using reputation management in participatory sensing for data classification[J]. *Procedia Computer Science*, 2011, 5:190-197.

Hu W, Tran V N, Bulusu N, et al. The design and evaluation of a hybrid sensor network for cane-toad monitoring [C]//the 4th International Symposium on the Information Processing in Sensor Networks. Piscataway:IEEE, 2005.

Kwan C, Mei G, Zhao X, et al. Bird classification algorithms: Theory and experimental results[C]// the IEEE International Conference on Acoustics, Speech, and Signal Processing. Piscataway:IEEE, 2004.

Agranat I. Automatically identifying animal species from their vocalizations[C]//the 5th International Conference on Bio-Acoustics. Concord, MA: Wildlife Acoustics Inc, 2009.

Cheng J, Sun Y & Ji L. A call-independent and automatic acoustic system for the individual recognition of animals: A novel model using four passerines[J]. *Pattern Recognition*, 2010,43(11):3846-3852.

Mporas I, Ganchev T, Kocsis O, et al. Integration of temporal contextual information for robust acoustic recognition of bird species from real-field data[J]. *International Journal of Intelligent Systems and Applications* (IJISA). 2013,*5*(7): 9-15.

Brandes T S. Feature vector selection and use with hidden markov models to identify frequency-modulated bioacoustic signals amidst noise[J]. *IEEE Transactions on Audio, Speech, and Language Processing*. 2008, 16(6):1173-1180.

Chen Z & Maher R C. Semi-automatic classification of bird vocalizations using spectral peak tracks[J]. *The Journal of the Acoustical Society of America*, 2006, 120(5):2974-2984.

Selin A, Turunen J & Tanttu J T. Wavelets in recognition of bird sounds[J]. *Eurasip Journal Applied Signal Processing*, 2007, (1):141-141.

Bardeli R, Wolff D, Kurth F, et al. Detecting bird sounds in a complex acoustic environment and application to bioacoustic monitoring[J]. *Pattern Recognition Letters*, 2010, 31(12):1524-1534.

Wimmer J, Towsey M, Planitz B, et al. Scaling acoustic data analysis through collaboration and automation[C]//the IEEE 6th International Conference on e-Science (e-Science). Piscataway: IEEE, 2010.

Gordon L, Chervonenkis A Y, Gammerman A J, et al. Sequence alignment kernel for recognition of promoter regions [J]. *Bioinformatics*, 2003, 19(15):1964-1971.

Duan S, Towsey M, Zhang J, et al. Acoustic component detection for automatic species recognition in environmental monitoring[C]//the 7th International Conference on Intelligent Sensors, Sensor Networks and Information Processing. Piscataway: IEEE, 2011.

作者:段淑斐(太原理工大学)

第十八章
音乐表演的量化分析

第一节　音乐表演量化分析的相关背景

一、作为表演艺术的音乐

当代的音乐爱好者与学者们，平时大多被丰富多样的数字媒体或佶屈聱牙的学术论述所包围，可能忘记了音乐在很大程度上是作为表演艺术而存在的。在作曲、演奏或演唱、录制或直播以及欣赏这些环节中，无论何时何地，表演总是最难以被越过的环节。对于绝大多数非专业人士来说，音乐几乎可以视同于唱歌、弹琴或听音乐会；在专业学术领域，例如在较为权威的 QS 世界大学排行榜中，音乐学院的学科归属是表演艺术（Performing Arts）①。传统上，音乐学院（Conservatory）的目标主要就是研习音乐表演。

值得注意的是，在当下社会，特别是后新冠疫情时代，以音视频媒体形式传播的音乐，已经大大超过现场表演，这导致了很多变化，例如，传统上偏重于阅读文献与乐谱的音乐研究，不得不越来越多地使用科学实证方法来关注表演，而当代的音乐制作流程，也越来越倾向于打破创作、表演与录制等环节之间的界限。在现场音乐会日益萎缩的大环境下，古典音乐门户网站 Bachtrack② 统计了 2017 年全世界 31 862 场演出的所有曲目，发现其中排名前 50 的作曲家大多已去世。这表明无论我们多么重视新作品的创作与推广，对于经典作品的反复排演与赏析始终是大众音乐生活中最为务实的核心要务，同时也理应是学术研究所重点关注的对象，这与文学、影视等艺术形式存在着本质差异。

二、相关研究理念与技术的进展

（一）音乐学研究理念与方法的拓展

“音乐学家们习惯于使用适合于数据贫乏领域的研究方法，例如中世纪复调音乐。其中，全世界现存的原始资料或许可以明明白白地堆放在一个大餐桌上。但是他们在音乐的另一些领域中也如此操作，而在这些领域却有多得多的数据资料……”，欧洲科学院与英国学术院院士、剑桥大学荣休音乐教授尼古拉斯·库克（Nicholas Cook）曾如此一针见血地指出音乐相关研究在学术视野与方法论层面时常存在的缺憾。自录音技术诞生以来，已经积累了一个多世纪的海量音像资源——其中绝大部分都已经或即将被数字化转制——在网络上唾手可得，但却未能及时成为音乐学院师生以及学者们的主要研究对象。这其中显然存在着一定的介入壁垒：原先以作曲家与作品为中心的研究对象以及主要针对文字与乐谱的研究方法需要进行全面升级与拓展。为此，库克教授等先驱者们通过大量著述，介绍了基于录音进行定量分析的理念与方法，甚至希望进一步以音乐表演为中心重新构建整个音乐学术体系。

（二）音乐心理学研究理念与方法的拓展

另一方面，针对音乐表演进行实证型研究一直是音乐心理学所关注的领域。例如美国心理学家西肖尔在完成于 20 世纪 30 年代的专著中就对演唱中的时速（Timing）、力度与音高等方面的特征进行了测量分析。到了 20 世纪末，得益于计算机与媒体技术的飞速发展，针对音乐表演音视频资料进行可视化的数据分析，逐渐成为音乐心理学与相关实证研究的常用方法。其中，运用最为频繁的领域是音乐表演中的表情问题。对此，西肖尔基于自己的分析曾有如下概括：“音乐中情感的艺术表现由从常规的美学化偏离所组成——这个常规包括纯音、准确的音高、平坦的力度、节拍器般的速度、严格的节奏等等。”在当时，这种偏离理论对于回答怎样的演奏（唱）更有表情的问题具有一定参考价值，但显然存在局限性。例如，该理论难以解释没有准确记谱的部分传统音乐与流行音乐。相比之下，瑞典心理学家尤斯林在 2003 年所提出的音乐表现力的五个方面（简称 GERMS 模型），可以视作比偏离理论更为全面的升级版：

① 音乐结构的生成转化（Generative transformations of the musical structure，简称 G）。

② 起源于口头表情的情感声学特征（Emotion-specific patterns of acoustic cues deriving from vocal

---

① https://www.topuniversities.com/university-rankings/university-subject-rankings/2020/performing-arts.

② https://bachtrack.com/.

expression，简称 E)。

③ 人类机能局限引起的内在计时和动作延时偏差(Internal timekeeper and motor delay variance Reflecting human limitations，简称 R)。

④ 生命的运动感：人类典型的独特运动模式(Biological Motion：distinct patterns of movement typical of human beings，简称 M)。

⑤ 从预期的演奏惯例中的偏离(Deviations from expected performance conventions，简称 S)。

(三) 研究课题推动相关理念与技术的发展

尤斯林的 GERMS 模型相对于西肖尔的偏离理论来说，已经更充分地体现了演奏(唱)中通过对速度、力度、音色与音高等参数的调控来呈现音乐结构、语气表情以及个性创新等各个方面，同时也考虑了人类机能所决定的细节误差与运动感知等因素。但在很多音乐学家与表演艺术家看来，这类试图通过实证分析来寻找放之四海而皆准的普遍规律的研究，都在一定程度上缺少了对历史与文化层面的考量，即对于某种时代风格适用的表情手段，对于另一种时代风格来说可能会显得完全不可理喻。这是世纪之交前后的音乐心理学以及很多基于科技手段的实证研究都或多或少存在的问题，同时也是它们难以在专业音乐学院的教学与研究中得到落实的主要原因之一。

21 世纪的第二个 10 年以来，在几个重大研究课题取得了突破进展的基础上，这种技术运用方面的理念偏颇开始有了明显好转。首先是由库克教授领衔，实施于 2004～2009 年的录音音乐的历史与分析 AHRC 研究中心(The AHRC Research Centre for the History and Analysis of Recorded Music, CHARM)[①]。该项目通过对大量历史录音进行量化分析，大大加深了我们对肖邦与舒伯特等作曲家作品在表演风格等方面的认识，同时也推进了 Sonic Visualiser[②] 等音乐分析类软件的开发，并拓展了采用实证方法有效介入专业音乐研究的前沿理念。其次是由剑桥大学约翰・林克(John Rink)教授领衔，实施于 2009～2014 年的音乐表演作为创造性实践 AHRC 研究中心(The AHRC Research Centre for Musical Performance as Creative Practice，CMPCP)[③]。相对于 CHARM 主要着眼于录制形态的音乐，CMPCP 则更聚焦于现场音乐表演和创造性的音乐制作，延续发展了在 CHARM 中所孕育出来的新技术与新理念(表 18-1)。近年来，音乐表演量化分析的主要目标，已经从过去注重普遍规律的总结，逐渐过渡到在一定历史文化语境中探讨个性化与风格化的问题[④]。

表 18-1　CHARM 和 CMPCP 子课题与负责人对比

CHARM(2004～2009 年)，主任：Nicholas Cook	CMPCP(2009～2014 年)，主任：John Rink
1. 舒伯特歌曲表演中的表现性姿态与风格(Daniel Leech-Wilkinson，伦敦国王学院) 2. 表演中的主题分析(John Rink，剑桥大学[⑤]) 3. 录音商业与表演(Eric Clarke，牛津大学) 4. 肖邦玛祖卡舞曲中的风格、表演与意义(Nicholas Cook，剑桥大学)	1. 表演中的音乐造型(Daniel Leech-Wilkinson) 2. “管弦乐”的全球化视野(Tina K. Ramnarine，伦敦大学皇家霍洛威学院) 3. 创造性学习和“原创性”音乐表演(John Rink) 4. 当代音乐会音乐中的创造性实践(Eric Clarke) 5. 音乐作为创造性实践(Nicholas Cook)

(表 18-1 中 CHARM 和 CMPCP 子课题与负责人对比，可看出明显的继承性和延续性)

三、助力专业教学与科研

音乐表演量化分析的相关学术研究，在国外主要由来自顶尖综合大学的音乐学家与心理学家所关注并推动。在中国，由于综合大学的音乐院系通常建立(或恢复)较晚，且相对缺乏跨学科研究的氛围，而独

① 官方网站：http://www.charm.kcl.ac.uk/。

② 官方网站：https://www.sonicvisualiser.org/。

③ 官方网站：http://www.cmpcp.ac.uk/。

④ 例如 Fabian Dorottya, Timmers Renee & Schubert Emery. Expressiveness in music performance: Empirical approaches across styles and cultures[M]. Oxford: Oxford University Press, 2014。

⑤ 库克和林克在 CHARM 中心运行期间均曾任职于伦敦大学皇家霍洛威学院，两人于 2009 年前后调入剑桥大学。

立音乐艺术院校的体量又普遍较大，因此，具有影响力的实证型表演研究成果主要出自艺术院校，并自然偏向于在专业音乐教育与研究中的实际应用。杨健在 2004 年的小提琴专业硕士论文《音乐表演的情感维度》[①]中较早地全面采用量化分析的方法研究了演奏中的表现力问题及其在教学中的运用；在 2007 年的西方音乐史专业博士论文中主要采用了可视化音响参数分析的方法研究了《20 世纪西方器乐演奏风格的结构特征及其形成原因》。这两篇学位论文前者偏重于音乐表演中普遍规律的总结，而后者则侧重于通过数据可视化的手段呈现演奏风格在百年历史中的动态变化过程，在某种程度上可以看作前文所述研究理念转变的缩影。

从 2011 年开始，杨健在教育部人文社会科学研究青年基金项目“计算机可视化分析方法在音乐表演教学中的应用研究”以及国家社科基金艺术学项目“跨学科视野下的音乐表演体系研究”等课题的持续资助下，主持开发了可在线分析音乐表演的应用平台 Vmus. net，降低了软件应用的门槛，并撰写了大量具有探索性的研究论文，以此带动了相关实证研究的发展。例如图 18-1 引自《论〈鲁斯兰与柳德米拉〉序曲的文本、分析与演绎》。该文把对演奏速度力度的量化分析与可视化呈现（参见第二节中的具体解释）作为重要论据，综合乐谱版本比较、文献资料梳理与曲式结构分析等传统方法，深入探讨了作品的理解诠释问题。这种把基于科技应用的实证手段与传统的人文艺术研究方法相结合的思路，已逐渐成为表演研究的典型范式。根据中国知网检索结果，近年来有上百篇学术论文基于 Vmus. net 输出的量化图表撰写，其中既有成熟学者发表在顶尖刊物的高水平成果[②]，也有相当一部分是音乐表演及教学相关专业的硕博

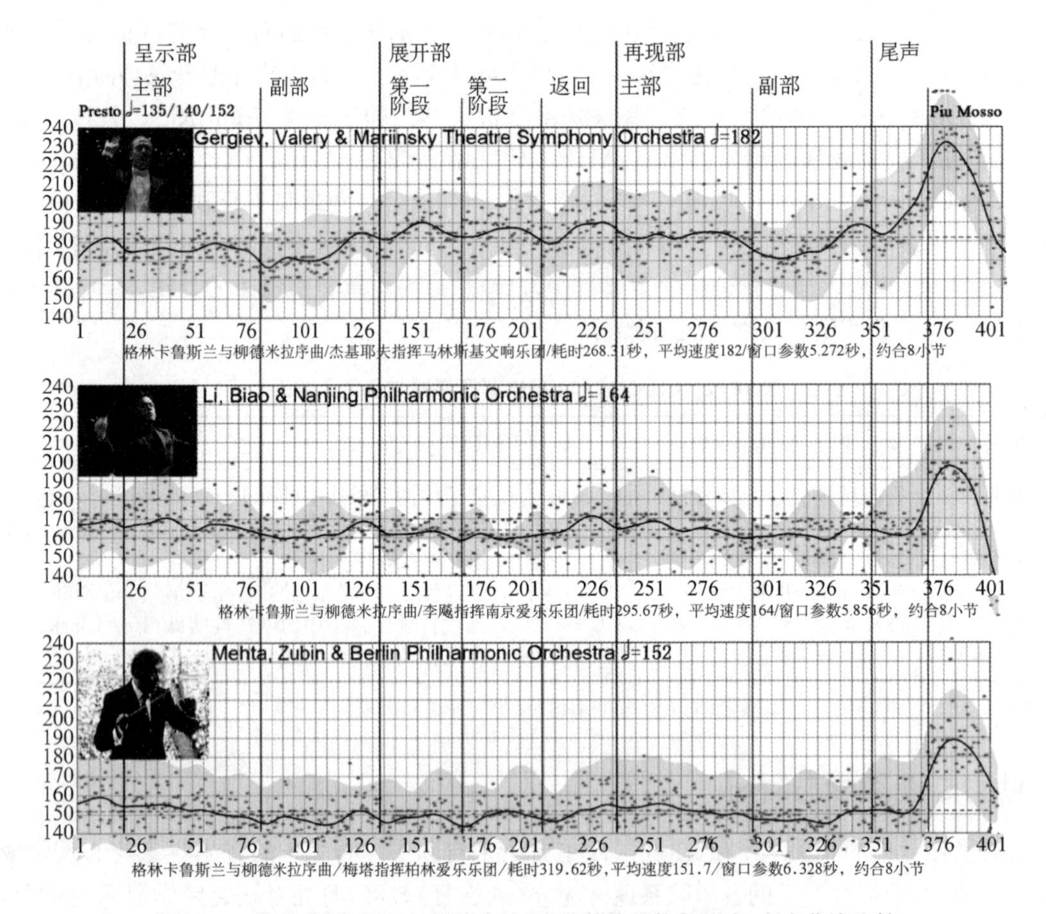

图 18-1 格林卡《鲁斯兰与柳德米拉》序曲整体结构与速度-力度曲线比较

① 节选版参见：杨健. 音乐表演的情感维度[J]. 音乐艺术（上海音乐学院学报），2005(3)：34～49+6。

② 例如：Lanskey B, Emmerson S. Playing with Variables: Anticipating One Particular Performance of Bach's Goldberg Variations[M]//MATHEMUSICAL CONVERSATIONS: Mathematics and Computation in Music Performance and Composition, 2016: 129-152；李小诺. 音乐创作和表演中的方言元素——以汪立三钢琴曲《蓝花花》的创作、表演的可视化分析为例[J]. 音乐艺术（上海音乐学院学报），2020(2)：115-122+5；高拂晓. 神秘主义——斯克里亚宾钢琴作品及表演的美学问题[J]. 中央音乐学院学报，2015(4)：14-26。

学位论文①，广泛涉及了古今中外的各种表演形式及作品，体现了音乐表演量化分析在教学与科研层面的普遍适用性。

第二节　音乐表演量化分析的主要方法

一、波形频谱类

在绝大多数软件应用中打开音频文件所默认显示的是波形图，从中只能大致看出音乐的强弱起伏变化，在音乐表演分析中直接运用的机会并不算多。相对而言，能够呈现音色变化等丰富细节的声谱图/时频图更受青睐。例如，在图 18-2 中采用声谱图(借助 Sonic Visualiser 生成，横坐标是时间，纵坐标是频率，颜色深浅表示强度大小)对比分析了意大利著名男高音歌唱家帕瓦罗蒂(Luciano Pavarotti，1935～2007)与一名匿名学生演唱多尼采蒂(Domenico Donizetti，1797～1848)的《偷洒一滴泪》(选自歌剧《爱的甘醇》)末尾的华彩句。从中我们可以清晰地看出，歌王帕瓦罗蒂之所以是帕瓦罗蒂，首先在于他那招牌式的音色，这表现为在基频之上均匀分布的泛音与稳定的颤音，特别是 2 000～3 000 Hz 附近的共振峰，这带来了一种独特的金属质感；相比之下，学生演唱的弱点在声谱图中也可以看得很清楚，例如不够稳定的音准与颤音，以及过度挤压的音色等。

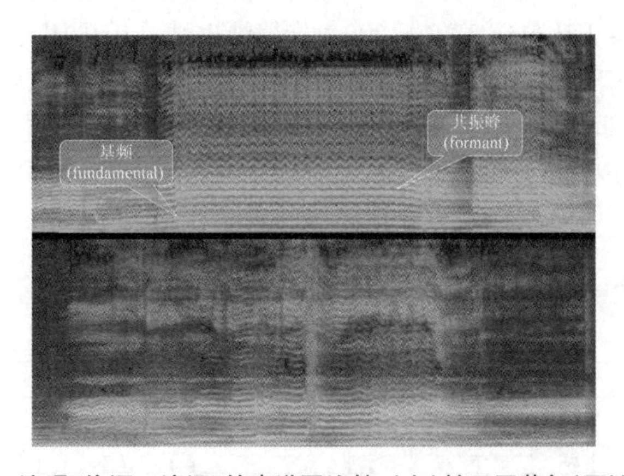

图 18-2　演唱《偷洒一滴泪》的声谱图比较：(上)帕瓦罗蒂与(下)匿名学生

音准问题可能在图 18-3 中呈现得更清楚，该图通过音高修正软件 Celemony Melodyne② 生成，可以视作一种特殊的波形-音高图，横坐标为时间，纵坐标为音高(每一刻度代表一个十二平均律半音)。细的曲线为局部的音高变化，色块为每个音符的振幅(可近似等同于演唱力度)。从中可以看出，帕瓦罗蒂每个音的音准都是坚挺的直线；学生的很多音符都像弯弯曲曲的毛毛虫。另外，在滑音与力度变化等细节方面也有着较大差别。例如在最后的 y 和 z 号音符上，帕瓦罗蒂做了一个感人至深的渐强，然后自然滑向结尾，而学生的处理则明显有些草率，把掏心掏肺的爱情表白，搞得像平淡无奇的例行公事。

二、节奏节拍类

(一) IOI 偏离度曲线

在以上的例子中，两个演唱版本的细微差异，其实还在于对节奏与节拍的灵活处理。例如，图 18-3 中所有本该时值相等的八分音符在实际演唱中都有不同程度的弹性拉伸等。为了研究方便，我们需要定义一个术语：起奏间隔(Inter Onset Interval，IOI)，表示一个音符起奏的时刻到下一个音符起奏时刻之间的时间间隔。在通常情况下，音符的实际演奏时值和音符表示的时值并不一样(音与音之间多少有间隙)。

① 例如：段雩虹. 钢琴演奏版本的可视化研究[D]. 北京：中国音乐学院，2018；马继超. 古琴声音的数字化研究[D]. 南京：南京艺术学院，2015；刘九宇. 万哈尔《低音提琴协奏曲》演奏分析[D]. 上海：上海音乐学院，2019。

② 官方网站：https://www.celemony.com/。

图 18-3 演唱《偷洒一滴泪》波形-音高比较:(上)帕瓦罗蒂与(下)匿名学生

因此,即使在没有休止符的情形下,相邻两音的 IOI 与音符的时值甚至实际演奏时间的意义也是不同的。图 18-4 对比了克莱伯(Carlos Kleiber, 1930～2004)指挥维也纳爱乐乐团与夏小汤指挥中国爱乐乐团演奏小约翰·施特劳斯(Johann Strauss Ⅱ, 1825～1899)的《蓝色多瑙河》片段。其中,纵坐标表示的是 IOI 的偏离度,即实际演奏的起奏间隔,比乐谱规定的应有时值长了(正值)还是短了(负值)百分之多少,横坐标与音符一一对应。在乐谱下方分别标明了按照先后顺序的音符编号;IOI 耗时,即一个音符起音到下一个音符起音消耗的时间,以秒为单位,以及 IOI 偏离度的具体数值,以百分比为单位。

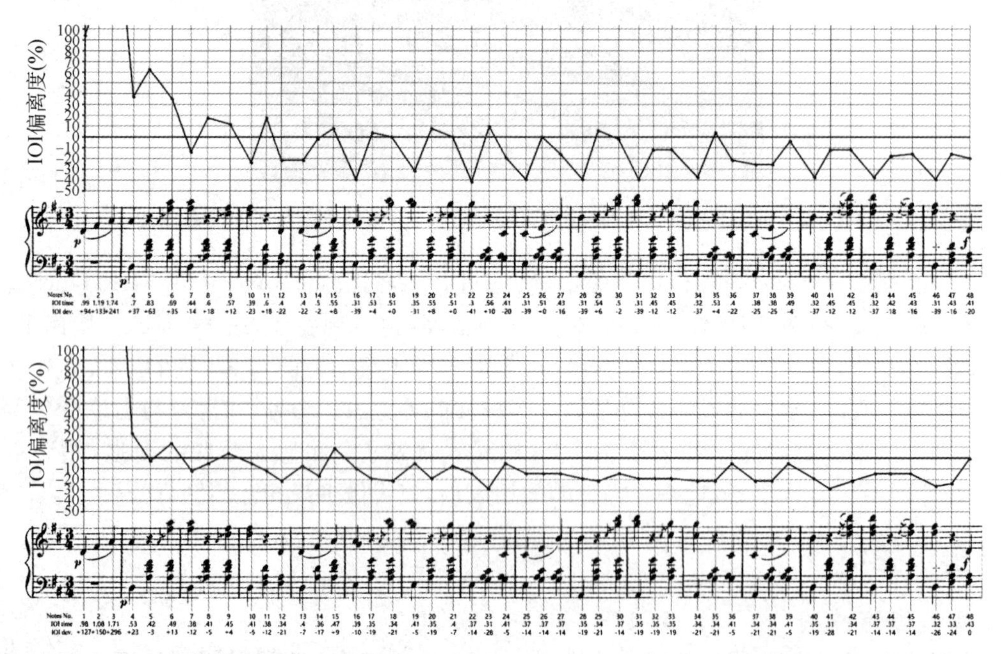

图 18-4 演奏《蓝色多瑙河》IOI 偏离度比较:(上)克莱伯指挥维也纳爱乐乐团与(下)夏小汤指挥中国爱乐乐团

(二) 微观律动分析

从图 18-4 可以看出,正宗的维也纳圆舞曲风格,包含一种特殊的三拍子律动感。在图 18-4 上方维也纳爱乐乐团的演奏中,每小节的第 1 拍大多较短,第 2 拍被拉长,第 3 拍介于第 1 拍与第 2 拍之间,例如第 10 号到第 12 号音符的 IOI 偏离度分别为－23%、＋18%与－22%,而中国爱乐乐团的演奏则基本没有这种律动因素。如果我们把这些拍点进行平均值处理,就可以更直接地通过简单的数值来呈现这种差异(图 18-5)。克莱伯指挥维也纳爱乐乐团的三拍子比例是 1∶1.44∶1.32,带有点切分效果,具有鲜明的维也纳圆舞曲风格；夏小汤指挥中国爱乐乐团的三拍子比例是 1∶0.93∶1.03，相对较为平均，更接近于交谊舞或广场舞的律动感。

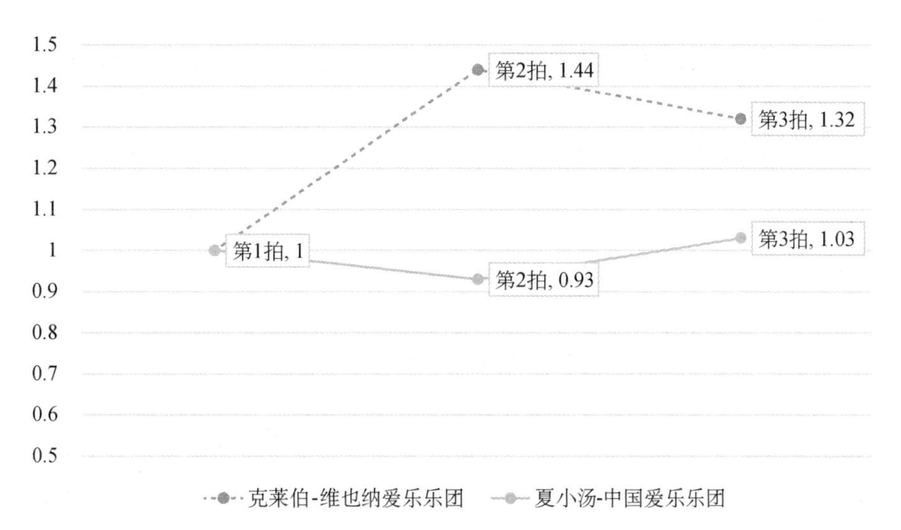

图 18-5　施特劳斯《蓝色多瑙河》圆舞曲 1(2～16 小节)平均节拍比例

三、速度力度类

图 18-4 中前三个音符较高的 IOI 偏离度与乐曲整体速度的慢起渐快有关，即单个音符的时值伸缩以及所产生的实际效果与乐曲的整体速度等密切关联，而从较大的宏观尺度来看，成组音符相联合的时值伸缩实际上就逐渐演变为(或等效为)乐曲整体速度的弹性起伏。由于在实际演奏中速度与力度变化通常又具有较强的关联性，这时候便更适合采用速度-力度曲线之类的方法进行分析。

(一) 速度-力度曲线

在图 18-6 中，纵坐标是每分钟节拍数(Beat per Minute，BPM)，横坐标对应于乐谱上的小节数；点是每一拍的"瞬间速度"，黑线是采用高斯窗(Gaussian Window)平滑处理以后的速度曲线，曲线上的灰边表示相对力度的大小。可以看出，正如西肖尔、尤斯林等音乐心理学家所指出的，演奏速度在各个尺度上都是一个非常活跃的变量，其中包括音乐结构的因素，富有生命运动感的表情因素，偶然偏差的因素以及故意违背惯例俗套的个性化因素，等等。这些因素混合在一起，看起来非常杂乱无序，难以分清主次，也很难提炼出有价值的信息。因此，必须把原始的"瞬间速度"数据进行平滑处理，以突出主要信息。

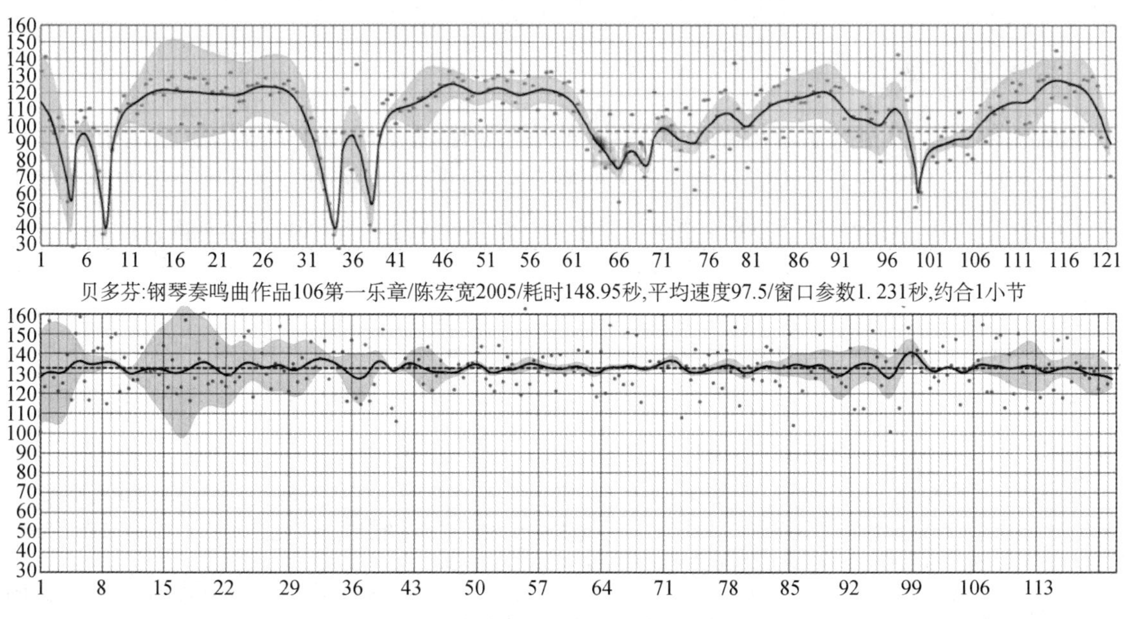

图 18-6　贝多芬《降 B 大调钢琴奏鸣曲》速度-力度曲线：(上)陈宏宽与(下)恒定速度版

值得一提的是，上海音乐学院钢琴系原主任、美国茱莉亚学院陈宏宽教授演奏的贝多芬《降 B 大调钢琴奏鸣曲》作品 106，曾在音乐界与学术界引起轩然大波①，争议部分集中于第一乐章的速度，是否接近了贝多芬所标注的每分钟 138 拍。采用速度-力度曲线，可以很清楚地分析这个问题。图 18-6(上)是对陈教授 2005 年 1 月 13 日那场音乐会现场录音的分析，可以看出，开头的瞬时速度确实达到了每分钟 130 到 140 拍左右，但随后速度的弹性变化非常丰富，呈现了音乐内在结构的曲折变化与细腻的表情因素；如果通过技术手段"拉直"这些速度弹性变化，如图 18-6(下)所示，那么演奏效果就会大打折扣，几乎完全失去了大师级的风采。

(二) 演奏蠕虫

为了讨论速度与力度的相对关系，德国音乐学家朗格纳(Jörg Langner)想到了一个将音乐表演中这两个最重要的维度放到同一个可视化模型中讨论的方法。如图 18-7 所示，这个模型目前已经被运用在音乐表情和演奏风格的研究中。图中横坐标代表的是力度，纵坐标是速度(力度和速度数据均事先经过平滑处理，根据研究的需要，纵横坐标设置与朗格纳最先提出的不尽相同)，当音乐进行时，每一时刻的速度和力度均用一个小圆环记录下来，这些圆环不断增多就形成了一条包含乐曲全部速度和力度信息的完整轨迹。如果再用颜色的深浅和圆环的大小来渲染一下透视效果，并把小节数标注在"关节"附近，便恰似一条"能听得懂音乐的蠕虫"从远处优雅地爬过来，因此这种有关速度-力度-时间的三维模型也被形象地称作演奏蠕虫(Performance Worm)。可以看出，演奏蠕虫确实能够在很大程度上反映出演奏者的个人风格倾向，但是由于很容易发生前后重叠的情况，所以不是十分适合在纸面呈现。

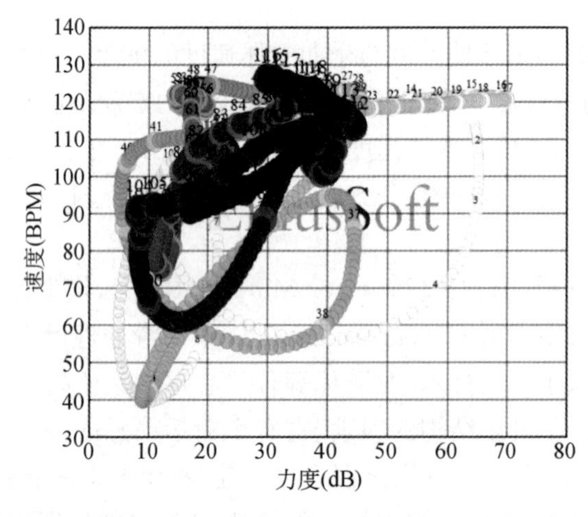

图 18-7　陈宏宽演奏贝多芬《降 B 大调钢琴奏鸣曲》1～121 小节演奏蠕虫

四、身体姿态类

如果说演奏蠕虫直观展现了音响层面轻重缓急的形态变化，那么演奏者的身体姿态，往往与这些音响形态之间有着千丝万缕的联系。近年来越来越多的研究文献，把乐谱、音响与演奏者身体的形态变化通过跨模态映射(Cross-modal Mapping)都统一到音乐形态(Shape)或姿态(Gesture)的框架下讨论②。这种有关音乐形态的框架则有点像表演研究中的万物理论(Theory of Everything)，贯通了原本分散于各个不同子学科中的乐谱、音响与体态问题(图 18-8)。

接下来以科普兰(Aaron Copland，1900～1990)的芭蕾音乐《牧场竞技》(Rodeo)中的《土风舞》(Hoe-Down)主题为例，简要讨论这个理论框架的应用潜力。首先，从科普兰自己指挥这个作品的视频中，我们

---

① 参见：杨燕迪. 琴声中的朝圣之旅——记陈宏宽钢琴独奏音乐会[J]. 钢琴艺术，2005(5)：3-8；朱贤杰. "贝多芬可不是节拍机"——就作品 106 号速度问题与杨燕迪商榷[J]. 钢琴艺术，2005(9)：3-10；杨燕迪. 再谈贝多芬作品 106 的速度问题——回应朱贤杰先生的质疑[J]. 钢琴艺术，2005(12)：3-9；杨燕迪，陈宏宽. 贝多芬演奏与速度处理[J]. 钢琴艺术，2007(10)：7-10。

② 参见：Daniel Leech-Wilkinson，and Helen M. Prior，eds. Music and shape[M]. Oxford：Oxford University Press，2017；高拂晓. 姿态的阐释——西方音乐表演研究的前沿问题及意义[J]. 星海音乐学院学报，2019(3)：123-137 等。

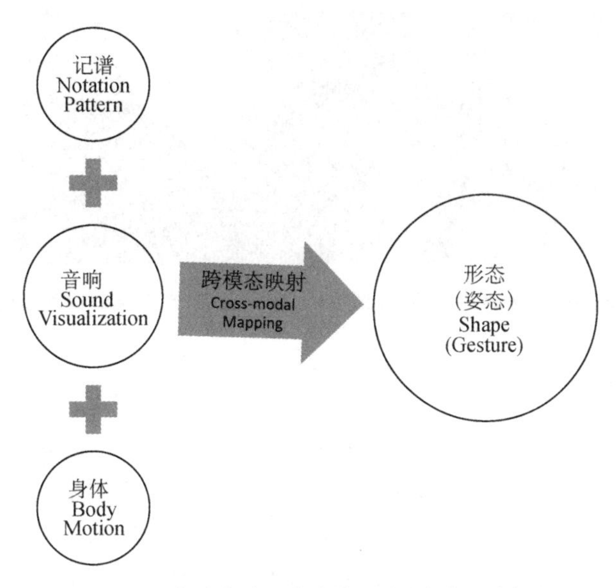

图 18-8　音乐表演研究中的形态/姿态理论框架

可以觉察到，在重音的地方，他有点头弯腰等明显向下的动作。然而，在作品的原版总谱中，他在最需要突出的重音处(图 18-9 中标注"?"的音符)却给弦乐标注了上弓，这极为反常。如果结合芭蕾编舞，这个上弓可能与在这个音附近有向上跳跃的动作有关；此外，乐队中其他声部也可以帮助突出这个重音。而在作曲家自己改编的小提琴独奏版本中，科普兰并没有给出弓法，很多演奏者沿用了乐队总谱中的上弓。但毫无疑问，只有下弓的动作才能与这个重音相配。

图 18-9 呈现了某国际比赛获奖者在演奏这部作品时的音响与身体形态：在音程跨度较大以及标注"?"的重音处，他通过下弓与向下的肢体动作以及时值上的稍稍延后与延长有效凸显了该主题中的这些重要支撑点。从图 18-10 我们还可以进一步看出演奏中的速度-力度轨迹与身体随时间运动的纵(y)横(x)方向轨迹具有明显的相似性。这也就是音乐形态理论框架中跨模态映射的典型体现。图 18-9 与图 18-10 中的 IOI 偏离度曲线(增加了力度显示)与演奏蠕虫采用 Vmus. net 制作，身体运动轨迹采用视频分析软件 Tracker① 制作。

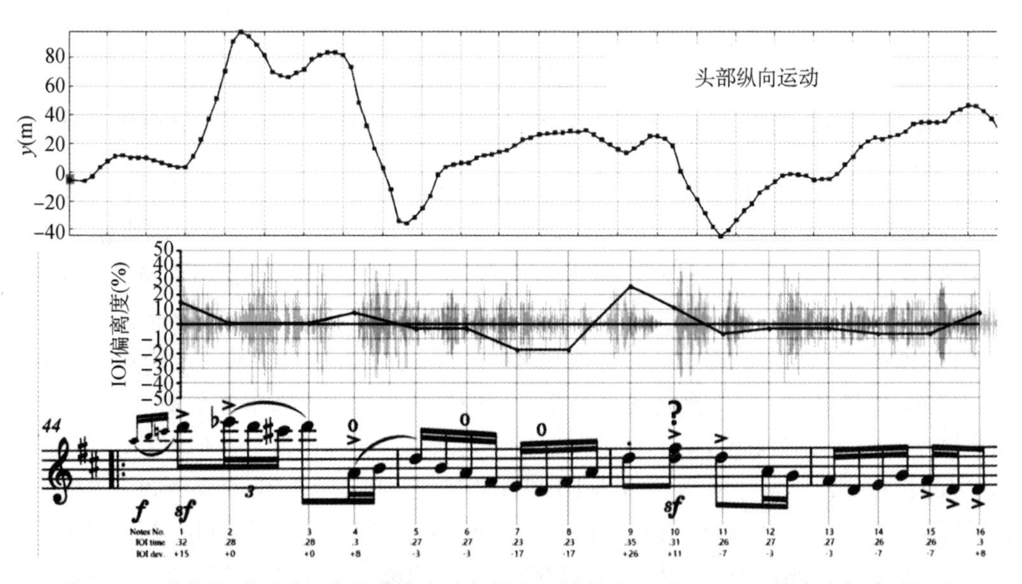

图 18-9　科普兰《土风舞》主题演奏者头部纵向运动轨迹(上)以及 IOI 偏离度与波形(下)

① 官方网站：https://physlets.org/tracker/。

图 18-10　科普兰《土风舞》主题演奏蠕虫(力度 x、速度 y)与头部运动轨迹(人中位置)

五、演奏(唱)技巧类

以上这种身体姿态的分析如果能结合高精度的三维动作捕捉设备,还可以做得更为深入,并进一步揭示演奏、演唱技巧等方面的细节。例如德国汉诺威音乐、戏剧与媒体学院(Hochschule für Musik, Theater und Medien Hannover)的埃尔文·肖恩德瓦尔特(Erwin Schoonderwaldt)在瑞典皇家理工学院撰写的博士论文以及后续研究中,以巴赫《E 大调小提琴无伴奏组曲》(BWV1006)前奏曲等作品为例,探讨了小提琴运弓与换弦中的运动轨迹、压力与倾斜度等(图 18-11),对小提琴教学具有一定参考价值。

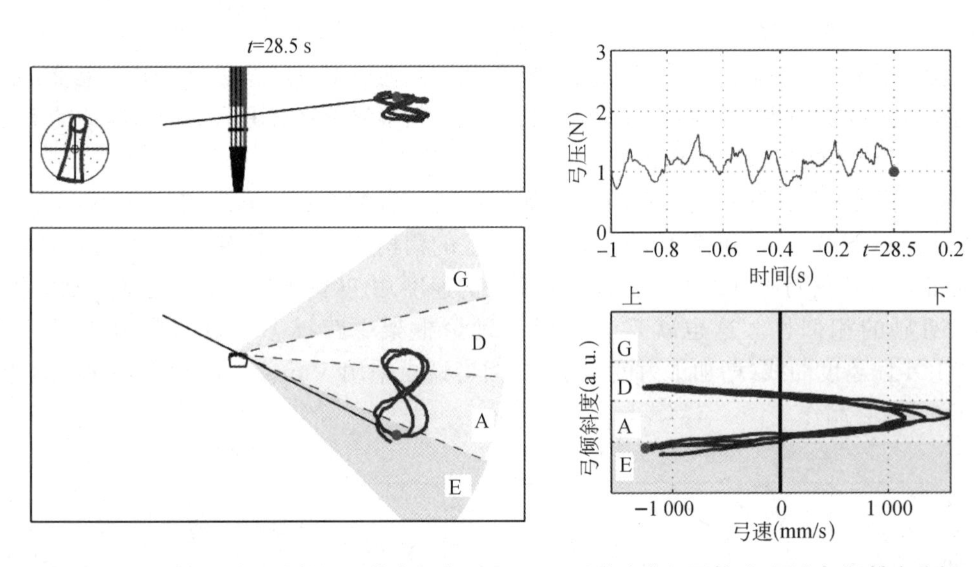

图 18-11　巴赫《E 大调小提琴无伴奏组曲》(BWV1006)前奏曲运弓轨迹、压力与倾斜度分析

在 Sonic Visualiser 的诞生地伦敦玛丽皇后大学数字音乐研究中心,先后有多位中国籍的博士生从事以数学建模为主要方法的音乐表演研究,例如杨璐威比较了二胡与小提琴以及中国京剧老生与正旦角色中的颤音与滑音(图 18-12)等。此外,西班牙庞培法布拉大学音乐科技研究组在欧盟的 CompMusic 项目①资助下,也采用了计算方法对包括中国京剧在内的世界多民族音乐进行了分析建模。由于学科定位与研究目标不同,这类基于音乐信息(自动)提取和算法处理的研究,虽然并不一定能够对音乐表演实践与教学产生直接影响,但却对进一步拓展传统的音乐学研究视野与方法具有潜在价值。

对于声乐演唱与管乐吹奏来说,由于对乐器的操控大部分在身体内部,更加难以控制且容易引发职业伤害,所以相应的技巧分析通常需要 X 光或 MRI 等能够透视人体的医用设备。例如美国格登学院的人体运动学教授彼得·伊尔蒂斯(Peter Iltis)在核磁共振圆号知识库项目(The MRI Horn Repository Project)②的支持下,通过 MRI 动态扫描了包括柏林爱乐乐团圆号演奏家莎拉·威尔斯(Sarah Willis)在

① 参见:https://compmusic.upf.edu/。
② 参见:https://www.gordon.edu/mrihorn。

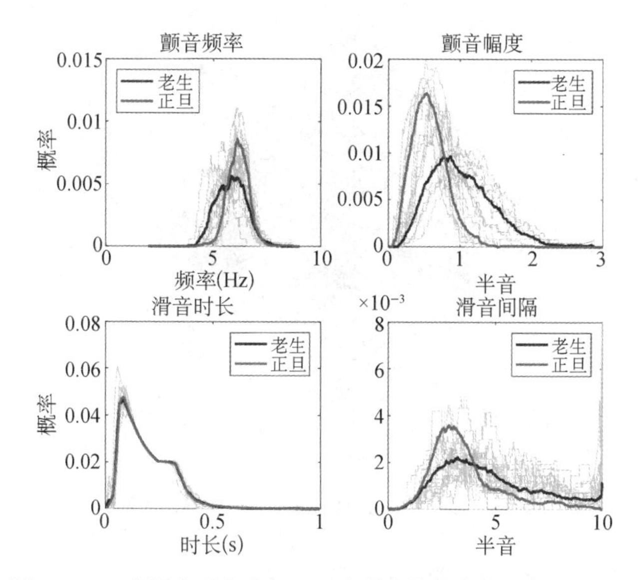

图 18-12　中国京剧老生与正旦演唱中的颤音与滑音对比分析

内的多位著名管乐家，研究如何在教学中有效避免“口疮性肌张力障碍”(Embouchure Dystonia，EmD)等职业伤害并提升练习效率等问题，如图 18-13 所示。

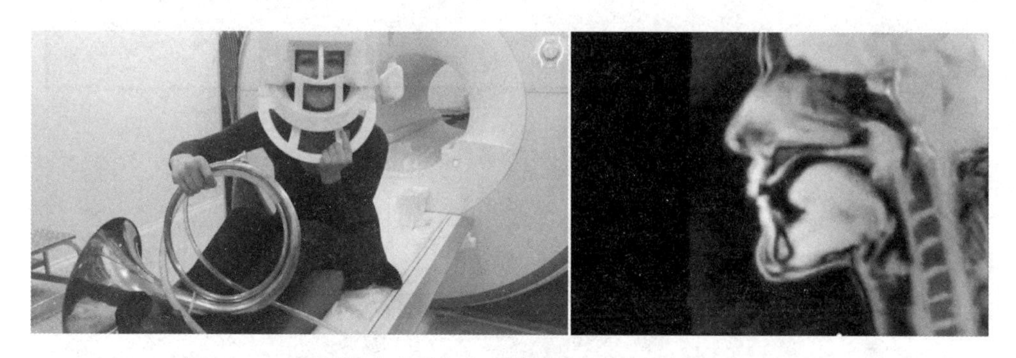

图 18-13　圆号演奏家威尔斯在核磁共振机中示范演奏连音技巧

六、数据统计类

在面对大量样本进行音乐表演的量化分析时，经常需要对数据进行具有概括性的统计、整理与可视化。在前文所提及的 CHARM 子课题玛祖卡项目(Mazurka Project)中，为了对数千首录音进行整理分析，库克教授联合斯坦福大学的克雷格·萨普(Craig Sapp)教授开发了一整套工具。在个案分析的尺度上，他们主要采用了与本文之前介绍的速度力度分析相似的方法，利用平滑处理后的速度与力度数据生成速度-力度图景(Timescapes and Dynascapes)。如图 18-14 所示，组成方块的上方与下方两个三角形分别采用色调差异来呈现宏观(靠近上下两角)与微观(靠近水平对角线)尺度的轻重缓急变化，水平方向是时间，标注了小节数，并采用黑线划分出了 8 小节左右的乐句。显然，这样的图景与先前介绍的速度-力度曲线以及演奏蠕虫有相似之处，基于同类的原始数据，但更注重对全曲的概括性呈现，而非过程性展现。库克教授主要用它来研究演奏中的乐句拱形(Phrase Arching)特征，即在乐句的开始处渐快渐强，而在乐句的结束处渐慢渐弱。图 18-14 呈现了苏联钢琴家、教育家涅高兹(Heinrich Nauhaus)在 1955 年演奏肖邦《玛祖卡》作品 63 之 3 前 32 小节的乐句拱形特点。上下相当对称的图案表明，他在处理速度与力度变化时非常同步，形成了十分规整且鲜明的乐句拱形。

为了统计并比较大量来自不同时代与文化背景的钢琴家演奏录音中的乐句拱形特点，库克教授团队还尝试绘制了乐句拱形强度随录音时间变化的散点图(图 18-15)。其中，每一个点代表一个不同的录音，横坐标是录音年代，纵坐标表示乐句拱形的强度：一个录音在散点图中位置越高，就包含有越多的乐句拱形。显然，图 18-15 中向下箭头所指的涅高兹的录音具有非常突出的乐句拱形特征，但乐句拱形却不像很

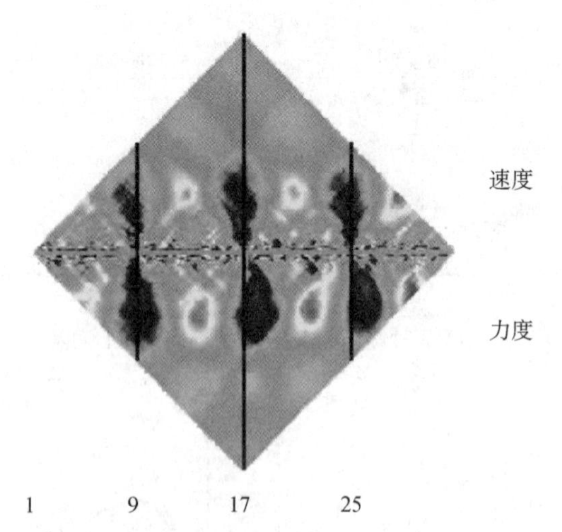

图 18-14　涅高兹演奏肖邦《玛祖卡》作品 63 之 3 前 32 小节的速度-力度图景①

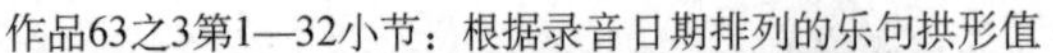

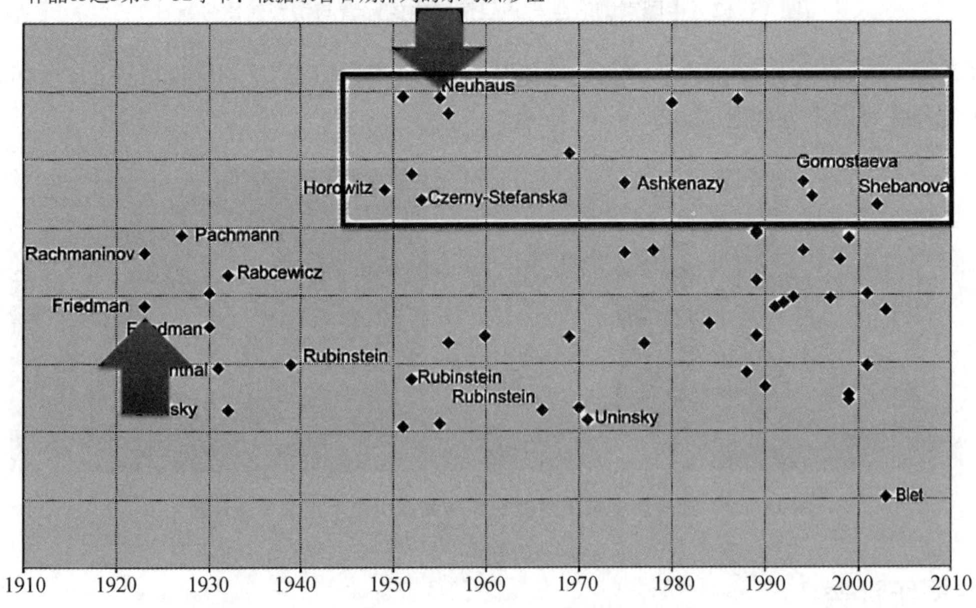

图 18-15　肖邦《玛祖卡》作品 63 之 3 乐句拱形散点图

多音乐心理学家所认为的，是一种放之四海而皆准的普遍规律。相反，乐句拱形具有明显的时代与地域文化差异，例如用方框圈出的以涅高兹为代表的，活跃于 20 世纪下半叶的二战后俄系钢琴家，在乐句拱形的程度上大都较为明显，而 20 世纪上半叶的大部分录音在乐句拱形方面就显得不那么典型。

乐句拱形已经涉及了音乐表演研究中比较专业的演奏风格问题。近年来全世界的舞台实践与学术研究中，演奏风格问题比较集中于西方早期音乐特别是巴洛克音乐的复古演奏实践方面。偏向于基于历史信息来进行构思处理的风格被称为历史知情表演（Historically Informed Performance，HIP），反之大致可以被称为主流表演（Mainstream Performance，MSP）。对于这样一个非常复杂多元的演奏风格问题，很多学者采用的是历史、哲学或美学的纯文科研究方法，但澳大利亚新南威尔士大学的多罗蒂亚・法比安（Dorottya Fabian）教授在以巴赫小提琴无伴奏作品为研究对象的新著作中却采用创新思路，定量比较了近三十年来的四十多个录音版本。她不仅证明了历史知情表演因素整体上的递增趋势，而且还让人基本信服地验证了主流表演的演奏者普遍受到历史知情表演影响的客观事实。

如图 18-16 所示，法比安教授根据分句（Phrasing）、重音（Accenting）、弓法（Bowing）、和弦演奏法（Multiple Stops）、装饰音（Ornamentation）、节奏、力度与发音（Tone）等具体特征，对各个录音在历史知情

① 参见：https://www.charm.rhul.ac.uk/analysing/p9_4.html。

Performer, Release Date	HIP										MSP							
	Phrasing	Accenting	Bowing	Multiple stops	Ornamentation			Rhythm	Dynamics	Tone (Vibrato & Intensity)	Phrasing	Accenting	Bowing	Multiple stops	Tempo Rubato	Rhythm	Dynamics	Tone (Vibrato & Intensity)
	Short units	Hierarchical; small motives	Inflected, short	Arpeggio light-together	Graces	Embellished	Improvisational	Inflected, grouped	Local, rapid result of bowing	Light, varied inconspicuous	Long melody	Even, regular	Even, smooth intense	Together heavy accent	Phrase length	Accented	Terraced, graded long-range	Intense, even pronounced
Shumsky '83	2	0	0	0	1	0	1	1	0	0	9	8	9	9	9	8	9	9
Ricci '81†	0	0	0	0		0	1	0	0	0	9	10	10	8	9	7	8	9
Schröder '85	8	7	3	6	5	0	3	6	1	7	2	3	7	2	5	5	5	5
Poulet '96	5	4	2	1	1	0	2	3	1	1	6	5	8	8	3	7	7	7
Luca '77	9	8	8	9	8	7	7	8	7	6	0	1	3	0	1	5	2	3
Kuijken '83	5	5	6	7	3	0	2	4	1	7	7	7	5	2	5	6	3	4
Kuijken '01	5	5	6	8	3	1	2	4	1	6	6	7	4	1	5	6	3	5
Perlman '86	0	0	0	0	0	0	0	1	0	1	9	9	9	9	7	2	8	9
Van Dael '96	9	9	9	6	4	2	9	9	9	9	0	0	0	3	1	1	1	1
Kremer '80	1	0	0	1	0	0	1	1	0	1	8	9	9	9	8	6	7	9
Kremer '05	8	6	4	0	0	1	1	4	1	5	4	7	7	9	5	8	7	7
Holloway '04	9	8	9	9	2	0	8	9	6	9	1	2	1	1	1	4	0	0
Wallfisch '97	9	8	9	9	3	1	6	8	9	8	1	1	1	1	2	3	1	1
Huggett '95	10	10	10	10	4	5	9	10	10	8	0	0	0	0	6	5	0	0
Mintz '84	0	0	0	0	0	0	0	1	0	2	9	9	9	10	5	4	8	9
Mullova '87*	1	0	0	0	0	0	0	0	0	0	8	9	9	7	3	3	2	8
Mullova '94†	3	6	4	5	1	1	2	4	3	7	6	1	5	3	0	6	4	2
Mullova '09	8	9	9	8	8	8	9	9	8	9	2	1	3	4	3	3	2	0
Lev '01†	6	7	2	3	0	0	1	5	2	3	3	3	7	4	6	7	2	6
Buswell '94	2	4	3	2	1	0	3	2	1	6	7	6	6	5	1	6	7	3

图 18-16　历史知情表演与主流表演演奏风格的量化指标及评分表

表演与主流表演方面的倾向进行了 0～9 分之间的定量评分，并采用颜色深浅突出了相应分数的高低。可以看出，由于历史知情表演与主流表演的特征大都是互斥的，因此在历史知情表演一侧总分较高的录音在主流表演一侧相应就会偏低。当然，这个分数仅作为风格分类的参考，并非是演奏质量高低的评分。法比安教授的书中有关历史知情表演与主流表演因素的图表，均按照演奏者的出生日期来排序，为了简明清晰起见，编者在图 18-17 中基于她的原始数据，按照唱片出版的年代进行了历史知情表演总分的重新排序与平均值计算，从中可以更为直观地观察出历史知情表演因素在 1980～2000 年间的陡增以及随后仍保持持续增长的趋势。

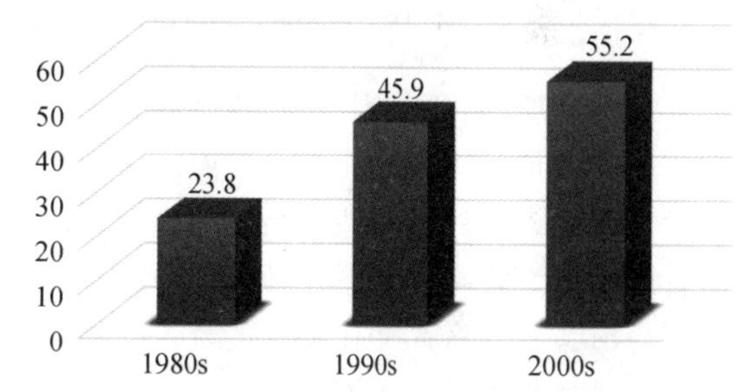

图 18-17　1980～2010 年三十年间历史知情表演因素的整体递增趋势

第三节　相关软件应用简介

一、Sonic Visualiser

目前，有很多音乐类软件或插件都可以对音频文件进行各种形式的量化或可视化（Visualization）分析。如果在免费的专用软件范围内进行筛选，最适合用来进行音乐表演量化分析的综合工具，要数伦敦玛丽皇后大学数字音乐中心牵头开发的 Sonic Visualiser。它在包括前文所提及的 CHARM 等英国与欧盟的多个研究项目的持续资助下由专业团队开发维护，在功能的设计上相对比较贴近音乐学特别是音乐表演研究的需要，且有大量第三方插件支持。

Sonic Visualiser 基于层（Layer）的概念来管理各类音频测量与可视化的任务。打开一段音频文件，默认会开启一个窗格（Pane）层、一个标尺（Ruler）层以及一个波形层。用户可以在这个基础上，根据需要再添加声谱层等更多的可视化或测量辅助层。对于绘制速度曲线这样的表演研究常用分析任务来说，在 Sonic Visualiser 中首先要新建一个时刻层（Time Instants Layer），用来显示与存放分割拍点的数据（图 18-18 中的竖线）；而后要新建一个时值层（Time Values Layer），并把之前在时刻层中标记好的拍点数据选定复制后粘贴到时值层中，再以某种合适的方式（例如速度 BPM 曲线等）显示出来（图 18-18 中的曲线)。在 Sonic Visualiser 中,由于时刻层与时值层的定义具有很高的通用性,因此需要用户设置或选择的参数自然也就比较多。例如在编辑(Edit)菜单下,与新时刻编号(Number New Instants with)相关的选项就多达十余个,有时可能会造成一些使用上的难度。

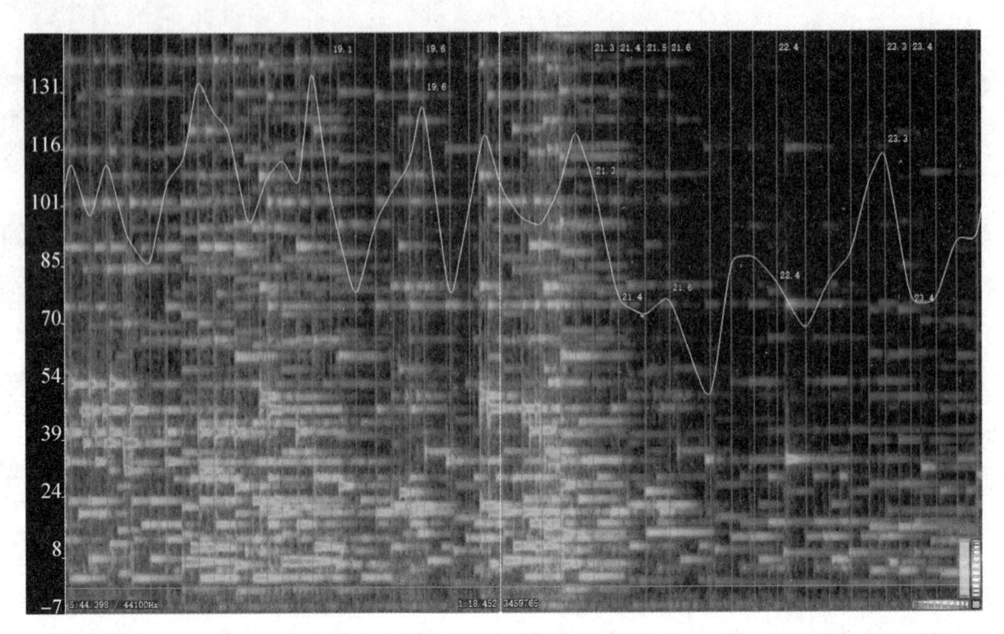

图 18-18 用 Sonic Visualiser 绘制的傅聪演奏肖邦《夜曲》作品 27 之 2 声谱图与速度曲线

如前文所述,正是因为 Sonic Visualiser 功能强大,可自定义的参数全面,第三方插件丰富,反而在一定程度上增加了用户操作的复杂度。为了调和这样的矛盾,近年来 Sonic Visualiser 团队又把对于音乐工作者来说最为实用的一些独特功能整合,开发出两款子产品:Tony(图 18-19)与 Sonic Lineup(图 18-20)。前者以 Sonic Visualiser 中的旋律范围声谱图(Melodic Range Spectrogram)为基础,专门用来分析旋律、颤音与滑音等与音高变化相关的音乐表演参数;后者以原先的 Match 插件①为基础,专门用来进行同一曲目多个录音版本的对齐同步播放与可视化,这对于经常需要细致比较多个演奏(唱)录音的音乐工作者来

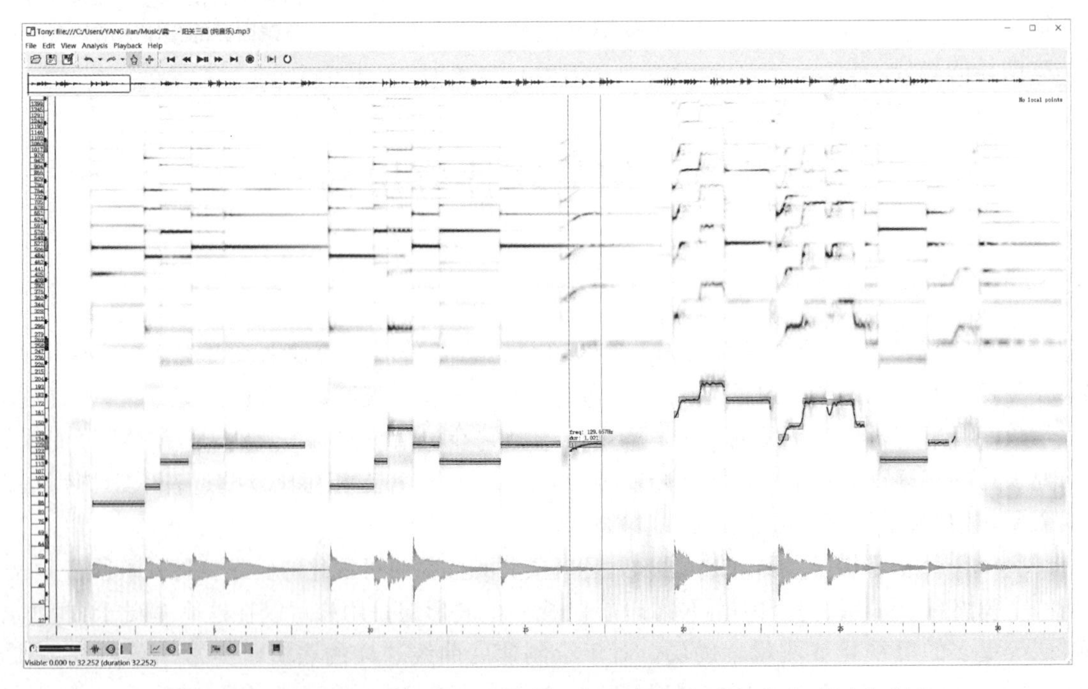

图 18-19 使用 Tony 分析龚一演奏古琴曲《阳关三叠》中的音高、滑音与颤音

① 参见:https://code.soundsoftware.ac.uk/projects/match-vamp。

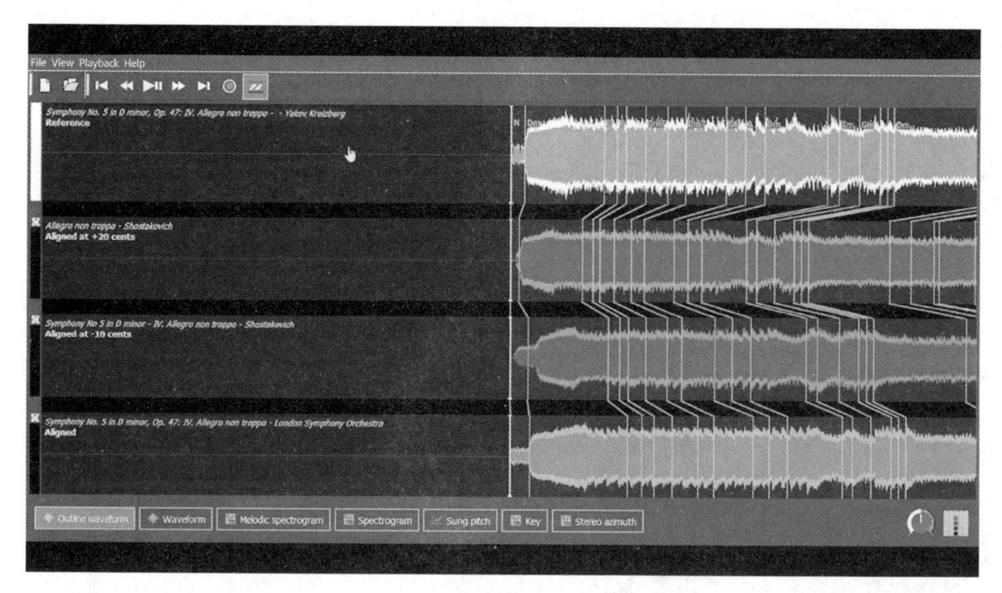

图 18-20　使用 Sonic Lineup 同步对齐肖斯塔科维奇《第五交响曲》第四乐章的多个版本

说是十分贴心的功能。

二、Vmus.net

相比之下，Vmus. net 的功能比较集中于音乐表演研究最常用的范围，是一个轻量级的网页应用。截至 2021 年 6 月，有来自全球的一千四百余名用户分析了他们上传的五千余首音乐。它是编者自 2003 年以来从事音乐表演相关研究的过程中，基于教育部青年课题、国家社科基金艺术学以及上海市“曙光计划”等几个文科类研究项目的少量资助，逐渐发展完善起来的。Vmus. net 也可以用于进行简单的波形频谱类分析，但它最具有优势的方面在于速度与力度类分析。如图 18-21 所示，在 Vmus. net 中进行了与在 Sonic Visualiser 中类似的拍点标记(操作步骤要简单得多)以后，就可以直接生成白底黑线的速度-力度曲线，非常适合直接截图在论文中引用。而类似的速度曲线，如图 18-18 所示，在 Sonic Visualiser 中的默认显示方式就不太适合直接在论文或幻灯片中直接引用，在大多数情况下还需要使用 Excel 之类能够进行数据可视化的软件进行二次处理。

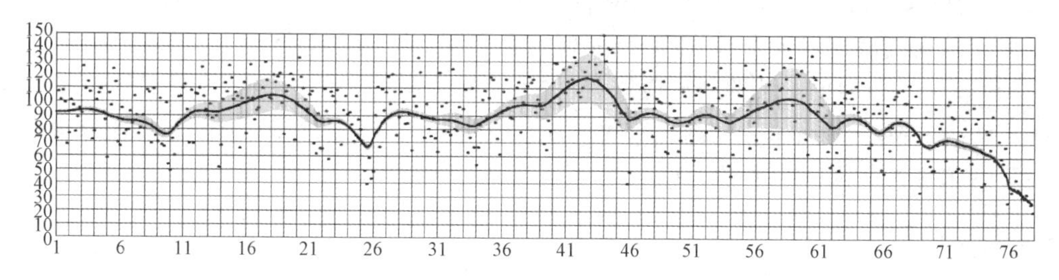

图 18-21　用 Vmus. net 绘制的傅聪演奏肖邦《夜曲》作品 27 之 2 速度-力度曲线

如第二节中所述，Vmus. net 中的速度-力度曲线可以利用高斯窗算法进行不同尺度下的自动平滑处理，并一键切换到演奏蠕虫的显示方式。图 18-22 是在 Vmus. net 中经过不同的窗口大小(Window Size 趋近于零、半小节、一小节和两小节的情况下)平滑处理后的演奏蠕虫，横坐标是力度，纵坐标是速度，分析曲目是卡拉扬于 1964 年指挥维也纳爱乐乐团录制的比才(Georges Bizet，1838～1875)《卡门》序曲。从中可以看出由混沌与萌芽逐渐转向秩序与成熟的有机过程。由此可见，选择恰当的窗口参数对速度与力度数据进行平滑处理，可以有效突出与音乐结构呈现等相关联的主要因素并过滤掉旁枝末节，对于音乐表演的可视化分析具有非常关键的作用。Vmus. net 用来平滑数据的函数如式(18.1)所示，窗口的宽度为 2σ，基本上也就是我们希望观测的尺度范围，以秒为单位。函数表达了平滑后的数据 $y(t)$ 在某个确定时间 t 与未平滑数据 $x(t)$ 之间的关系，F 是采样间隔，以秒为单位，而 k 是一个与 $3\sigma/F$ 最接近的整数。

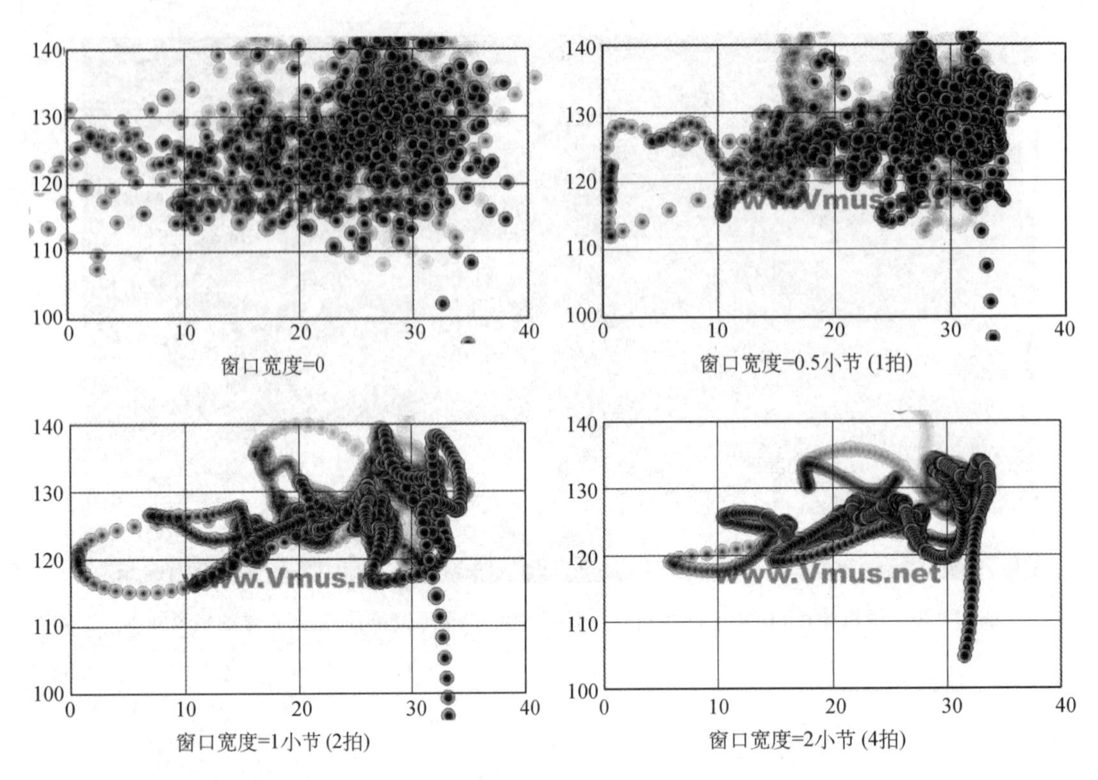

图 18-22　用 Vmus. net 绘制的卡拉扬指挥比才《卡门》序曲在不同平滑窗口下的演奏蠕虫[①]

$$y(t)=\frac{\sum_{i=-k}^{k}\left[x(t+iF)\cdot \mathrm{e}^{-\frac{(iF)^2}{2\sigma^2}}\right]}{\sum_{i=-k}^{k}\mathrm{e}^{-\frac{(iF)^2}{2\sigma^2}}} \tag{18.1}$$

Vmus. net 比较独到的功能还在于它可以直接用来绘制 IOI 偏离度曲线。其中，标记保存音符起音点或拍点（具体看研究目的需要）的过程与绘制速度曲线类似；而后只要点击 IOI 按钮，在弹出界面中上传单行乐谱并拖动调整好音符间距以及相对节拍比例，就可以完成 IOI 偏离度曲线的绘制。图 18-23 展现了 Vmus. net 绘制 IOI 偏离度曲线的操作界面，其完成状态如图 18-4 所示，同样非常适合直接截图在论文中引用。总之，Vmus. net 作为免安装的网页应用，提供了直接面向论文引用（截图）或幻灯片演示（截图或截视频）的一站式解决方案，简化了操作步骤，降低了音乐表演量化分析的技术门槛，还带来了数据共享与远程协作的便利，近年来在学术论著中被大量引用。

三、Tracker

对演奏（唱）者的动作与姿态进行分析，首选方法通常是采用三维动作捕捉设备，但缺点是成本高，且需要穿戴装置并把音乐家带到实验室中录制。因此，在对精度要求不高的情况下，也可以采用软件对事先录制好的视频进行分析。例如，图 18-24 采用了 Tracker 软件对指挥家克莱伯手臂动作的竖直方向运动轨迹进行了分析，并把结果与图 18-4 上方的 IOI 偏离度曲线进行了同步比较。分析结果揭示了他采用微妙的肢体动作，在三拍子圆舞曲的起始阶段精准建立维也纳风格律动感的过程。其中，最重要的细节是在第二小节中的第 1 个与第 2 个拍点（用圈标出），这与他自己曾说的“在圆舞曲中永远不要打第 3 拍”相吻合。

Tracker 软件原本是为了中小学的物理教学而设计的免费视频分析工具。主要用来绘制诸如平抛运

① Vmus. net 说明书：http://cdn. vmus. net/score/VmusNet_Users_Guide_Cn. pdf。

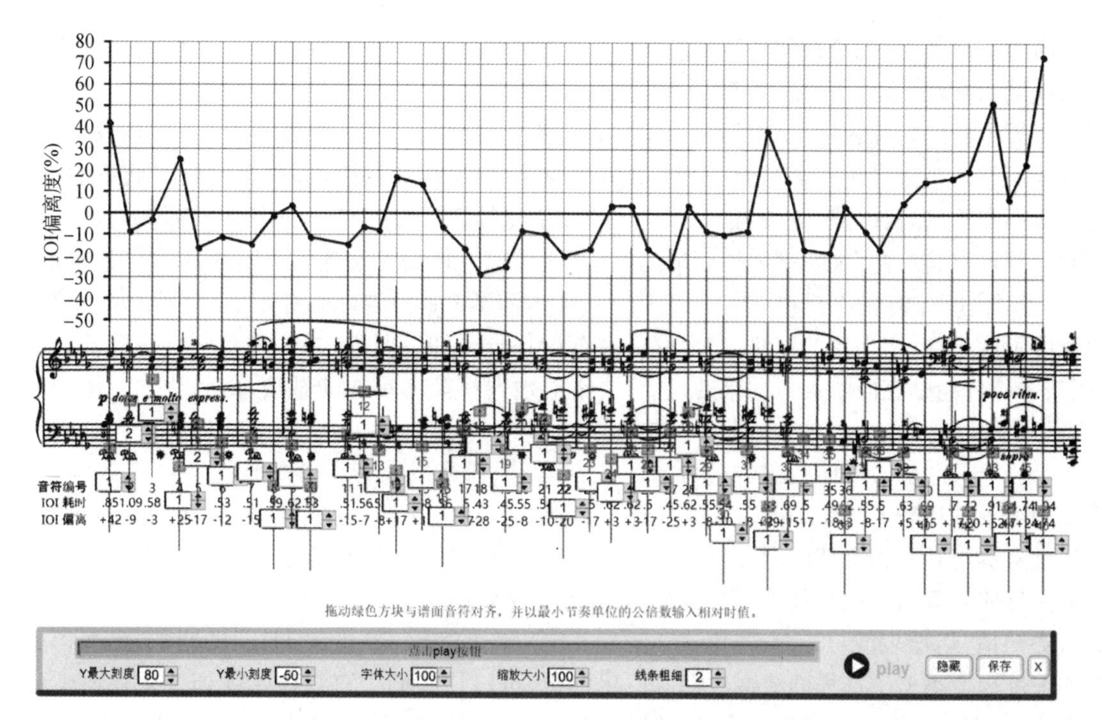

图 18-23　用 Vmus. net 绘制阿格里奇演奏柴可夫斯基《第一钢琴协奏曲》的 IOI 偏离度曲线

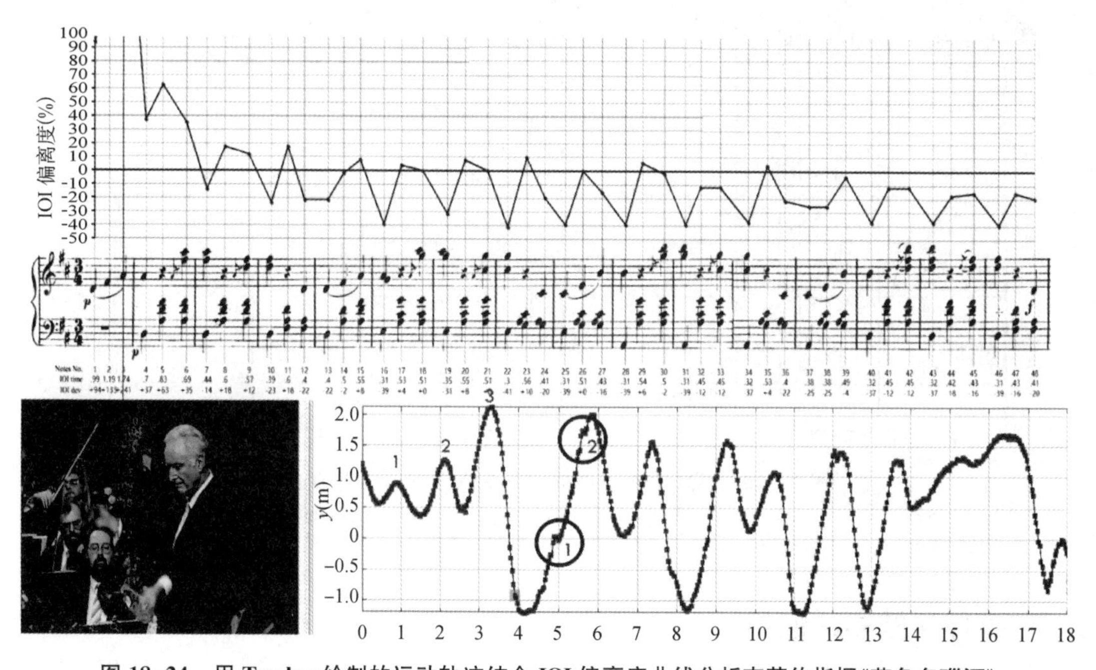

图 18-24　用 Tracker 绘制的运动轨迹结合 IOI 偏离度曲线分析克莱伯指挥《蓝色多瑙河》

动轨迹之类的曲线，使用过程中需要对放慢的视频进行关键点(例如指挥的手)的逐帧标记，可以采用手动标注与自动跟踪两种模式，在视频长度较短且采用固定机位拍摄的情况下具有一定的可操作性。此外，类似于图 18-9、图 18-10、图 18-24 与图 18-27 这样的综合性图表，都需要或多或少采用 Photoshop 之类的图片处理软件或者 Premiere 之类的视频处理软件进行整合，以便于在纸面或幻灯片演示中显示与播放。

第四节　音乐表演量化分析的应用前景

一、在音乐教育与研究赏析中的应用

通过前两节的分类举例，我们不难发现，这些量化分析方法在音乐表演教学以及研究赏析中都具有较

大的运用潜力。事实上，无论在何种音乐表演形式的教学过程中，师生的大多数时间精力往往都集中在音准、节奏、速度、力度和音色等这些具有普遍性且最基本的问题上。过去，由于这些与音响本体相关的参数具有看不见摸不着的特殊属性，师生间往往完全通过听觉和语言来进行判断交流（音准偏高了、节奏偏快了、音量过响了、音色太亮了……），具有很强的不确定性和主观随意性，常常导致效率低下的重复劳动。而通过本章所介绍的各种分析方法与工具，这些微妙变化的音响参数细节，包括表演者相应的肢体动作与肌肉控制，都可以被较为直观明确地加以呈现，且这些表演调控的方法通常具有跨越具体乐器的通用性。例如，在科普兰《土风舞》的案例中（图 18-9、图 18-10），演奏者通过合理的身体姿态，来带动力度与音色对比以及时值延展，以突出重音的做法，完全可以通过量化分析加以明确，并运用到所有乐器的教学中。然而，有相当一部分老师在面临类似困难的时候，会本能地选择简单粗暴的做法，从而让学习体验与教学效果大打折扣[①]。

显然，类似于速度-力度曲线这样的分析手段，在音乐研究以及音乐会导赏之类的任务中，都可以运用。例如图 18-25 比较了 5 位不同时代演奏家所录制的巴赫《a 小调小提琴协奏曲》的速度弹性起伏，并标注了该乐章全奏与独奏相交替的利都奈罗（Ritornello）曲式结构[②]，清晰地展现了音乐表演风格在过去的几十年里在整体上逐渐由激情任性、宏大叙事的浪漫主义转向冷静客观的现代主义，进而又受到带有复古倾向的历史知情/启迪表演（Historically Informed/Inspired Performance，HIP）的影响，而变得更为流动轻盈的动态过程。类似于这样的演奏数据可视化分析，可以让我们很直观地感受到音乐表演中的时代与个人风格差异，而这些通过语言很难描述的微妙因素，对于音乐教学、研究以及赏析来说都十分重要。

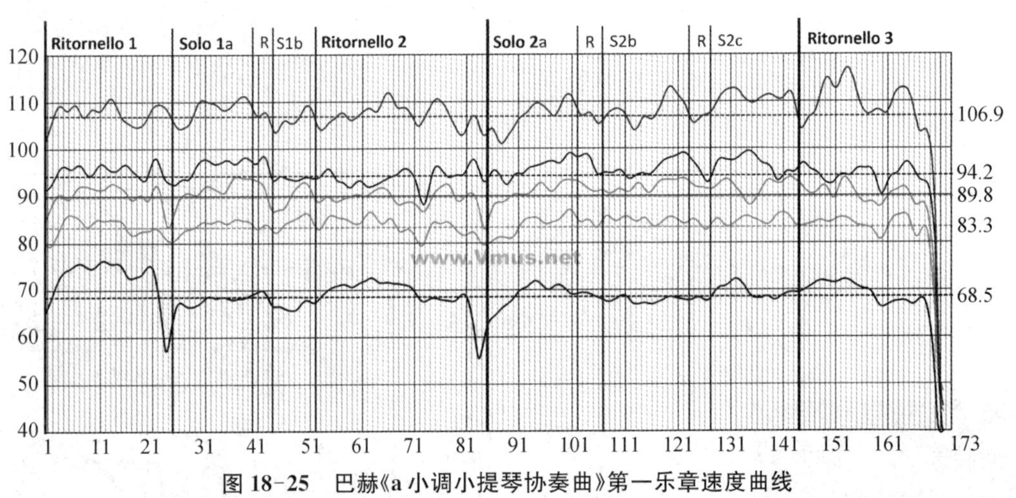

图 18-25　巴赫《a 小调小提琴协奏曲》第一乐章速度曲线

从下到上分别为 1944-施奈德汉（Schneiderhan，1915～2002）、1958-梅纽因（Menuhin，1916～1999）、1978-格吕米奥（Grumiaux，1921～1986）、1990-哈格特（Huggett，1953～）、2014-贝尔（Bell，1967～）版本

二、在媒体科技中的应用

另一方面，从 20 世纪末开始，人们就尝试把音乐表演量化分析的成果，运用于 AI 自动演奏等领域，这当然也会有很好的前景。例如瑞典皇家理工学院的罗伯托·布雷辛（Roberto Bresin）于 1998 年发表了论文《基于人工神经网络的乐谱自动演奏模型》（图 18-26），其中用到了瑞典皇家理工学院的研究小组基于大量分析专业演奏家的录音而积累提炼的演奏规则（Performance Rules）。这些规则包括本章先前所提及的类似于“乐句拱形”这样具有一定普遍性的规律，而最终的演奏是在乐谱分析、决策规则（例如乐曲段落的性质）、演奏规则、人工干预与人工神经网络共同作用下的综合结果。值得一提的是，在自动演奏这个方向上，字节跳动（ByteDance）公司近期取得了突破进展[③]。他们基于自动转谱技术，把一万余首大师级的

① 有关重音的教学方法容易流于简单粗暴，例如这段广为传播的琵琶老师猛推小女孩脖子的视频：https://haokan.baidu.com/v?vid=5841168338791737989。

② 参见：杨健（编订）.巴赫 a 小调小提琴协奏曲[M].上海：上海音乐学院出版社.2011。

③ 参见：https://new.qq.com/rain/a/20201027A06WHG00。

钢琴演奏音视频转为了能够精准还原演奏细节的 MIDI。这个被称为 GiantMIDI-Piano 的数据库对于未来的音乐表演研究以及 AI 自动演奏等领域都具有很大的潜在价值。

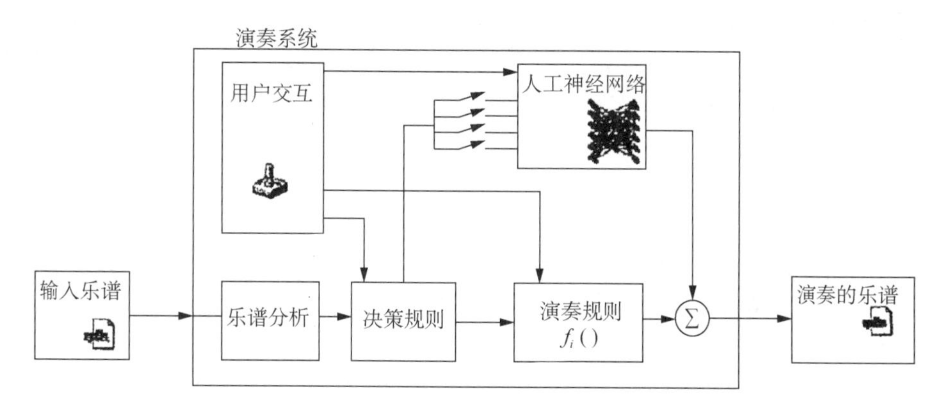

图 18-26　乐谱自动演奏的混合系统模块图

除了自动演奏以外，音乐表演量化研究的很多成果在近年来越来越热门的乐器陪练软件中也有较大的应用潜力。目前，这些软件的基本理念大都建立在音准、节奏与速度等参数都完全按照乐谱精确执行的初级阶段，具有较大的提升空间。根据前文所提及的心理学研究成果以及各种量化分析的结论，高水平的音乐表演在音高（包括颤音、滑音等）、音色、力度与时速等各个维度上相对于乐谱都需要具有艺术目的、体现生命样式与个性创意的变化偏离。这些理念与具体分析数据都可以逐步运用到各种辅助教学与陪练软件中。事实上，已经有不少音乐表演专业的师生把 Vmus. net 上积累的大量分析结果作为辅助学习的参考，而在 Vmus. net 2.0 的开发过程中，我们也考虑使用这些已有的分析结果作为深度学习的训练素材，以求在新版本中让拍点标注等操作变得更智能、更便捷。

三、作为人类必需品的音乐表演

各种量化分析的方法大大提升了我们对于音乐表演的理解与认知，提升了教学与研究的效率，并为人工智能时代的进一步探索奠定了基础。与此同时，不断涌现出的新技术与新方法也持续反哺着带有实证倾向的音乐表演相关研究。例如，早在 2002 年前后，就有学者利用人工智能技术以及演奏蠕虫等方法，对钢琴大师霍洛维茨（Vladimir Horowitz，1903～1989）的个人演奏风格问题进行了创造性探讨。最后，编

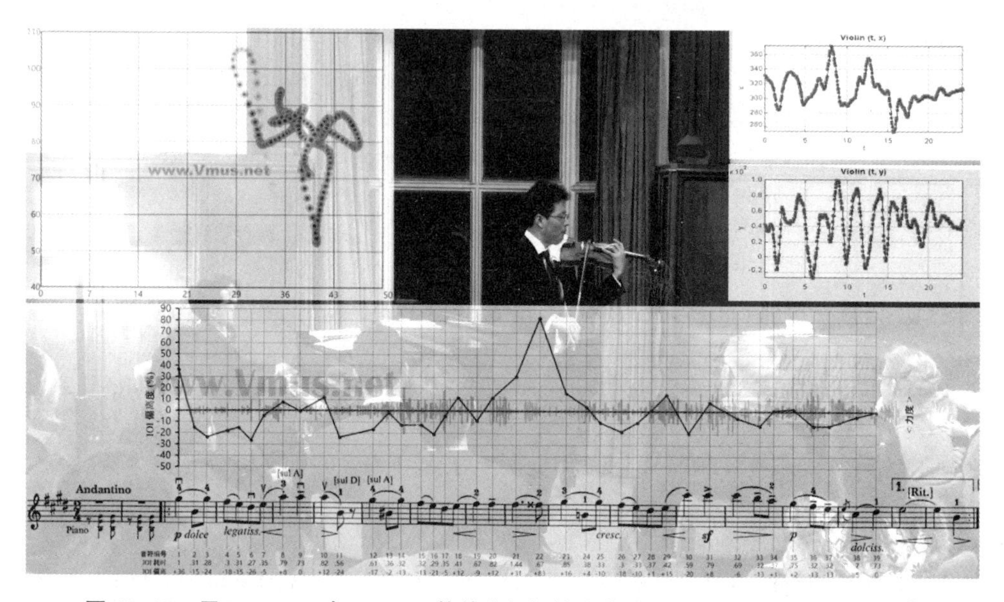

图 18-27　用 Vmus. net 与 Tracker 软件分析杨健演奏埃尔加《爱的致意》现场视频①

① 完整版视频可参见“音乐表演”微信公众号与视频号以及 MusicalPerformance. net。

者采用 Vmus. net 以及 Tracker 等软件，综合分析了自己于 2014 年 2 月 14 日在英国剑桥大学演奏英国作曲家埃尔加(Edward Elgar, 1857～1934)《爱的致意》的现场视频，如图 18-27 所示。其中，画面下方是添加了力度(波形)显示的 IOI 偏离度曲线，左上方是演奏蠕虫，右上方是琴头的横向运动轨迹，右中部是琴头的纵向运动轨迹。我们有理由相信，在这充满变数的后新冠疫情时代，无论未来社会的科技如何发展，人类努力征服困难，通过面对面的音乐表演来交流思想与情感，可能永远不会，也绝不应该被完全替代。

参考文献

杨健. 尼古拉斯・库克论艺术与科学的交汇[J]. 南京艺术学院学报(音乐与表演)，2017(1)：92-98.

Cook N, Clarke E, Leech-Wilkinson D, et al. The Cambridge Companion to Recorded Music[M]. Cambridge: Cambridge University Press, 2009.

Cook N. Beyond the Score: Music as Performance[M]. Oxford: Oxford University Press, 2014.

Seashore C. The Psychology of Music[M]. New York: Dover, 1938.

Juslin, Patrik N. Five facets of musical expression: A psychologist's perspective on music performance[J]. *Psychology of Music*, 2003, 31(3): 273-302.

Parncutt Richard, McPherson G E. The Science & Psychology of Music Performance: Creative Strategies for Teaching and Learning[M]. Oxford: Oxford University Press, 2002.

杨健. 包罗万象的音乐雅集——表演研究网络第二届国际会议侧记[J]. 人民音乐，2013(06)：76-79.

杨健. 20 世纪西方器乐演奏风格的结构特征及其形成原因：基于计算机可视化音响参数分析的研究[M]. 上海：上海音乐学院出版社，2011.

杨健. 论《鲁斯兰与柳德米拉》序曲的文本、分析与演绎[J]. 中央音乐学院学报，2013(2)：94-106.

Yang J. Mathematical thought and empirical approaches in higher education in music [M]//MATHEMUSICAL CONVERSATIONS: Mathematics and Computation in Music Performance and Composition. Singapore: World Scientific Publishing, 2016.

杨健. 音乐表演实践研究的计算机可视化音响参数分析方法[J]. 音乐艺术(上海音乐学院学报)，2008(04)：54-62.

Langner Jörg, Goebl Werner. Visualizing expressive performance in tempo-loudness space[J]. *Computer Music Journal*, 2003, 27(4).

杨健. 音乐表演为何越来越需要研究——关于教学实践与学科建设的思考[J]. 中央音乐学院学报，2020(4).

Schoonderwaldt Erwin. Mechanics and acoustics of violin bowing: Freedom, constraints & control in performance[D]. Stockholm: KTH Royal Institute of Technology, 2010.

Yang L, Rajab K Z, Chew E. AVA: An interactive system for visual and quantitative analyses of vibrato and portamento performance styles[C]// Proceedings of the 17th International Society for Music Information Retrieval Conference (ISMIR). New York: International Society for Music Information Retrieval, 2016.

Iltis P W, Frahm J, Voit D, et al. High-speed real-time magnetic resonance imaging of fast tongue movements in elite horn players[J]. *Quantitative Imaging in Medicine and Surgery*, 2015, 5(3): 374.

尼古拉斯・库克，高拂晓. 化圆为方：肖邦玛祖卡录音中的乐句拱形[J]. 乐府新声(沈阳音乐学院学报)，2013，31(1)：90-98.

Fabian D. A Musicology of Performance: Theory and Method Based on Bach's Solos for Violin[M]. Open Book Publishers, 2015.

Watson C. Carlos Kleiber and Strauss' Die Fledermaus: A lifelong obsession[J/OL]. *The Online Journal of the College Orchestra Directors Association Volume* Ⅻ, 2019, 16: 20.

约翰・林克，编. 剑桥音乐表演理解指南[M]. 杨健，周全，译. 上海：上海音乐出版社，2018.

Bresin R. Artificial neural networks based models for automatic performance of musical scores[J]. *Journal of New Music Research*, 1998, 27(3): 239-270.

Widmer G, Dixon S, Goebl W, et al. In search of the Horowitz factor[J]. *AI Magazine*, 2003, 24(3): 111.

作者：杨健(上海音乐学院)

第十九章
音色分析与主客观评测

第一节　音色的概念以及音色分析应用场景

一、音色概念及影响因素

声音的三要素通常指音高、音强和音色。音高和音强具有较为单一的感知属性，而音色具有多维感知属性，很难由单一属性进行量化描述。音色对应的英文单词包括：Tone Color、Tone Quality 和 Timbre，其中 Timbre 是最通用的术语。韩宝强从逻辑学角度，给出音色的定义：乐音的品质特征是能够将音高、音强和音长都相同的两个音区别开来的一种声音属性。美国国家标准局对音色的定义是具有相同响度和音高的两种声音在听觉属性上显示出来的差异。上述的两种定义都采用排除法来限定了音色的属性，也是在音乐科技领域内被引用最多的定义。当然前者关于音色的定义考虑了音长的因素，因此定义更加准确。影响音色感知的因素有很多，主要包括频域结构、时域包络和响度等。

(一) 频域结构

无论是乐器还是人声，发出的声音都是由多个振动成分合成的复合音。复合音是由于发声体除了整体振动外，还存在不同部位的局部振动。整体振动产生的声音称为基音，局部振动产生的声音称为谐音(有些书中也称为泛音)，基音和一系列谐音构成复合音的谐音列。通常，复合音中的基音振动能量较强，谐音能量相对较弱，因此基音振动频率往往决定这个复合音的主观音高。当然也有谐音能量强于基音的情况，例如中国的民族弹拨乐器琵琶，图 19-1 显示了琵琶演奏 A4 音(基频 $f_0=440$ Hz)时的谐音列。

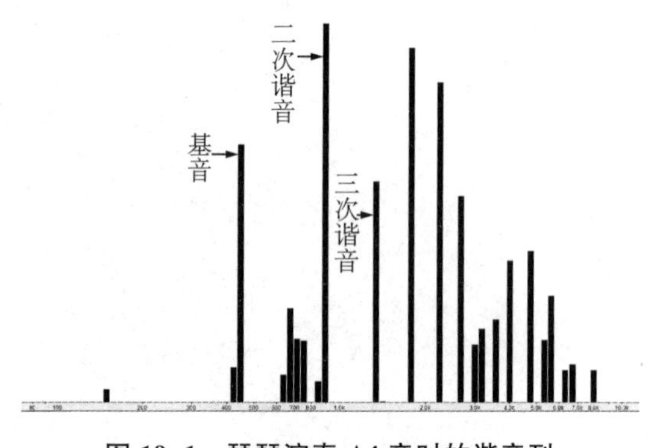

图 19-1　琵琶演奏 A4 音时的谐音列

不同乐器即使演奏相同的音高，但是由于谐音列存在较大的差异，人们也可以很容易听辨出来不同乐器的音色差异。谐音列的差异往往体现在三个方面：谐音数量的不同、谐音之间音程关系的不同、谐音之间能量关系的不同。图 19-2 显示了不同西方乐器演奏 A4 音的谐音列。谐音列最早由亥姆霍兹于 1877

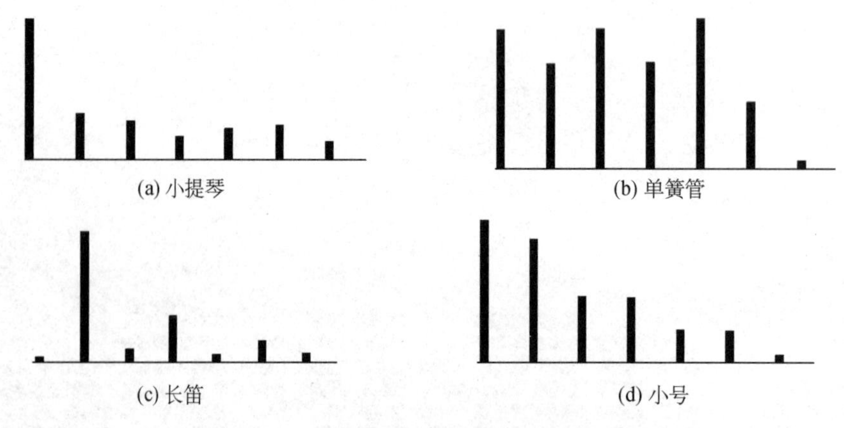

图 19-2　典型西方乐器演奏 A4 音的谐音列

年提出，并且提出谐音列的变化对音色感知的影响最大。他通过对多种乐器进行一系列实验研究之后，提出谐音列与音色感知之间的相关规律：

① 包含简单谐音的乐音（如音叉或管风琴的闭管），多数听起来轻柔悦耳，但是在低频段较为黯淡。

② 带有 6 个以上谐音的乐音（如钢琴、圆号和人声）听起来更丰满，更具乐音的效果。

③ 只含有奇数谐音的乐音（如单簧管、管风琴的闭管），听起来比较空洞。如果基音比较强，总体音色仍比较丰满；如果基音强度较弱，则听起来声音很薄。

④ 带有很强的第 6 次和第 7 次谐音的乐音，音色极为突出，但听起来比较粗涩、短促。

以上讨论的谐音都是与基音呈整数倍的分音，但是有很多乐器的频谱结构中存在着一些并不与基音呈整数倍的分音。这些分音可能会导致乐音音色变得粗糙，而且影响音高的听辨。图 19-3 显示了响棒的频谱结构，由图中可以看出响棒产生的分音完全不与基音呈整数倍关系，因此响棒听起来并没有明确的音高。

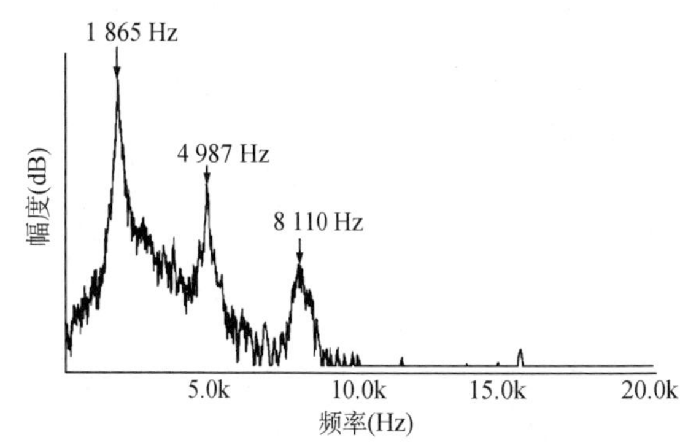

图 19-3　响棒的频谱结构

（二）时域包络

通常乐器或者人歌唱发出的声音在时域上会经历不同的阶段，形成各自独特的时域包络。时域包络通常包含四个阶段，分别是起振阶段（Attack）、衰减阶段（Decay）、持续阶段（Sustain）和释放阶段（Release）。图 19-4 显示了按下钢琴琴键，钢琴单音的时域包络变化。当然对于瞬态乐音时域包络仅包含起振和释放阶段，如图 19-5 所示。图 19-6 显示了常见民族乐器乐音的时域包络，图中结果可以看出民族弹拨和打击类乐器的时域包络仅包含起振和释放阶段，而拉弦和吹管类乐器则包含起振、衰减、持续和释放四个阶段。时域包络是影响音色的重要因素之一，尤其是起振阶段，在很大程度上影响听觉对音色的判断。伯杰曾经将 10 件木管和铜管乐器发音的前后 0.5 s，也就是起振和衰减阶段剔除，让 30 名专业音乐被试辨别这些乐器的音色，实验结果发现很多被试对熟悉的乐器做出了误判。

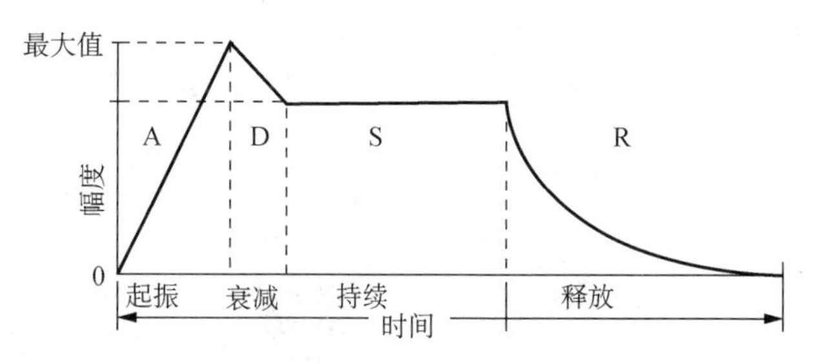

图 19-4　钢琴单音的 ADSR 时域包络

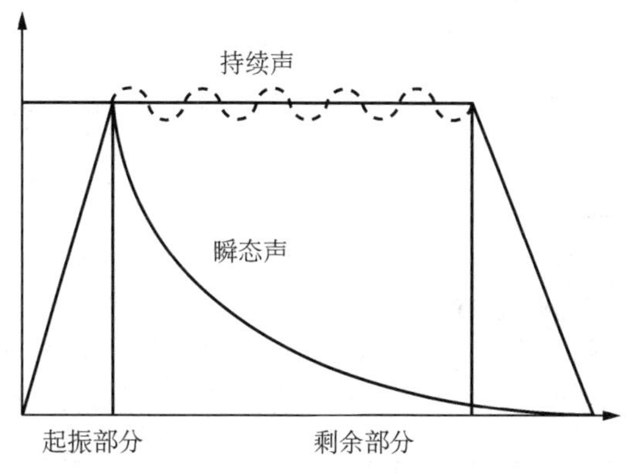

图 19-5　瞬态乐音的时域包络

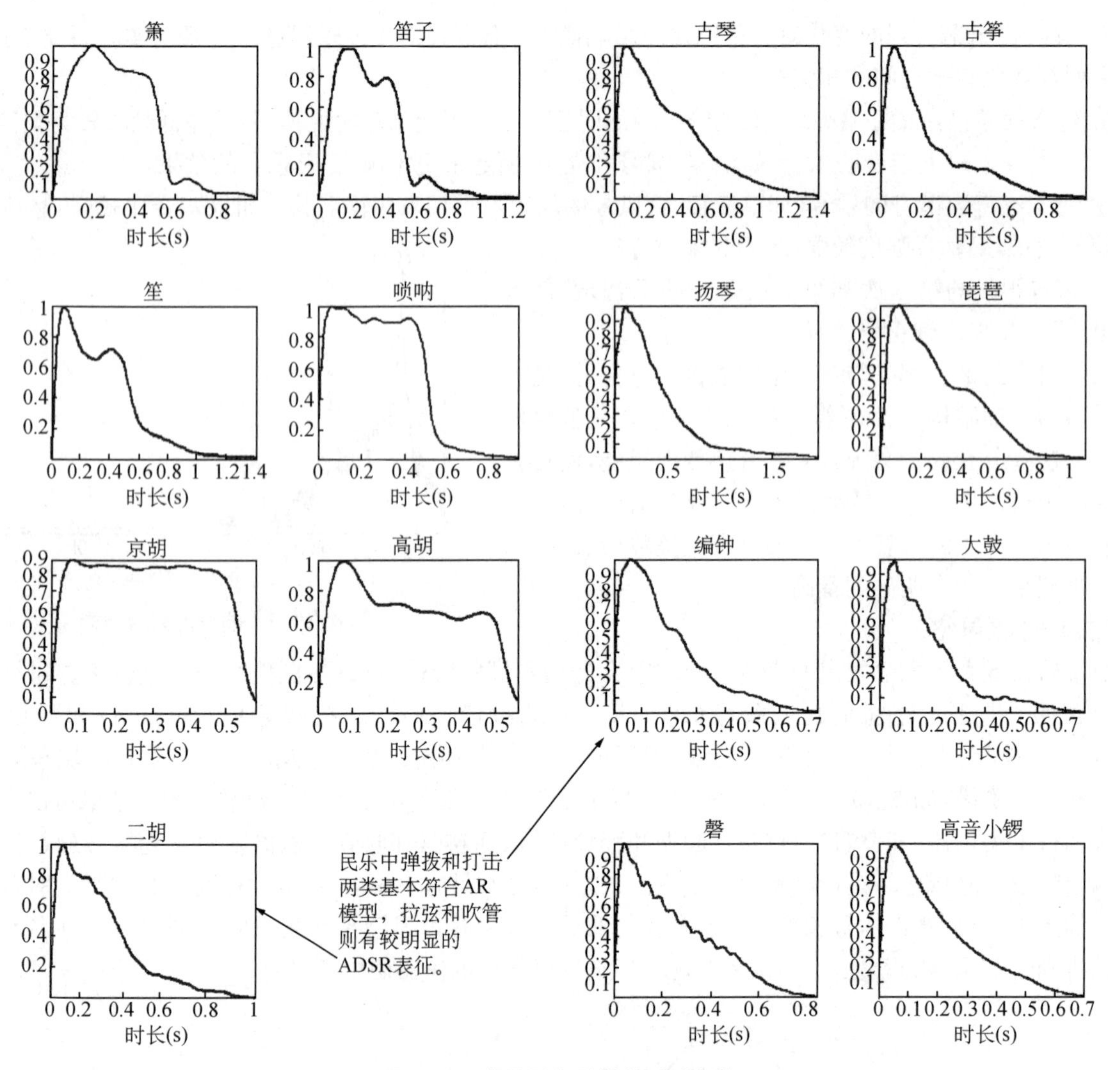

图 19-6　常见民族乐器的时域包络

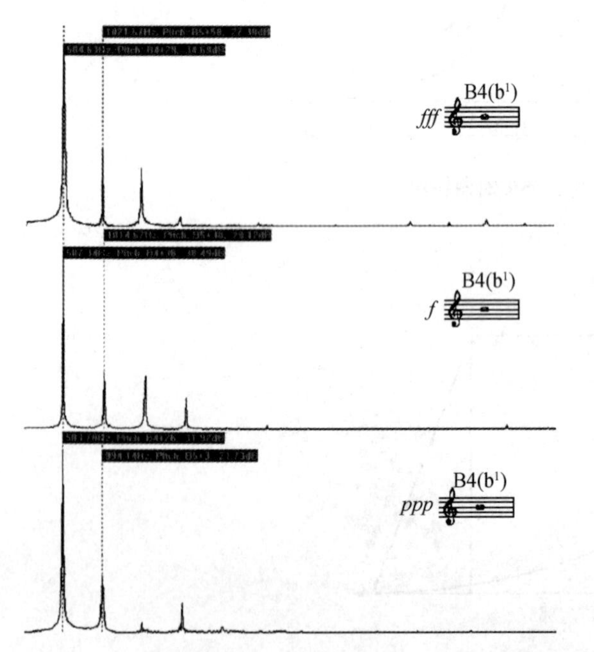

图 19-7　D 调曲笛采用不同力度演奏 B4 单音的频谱结构①

（三）响度与力度

演奏乐器或演唱时，声音的响度也是影响音色的因素之一。图 19-7 显示出 D 调曲笛以三种不同力度演奏相同音高的频谱。从图中可以看出，B4 单音在不同力度演奏下，频谱结构有所差异，在强奏的状态下会激发出更多的高次谐波，从而导致音色更加明亮。

二、音色分析应用场景

当下很多应用领域都离不开音色的分析与评测。具体表现在：

1. 新乐器设计

随着工业 4.0 的不断发展，乐器设计已经逐步从自动化控制发展到智能制造。如何进行新乐器的设计和创新，保证新乐器音色的自然度，都要依赖音色的分析和评价系统。

① 引自：万源. 中国民族管弦乐队中吹管乐器配器法的声学原理[D]. 北京：中国音乐学院，2019：13。

2. 歌声智能评价

随着唱吧、全民K歌等应用程序的发展,如何对大众的歌声进行智能评价已经成为研究的热点之一。智能评价算法的优劣与如何有效地进行歌声音色分析和主观评价高度相关。

3. 声音智能合成

语音合成和歌声合成被广泛地应用到智能语音交互和虚拟歌手系统中。如何让合成的语音或歌声具有真实性和情感化,离不开对声音的音色分析和评价。

4. 编曲或配器的智能优化

近年来各种智能作曲系统层出不穷,不同乐器或者声部之间的音色组合是影响编曲或配器重要的因素之一。

第二节　音色的主观评价与分析

音色具有多维度的主观感知属性,相较响度或者音高更难进行评测。音色的感知还与被试性别、年龄、成长环境、教育背景有关。例如随着年龄增长,人耳对高频感受能力会减弱,因此对音色感知产生影响;接受过长期音乐训练的人群往往比没有接受过音乐训练的人群对音色的差异更加敏感;男性和女性对于"甜美"和"磁性"等形容词可能会有不同的感受。因此关于不同音色的偏爱没有绝对的对错。

一、音色主观评价术语的选取

由于音色的多维度的属性,需要选择多个主观评价术语来描述音色的不同维度。选取音色主观评价术语应考虑常用性、完备性、词义明确性和分布均衡性。通常选取描述音色的主观评价术语可以通过以下几种方式:

① 梳理学术文献中描述音色的术语。

② 搜集音乐媒体中高频使用词。

③ 访谈专业人士。

④ 设置问卷调查。

刘京宇等人曾详细描述了获取音色主观评价术语的过程。他们首先通过对文献和问卷调查的梳理,统计出329个描述术语;然后请5名音乐专家,基于含义模糊以及不适合主观评价实验等原因删除了155个评价术语;随后让21名音乐专家在听辨音乐片段过程中,在剩余的174个术语中选择哪些术语可用于描述音乐片段,基于这个主观评价实验最终保留了32个使用频率最高的术语;之后通过多维尺度分析以及相关性分析,保留了5对主观评价术语,如表19-1所示。

表19-1　描述音色主观评价术语

中文名称	英文名称
暗淡-明亮	Dark-Bright
干瘪-柔和	Raspy-Mellow
尖锐-浑厚	Sharp-Vigorous
粗糙-纯净	Coarse-Pure
嘶哑-协和	Hoarse-Consonant

二、音色主观评价实验方法及应用

对音色进行主观感知实验,可以分成间接评价方法和直接评价方法。间接评价方法例如多维尺度分析法和对偶比较法,而系列范畴法是直接评价方法。以下将以具体范例给予说明。

(一) 多维尺度分析法

MDS是一种将研究对象间相似性或相异性转换成距离，在低维空间中找到对象相对位置坐标并进行聚类和维度分析的方法，在音乐心理学领域中该方法被大量应用于音色建模。MDS分析有多种不同类型，其中基于最优尺度变换的MDS模型(PROXSCAL)是对传统MDS的优化，可以对相似性数据和不相似性数据、多矩阵源等多种数据类型进行分析。

MDS的拟合效果以正态化原始应力(Normalized Raw Stress)和离散所占百分比(Dispersion Accounted For，DAF，类似于RSQ)表征。DAF值越接近于1，效果越好。较小的应力值通常表示较好的拟合解决方案，应力值小于0.2时，认为模型拟合效果较好。由于应力值只能模糊地表示拟合优度，因此会结合碎石图查看拟合效果，并最终确定MDS维度数。在碎石图中，应力大小与维度数成反比，图中的拐点即为可接受应力的最小维度数。下面以音色对西方乐器单音情感感知影响的主观评价实验来介绍MDS方法。

1. 主观评价实验过程

实验信号为18种西方乐器单音，弹拨乐器(吉他1、吉他2、羽管键琴、钢琴、竖琴1、竖琴2)、吹管乐器(小号、长笛、双簧管、萨克斯、长号、单簧管、圆号)和弓弦乐器(大提琴、柔音提琴、中提琴、小提琴1、小提琴2)。其中标有序号1、2的乐器代表由两把不同的乐器演奏。所有单音采用的音高为A4音，均选自维也纳管弦乐音色库(VSL)，尽量采用最简单的演奏方式，采样率为44.1 kHz，量化位数为16 bit。为了避免响度对听感实验的影响，所有实验信号进行响度均衡处理。首先在Audition工作站中依据ITU-R BS.1770-4标准进行响度匹配，归一化到−26LUFS，之后由3名音乐专业被试再对响度进行微调。校准后的重放声压级约在71 dBA。

参与实验的30名被试均为专业音乐被试，年龄在18～25岁之间，专业以录音艺术和音乐学为主，均有5年以上专业音乐学习经历(学习年限平均值=12.3，标准差=4.50)。

将18种西方乐器单音两两配对，要求被试根据情感相似度在9级李克特量表(Likert Scale)上进行评分(1分表示非常不相似，9分表示非常相似)，5分表示具有中等水平的相似度。实验在超静音实验室进行，实验信号由苹果笔记本电脑经过耳机(AKG K271)播放。在正式实验之前，被试将18个单音全部听一遍，感受所有实验信号之间的不同。乐器配对信号共有181对，随机分成3组，配对信号中前后两个信号时间间隔1 s，可以随意播放多次。被试在每组信号之间可以进行适当的休息。实验界面如图19-8所示。

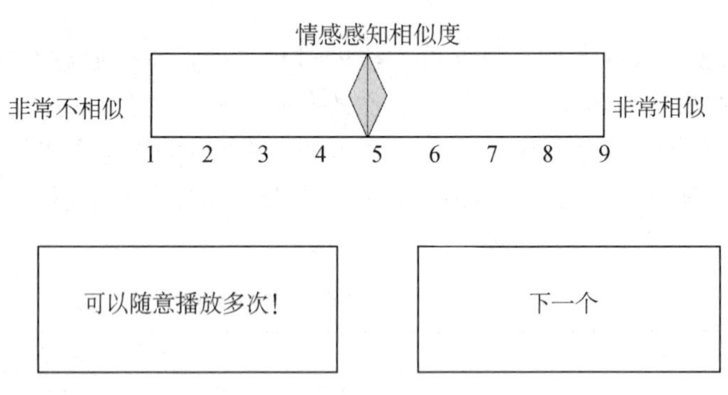

图19-8 情感相似度实验界面

2. 主观评价结果及分析

对30名专业被试的情感相似度结果进行克隆巴哈系数计算，情感相似度计算结果为0.97，被试之间有较好的一致性，结果均为有效数据。通过碎石图(图19-9)可以看出，维度数为2时曲线出现了较为明显的转折，对应的正态化原始应力为0.06，DAF为0.94，即二维空间就已经可以较好地解释研究主体结构的有效信息，因此选用二维空间来解析西方乐器的情感感知相似度空间。图19-10为西方乐器情感感知空间图，从结果可以看出西方乐器按乐器类型出现了聚类，除小号外的吹管乐器大多聚集在空间图左下方，弹拨类乐器分布在右侧，集中于维度1正半轴，在维度2上分布较为分散，而弓弦类乐器多集中于空间图左上方。

通过分析该实验结果与基于情感维度模型得出的西方乐器情感感知结果的相关性，如表19-2所示。结果发现情感相似度的第一维度与愉悦度高度负相关，第二维度与紧张唤醒度高度正相关。

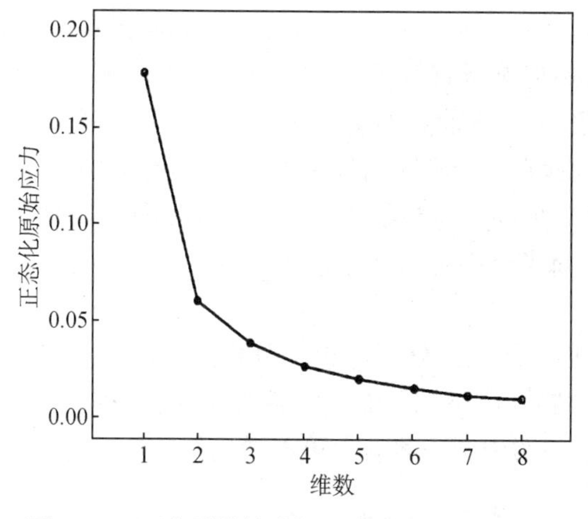

图 19-9　西方乐器情感相似度 MDS 分析碎石图

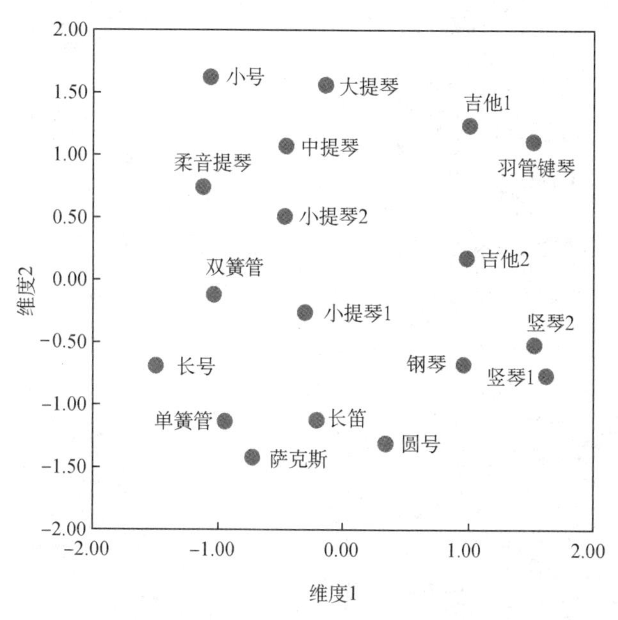

图 19-10　西方乐器情感相似度 MDS 空间图

表 19-2　基于情感维度模型与 MDS 的西方乐器二维情感空间皮尔逊相关性分析

相关性	情感相似度维度 1	情感相似度维度 2
愉悦度	0.63**	−0.04
能量唤醒度	0.11	0.89***

$df=16$，** $p<0.01$，*** $p<0.001$

（二）系列范畴法

系列范畴法，也称为评定尺度法，通过直接方式用于测量顺序量表，即直接让被试对每一个评价刺激在给定的一组范畴上进行评价，适合于评价对象比较多的场合。系列范畴法的理论基础是假设心理量是服从正态分布的随机变量，而且系列范畴法中范畴的边界并不是事先给定的确切值，也是需要通过实验来确定的随机变量。因此系列范畴法通常先通过实验来确定范畴边界，然后再比较每个评价对象的心理尺度值与范畴边界的关系，从而确定每个评价对象所处的范畴。由于系列范畴法让被试直接对评价刺激进行评价，对被试的判断能力和心理稳定性有较高要求，因此在实验前应让被试充分了解实验的过程及范畴的定义。下面以刘京宇等人采用系列范畴法进行中西方乐器音色评价为例，来说明该方法的设置与结果分析。

1. 主观评价实验过程

实验信号共有 72 段独奏乐段，由不同的中西方乐器演奏，其中中国民族管弦乐器 37 件，中国少数民族乐器 11 件和西方管弦乐队乐器 24 件。每首乐段的长度为 6～10 s。

参加实验的被试一共有34名，其中男生16名，女生18名，年龄在18～35岁之间，均有长期专业学习音乐的经历。主观评价实验在短混响听音室进行，混响时间约0.3 s。被试在正式实验之前会有练习环节，一方面熟悉主观评价的流程，另一方面熟悉实验信号。正式实验时，每个实验信号以5 s的间隔重复播放两遍，被试聆听后需要对该片段在5个不同的音色维度打分，打分的区间为[−4, 4]，其中0分表示中立分数。5个评价维度分别是暗淡-明亮、干瘪-柔和、浑厚-尖锐、粗糙-纯净和嘶哑-协和。每个评价维度用时10 min，为了避免被试疲劳，每半个小时被试休息15 min。

2. 主观评价结果及分析

被试结果的一致性检验是通过相关性分析和聚类分析进行的。经过系列范畴法的数据分析，最终的结果如图19-11所示。从图中结果可以看出，中国乐器的音色感知明显区别于西方乐器，例如在干瘪-柔和以及粗糙-纯净两个维度。这说明中国乐器有着更多样化的音色。

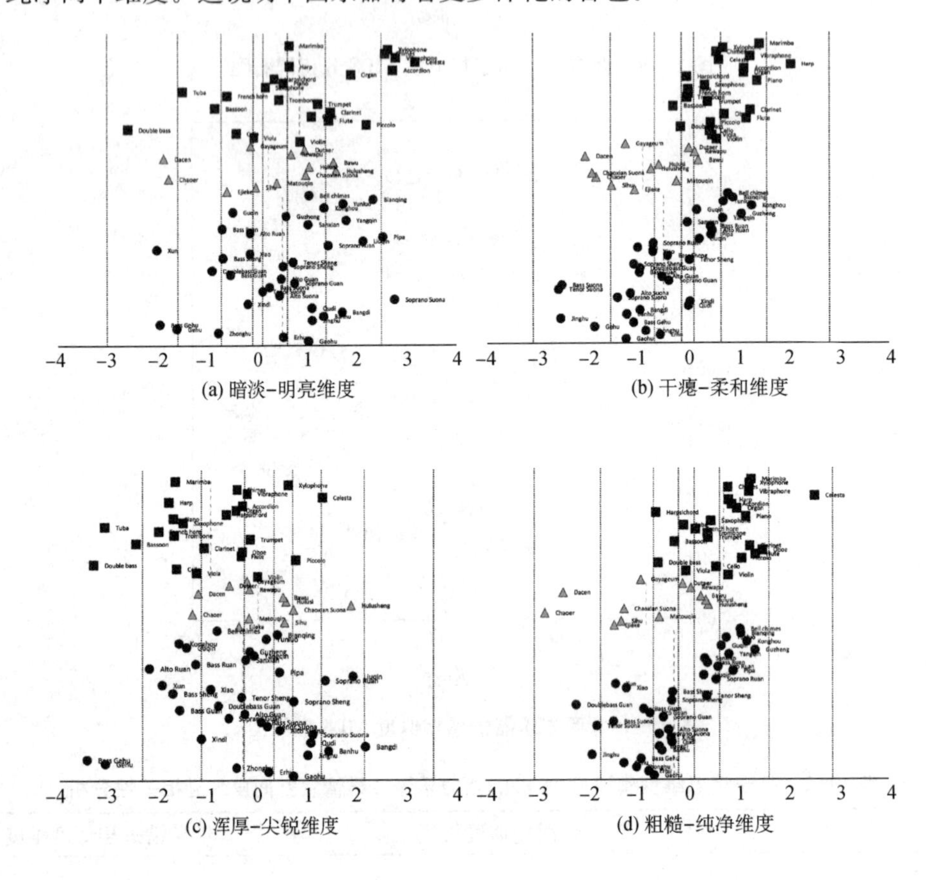

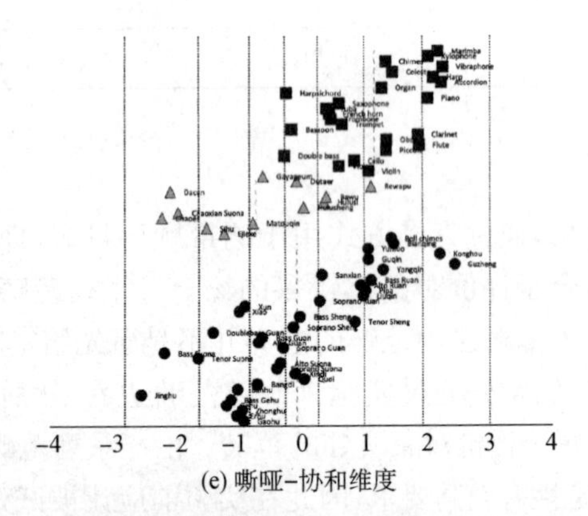

图19-11 中西方乐器独奏乐段在5个不同音色维度上的分布[①]

① 所有图均引自：Jiang W, Liu J, Zhang X, et al. Analysis and modeling of timbre perception feature in musical sound[J]. *Applied Science*, 2020, 10: 789。

第三节　音色客观分析

音色的主观感知容易因人而异，而且实验过程耗时较长，投入人工很多，在现实中很难得到普遍应用，因此越来越多的研究开始聚焦于音色的客观分析与评价，而前提是能够提取最适合表达音色的客观物理特征。

音色主要受到频谱特性、时域包络和响度这三部分因素的综合影响，所以有关音色的客观特征，也主要是从这三个方面进行提取。表 19-3 中列出了常用的特征，接下来将介绍每个特征的提取方法和物理意义。

表 19-3　音色表征的常用客观特征

特征类别	具体特征
频谱特性	谱斜度、谱熵、谱平整度、谱不规则度、谱通量、谱滚降、谱对比度、谱质心、谱方差、谱偏态、谱峰度、谱谐和度、谐噪比、高低谐波能量比、奇偶谐波能量比、梅尔频率倒谱系数
时域包络	ADSR 模型各阶段的时间、跨度、斜率
响　　度	基于心理尺度计算的响度大小

（一）频谱相关特征

1. 谱斜度(Spectral Slope)

根据采样定理，声音的频谱能量分布在从 0 Hz 到 Nyquist 频率的频段范围内。为了表征整体的分布趋势，可以用线性回归的方法，获得一条描述趋势的直线，而这条直线的斜率，就是所谓的谱斜度。一定程度上，这个参数反映了频谱能量如何随着频率变化。越接近于 0，说明频谱能量分布越平坦；越接近于 1 或者−1，说明频谱能量分布越集中在高频或者低频部分。但是，实际乐音的频谱能量分布是很复杂的，仅仅用简单的直线来粗略描述，并不那么精确。

2. 谱熵(Spectral Entropy)

信息熵的概念是著名科学家香农(Shannon)在 1948 年提出来的，概念给出了从概率上度量信息量大小的方法。同样，对于频谱的信息量大小，也可以用谱熵来度量，计算公式如式(19.1)所示，其中，S_f 代表了频率 f 处的幅度大小。

$$H(X)=-\sum_{f}S_f\ln S_f \tag{19.1}$$

由熵的定义可知，如果声音频谱上的频率分布越分散，频谱曲线就会越平滑，则谱熵的值越高。反之，如果频谱的能量集中在少数几个频率上，那么谱熵的值就会较低。可见，谱熵也是用来描述频谱能量分布平滑程度的。和谱斜度相比，谱熵会更加精确。

3. 谱平整度(Spectral Flatness Measurement, SFM)

谱平整度是又一个用于描述频谱分布平滑程度的特征参数。它的计算公式如式(19.2)所示，即频谱上各频点能量的几何平均值除以算术平均值，其中 $x(n)$ 表示频谱上第 n 点的幅度大小。

$$\frac{\sqrt[N]{\prod_{n=0}^{N-1}x(n)}}{\left(\frac{\sum_{n=0}^{N-1}x(n)}{N}\right)} \tag{19.2}$$

如果声音是噪声信号，那么它的谱平整度会接近于 1；如果声音是标准的谐波信号，则谱平整度会接近于 0。所以，对于音乐分类而言，谱平整度是一个非常重要的参数，它可以用来区分音乐和噪声，也可以用来区分不同种类的乐器，甚至用于音乐风格流派或者情感的自动分类。值得一提的是，还存在一个与谱平整度具有强负相关性的特征，即谱峰因子(Spectral Crest Factor, SCF)。如果把谱平整度计算公式中的几何平均值替换为频谱最大峰值，那么得到的就是谱峰因子。谐波信号的谱峰因子会明显高于噪声信号，这一点正好和谱平整度相反。

4. 谱不规则度(Spectral Irregularity)

乐音的频谱一般会在各次谐波处出现峰值，而峰值之间的差异程度可以表征该乐音谐波能量分布的部分特性。谱不规则度就是用来描述这种差异程度的特征参数，它的计算公式如式(19.3)所示，其中 $X(n)$ 表示频谱上第 n 个峰值的幅度大小。

$$x_{\mathrm{ir}}=\frac{\sum_{n=1}^{N}[X(n)-X(n+1)]^{2}}{\sum_{n=1}^{N}X^{2}(n)} \tag{19.3}$$

谱不规则度计算了频谱上相邻峰值的归一化差异程度。这个值越大，说明乐音在各次谐波上的能量分布越不均匀，表征了音色的部分特性。

5. 谱通量(Spectral Flux)

谱通量是同时从时间和频率两个维度上来度量频谱变化的，它的计算公式如式(19.4)所示，其中，$X(n, k)$ 表示第 k 帧信号的频谱上第 n 点频率的幅值大小。

$$x_{\mathrm{sf}}=\frac{\sqrt{\sum_{n=1}^{N}[|X(n, k)|-|X(n, k-1)|]^{2}}}{N} \tag{19.4}$$

由公式可以看出，谱通量计算的是相邻两帧在频谱能量上的差异程度。一般来说，在乐音的起始阶段，以及音高变化的时候，谱通量的值会比较高，而在乐音的稳态或者衰减阶段，谱通量的值会比较低。谱通量的特点在于它在时间维度上度量了频谱变化，一定程度上可以反映音色的时变特性。

6. 谱滚降(Spectral Roll-off)

如果从最高频点开始，逐步剔除频谱中的高频成分，则剩余的频谱能量占比会逐渐降低。当频谱能量下降到一定百分比(一般定在85%到95%之间)的时候，此时剩余频谱的上限频率点即为谱滚降值。如图19-12所示，这是一段音乐信号的谱滚降示意图，对应85%比例的谱滚降值为6 267 Hz。

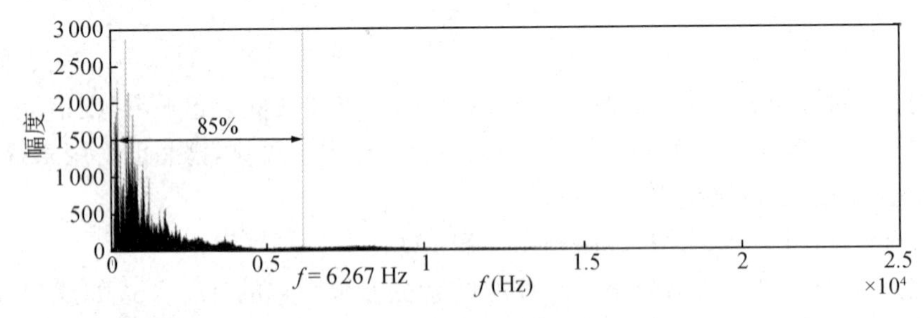

图19-12　音乐信号的谱滚降示意图

7. 谱对比度(Spectral Contrast)

谱对比度是频谱内最大的几个峰值的和，与最小的几个谷值和之间的对数差值。其计算公式如式(19.5)，其中，P_k 是第 k 个峰值幅度，V_k 是第 k 个谷值幅度。

$$C_k=\ln\frac{P_k}{V_k} \tag{19.5}$$

谱对比度在用于音乐信号分析时，可以把整个频谱分为几个倍频带，在每个子频带内分别求各自的谱对比度，得到一个多维的特征向量。可以说它反映了不同频带内的频谱幅值动态范围，与音色有很大的相关性，广泛应用于音乐的风格与情感分类。

8. 谱质心（Spectral Centroid）

谱质心就是频谱的重心所在，计算公式如式（19.6），其中 x 代表频率，$f(x)$ 代表该频率的归一化幅值。谱质心和乐音音色的明亮度有较强的正相关性，一般来说，如果明亮度越高，则谱质心越高。所以这个参数常用作乐器的分类，以及音乐流派的区分。

$$\mu=\int xf(x)\mathrm{d}x \tag{19.6}$$

9. 谱方差（Spectral Variance）

谱方差表征了频谱分布的离散程度，它的计算方法和统计上方差的计算相同，如式（19.7）所示，其中 μ 就是谱质心。如果谱方差的值较低，说明信号频谱能量集中在谱质心附近。

$$\sigma^2=\int(x-\mu)^2f(x)\mathrm{d}x \tag{19.7}$$

10. 谱偏态（Spectral Skewness）

谱偏态描述了频谱的能量分布偏离对称的程度，计算公式如式（19.8）所示。如果频谱分布完美对称，那么谱偏态的值就是 0；如果频谱分布更偏右侧，则谱偏态的值小于 0；如果频谱分布偏左侧，则谱偏态的值大于 0。

$$s=\frac{\int(x-\mu)^3f(x)\mathrm{d}x}{\sigma^3} \tag{19.8}$$

11. 谱峰度（Spectral Kurtosis）

谱峰度用来度量频谱分布的平坦程度，它的计算公式如式（19.9）所示。频谱分布越平坦，谱峰度的值就越小。

$$k=\frac{\int(x-\mu)^4f(x)\mathrm{d}x}{\sigma^4} \tag{19.9}$$

12. 谱谐和度（Spectral Harmonicity）

乐音中谐波是主要成分，理论上各次谐波应该都是基频的整数倍。但实际乐音中，从二次谐波开始，谐波频率都会与理论的整数倍基频值有一定的偏离，而且谐波次数越高，偏离现象越严重。谱谐和度参数被用来衡量这种偏离程度，它的计算公式如式（19.10）所示。其中，f_0 为基频，$f(h)$ 是第 h 个实际谐波分量的频率大小，$a(h)$ 是第 h 个实际谐波分量的幅度大小。谱谐和度的取值在 0 到 1 之间，标准谐波信号的值为 1，其他信号偏离程度越严重则越接近 0。

$$\mathrm{har}=1-\frac{2}{f_0}\frac{\sum_h|f(h)-h*f_0|*a^2(h)}{\sum_h a^2(h)} \tag{19.10}$$

乐器虽然经过精心调校，但现实中也不存在完美谐和的乐音信号，普遍都会存在程度不一的谐波偏离现象。西方经典乐器的谱谐和度一般会好于中国民乐器，但是这种不谐和性反过来也造就了中国民乐器的音色特点。

13. 谐噪比

谐噪比的定义很简单，就是乐音信号中各次谐波成分能量的和，与剩余的非谐波成分能量和的比值。谐噪比越高，说明乐音越接近谐波信号，音色听感也会相对更加和谐悦耳。

14. 高低谐波能量比

亥姆霍兹在 1877 年的著作《音乐理论的生理基础——音调的感知》（On the Sensations of Tone as A

Physiological Basis for the Theory of Music)中描述了不同谐波成分对音色听感的影响。其中，乐音中的高次谐波(也就是指 6 次或 6 次以上的谐波成分)的听感一般会比较刺耳，与之相对的低次谐波则听起来更加谐和悦耳。所以，高次谐波能量与低次谐波能量的比值也是反映乐音音色的重要特征之一。

15. 奇偶谐波能量比

亥姆霍兹的著作中也同样提到了奇次谐波和偶次谐波对音色听感的影响。奇次谐波分量会带来空洞的音质听感，偶次谐波分量则使得音色更加柔美。因此，乐音信号中奇次谐波能量和偶次谐波能量的比值是音色的一个重要客观特征。

16. 梅尔频率倒谱系数

梅尔频率倒谱系数是信号频谱特性的一种表示方法。首先对信号进行离散傅里叶变换，再通过一种非线性尺度的梅尔尺度滤波器组。这种滤波器组通常是由一定数目的交叠的三角滤波器组成。然后计算每个梅尔滤波器输出的归一化能量，最后用离散余弦变换对这组能量值进行去相关处理，求得一组正交化的梅尔频率倒谱系数，如式(19.11)所示。通常取前 12～13 个系数作为最终结果。

$$\mathrm{MFCC}(m)=\sum_{k=1}^{L}(\ln E_k)\cos\left[m\left(k-\frac{1}{2}\right)\frac{\pi}{L}\right],\ m=1,\ \cdots,\ L \tag{19.11}$$

梅尔频率倒谱系数在语音信号处理领域应用广泛，在音乐的音色分析中也有着较多的应用，但它的缺陷在于没有明确的物理意义，无法用来解释结果。

(二) 时域包络相关特征

时域包络的 ADSR 模型已经在前面章节中做过介绍。这里以起振阶段为例，简单介绍可以提取的几个特征，它们分别是：

① 起振时间(Attack Time)：即波形起振阶段从幅值最低点到幅值最高点所用时间。

② 起振跨度(Attack Leap)：即波形起振阶段的幅值最低点到幅值最高点之间的幅度差，可以用绝对值表示，也可以取对数转换为分贝值。

③ 起振斜率(Attack Slope)：即波形起振阶段的最低点和最高点之间连线的斜率大小。

上述三个特征能够充分地表现波形起振阶段的形状特点，而且很多研究也发现，在乐音合成时如果调整这些特征参数会显著地改变音色。这也说明了上述特征和音色之间有很强的相关性。ADSR 模型的其余三个阶段的相关特征计算原理同上。

(三) 响度特征

响度(Loudness)从主观感知角度来度量声音大小。计算流程主要如图 19-13 所示：

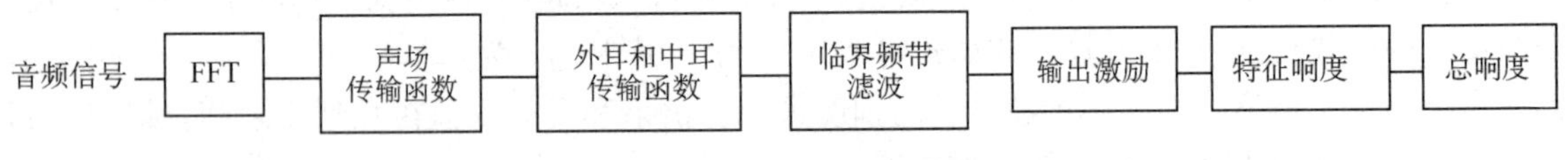

图 19-13　响度的计算方法

目前响度计算的国际标准为 ISO 532：2017，其中给出模型有两个，分别是 Zwicker 响度模型和 Moore-Glasberg 响度模型。Zwicker 模型使用外耳和中耳传递函数来模拟外耳与中耳对声音的影响，并且用 1/3 倍频程滤波器来模拟人耳的临界频带进行滤波。每个频带会在考虑掩蔽效应的前提下计算出 1 个特征响度，然后对所有的特征响度进行积分计算总响度。Zwicker 模型同时也是德国工业标准 DIN 45631/A1-2010 中时变声音响度计算的主要方法。Moore-Glasberg 响度模型改进了频带划分，利用了 ERB 坐标尺度，取了 372 个中心频率，对应 372 个权函数(即滤波器)。对输入信号的频域能量，利用这些滤波器进行加权求和，得到 372 个能量激励，由激励级得到特征响度，进而求出总响度。Moore-Glasberg 响度模型同时也是美国国家标准 ANSI S3.4-2007 中响度计算的主要方法。

(四) 音色客观评价的基本流程

音色的客观评价是建立在完备的主观评价数据库基础之上的。主观实验给出了合适的音色空间，得到了描述这个空间的各个不同主观维度。接下来，就是利用提取的客观物理特征，通过传统机器学习或者深度学习的方法，建立起各个维度的主客观关联模型。高月洁曾给出了这样一个完整的音色客观评价算法的流程图，如图 19-14 所示。

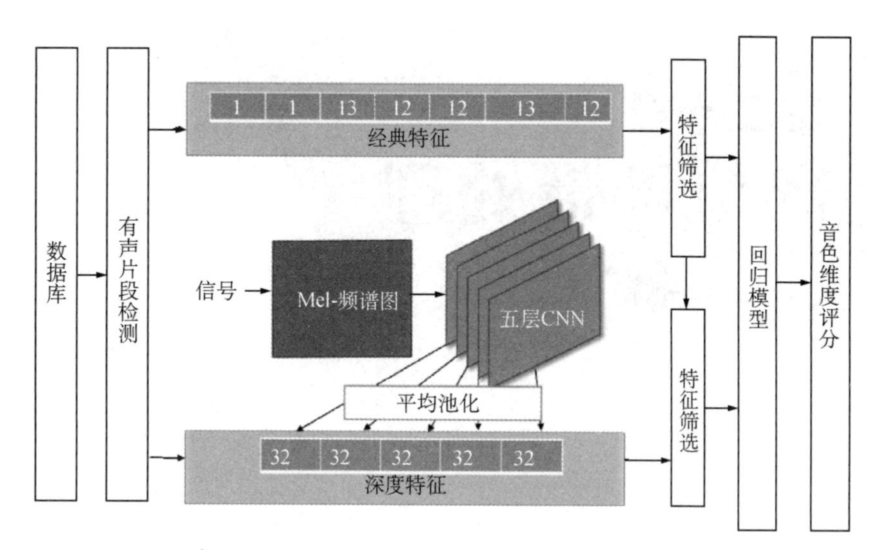

图 19-14　音色客观评价算法流程图

参考文献

韩宝强. 音的历程——现代音乐声学导论[M]. 北京：人民音乐出版社，2016.

American National Standards Institute. USA standard acoustic terminology S1. 1[S]，1960.

Helmholtz H L F. On the Sensations of Tone as A Physiological Basis for the Theory of Music[M].（trans. Ellis A）. New York：Dover，1954.

Kenneth W Berger. Some factors in the recognition of timbre[J]. *The Journal of the Acoustical Society of America*，1964，36：1888-1891.

万源. 中国民族管弦乐队中吹管乐器配器法的声学原理[D]. 北京：中国音乐学院，2019.

Jiang W，Liu J，Zhang X，et al. Analysis and modeling of timbre perception features in musical sounds[J]. *Applied Sciences*，2020，10：789.

Wickelmaier F. An Introduction to MDS[D]. Aalborg：Aalborg University，2003.

Grey J M. Multidimensional perceptual scaling of musical timbres[J]. *Journal of Acoustical Society of America*，1977，61：1270-1277.

Grey J M & Gordon J W. Perceptual effects of spectral modifications on musical timbres[J]. *Journal of Acoustical Society of America*，1978，63：1493-1500.

ITU-R BS. 1770 - 4. Algorithms to measure audio programme loudness and true-peak audio level[S]. Geneva：International Telecommunications Union，2015.

戴铭微，王鑫，朱伟，等. 西方乐器单音情感感知与音色的相关性分析[J]. 中国传媒大学学报（自然科学版），2020，27（4）：43-50.

Francesc A，Joan C S & Xavier S. A review of physical and perceptual feature extraction techniques for speech，music and environmental sounds[J]. *Applied Sciences*，2016，6(5)：143.

Olivier L & Petri T. A MATLAB Toolbox for musical feature extraction from audio[R]. Bordeaux：International Conference on Digital Audio Effects，2007.

Geoffroy P，Bruno L G，Partrick S，et al. The Timbre Toolbox：Extracting audio descriptors from musical signals[J]. *Journal of Acoustical Society of America*，2011，130(5)：2902-2916.

ISO 532-1：2017. Acoustics — Methods for calculating loudness — Part 1：Zwicker method[S]. ISO，2017.

ISO 532-2：2017. Acoustics — Methods for calculating loudness — Part 2：Moore-Glasberg method[S]. ISO，2017.

高月洁. 高级歌唱评价中的音色评价与最适音域检测[D]. 上海：复旦大学，2019.

作者：王鑫、谢凌云（中国传媒大学）

第二十章
自动混音与母带处理

第一节　音乐录音的混音逻辑与艺术理念

一、音乐录音概述

音乐前期多轨录音通常分成同期录音和分期录音。同期录音是在同一个时间，对音乐的不同声部进行同期录制，常用于现场音乐会、古典音乐和戏曲等的录制。同期录音通过设置主传声器拾取整体乐队的声音，可以获得更接近于自然声场中的听感。该方法的优点是声音融合度好，感染力强，可以将较好的声场环境同时记录下来；缺点是需要仔细调整各个传声器的位置和设置，在录音过程中很难对个别独奏乐器的平衡进行控制。分期录音是在不同的时间，对音乐的各个声部进行多次录音，常用于流行音乐的录制。该方法的优点是对乐队中每个乐器元素有较大程度的可控性，增加了各个乐器之间的隔离度，可以有效地避免串音；缺点是较难实现在各个乐器之间形成的自然声场平衡，也较难实现乐手在录音过程中的表演互动，导致录制作品的音乐性变差，后期缩混工作需要花费更多的时间。

一部成功的录音作品通常受五个因素的影响：声音作品的质量、声源质量、录音环境、录音师的水平和录音设备。录音作品首先通过分期或同期的前期录音，得到分轨素材后进行后期缩混，将多轨信号缩混成立体声或者环绕声信号。经过声音再美化等母带处理后最终输出成品。

在前期录制过程中，存在多种拾音技术。最简单的是单声道拾音技术，通常使用单支传声器录制单件乐器。立体声拾音技术是目前最为普遍的方法，采用两支传声器录制双声道立体声信号。根据拾音原理的不同，可以分为强度差拾音方法（例如XY和MS制式）、时间差拾音方法（例如AB制式）、混合拾音方法（例如ORTF制式）和人工头拾音方法。近年来随着环绕声的普及，也出现了平面环绕声拾音技术和三维环绕声拾音技术。平面环绕声拾音技术是以5.1重放格式为基准，形成前方三声道的主话筒和四声道的环境话筒组合，例如OCT-S、INA5、Decca Tree+IRT Cross等。三维环绕声拾音技术是以5.1.4或者7.1.4重放格式为基准，在平面环绕声的基础上添加高度声音信息，例如OCT-9、ORTF 3D等拾音制式。

在进行后期缩混时，混音师通常在音频工作站中使用效果插件完成不同声音的处理，常用的效果器包括均衡器、压限器、混响器和延时器等。混音师首先进行技术性环节的声音处理，例如清理单个音轨中出现的杂音、音准等问题，而后进行创造性环节的处理，主要包括响度平衡、声像设置、音色处理、动态设置、创造空间声场等部分。本章节的内容将重点放在后期缩混和母带处理环节。

二、音乐录音混音的艺术理念

音乐录音中的混音部分是一个在理性制约下充满想象力的艺术创作过程。混音师通过一系列技术手段，将不同的元素有机地组合在一起，互相衬托，同时又互相避让，在突出重点的同时不失细节。这就像一幅构图精致的油画，画家会精心设计观众的第一视觉着眼点，之后顺着画中的指引一步步揭开画中隐藏的地图。优秀的录音作品会让听众一下就抓住创作者最希望传递给听众的部分，如果再进一步仔细审听，会听到更多支撑性的细节。听众会感受到整个作品的丰富性与极强的音乐性。

混音是一种多线程的矩阵式工作。在混音过程中，混音师思考的不仅仅是某个问题，而是牵一发而动全身的综合性问题。以平衡方面的考量为例，包括很多不同的层次。首先是大声部之间的平衡，如果乐曲有很多声部，则需要考虑每两个声部之间的平衡，以及多个声部之间的平衡。其次是声部内部的平衡问题。这些平衡不光是从音量角度，还包括声像定位以及纵深感方面的考虑。如果加入艺术创作的元素，还要从更多的角度考虑，例如在和声织体内部进行转调时，强调哪一个乐器或者哪几个乐器才能够最好地突出转调带来的氛围。在突出这个乐器的过程中，混音师还需要考虑对于原有平衡的打破是否合理，是否需要其他声部的支持等。混音的音乐性也是需要着重考虑的一个方面。混音工作是在理性指导下的艺术创作与表达。平衡正确是基础，富有音乐性的表达才是最重要的因素。混音的音乐性，经常体现在节奏的动感，对于和声色彩的体现，以及如何突出色彩性乐器的选择。总之，一切对于气氛的烘托都可以增强乐曲的音乐性。

三、音乐录音的混音逻辑

需要特别说明的是,虽然这里探讨的是混音逻辑问题,但是针对不同音乐类型,“混音”这个步骤可以发生在整个录音的任何阶段。对于流行音乐来说,混音和录音的阶段性区别还是比较明显的。但是对于古典音乐来说,前期录音才是最关键的,必须在录音之前就找到自己的声音标的,以终为始,然后朝着这个标的努力。前期录音的水准基本决定了整张唱片的声音取向,从这个角度来说,前期录音更像是流行音乐的混音阶段。

针对不同的音乐类型,混音的逻辑会有不同。下文将以流行音乐和古典音乐为代表,简述混音师在混音过程中的工作思路和逻辑。在流行音乐类目下,以最简单的伴奏和人声的混音,也就是只有人声和合成好的立体声伴奏声轨的“卡拉 OK”混音为例,简述混音师的工作逻辑。

(一) 流行音乐的混音逻辑

混音师首先会从平衡方面入手,检查人声和伴奏的平衡程度。此时由于人声没有做太多的处理,所以经常会发现整首歌曲有的地方平衡,有的地方不平衡。这需要通过对人声进行压缩以及电平的自动化处理解决。在这个阶段,检查的原则以及目标是,人声和伴奏相比不能太大也不能太小。听人声不费劲,每个字都可以很容易听清楚,但是也不可以只有人声没有伴奏,二者形成有机的融合。完成这一步可以让混音师对于作品整体有一个初步的印象,从全局的角度俯瞰整首乐曲,而非针对某个局部。

第二步是进行人声的单独处理。完成第一步后,混音师对于作品在一定程度上有了整体的印象和认识,包括伴奏的丰富程度、人声的音色特点、人声与伴奏的契合程度、演唱者的演唱风格以及演唱中出现的问题。此时可以先对人声出现的问题进行修正,除了音高和节奏之外,还经常需要处理近讲效应过重、录音房间低频染色过多、鼻音太重以及齿音太重等问题。在解决完这些问题之后,开始对动态进行调整。如果主歌和副歌部分的动态范围太大,很可能会影响整个乐曲的混音,所以可以通过压缩器、限幅器或者自动化来调整。在这个过程中要十分小心上述调整带来的副作用,例如引起严重的压缩器喘息效应,压缩之后带来的歌曲电平扁平化问题,以及均衡处理之后在解决问题的同时是否给其他频段带来显著的不均衡性等。这些问题会严重影响演唱的情绪表达和艺术感染力。经过这一步的处理,整首乐曲大部分演唱和伴奏都是平衡的,当然可能仍有个别乐句或者个别小段落存在轻微的不平衡问题,将在后面的步骤中进行处理。之后,混音师通过均衡器的调整来实现音色的美化效果。在这个过程中,混音师需要长期的经验积累,最终实现的效果不是给演唱者做出脱胎换骨的改变,而是在他的基础之上做出忠实原作的提升。这个过程中的目标是凸显人声的质感,同时和伴奏保持融合。有的时候也可以尝试对于伴奏进行均衡处理,减少对人声的掩蔽,给人声释放更大的空间。

混响和延时也是混音师常用的声音处理方式。几乎每首歌曲都需要使用混响,而延时的使用需要根据具体的情况进行分析,总体使用频次少于混响。在选择混响的时候,要让混响的风格适应乐曲的风格。简单地说,如果是抒情慢歌,通常混响时间都会长一些,混响种类通常为板混响或者大厅混响,有时会搭配延时一起使用。如果是说唱类快歌,混响时间就会短很多,通常以短板混响或者房间类型的混响居多,同时延时应用也不是很频繁。在使用混响的时候,混音师通常会调整以下的参数:混响的类型、激励量的大小、混响时间的长短、预延时的大小、早期反射声占比以及混响声的音色控制等。

在以上这些操作结束之后,混音工作已经接近尾声。最后一个步骤是人声电平的微调,逐字逐句检查是否有被吃掉的字或者句子。如果有,通过自动化方式将其提升。在提升的过程中也要小心,防止人声越来越大。最终降低音量再从头听一次,看看是不是有在小音量下听不清的状态。最终混音师会进行整体电平的检查,这与母带处理的工作有些类似,在总线上加入压缩器和限制器,在确保整体响度的同时,最大限度上避免喘息效应和失真。

对于流行音乐的多轨素材进行混音,情况则复杂得多,但是每一个步骤都可以通过处理、目标、检查标准和手段四个方面来进行衡量。同时,每一首乐曲中每一个音轨,在每一个小节中都有可能很多余,也可能很有价值,需要混音师独具慧眼,该突出就突出,该删除就删除。这种情况很难通过宏观逻辑去简述。可以参见前文有关混音的整体思路。当然最终还是离不开前文提出的问题:平衡、音色、声场以及音乐性等。

(二) 古典音乐的混音逻辑

本部分的阐述仍然采用从简入繁的思路,首先阐述钢琴的混音逻辑,然后是小提琴与钢琴的合奏,最后过渡到交响乐的混音逻辑。

1. 钢琴的混音

钢琴作为乐器之王,它的表现力非常丰富,与此同时结构也异常复杂。从乐器构造来说,一架演出用三角钢琴,长度通常可达 2.74 m,共有 88 个琴键,音域从 A0 到 C8。从频率的角度来说基频频率从 27.5 Hz 到 4 186 Hz,波长范围从 8 cm 到 12.4 m。最低音区有 1 根琴弦,中低音有 2 根琴弦,中高音区有 3 根琴弦。在手指触碰琴键的一刹那,复杂的击弦结构将琴锤从下而上敲击琴弦。琴弦的振动经由木制琴桥传递给巨大的木质音板,音板将整个振动放大,向外辐射。在辐射过程中,又会遇到琴盖的反射,最终直达声和反射声作为一个整体向外进行辐射。下方三个踏板的配合,又把钢琴的表现力提高了一个层次。但是复杂的结构在带给钢琴出色的表现力的同时,也给钢琴的录制带来了不小的挑战。在钢琴录制过程中对于声音的考量,可以分解成如下的若干要素。处理好这些要素,可以保证录制出较好的钢琴音质。

1) 音色

关于音色的考量,通常要思考如下的问题:

① 音色是否自然,还是有明显的染色?尤其是中高音区,是否存在早期反射声导致的不自然音色?是否存在钢琴盖带来的声染色?

② 钢琴高音和低音的均衡性:高音太多还是低音太多?高中低音的音色过渡是否自然?

③ 低频是不是很浑浊?是否清晰?

④ 高低音的声像分离度如何?声像过渡是否均匀平滑?

⑤ 是否存在由于多个传声器录制所引起的明显的梳状滤波失真以及声染色,或者声音声像的混乱?

⑥ 强奏的地方声音听起来是不是特别炸?

2) 声场

关于声场的处理,将涉及如下的问题:

① 混响的感觉:是房间的感觉,还是厅堂的感觉?

② 混响的比例是过多还是过少?

③ 钢琴的距离感知是否合适?

④ 钢琴的体积和所在声场的宽度是否合适?图 20-1 显示了钢琴在重放时乐器的宽度和声场宽度。

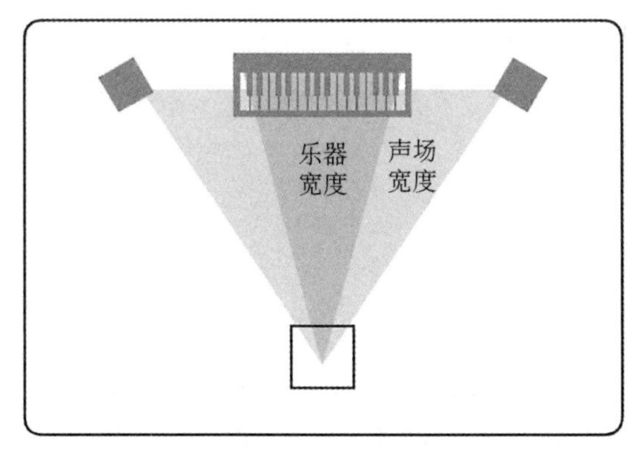

图 20-1　钢琴在重放时乐器的宽度与声场宽度

3) 风格化处理

对于不同的钢琴特点,或者不同时代的钢琴特点,在进行混音时都应该有所体现,例如羽管键琴和早期钢琴,与现代钢琴的区别。不同钢琴品牌的特点,例如斯坦威、贝希斯坦、贝森朵夫、法奇奥里以及雅马哈,也都应该体现出来。不同品牌的钢琴,在音色的塑造上有风格的区别,录音的时候应该尊重这些区别,而非简单的归一化。

对于早期钢琴，应该体现出来特定的距离感和空间感。早期钢琴的演奏场景，多以沙龙为主，演奏空间有限，音乐家和观众的距离比较近，更像是面对面娓娓道来的感觉。这种情况下，不应该一味地追求现代音乐厅的效果，应该做到准确塑造乐器和听众之间的距离，与此同时准确地表现演奏场所的声场情况。简言之，是在一个比较大的房间，近距离聆听钢琴演奏的感觉。当然对于不同的厅堂，也应该体现出区别。音乐厅声学有不小的差别，录制过程中应该尽量避免厅堂缺陷，体现音乐厅的声学特点。

2. 小提琴和钢琴合奏的混音

这是最常见的小提琴奏鸣曲的形式，也是极具挑战的一种组合。作为一种击弦类乐器，钢琴的起振和衰减都较为迅速，而小提琴的起振相对缓慢，且可以提供持续拉奏的长音。所以如何从多角度保持这两种乐器的平衡是一种挑战。当音量平衡的时候，需要同时维持纵深感的平衡，即钢琴和小提琴在相近的位置，同时小提琴略微比钢琴靠近一点点，如图 20-2 所示。这些都是混音师需要解决的难题。同样，钢琴伴奏的声乐作品也会存在类似的问题。而在钢琴伴奏的圆号作品中，这个问题达到了极致，两种乐器不光起振存在巨大差异，声辐射也存在巨大差异。圆号的声辐射有很大一部分是向后的，这也给录音带来了不小的挑战。

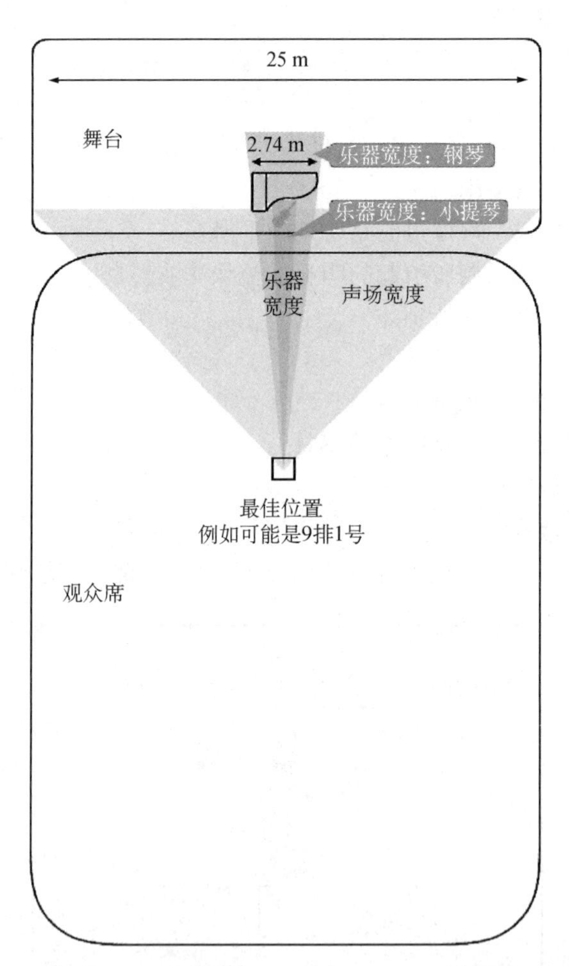

图 20-2　钢琴和小提琴在音乐厅实际演出过程中的乐器宽度和声场宽度

两个乐器在音量上必须达到平衡。通常对于室内乐来说，小提琴和钢琴的分量几乎相同，钢琴不是一件简单的伴奏乐器，所以在音量上不能将其作为伴奏乐器处理。二者音量应该相仿。当然，检验平衡的标准应该从音乐本身出发，通过分析音乐的结构和状态，理解二者的主次关系，从而实现平衡。在音乐发展的过程中，主次关系是一直在变化的，所以平衡的感觉也一直在变化。在平衡二者音量的过程中，由于二者的频谱结构存在巨大的差异，所以需要仔细审听和对比。同时，也需要纵观全曲，无论在快乐章还是慢乐章，强段落还是弱段落，都应该确保二者音量的平衡。平衡的确保一部分是通过后期调整来完成的，但是更重要的是与音乐家交流沟通，以期在演奏的层面上就达到平衡。这样的平衡才最自然。

在完成音量平衡的同时，还需要同步考虑二者纵深感的平衡。经常会遇到的问题就是，音量平衡了，但是纵深感不平衡，会出现小提琴距离太近、钢琴距离太远等现象。正确的纵深平衡应该是和演出状态相仿，小提琴和钢琴的距离相仿，小提琴可以稍微近一点点，但是不能距离太近。

乐器感知宽度的平衡也是混音师需要考虑的要素。钢琴的感知宽度和钢琴独奏时相同。小提琴需要有一定的感知宽度，但是不能过于夸张，如图 20-3 所示。小提琴演奏家在演奏的时候会有轻微晃动，混音师需要对小提琴晃动幅度加以控制。如果使用 AB 录音制式，在传声器距离演奏家比较近，且立体声声像设置在极左极右的情况下，演奏家的晃动在重放端会很明显。这种情况要尽量避免，混音师可以采用不同的手段进行干预。例如将传声器稍微远离小提琴；或者减小 AB 的间距；也可以在调音台上将声像电位器由极左极右收到左中和右中。

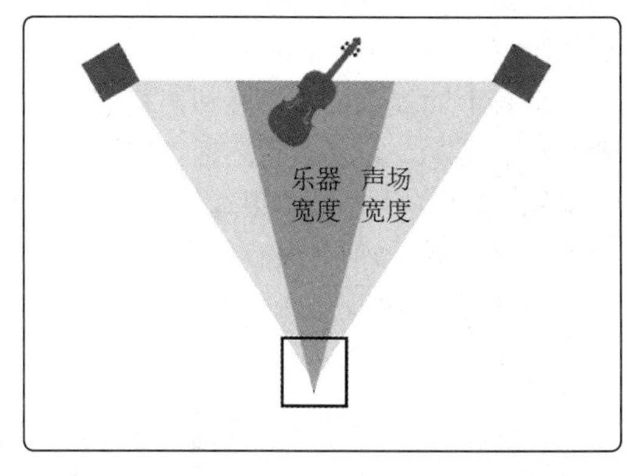

图 20-3　小提琴重放时乐器宽度和声场宽度

声场平衡是乐器平衡的最后一个维度。声场平衡是混响感觉的平衡，即两个乐器是否在同一个声场中。如果两个乐器都在类似的声场中，还需要进一步检查是否存在一个乐器混响多，另一个乐器混响少的现象等。

3. 交响乐的混音

交响乐是人类协作史上的巅峰。一流的交响乐团，需要一百位音乐家同时演奏。每位音乐家都需要从 5 岁开始练习，每天练习 6 个小时，坚持 20 年左右，直到研究生毕业的年龄，才能够成为比较成熟的音乐家。这一百位音乐家，经过长期的磨合和排练，在两个小时的音乐会演出过程中无缝协作，甚至可以达到零失误。更重要的是，这一百位音乐家还需要在情感上达到完美的共鸣，可谓是同呼吸、共命运。很难找出其他任何一种协作形式达到这个高度。衡量交响乐录音的标准，其实是声音概念标准的问题。由于人耳对于音响记忆的模糊性，以及声音的不可精确描述性，声音概念需要长期反复训练才能逐渐稳固。建立声音概念的过程中，需要多听现场演奏和优秀录音，一边审听一边思考与对比。

1）交响乐的平衡

混音师首先会关注不同声部内部的平衡，如弦乐声部、木管声部和铜管声部内的平衡等。这是在混音过程中非常重要的部分。声部内的不平衡通常由乐队乐手本身演奏音量的不平衡，以及辅助传声器之间电平比例不当造成的。在木管声部中可能会出现长笛电平太大、双簧管电平太弱等现象。混音师应该通过仔细调整辅助传声器的比例，来改善这类问题。

随后混音师会调整声部之间的平衡。这个问题通常可能是乐队本身不平衡造成的，例如弦乐太弱或者铜管太强，也可能是主传声器位置不当以及辅助传声器比例不够好造成的。这是一个很重要的检查部分，往往需要混音师在前期录制时就仔细检查。

上面两种平衡是从乐器角度进行衡量，从频率角度还应该衡量整个声音高中低频的平衡性。比较常见的问题是低频不足。这种情况可能由于录音场地声学环境不好造成的，也可能由于乐队本身的平衡引起，或者由于传声器指向性所导致。第一种情况，在录音阶段无法调整。第二种情况，可以和乐队沟通，让低音声部稍微强一些。第三种情况，可以尝试使用全指向传声器而非心形指向传声器，前者低频响应会更好。

2）交响乐的声场处理

交响乐声场的处理需要关注乐队体积大小、距离感以及距离感和声场平衡等方面。乐队体积大小是指乐器声部声像定位的处理，判断是否存在畸变。例如乐队首席是定位在正中间，还是偏左很多，第一小提琴声部是定位在偏左很多的位置，还是具有一定方位感的群感。

距离感是指从听众感知的角度，听众和交响乐队的距离。距离太近会显得压迫，太远又听不到细节。比较好的参考点就是音乐厅皇帝位的听音感受。但是最近几十年来，随着听众审美的不断演变，似乎大多数录音都在变得越来越近。

关于声场感是指判断声场具有房间感还是厅堂感。对于在声学状况良好的音乐厅录制的节目来说，通常不会遇到这样的问题。在声学环境不好的场所进行交响乐录制时，例如礼堂、多功能厅、扩散不佳或者面积很小的录音棚等，如果主传声器的指向性和距离没有仔细调整，录制出的声音可能会出现比较浓重的房间感。例如使用全指向传声器同时距离声源又比较远时，通常会出现这种现象。这是由于拾取的早期反射声过多而导致的结果。即使后期通过厅堂混响来弥补，也很难完全遮掩。这需要混音师在录制和混音阶段好好把握。

综合上面提到的距离感和声场感，最终应该达到两个因素之间的平衡，即声场和距离的平衡。混响大，声场大，不一定代表距离远，尤其在辅助传声器使用很多的时候。与此同时，如果在不太好的声学环境中录制，在主传声器距离很远的情况下，听众感知乐队的距离比较远，但是整个声场的感觉是很不理想的。两个问题有联系，但是又有区别。另外，对于 5.1 环绕声录音，或者沉浸式环绕声录音来讲，声场的展宽是否得当，空间的处理是否得体或者夸张，也需要混音师反复比较确认。

第二节　母带处理流程与理念

母带处理和混音有相似的地方，混音专注在一首歌曲内部，将所有声轨有机组合成一体，母带处理通常针对的是多首作品，将其归一化。其主要工作也随着时代的变化不断演变。需要指出的是，以下谈到的部分只是针对流行音乐的唱片，并不适用于古典音乐的唱片。古典音乐的母带处理，更多的是在考虑响度归一化的问题，大多数古典音乐唱片不需要考虑响度战争的问题。此外古典音乐唱片母带处理中涉及的排序问题也大多是两个乐章或者曲目之间的留白问题。

一、对流行音乐专辑中的多首作品进行排序

这是一个需要商业嗅觉和艺术思维的过程，是设计听众在一个小时之内的总体听觉体验，快歌慢歌如何搭配，悲伤欢快如何穿插，等等，有点类似电影中的故事线。在这个过程中，设计乐曲的间隔也是一个很有意思的过程。简单地说，在听众听完一首歌的时候，虽然音乐结束了，但是观众心中的节奏并没有结束，所以下一首歌的正拍起拍应该落在上一首歌的正拍上，会比较自然。由于这个部分参考的变量太多，在要求标准很高的情况下，很难由智能算法完成。但是如果降低一些要求，智能算法可以通过风格识别、节奏识别等方式了解每一首乐曲的风格特点，根据规则进行组合。至于节奏的排列部分，则相对简单。在要求不高的情况下，很容易将下一首歌曲的正拍起拍放在上一首歌曲的正拍上。但是如果提高一些要求，上一首歌结束的时候，究竟是留出 2 个小节、4 个小节，还是更多，则要根据上一首歌曲结尾的感觉决定。

二、将不同年代或者不同混音风格的作品归一化

归一化的处理包括响度归一化、音色靠拢等。一张专辑应该有整体感，而非若干首歌曲的罗列。从母带处理工程师的角度，就是通过反复的对比聆听，将乐曲间的响度和音色归一化。在没有响度表的时代，这个工作主要依靠耳朵进行，需要非常多的对比聆听以及非常小心的调整才能达到这个目的。在响度表普及的今天，母带处理工程师有了强有力的客观计量设备可以参考。现如今，均衡包络调整的插件也有很多。在归一化的过程中，有一个值得探讨的问题是，当我们把响度进行对齐的时候，究竟是将整个乐曲的响度进行对齐，还是把其中人声的响度进行对齐？如果是前者，似乎很容易实现。但是编者认为，后一种对齐方式才更加符合听众的聆听习惯。但是这种方式下就很难借助响度表进行简单的调整，而需要很多人工干预。

三、弥补混音中的问题，对混音进行进一步美化

随着母带处理手段的不断进步，这种弥补的空间在不断扩大。从最早的均衡处理，到 MS 处理，再到

现在流行的STEM处理。在这个过程中，母带处理工程师可以通过这些手段和工具，站在另外一个独立的视角审视混音，并做出修改甚至美化的决定。这样的做法给专辑增添了一层质量检测的保障。这个过程非常依赖母带工程师的审美和经验，编者很难找出一个放之四海皆准的逻辑进行总结和归纳。

四、响度的再处理

近几十年来，随着响度战争的不断升级，母带处理过程中一个非常重要的工作，甚至对于很多人来说是唯一且最重要的工作，就是做得更响。然而在做得更响的同时，信号的动态范围会受到严重的影响，声音听起来非常不自然。这是一种时代发展带来的倒退式阵痛，更是一种悲哀。不过值得期待的是，随着响度测量和标准的不断完善，以及各大音乐平台和广播电视机构对于响度问题的日益重视，这种竞争有望得以缓解，听众们有希望再一次听到动态范围充盈的音乐混音作品。响度处理的手段，通常是使用动态处理器，包括平衡压缩器、多段压缩器，以及限制器等。在比较极端的情况下，根据人耳对于响度的感知特性，也会使用均衡器进行处理，切除人耳不容易感知的极低频部分和极高频部分，把释放的电平空间留给人耳更加敏感的中高频段(2～4 kHz)。在这个过程中，对于动态处理器启动时间和释放时间的设定要十分小心，最大限度上避免喘息效应。

第三节　自动混音技术概述

以人工智能为代表的计算机技术的发展，极大地促进了数字音频处理，尤其是自动混音(Automatic Mixing)技术的发展。自动混音技术模拟人类的主观判断行为与决策行为，即混音师的缩混处理或者母带工程师的母带处理，通过内部算法对输入信号进行解析和处理，输出目标信号。自动混音技术的最终目的是将缩混或母带处理从纯人工行为转变为自动行为。

自动混音与自动化混音(Automated Mixing)是两个不同的概念。自动混音包含自主处理过程，该过程为约束规则问题，约束规则的设计决定应用于输入信号的处理过程。自动化混音是按顺序执行一系列混音师的处理行为，可以重现先前存储的混音师处理操作。

一、自动混音处理框架

自动混音与人工混音一样具有相同的处理模块，包括均衡、压缩、电平、声像、混响等。不同模块的处理目的、处理方法和算法应用各不相同，自动混音系统可以包含单个或多个处理模块，根据信号链对输入信号进行相应的处理。

无论是自动混音还是人工混音模块，都需要设计其模块架构，处理模块架构分为三种。第一种是数字音频效果(Digital Audio Effect, DAFx)，作用于单轨信号的处理。输入为单轨信号，输出为效果器处理后的单轨信号，市面上绝大部分单轨效果器都采用DAFx架构。第二种是自适应数字音频效果(Adaptive Digital Audio Effect, A-DAFx)，同样作用于单轨信号，控制信号可以是输入信号、外部信号或输出信号，分别称为自适应、外部自适应和反馈自适应效果器，通过提取控制信号特征来处理单轨输入信号，最常见的旁链压缩器就是外部自适应效果器。第三种是交叉自适应数字音频效果(Cross Adaptive Digital Audio Effect, CA-DAFx)，作用于多轨信号。输入为多轨音频信号，通过交叉运算处理，输出为多轨信号或合并的单轨信号。当前大部分自动混音系统都采用此架构。

二、自动混音算法概述

构建自动混音系统的方法主要包括三种：基于知识规则(Knowledge-based Systems, KBS)算法、机器学习算法和不涉及特定实现方式的方法。目前基于知识规则算法和机器学习算法应用较为广泛。基于知识规则算法收集专家或设计人员制定的知识规则，然后设计算法将知识规则应用于模块任务。因此，基于知识规则算法主要涉及知识规则的收集及应用。常见的知识规则收集方法有约束规则和目标曲线，例如混响模块中，通常将减少混响器低频发送量作为约束规则，均衡模块中给定人工目标均衡曲线等。不同系统中使用知识规则的算法存在差异。

机器学习算法是从数据分析中获得规律，并利用规律对未知数据进行预测的算法。与基于知识规则算法的不同之处在于，机器学习算法是通过算法和统计模型直接在训练数据上构建系统并对系统进行优化。目前有邻近算法、深度学习和遗传算法等应用到自动混音系统中。

邻近算法的工作原理是先给定已知标签类别的训练数据集，输入无标签的测试数据，在训练数据集中寻找与测试数据最邻近的实例，随后将测试数据归属到邻近实例所属的类别中。

遗传算法是计算数学中用于解决最优化的搜索算法，属于进化算法。进化算法最初借鉴了进化生物学中的一些现象而发展起来的，这些现象包括遗传、突变、自然选择以及杂交等。对于一个最优化问题，一定数量的候选解（称为个体）可抽象表示为染色体，使种群向更好的解进化。进化从完全随机个体的种群开始，之后一代一代发生。在每一代中评价整个种群的适应度，从当前种群中基于它们的适应度随机地选择多个个体，通过自然选择和突变产生新的生命种群。该种群在算法的下一次迭代中成为当前种群。

深度学习是一种以人工神经网络为架构，对数据进行表征学习的算法。CNN是一种利用输入数据的二维结构的映射模型，学习数据之间的复杂映射关系，而不需要输入和输出之间显式表达式。用已知模式对CNN加以训练，使得网络具有输入输出对之间的映射能力。DNN是一种判别模型，通过随机梯度下降法求解神经网络的权重。孪生神经网络也是一种神经网络，其接收两个输入信号进入两个共享权值的分支子网络，评估它们的相似度。孪生神经网络常用于指纹识别和人脸识别。

通过对近20年与自动混音相关的文献进行梳理，基于不同处理模块的论文总结如表20-1所示。从表中可以看出，目前基于知识规则算法的自动混音技术仍然占大多数，但是相信随着人工智能技术的进一步发展，会有越来越多基于机器学习算法的自动混音技术出现。

表20-1　自动混音技术文献总结

自动混音处理模块	基于知识规则算法	机器学习算法
电平	14	7
均衡	4	3
压缩	7	2
声像	5	0
混响	0	4
综合	10	2

第四节　自动混音的核心算法与技术

本节将对自动混音中的均衡、压缩、电平、混响四个处理模块进行算法的梳理。各个处理模块采用不同的核心算法和技术，实现音乐的自动缩混和母带处理。

一、均衡处理

自动均衡处理是指系统自动选取信号频率点或频段进行自动增益或衰减的调节过程。大部分系统都需要分析信号频谱来提取所需信息，借助提取的信息在均衡器中对信号进行处理。自动均衡处理从早期的基于知识规则算法逐渐转变为机器学习算法。早期的系统结构只能完成简单的均衡处理任务，处理水平相较人工均衡处理水平有一定差距。随着机器学习算法的普及和应用，系统可以处理更复杂的自动均衡任务，处理水平越来越接近人工均衡处理水平，甚至部分系统的处理准确度高于人工处理结果。

自动均衡系统对信号进行均衡处理的目的分为两类。第一类是全频带均衡处理，使得输入信号频谱靠近均衡目标频谱。马峥（Ma Zheng）等人于2013年提出基于知识规则算法的A-DAFx自动均衡系统。设计人员分析800首歌曲并从中提取一条目标均衡曲线，系统利用Yule-Walker方程和IIR滤波器对输入信号实时进行均衡处理，使其靠近该目标均衡曲线。测试结果表明系统输出频谱与目标曲线非常相似，但系统通用性较差，无法完成艺术性均衡处理，且系统结构仅限单轨处理。恩里克（Enrique）等人较早地将机器学习应用于自动混音领域，他们于2000年提出一种A-DAFx的自动均衡系统，该系统将大量人工均衡处理目标作为训练集，利用邻近算法在训练集中找到和输入信号相似的均衡处理目标，将输入信号分类到该目标，并将目标的均衡处理应用于输入信号中。该系统通过计算输入信号和目标信号的匹配度，在大量均衡曲线中选取一个目标均衡曲线，其处理结果优于采用固定均衡曲线的均衡系统。但该系统对训练数据的需求量较大，且A-DAFx框架只能处理单轨信号，需要增加多轨均衡约束条件等其他模块以实现多轨自动均衡。马尔科（Marco）等人在2018年提出基于深度学习的A-DAFx系统完成自动均衡任务。该系统分为自适应前端、潜在空间深度神经网络和合成后端三部分，设计人员预先采用大量素材对系统进行训练，系统利用CNN在内部自动生成IIR搁架式、IIR峰值式和FIR高低通滤波器。新输入信号在前端通过时域卷积对信号进行预处理，预处理得到的矩阵进入DNN进行映射处理后输出新矩阵，随后在后端解码器反卷积输出处理后信号，如图20-4所示。不同于其他采用固定均衡器的系统，该系统根据训练集生成对应均衡器，其结果准确性及通用程度与训练数据呈正相关，可将A-DAFx框架改进为CA-DAFx框架。但测试结果表明，系统需要更高的低频分辨率损失函数对低频处理进行优化，三个部分仍需完善。

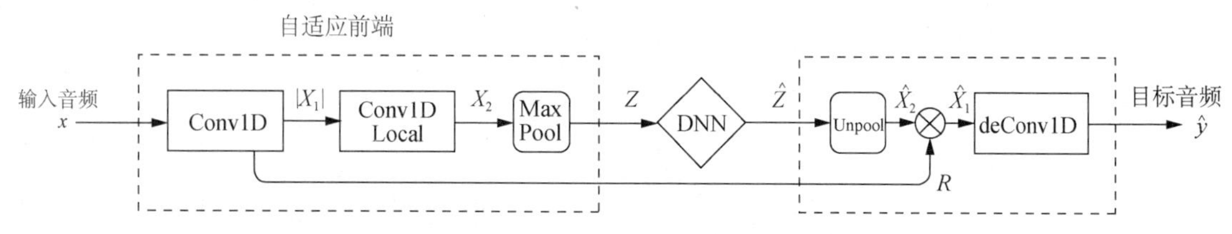

图20-4　基于CNN的自动均衡系统图

第二类是均衡局部处理，系统只解决均衡相关的基频增强或掩蔽等问题。约安尼斯（Ioannis）等人于2013年提出了基于知识规则算法的A-DAFx自动均衡系统，该系统对总轨音乐信号进行自动基频增强，该系统利用三阶锁相环频率解析算法构建音调跟踪子系统，解析音乐信号基频，均衡子系统基于基频及其奇偶次谐波对总轨信号进行均衡提升或衰减处理，达到增强基频和总体响度的目的。系统的主观评价结果良好，但基频的增强效果不明显。专家进行基频增强的手段是调整分轨均衡，但该系统只能在总轨上进行处理。辛纳（Sina）等人于2015年提出了基于知识规则算法的自动消除频率掩蔽的CA-DAFx架构系统，该系统先分析掩蔽频率点，根据约束条件判断多轨间掩蔽和被掩蔽关系，并自动计算分轨IIR滤波器的控制参数，对掩蔽频率进行衰减。测试结果表明，系统对掩蔽的改善效果不明显，处理水平相较人工均衡处理水平差距较大。但是这种自动掩蔽消除系统可作为模块来优化多轨自动均衡系统。

二、压缩

自动压缩处理的核心思想是首先通过减小信号的响度动态，随后利用增益补偿达到提高信号整体响度的目的。通常压缩器的控制参数包括起始时间、释放时间、阈值、压缩比、拐点和增益补偿。自动压缩系统利用不同的算法，对相应提取的信号频谱进行运算及处理，求出压缩器的控制参数并实现压缩处理。自动压缩模块采用的系统逐渐从基于知识规则算法发展至机器学习算法。

迪米特里奥斯（Dimitrios）、雅各布（Jacob）及马峥都采用基于知识规则算法来计算控制参数，其中迪米特里奥斯的系统采用A-DAFx构架，雅各布及马峥的系统都采用CA-DAFx架构。起始时间和释放时间存在两种计算方法，一种是用波峰因数度量短时信号的时域法，另一种是采用谱通量的时频法。

迪米特里奥斯的系统利用谱通量计算起始时间及释放时间的值,马峥的系统则利用平均波峰因数计算起始时间及释放时间,雅各布对两种方法进行测试,发现时频法的准确性优于时域法。迪米特里奥斯的系统需要手动输入阈值并预设压缩比为无穷大,利用已知的起始时间、释放时间、阈值及压缩比进行第一次动态范围压缩处理,随后根据动态范围压缩的平均增益降低量及谱通量计算拐点宽度,利用拐点宽度优化动态范围压缩,进行第二次动态范围压缩处理。雅各布的系统采用两种模式分别获取阈值、压缩比及拐点 3 个控制参数,如图 20-5 所示。第一种是阈值模式,压缩比固定为无穷大,系统利用信号的动态范围得到阈值,拐点为阈值的绝对值。第二种是压缩比模式,拐点恒定为 3 dB,系统利用信号的动态范围得到压缩比,再根据信号短时能量均方值得到阈值。马峥的系统采用打击感加权(Percussivity Weighting)及低频加权(Low-frequency Weighting)作为信号特征,构建一阶多项式函数模型计算多轨交叉压缩比及阈值,随后根据阈值计算拐点宽度,系统图如图 20-6 所示。这三种系统都利用感知响度标准来计算信号压缩前后的感知响度差值,得到增益补偿参数。这三种系统的自动压缩处理结果都非常接近人工处理结果。其中,由于应用广播电视响度标准进行响度补偿及利用动态范围进行参数计算,迪米特里奥斯及雅各布的系统在处理大动态信号(例如鼓组)时表现不佳,马峥的系统利用打击感加权避免了这个问题。三个系统横向比较,马峥的系统性能最佳。

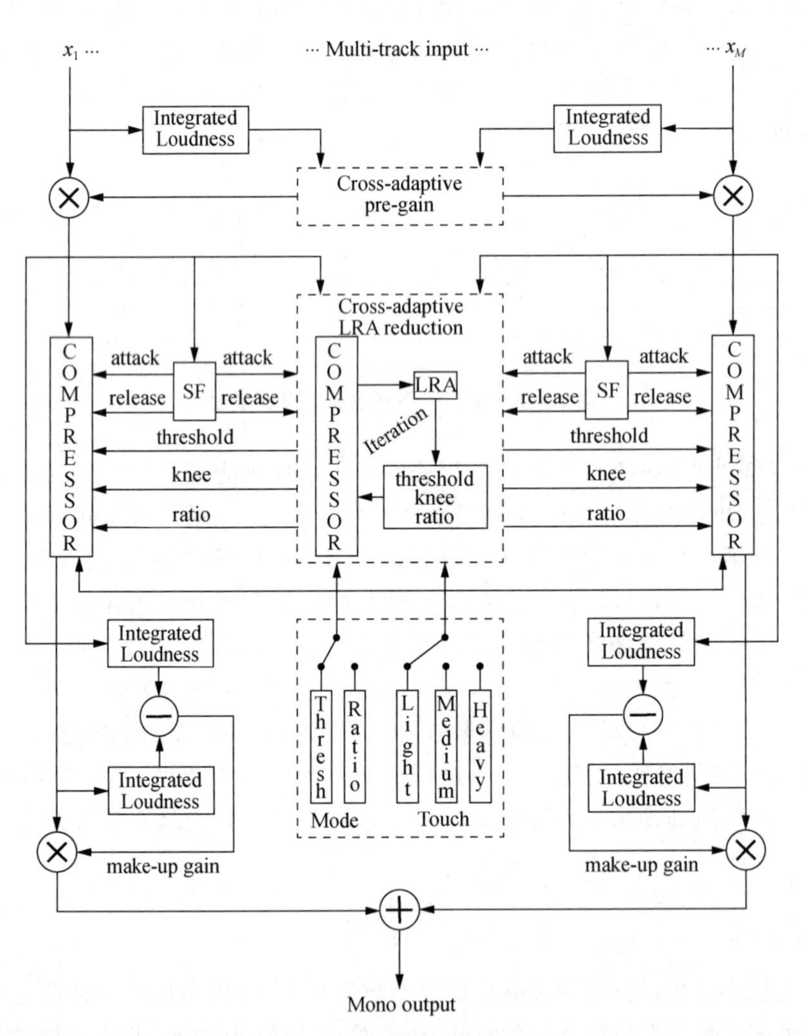

图 20-5 雅各布的自动压缩系统

盛迪(Sheng Di)等人采用的基于机器学习算法的自动压缩系统利用孪生神经网络得到控制参数,采用 A-DAFx 框架,系统如图 20-7 所示。孪生神经网络系统的信号输入两端固定为一个目标已压缩信号,设计人员反复给输入信号一端输入不同的未压缩信号,对系统进行训练。系统的两个分支分别利用核心模型进行特征提取,随后减法合并两个分支输出的特征,特征在全连阶层进行回归处理,得到起始时间、释放时间、压缩比及阈值四个目标标签。主观评测结果表明，该系统循环两次处理，每次获取两个标签时，其结果准确度高于人工处理结果，但同时获取四个标签时准确度非常低，需要更多训练集对系统进行优化。

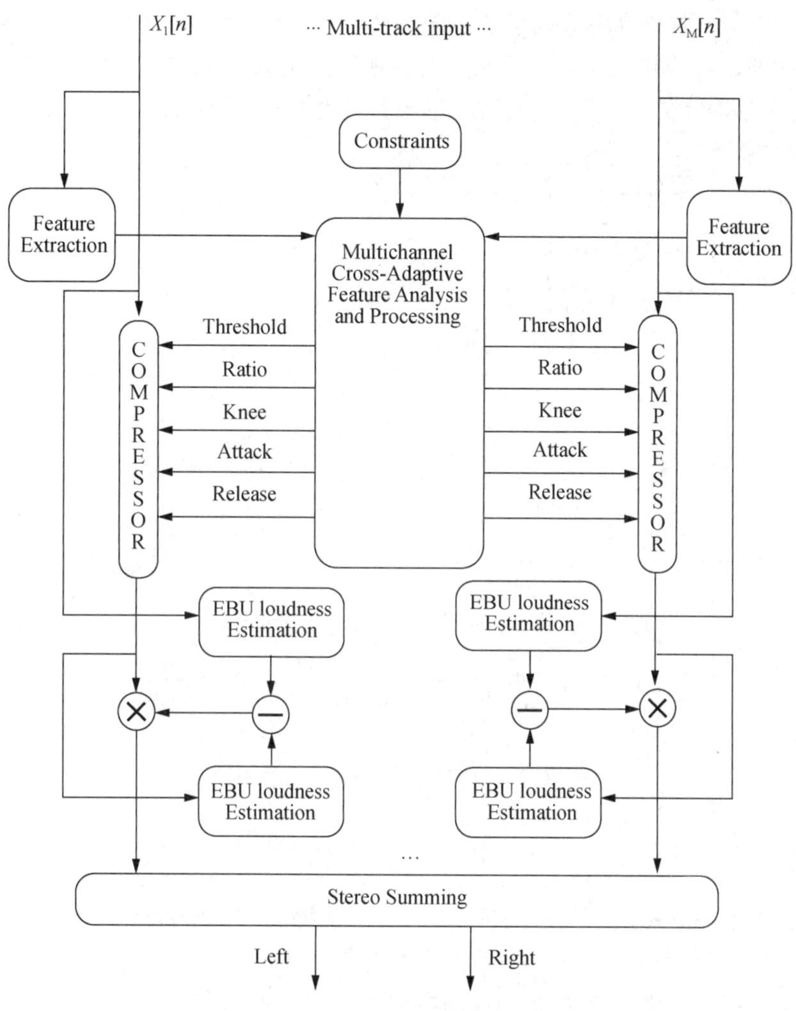

图 20-6 马峥的自动压缩系统

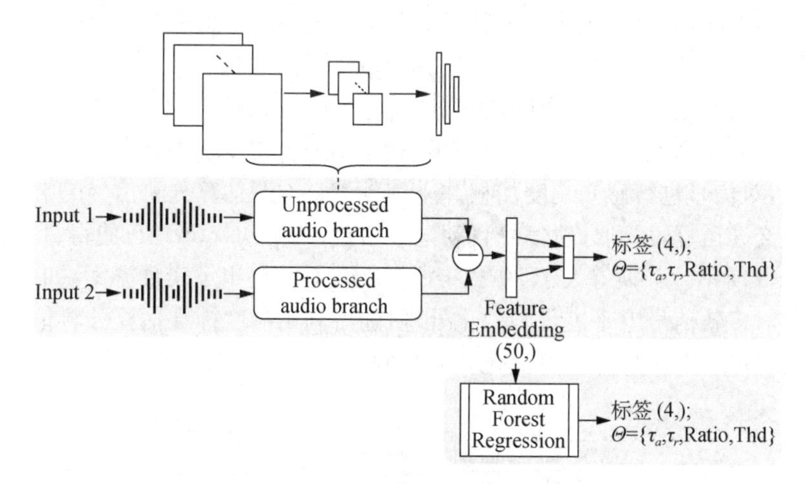

图 20-7 孪生神经网络系统结构

上述的系统都是利用动态范围压缩控制参数对信号进行自动压缩处理，斯蒂利亚诺斯(Stylianos)等人提出的 A-DAFX 框架自动压缩系统利用短时傅里叶变换得到信号频谱幅值，通过 DNN 计算对应的增益因子 G，系统根据增益因子对信号频谱幅值进行频域增益合成处理，随后利用短时傅里叶逆变换输出处理后的信号。该系统不涉及常用动态范围压缩控制参数，而是使用增益因子作为唯一运算参数，直接在信号频谱上进行压缩处理，系统如图 20-8 所示。然而主观评测结果表明，该系统处理水平尚未达到人工均衡处理水平，仍需要大量训练集、信号识别模块及约束条件对其进行优化。

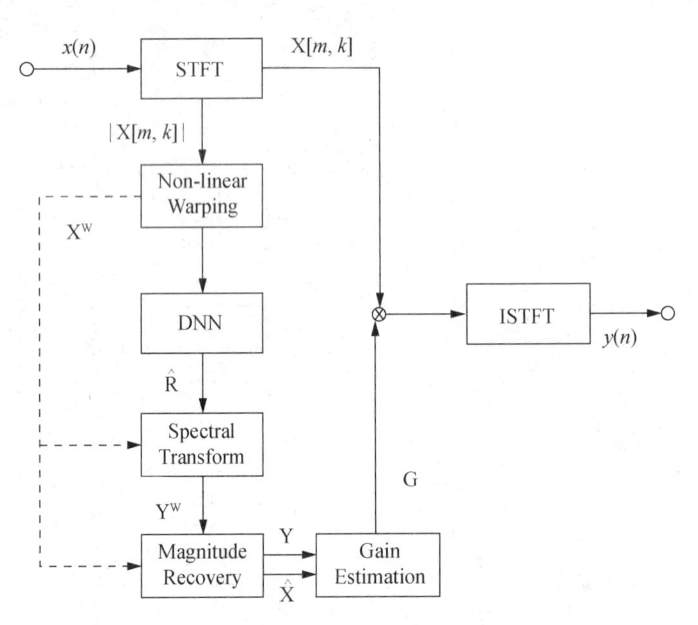

图 20-8　斯蒂利亚诺斯等的系统结构

三、电平

人工混音中关于电平的处理通常包含两种功能，分别是提高整体响度和调整分轨增益。上述提到的自动均衡处理和自动压缩处理均可以提高混音的整体响度，而自动电平处理模块则调整分轨增益，使得混音听感平衡且整体响度提高。因此绝大部分自动电平处理模块都采用 CA-DAFx 架构，根据不同的响度目标对多轨信号进行不同的处理。在自动电平模块发展过程中，基于机器学习算法和基于知识规则算法的系统处理思路和算法差异性较大，无法断定其优劣。但系统测试结果表明，自动电平处理水平已经达到人工处理水平。

赖斯(Reiss)等人提出的基于知识规则算法的自动电平处理系统，其目标响度基于这样的假设，即分轨信号响度相同将有利于提高混音清晰度。他们于 2009 年提出初步解决方案，系统先利用混合电路自动调节输入信号的增益，对信号进行感知响度加权并采用频谱直方图估算分轨信号的响度累积值，随后对分轨信号的响度累积值交叉运算，得到分轨信号自动电平增益(Fader Grain)值，使得每一轨信号的平均响度相同，该算法如图 20-9 所示。赖斯等人于 2012 年根据上述系统提出了实现方案，如图 20-10 所示。该系统的前置放大器部分对多轨信号电平进行归一化处理，随后利用响度标准估算分轨信号的均方能量，得到响度估值。此外系统还加入迟滞噪声门以优化响度估算部分。如果分轨信号绝对电平高于系统阈值，则

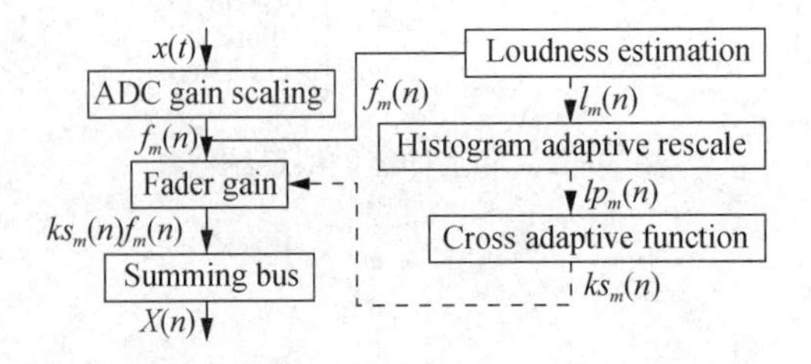

图 20-9　赖斯等提出的自动电平处理算法

将其发送回前置放大器部分重新调整增益。系统得到分轨信号响度值后，通过多轨交叉计算得到时变目标响度曲线，利用指数移动平均滤波器处理后得到平滑的时变电平曲线，将其作用到放大后的输入信号，得到平均响度相同的分轨输出信号。同年，赖斯等人对上述系统进行了优化，并加入了掩蔽消除模块，其在系统前置放大器部分加入外耳和中耳的传递函数，采用短时离散傅里叶变换对频谱进行分析。多轨交叉计算部分得出掩蔽和未掩蔽情况下长时和短时局部响度，共四个离散时间序列。系统对分轨信号的响度进行归一化处理，并通过分割和增益处理实现响度归一化的时变调整，随后根据局部响度进行掩蔽消除处理，并恢复响度。赖斯等人提出的系统实现了电平的自动化控制，并融合了心理声学模型，提高了混音中分轨信号的清晰度。当然该系统也存在许多不足，其自动电平调节目标响度是基于分轨信号响度相同的假设，而专家调节分轨电平的目标响度取决于响度平衡而非响度相等。赖斯提出的系统比较适用于演出现场混音，尚不适用于专业音乐混音。此外，系统对所有乐器都采用相同的处理方式会出现特殊乐器音色影响整体混音的问题，例如会出现低频乐器和鼓类乐器响度过高的现象。为了解决此问题，赖斯等人为特殊乐器音色增加了手动增益模块，但系统若能采用音色识别模块可以大大改进其性能。系统增加了掩蔽消除模块，但其效果接近于旁链压缩，设计人员应更改系统时间常数以便对系统进行优化。

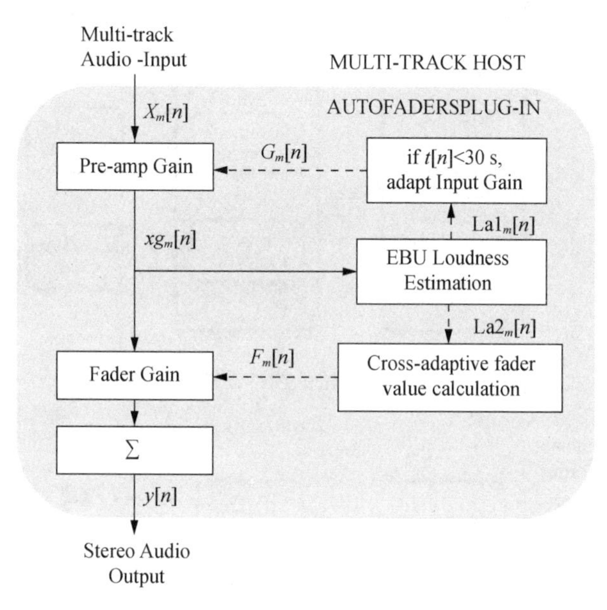

图 20-10　赖斯等提出的自动电平处理系统

戈登(Gordon)等人采用了目标响度模版作为系统需要实现的目标响度，其根据目标响度模板于2015年设计了一种基于知识规则算法的自动电平处理系统，该系统可以提供基于三种响度模型的自动电平处理结果：第一种是基于ITU-R BS. 1770响度算法的模型，第二种是Moore-Glasberg响度模型，第三种是Moore-Glasberg局部响度模型。第三种模型在第二种模型基础上增加掩蔽消除模块。三种模型分别提取同一素材的分轨信号目标响应模版，并将模版作用于输入信号。对三种模型处理结果进行偏爱度主观评测，结果表明三种模型的处理结果皆不如人工处理结果，其中第一种模型明显优于其他两种。虽然Moore-Glasberg模型是一种复杂的心理声学模型，其功能相较于ITU-R BS. 1770响度算法模型更为丰富，但其响度平衡处理效果不好，主旋律音色的响度过大，鼓类音色的响度过小，因此应针对不同音色采用不同的响度加权处理。此外，系统可结合自动音色识别模块对模版映射进行优化。

杰弗里(Jeffrey)等人于2011年提出一种基于机器学习算法的线性动态控制系统，可以获取分轨信号的时变电平参数。该系统采用多轨(All Tracks，AT)法，即同时对多个分轨信号进行交叉运算，求出全部分轨信号的控制参数。该系统预先根据估算的分轨信号加权系数将多轨信号混录为五轨，再计算五轨信号的增益加权系数。系统对比了两种不同的计算模型，如图20-11所示。第一种基于加权系数与时间无关的假设，利用多元线性回归分析找到特征-加权系数的映射。第二种基于加权系数具有时间依赖性的假设，利用线性动态系统计算加权参数的时间依赖性，并利用Kalman滤波器计算其潜在状态。系统测试结果表明，多元线性回归模型的增益包络曲线更接近目标结果曲线，线性动态控制系统模型的曲线更平滑，但其部分数据会偏离实际值。此外，该系统必须对多轨信号事先进行预处理，局限于五轨输入信号，对特殊风格音乐信号及特殊音色分轨的处理存在偏差。同年，杰弗里等人对该方法进行改进，提出采用一轨对多轨(One vs All, OVA)的线性动态控制系统，如图20-12所示。OVA法和AT法的不同之处在于，OVA法先选一个分轨信号和剩下的分轨信号进行交叉计算，得到该分轨的参数，随后利用这种方法排列组合，依次计算每一个分轨信号的参数。系统在训练过程中，根据提取的特征对每一种乐器音色进行建模，随后利用线性动态系统的Kalman滤波器处理输入信号，根据非负最小二乘法求得分轨信号的加权系数。OVA法在保留增益包络曲线平滑处理的基础上，大大提高了曲线轮廓的准确度，并且可以根据乐器音色选取最佳特征组合对其进行处理，使得处理结果准确度非常高，其中鼓组音色的处理效果最为明显。

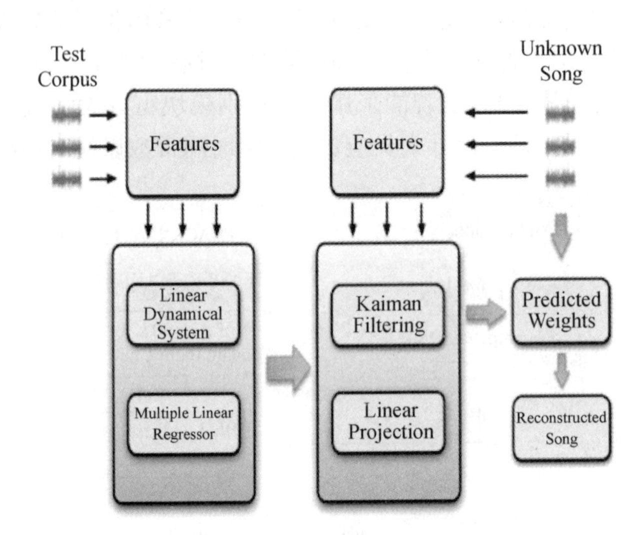

图20-11 基于AT法的线性动态控制系统图

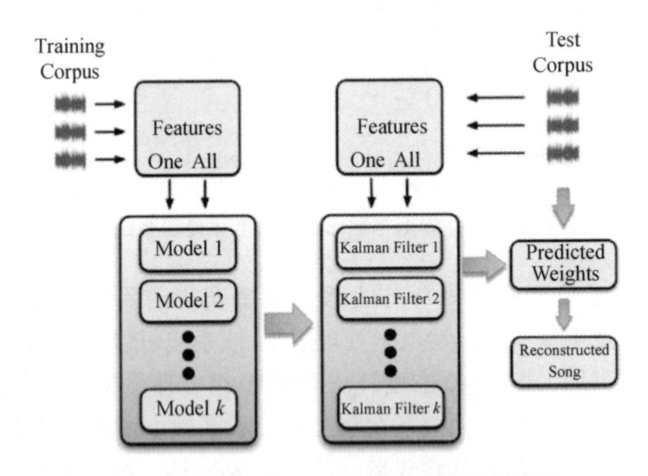

图20-12 基于OVA法的线性动态控制系统

贝内特(Bennett)及亚历克斯(Alex)皆提出将遗传算法应用于自动电平控制系统。基于遗传算法的自动电平控制系统，其每个种群为分轨信号的电平增益值序列，即分轨电平增益调整后的混音版本。系统先随机生成多个初始种群，随后在多个初始种群之间进行交叉和突变运算，得到多个处理后的种群，经适应度函数筛选出接近目标的种群，这些筛选后种群重复上述运算过程，进行迭代运算，直到运算终止，输出最接近目标的种群，即最佳分轨信号的电平增益序列。贝内特等人提出的系统为增益初始值划定了范围，在指定范围内随机生成初始值。其选择函数是欧几里得距离函数，利用欧几里得距离函数计算输入信号和目标信号的相似度，筛选下一代序列。由于随机生成初始值会导致测试结果中某些轨道增益过低，因此系统应在初始化阶段加入信号电平分析模块进行优化。此外，由于部分乐器是间断出现的，对应信号大部分时间电平较低，从而导致系统处理此类信号不准确。此类问题可以在分类阶段加入预处理模块而进一步优化增益准确度。亚历克斯等人提出的系统应用了交互式遗传算法，区别在于其选择取决于用户交互，而不是内部的适应度函数，系统如图 20-13 所示。该系统采用响度标准算法对分轨信号进行响度归一化处理，在 von Mises-Fisher 分布中采样增益初始值序列，并将其聚类在混合空间内。下一代序列在系统内部先进行适用度筛选，再采用交互式模块，通过用户评分对序列进行进一步筛选，随后系统对筛选后序列进行交叉和突变等运算，得到下一代序列。系统迭代运算直到满足终止条件，输出分轨信号的最佳增益序列。该系统处理结果进行主观评测，评价较好，通过增加训练集可以进一步优化系统处理结果。该系统适用度判断方式采用减法筛选，若能采用单变量核密度估计法，可以优化系统内部筛选精确度。此外，系统依赖于用户选择，可采用客观约束规则等模块进行优化。

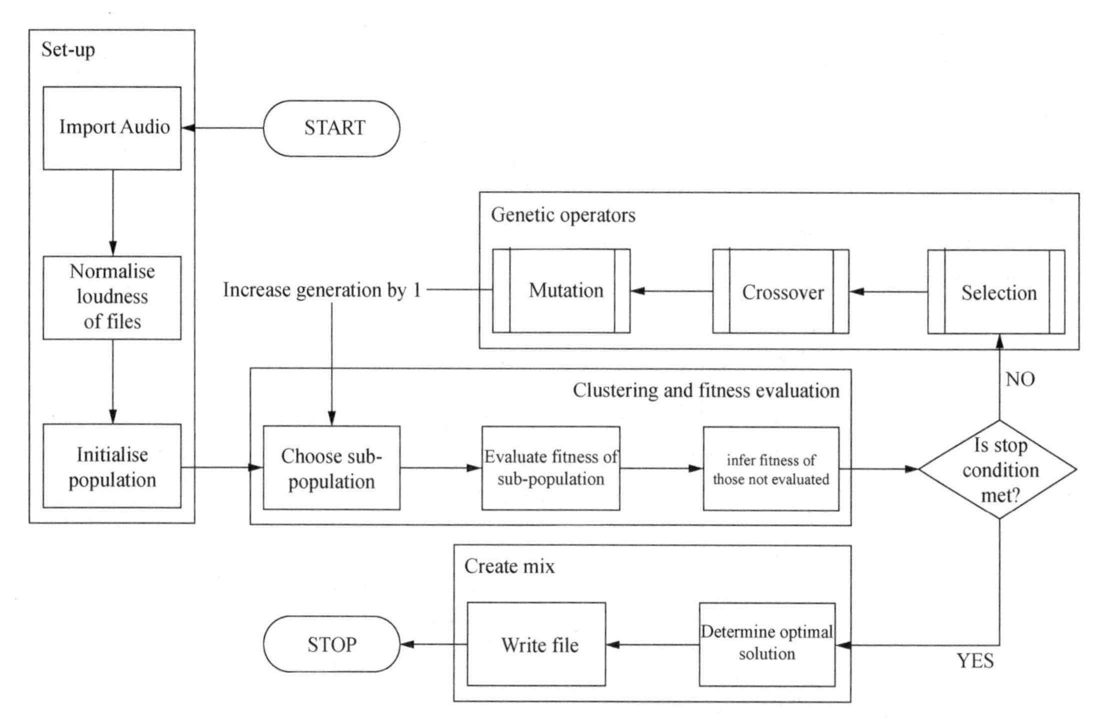

图 20-13　基于交互式遗传算法的自动电平控制系统

四、混响

当下自动混响处理系统都采用了机器学习算法，因为处理过程涉及心理声学感知和复杂的信号识别特征提取，传统的基于知识规则算法无法实现自适应混响调节。不同自动混响处理系统之间最明显的区别在于将特征转换为混响参数的处理过程。该处理过程从最开始的特征作为数据直接映射参数，逐渐发展到特征先转换为包含心理感知的语义标签，再进行参数映射。

埃马努伊尔(Emmanouil)等人在 2016 年首次提出将特征分类器应用于自动混响系统。该系统通过训练，在内部创建特征集及特征与混响参数的映射字典。该系统采用 A-DAFx 框架，提取单轨信号特征，通过特征分类器将输入信号特征归类到特征集中，并根据特征与混响参数的映射字典得到相对应的系统混响器控制参数。2017 年，埃马努伊尔等人又对该系统进行优化，选用分类准确度更高的特征分类器，混响器模块改用 Moore 混响器，并对特征与混响参数映射进行优化，提高了处理准确度，系统如图 20-14 所示。优化后的

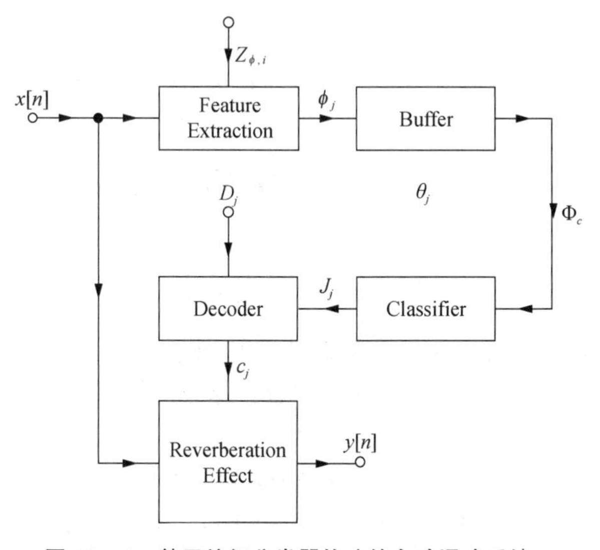

图 20-14　基于特征分类器构建的自动混响系统

系统实现了立体声混响信号输出，提高了通用性，适用于各种乐器音色的单声道或立体声分轨输入信号。该系统存在的缺点是实现立体声输出时没有加入双耳相关性，侧向能量分布等与立体声相关特征，而且需要大量的训练数据。此外该系统没有结合心理声学的感知模块，无法处理多轨输入信号，无法在全局信号中实时地进行自适应混响调整。

不同于上述采用特征分类器方法的系统，亚丹（Adán）等人于 2017 年提出的自动混响系统采用基于损失函数马尔可夫随机场的概率软逻辑框架，将特征转化为语义标签对信号进行处理，如图 20-15 所示。马尔可夫随机场指一类随机数值的集合，这类数值的特点是下一个时间点的值只与当前值有关系，与之前值没有关系。概率软逻辑框架则是一种应用于机器学习的自然语言处理框架。该系统在特征处理阶段采用了两个基于损失函数马尔可夫随机场的概率软逻辑框架。第一个框架将信号特征转换为三组互补语义标签，分别是频谱质心——判断明亮度和暗度的百分比，波峰因数——判断瞬态和稳态的百分比，过零率和频谱平滑度——判断人声和非人声的百分比。第二个框架则通过体现专家知识的约束规则对语义标签进行约束处理，推算混响器参数。系统采用心理声学感知的逻辑语义标签，减小了训练数据量和处理结果偏向训练数据的风险，对不同音色的标记准确度更高。主观评测结果表明该系统存在一些问题，例如多轨交叉处理后，分轨信号混响叠加导致了系统总输出的混响过大，需要在分轨信号处理中增加预处理和后处理模块对系统进行优化。

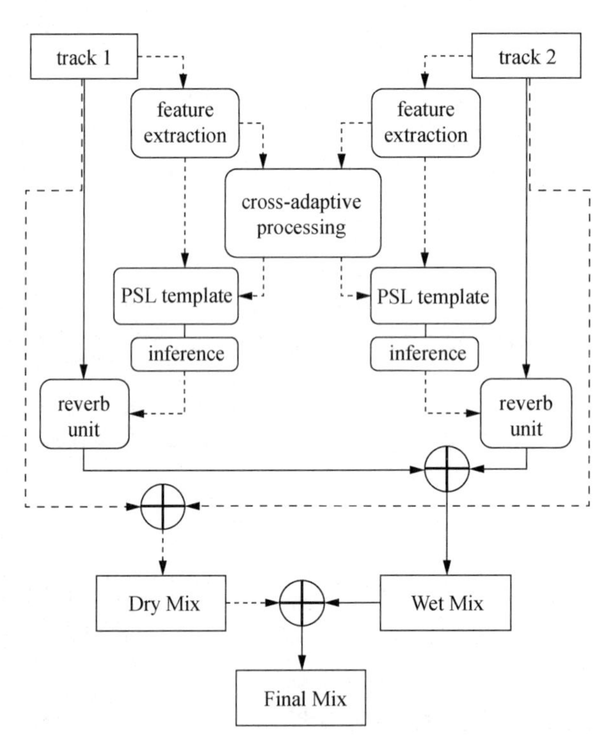

图 20-15　基于损失函数马尔可夫随机场的自动混响系统

第五节　自动混音软件的实现与分析

一、现有的自动混音软件

随着自动混音算法的发展，市面上出现越来越多的自动混音软件，许多专业音频公司例如 iZotope、Landr 等都推出了相关产品。结合上述算法，此节选取具有代表性的产品进行分析，介绍其功能及大致系统实现方法。

（一）iZotope Neutron 3 混音软件

iZotope 公司推出的 Neutron 3 是一款基于机器学习算法的 CA-DAFx 架构的混音处理软件，其缩混辅助（Mix Assistant）功能可对分轨信号进行自动混音处理。Neutron 3 通过控制每一轨上加载的 Relay

插件的信号发送量，对分轨信号进行交叉式自动混音控制。iZotope 根据用户反馈定期对产品进行更新，其目的在于更新软件内部系统的训练数据，对处理结果准确度进行优化。该软件对分轨信号的混音处理包括均衡、压缩及电平三个方面。

Neutron 3 分析全局音频对输入信号进行识别和分类，先将大量分轨信号预处理为五轨，分别是 Focus、人声、贝斯、打击乐及其余音乐信号。其中 Focus 是人工选择需要突出的分轨信号，用户可手动修改分轨识别结果，避免个别分轨识别错误。软件随后根据内部算法，对五个分轨依次进行均衡、动态压缩、响度最大化及动态均衡消除掩蔽处理，结合分轨上 Relay 插件的发送量，处理多轨信号，输出为立体声信号。用户可手动调整五个分轨的电平比例，操作方式如图 20-16 所示。

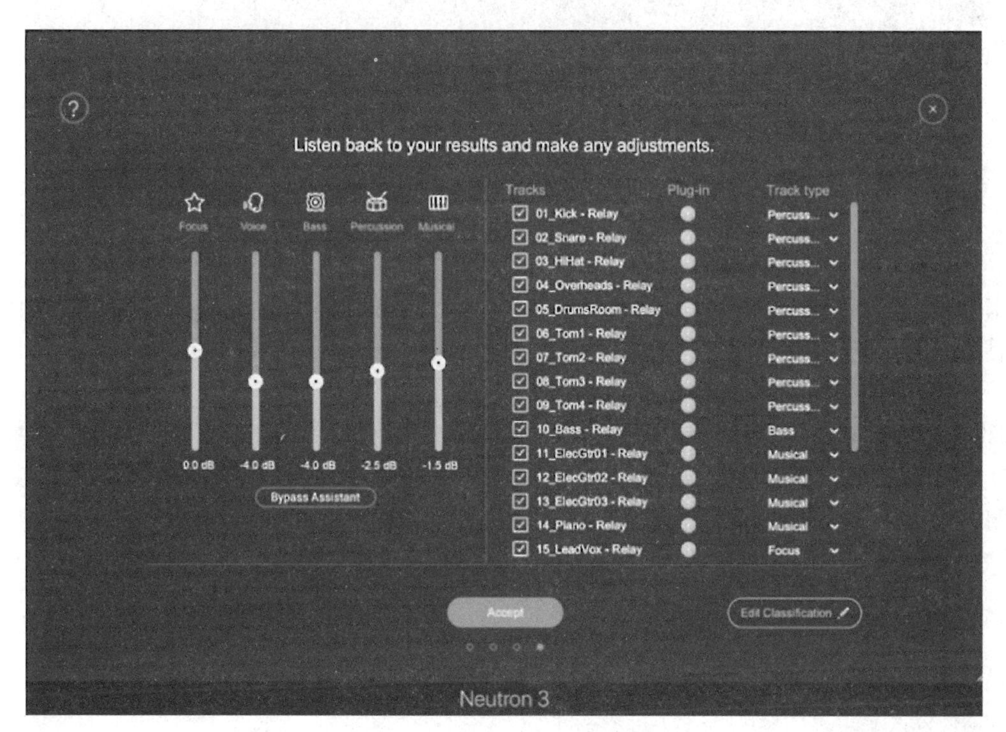

图 20-16　Neutron 3 操作界面

Neutron 3 的处理目的是利用均衡、电平和压缩等模块调整分轨平衡。从听感上判断，该软件的处理结果不如人工处理结果，但相比未处理信号，其改善效果非常明显。该软件的另外一个缺点是 Focus 分轨的电平比例过大，将大量分轨信号预混成五轨信号时，信号之间的电平比例不准确，高低频压缩处理过于明显，导致整体混音听感较闷。此外，软件没有声像模块，需要用户预先手动调节分轨声像。该软件处理少量音频的准确度高于处理大量音频的准确度。

（二）iZotope Ozone 8 自动母带软件

iZotope 公司推出的 Ozone 8 是一款基于机器学习算法的 A-DAFx 架构的母带处理软件产品。Ozone 8 具有三种处理目标模式：流媒体、CD 及参考音乐文件。三种模式处理结果的动态及均衡曲线均不相同。该软件对总轨信号的母带处理包括均衡、压缩及电平三个方面。

Ozone 8 只分析总轨信号的一个片段，软件根据分析结果，先通过自动均衡处理调整频谱平衡，根据动态范围进行压缩处理，随后根据目标响度设置响度最大化的阈值，分析响度最大化的频率增益衰减量，最后利用动态均衡消除掩蔽。软件自动将各效果模块处理参数映射在软件面板上，对信号进行实时处理，用户可以在自动处理的基础上进行个性化调整，软件面板如图 20-17 所示。

从听感上判断，Ozone 8 的处理结果和人工处理结果相近，对未处理信号的改善效果非常明显。处理后的信号响度达到目标响度标准，且一定程度减少了掩蔽。软件的缺点在于，自动母带处理没有包含声像处理模块，不支持单声道/立体声压缩，对不同曲风的音乐信号处理效果差别较大。

（三）AAMS 自动母带软件

AAMS 自动母带软件是一款基于机器学习算法的 A-DAFx 架构的母带处理软件产品，软件内部存储

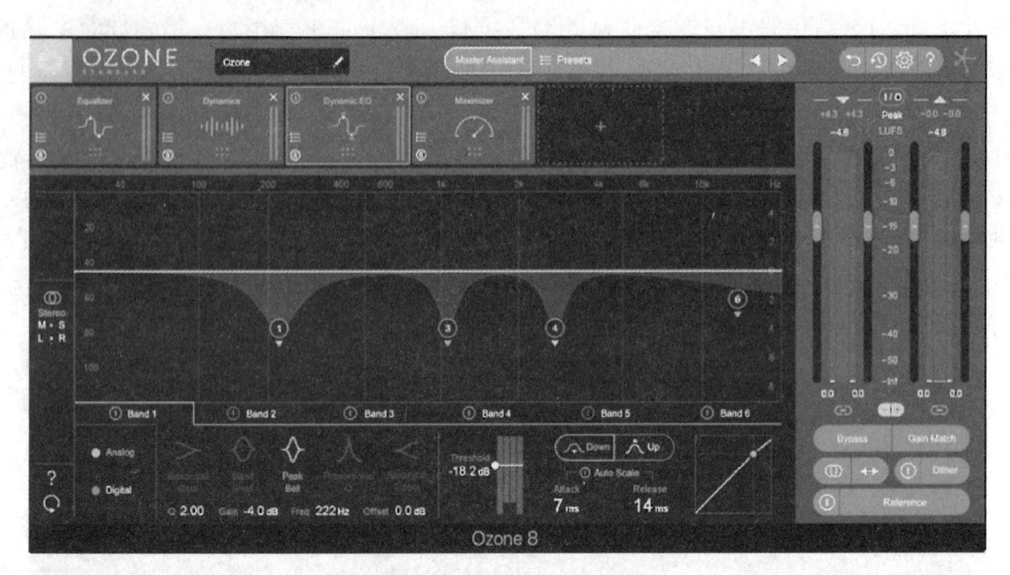

图 20-17　Ozone 8 软件面板

了大量将未处理音频转化为目标音频的母带处理方式。该系统根据输入信号和存储的未处理信号的相似度，选取适用于输入信号的自动母带处理方式，直接应用于输入信号。该软件对总轨信号的母带处理包括均衡、压缩及电平三个方面。

AAMS 自动母带软件的数据分析结果展示了输入信号和目标信号的区别，用户可根据数据自行调节，如图 20-18 所示。从听感上判断，其整体电平明显提升，但其处理结果不如人工处理结果，衰减高低频提升中频使得整体清晰度提高，但是整体音频听感较闷。

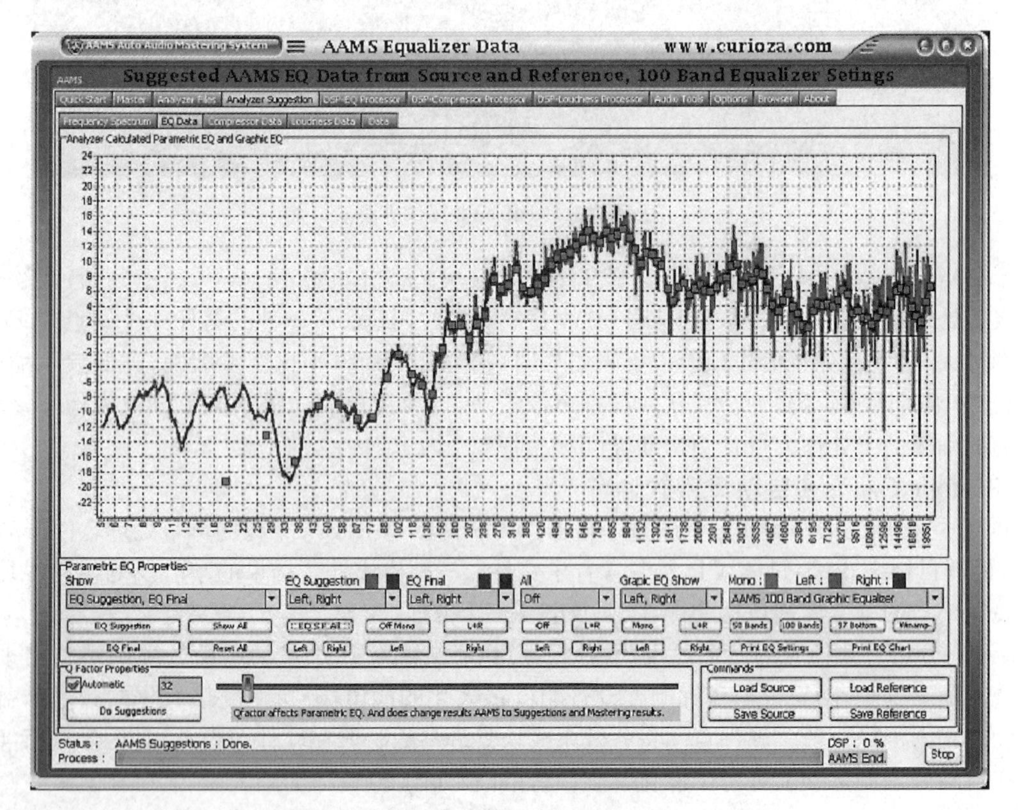

图 20-18　AAMS 软件操作界面

（四）其他云端自动母带处理器

除了上述三种需要安装到本地的软件，还有一部分自动混音处理器采用云端处理方式，例如 Landr、CloudBounce、eMastered 及 Maztor。用户只需上传未处理总轨音频文件，云端服务器自动进行均衡、压缩、音频增强、电平及声像等处理，随后提供处理后立体声音频文件供用户下载。此外，用户也可以选择提供参考音频，而不使用云端服务器的目标音频。这些云端处理器都采用 ML 算法，通过新增训练数据对系统服务器进行优化，其 A-DAFx 的架构只能处理单轨立体声文件。

从听感上判断，云端自动母带处理器处理后的电平及频率清晰度明显提高，整体改善效果较明显，没有明显衰减低频和高频。其压缩量较大，音频打击感稍有衰减，但整体听感上不明显。

二、自动混音算法的分析及展望

自动均衡处理模块的目的是实现目标均衡曲线，该处理尚存在准确度不高的问题，例如有些算法存在低频偏差。自动均衡处理模块可改进其均衡曲线准确度，采用心理声学感知响应，对目标均衡曲线进行加权。此外，未来自动均衡处理模块的功能将不局限于实现目标均衡曲线，而是融合均衡曲线、掩蔽消除及音频增强等功能，对多轨信号全面地进行交叉适应处理。

大部分自动压缩处理模块利用信号在一定时长内的动态范围计算控制参数，这会导致不同乐器音色的控制参数准确度不一样，例如鼓组等瞬态信号。未来的工作中，可对信号特征处理进行优化，采用局部响度或是更为准确的心理声学响度标准。现有自动压缩处理模块大多将固定控制参数作用于全局音频，在未来的工作中应分析音频的段落结构，在不同音乐段落采用不同的压缩处理或对控制参数进行包络。此外，压缩误差容易导致音频出现杂音，必要的平滑处理可提升系统稳定性。

在自动电平处理模块中，赖斯等人提出的系统以分轨达到相同响度的假设作为目标，而这一假设不符合人工电平处理的目标，其余系统采用电平模版或约束条件筛选的方法对此做出了优化。现有系统的响度测量方式单一，在未来工作中应对响度测量方式进行改进，可采用心理声学响度测量，或识别分轨利用约束条件进行分轨加权，进而优化不同频率、不同音色及不同曲风的响度测量准确度。

自动混响处理模块目前存在分轨混响叠加后总轨混响过大的问题。在未来的工作中应对多轨交叉处理过程进行优化。自动混响处理应加入立体声双耳特性，使得混响效果更自然。此外，自动混响处理无法达到艺术性处理效果，未来可针对提高处理结果的可听性进行优化。

随着计算机技术的发展，越来越多的自动混音系统采用机器学习算法，其模块架构大多为 A-DAFx 架构，未来向实现 CA-DAFx 架构发展。机器学习算法相较于 KBS 算法，其灵活度及处理结果准确度较高，但机器学习算法训练集需求量大，处理结果仍未达到人工处理结果水平。同时，实现 CA-DAFx 架构需要应用分轨信号识别模块，iZotope Neutron 3 混音软件实现了该模块，但还需要提高其准确度。随着计算机领域认知神经科学技术的发展，自动混音技术利用感知认知机理进行混音处理，可以大大提高自动混音处理的准确度。

此外，自动混音处理应根据音乐的段落结构进行包络式处理，尤其是压缩和电平模块。自动混音产品没有实现音乐段落分析和自适应处理，应加入音乐段落分析模块对系统进行优化。

参考文献

Ma Z, Reiss J D & Black D A A. Implementation of an intelligent equalization tool using Yule-Walker for music mixing and mastering[C]// The 134th Convention of the Audio Engineering Society. New York: AES, 2013: Paper 8892.

Reed D. A perceptual assistant to do sound equalization[C]// Proceedings of the 5th International Conference on Intelligent User Interfaces. New York: ACM, 2000: 212-218.

Ramírez M A M & Reiss J D. End-to-end equalization with convolutional neural networks[C]//The 21st International Conference on Digital Audio Effects (DAFx-18). Aveiro: University of Aveiro, 2018: 296-303.

Mimilakis S I, Drossos K, Floros A, et al. Automated tonal balance enhancement for audio mastering applications [C]// The 134th Convention of the Audio Engineering Society. New York: AES, 2013: Paper 8836.

Hafezi S & Reiss J D. Autonomous multitrack equalization based on masking reduction[J]. *Journal of the Audio Engineering Society*, 2015, 63(5): 312-323.

Giannoulis D, Massberg M & Reiss J D. Parameter automation in a dynamic range compressor[J]. *Journal of the Audio Engineering Society*, 2013, 61(10): 716-726.

Maddams J A, Finn S & Reiss J D. An autonomous method for multi-track dynamic range compression[C]//The 15th International Conference on Digital Audio Effects (DAFx-12). York, 2012: 1-8.

Ma Z, Man B D, Pestana P D, et al. Intelligent multitrack dynamic range compression[J]. *Journal of the Audio Engineering Society*, 2015, 63(6): 412-426.

Sheng D & Fazekas G. A feature learning siamese model for intelligent control of the dynamic range compressor[C]// The International Joint Conference on Neural Networks. Piscataway: IEEE, 2019: 1-8.

Mimilakis S I, Drossos K, Virtanen T, et al. Deep neural networks for dynamic range compression in mastering applications[C]//The 140th Convention of the Audio Engineering Society. New York: AES, 2016: Paper 9539.

Perez_Gonzalez E & Reiss J D. Automatic gain and fader control for live mixing[C]//IEEE Workshop on Applications of Signal Processing to Audio and Acoustics. Piscataway: IEEE, 2009: 1-4.

Mansbridge S, Finn S & Reiss J D. Implementation and evaluation of autonomous multi-track fader control[C]// The 132th Convention of the Audio Engineering Society. New York: AES, 2012: Paper 8588.

Ward D, Reiss J D & Athwal C. Multi-track mixing using a model of loudness and partial loudness[C]//The 133th Convention of the Audio Engineering Society. New York: AES, 2012: Paper 8693.

Wichern G, Wishnick A S, Lukin A, et al. Comparison of loudness features for automatic level adjustment in mixing [C]//The 139th Convention of the Audio Engineering Society. New York: AES, 2015: Paper 9370.

ITU-R BS. 1770-4. Algorithms to measure audio programme loudness and true-peak audio level[R]//Technical report. Geneva: International Telecommunication Union, 2015.

Moore B C J. Development and current status of the "Cambridge" loudness models[J]. *Trends in Hearing*, 2014, 18: 1-29.

Scott J & Kim Y E. Analysis of acoustic features for automated multi-track mixing[R]//The 12th International Society for Music Information Retrieval Conference. Florida, 2011.

Scott J, Prockup M, Schmidt E M, et al. Automatic multi-track mixing using linear dynamical systems[R]//The 8th Sound and Music Computing Conference. Padova, 2011.

Kolasinski B A. A framework for automatic mixing using timbral similarity measures and genetic optimization[C]// The 124th Convention of the Audio Engineering Society. New York: AES, 2008: 7496.

Wilson A & Fazenda B M. User-guided rendering of audio objects using an interactive genetic algorithm[J]. *Journal of the Audio Engineering Society*, 2019, 67(7/8): 522-553.

Chourdakis E T & Reiss J D. Automatic control of a digital reverberation effect using hybrid models[C]//The 60th International Conference: DREAMS (Dereverberation and Reverberation of Audio, Music, and Speech). New York: AES, 2016: 2-9.

Chourdakis E T & Reiss J D. A machine-learning approach to application of intelligent artificial reverberation[J]. *Journal of the Audio Engineering Society*, 2017, 65(1/2): 56-65.

Benito A L & Reiss J D. Intelligent multitrack reverberation based on hinge-loss Markov random fields[C]//AES International Conference on Semantic Audio. New York: AES, 2017: 1-3.

作者：王鑫（中国传媒大学） 冯汉英（北京真力音响有限公司） 谢湛莹（中国传媒大学）

第二十一章
声音景观——声音生态学

第一节　声景艺术的缘由及理念

声景一词是借鉴地景(Landscape)而来,“scape”常被翻译为“景观”,而地景指的是肉眼看到的风景,将 Landscape 中的“land”置换成“sound”,就构成了新的复合词“Soundscape”(声景)(图 21-1),所指的是不仅单纯靠“视觉”,而且同时靠“听觉”捕捉到的风景。

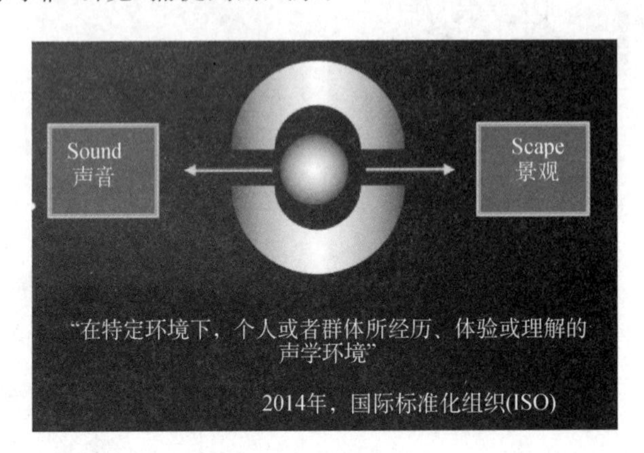

图 21-1　声景的含义

声景的概念最早由加拿大作曲家、音乐教育家谢菲(图 21-2)在 20 世纪六七十年代所倡导。当时他在联合国教科文组织的支持和领导下,创建了一个名为“世界声景计划”(World Soundscape Project)的声音环境调研项目,其关注的是“一种强调个体或社会所感知和理解的声音环境”,即指人类世界中自然声环境和人为声环境的组合。随着谢菲的《欧洲声音日记》(European Sound Diary)和《五个村庄的声景》(Five Village Soundscape),及其奠基著作《声音景观——我们的声响环境和世界的律调》(Soundscape: Our Sonic Environment and the Tuning of the World)(1977 年)的出版(图 21-3),声景的概念逐渐推广到了整个欧洲。至今,已在世界各国得以推广。

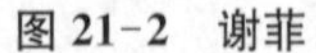

图 21-2　谢菲

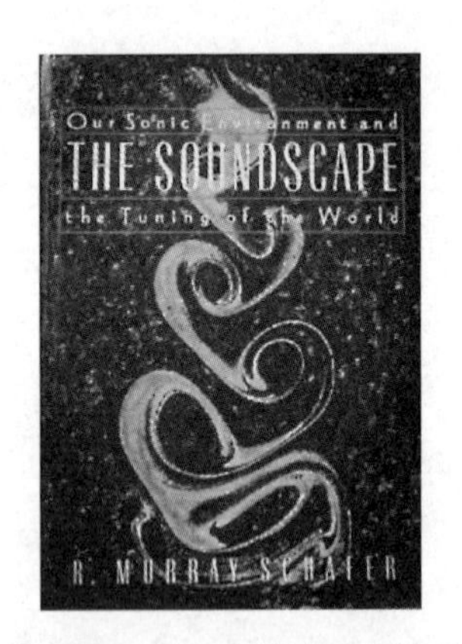

图 21-3　《声音景观——我们的声响环境和世界的律调》

声景理念中主要分为听者、声音和环境三大要素,其中听者(人)由不可变与可变因素组成,也是较为复杂的因素(图 21-4)。如一个正常成年人的听觉系统在短时间内是固定不变的,可称为不可变的因素,但听者的生活经历、民族特点、语言环境等却是可改变的因素。因此,在声景的学术思想里,聆听是一切研究工作的根本。这里所谓的聆听不仅指听觉的能力,更是一种声音意识。

在聆听的过程中,我们需要清楚知道什么声音进入了我们的耳朵,也要理解听到其所处的社会环境、文化背景以及其包含的意义。经过长时间锻炼“听”的意识后,便可逐渐认识到我们的精神情感与声音环境间的关系。因此,聆听强调的是对听觉的重建,以及突显聆听本身的价值,引导人类关注现实生活中存在的各种声音,包括人类的声音(Anthrophony)、地理/自然的声音(Geophony)及生物的声音(Biophony)

等,如图 21-5 所示。

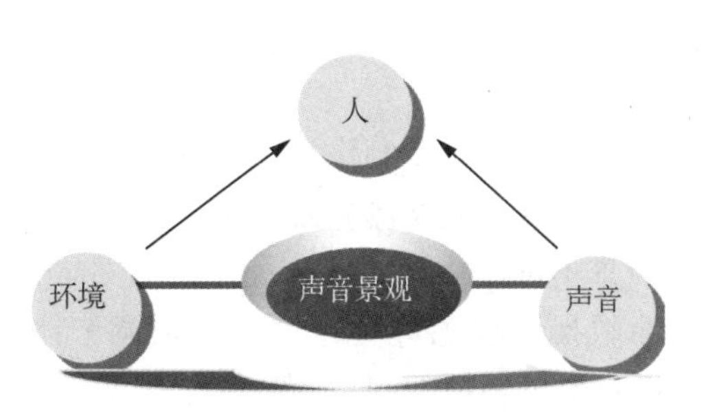

图 21-4　声景的三大要素

图 21-5　声景中的声音分类

声音是声景中的客体研究对象,它包括声压级、色彩、频率和时长四个重要的特性,如图 21-6 所示。同时在声景环境中,还要考虑发声源的本身特质、指向性及与听者距离之间的关系。按照环境中不同声音的特点,我们可以将声景中的声音基本分为背景声/基调声(Keynote Sound)、信号声(Signal Sound)和标志声(Sound Mark),如图 21-7 所示。

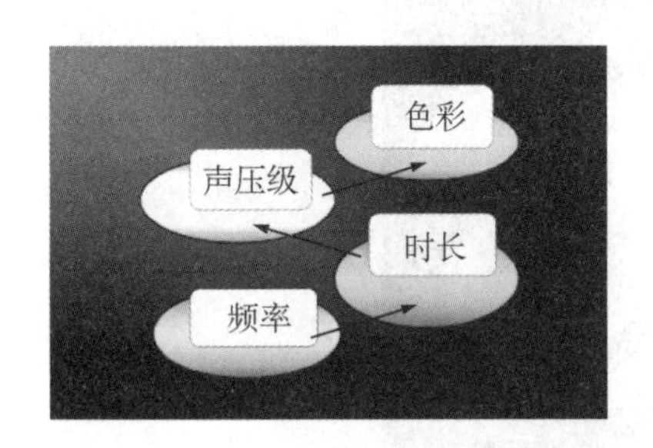

图 21-6　声景中的客体研究对象

图 21-7　声景中的声音

背景声/基调声是指在特定的声环境下,周围背景所发出的声音,如听者在海边听到的海浪声、在小溪边听到的流水声、在沙漠中听到的风声、在广场上听到的雨声等,这均可称为背景声。其强调的是听者非主观刻意去倾听的声音,所以往往有着伴随性的特点。

信号声/信号前景声指在特定声景中给听者带有提示功能的声音,如当火车通过时铁道旁的报警铃声。为强化信号的功能,信号声常使用扬声器等设备,因此有噪声化的倾向。

标志声即在特定场所中所发出带有该声音环境标志性的声音,如广场上的喷泉声、传统的活动声等(图 21-8)。标志声可以是原生的,也可以是通过声学设计人工构建而成。该地域的人对这种声音往往会感到非常亲切,所以这种标志声也象征着某一地域或时代最具代表性的声音,也是城市规划和建筑设计中必须加以保全和复兴的重要对象。

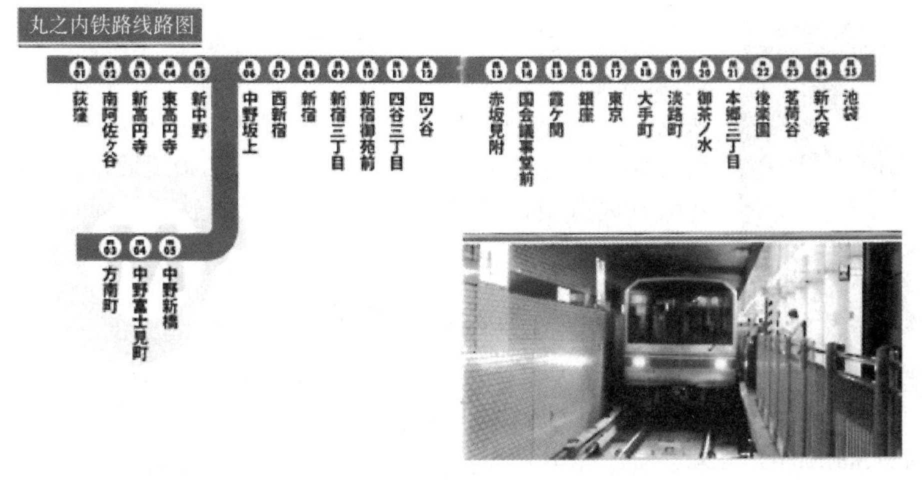

图 21-8　东京丸之内铁路车站的标志声

第二节　声景理念的延伸

在《音频音乐与计算机的交融——音频音乐技术》的第二十一章音乐制作、声景及声音设计，也介绍了有关声景的基本概念，以及从声学的角度及研究范畴，阐述了声音采集及测量的方法。在当下构建新文科及交叉学科的前提下，人文及设计应用方面的探究，亦是声景不可或缺的一部分。

无论声景、听觉的风景或声音风景，根据倡议者谢菲教授的理念，声景是“一种强调个体或社会所感知和理解的声音环境”，是指人类世界中自然声环境和人为声环境的组合，甚至是一门应用型的艺术形式。此外，声景的理念还大量出现于景观设计、音乐人类学、电子音乐等人文学科的领域里(图 21-9)，而声景艺术在重视声音本身及听觉体验的同时，还对历史上留下的具有珍贵价值且正濒临消失的声音起到了保护作用。由于“声景”一词的应用非常广泛，所以在不同“语境”中含义不同，包括自然声音录制、声音环境分析、艺术化的声音创作，以致在音乐学、建筑学、教育学、社会学等领域的研究范畴及研究方法也不一样。

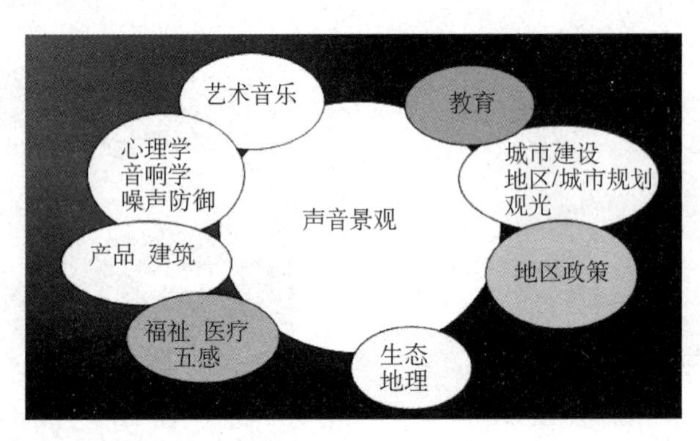

图 21-9　声景的相关领域

一、声景与声音生态学

除物理所指的声音环境(包括声环境的组成、结构和功能)、声环境的声音本体(包括声事件的声级、时间结构、频率特性、时域特性、声源位置、运动情况、与听众的距离以及听众的心理反应等)外，自然与人文环境对声音的传达及环境生态的平衡也是非常重要的视点，故声景研究之后成为声音生态学(Acoustic Ecology)领域的重要学术理念。《牛津词典》把生态学定义为生物学中研究生物体的习惯、生活方式以及与其周围环境相关的学说，而声音生态学就是从声音出发，研究其与生活环境之间的联系的学科。

二、声景与景观设计

声景的设计是运用声音的要素，对空间的声音环境进行全面的设计和规划，并加强总体景观的调和，通过“五感”参与，即听觉、视觉、触觉、嗅觉、味觉的共同作用来实现景观和空间和谐的诸多表现，其中包括通过丰富自然与生物声、塑造水声景观、导入自然声、加强地域特色声景设计、利用声音雕刻或造型作品以及在特定的空间播放声音的装置等，如图 21-10 所示。

图 21-10　日本九州的通润桥

三、声景与音乐人类学

在音乐人类学的领域，声景的含义更具文化性。音乐人类学者认为声景是一种带有音乐文化特色的背景、声音与意义。背景可理解为表演地点和表演者与听众的行为，声音则是指音色、音高、时值和力度，意义即音乐本身的形态及对表演者与听众生活的意义。音乐本质上是在一定时间过程和空间范围内得以展现和存在的声音。当观赏者在接收音声时除感受音声的时间过程外还会产生空间的意象，这种空间的范围可扩大至更为宏观的社会、人文和历史、地理视野。声景就是分布在这一空间有特色的音乐传统。地域空间和地方特色为声景概念的核心意义。因此，传统音乐并不是一种稳定不变的静态样式，而是在时间维度和空间维度里的流动性变化及相互关联。

四、声景与电子音乐

声景思想与电子音乐的产生、发展可说是息息相关。声景的提出者谢菲本人就是一位作曲家，20世纪60年代末他在西蒙·弗雷泽大学建立了世界声景工程（World Soundscape Project）研究机构，主要从事音乐教育和声音生态的研究。该机构核心成员大多具有作曲家身份，因此声景思想不自觉地融入了他们的创作。1973年他们创作了关于声景作品的第一张专辑 *The Vancouver Soundscape* 1973，1996年在世界声景工程研究机构的核心成员巴里·特鲁瓦克斯（Barry Traux）主持下完成后续的专辑 *Soundscape Vancouver* 1996。在声景理念的影响下，随后更多作曲家开展了声景相关的创作，而电子音乐创作逐渐形成了一种称为声景电子音乐（Soundscape Electroacoustic Music）的新风格。巴里·特鲁瓦克斯将之定义为“用环境音响和情境作为表现材料的一种电子音乐形式，其目的是唤醒听众对环境声音的联想、记忆和想象”①。

从“具象到具体”的创作方式来看，声景作品可以看作具体音乐的范畴。从声音的表现意义来看，声景电子音乐强调构建音响材料的环境性，其作品的表现是一种整体呈现的方式，作品音响也比其他类型的电子音乐更具聆听价值。同时，作品的内容还具有声音生态记录的属性。

第三节　声景到声景艺术

谢菲当年提出声景概念是对音乐哲学、生态保护和感官重建这三个方面思考的结果。从以上各个领域的发展来看，声景的理念与这些思考形成了清晰的思想脉络。谢菲认为声景是宏观世界的音乐作品，环境中的任何声音皆可被欣赏，以及作为创作的素材。

此外，谢菲提出因机器工业发展带来了严重的噪声污染，导致声音环境生态遭受破坏，因而要开展声景的调查和保护工作，这亦是声景概念作为生态声音环境保护的重要数据。与此同时，谢菲还指出现代文明由于过于重视元素而忽视其他感官（尤其听觉），因此促进或加强如何提升听觉元素或功能可说是刻不容缓，这与景观设计中强调声景的设计理念也相契合。至于音乐人类学领域，声景更多地是指一种文化景观，因此环境中的声音也可以从文化的角度加以解读，从而形成一种同源、并行、交叉的关系，这也为声景内涵的延伸，更具深入探究的价值。

为唤起大众对精神健康与环境保护的自觉，尊重生态与环境，不少作曲家本着音乐即文化及音乐与人文并存的理念和借由声音来理解自然生态与环境的前提下，希望通过搜寻、录音及记录周遭所得的种种声音的方式，然后结合现代各种的数字媒体科技，并将所录制的声音素材从事音乐创作与编曲，最后以音乐来呈现生态，唤起人类对自然界生态的认识与爱护，提升精神生活质量，从而美化人生。

一、生态音声

生态音声是指在不同的地理及人文环境下，与主体的意识或行动无直接关系的非鉴赏性音声，即自然

---

① 巴里·特鲁瓦克斯称这种创作方式为声景作曲（Soundscape Composition）。作曲家如加拿大的詹姆斯·哈雷（James Harley）认为声景作品的声音太过自然化而且缺乏电子化的处理，质疑是否适合将声景作品归属电子音乐的范畴。巴里·特鲁瓦克斯也指出把声景作品归为电子音乐的分支风格有所疑虑，他认为应把声景看作一种材料组织的原则和一种聆听策略，指引作曲家更多地从环境声音中获取创作的素材。至于以后作曲家们如何处理或使用哪种技术或媒介展现其中的所思所感，则可各施各法。但无可置疑的是声景理念对音乐创作，尤其是电子音乐的创作产生了深远的影响。

生态环境本身如山河湖泊、崇山峻岭、花草树木及各种动物发出的动态声音，如海涛声、风声、雨声、鸟鸣、落叶声等。另一个则为作曲家在创作观念和操作上，吸取人类环境的声音作为作品音响动态的情况，如俄罗斯与意大利的未来主义者在创作中运用雾中警号、大炮和机枪、飞机等声响，约翰·凯奇(John Cage)“任何声音皆可入乐”的理论与实践等。

二、原生态音声

原生态音声是指与人类生活关系密切并作为人类生存环境构成因素的音乐，如劳动歌曲、中国园林中的音乐、街头音乐或声音等。原生态音乐是我国各族人民在生产生活实践中创造，在民间广泛流传的原汁原味的民间歌唱形式，也是我国非物质文化遗产的组成部分。由于地理环境及各民族的生产和生活方式的差别，导致各种民俗音乐/声音样式的产生，也就是说，生态与原生态音乐皆是一个民族的血脉艺术，也是土生土产的人文遗产。

三、再生态与新生态音声

再生态音声是指在演艺场域再现的原生态音乐及声音，由于环境空间的改变及展演性质的不同，这些原生态的音乐或多或少与原来生活相联结的性质已不能让人相信。至于从自然生态中汲取素材重新编创的乐曲可纳为新生态音声的范畴。

第四节　数字媒体技术与生态音声的发展

21世纪的人类社会将是信息化的社会，人类通过各种途径传递信息，接收信息。随着计算机技术的迅猛发展，将文字、图形、图像、声音、视频、动画等多种信息综合处理，并集成具交互性的系统，使生态教育的讯息，从过往的纯听觉音乐的势态，蜕变为全方位及多姿多彩的景况。近年以生态为前提的综合性景观剧有张艺谋的《印象刘三姐》、杨丽萍的《云南映象》、谭盾的《禅宗少林》以及周庄推出的生态剧场《四季周庄》等。这些景观剧配合当地环境生态景观的制作，不仅为舞台艺术开拓新的一页，更为生态教育提高到了另一高度。此外，与数字媒体艺术关系较深的设计，则有要配合不同场域景观的声音雕塑/装置(Sound Sculpture/Installation)。

回顾20世纪60年代的西方，是声响艺术运动真正起飞的时代。声音雕塑/装置开始受到主流、知名的艺术家如戴维·杜托(David Tudor)(作品如*Rain Forest* Ⅰ-Ⅳ)和卡高(Mauricio Kagel)(作品如*Acoustica*)等人的注意。20世纪70年代声音雕塑/装置多被用来处理一个特定地点的声景，就如加拿大的声音艺术家谢菲的“温哥华声音环境计划”(Vancouver Soundscape Project)，就是让环境与装置一起构成了所谓的声音环境生态(Soundscape Ecology)。声音环境生态是针对在这个环境下生活的人们，对音响环境影响所产生的生理反应或行为特色的研究。这种概念的影响慢慢地渗透入公众的意识，以致后来越来越多的装置艺术作品出现在公共场所，其后更成为画廊、艺术节和各种各样的公共场所视觉-听觉装置。与生态相关的声音艺术在中国还在萌芽阶段，2006年英国文化协会在北京、上海、广州及深圳等地举行的“城市发声”计划首次推行并获得极大的回响，而上海原世博局主办的“放歌世博——2008世界音乐周”也是以“音乐即文化”为出发点，通过音乐介绍不同国度的生态环境。

第五节　生态音乐发展现状与趋势

近年来，以生态环境保护为主题的CD是在国内外迅速传播的欣赏性音乐。它的特点是在优美抒情的小品中，融入自然的音响和韵律，让繁忙、紧张的现代都市人在喧嚣、烦闷的城市生活中，在有限的时空里，进入大自然的怀抱；在鸟啼虫鸣、风声水潺潺中回归自然，仿佛置身于森林大海、高山草原中，动荡的心灵获得宁静，苦闷的精神得到慰藉，不安的情绪趋向平和，并在与自然共谐中增强保护自然、热爱自然的意识。在这些生态环境保护音乐中，新世纪(New Age)音乐的自然之乐影响较大。其中以瑞士班得瑞(Bandari)乐团(图 21-11)在 20 世纪 90 年代推出的《绿色森林》《海底世界》《花神》最为畅销，其 DVD 系列中如《仙境》《寂静山林》《蓝色天际》等亦深受欢迎。此外，还有日本作曲家神山纯一根据大自然环境创作的自然音乐系列《绿色森林组曲》，而数位专家在台湾山林耗时五年采集了近百种自然音响录制的《森林狂想曲》(图 21-12)，可说是中国人以本土自然音响与民族音乐语汇精心制作的金碟。

图 21-11　班得瑞的自然音乐唱片

图 21-12　《森林狂想曲》

在经济效益方面，加拿大环保音乐家马修・连恩(Matthew Lien)(图 21-13)探讨北极生态保护区，以所遭逢的危机为主题的唱片专辑《北极》(*The Arctic Refuge*)以及他的《狼》(*Bleeding Wolves*)和《驯鹿宣言》(*Caribou Common*)更累积销售至十万张，成为此类音乐与商业结合的最好印证。

图 21-13　马修・连恩采风

在表演艺术方面，国内近年来各式各样的原生态音乐及舞蹈制作，可说是雨后春笋一般，并为一连串的产业链带来极大的生机，如图 21-14 所示。其中包括舞蹈家杨丽萍的《云南的响声》及其生态舞蹈系列(图 21-15)；作曲家谭盾为录像和管弦乐而作的《地图》《女书》《敦煌颂》及其《水乐》《纸乐》等有机音乐系列(图 21-16)。

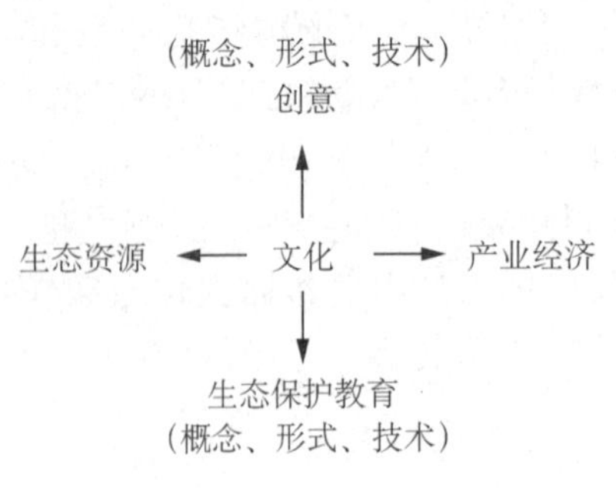

图 21-14 文化创意产业链

图 21-15 杨丽萍的《云南的响声》

图 21-16 谭盾的《水乐》

第六节 以声景及生态的理念践行的案例

一、创意音声体验《乐式早茶》[①]

粤式早茶是岭南民间特有的饮食风俗，源于清代同治、光绪年间。早茶文化如今已成为广东人一种常见的社交方式。“乐式早茶”意在音声体验活动中让参与者通过探索“早茶”场景中的声响要素，结合“早茶”文化中的礼节讲究来共同创编可“听”的“乐式茶点”，从而交朋结友。

1. 教学准备

杯子、筷子、报纸、手鼓、音条乐器、桌布、桌牌(菜单＋创编任务卡)、音乐结构图、“喝早茶”实录音频。

2. 教学目标

① 通过节奏创编让学生掌握如何使用节奏基石进行创编。

② 以《乐式早茶》为主题，让学生在音乐体验过程中了解广东以茶会友的文化特色。

③ 根据早茶所使用的器皿，探索不同音色的可能性并进行创编与合奏，让学生领会音乐无处不在的理念。

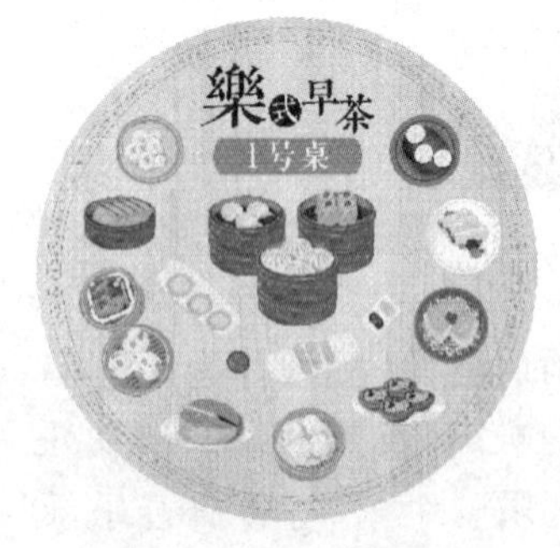

图 21-17 乐式早茶桌布

3. 教学活动

1) 分组

① 按顺序在教室摆放六张桌布(图 21-17)。

② 根据随机派发的六色手带(蓝色/黄色/红色/橙色/玫红色/绿色)将学生分为六组，分别围坐在摆好的桌布前。

---

① 教案由星海音乐学院黄沙玫老师设计，于 2019 年首届大湾区中小学音乐节中践行。

2）节奏传递（可以单声部传递，也可以多声部传递）

① 每组派发一个手鼓，进行四拍子的节奏传递；由教师开始传递至各小组助教，并在小组内依次击鼓进行传递。

节奏谱例一：|X X X X|　节奏谱例二：|X XX XX X|　节奏谱例三：|X X X X X|

② 感受四拍子：由教师击打节奏，学生用手指数节拍判断教师所打节奏的节拍数。

节奏谱例四：|X 0 X X|　节奏谱例五：|XXXX XX XX X|　节奏谱例六：|XXX XX XXX X|

3）节奏创编

每组创编一个四拍的节奏，根据教师的指令进行展示并做叠加。

4）听声音并介绍早茶流程的各种音色可能性

① 播放"喝早茶"实录音频，让学生思考可能出现的场景。

② 介绍早茶流程的各种音色可能性。

a. 洗杯子——展示空杯节奏的音乐（节奏叠加之后，合奏 2 次结束）。

b. 倒茶水——用装有水的杯子（能发出相对音高）进行节奏即兴（节奏叠加之后，合奏 2 次结束）。

c. 叫点心——选菜名作为组别名字，同时展示菜名＋蒸笼传递。

d. 吃早茶——展示早茶各种声音的合奏（筷子、报纸、杯子、嗓音）。

5）合奏示范

（注：以上内容，教师可让几个能力较强的学生或高年级的学生进行创编，并进行录像。在上课的示范过程中，播放已准备好的视频。展示的音乐难度可按学生本来具备的音乐能力进行）

6）分组创编（以洗杯子、倒茶水、叫点心和吃早茶为四个主题进行创编）

各组需点一道茶点并根据桌布上桌牌的任务卡内容创编：

① 1/2 号桌创编任务——用"洗杯子"声音素材合奏：收集洗茶杯的声音，分 4 组设计 4 拍固定节奏型，并用筷子和空杯子演奏。每组 4 拍节奏依次叠加。合奏可听的（　）的茶点。

② 3/4 号桌创编任务——用"倒茶水"声音素材合奏：收集倒茶水的声音，分 4 组设计 4 小节 8 拍固定节奏型，并用有水的杯子演奏，合奏可听的（　）茶点。

③ 5 号桌创编任务——用"齐上菜"声音素材合奏：收集全场 6 个茶点的名字，设计递蒸笼的节奏并演练。按（　）人一组把菜名融入节奏中，使之变为可听的（　）茶点。

④ 6 号桌创编任务——用"开吃吧"声音素材合奏：将本桌成员分成 4 组，提取喝早茶中的声音，用杯子、筷子、报纸、吃饭嗓音演奏四拍子固定音型，使之成为可听的（　）茶点。

菜单图例（图 21-18）：

图 21-18　菜单

任务卡图例(图 21-19)：

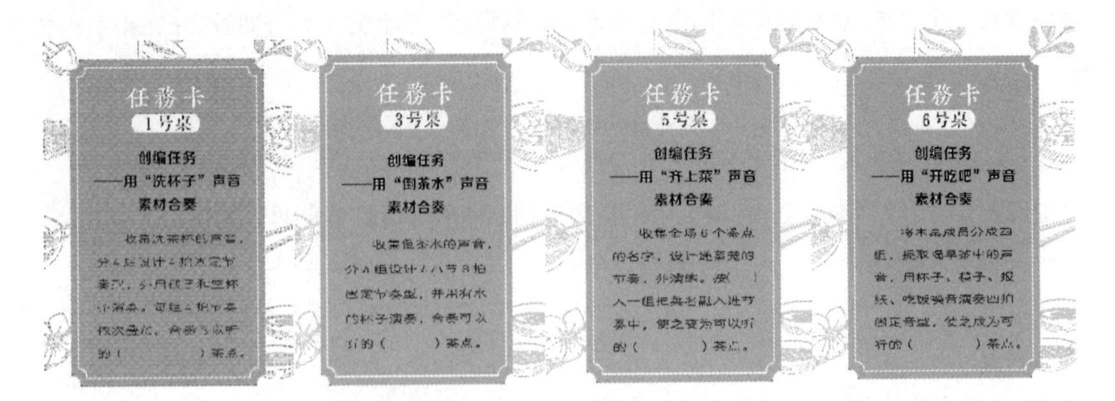

图 21-19　任务卡

7）合奏

① 分组展示。

② 合奏(图 21-20)。

(注:以上的音乐示范和创编是以奥尔夫音乐教学法所提的节奏基石为主要音乐材料进行,由于属于生成性课程,在教学示范和创编内容上不建议做具体的僵化规定,宜按学情的需要进行灵活调整)

图 21-20　合奏情景

二、以自然及人文生态音声入乐的舞台创作

1. 即兴协奏曲《花鸟狂草》(谭盾 曲)

音乐艺术动人之处,每每在于能激发人的期待感,也就是欣赏音乐的兴趣。当欣赏者听到熟悉的东西时就丧失了期待,反之,完全陌生浑然不可解的声音也会令人失去兴趣。因此,一些既能让人觉得和过去的音乐有某种联系,同时又感到内蕴有无穷的新意,从而产生积极的审美注意和期待的作品,往往能激起观赏者的共鸣。旅美华裔作曲家谭盾在 2004 年 1 月应香港中乐团委约创作的即兴协奏曲《花鸟狂草》便是其中一例(图 21-21)。

这首取意于“鸟语花香”的民俗和“狂草书法”的写意,以大卫·科辛(David Cossin)的鼓乐独奏,配以乐团音乐家在谭盾特设的手势和音乐动机下,互为主导、暗示与显露,在静动虚实与紧打慢拉中,与置于现场的笼鸟共鸣。

乐曲在自由即兴①及有控制即兴间的时间层中,汇聚了西方爵士乐与中国音乐里的率性与随意,成为一种卓然多彩、极尽视听之娱的声景。从微观处看,在约 20 分钟的气息往返中,乐曲共分六大段落,先由

① 在现代音乐的进程里,“即兴 Improvisation”“随机 Chance”“机遇 Aleatory”“机缘 Indeterminacy”的意义可说是相近,甚至是可互换的:即在产生音乐的作曲或表演以致组合的过程中,某种程度的控制和连续性的偶然程式经常被使用。在曲中,谭盾与乐队的关系可说是有控制的即兴,而大卫·科辛的独奏与鸟鸣则属自由的即兴演出。

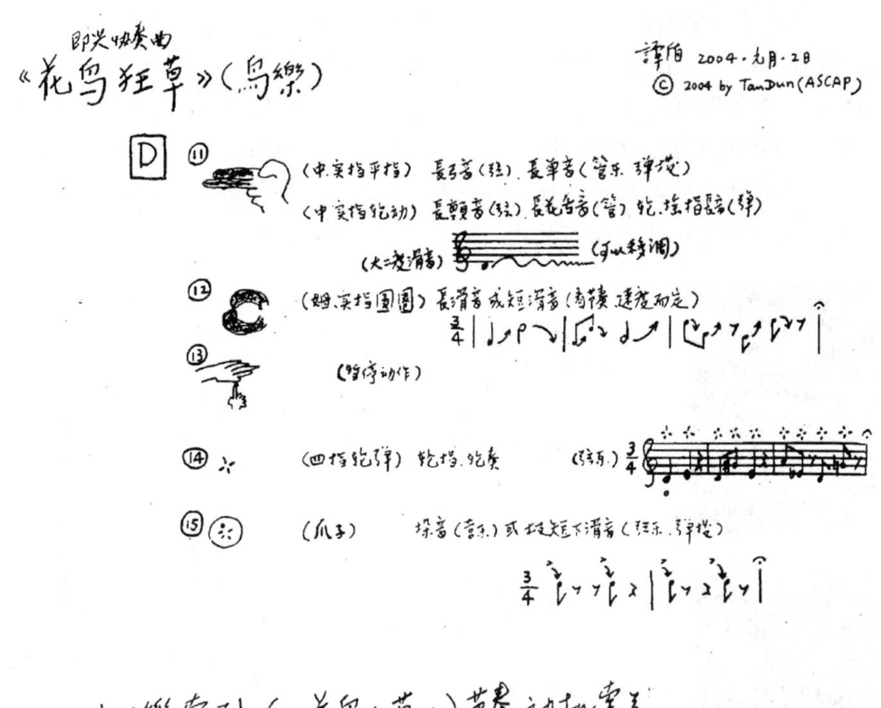

图 21-21　《花鸟狂草》部分乐谱

沉潜的乐队吟唱及低音开始，鸟鸣随意加入，唢呐的呼应，芦笙的音响以顽固低音(Ostinato)方式重叠累积，独奏或乐队不同声部的渐次进入，相互模仿，继而乐队以重复的节奏，从稀疏至密集，当巨人多音丛的高点时，实在的韵律转化为视觉的模型。接着，另一种从无到有、由虚变实的渐进节奏再次开始，在偌大的时空里，胡琴、竹笛等独奏及声部各自以其独特的传统气韵以及疑幻似真的鸟声相互缠绕呼应，交错间乐队酝酿出从零到 11 个强声(0→→→→→→fffffffffff)的巨大音场。当一切达到坚定、平静的高潮后，随后一切归于平静，乐队复以吟唱的方式，细味内心澎湃后的余韵。乐曲首演时，音乐厅的笼鸟仿佛感同身受，鸣叫戛然而止。

纵观全曲，这种长气息的音响渐强以聚集全体能量，以及递增、递减和再现的回环方式，虽是谭盾作品中常用的思维，但又在不同的组合及场域让人感受到中国音乐深层中那种强韧的包容力，以及只有经过千锤百炼才能升华出来的文化内涵。

2. 沙贝琴(Sapeh)与乐队《来自大自然的声音》(余家和 曲)

《来自大自然的声音》是马来西亚作曲家余家和于 2018 年应香港中乐团委约创作的大型中乐乐队作品,全曲共分“大自然的呼吸”“深山幽谷”“森林里的歌声”“森林的守护者”“母亲的爱与叮咛”“永恒的回声”及“大自然在说话”七个乐段(图 21-22)。为了让观众在作品中更深地感受洁净自然、充满原始气息的大自然声音,事前在砂拉越的原始雨林深处进行了数十天的音声采集,作为乐曲的声音素材及乐曲的序奏。此外,还以马来西亚的独特乐器沙贝琴作为乐曲的主要串联,并预设了一些观众演奏的动作及发出模拟大自然的音声,由指挥引领现场观众参与演出(图 21-23),效果尤佳。

图 21-22 《来自大自然的声音》节目单

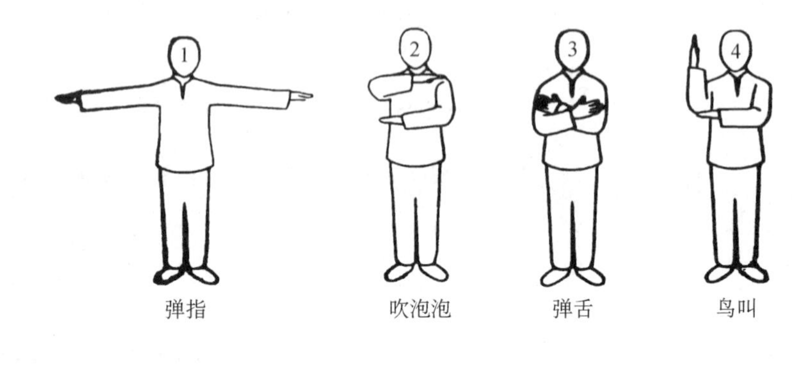

图 21-23 观众互动指引

3. 声音环境艺术设计

声景在国外的发展显示出:声音已经不仅是物理现象,其所代表的深层意义更可以成为人类社会与文化发展的标志。各个地区城市在发展过程中留下许多自然、社会以及文化等有趣的声音,所以声景有记录的功能,也就是运用声音书写历史,换句话说,声景可发生在任何时间地点,或经由对声音的设计,形成大自然中的原有现象,也是居民共同拥有的记忆,具有强烈的地方意识及象征性。通过声音的联想更可带领人进入听觉以外的意象联想。因此包含了场所精神的园林景观设计中,声音成为一种重要的造景元素。在园林空间中,人们感受到的有声、有色、有芳香,给人的五官带来全面体验的景象。

编者于 2019 年应四川都江堰市柳街镇邀请,分别为七里诗乡(图 21-24)及川西音乐林盘(图 21-25)的园区做声音环境艺术设计,当时的基本思路及部分方案如下(图 21-26~图 21-28):

(1) 以天府文化元素为主,依托林盘天然的特色修复设施,以大自然音声与时尚音乐相融合,从而使游客在喧嚣城市的生活中得以洗涤身心。

(2) “拜水都江堰,问道青城山”,以流水及青城太极为内涵建设,配合当地的人文景观与音声。

(3) 切合园区的特征,以早、午、晚作为整体音声分段,然后以时辰作为音声展演时段。

(4) 以原有特色园林景观为基础,添加柳街镇特色的音声及相关装置,并在每年油菜花开时节,举办以黄色为基本色调的“大地声音景观艺术节”,打造全国首个声景的示范基地。

图 21-24 七里诗乡

图 21-25 川西音乐林盘

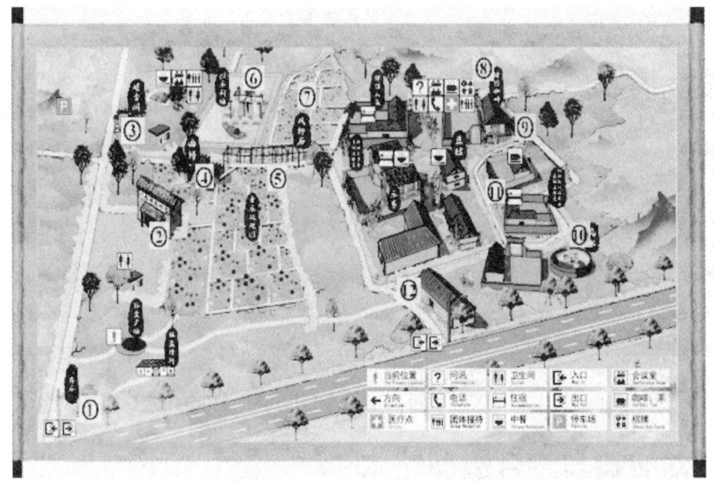

1，2，3=入口声音地标；4=曲桥；5=音乐玫瑰园；6=国乐剧场
7=风铃廊；8，9=猪圈咖啡；10=太极流水；11=豆姑；12=声音绿道

图 21-26　按不同的环境做声音分区并设计相应的声音标志

图 21-27　设置森林课堂、大自然剧场、手绘攀爬墙、森林乐园等自然教育场所，倡导关注人与自然的关系

图 21-28　园区场景一隅

4. 声音标志

2009 年，编者带领上海音乐学院音乐工程系 06 级生态音乐与声音艺术设计课题组学生到上海浦东的绿祥生态度假村实地调研，就整个园区的定位和特色做相应的声音环境艺术设计，其中包括声音标志(图 21-29)：

1）目的

作为园区的标志性声音工程，主要是给游客的第一个印象，加强他们对于园区的记忆。

图 21-29 声音标志①

2）内容

通过红外线的触发，传感器把信号送到计算机，通过计算机程序，音声按一定规律在一系列的音箱里播放。所有的声音由计算机程序控制，而播放内容则可以随时调整，保证了声音的灵活性。红外线输入，计算机、音箱输出独立分工，保证了出现故障时各部分的可调换性。作为入园的第一个声音标志，选取的乐声需要具备耳目一新及让游客产生一定的愉悦感。随着游客慢慢地深入园区，音箱也一排排地相应启动，保证了音声的连续性。内容可以包括欢迎词，以及为不同景区特制的标志音乐等。

三、生态声音互动装置与综合造型艺术

在有关“世界声响环境计划”的讨论中，不时提到利用声音装置(Sound Installations)来造就环境的音声。根据《艺术字典》(Dictionary of Art)所述，装置艺术特定空间而构思设计所创造的环境，其动人之处在于它鼓励观众动用其视觉、听觉甚至味觉共同参与艺术情景的创造②。而从装置艺术衍生出来，以声音为主导的声音装置作品，则属声音上的雕塑(立体造型物)，是一个为“应境”的空间所设计的听觉作品③。至于随着科技进步和艺术观念更新所产生的互动装置艺术，则属数字艺术中新媒体艺术的分支，是一门跨学科且综合性较强的艺术形式，包括了设计艺术、计算机技术、编程语言、传媒硬件材料等各个学科。艺术家需要掌握相关的生态学、物理学知识等，才可进行设计和创作。

尽管装置作品所运用的物质材料和表现手段有区别，但均可视为一种静态空间形态的塑造艺术。互动装置艺术运用声、光、电、信息等各种媒介进行艺术造型表现，虽然不一定是静态的造型，同时也不一定能触摸到，但人却感受到它的存在，且在虚拟的空间中，过程性也可成为其存在的方式。这些运用光、时间、信息等作为造型要素的创制成果，让艺术本体的内涵进行了外延与扩张，并充分体现了跨领域学科的融合性。

1. 生态声音互动装置《水玲珑》

1）理念

秉承“声音即文化”及“声音与人文并存”的理念，以自然生态中的水为声音素材，结合现代数字媒体科技而创制的艺术作品。希望通过作品加深观赏者对自然生态的认识与环境保护的自觉，以及通过创作的声音艺术作品支持美化校园环境及土地再利用的生态规划。

2）置放位置

上海音乐学院餐厅旁地下广场(图 21-30、图 21-31)。

3）观赏形式

观赏者可自行决定浇水的分量，实时通过内置的音响系统制作不同的水滴声。此外，也可用耳贴近特制的“水玲珑”听筒，聆听由计算机控制的内循环滴水声音。

4）声景的体现

建设人造假山以配合现场环境，并将假山的色调尽量调配至与原有的石墙颜色相近，以达到一体的视觉效果。同时，设置自动水泵，使人工瀑布的水得以循环使用，并改变原有气场，让原有的“死水”变成“活水”，增加水槽内鱼的存活量。此外，在“水滴雕塑”旁栽种能释放香味的植物，以达到符合传统的景致中“风生水起”的概念。

---

① 设计：林高俊、唐久强、王晟；作图：王盛。

② 它在20世纪60年代流行，是形容为临时性的特定空间而构思设计的，并作为离散性雕塑以占据整个展览的空间，与传统雕塑的建筑物体(Construction)或不同物体的集合装置品(Assemblage)不尽相同。

③ 蒙科大学的音乐、科技和创新研究小组负责的电子音乐网站 EARS 把声音装置定义为：在公众艺术之领域，声音装置可说是音乐上的雕塑，一个为陈列的视觉艺术或“应境”的空间所设计的听觉作品。大多声音装置的创作和展出空间的安排均应用到各种各样的电子音乐技术和科技。声音装置和一般的线性、个体的艺术品不同之处在于人们可以从任何一个随意性的起点到任何一个随意性的终点之间欣赏这些作品。

图 21-30　装置前

图 21-31　装置完成后

5）技术及制作思路

通过大自然雨水或人工浇水的方式，配合传感器的测量，使水滴流进陶瓮时，与瓮内的水产生共振，发出玲珑剔透的怡人乐音，如图 21-32 所示。

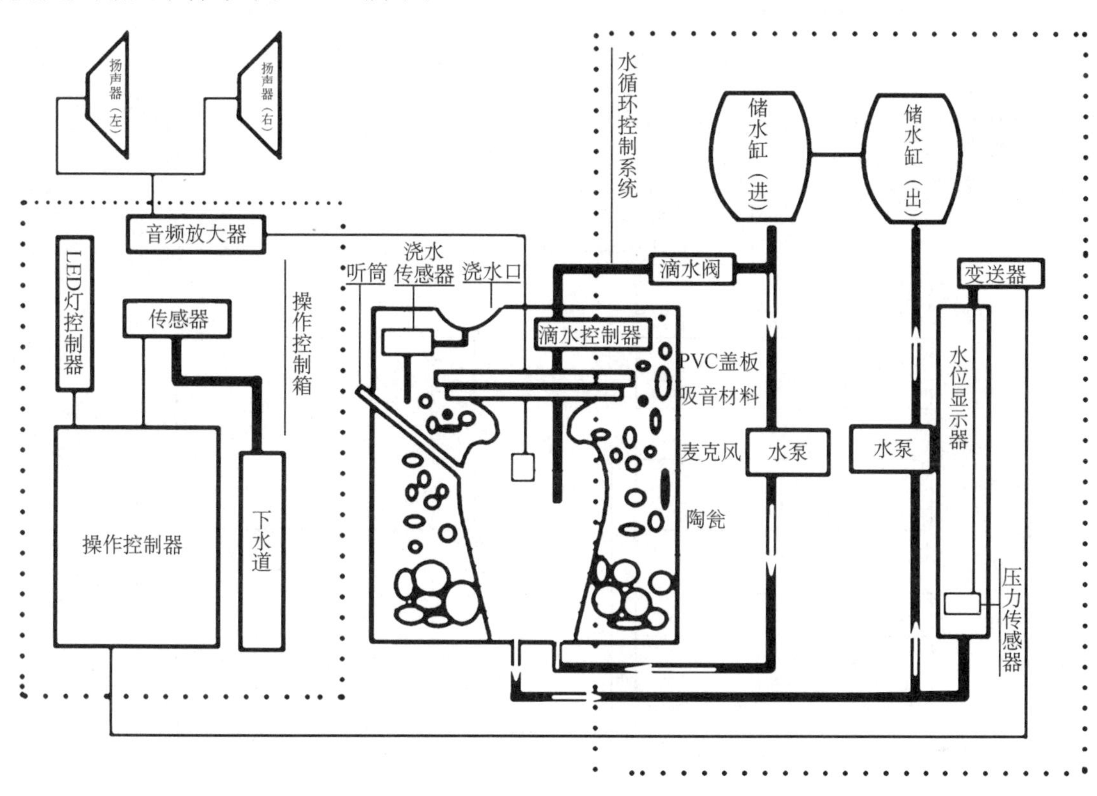

图 21-32　“水玲珑”结构示意图

6）集音方式

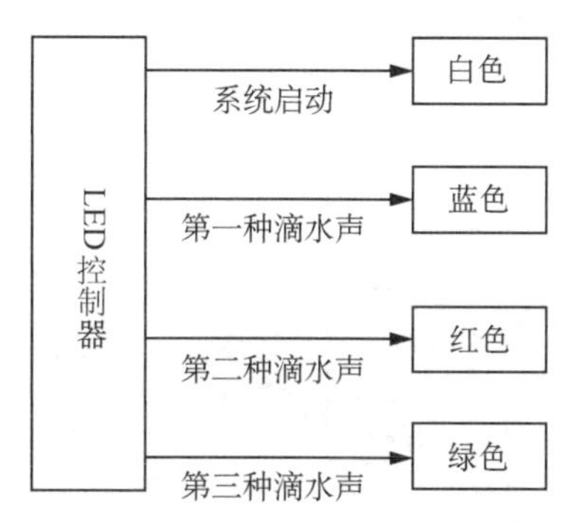

图 21-33　灯光颜色控制图

① 一部分用天然的集音号角，由导管将声音引出。

② 采用内置的电拾音器（例如吉他专用的内置拾音器），由音频线将声音导往外部声音接口。可以在演出时驳接音箱扩声。

③ 利用计算机程序控制水滴的声音与流量，实时控制 LED 灯光变化，如图 21-33 所示。

7）声音听取

① 自行决定浇水的分量，实时通过内置的音响系统制作不同的水滴声。

② 用耳贴近特制的“水玲珑”听筒，聆听由计算机控制的内循环滴水声音（图 21-34）。

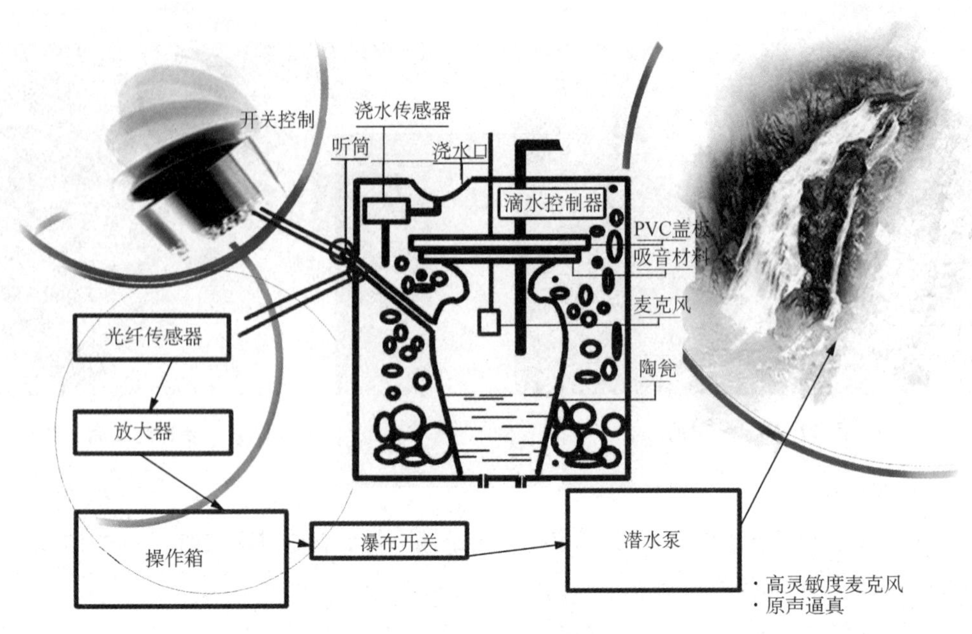

图 21-34 “原音听取”系统示意图

通过计算机编程的方式，以时间为单位，制定滴水阀的开关及与灯光的关系。如图 21-35、图 21-36 所示：

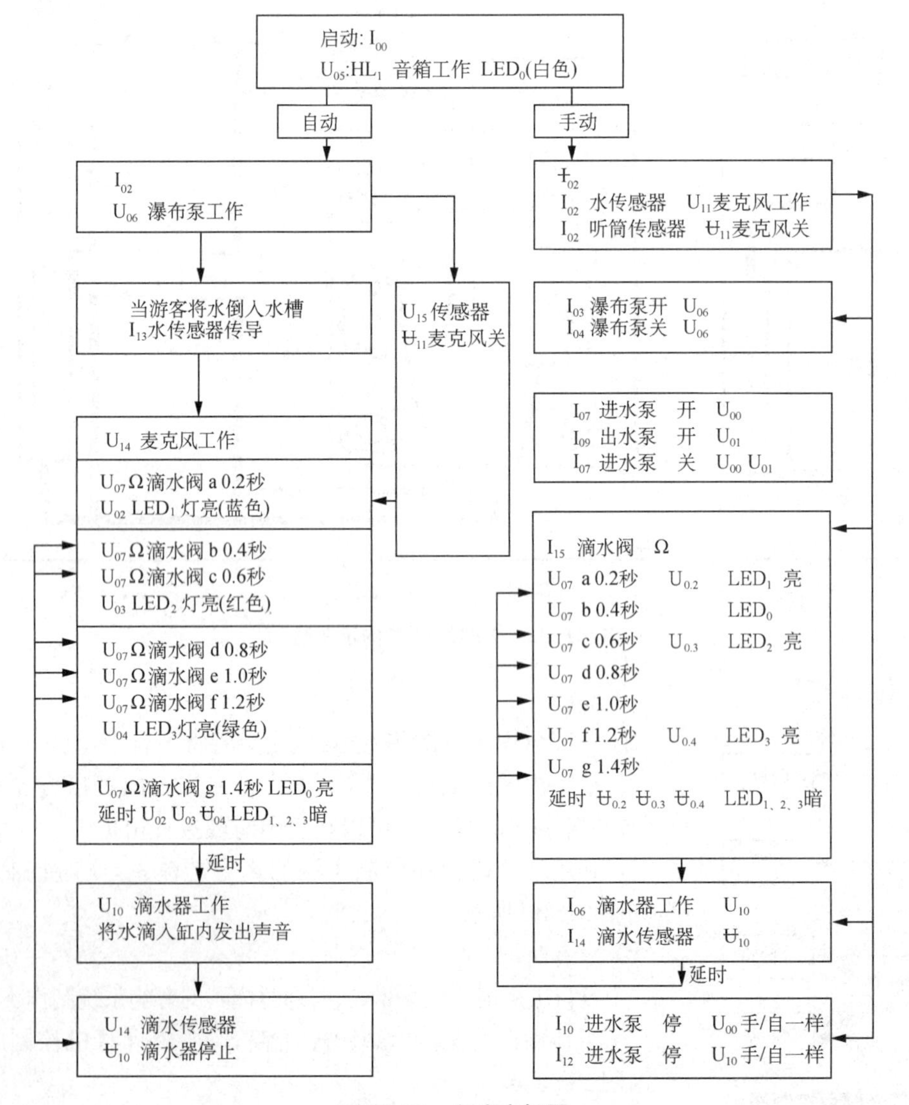

图 21-35 程序方框图

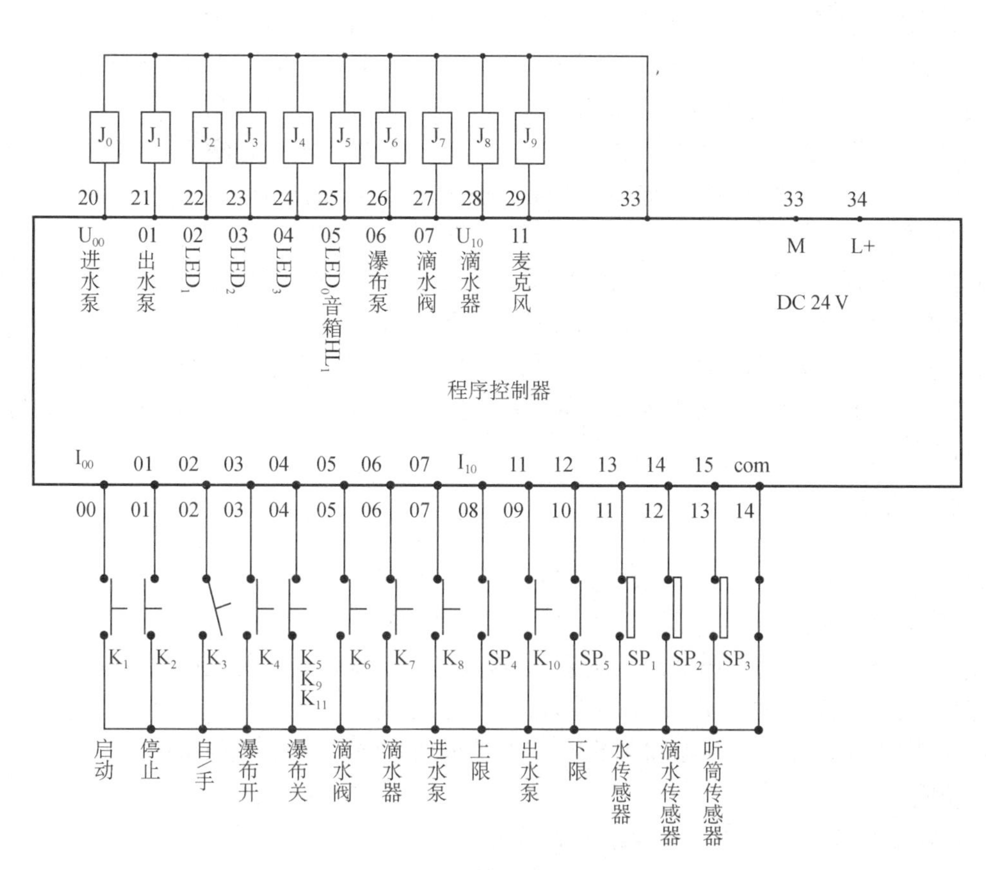

图 21-36　程序控制输入输出线路图

8）实施步骤(图 21-37)

图 21-37　实施步骤

在传统实证音乐学研究里，由于强调音乐的自律性，通常看待音乐以文本为中心，音乐生产的周围环境一般被认为是次要的。在经过20世纪下半叶的民族音乐学、新音乐学与批判音乐学研究者的重新思考之后，那些与音乐互动影响的历史与社会情境(Context)已经成为音乐学术研究不可忽视的成分。其中，音乐与环境空间的互动，也已成为讨论的焦点之一。如英美学者所谓的生态音乐学(Ecomusicology)，就是讨论音乐在人类生活空间的交换(Exchange)与调解(Mediation)的过程，也是21世纪将音乐与环境的互动作为研究对象的新尝试。

这种通过观赏者以浇水参与的互动式装置作品，正是当下各院校提倡音乐人类学、生态学、音响工程设计等倡导跨领域及跨学科的整合与协调的较佳例证。同时，这些装置也为音乐美学、声学研究及评论等开拓了新的领域，为日后以生态音乐或声音为主导的媒体艺术创作理论及技术的研究与实践提供了参照。而其"能看、能听、能用"的特质，更可作为日后参与公共艺术中"声音景观设计与制作"项目及与"数字及文化内容"相关产业合作的试金石。

2. 生态声音互动装置《竹韵流水》[①]

1) 作品立意

① 秉承"声音即文化"及"声音与人文并存"的理念，以自然生态中的水为声音素材，结合现代数字媒体科技而创制的艺术作品。

② 通过声音、视觉、触觉等多感官融入场景，让观赏者产生身临其境的沉浸式(Immersion)体验环境声等元素，以致与音乐舞蹈等结合后，让作品更为灵动及赏心悦目。

③ 让观赏者在"看不见的设计，听得到的风景"的空间中，得到一种心境的净化。

2) 作品构成

① 由三件雕塑艺术品、枯山水及装置组成如下(图 21-38～图 21-40)：

材质：不锈钢
表面处理：镜面
尺寸：1 250 mm×1 300 mm×760 mm

图 21-38 《水滴》雕塑

材质：不锈钢
表面处理：镜面
尺寸：750 mm×480 mm×1 080 mm

图 21-39 《音符》雕塑

材质：不锈钢
表面处理：镜面
尺寸：700 mm×800 mm×100 mm

图 21-40 《旋律》雕塑

② 枯山水

由三个部分组成，各以不规则的造型配以小草坪、山丘、竹枝及石块，以及填以"澄净"的白色细沙等，营造一种独特的空间造型与艺术氛围。

③ 互动装置

分为遮挡式激光装置、压力传感装置及振动传感装置三类，分别对应三件不同的雕塑艺术品，并就其不同的造型设计合适的交互效果。

3) 主要创制及技术思路

① 操控方式

遮挡式激光装置以任何方式遮挡微光所在区域，激发音声(用于雕塑《旋律》)压力传感装置；观赏者坐

---

① 广东省教育厅高校科研平台及项目"声音景观意境下的非物质文化遗产活态传承与跨界创新研究与实践"(编号 2020WTSCX038)，也为第二届地球声音景观艺术周的参展作品。

在水滴椅上，触发音声（用于雕塑《水滴》）振动传感装置；观赏者用手敲击雕塑顶端，触发音声和灯光（用于雕塑《音符》）。

② 观赏形式

观赏者可随意在特定的庭园空间散步，或停或坐，并尝试在不同的空间、位置及视点，感受个中由石头与枝叶、经沙与水滴间所营造的瞬息变化万千、光影交织的美，及在制作与观赏两者间、素材生命间的相互联结中，细细品味心境宁静的状态，从而在变化中探寻生命中的美意与禅趣。

4）装置的交互原理

传感器是一种能够感受某种信息，并将这种信息转换成电信号或其他信号的检测装置，以满足信息的传输、处理、储存、显示、记录和控制等要求。常见的传感器基本分为热敏、光敏、气敏、力敏、磁敏、湿敏、声敏、色敏等元件（图 21-41）。

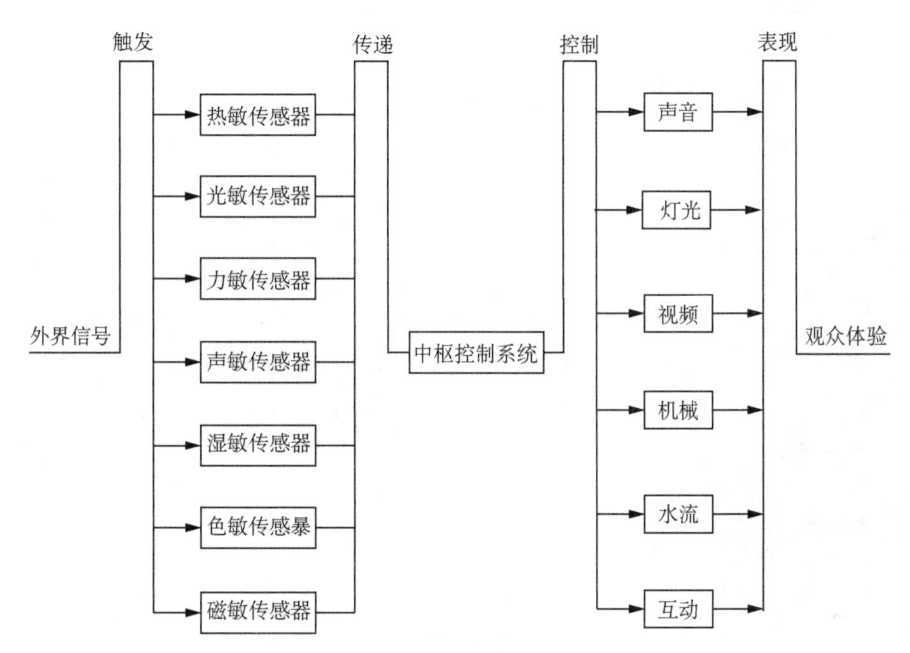

图 21-41　声光影视互动表演控制系统原理

《竹韵流水》生态声音互动装置采用了震动、压力及激光三种传感器（图 21-42～图 21-44），以智能系统为控制核心，每个装置通过使用不同的传感器产生触发信号，系统捕捉到触发信号后按照预先设定的逻辑调用相应的场景，如音乐播放、灯光开启等。

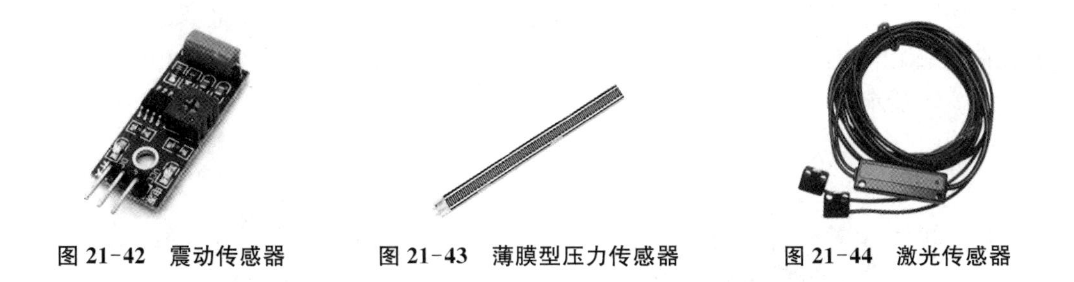

图 21-42　震动传感器　　**图 21-43　薄膜型压力传感器**　　**图 21-44　激光传感器**

①《音符》雕塑

观众通过用手敲击雕塑的顶端，雕塑震动触发震动传感器，使装置发出声音和灯光。这组选用的震动传感器为 SW-420 常闭型震动传感器，工作电压为 3.3～5 V，输出为 TTL 数字开关量。传感器没有震动时，震动开关呈闭合导通状态，输出端输出低电平，指示灯常亮；当检测到震动的时候，震动开关迅速断开，输出端输出高电平，指示灯不亮。中枢控制系统检测到电平变化后即调用预设的相关场景和动作。如图 21-45～图 21-47 所示。

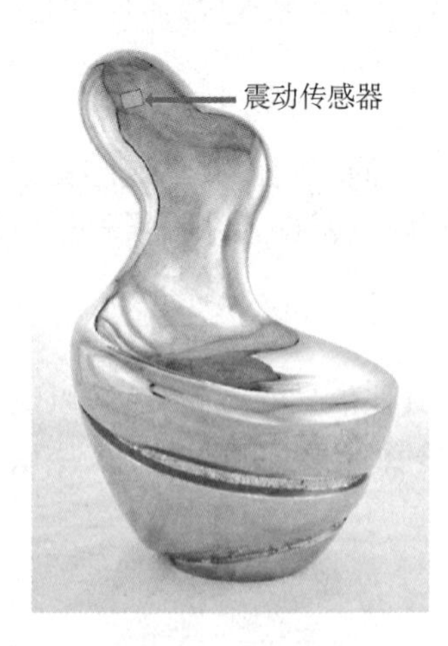

图 21-45 《音符》震动传感器安装位置
（实际安装在雕塑背部，图中色块仅作示意）

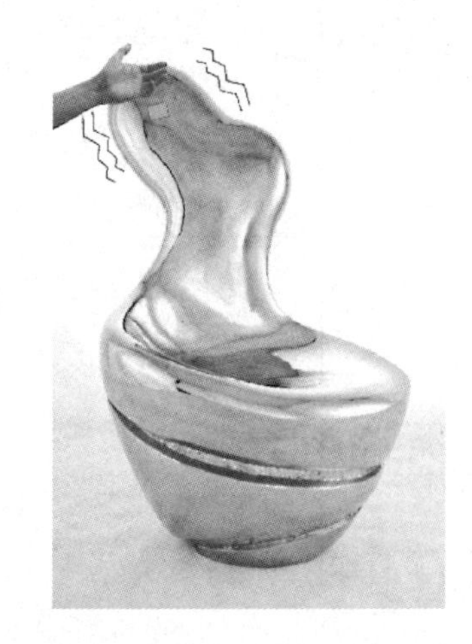

图 21-46 通过敲击雕塑触发震动传感器
（实际安装在雕塑背部，图中色块仅作示意）

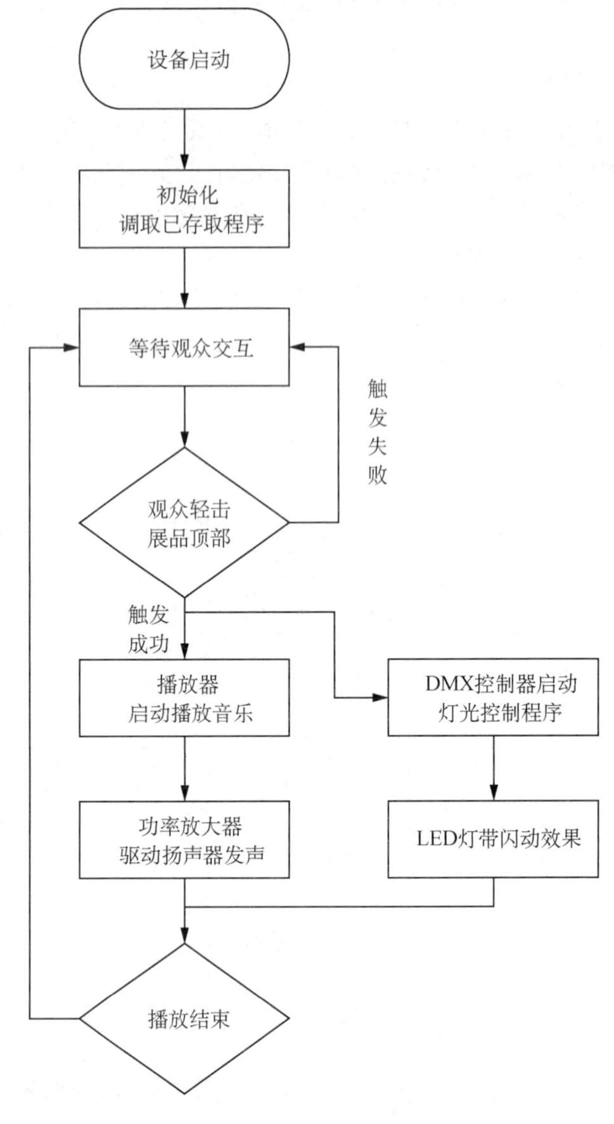

图 21-47 《音符》交互流程

②《水滴》雕塑

观众通过坐在雕塑的椅子部分，按压压力传感器触发，使装置发出声音。这组选用的是 RP-L40 薄膜型压力传感器，输出为模拟电压输出。传声器没有按压时，电阻最大、输出电压最低；当被按压时，电阻随着压力变化而降低、输出电压变大。中枢控制系统检测到电平变化后即调用预设的相关场景和动作。如图 21-48～图 21-50 所示。

图 21-48 《水滴》压力传感器安装位置

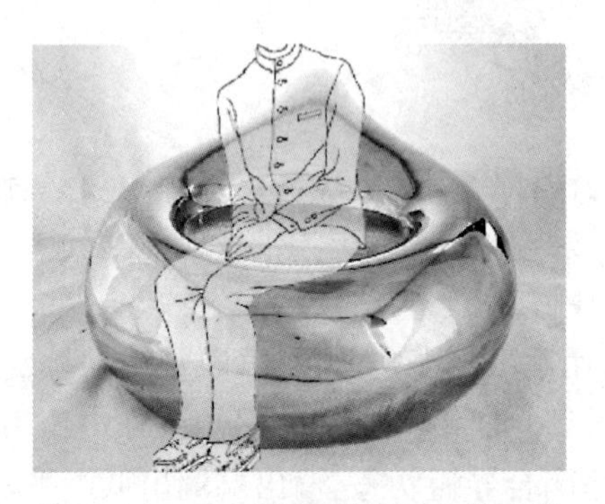

图 21-49 通过按压触发压力传感器

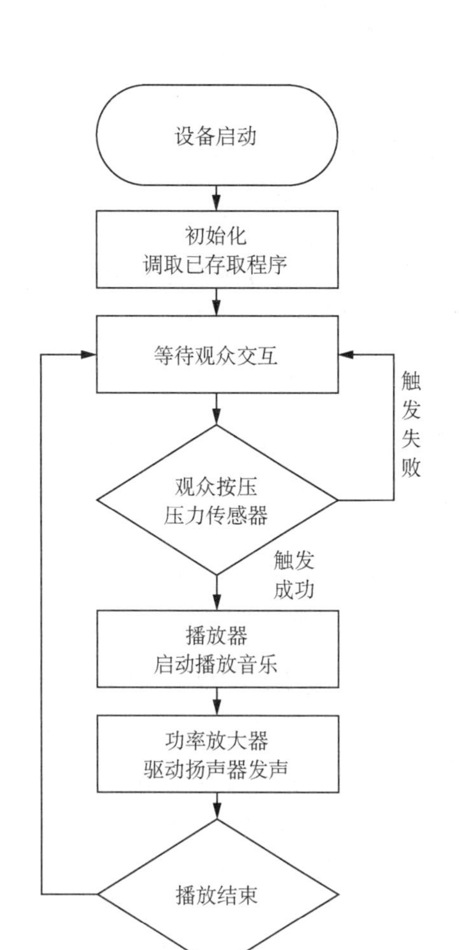

图 21-50　《水滴》交互流程

③《旋律》雕塑

观众通过遮挡雕塑的“琴弦”部分，触发激光传感器，使装置发出声音。这组选用的激光传感器为PT-2T1KN长距离对射型光电传声器，工作电压12～24 V，最小可检测物体尺寸为3 mm，检测距离为0～1 000 mm，输出为NPN数字开关量输出。传感器两端各有一个探头，分别为大功率红外发射探头和红外接收探头，当两个探头设置对射成功后，没有物体遮挡在光束中间时，输出端输出低电平，指示灯常亮；当检测到遮挡的时候，输出端输出高电平，指示灯不亮。中枢控制系统检测到电平变化后即调用预设的相关场景和动作。如图21-51～图21-53所示。

图 21-51　《旋律》激光传感器安装位置
（实际激光为非可见光，图中光线线路仅作示意）

图 21-52　通过遮挡激光传感器触发
（实际激光为非可见光，图中光线线路仅作示意）

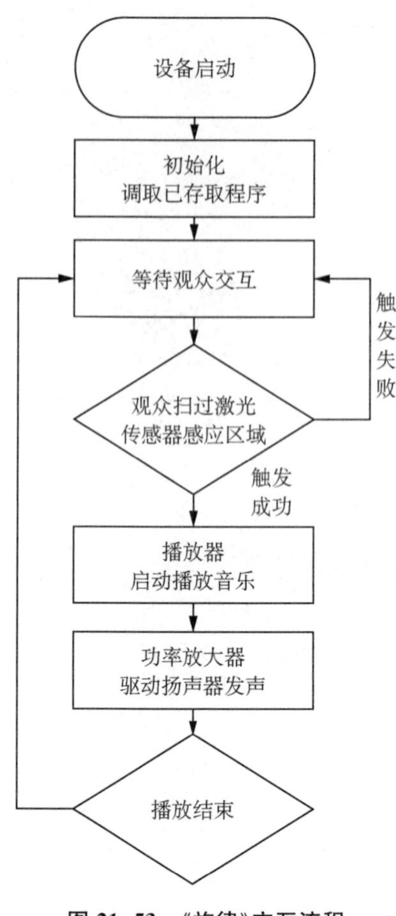

图 21-53 《旋律》交互流程

5）价值和意义

① 以声音显现生态，唤起人类对自然生态的认识与环境保护的自觉，从而尊重生态与环境。

② 借由创作的声音艺术作品支持美化校园环境及场地活化的生态规划。

③ 倡导跨领域及交叉学科（声音生态学、声音环境艺术设计、声音工程等）的整合与协调。

④ 在新文科的背景下，为音声创作、音乐美学、声学研究及评论等开拓新的领域。

⑤ 为以后以生态音乐或声音为主导的媒体艺术创作理论及技术的研究与实践提供参照。

⑥ 作品的“能看、能听、能用”的特质，可作为日后参与公共艺术中的“声音设计与制作”项目及与“数字内容”相关产业合作的试金石。如图 21-54、图 21-55 所示。

四、地球声音景观艺术周

为秉承“世界地球日（Earth Day）”的环保理念，星海音乐学院于第 50 个“世界地球日”（2019 年）之际策划举办了“地球声音景观艺术周”（图 21-56），“寻找粤港澳声音的故事”（图 21-57）征集活动是其中的一个子活动，旨在以不同的音声配合讲演的形式，收集并分享反映社会、人文、历史及自然的音声，从而加深我们的历史印记与人文关怀。通过“发生・发声”的主题，让更多的群众关注“濒危”的声音，在行动上鼓励号召政府组织或民间组织进行文化保护，让更多的群众有意识地挖掘声音背后的故事，传递正确的世界观、人生观、价值观。

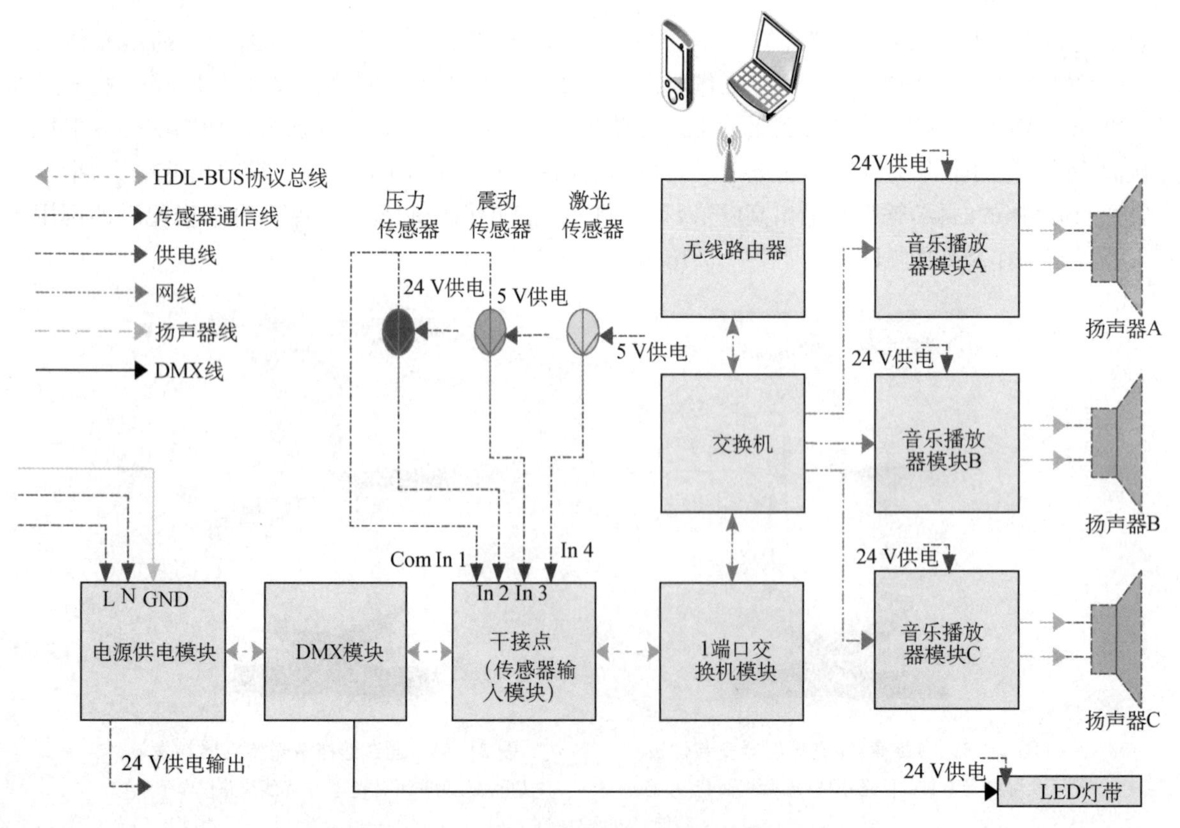

图 21-54 《竹韵流水》生态声音互动装置整体系统

图 21-55　《竹韵流水》生态声音互动装置展示

图 21-56　"地球声音景观艺术周"活动海报

图 21-57　"寻找粤港澳声音的故事"活动海报

声音既具有时间性，也有空间性，同时，它既有物理属性，也有心理属性，需要有更多的实验手段和方法来深入研究。在声景设计及艺术创意中，不管是改造与创造，都会应用不同的方法对主观感知及环境的客观物理指标进行对应分析，从而设计出相适应的声景方案。声景设计也是个综合性较强的学科体系，除需环境、生态、心理、声学、生理、艺术等多个学科的共同参与外，空间造型、绿化设计、声场容积等其他因素也会对声景设计的评价产生影响。对于声景的研究，其社会文化意义方面还有许多值得探讨的课题。声景不应仅仅作为声音的景观，它与社会生活的各个方面均有着深刻的联系。

总而言之，声景的理念超越了传统的分析测量计算声环境的数学物理方法，为声音赋予了生命，为声学研究带来了文化性、社会性、生活性和心理性的研究新视点，给城市声环境研究乃至景观研究带来了新的视角和切入点。作为声景及生态的研究者，若能以开放的视角来看待声景研究，并与其他专业领域的研究者进行交流与合作，想必更能相互成就，声景研究也将迎来更广泛的应用前景。

参考文献

Schafer R M. The Tuning of the World[M]. London: Cambridge University Press, 1977.

Truax B. Acoustic Communication: The Soundscape-the Tuning of the World[M]. London: Ablex Publishing, 2001.

Kendall W. An introduction to acoustic ecology[J]. *The Journal of Acoustic Ecology*, 2000, 1(1): 10-13.

Shin-ichiro, Iwamiya. Soundscape association of Japan(SAJ)[J]. *The Journal of Acoustic Ecology*, 2000, 1(2): 7.

Schafer R M. A sound education: A conversation with teacher, composer, arts and literature[J]. *Environmentalist and Acoustic Ecologist*, 2002.

Schafer R M. 听见声音的地景[M]. 赵盛慈，译. 台北：大块文化，2017.

Keller D. TOUCH "N"GO：Ecological Model in Composition[D]. Vancouver：Simon Fraser University，1999.

Truax B. Genres and techniques of soundscape composition as developed at Simon Fraser University[J]. *Organised Sound*，2002，7(1)：5-14.

Truax B. Soundscape，acoustic communication & environmental sound composition[J]. *Contemporary Music Review*，1996，15(1)：49-65.

Cox C，Warner D. Audio Culture-Reading in Modern Music[M]. London：The Continuum International Publishing Group Ltd.，2004.

Soundscape Editorial. Soundscape[J]. *The Journal of Acoustic Ecology*，2000，1(1).

Schafer R M. A Sound Education[M]. 东京：春秋社，1997.

鸟越纪子. Soundscape[M]. 东京：鹿岛出版社，1999.

小松正史. Technique of Soundscape[M]. 京都：昭和堂，2008.

井出祐昭. Sound Space Compose[M]. 东京：Yamaha Music Media，2009.

李国棋. 声景研究和声景设计[D]. 北京：清华大学，2004.

李国棋. Soundscape 通告——声音景观研究 I [J]. 北京联合大学学报，2001.

秦佑国. 声景学的范畴[J]. 建筑学报，2005(1)：45-46.

王季卿. 开展声的生态学和声景研究[J]. 应用声学，1999(2)：10.

颜峻，路易斯·格蕾. 都市发声[M]. 上海：上海人民出版社，2010.

孟子厚，安翔，丁雪. 声景生态的史料方法与北京的声音[M]. 北京：中国传媒出版社，2011.

成勇. 声景作曲研究与实践[D]. 上海：上海音乐学院，2013.

韩杰，王妍妍. "声音景观"的理论延展[J]. 大众文艺，2014(12).

李琳琳. 声景：音响生态学与电子音乐相结合的产物[J]. 演艺科技，2011(1).

韩杰，庄曜. 电子音乐语境中的声音景观思想研究. 黄钟(武汉音乐学院学报)，2014(1).

Turner J. Dictionary of Art[M]. London：Macmillan，1996，34(10)：868.

作者：陈明志(星海音乐学院)

第二十二章
新乐器设计

第一节 概 述

纵观音乐技术的发展历史，乐器的发展凝结着人类科技发展的最前沿成就。在19世纪末电子乐器到来之前，声学乐器的发展一直都依靠声学、振动等学科的发展基础进行研究。随着19世纪末电子时代的到来，乐器与科技的发展也随之一同进步，此时开始出现特雷门(Theremin)琴(1920，Lev Termen)、马特诺特(Martenot)琴(1928，Maurice Martenot)、特劳托宁(Trautonium)电子琴(1930，Friedrich Trautwein)等早期的电子或电声乐器。这些设计给乐器设计者们带来了包括设计声音合成和控制界面新方法在内的拓展音乐表达方面的更多可能性。20世纪中期，数字音乐技术的商业化以及创新浪潮改变了乐器领域的传统生态圈并使其蓬勃发展。

此外，近年来随着计算机音乐的发展出现了大量的声音合成方法，并且可以在个人计算机平台上使用，同时还可以直接使用计算机实时生成的声音。虽然在信号模型和物理模型方面仍需要进行更多研究，但这些方面都已经达到了可以在音乐会中使用的程度，并且能够不断出现新的解决方案和发展。此外，在非接触运动和操作方面，捕捉不同人体姿势的输入设备技术也发展到了非常成熟的阶段。特别是关于操作、触觉和力反馈装置等已在音乐和非音乐环境中广泛应用。

因此，我们现在所掌握的这些设备和声音合成方法的最终目标是设计新型数字乐器，它们结合起来可以用于设计在音乐环境下人体姿势与计算机交互的方法，即控制多个连续参数，通过计算机实时产生声音，使其具备与声学乐器相同的控制精度。

更具体地说，计算机生成声音的姿势控制涉及多种参数、时序、节奏和演奏者训练的同时控制。以下是实时多参数控制系统的几种特性：

① 人机交互没有固定的顺序。

② 姿势控制不存在单一的选项，而是一系列连续的控制。

③ 对使用者的动作有即时的响应。

④ 控制机构是一种物理的、多参数的设备，使用者必须学习它的操作。

⑤ 大量的练习可以提高操作的能力。

⑥ 操作者一旦熟悉了这个系统，就可以在操作系统的同时自由地进行其他认知活动(比如开车时说话)。

新型数字乐器设计的发展促进了新音乐表达界面(New Interfaces for Musical Expression，NIME)研究领域的发展，它是一个集乐器学、音乐表演、人体工程学、心理学、工程学、软件设计、数字信号处理、人机交互等方面的跨学科研究领域。随着科技的发展，一些新的控制器、传感器、映射技术、反馈执行器、机器学习和数字信号处理技术不断地应用于新乐器的研究中。其中一些，通过复杂的创新和营销过程进入了市场，影响并推动了整个音乐产业链的发展。

新颖的乐器不仅能激发广大业余爱好者的想象力和创造力，同时还可以通过激励演奏者和艺术家为舞台开发新的表演形式来改变和重新构建我们对艺术音乐的看法，从而保护音乐在文化中所扮演的角色。这些新型数字乐器不仅可以用来演奏音符，还可以利用现有的技术做更多的事情，例如可以生成和改变复杂的模式，执行更高级别的功能(如指挥)，甚至还可以生成图形、灯光和特效等。

纵观历史，人们追求乐器创新的脚步从未停歇。在表演方面，演奏家进行的大多是关于合奏方式的创新，还有一些演奏家会在乐器上丰富其演奏姿势或者演奏技巧；在欣赏的角度，听众希望能够丰富其感官上的刺激；在教育方面则强调易学性，因此开发出了智能钢琴，以及可视化的教学机器人、陪练机器人等。这些都是对乐器创新的相关需求。

第二节 新型数字乐器的构成

一般来说使用计算机数字合成技术发声的一类乐器叫作数字乐器。数字乐器包含了控制界面(Control Surface)和声音合成(Sound Synthesis)两个模块,以及将两个模块联系在一起的映射策略(Mapping Strategy)。如图 22-1 展示了新型数字乐器的构成。

控制界面:在实时驱动声音合成的音乐参数的时候可以被称为姿势控制(Gestural Controller)。姿势控制或控制界面是新型数字乐器的输入界面,是演奏者和乐器之间发生的物理反馈。它可以指在表演过程中姿势的实时控制,或输入端的设备,或是一个硬件的界面。

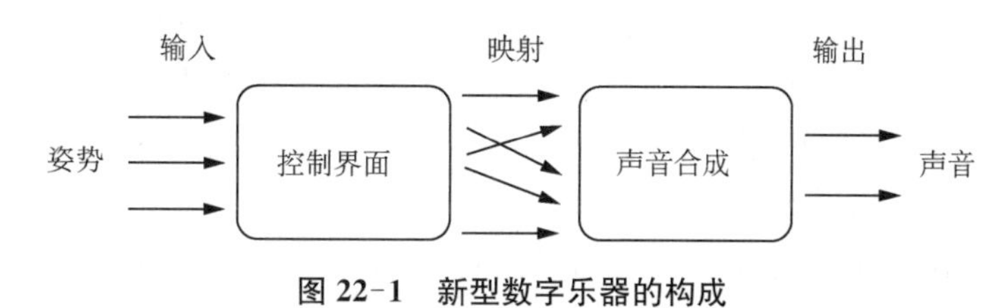

图 22-1 新型数字乐器的构成

声音合成:硬件或(基于计算机的)软件部分的合成。声音合成单元涉及合成算法及其控制。

映射策略:映射层涉及姿势控制的输出和声音合成的输入控制之间的联络策略。

一、数字乐器的控制界面

(一) 姿势和反馈

为了制订关于声音合成姿势控制的新型数字乐器设计的策略,有必要分析专业乐器演奏家在演奏过程中产生的动作特征。这些动作在音乐领域被称为姿势。因为所有姿势之间都会有细微的差别,所以在此我们先不考虑它们之间的差别,而是首先要把演奏者的姿势看作演奏者在演奏过程中产生的动作,既包括理解和操作的动作,也包括非接触的动作。通过对专业演奏家在表演过程中产生的物理动作和反应进行更加深入的研究,以此来明确姿势研究在新型数字乐器设计中的重要性。此外,姿势信息也可以作为一种信号形式通过姿势编辑器进行处理、转换和存储。姿势也可以用各种运动模型合成。事实上,演奏者会在实际演奏过程中同时做出各种各样的姿势。其中一些与声音的产生是直接相关的,而另一些则不是,然而这些与声音的产生无关的动作却是许多技艺高超演奏家的表演中不可缺少的部分。

在音乐背景下,人们可以通过分析姿势在演奏过程中的功能或分析姿势的物理特性研究姿势。通过识别姿势特征(在特定环境下的功能特征或生理特征)最终可以深入地了解姿势采集系统的设计。

对于这两种方法,最基本的是要考虑对演奏者可用的反馈,无论是视觉、听觉还是触觉-动觉。根据反馈的特点可以进行如下的分类:

主要/次要:主要反馈包括视觉、听觉(例如单簧管按键的噪声)和触觉-动觉反馈,次要反馈与乐器产生的声音有关。

被动/主动:被动反馈是指系统的物理特性(例如按键噪声)提供的反馈,主动反馈是系统对特定演奏动作(乐器发出的声音)的反馈。

(二) 姿势采集

一旦掌握了姿势的特征,就可以设计一个采集系统捕捉这些特征。在演奏者与乐器进行交互时,可以通过三种方式采集。

直接采集:使用一个或多个传感器采集演奏者的动作。这些传感器发出的信号呈现出了姿势的基本物理特征:压力、线位移或角位移、速度或加速度。要捕捉姿势的每个物理变量通常都需要不同的传感器。

间接采集:即从乐器发出的声音的结构属性中提取姿势。然后利用信号处理技术,通过分析声音的基频、频谱包络、时间包络等,得出演奏者的动作。

生理信号采集:采集生理信号,如肌电图。现在已经开发出了基于肌肉张力分析的系统,并且可以直接用于音乐环境。

1. 直接采集

直接采集是通过使用不同的传感器来捕捉演奏者的动作。根据传感器的类型和不同系统中不同技术的组合,可以捕捉不同的动作。

传感器是机器的感觉器官。传感器将物理能量(来自外部世界)转换为电力(进入机器)。几乎所有已知的物理量都可以用传感器感知,例如,超声波(通常为 40 kHz,用于运动追踪)或红外频率范围的光波。

与间接采集相比,直接采集更简单,可以获得代表各个控制参数的独立数据流。但另一方面,由于所获取变量的独立性,使用多个传感器采集获取的多个变量之间的相关性会更低。

2. 传感器特征和音乐应用

传感器最重要的特征是灵敏度、稳定性和可重复性。此外,还有一些重要的特征涉及传感器输出的线性和选择性、对周围环境条件的灵敏度等。6 个用于描述传感器的参数对其特征进行了更加完整的总结:精确度、误差、精密度、分辨率、跨度和范围。

在一般的仪表电路中,传感器的测量需要精密又准确,并具备合理的分辨率。在音乐领域中,通常需要选择与特定音乐特征相匹配的传感器技术,并且这项技术要与人类的行为和感知有关。例如,传感器输出映射中用于控制音量的变量不太准确,此时在听觉上可能无法察觉,但如果该变量用来控制音高,那么它的不准确性就会非常明显。在音乐领域中,通常会使用为非音乐领域设计的传感器(如汽车或生物医学行业),只有少数研究人员开发了专门为音乐设计的传感器(对于传感器技术的介绍详见下文)。

3. 模拟-数字转换

在使用各种传感器进行姿势采集时,传感器输出端获得的信号通常是模拟信号,基本上是以电压或电流信号的形式。为了使这些信号作为计算机输入,需要对它们进行采样并转换成对应的格式,通常是 MIDI 或更高级的协议,如开源声音控制(Open Sound Control, OSC)。各种模拟-MIDI 转换器也已在商业上广泛使用。为了降低传输速度和分辨率的限制,如今许多系统都使用了 MIDI 以外的通信协议。

4. 间接采集

与直接采集相反,间接采集通过乐器发出声音的声学特性来分析演奏者的行为信息。在这种情况下,只需要使用麦克风作为传感器,即一个测量压力或压力梯度的传感器。由于麦克风捕捉的乐器声音中的信息非常复杂,需要使用各种实时信号处理技术将演奏者动作的效果与其他因素区分开(例如,房间声学特性的影响或乐器的固有属性)。一般情况下,可以实时识别待提取的基本声音参数如下:

短时能量:与信号的动态轮廓有关,显示声音的动态水平,但乐器相对于麦克风的位置可能不同。

基频:与声音旋律轮廓有关,例如,可以提供指法方面的信息。

频谱包络:显示声音振幅的分布,可以提供有关乐器共振体的信息。

声音的振幅、频率、相位,可以单独提供由上述参数获取的大部分信息。

5. 姿势信号的采样

在直接或间接采集过程中进行上述或其他参数的分析时,信号的正确采样很重要。根据尼奎斯特(Nyquist)采样定理,采样频率至少是被采样信号最大频率的两倍。

一般情况下,虽然有些演奏者动作的频率可能只有几 Hz,但快速动作可以呈现更高的频率。姿势采集的标准采样频率为 200 Hz,一些系统可能会使用高达 1 kHz 的采样频率。

(三) 姿势控制

如上所述,姿势控制是数字乐器中发生物理交互的部分。物理交互在这里是指演奏者的动作,无论是肢体动作、空手姿势,还是操作物体以及演奏者通过触觉-动觉、视觉和听觉来感知乐器的状态和反馈。

由于控制器要捕捉的动作范围很大,并且取决于它的交互环境,因此控制器的设计可能因情况而异。现有的控制器设计分为增强乐器、类乐器控制器、启发控制器、替代控制器(详见第四节新乐器的分类)。

(四) 用于姿势控制的传感器技术

主要介绍一些用于创建姿势控制器的传感器技术,并讨论它们在姿势控制器设计中的应用。可以根据传感器技术对各种传感器进行分类。音乐交互应用中涉及的传感器:力敏电阻(Force-sensitive Resistors, FSRs)、弯曲传感器(Bend Sensor)(应变计)、线性和旋转电位计、触觉线性位置传感器(Tactile Linear Position Sensor)、压电传感器(Piezoelectric Sensor)、超声波传感器(Ultrasonic Sensor)、红外传感器(Infrared Sensor)、可见光感设备(Visible Light-sensing Devices)、霍尔效应传感器(Hall Effect Sensor)、磁阻传感器(或电子罗盘)、电容式传感器(Capacitive Sensor)、加速度计(Accelerometer)、陀螺仪、倾斜传感器(Tilt Sensor)、气压传感器(Air Pressure Sensors)。其他传感器类型:基于视觉的系统、温度传感器、湿度传感器、旋转编码器、线性差动变压器(Linear Variable Differential Transfomer, LVDT)、皮电反应传感器(Galvanic Skin Response Sensor, GSRS)、多普勒雷达和麦克风。

以下简要介绍这些传感器以及它们在音乐交互中的应用。

1. 力敏电阻

力敏电阻是一种触觉传感器,其特点是轻薄,是新乐器设计中最常见的传感器之一。力敏电阻应用广泛,易于使用,而且价格相对低廉。

力敏电阻的电导与所施加的力成正比,即电阻会随着施加在器件上的力的增加而减小。因为需要施加一定大小的力才能使传感器响应,所以这种关系是非线性的。

这种传感器的主要缺点是易碎,如果弯曲过度,会很容易折断。此外,它们的测量是非线性且定性的,因为如果受到长时间的压力,它们的电阻可能会漂移。因此,不建议将力敏电阻传感器用于测量绝对的、定量的力。

这种传感器应用在乐器设计中的例子如:贾纳森・因佩特(Janathan Impett)设计的 Meta-trumpet,传感器被贴在小号的阀门上。

2. 弯曲传感器(应变计)

弯曲传感器的某些特性在弯曲时会受到影响。应变计可以被当作弯曲传感器,因为当它所连接的材料弯曲时,其电阻会受到影响。

弯曲传感器有多种尺寸,如 BendMicro、BendMini 和 BendShort。它们的电阻随弯曲程度而变化,从 6 kΩ(不弯曲)到 500 kΩ(弯曲至 180°)。

许多设计者常常使用弯曲传感器进行设计,因为这些传感器可以直接连接到身体或纺织品上,例如手套控制器或舞蹈音乐界面中。

3. 线性和旋转电位计

滑块电位计是线性位置传感器,通常由一个电阻元件和一个沿该元件滑动并与其进行电接触的电刷组成。旋转电位计(或旋转传感器)是滑块电位计的旋转版本。

电位计的优点在于其成本低、实用性强和操作简单,而它们的缺点则是易磨损,并且电刷和电阻元件之间易氧化。

滑块电位计常用于混音台。旋转电位计曾用于模拟合成器中。数十个模拟合成器用来控制声音合成参数。

4. 触觉线性位置传感器

触觉线性位置传感器可以用于感知一维或多个维度上的位置。传感器的电阻根据放置在其探测区域顶部的物体的位置变化而变化。例如,当手指从传感器的一端移动到另一端时,其电阻随之变化。例如,Moog 带状控制器①,此外,还可在一些网站上找到简单的自制带状控制器的例子②。

5. 压电传感器

压电传感器广泛用于制造各种声学乐器的拾音器。此外,这种传感器在音乐交互中比较成熟的例子是 2016 年杜亚洛(Dualo)发明的智能乐器 Dualo③,演奏者通过按压其触摸屏下的压电传感器控制音乐。

6. 超声波传感器

超声波传感器基于对声波特性的测量,该声波的频率高于人类可听范围(20 Hz~20 kHz)。

现在声卡的采样频率可以达到 96 kHz 或 192 kHz,所以可以通过声卡的音频通道发送超声波信号(如 40 kHz),然后在另一个通道中接收超声波信号,最后测量其频率(或衰减)。但是,由于声卡频率响应的限制,并非所有采样频率为 96 kHz 或更高的声卡都能发送或接收超声波信号。

7. 红外传感器

红外传感器是基于频率低于可见红色光信号的特性。由于光的传播速度比声音快得多,因此在音乐

① https://www.moogmusic.com/.

② http://www.electronicpeasant.com/projects/ribbon/controller.html.

③ https://dualo.com/.

中通常不使用红外对距离进行测量。

夏普(Sharp)公司开发的GP2D12传感器是一种可以进行连续距离测量的红外传感器,它作为一个独立的设备,可以直接将传感器插入MIDI或OSC接口。

红外运动探测器通常用于交互式声音装置中。通过使用红外传感器网格来计算人在框架区域内的位置,此外,还可以在表演者的手腕上安装一个红外传感器,用来感知表演者的手与身体之间的距离,或测量麦克风支架与演奏者的距离。

8. 可见光感设备

可见光感设备有几种类型,如光敏电阻、光电二极管或光电晶体管。一般来说,可以将光感设备调整为对不同光波长敏感,包括红外线。

光敏电阻(Light Dependent Resistors, LDR)是一种电阻随光强度变化而变化的器件。根据设备的不同,当光线照射到它的表面时,它的电阻可从MΩ下降到kΩ。光敏电阻用于简单电路中的照明控制,例如晚上自动开灯、黎明时自动关灯的系统。这类电阻在艺术装置中很受欢迎。

在音乐控制器中使用光感设备的主要技术困难是它们对周围环境非常敏感,需要精准和持续的传感器校准。例如,在上午对光传感器进行校准,并提前设定了触发MIDI音符的特定电压水平,那么这种电压水平将不适用于下午的表演,因为场地的光线条件已经发生改变。红外传感器也具有相同的问题。例如在使用辐射红外光的设备(如舞台灯)时,红外信号也可能会影响可见光传感器。

光敏电阻在感应光线变化或阴影的交互式声音装置中非常有用。光学传感器(红外和可见光)因其成本低、精度高又简单而被广泛使用,可用来感知舞者的动作并触发声音,此外还可以使用LED-光电晶体管来测量钢琴琴键的按键位置、速度和琴键的连续位置变化,如安德鲁·麦克弗森(Andrew Mcpherson)制作的磁动力钢琴(Magnetic Resonator Piano)。

9. 霍尔效应传感器

霍尔效应传感器是一种对磁场非常敏感的设备。通过将磁铁附着在运动部件上,可以测量运动部件与霍尔装置的距离。由于磁场强度随磁体与器件之间距离的平方成反比,所以从磁体到霍尔器件的距离与输出电压之间的关系是非线性的。

霍尔效应传感器可用于近距离精确测量,例如测量长笛按键的位置、小号阀门的位置,以及拇指相对于其他手指的位置。

10. 磁阻传感器

磁阻传感器或电子罗盘是一种对地球磁场很敏感的设备,可以根据地球的地磁场指示使用者的方位。磁阻传感器能够感知弱磁场的设备,通常与微控制器结合使用,可以进行更精确的方位测量。磁阻效应是材料在受到外部磁场作用时电阻的变化。

商用的磁阻传感器有霍尼韦尔(Honeywell)公司开发的HMC1023传感器以及飞利浦(Philips)公司开发的KMZ51和KMZ52传感器。

11. 电容式传感器

电容式传感器可以准确地测量距离。在负载模式下,通过电极对地电容的变化来测量物体(如表演者身体)与单电极之间的距离。特雷门琴的位置感应就使用了相同的机制,由于表演者双手的介电常数,双手的移动将改变天线对地的有效电容,从而控制输出信号的特征:垂直天线控制频率,水平天线控制声音的振幅。此外,还可以使用电容感应测量手指在琴键表面的二维位置。

12. 加速度计

在姿势控制器设计中,加速度计也是常用的传感器。它可以测量一个或多个轴上的线性加速度。

加速度计在灵敏度、加速度测量范围、频率响应和价格方面都有非常不同的特性。加速度计的选择取决于想要感知的运动类型。

同一加速度计可以在同一接口上测量不同的参数,例如窄量程可以感知－1.5～＋1.5 g,宽量程可以感知－20～＋20 g。这两种类型的传感器是互补的。窄量程传感器用于检测倾斜度(例如表演者缓慢运动时的姿势角度),宽量程传感器用于检测大幅度的运动(例如表演者的跳跃)。

加速度计通常有两种输出信号:脉宽调制(Pulse Width Modulation, PWM)或模拟电压信号。脉宽调制输出的加速度计适用于带有脉宽调制输入的微控制器。当使用模拟-MIDI 或 OSC 接口或微控制器的模拟输入时,可以选择输出模拟电压的加速度计。

加速度计获得的原始信号(即振动、冲击、倾斜和加速度)可以直接用来控制音乐活动。例如,超过一定阈值的冲击可以用作触发器,振动可以用于控制声音的颤音或产生颤音效果。但是这样的信号也可以被分析,用来针对特定的应用提取有意义的信息。

13. 陀螺仪

陀螺仪是测量角速度的传感器,常用于导航系统(例如飞机),基于角动量守恒的原理。

传统的陀螺仪是由旋转部件组成的机械设备。与加速度计一样,陀螺仪可以获得多个轴的角速度测量值。

商用的微机械陀螺仪包括村田(Murata)公司的 ENC-03M 和亚德诺半导体(Analog Devices)公司的 ADXRS300,它们可测量的角速度范围都是±300°/s。例如,使用 3 个绑在演奏者额头上的陀螺仪连续测量头部在三个轴上的角速度,或使用多种传感器的组合来测量扭曲和旋转。

14. 倾斜传感器

倾斜传感器是用来测量其相对于地球重心的角度的设备。根据传感器的不同类型,它可以产生离散或连续的输出信号。离散(开关)传感器将根据其倾斜度提供两个输出值中的一个(例如水银开关)。如果想要获得连续的倾斜测量,则需要更复杂的设备包括电解液倾斜传感器,如 Fredericks 公司提供的传感器范围在±1°~±80°。一些加速度计还可以用作一个或多个轴上的连续倾斜传感器,例如,ADXL202 可以测量相对于地面的两个轴的倾角。

15. 气压传感器

气压传感器用于测量呼吸气压,受现有声学管乐器的启发,常用于姿势控制器中。此外,它们还可以给表演者提供额外的表演方式,例如,表演者在手脚并用的情况下可以使用呼吸气压传感器来控制额外的表达参数。用于音乐应用的气压传感器通常由 1 个薄膜(膜或板)和 1 个应变计组成。膜片会随着压力而变形,而这种变形会通过机械方式被应变片感应,从而引起其电阻的变化。

用于音乐应用的气压传感器包括摩托罗拉(Motorola)公司的 MPXV5010,其压力范围为 0~1.45 psi。其他商业产品有藤仓(Fujikura)公司的 XFGN-6 系列。

商业 MIDI 控制器,如雅马哈的 WX5 和 WX7,可以将气压控制器与键盘合成器一起使用。

16. 其他传感器

除了上面介绍的传感器以外,还有许多其他类型的传感器。因为要覆盖所有传感器是不现实的,所以本节最后简要介绍一些可能用作姿势控制器的其他种类的传感器。

① 计算机视觉系统在交互式系统中非常普遍。用于艺术应用的通用计算机视觉系统包括 Very Nervous System(VNS)[①], STEIM 的 BigEye, Palindrome 的 EyeCon, DIST 的 Eyesweb[②] 和 cycling'74 的 Jitter[③]。这些系统广泛用于交互式装置、舞蹈音乐系统、姿势分析和其他应用。

② 温度传感器对于交互式装置很有用。常见的温度传感器是热敏电阻,是一种温度敏感电阻。

③ 湿度传感器用于检测空气或物体的湿度变化。湿度传感器已被用来检测手指在尺八孔处的接触。

④ 旋转编码器可以连续转动,并输出一系列数字脉冲。

⑤ 线性差动变压器是非常精确的位置传感器,且具有高分辨率。线性差动变压器可以被用来测量琴键位置。

⑥ 皮电反应传感器,用来测量皮肤电阻的变化。

⑦ 各种类型的麦克风(其中一些是用压电材料制成的),也可以用于替代式音乐控制器的设计中。在姿势界面中使用麦克风,可以对声音的位置定位。

---

① http://www.davidrokeby.com/vns.html.

② http://www.eyesweb.org.

③ https://cycling74.com.

二、数字乐器的声音合成

数字乐器中声音产生单元的设计基于声音合成技术的发展。声音合成技术是一个已经深入研究了近60年的课题，可以说它是对声音表征的研究，从而使声音产生设备得以实现。这基于声学信号或声学乐器模型的概念及其发展。

在过去的50年里，研究人员提出了许多声音合成和处理的模型，可以将它们分为两种：物理模型和信号模型。物理模型的原理是通过描述乐器(或者说是声音发生器)的机械和声学行为，通过模拟，就可以得到一个微积分方程系统。声音合成是在特定的初始和边界条件下，先用有限元方法或模块分解，然后再通过模拟程序来解决这个系统。通过物理模型对声学乐器进行真实模拟是非常有用的。尽管这些模型是对声学乐器的简化或近似，但模块化方法具有很强的灵活性。就物理模型而言，声音的呈现是乐器结构所特有的。物理模型的缺点是缺乏分析方法以及很难开发内插或外推机制，因为开发这种机制需要保持高度的统一性以及可控的演奏姿势控制。

另一方面，信号模型是基于现象学的方法，使用抽象的数学结构来编码声音的频谱或时间属性，因此无法参考现有的声学乐器。现有的比较常用的信号模型是相位声码器、加法合成、声源滤波模型和FM合成。这些模型本质上是对频谱特性进行编码，因为听觉感知主要与声音信号的频谱内容有关。信号建模是一种抽象的结构(例如信号处理结构)，它用于在结构的参数(例如二阶滤波器的系数)中存储与感知效果有关的信息(例如共振峰参数)。在实践中，大多数信号建模合成技术都是基于频谱信息和代码的呈现，主要包括声音信号(例如加法合成、相位声码器、声源滤波合成)的压缩结构频率、振幅和相位。信号模型的优势在于拥有成熟的分析工具，可以对给定声音的对应参数进行提取。因此，不同声音参数的变化可以导致不同乐器之间的不断变换。

合成声音通常有两种方法：仿真和外推法。

仿真是对现有声音信号的精确再现，需要使用分析/再合成程序。在实时应用的环境中，仿真通常由类乐器的控制器控制。

外推法包括在正常参数范围之外使用合成模型，目的是创造新的声音。在外推法环境中，信号模型比物理模型更有优势，这是因为其工作模式是连续的：参数的连续变化会给演奏者提供持续的声音信号(即使这种声音信号并不悦耳)。另一方面，物理模型可能会突然停止发声或者工作模式发生改变。以单簧管为例，当吹气压力不断升高时，并不一定能够增加单簧管的音量。因为当吹气压力过高时会将簧片推到吹嘴上，从而使单簧管停止发声。

三、数字乐器的映射

当姿势变量可以从传感器或间接采集的信号分析技术中获得，那么就需要将这些输出变量与合成输入变量联系起来。

根据所使用的声音合成方法，这些输入变量的数量和特征可能会有所不同。对于信号模型的方法有：①用于加法合成的正弦声波泛音的振幅、频率和相位；②激励频率加上每个共振峰的中心频率、带宽、振幅和共振峰合成的倾斜度；③FM合成的载波和调制系数(c∶m比值)等。显然，姿势变量和有效的合成输入之间的关系并不明显。

对于物理模型，输入变量通常是乐器的物理参数，如吹气压力、琴弓速度等。在这种情况下，姿势到合成输入的映射会更加明显，因为这些姿势输入到合成算法之间是直接由基于特定声学乐器的多个依赖关系映射的。

(一) 一般音乐表演的映射

虽然简单的一对一映射或直接映射是最常用的，但也可以使用其他映射策略。例如，可以使用多层映射策略，因为对于同一姿势控制器和合成算法，映射策略的选择是数字乐器表现力的决定性因素。

在实时音乐控制中，随着时间的推移，映射策略的选择会对演奏者的表现产生影响。对于复杂的任务，使用多参数、复杂映射策略的乐器能获得更好的演奏性能，而且随着时间的推移，演奏者会逐渐适应这种复杂的映射关系,演奏也会随之得到改善。

(二)多层映射的模型

在控制器输出和合成输入之间,映射可以是单层的。在这种情况下,当姿势控制或合成算法改变时,与之相关的映射就需要进行重新定义。因此,克服这种情况的一种方法是将映射定义为独立的两层(或更多):控制变量的映射到中间参数,中间参数映射到合成变量。

这意味着在使用不同的姿势控制时,需要在第一层使用不同的映射,但第二层中间参数和合成参数之间的映射将保持不变。相反地,改变合成方法涉及对第二层进行改变,因为可以使用相同的抽象参数,而且不干扰第一层,所以对演奏者来说是很清晰的。

这些中间参数或中间抽象参数层的定义可以基于诸如音色、响度和音高等感知变量,也可以基于声音的其他感知特征,或与感知特征无关,然后由作曲家或演奏者进行随机选择。此外,还可以定义两个以上的映射层。多层设计可以促进层之间的映射,这样层与层之间一对一的关系会变得更有意义。因此需要在简化映射和增加层结构的复杂性之间进行权衡。

在设计映射策略方面,可以通过分析现有声学乐器的工作方式获得信息。一些声学乐器在物理控制变量和产生声音之间呈现出了复杂的关系。这些关系可以作为设计富有音乐表现力的新型数字乐器。

下面将介绍一些最近开发的新型数字乐器:

因为传统的独弦琴是用泛音点进行演奏的,且只能演奏一个声部,所以可以使用数字化的手段来增加独弦琴的表现性和表现力。如图 22-2 所示,Poly 琴是在中国传统声学乐器独弦琴的基础上增加压电传感器,演奏时通过按压压电传感器使对应泛音点的声音持续发音。在设计的过程中使用了由 Bela 微型处理器实时采样独弦琴发出的声音,经 Pure data 映射处理后发出延音的效果,最终在乐器上实现了功能性的改变。

图 22-2 Poly 琴

当传感器的种类增多,演奏姿势的类型也会随之增加,就会产生更多的声音输出。如图 22-3 是麦吉尔(McGill)大学输入设备与音乐交互实验室(IDMIL)设计的 T-stick。乐器的内部嵌入了多种传感器,包括压电传感器、IMU、力敏传感器、加速度传感器(ADXL345)等,它们可以分别采集按压、扭转、摩擦、敲击等多种演奏姿势。因此,如果想要实现更多表达的可能性,就要加入更多的传感器来采集更多的演奏姿势。另一个例子是麦吉尔大学输入设备与音乐交互实验室设计的增强乐器 Guitar AMI。吉他演奏者可以通过改变手与吉他的距离来控制吉他的声音,乐器发出的声音仍然是吉他原本的声音。

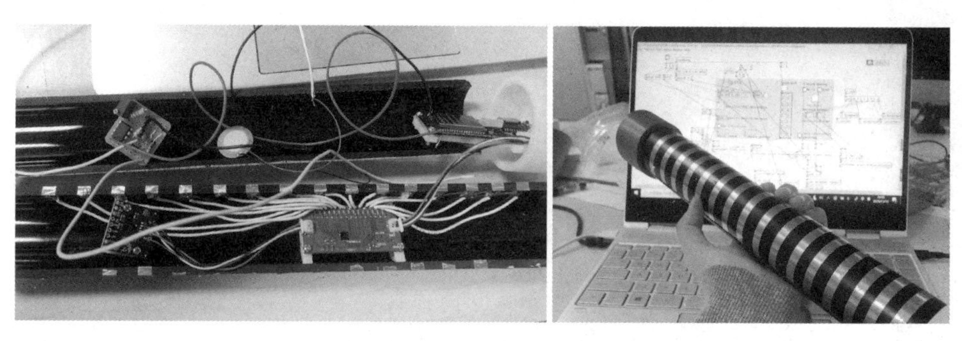

图 22-3 输入设备与音乐交互实验室的 T-stick

第三节　传统乐器与新乐器的区别

大多数传统的声学乐器，如弦乐器、木管乐器、铜管乐器和打击乐器，都能够让演奏者直接接触到物理声音的产生机制：弦被拨奏、管被吹奏、鼓被敲击。演奏者的手势在激发声学机制方面起着直接的作用，同时声学乐器的姿势控制单元和声音输出单元是不能独立存在的，即每个乐器发出的声音固定不变，而数字乐器最典型的特征就是可以将演奏姿势和声音分离开，而分离之后则需要依靠映射将它们关联起来。

例如在拨奏或擦奏传统古筝时，乐器发出的一定是琴弦振动的声音，而 2020 年 NIME 大会上展示的古筝可以听到并不属于古筝而是类似玻璃碎掉的声音。演奏者在古筝上通过抬手的动作来改变声音的参数，因此通过这种操作方式可以丰富古筝的表现力，同时增加不同的音响效果。

音乐表演中的姿势控制（输入）和声音合成（输出）之间的分离在数字乐器中是独立存在的，这是随着科技发展在乐器领域逐渐发生的改变，但这并不是第一次发生改变。数字乐器所具有的这种分离关系在声学乐器中也是存在的，例如在弹奏钢琴时最终听到的并不是手指触碰琴键的声音，而是由一系列机械传导之后琴弦振动的声音。这一系列的机械传导就是一种特殊的映射——调控装置。而另外一种类似钢琴的乐器——钢片琴则是由铝片振动发声的声学乐器，所以按下琴键后听到的是铝片振动的声音。此外还有风琴、管风琴等，这类乐器虽然都是声学乐器，但也有简单的映射。这种在演奏姿势和乐器共振体之间引入的机械组件，打破了人们对于姿势控制和预先声音的期待。当然这种分离的程度是具有局限性的，基于数字技术的新乐器设计为姿势控制和声音合成带来的改变会更为明显，它可以产生任意采样或合成的声音，完全打破了这两部分固有的界限。

如果保持钢琴的输入端不变，仅改变它的映射策略，就会得到各种各样的声音效果，例如伦敦玛丽皇后大学数字音乐研究中心设计的磁动力钢琴。在键盘上安装的传感器会采集键盘上演奏手势的变化，通过手势的变化以及安装在钢琴上方的处理系统的映射，最终在钢琴原本声音的基础上做进一步的处理。

第四节　新乐器的分类

在钢琴、钢片琴、管风琴这一类乐器中增加调控装置对乐器本身的改变并不明显，但可以根据对乐器改变的程度，将数字乐器分为以下四个类别（图 22-4）：

增强乐器

类乐器控制器

启发控制器

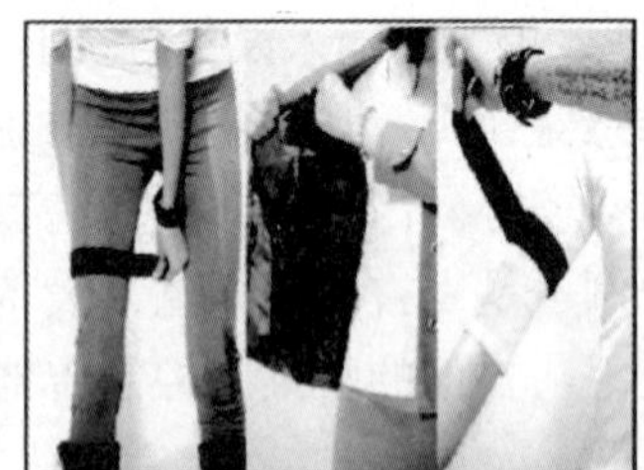
替代控制器

图 22-4　新乐器分类

① 增强乐器（Augmented Instruments），也指 Extended or Hybrid Instruments、Hyper-instruments，利用不同传感器对声学乐器进行增强。

② 类乐器控制器（Instrument-like Controllers），模仿声学乐器的控制界面，最终的目标是重现乐器本质特征的姿势控制器。

③ 启发控制器(Instrument Inspired Controllers),是受现有声学乐器的启发或者想克服原来声学乐器模型中固有的局限,但是最终目标并非要重现声学乐器本质特征的姿势控制器。

④ 替代控制器(Alternate Controllers),这种控制器与现有的乐器没有任何相似之处,但是可以用手势或者姿势来控制它。

增强乐器是可以为演奏者提供控制扩展声音与音乐参数能力的一类数字乐器,比如磁动力钢琴、Poly 琴等。增强乐器发出的声音是遵循原始乐器的声学发音原理,包括其所有的默认参数,通过对演奏方式的微小改变,使乐器在原有声音的基础上增加了额外的声音效果,所以演奏家经常使用增强乐器进行创作。

增强乐器不受形制、大小的限制,可以从非常简单(如在鼓刷上放置柔性传感器)到复杂的传感器设置,例如 Hyper-instruments 类似 Hyper-cello 的乐器。如图 22-5 的电子琴弓是将传感器安装在小提琴弓上,用传感器采集小提琴琴弓对弦的压力变化,包括长笛、小号、萨克斯、吉他、钢琴、贝斯、小提琴和长号等多种声学乐器都有用传感器增强的案例。事实上现存所有的声学乐器都可以附加传感器进行不同程度的增强设计。

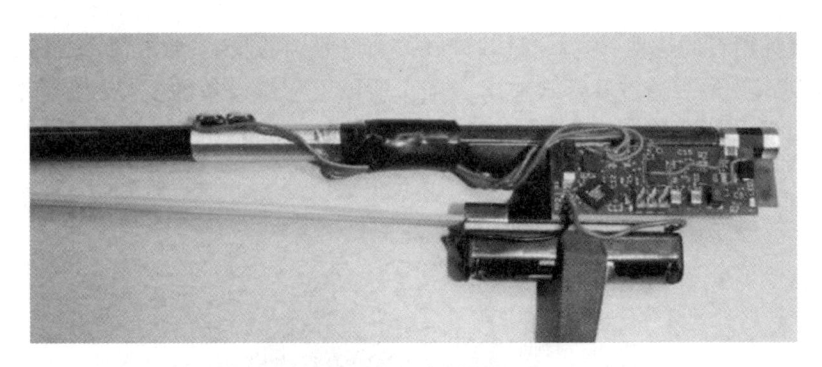

图 22-5 电子琴弓

启发式的控制器和类乐器的控制器有时不易区分,也没有明显的界限,可以通过两个例子进行分辨。如图 22-6 所示,类乐器控制器是斯坦福大学模仿手风琴设计的装置,而图 22-7 是 2019 年独弦琴工作坊设计的章鱼琴(Octoqin)。独弦琴的摇杆控制是其最典型的特征,所以章鱼琴保留了这个特征,并加入了织物传感器。虽然现在已经看不出章鱼琴跟独弦琴有任何的相似之处,但章鱼琴是受独弦琴摇杆的启发,所以它属于启发式控制器的一种。

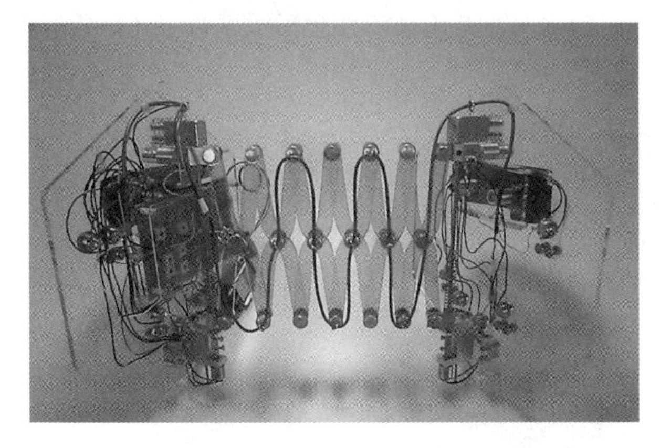

图 22-6 类乐器式手风琴

图 22-7 章鱼琴

替代式控制器是不被具象乐器所限制的一类乐器,它不是从现有乐器的模型中获得灵感,而是有更多想象的空间。如图 22-8 所示图中的条形码是将二维码作为常规具象乐器的输入,输出时可以映射或者设计出多种类别的声音。它的姿势控制是用扫描枪对二维码进行扫描,因此属于替代式控制器。

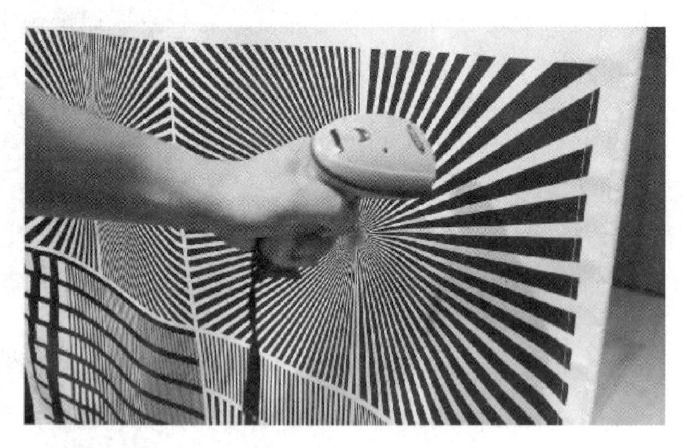

图 22-8　条形码

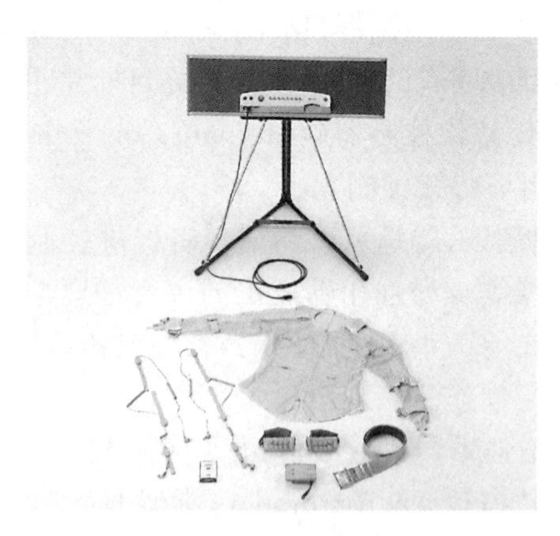

图 22-9　可穿戴设备 miburi S3

此外，可穿戴设备也属于替代式控制器的范畴。如图 22-9 所示为雅马哈公司研发的可穿戴设备 miburi S3。图 22-10 为可穿戴设备 XTH Sense，使用者可以将其穿戴在手臂、腿等身体的主要躯干上，内置的传感器能够记录使用者的运动、体温、身体移动的声音（肌肉的收缩、血液流动、心脏跳动等）。所有这些数据都将发送至 PC 端，最后通过软件映射出音乐。所以可穿戴设备的姿势控制和声音之间的关系已经远远超出了传统声学乐器的研究范畴。

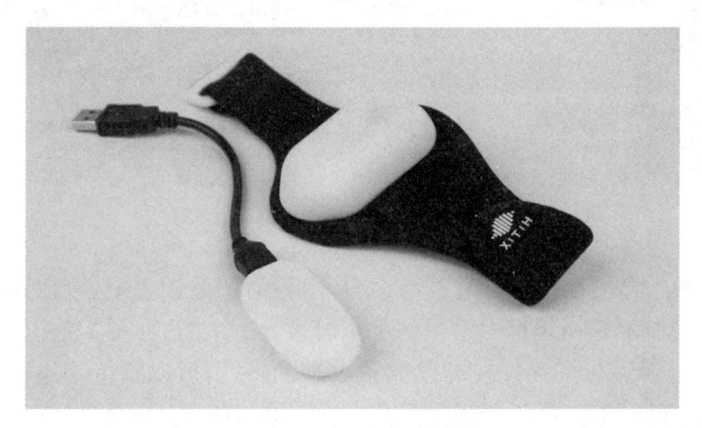

图 22-10　XTH Sense

此外，织布工艺也开始逐渐用于乐器设计的领域。如图 22-11 是伦敦玛丽皇后大学数字音乐研究中心利用织布工艺设计的 Fabric Keyboard，它使用的传感器和章鱼琴的传感器相同。

图 22-11　数字音乐研究中心设计的 Fabric Keyboard

对于类乐器控制器来说，虽然主要是声学乐器的简化（一阶）模型，但演奏者在声学乐器上使用的许多手势技能可以很容易地应用到控制器上。然而，对于非专业演奏者来说，这些控制器的技术难度与声学乐器相同，也就是说，非专业演奏者必须花费与学习声学乐器相同的时间来克服这些技术困难，而替代控制器可以使用传统乐器以外的姿势，因此对非专业演奏者要求较低。即便如此，演奏者仍然需要大量的练习来掌握这些新的演奏姿势。

如今，人们已经设计出了上百种姿势控制器和数字乐器。对于姿势控制器的表演者来说，会面临一个问题：如何为特定的音乐场景选择一个合适的控制器？

新型数字乐器控制器的比较有多种方法：对乐器特征的比较，例如表现力、沉浸感和反馈；对乐器效率的研究以及通过评估所涉及的传感器技术、可用的反馈模式、选择的映射策略和合成算法等，从纯技术的角度来比较设备。

另一种方法是考虑乐器的特征及其作用，也称为交互角度。在交互角度中可能要进行比较的特征集合包括：

① 交互的最终目标：所选控制器使用后是否能有益于想法的表达、情感的交流或者是对更多可能的交互环境的探索。

② 使用者进行交互时所需的专业技术能力；与交互的最终目标密切相关的特征。

③ 主要的感知渠道：听觉、视觉、触觉。

④ 交互时参与者的数量。

⑤ 控制器所处的空间位置(远近)。

⑥ 参与交互的身体部位：手势、其他肢体动作、姿势等。

⑦ 每个动作所包含的自由度的数量。

⑧ 受控制变量的类型(离散或连续)。

第五节　新乐器设计的过程

新乐器的设计与音乐表演、创作作为整体的音乐活动密不可分，这与乐器学在音乐语汇中扮演的角色有关。越来越多的音乐工作者将对乐器的创新设计作为他们新音乐作品和表演实践的一部分。因此设计数字乐器的过程包括：

① 决定被用于输入端的控制系统的姿势。

② 确定姿势捕捉系统中可以将动作转译成电信号的最佳策略。这部分一般使用不同的传感器来测量手、胳膊、嘴唇或其他身体部位的运动，包括位移、速度、压力或者其他不同的侧重点。

③ 确定输出端的声音合成算法，或者确定可以用于控制预先录制音乐的软件。

④ 决定可以提供的反馈模态(通过系统与声音生成分离)：视觉、触觉或动觉。

可以看出，数字乐器的设计是一个综合且复杂的过程，但是这种复杂性对于其发展的持续性是至关重要的。大多数传统的声学乐器一开始并不容易演奏，但却拥有高度音乐性而且持续地发展。而许多用于音乐控制的简单的数字乐器接口，在使用一小段时间后，它的功能就开始发生了转变，最终成了“玩具”。虽然数字乐器“入门”相对容易，但这种简单操作不应该妨碍音乐表现力的持续发展。因此通过打破使用接口的限制，可以快速地扩展接口的功能，设计过程的综合性、复杂性为数字乐器的操作方式以及持续发展提供了保障。

此外，探索新想法并将其转化为技术原型的循环过程是设计新型数字乐器的一个重要过程。技术原型有助于识别乐器设计方面的缺陷、重新定向并调整决策、提高对音乐环境的理解并产生新的想法。由于新型数字乐器设计成功的标准和技术原型的评估标准不明确，所以新型数字乐器设计过程通常需要多个技术原型周期来调整设计思路、修改不足。然而，由于设计新型数字乐器的主要目的并不是乐器本身，而是产生音乐的一种手段，因此如果新型数字乐器不能够正常演奏，那么就无法对它进行正确的评估。因此，新型数字乐器的技术原型应该是具有功能性的，并且能够对演奏者的动作做出实时反应。这方面在开发过程中比非功能性技术原型需要更多的时间和精力，因此有可能成为迭代设计的技术瓶颈。

有相当多的工具可用于构建功能性数字乐器原型，例如，数字乐器开发中常用的工具包括单片机开发环境(Arduino、Raspberry Pi、Beaglebone 和 Teensy)；传感器套件(Infusion Systems、Littlebits 和

Makey-makey)以及软件框架,如面向音频的编程语言(CSound、SuperCollider、Chuck、Pure Data、Max/MSP)、映射应用程序(Libmapper、iCon、OSCulator 和 Juxion)和数字音频工作站(Logic Pro、Ableton Live、Pro Tools、GarageBand、Reaktor 和 Tassman)。这些工具中没有一个可以单独为数字乐器的完整设计和原型设计提供端到端、快速和简单的环境。因此,设计师必须精通多种技术,才能有效地应用、调整和集成这些工具,从而获得重要的功能原型。多个开发领域(机械结构、电子产品、编程和声音设计)之间的背景转换及其技术细节直接影响了开发原型周期的持续时间。

传统乐器"一个姿势产生一个声音结果"的模式揭示了许多重要的音乐特征,为新型数字乐器设计提供了必要的参考。在某些音乐环境中,这些重要的音乐特征必须在数字乐器上实现,才能更加符合演奏者的演奏习惯。音乐控制系统最重要的特征之一就是"止音器",一种能够让演奏者自由地停止音乐的机制。传统乐器中,演奏者应该能够一直控制乐器发出声音的整体音量和时值。数字乐器中控制姿势的大小与声音结果之间应该有明确的对应关系。虽然任何一种姿势都可以映射到任何一种声音,但当细微的姿势导致计算机产生的声音发生细微变化、幅度更大的姿势导致计算机产生的声音发生剧烈变化时,对于演奏者和观众来说,这些声音才是符合他们的预期的。

另一种非常重要的特征是可预测性。虽然生成算法会填补控制姿势没有直接规定的音乐细节,但演奏者总是希望能够完全控制数字乐器发出的声音,例如,管弦乐队中由指挥家行使整体控制权,而每个乐器演奏者决定音乐的细节。如果算法需要以一种复杂的方式输出,且依赖于指导算法的控制姿势,那么"可预测性"就需要演奏者在演奏过程中始终能够知道算法的状态。构建有趣的算法很容易,但如果涉及多种控制姿势,那么就会给演奏者的记忆力带来负担。一种方法是用计算机来提供某种类型的显示方式(通常是可视的)以及它当前的状态。理想情况下,演奏者在整个表演过程中不需要看电脑屏幕,而是能够看着其他演奏者和观众。所以,数字乐器在设计时应创建无视觉状态或主要是无视觉状态的接口。

第六节　新乐器设计的评价

现如今人们已经设计出了许多数字乐器对音乐进行实时控制,这些乐器的设计虽然在概念上是革命性的,但其中大多数是由作曲家/演奏家为满足个人艺术需求而设计。每种数字乐器的设计思路主要取决于设计者的目标和背景,因此需要系统的方法对不同种类的数字乐器进行评价。

具身认知(Embodied Cognition)指的是一种可以对认知进行有效检验的视角,而不是某种特定的思维方式。使用具身认知的方法可以对新乐器设计进行有效的评价。当具身认知用来评价设备或接口时,具身仅仅意味着设备以物理形式的实体化——具有可感知的位置、大小和外形。

虽然具身认知领域更倾向于感知运动而不是符号表征,但传统音乐很大程度上依赖于音乐对象和结构的符号表征,如音符、乐句、泛音结构和大规模的时间结构(如奏鸣曲式),因此新型数字乐器必须能够支持音乐家与这些符号表征进行交互。事实上这些方法是互补的,虽然不需要一种乐器同时支持感知运动和符号表征,但可以为几种截然不同的音乐交互类型设计乐器。

传统的乐器分类法中,最著名的是 H-S 分类法,它根据产生声音的振动体的结构类型对乐器进行分类。该分类法将乐器分为体鸣乐器、弦鸣乐器、膜鸣乐器、气鸣乐器和电鸣乐器,但所有的电声和电子乐器都被归为电鸣乐器,所以这种方法不能够明显地比较和区分出不同的数字乐器。考虑到新型数字乐器有许多种类的传感器以及很多可以被感知的现象,因此传统乐器的分类方法将不再适用于许多新的数字乐器。从技术上讲,应该将合成算法以及产生声音的扬声器的类型进行分类,而不是将乐器作为一个整体,因为这些模块对于新型数字乐器是可以分离的。

为了更具体地对新乐器进行评价,将评价的主要内容分为:乐器的对象(Object)、控制(Control)、中介(Agency)以及技术设计(Technical Design)。

一、乐器的对象

传统的声学乐器必须由物理材料构成,不能使用虚拟或模型部件。新乐器的"接口"部分通常也包含一个或几个实体物体，因此我们在考虑与可感知对象的物理实体化相关的乐器时需要注意新型数字乐器与现有传统乐器的相似性、可塑性/可编程性(Malleability/Programmability)、有形性或沉浸感(Tangibility or Immersivity)、是否作为焦点或媒介的对象(Object as Focus or Medium)。

(一) 与现有传统乐器的相似性

数字乐器最重要的特性之一是它如何与现有的传统乐器相比较，因为这方便演奏者和观众理解它的行为。可以根据与传统乐器的相似性把新型数字乐器分为：增强乐器、类乐器控制器、启发式控制器、替代式控制器，它们与传统乐器的相似性逐渐降低。

(二) 可塑性/可编程性

数字乐器的可重新编程性是传统乐器和数字乐器之间最大的区别之一。由于姿势和声音之间的映射是通过软件实现的，所以可以通过改变软件中的程序来改变其映射策略或声音合成。那么问题也随之而来，当改变映射或声音合成时，它还是同一件乐器吗？此外，由于接口和传感器是实体化的，它们的设计和选择也会限制这种可重新编程性，因此一些音乐家开始设计可支持大量可用功能的通用用户接口，如具有高度可塑性的触摸屏控制器 Lemur(Jazz Mutant)。

(三) 有形性/沉浸感

如果一件数字乐器的接口是实体的，那么可以说这件乐器具有有形性，而当数字乐器的接口呈现在一个可见的物体或物体周围的空间上(如特雷门琴或深度传感相机前的区域)，那么可以说这件乐器具有沉浸式的互动空间。例如，Mulder 的可视化可以使用虚拟形状和物理空间来思考多维综合模型并与之互动。当人们进行交互时，这些沉浸式的互动空间很有可能会影响将认知转移到环境中的能力。

需要讨论一个重要的问题：乐器的空间分布，即新型数字乐器是否有可定义的位置？一件乐器可能是由一个区域而不是一个特定轨迹定义的，或者是分布在多个位置。即使是具有简单控制接口的乐器，由于声音在许多扬声器上的空间扩散或通过网络共享音频或表演数据，所以乐器位置的概念可能会变得不再清晰。

二、控制

人们会经常强调数字乐器所提供的控制维数，但其实这些维数之间的关系以及它们是否与系统(接口和声音合成)的感知可供性相匹配才是更为重要的。延斯·拉斯穆森(Jens Rasmussen)提出了人类信息处理模型(Human Information Processing Model)，这个模型包括基于技能、规则或模型的交互行为；同时环境条件在这三种行为模式中分别起着不同的作用，按信号、符号、标志进行分类。如图 22-12 展示了这个模型如何应用于音乐控制。

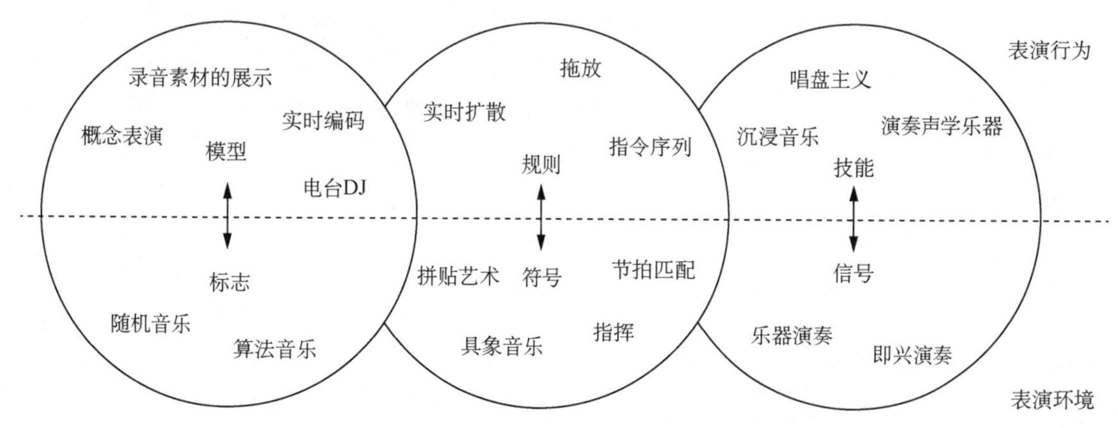

图 22-12　人类信息处理模型与环境条件的交互行为①

---

① 翻译自 Malloch J 和 Wanderley M M 于 2016 年发表的文章"Embodied Cognition and Digital Musical Instrument Design and Performance"。

(一) 基于技能的行为

基于技能的行为是最能描述音乐交互的一种模式,因为它的典型特征是可以对连续信号做出快速、协调的响应。拉斯穆森指出,在很多情况下一个人的行为主要依赖于其以往尝试过的经验,而不是实时的信号输入,而且人类的行为很少会局限于基于技能的范畴。更多的时候,基于规则和技能的行为将同时使用,所以这种表演类似于一系列自动(基于技能的)感觉运动模式。

(二) 基于规则的行为

在基于规则的演奏中,音乐家的注意力集中在控制外部流程上,对从中提取的线索以及内部或外部的指示做出反应。基于规则的典型表现为:对更高级流程的控制,以及演奏者通过对已经确定的程序进行选择和排序(例如实时测序),或者使用"拖放"交互隐喻。

拉斯穆森将基于规则的行为描述为目标导向的行为,但是通过观察演奏者发现,他们可能并没有特别注意所选择的目标。与基于技能的领域类似,基于规则领域中的交互和接口可以根据演奏者影响变化的速率和可用控制变量的数量来进一步区分。

(三) 基于模型的行为

基于模型的行为中演奏者可用的控制数量(及其速率)是很少的。音乐家表演时基于模型的行为只有目标以及如何操作的概念模型,而不是从已经确定的程序中进行选择,并且必须使用主动解决问题的方法来确定行动步骤。这种方法也适用于不太熟悉的情况——当基于规则响应的曲目还不存在时。

以上需要强调的是,拉斯穆森推导的模型涵盖了不同种类、同样有效的音乐交互和认知类型。实际上,大部分的电子和电脑音乐演奏实践都是由与传统声学乐器演奏模式明显不同的音乐交互行为构成的。例如,控制音序器和实时编码是涉及计算机非常流行的音乐表演活动。

(四) 信号、符号、标志

根据它们与拉斯穆森所描述的表演行为的关系,表演场景也可以跨交互域进行划分。无论是即兴还是预先作曲,信号域与最传统的乐器表演有关,因为它的输出用于信号水平的表演反馈。符号域与序列音乐有关,它会对其中预先录制或预先确定的部分进行选择和排序。最后,标志域与概念分数有关——它只提供高层次的指导,演奏者必须积极地诠释——以及涉及算法编程的实时编码实践。

三、中介/力量

它涉及演奏者和系统之间的力量平衡——一个极端是具有完全确定性而没有自主性的系统;在另一个极端是具有完全自主性的系统。新型数字乐器的映射策略的复杂性决定了该系统是否具有完全确定性或者自主性。然而,在后一种情况下,将系统称为合奏者可能更为恰当,这是计算机音乐界所深入探讨的概念。在这两个极端之间可以发现,系统具有强大的内部动力,但也可以被人为地操纵或影响。

许多数字乐器的作曲家经常在他们的表演中选择使用动态映射(Dynamic Mapping),其中的映射连接会随时间而变化,例如映射的一个部分可能涉及对来自声学乐器演奏者或听众传入的声音信号进行精细的重新处理,而另一个部分则利用不同的合成模型将预先录制的声音或乐器发出的声音进行空间化。动态映射通常会使演奏者难以通过新的接口获得专业知识,但是如上所述,可重新编程性是新型数字乐器的可供性之一,因此想要使用新系统的能力是很正常的。

动态映射方案通常会给潜在的静态映射方案增加非必要的组织时间:分离的映射甚至不能处理相同的姿势和声音材料,并且可以折叠成单个静态映射,这给演奏者提供了更多的控制方法,同时也保持了一致性。然而,在具有挑战性的协作设计环境以及时间有限的压力之下,映射方案往往被设计成简单的"片段",适合于正在探索中的运动模式和媒体材料。这是工作坊的流程中自然且必要的产物,连续地使用这些映射片段比花更多时间开发一个更复杂的乐器映射容易得多。

四、技术设计

对于许多关于数字乐器的表演而言,技术是摆在首要和中心位置的。技术不是独立的音乐成果,而是作品的重要组成部分。并不是说新颖的设计有问题,但如果将新颖性作为乐器最重要的部分,那么这种乐器的使用和欣赏寿命就不会太长(例如,Wiimote作为新乐器的一部分来使用时,开始很受欢迎,但这种热度很快就消失了)。另一方面,这种新乐器的新奇感也可能会长时间地吸引着观众,让他们逐渐积累起欣赏这种乐器时所需的更深层次的经验。

与之相反,使用新技术也可能会分散演奏者和观众的注意力,从而导致过分强调乐器制作的技术方面,而不是表演的艺术/技术方面。例如,过分关注传感器的技术设计会导致接口的原子感知(Atomistic Perception),并且可能会忽略部件之间的关系。为了解决这一问题,米歇尔·怀斯维兹(Michel Waisvisz)只关注表演实践,主张蓄意冻结(Deliberately Freezing)技术的发展。

因为新型数字乐器的响应在很大程度上取决于其传感器和驱动技术的质量、乐器的使用方法以及所做的映射策略与合成选择,所以无论是否有演奏者和观众,新型数字乐器的技术设计是最基本的。实际上,乐器的响应在很大程度上取决于其传感和驱动技术的质量、使用的乐器法以及所做的映射与合成选择。比尔·巴克斯顿(Bill Buxton)指出:"在规模庞大的设计方案中,有三个层次的设计规格:标准规格、军事规格和艺术家规格。第三个层次的艺术家规格是最难的(也是最重要的)。如果能够搞定它,那么其他一切就很容易了。"

其实这也适用于音乐工具的设计,例如数字乐器。然而,提出的许多设计都是基于同样有限的传感器数量和使用起来很简单的乐器技术。尽管佩里·库克(Perry Cook)认为"音乐接口的构建更多的是艺术而不是科学,也许这是唯一的方法",但在选取合适的技术设计的前提下,在艺术、科学、工程之间取得平衡对设计新型数字乐器尤为重要。

此外,最近人们对使用机器学习方法来设计数字乐器的隐式映射层又重新产生了兴趣。这种方法非常强大,是对映射工具的补充,例如MnM和Wekinator。然而,关于机器学习的许多讨论仅限于简单的传感(通常是3轴加速计),就好像姿势控制的问题可以在软件领域单独解决。传统乐器和许多新型数字乐器的复杂性在很大程度上可以归因于它们的空间布局和材料结构,而不是相互作用的时间结构。虽然机器学习方法是一个有趣的工具,但不太可能补偿精心选择的乐器形式、材料和传感。

可以看出,数字乐器设计的艺术性与交互性体现在它不仅需要了解乐器设计在合成算法、传感器技术等工程类的内容,除此之外,它还需要思考更多相关事件,例如,这样的算法怎么能被演奏者更好地控制?如何从声学乐器的表达语境之外进行设计?从非专家到专家如何选择设计方法?如何考虑乐器表演之外的其他艺术形式,例如舞蹈中舞者的姿势控制与声音合成?

也正是因为新乐器设计重视技术也不忽视审美感受,艺术与技术并存的特点,使它吸引了世界上很多音乐家、艺术家、设计师、科技工作者的广泛关注。

参考文献

Hunt A & Kirk R. Mapping strategies for musical performance trends[M]//Wanderley M & Battier M. Trends in Gestural Control of Music. Paris: Institut de Recherche et Coordination Acoustique Musique Centre Pompidou, 2000: 231-258.

Miranda E R, Wanderley M M. New Digital Musical Instruments: Control and Interaction Beyond the Keyboard[M]. Middleton: AR Editions, Inc., 2006.

Bongers B. Physical interfaces in the electronic arts. Interaction theory and interfacing techniques for real-time performance[M]//Wanderley M & Battier M. Trends in Gestural Control of Music. Paris: Institut de Recherche et Coordination Acoustique Musique Centre Pompidou, 2000: 41-70.

Garrett P H. Advanced Instrumentation and Computer I/O Design: Real-Time System Computer Interface Engineering [M]. Piscataway: IEEE, 1994.

Impett J. A meta trumpet(er)[C]//Proceedings of the international computer music conference. Aarhus: International Computer Music Accociation, 1994: 147-147.

McPherson A. The magnetic resonator piano: Electronic augmentation of an acoustic grand piano[J]. *Journal of New Music Research*, 2010, 39(3): 189-202.

Bryan-Kinns N, Li Z. ReImagining: Cross-cultural co-creation of a Chinese traditional musical instrument with digital technologies[C]//New Interfaces for Musical Expression, 2020.

Malloch J, Wanderley M M. The T-Stick: From musical interface to musical instrument[C]//Proceedings of the 7th International Conference on New Interfaces for Musical Expression, 2007: 66-70.

Meneses E A L, Freire S, Wanderley M M. GuitarAMI and GuiaRT: Two independent yet complementary augmented nylon guitar projects[C]//Proceedings of NIME, 2018.

Guettler K, Wilmers H, Johnson V. Victoria counts—a case study with electronic violin bow[C]. Belfast: International Computer Music Accociation, 2008.

Piringer J. Elektronische Musik und Interaktivität: Prinzipien, Konzepte, Anwendungen[D]. Vienna: Technical University of Vienna, 2001.

Jordà S. Digital instruments and players: Part I-efficiency and apprenticeship[C]// Proceedings of the International Conference on New Interfaces for Musical Expression. Hamamatsu: New Interfaces for Musical Expression, 2004: 59-63.

Wanderley M M, Depalle P. Gestural control of sound synthesis[J]. *Proceedings of the IEEE*, 2004, 92(4): 632-644.

Wessel D, Wright M. Problems and prospects for intimate musical control of computers[J]. *Computer Music Journal*, 2002, 26(3): 11-22.

Malloch J, Wanderley M M. Embodied cognition and digital musical instruments: Design and performance[M]//The Routledge Companion to Embodied Music Interaction. London: Routledge, 2017: 438-447.

Hornbostel E M V, Sachs C. Systematik der musikinstrumente: Ein versuch[J]. *Zeitschrift für Ethnologie*, 1914, 46 (H. 4/5): 553-590.

Buxton B. Artists and the art of the luthier[J]. *ACM SIGGRAPH Computer Graphics*, 1997, 31(1): 10-11.

作者:李子晋(中央音乐学院)　刘兆蕤(中国音乐学院)

第二十三章
艺术嗓音的检测与分析

第一节 什么是嗓音和艺术嗓音

从古至今，人类研发出了不计其数的乐器，但在所有乐器中，表现力最强的乐器还属人声乐器。中国古人早就有“丝不如竹，竹不如肉”的说法，这就是说人声乐器无论在结构的精密性和复杂性方面，还是在情绪、情感和语义表达方面都要优于其他乐器。对于人声乐器的使用、训练、开发、维护和修理一直以来吸引了无数科学家、医生和声乐教师们不断地努力探索和研究。下文我们分别介绍什么是嗓音和艺术嗓音。

嗓音专指由人的发声器官里产生的声音，这个声音是在高级中枢神经系统控制下，由声门下气压推动(“挤压”是原著中的用词)声带使其振动产生基音，并经咽腔、口腔和鼻腔调节而发出具有一定音调、强度和音色的声音。这个发声器官正好位于人的呼吸系统内，如图 23-1 所示。

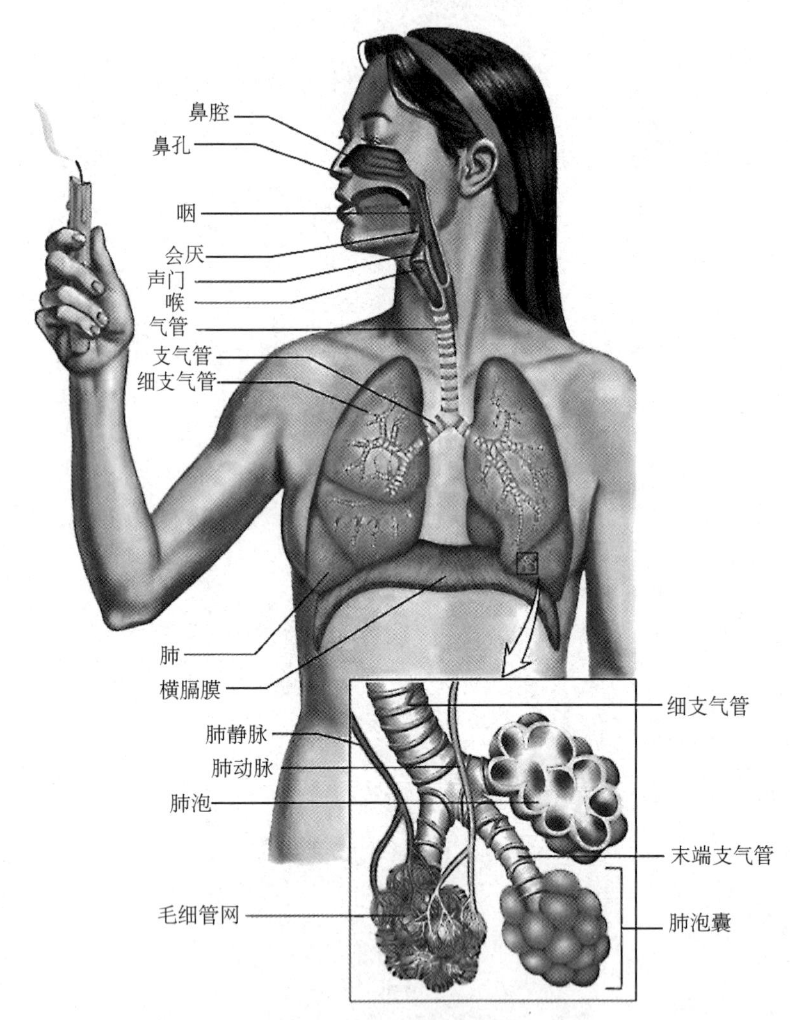

图 23-1 人的呼吸系统

人的下呼吸道即气管和支气管，还有肺和呼吸肌肉构成了人的发声动力，即呼气运动产生了推动声门打开并激起黏膜波动产生气喷的力量——声门下压力；人的上呼吸道——鼻腔、咽腔、喉腔除了具有输入 O_2 到肺内、排出 CO_2 到体外的作用之外，还兼有放大和美化声音的作用(口腔是不参与呼吸运动的，这样人才可以一边咀嚼吃饭一边说话发声)。上、下呼吸道之间正好是声源——声带所在的地方，声带具有阻挡气流、产生气喷的阀门的作用，如图 23-2 所示。

因此人的呼吸系统内包含了产生声音的三个必要条件：动力、声源和共鸣。动力与声源、声源与共鸣、共鸣与动力之间是相互依存、缺一不可的关系。根据发声原理，人声乐器的结构更像一个气鸣的管乐器，同时声带还兼有弦乐器的拉紧(变长)、放松(缩短)和簧片的振动功能。

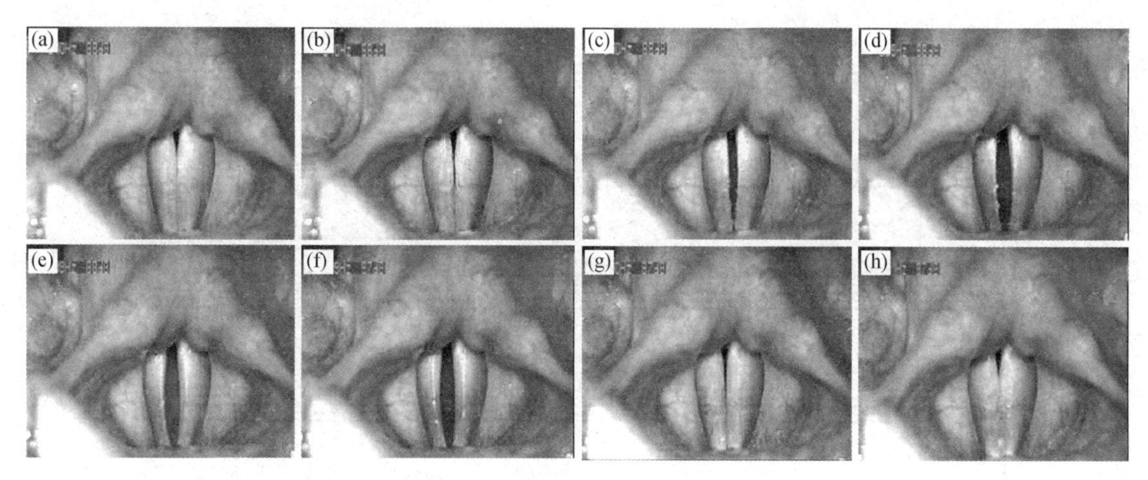

图 23-2　声门开闭似阀门开关作用

从人的发声器官产生的声音既包括带有言语的说话声和歌唱声，也包括不带有言语的咳嗽声、哭声、笑声和打喷嚏声。其中带有言语的歌唱声就属于艺术嗓音，它与我们平时说话交流所使用的嗓音有很多不同：

① 歌唱的音调常常高于说话的音调，音域跨度也大，唱在 55～1 046 Hz 之间甚至更宽，说在 80～500 Hz 之间。

② 歌唱的音色变化丰富，相对来讲，唱在频谱图上有共振峰位置的偏移和聚集，所使用的气息压力和共鸣腔体也不一样。

③ 歌唱发声时的元音（韵母）通常拖得比较长（花腔除外），唱在 5～1 000 ms 之间，而说话的字数比较多，元音所占的时长比较短，在 5～200 ms 之间。

④ 歌唱强调的是让容纳百人、千人甚至万人剧场的每一位听众都能够听到声音，因此需要拥有一定的音量，可以达到 80 dB 以上，而说话无需强调穿透力，音量一般在 60 dB 以下。

在过去我们只把舞台上用声歌唱或讲话的人称为艺术嗓音工作者，现在随着影视、网络、自媒体的发展和越来越多的人喜欢声音艺术，我们把影视、配音等演员在话筒前用声也归在艺术嗓音范畴内，只是这方面的研究刚刚开始。

第二节　艺术嗓音有哪些特点

除了上面谈到的歌唱在音高、音色、音长、音量方面与说话不同之外，艺术嗓音强调的是为艺术服务。如同文字、音符和色彩为作家、作曲家和画家提供表达思想、抒发情感的手段，嗓音则为歌唱家、艺术家表达作曲家笔下人物的思想和情感提供了手段。生活中我们的声音会随着情绪、语境的变化而改变，歌唱家也会随着作品中人物的情感和角色的需要使用不同类型的声音来演绎作品，因此就有了歌唱家们的二度创作。

例如，普契尼的歌剧《蝴蝶夫人》，刚出场时的乔乔桑是一位对生活、未来充满美好期盼的少女，而结尾时的乔乔桑却成了被丈夫抛弃、对生活充满绝望的少妇，由于角色年龄、身份、处境、情绪等变化，歌唱家在声音表现上也会发生很大的变化；罗西尼的歌剧《塞尔维亚理发师》中那首《快给大忙人让路》的唱段，不仅节奏比说话的速度快，同时还有渐强渐弱的变化；青主的《我住长江头》第四句“共饮长江水”中的“水”如图 23-3 所示，他将弱音谱号（P）标记在此句的最高音上。以上这些曲目不经过多年的专业训练、不掌握高超的演唱技巧、不拥有优异的嗓音条件是很难驾驭的，因此这些曲目就成了优秀歌唱家们的试金石。

因此我们说歌唱嗓音与说话嗓音的不同，就在于它能高能低、能强能弱、能快能慢，不仅需要准确地把

图 23-3　歌曲《我住长江头》中高音弱唱

握连音和断音、节奏和音准、语言和风格，还要将或欢快或平静或悲伤或激动的情感，通过倾诉、赞美、呐喊等歌唱语态传递给听众。

此外，由于不同国家、不同民族间语言、文化、审美以及艺术表现形式的不同，产生了不同类型或不同风格的演唱形式，因此，艺术嗓音的检测、鉴定和研究还要尊重每一种演唱形式的规律和特点。例如美声唱法和民族唱法，特别强调音质纯净、音色美，不能有漏气或嘶哑等问题，因此在招生选材中对声带的质量和功能就有一定的要求；在美声唱法中，常常根据演唱者的音域、音色、型号、换声点的不同进行声部划分（低音、中音、高音）和声种划分（花腔、抒情、大抒情、戏剧等），因此招生时也会按照男高音、男中音、女高音、女中音的声部类型进行考试，这就类似于管乐系、民乐系按照乐器种类进行考试一样；在歌剧演唱中，不同角色由不同声部类型的演员演唱，这一点与我国京剧不同角色由不同行当的演员演唱有着异曲同工之处，只是京剧不同行当的唱法是不统一的，有分大嗓、小嗓，还有大嗓、小嗓分开用的情况（比如小生的唱腔），这一点与美声歌剧唱法不同声部都要求混声演唱、音色统一是完全不一样的。因此在研究艺术嗓音时一定要懂得不同艺术表现形式对声腔运用的差别和特点。

在用话筒演唱和不用话筒演唱时，演唱者吸气的深度、腔体打开的幅度、声音聚焦的位置、语言（字）与声音（声）之间的比例关系的处理，就需要更加细致入微、准确到位，否则，表现不出不同艺术风格、演唱形式的特点。比如美声歌手不用话筒时，就需要将自己的身体当作共鸣箱使用，一旦他（她）使用了话筒，还用原来的吸气打开的方式演唱，就会出现“炸音”、不入耳的问题。因此声音的运用还受到演出场地、演唱形式、听觉反馈的影响，需要随时随地调整适应，以满足不同演出场地听众们的审美期待，这也是演出需要彩排的意义所在。表 23-1 列出了四种常见唱法的特点和比较：

表 23-1　四种常见唱法声音特点和声音运用的比较

唱法	声音特点和声音运用
美声	音域宽，音质纯，音色统一，混声歌唱，富有穿透力，不用话筒，声部划分细致
民族	音域宽，音质纯，音色圆润，“真声”较多，会使用话筒，声部划分有待完善
流行	音域有宽有窄，音质有不纯净的，音色极富个性，使用话筒，风格多样，差异明显
戏曲	音域宽，多数音质纯，分行当，不同行当唱法不一样，分大嗓、小嗓，大、小嗓并用等

第三节　艺术嗓音的检测对象和检测目的

根据编者的经验，艺术嗓音的检测对象根据就诊目的划分为：准备从事歌唱表演的初学者；为了某种研究目的、临时招募的专业歌手；嗓音出问题的声乐学员或专业歌手。

第一类人是在艺术嗓音检测中所占比例最大、人数最多的，一般是由他们的老师推荐而来。这类人检测的目的有：①排除有否影响歌唱发声的声带病变（声带小结、息肉、囊肿等）或系统疾病（比如鼻炎、咽喉炎等）；②提供确定声部类型的解剖学或生理学依据（软腭的高低及抬举的情况、咽腔的大小及打开的情况、会厌的形状及抬举的情况、声带的特点、声道的长度、喉结的位置以及随发声喉头位置变化的情况等）；③提供声带使用是否合理的影像学或图片资料（声门闭合、声带黏膜波动以及随发高音伸展情况等）；④通过专业的嗓音分析软件，发现他（她）们在气动力、共鸣、混声、声带、声部等方面存在的特点和问题。通过上述的检测，可以为老师确定学生声部类型、纠正学生的错误发声行为、有针对性地去解决声部匹配与不匹配问题、选择合适的曲目练习提供重要的参考依据。

第二类人出现在课题研究期间。近 10 年来，编者和她的研究生们针对不同类型美声男高音（20 名）、美声女高音与民族女高音（各 15 名）、不同类型美声女中音（26 名）、美声女高音与女中音（各 20 名）、不同类型美声女高音（21 名）之间的生理、声学特点进行了对比研究，试图寻找不同声部、不同声种、不同唱法之间生理解剖学和声学差异，结果发现不同声部之间、男高音不同声种之间、民族和美声不同唱法之间存在着明显的客观指征差异（参见第五节中音域图和共振峰相关内容）。此外，国内外其他学者比如约翰·桑德伯格（Johan Sundberg）、王士谦、韩宝强、王建群、吴静等人也分别做过歌手共振峰、不同唱法元音共振峰的研究，只是参与艺术嗓音科学研究的人员还是有限，研究成果也不够多。

第三类人包括声乐学生或职业歌手。歌唱乐器位于人体呼吸系统内，有可能受到外在环境、条件、创伤、疾病、心理、情绪、职业等方面的影响而出现问题，上呼吸道感染是导致嘶哑最常见的病因，咽喉反流也是影响嗓音健康的另一大隐患。同时发声是一项感觉运动，歌手如同发声运动员（Singers Are Vocal Athletes），可能会因运动过度和运动不当而导致声带运动损伤。因此，对嗓音出现异常的歌手进行检测，其目的首先应当排除声带是否有充血、水肿、小结和息肉等器质性问题，若没有这些明显的器质性病变，但声音仍然有异常（这些异常的声音表现可以在嗓音测试过程中表现出来）；其次要看他们的声门闭合是否正常、声带张力是否良好、声门上声道是否有过度收缩、喉头位置是否有明显上移、乐器结构与歌手演唱的声部类型是否匹配等问题。只有找出导致他们嗓音出现问题的真正原因，才能达到标本兼治的目的，否则头痛医头，脚痛医脚，歌手就会因问题没有彻底解决而反复就诊。这也很好地诠释了嗓音医学界流传的一句话"声病还需声来治"的道理，即因错误的发声方法或发声行为导致的嗓音问题需要通过纠正错误的发声行为或给以正确的发声指导才可以得到彻底解决。为此评估检测对帮助他们制订有效的治疗方案，选择最合适的治疗方法提供有力支持。

第四节　艺术嗓音的检测方法

艺术嗓音的检测方法主要分三类：声乐教师通过听觉使用的艺术方法；耳鼻喉科医生或嗓音医生通过各种检测技术使用的医学方法；声乐教师或医生都可以使用的高级技术人员开发的声学分析方法。这些方法中有些属于主观的或定性的，有些属于客观的或定量的，无论是定性还是定量，对艺术嗓音的鉴定和分析都十分重要。

例如声乐教师对歌手音质和音色的判断就属于主观的和定性分析，常常用音质不纯、嘶哑、漏气、声音发散、音色暗淡、位置偏低等语言来描述歌手的嗓音问题，但一般声乐教师对导致这些问题的生理、病理原因及声学原理是不会深究的。声乐教师对音高、音域的评估就属于定量分析，例如有些人高音轻松就唱上去了，而另一些人高音很难唱得上去，导致人和人之间的音高差别的原因是什么，因为缺乏观测的手段无法给出满意的解释。

嗓音医学的临床检测方法为人们观察发声器官内部结构、发声的各种机能状态提供了可视化的研究手段。在这些检测中，最重要的是对声带结构和功能的检测，常用的检测技术包括：间接喉镜、纤维喉镜、电子喉镜、硬管喉镜、频闪喉镜、喉高速摄影等(图 23-4、图 23-5)。通过这些检测技术我们可以清楚地观察到歌手声带长短、宽窄、厚薄、质地、韧性、弹性、颜色、边缘、声门闭合、声带黏膜波动、对称性、振幅以及声带在不同音高下长度、闭合、黏膜波动变化的情况，同时也可以观察到声门上声道的一些情况和变化，例如软腭的高低，舌根是否下压会厌，会厌根部是否遮挡声带前联合，假声带是否超越、代偿等，为声乐教师了解学生的歌唱乐器条件和发声状态提供了非常重要且直观的客观依据。但医学检测所提供的报告中绝大多数是凭经验做出的主观描述，也不属于量化分析。

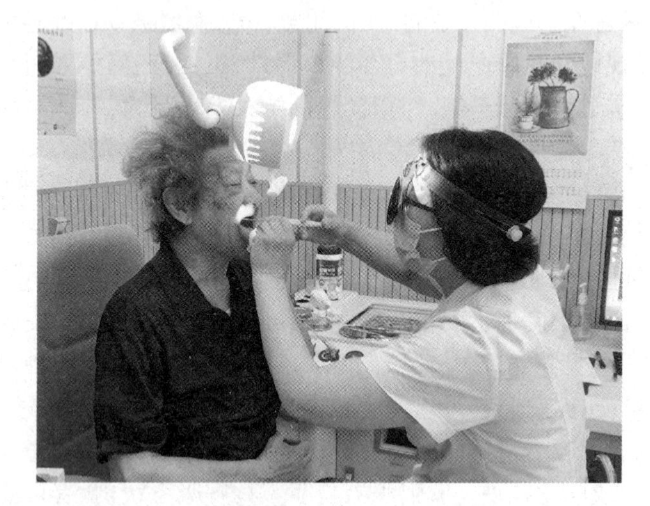

图 23-4　间接喉镜下药物滴入声带的治疗方法

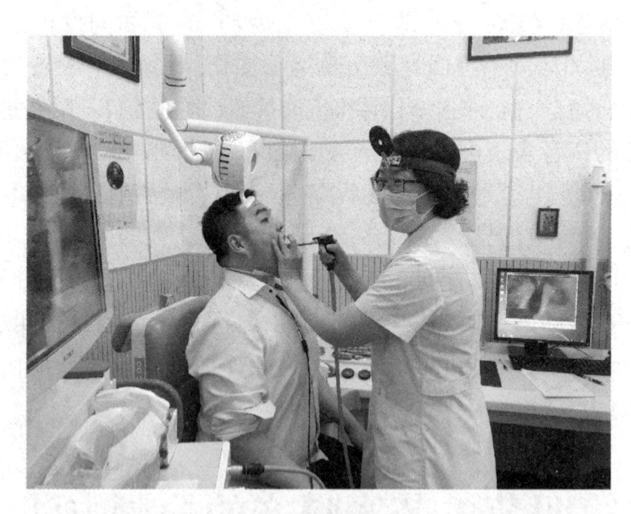

图 23-5　频闪光源十硬管喉镜检测歌手声带

医学中用于观察软组织结构的B超、CT、MRI技术可以进行量化处理，用于观察发声系统中各软组织的运动变化规律，也可以将这些技术应用于对声带长度、声门开度、声带展长率、声道长度的测量。

只有通过声学或专业的计算机软件对歌手所发声音的频率变化范围(音域)、强度变化范围(音强)、共振峰位置(音色或共鸣情况)、颤音数量、最长发声时测量才可以达到量化分析，其中德国艾克松(XION)公司研发的计算机软件，为我们提供了有关音域跨度、音强幅度、混声共鸣、声带张力、歌手共振峰位置、最长发声时、基频微扰(Jitter)、振幅微扰(Shimmer)等参数，为人们研究、对比、寻找不同声部与声种的特点，例如优秀歌手与一般歌手、受过专业训练与没有接受过专业训练、正常嗓音与异常嗓音的差别，提供了非常多的客观参量。下文我们将针对音域图、歌手共振峰、颤音这三个问题展开介绍。

第五节　艺术嗓音检测结果及分析

一、音域图检测结果及分析

音域图(Voice Range Profiles)检测起源于 20 世纪 80 年代的欧洲。它的测量手段不同于一般的音域测量或声压级的测量，而是将一个声音的多个属性(频率、声压级、共振峰)用特殊软件或计算方法提取出来，横坐标代表音高(单位是 Hz)，用 88 个钢琴键来表示(36 mm 代表一个八度)；纵坐标代表声音强度(单位是 dB)，15 mm 代表 10 dB，如图 23-6 所示：

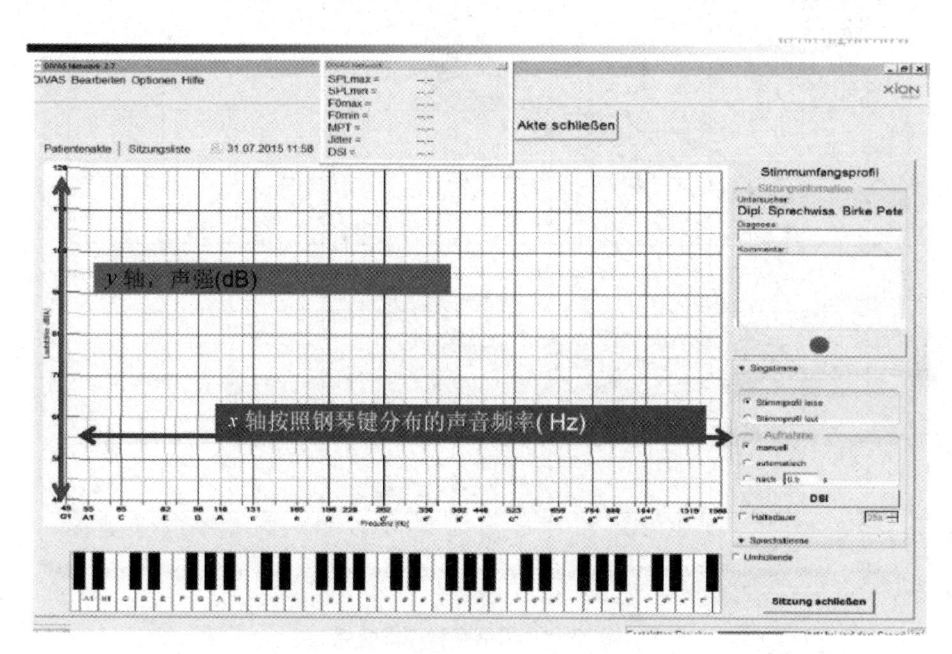

图 23-6　二维呈现的音域图(横坐标——频率、纵坐标——声强)

音域图检测过程：让被试在距离话筒 30 cm 的位置上，在不同音高下用最弱音、最强音分别唱“Na”，在不同语境下(小声说话、两个人对话、教室讲课、操场喊人)，从 11 数到 20，数据直接输入计算机并储存起来，随后专业软件提取频率、声压级、共振峰位置，自动地将这些数据呈现在坐标上，最上边的曲线代表强音音域，最下边的曲线代表弱音音域，在强音下边的曲线代表共振峰位置，斜线代表不同语境下的话声音域，如图 23-7 所示：

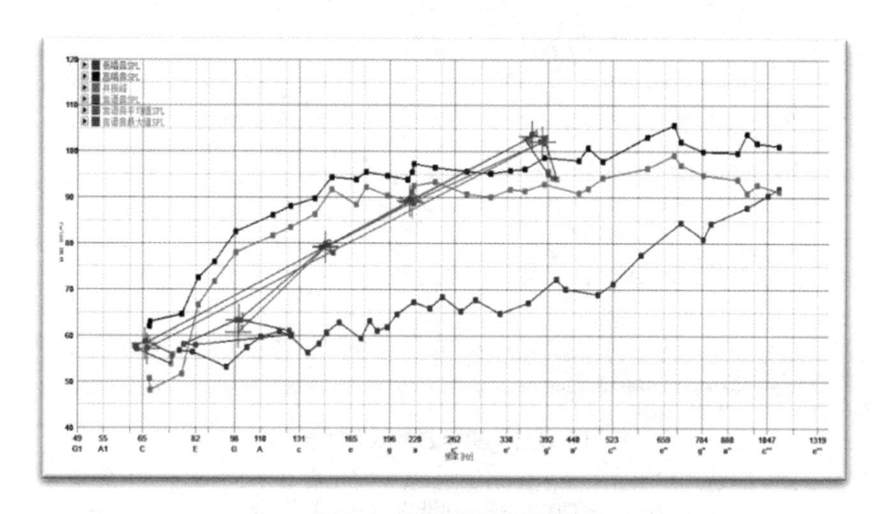

图 23-7　多维呈现的音域图

这些曲线的位置、伸展程度、坡度和曲线形状，可以用来评估一个人的发声能力或歌唱技术水平；比较不同嗓音类型之间的差别；比较不同唱法的歌手之间用嗓发声的特点；观察训练前后、治疗前后发声功能的变化。通过音域图，将歌手的气息压力、声音强度、高音、混声、共鸣情况等听觉感受客观地呈现在被试、声乐教师、医生的面前，弥补了人耳听觉的差异，有效地解决了人耳能够听出来但无法量化、无法对比的问题。因此，音域图检测为声乐招生选才、声部鉴定、发声训练提供了重要参考依据。下文我们将采集的不同声部和男高音不同声种的音域图进行展示(图 23-8～图 23-12)。这些不同的图形中，既包含有共性，也具有鲜明的个性。

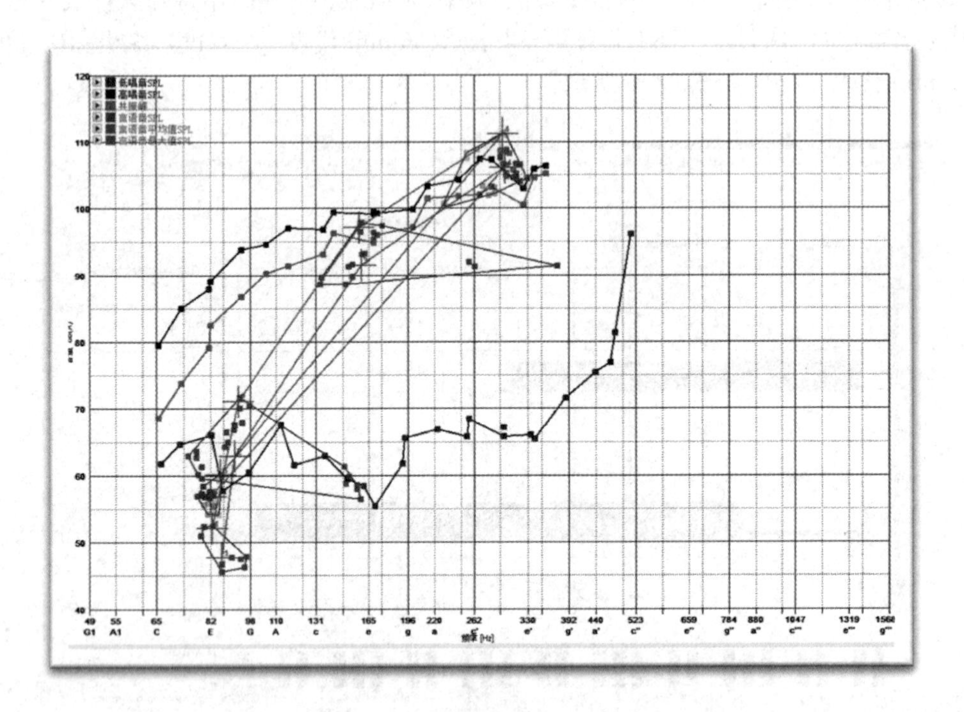

图 23-8　男低音音域图特点

(强声音域从 $C\text{-}f^1$ 共有 29 个半音，弱声音域从 $C\text{-}{}^{b}b^1$ 共有 36 个半音，最强音与最弱音相差 52 dB，从轻声说话到喊人的强度变化为 59 dB，音域跨度为 22 个半音，共振峰曲线贴近强声曲线)

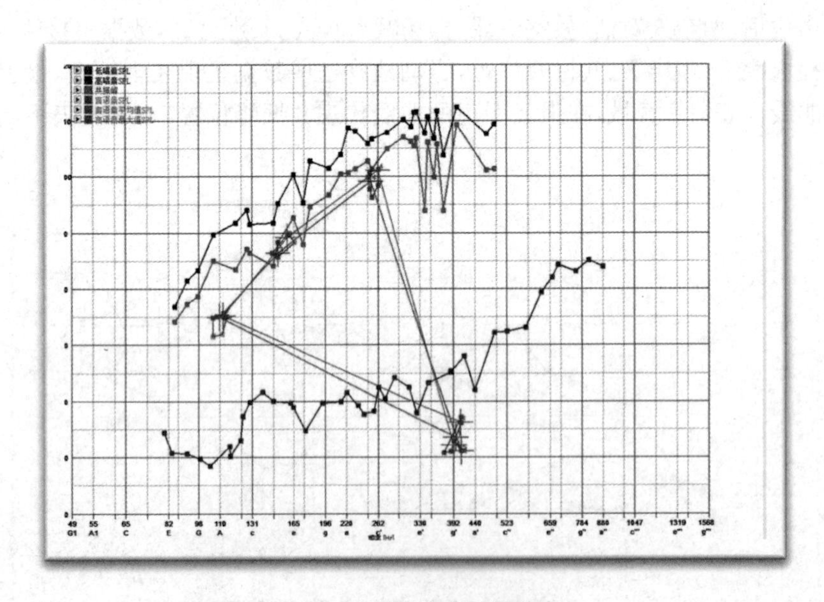

图 23-9　男中音音域图特点

(强声音域从 $E\text{-}g^1$ 共有 27 个半音，弱声音域从 $E\text{-}{}^{b}a^1$ 共有 41 个半音，最强音与最弱音相差 64 dB，从轻声说话到喊人的强度变化为 47 dB，音域跨度为 17 个半音，共振峰曲线贴近强声曲线)

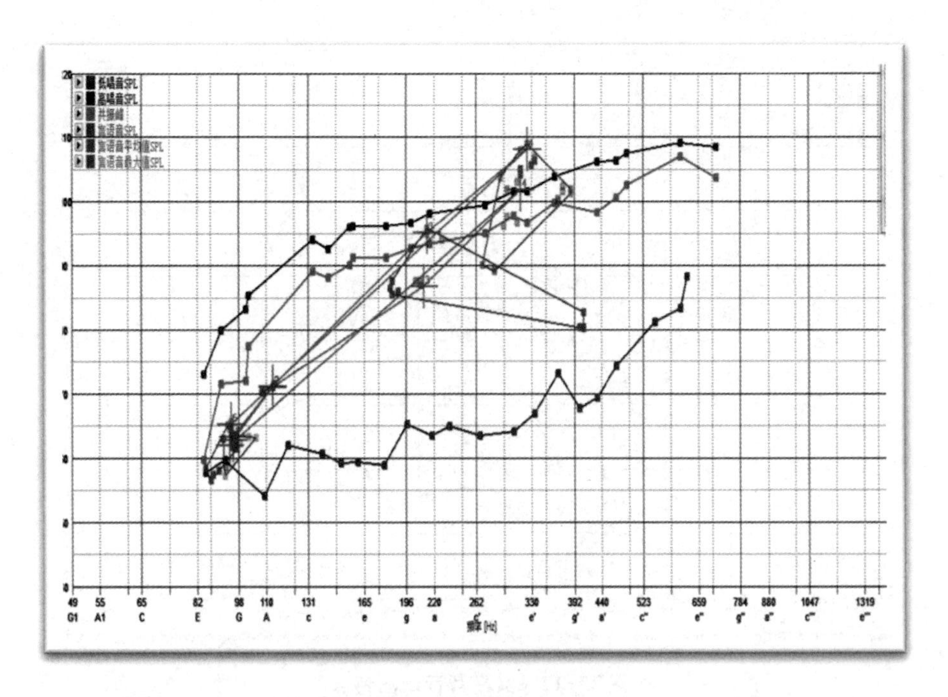

图 23-10　男高音音域图特点

（强声音域从 E-f^2 共有 37 个半音，弱声音域从 EF-e^2 共有 35 个半音，最强音与最弱音相差 55 dB，从轻声说话到喊人的强度变化为 40 dB，音域跨度为 21 个半音，共振峰曲线贴近强声曲线）

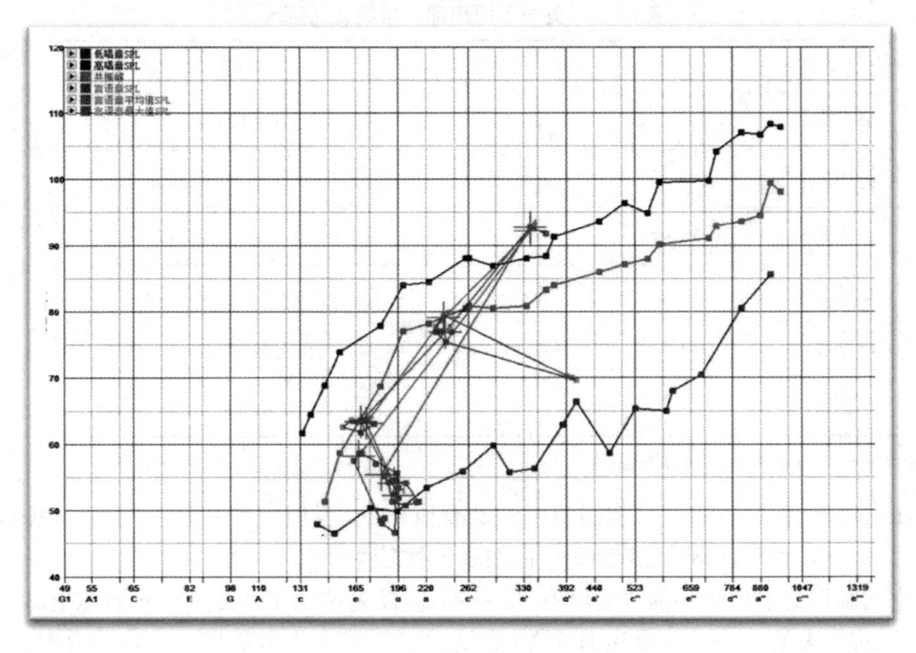

图 23-11　女中音音域图特点

（强声音域从 c-b^2 共有 35 个半音，弱声音域从 $c^{\#}$-$^{b}b^2$ 共有 33 个半音，最强音与最弱音相差 62 dB，从轻声说话到喊人的强度变化为 41 dB，音域跨度为 12 个半音，共振峰曲线距离强声曲线比男声略远，但仍然贴近强声曲线）

（一）男低音、男中音、男高音、女中音、女高音音域图特点

正如前面所述，美声唱法区别于其他唱法的主要特征是富有穿透力和细分声部与声种，在音域图的表现就是共鸣曲线介于最强声曲线和最弱声曲线之间，且贴近最强声曲线，其中女声的共鸣曲线离最强声曲线稍远一些，这与女声轻机能多、音色柔美，男声重机能多、音色洪亮相对应。

以上 5 位不同声部类型的被试，都是中央音乐学院优秀的毕业生，有的是歌剧院独唱演员，有的是国际比赛获奖者，他们的声部类型是确定的，而他们音域图所表现的音域范围与他们声部所要求的音域范围也是一致的，如表 23-2 所示：

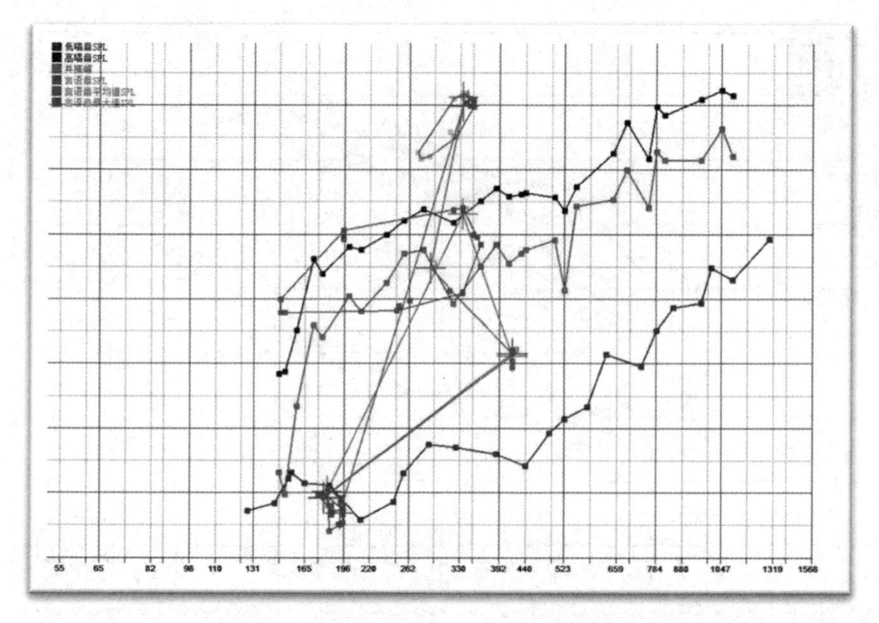

图 23-12　女高音音域图特点

(强声音域从 d-$^{\#}c^{3}$ 共有 34 个半音,弱声音域从^{b}b-e^{3} 共有 41 个半音,最强音与最弱音相差 66 dB,从轻声说话到喊人的强度变化为 63 dB,音域跨度为 15 个半音,共振峰曲线距离强声曲线比男声略远,但仍然贴近强声曲线)

表 23-2　美声不同声部类型的音域范围

声部类型	音域范围
男低音	82～330 Hz(E—e^{1})(E_{2}—E_{4})
男中音	98～392 Hz(G—g^{1})(G_{2}—G_{4})
男高音	131～523 Hz(c—c^{2})(C_{3}—C_{5})
女低音	147～659 Hz(d—e^{2})(D_{3}—E_{5})
女中音	165～880 Hz(e—a^{2})(E_{3}—A_{5})
女高音	196～1 175 Hz(g—d^{3})(G_{3}—D_{6})

(数据来自 The Singer's Voice,排列顺序有调整)

这些歌手在发最低音和最高音时,他们的声音是有质量的,表现为带有混声共鸣(共振峰曲线接近强声曲线,共振峰强度高),且声区转换没有痕迹(曲线上升比较平稳)。

这 5 位专业歌剧演员他们平均强声音域有 32 个半音(超过两个半八度),弱声音域有 37 个半音,超过三个八度,这也提醒广大的声乐学习者和训练者,如果过于依赖喉部力量控制发声,不用气息压力控制发声,是很难做到弱声歌唱的,他们的混声和高音也会受到影响。这几位歌剧演员,最强音和最弱音相差近 60 dB,轻声数数到喊人的强度相差约 50 dB,音域平均跨度达到 17 个半音(一个半八度),这些数据可以用来与其他不同职业用声者进行比较,进而探究不同职业、不同唱法在声音训练和发声能力控制方面的差异。

无论哪个声部,强、弱声曲线都会随着音调的升高而呈现逐渐上升的趋势,只是从上升的坡度(斜率)来看,女声要大于男声,这与女声音调高于男声接近一个八度,声带张力比男声大、声门下压力增加更多有关。

(二) 抒情、大抒情、戏剧男高音的音域图特点(图 23-13～图 23-15)

以下是 3 位不同声种男高音的音域图,他们的声种也是被专家们认定过,分别属于抒情、大抒情和戏剧。他们 3 位都有 high C(523 Hz),只不过抒情和大抒情的高音比 high C 更高。他们的最强声音域范

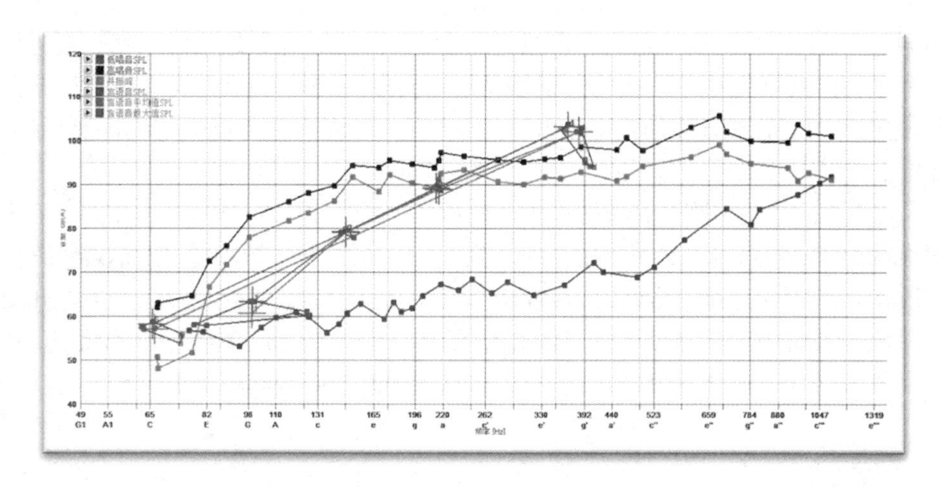

图 23-13　抒情男高音的音域图

（强声音域从 C-c³ 共有 48 个半音，弱声音域从 E-c³ 共有 45 个半音，最强音与最弱音相差 52 dB，从轻声说话到喊人的强度变化为 44 dB，音域跨度为 31 个半音，共振峰曲线贴近强声曲线）

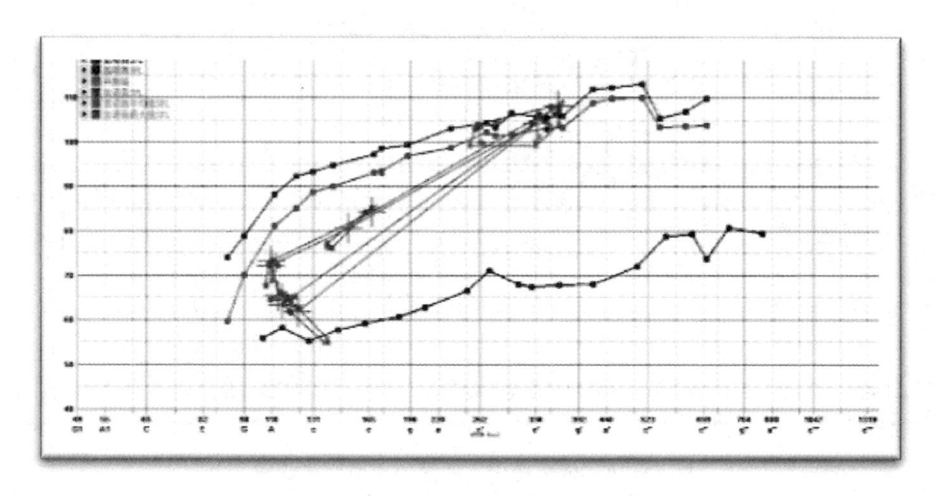

图 23-14　大抒情男高音的音域图

（强声音域从 F-e² 共有 34 个半音，弱声音域从 G#-c³ 共有 38 个半音，最强音与最弱音相差 58 dB，从轻声说话到喊人的强度变化为 41 dB，音域跨度为 20 个半音，共振峰曲线贴近强声曲线，且随音调的增高逐渐变得更近）

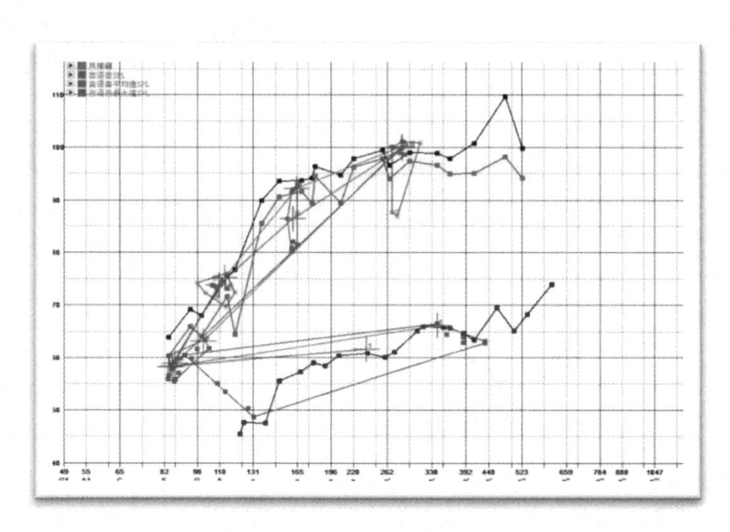

图 23-15　戏剧男高音音域图

（强声音域从 E-c² 共有 32 个半音，弱声音域从 B-e² 有 29 个半音，最强音与最弱音相差 64 dB，从轻声说话到喊人的强度变化为 42 dB，音域跨度为 21 个半音，共振峰曲线距离强声曲线最接近）

围平均为 38 个半音(超过三个八度),最弱声音域范围为 37 个半音(也超过三个八度),最明显的差别在于抒情的强弱差为 52 dB,戏剧为 64 dB,大抒情正好介于他们之间,为 58 dB。其中戏剧型嗓音类型的声强变化幅度最大,这也说明了若过分强调戏剧张力和音强变化,可能会对高音音域的拓展产生不利影响,这也符合唱得过重很难唱高的道理。

下面列举 3 位不太理想的男高音音域图作为比较(图 23-16～图 23-18),第一张明显看出强弱声曲线过于接近,弱声控制不好,强弱曲线之间变化幅度不到 20 dB;第二张音域很宽,但曲线到 g^1 突然出现下降而无法上升的趋势,这与其突然换声,改为假声虚声唱有关,说明其高音混声不好,无法打开腔体增加气息压力去混声歌唱,也可能跟其声带条件不符合高音有关;第三张曲线不能平稳上升,而是忽上忽下,说明气息控制不稳定,不能随发高音而逐渐增加声门下压力,从而出现忽高忽低的问题。

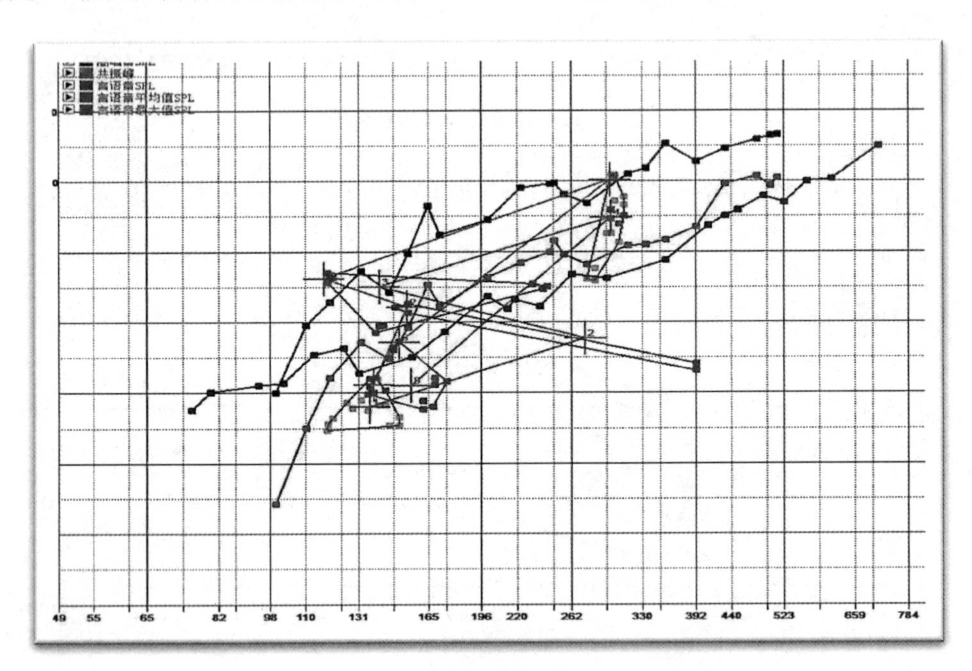

图 23-16　强弱变化不明显的男高音音域图

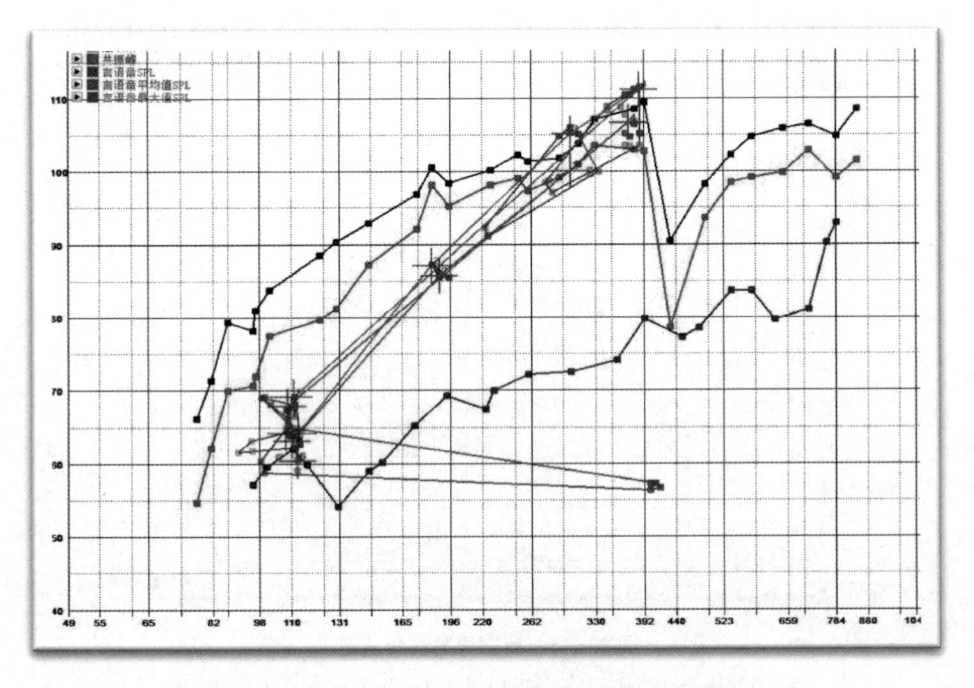

图 23-17　高音 g^1 以上混声不好的男高音音域图

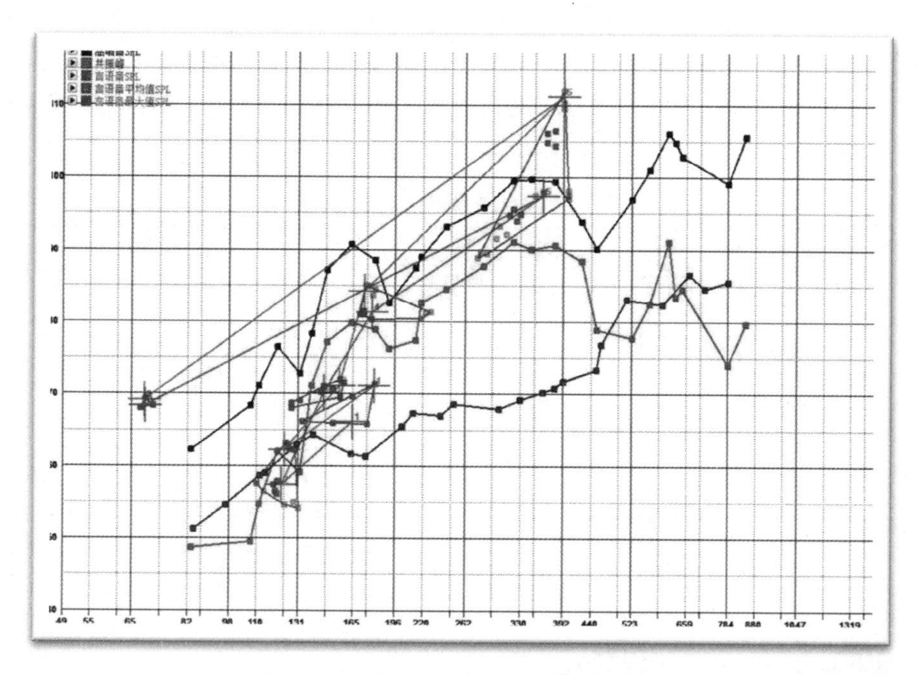

图 23-18　曲线上升不够平稳的男高音音域图

总之，音域图的检测不仅为艺术嗓音鉴定、声部及声种划分提供了重要的参考依据，同时为训练方法是否合适、治疗手段是否有效提供了重要的判断依据。

二、歌手共振峰检测结果及分析

早在 20 世纪 30 年代，美国巴尔的摩音乐学院的巴塞罗谬(Bartholomew)就发现了歌手共振峰是男歌手歌声中重要的声学特征之一，并认为它的存在与深的咽腔有关。20 世纪 70 年代瑞典音乐声学专家约翰・桑德伯格认为歌手共振峰的存在是与低的喉位有关，它的存在可以增强嗓音的明亮度和穿透力，是美声歌手能够超越乐队不至于被乐队伴奏或其他音响所掩蔽的原因，如图 23-19 所示：

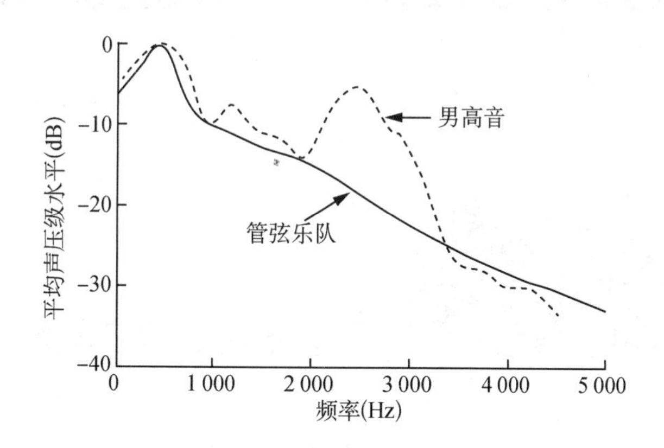

图 23-19　男高音的共振峰

(虚线代表男高音的平均声压级水平，实线代表乐队的平均声压级水平)

一名训练有素的男高音与乐队合作时仍然能够被听众听到的原因，因为在人耳听觉最敏锐区域(2 000～3 200 Hz 之间)，歌手的声音强度要明显高于乐队的声音强度。

我国学者王士谦、韩宝强、王建群、吴静等针对歌手共振峰概念的由来，京剧三个行当花脸、老生、小生的嗓音特征，不同唱法元音共振峰，不同唱法女声的歌手共振峰分别进行过比较研究。

近两年，编者才真正把歌手共振峰检测应用在临床上，由于计算机嗓音分析软件的便捷，可以对被试的共振峰进行观察和研究。通过研究我们发现，比较好的歌剧演员的共振峰位置与国外专家所介绍的位置基本一致(表 23-3)，如图 23-20～图 23-24 所示。但也有一些歌手或学习声乐多年的人会存在歌手共振峰位置不突出、不聚焦,位置与声部不符等现象(图 23-25～图 23-27),其中女声的歌手共振峰的高峰不突出、强度不突出比较明显,这与音域图所测女声共振峰曲线要远离强声曲线的原因可能是一致的,同时也说明了影响音色共鸣聚焦的关键技术和方法绝大多数人还没有完全掌握,甚至有些优秀的歌手也有调整改进的空间。

表 23-3　不同声部歌手共振峰位置

声部类型	歌唱共振峰位置
男低音	2 400 Hz
男中音	2 600 Hz
男高音	2 800 Hz
次女高音	2 900 Hz
女高音	3 200 Hz

(此数值由 The Singer's Voice 一书的作者 Michael Benniger 提供)

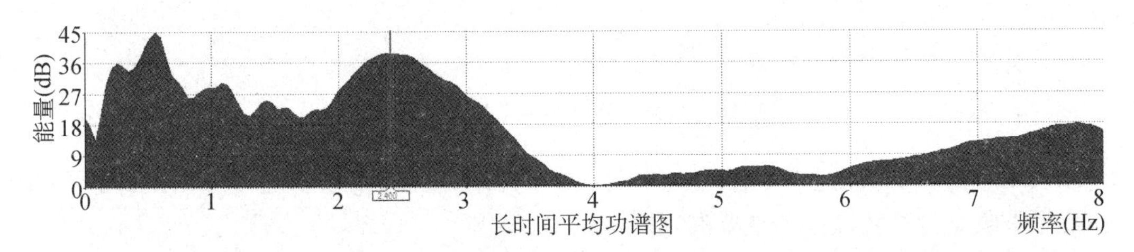

图 23-20　男低音歌手共振峰聚焦、位置基本符合标准(2 400 Hz)

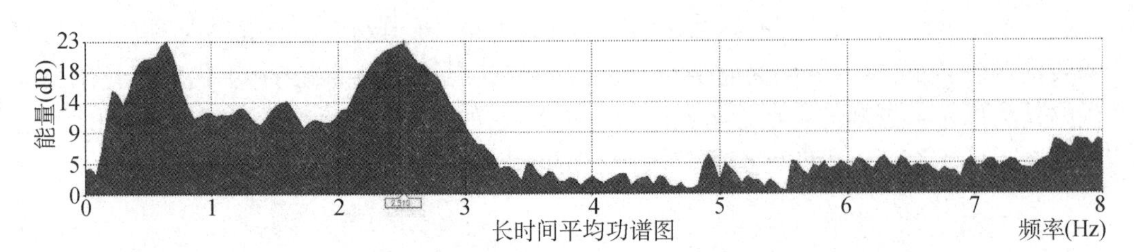

图 23-21　男中音歌手共振峰聚焦、位置基本符合标准(2 510 Hz)

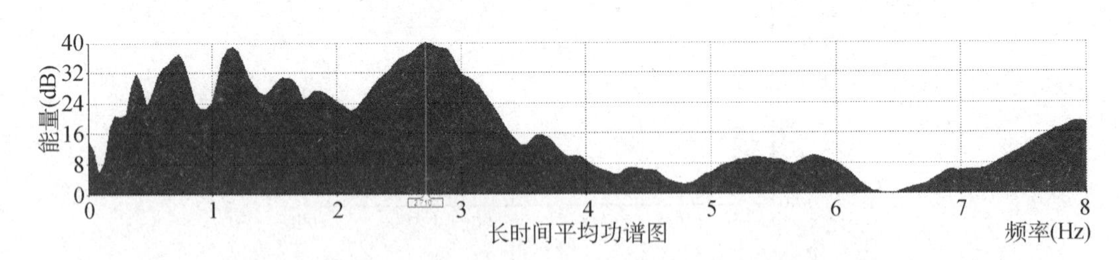

图 23-22　男高音歌手共振峰聚焦、位置基本符合标准(2 710 Hz)

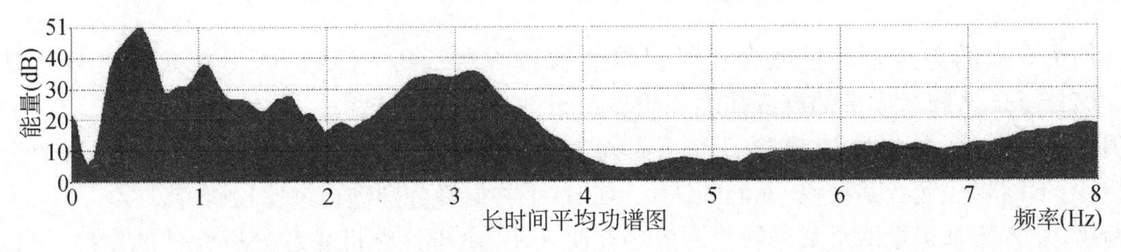

图 23-23　女中音歌手共振峰不够聚焦、突出,位置基本符合标准

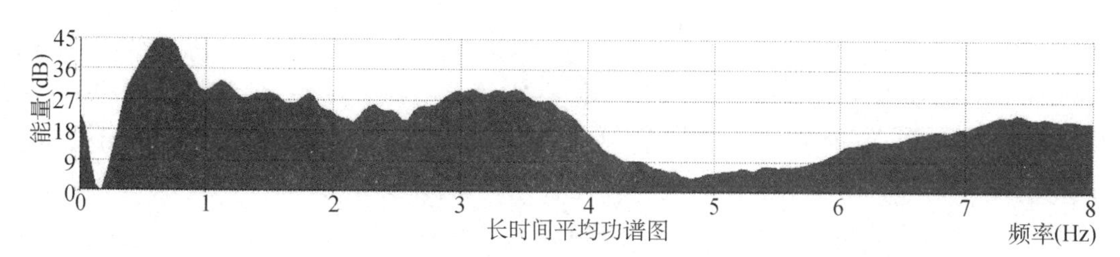

图 23-24　女高音歌手共振峰不够聚焦，位置基本符合标准

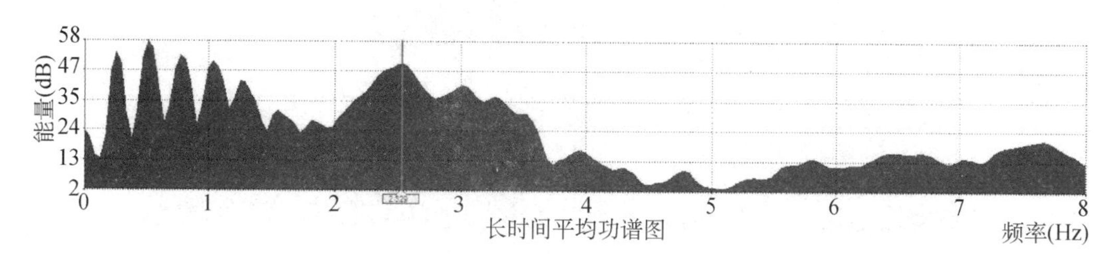

图 23-25　男高音歌手共振峰位置偏低、强度不够

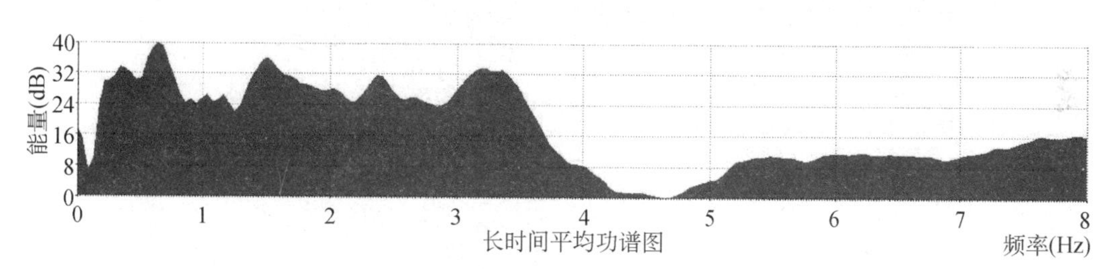

图 23-26　男高音歌手共振峰位置偏高、不在男声范围内

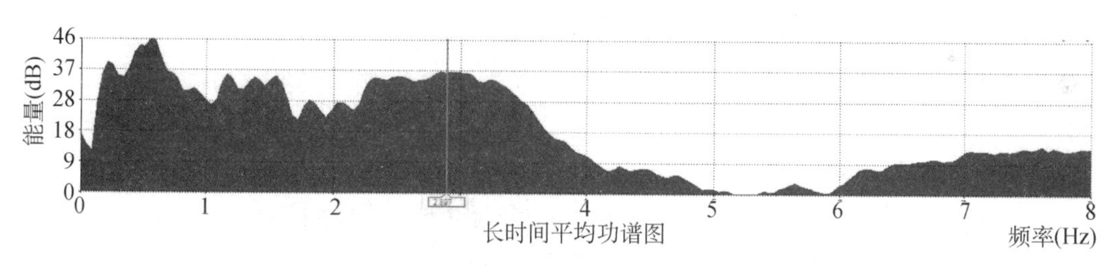

图 23-27　男高音歌手共振峰不够聚焦、不够突出

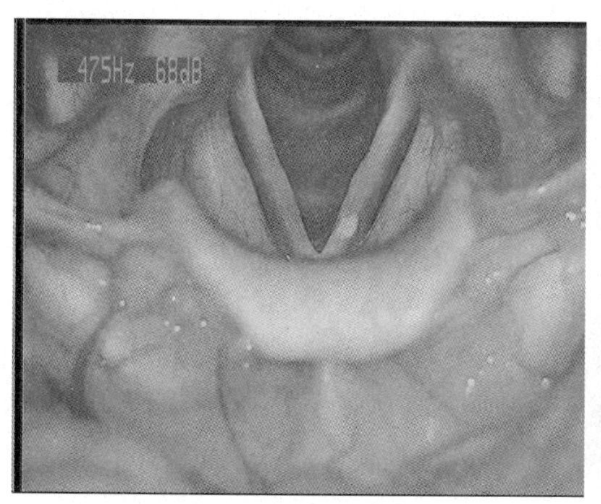

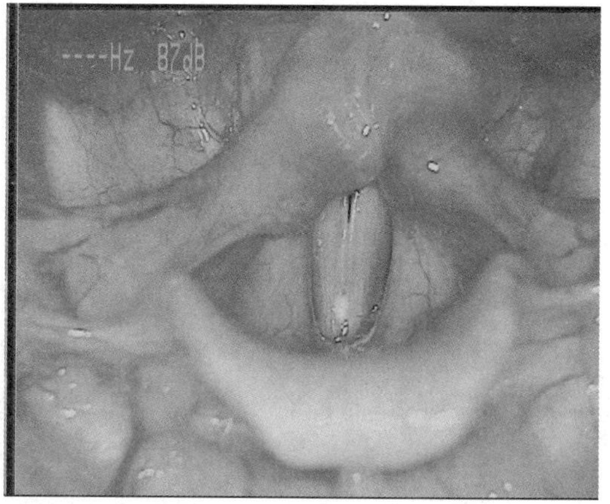

图 23-28　吸气时声带边缘条索状突起不平，发声时声门后端闭合不良，展长不良的声带结构

例如，某音乐学院声歌系学生的声带表现如图 23-28 所示：黏膜弹性不好、声门闭合不严、展长发假声困难；音域图测试结果显示(图 23-29)：低声区真声不实(共鸣曲线过于靠弱声曲线)，中高声区无法混声，高音困难；歌手共振峰出现了两个峰，一个在男声范围内(2 700 Hz 左右)，另一个在女高音范围内(3 200 Hz 左右)，两者没有聚焦；颤音先直后颤，说明喉部主动用力，气息无法先通过声门激起波动。若想彻底解决她的嗓音问题，一是要改善声带闭合和黏膜弹性，同时要加强气息压力与声带之间的配合，改善起音，并加强声带张力和混声共鸣的训练，另外她的声部类型也需要重新考虑。

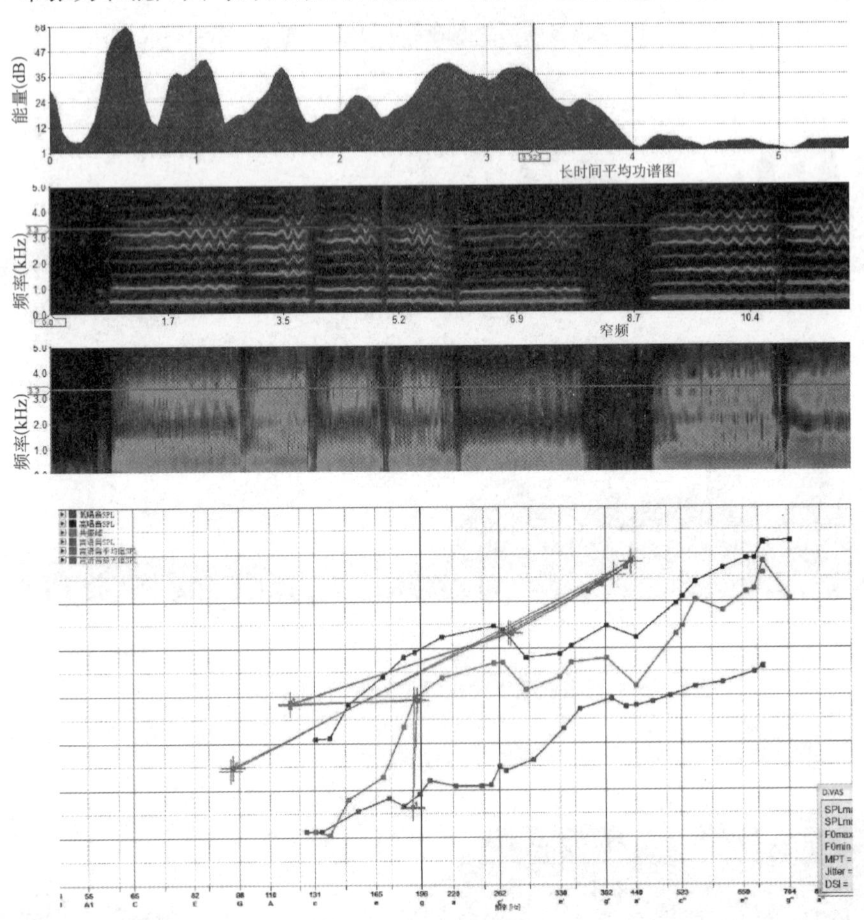

图 23-29　声门闭合不良、声带张力不好、高音困难女歌手的共振峰、颤音及音域图

由此可见，歌手共振峰的峰值是否聚焦、突出，如何聚集、突出，位置是否与其声部符合，为什么出现不匹配问题，仍然是值得我们关注和研究的一个重要课题，这些问题的解释与解决必将对歌手歌声质量的改善与提高起到至关重要的作用。

三、颤音的介绍

引用西肖尔(1938)的定义：音高的波动伴随着响度与音色的同步波动，这种波动的幅度和频率，在一定范围内(不超过半个音程)会使声音富于弹性，音色柔美、丰富，令人愉快。

优秀歌手的颤音数量为 5～8 次/s(有的书上为 5～6 个/s)，如果颤音少于 5 次/s，会令听者感到不舒服，有点摇摆(Wobble)的感觉；如果颤音数量超过 8 次/s，听起来像羊叫，被称为小抖(Tremolo)。

编者对这些受过专业训练的歌手的颤音数量也进行了测量，发现他们绝大多数的颤音在 4.5～6 次/s，如图 23-30、图 23-31 所示，而初学者或训练不到位或发声存在一定挤喉现象的要么没有颤音，要么幅度过小，如图 23-32～图 23-34，颤音数量达到 7～8 次/s 的比较少见。

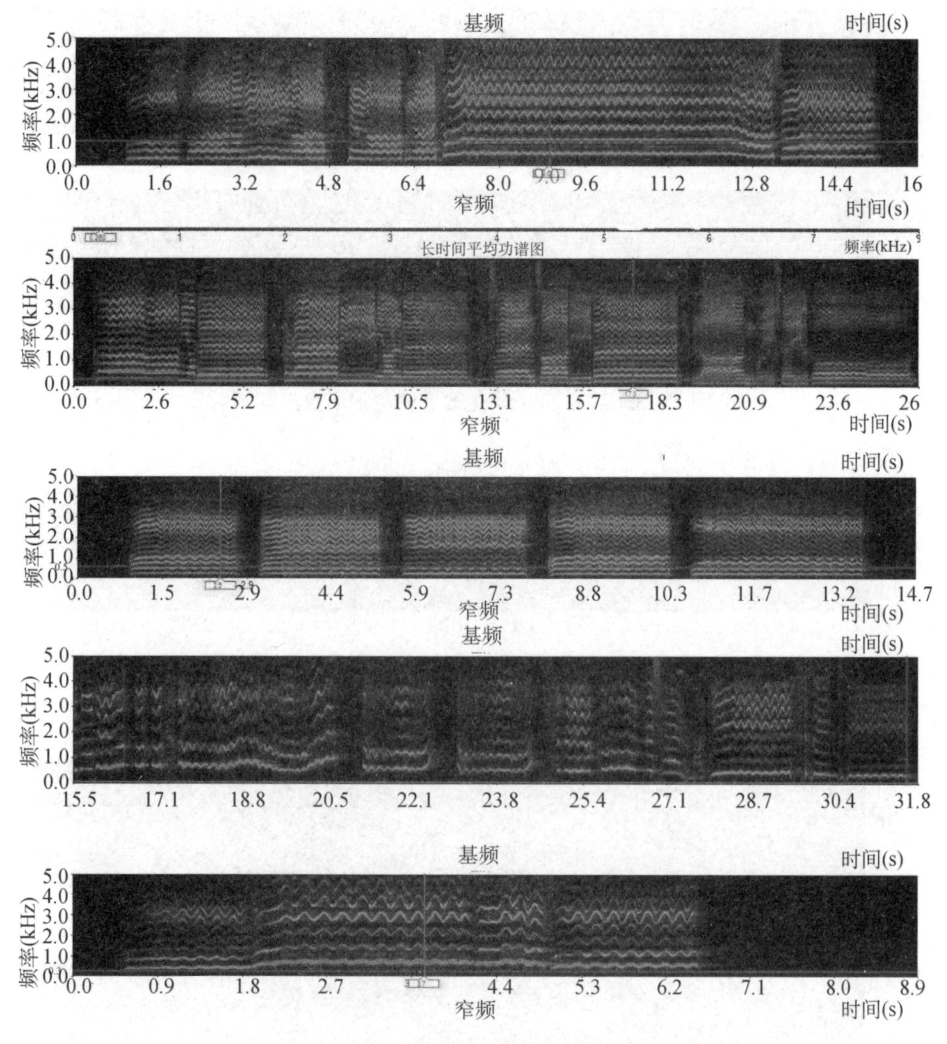

图 23-30　5 位专业演员颤音数量在 5～6 次/s

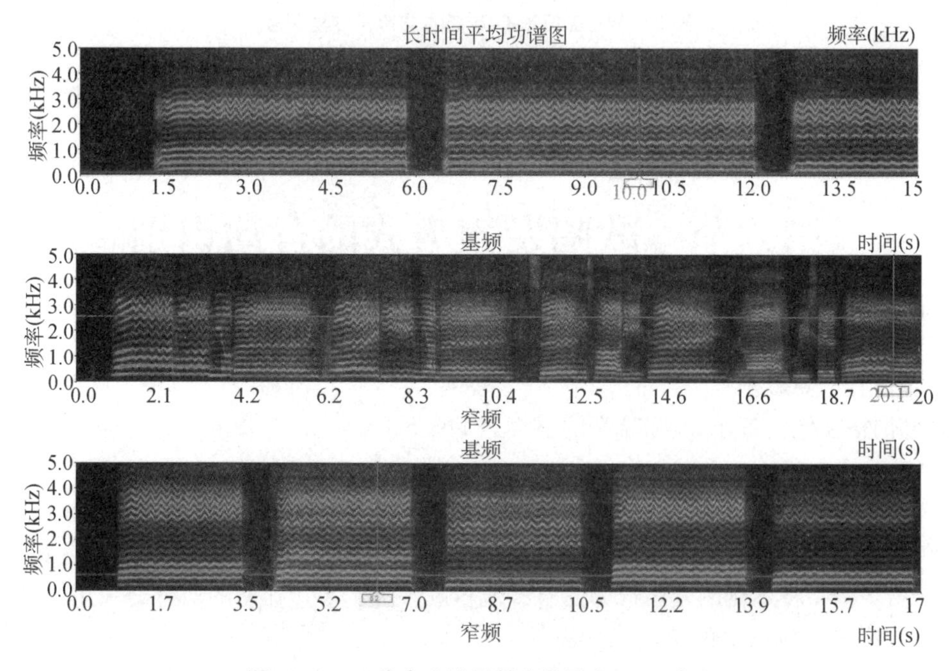

图 23-31　3 位专业演员颤音数量在 4～5 次/s

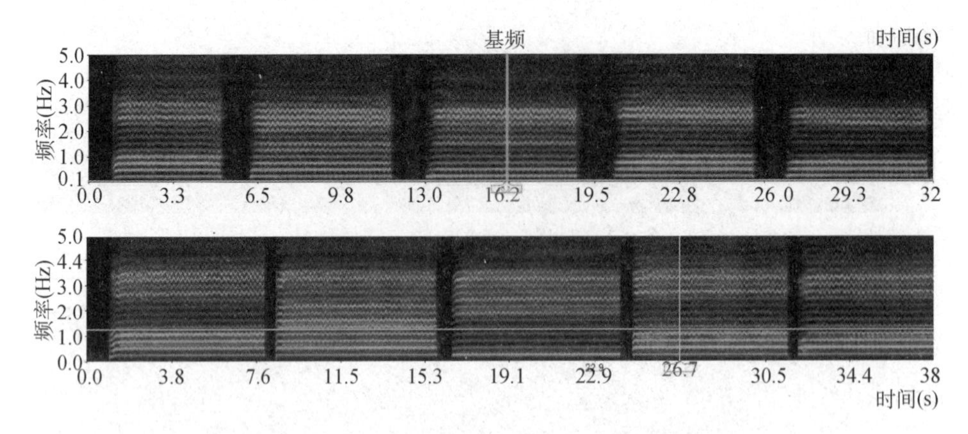

图 23-32　2 位声乐学生颤音幅度很小且不规则

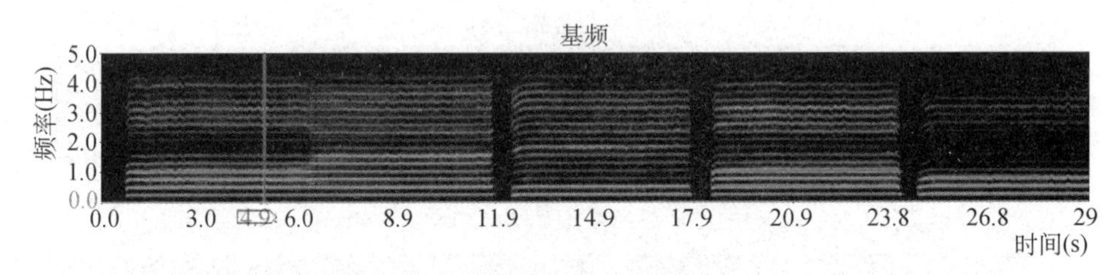

图 23-33　颤音将要出来的声乐学生

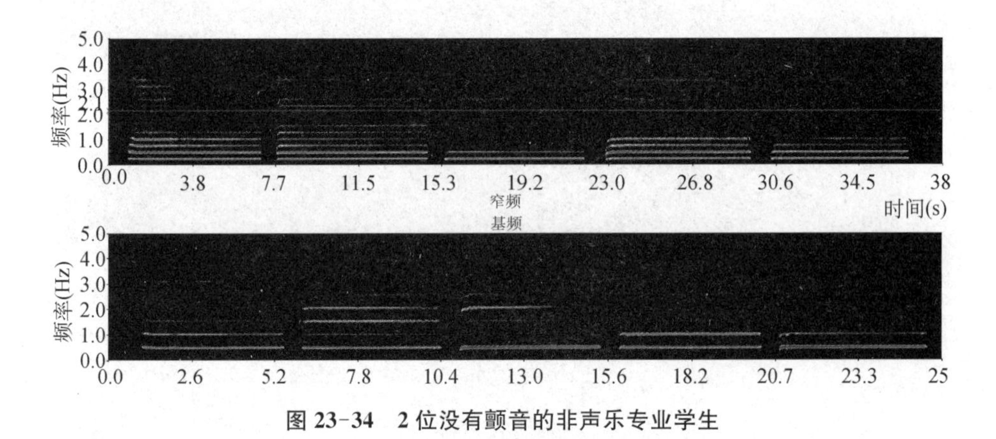

图 23-34　2 位没有颤音的非声乐专业学生

编者认为颤音产生的原因跟喉腔放松、呼吸支持的运用有关，因此颤音的有无、数量、幅度、是否均匀一致也可以作为衡量歌手训练是否到位的一个重要参考指标。

第六节　歌唱发声方式的自动识别

发声方式(Phonation Mode)是指在发声时，喉位、声带闭合与声门下气压之间的相互关系，它对歌唱和说话的发声质量有重要影响。

约翰·桑德伯格在他的著作《歌唱嗓音的科学》(The Science of the Singing Voice)一书中，将发声方式分为以下四种：

挤卡式发声(Pressed)：挤卡式发声通常伴随着喉头位置的上提，这种上提同时会影响声道的形状。由于挤卡导致声门闭合，挡气的阻力加大，因此声门下压力也因此增加。由于这种发声方式可能与声带疲劳有关，因此会被当作一种不良的发声行为。有些流行歌手为了表达强烈的情感会采用此种发声方式，例如詹姆斯·布朗(James Brown)的 *I feel good*。

漏气式发声(Breathy)：声门闭合、挡气的阻力非常小，以致声带不能完全靠拢，同时通过声门的气流量较大。漏气式发声中的气流噪声比较明显，发声较为黯淡、沙哑。同挤卡式发声一样，漏气式发声在某些情况下也被视作声能转换率不高的发声方式，甚至是一种对声带健康不利的发声方式，但某些流行歌手仍然会使用此种发声方式来表达情感和风格。比如查特·贝克(Chet Baker)的*My funny valentine*。

正常发声(Neutral)：这种发声方式有时也被称为Normal或Modal，与正常说话的发声方式类似。使用这种发声方式时，歌手的声带会在其整个声带长度上进行完全的振动，发出的声音自然而结实。

流畅式发声(Flow)：有人认为流畅式发声更多是一种歌唱技巧而不是发声方式。其相比于其他三种发声方式最大的不同点在于，歌手需要经过专业训练才能掌握这种发声方式。这种发声方式通常伴随着较低的喉位，声门下压力和正常发声相似，但气流量更大。流畅式发声是效率最高的发声方式，歌手在使用这种发声方式时能以最不费力的方式得到最大的响度，也就是较大的共鸣，也能相对容易地演唱较高的音调。美声歌手、部分中国戏曲唱法演员和少数流行歌手例如莱莎·明奈利(Liza Minelli)的*New York*，*New York*就使用这种流畅式的发声方式。

图23-35是从声门下压力与声门气流关系的角度对四种发声方式进行表述的示意图。其中流畅式发声和正常发声的声门下压力其实并无图中所示那么大的差别，这里为了示意清晰，故将两者划分得比较开。

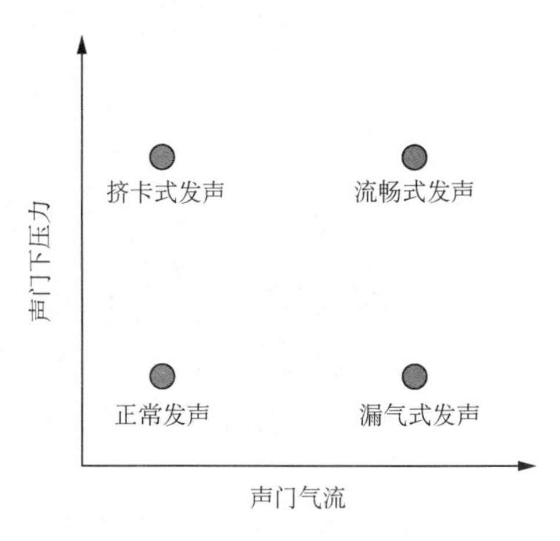

图23-35　四种发声方式声门下气压与声门气流关系示意图

一、自动识别歌唱发声方式的研究意义

发声方式是歌唱风格的重要特征，不同演唱风格的歌手可能会采取不同的发声方式，例如摇滚和布鲁斯的歌手，为了表达强烈的情感会采用挤卡式发声，而为了表达一种亲密或较为舒缓的风格时，歌手可能会采用漏气式发声，而传统美声歌手是不允许使用上面两种发声方式的，只能使用流畅式的发声方式。

如果能够通过计算机识别系统鉴别出不同歌手所使用的不同发声方式，并将其演唱风格联系起来，这对发声方式的鉴别、应用、教学都将是一项很有意义的研究。

此外，挤卡式发声和漏气式发声在某些条件下会被视为与嗓音健康有关的问题，因此对发声方式的识别有利于诊治嗓音疾病和嗓音保护。

同时在歌唱教学过程中，发声方式的识别可用于帮助教师了解学生的发声问题、学习进程，从而更有效地指导学生发声。如学生的发声方式被识别为挤卡式发声，自动歌唱教学软件可以告知学生需要在唱下一个音之前，吸入更多的气，以改善其发声方式。

在音乐情感计算中，发声方式自动识别可以帮助提高情感识别的正确率。例如漏气式发声可以带来甜美和温馨的感觉，而挤卡式发声可以表达出激昂、振奋的情绪。

此外，发声方式也是一种语音质量的维度，也可用于说话人识别和说话人情感识别，这类似于音乐中的歌手识别和歌曲情感识别。

目前的自动歌唱教学研究主要包括对发声、喉位、共鸣控制和颤音的研究。其中发声方式的识别可以说是自动歌唱教学的第一步，其对于自动歌唱教学的研究具有重要的指导意义。

二、研究方法介绍

以往的发声方式识别主要使用空气动力学特征进行识别，这些特征需要使用特定的仪器进行测量。其中声门气压和声门气流是两个最主要的空气动力学特征，其参数需要通过特定的空气动力检测仪进行收集和测量。

图23-36为美国Kay-PENTAX公司出品的PAS 6000言语发声空气动力学系统，主要由信号收集、传输、放大和计算等装置组成。在实际操作中，被试通过面罩向气流计数器中呼气或发声，反映声门气流率的气流信号传导至压力传感器，再经过放大、滤波处理输入计算机中，最后展示被试的平均气流率，声门

上、下压力等信息。

声门阻力是声门上、下压力差值与平均声门气流的比值，能反映出声门下压力和声门面积等信息。发声效率是音强与平均声门气流率的比值，由声带机能状况、声带振动幅度、喉内压力是否均匀等因素决定。实验证明，在经过训练的发声中，声门阻力和发声效率在一定程度上可以区分上述四种发声方式。图 23-37 所示为被试使用仪器的情况。

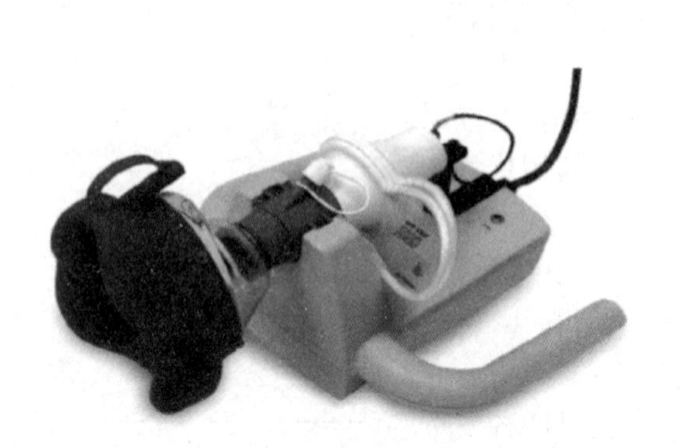

图 23-36　Kay-PENTAX 公司的 PAS 6000 言语发声空气动力学系统

图 23-37　PAS 6000 言语发声空气动力学系统使用情况

使用空气动力学方法进行发声方式的识别通常需要依赖专业仪器进行，成本较高且操作过程较为复杂。近年的研究逐渐将目光转向直接使用声音信号对发声方式进行识别。直接使用声音信号进行发声方式识别通常包含特征提取和分类器分类两个步骤。其中提取的特征分为声门特征和音频特征，对声门特征进行提取首先需要对得到的嗓音音频信号进行逆滤波处理从而估计出原始的声门激励信号。逆滤波方法是将人声的产生过程假设为声源-滤波器模型，在这个过程中，声门激励作为源，而声道则作为滤波器对声门激励信号进行滤波，最后发出完整的嗓音信号。声源-滤波器模型假定了声门气流波形大部分是由声门区域和声门下压力所控制的，而不是由声道的声学特性所决定的，它假设了声门激励和声道是线性可分的。实践中，由于歌唱嗓音通常具有较高的音调，这会造成很强的声源-滤波器耦合，也就是说，声门激励和声道具有很强的耦合性，使用逆滤波方法分离它们会造成一定的误差。

虽然逆滤波方法具有一定的缺陷，但是其在手机通话传输和无损音频压缩如 MPEG-4 和 FLAC 中均有应用，所以在发声方式识别领域较早的几篇文献中依然采用了该方法。

三、数据集的公开

目前该领域总共有 4 个公开数据集，数据集的详细内容如表 23-4 所示。值得注意的是，在实践进行识别时，往往取数据集中歌唱音频的中间部分，因为这一部分具有较好的稳定性和连续性。

表 23-4　发声方式识别公开数据集

数据集	年份	发布者/所属单位	歌手	内容	数据量
数据集 1	2013	Polina Proutskova 伦敦大学金史密斯学院	俄罗斯女高音	9个俄元音，音高范围 A3～G5	909 个音频片段，平均长度 1.3 s
数据集 2	2016	Jean-Luc Rouas 波尔多大学	希腊男中音	5 个希腊语元音，音高范围 C2～G4	487 个音乐片段，平均长度 1.43 s
数据集 3	2018	Furkan Yiesler 庞培法布拉大学	女高音	5 个西班牙语元音，音高范围 A3～C6	515 个音频片段
数据集 4	2018	Furkan Yiesler 庞培法布拉大学	女高音	5 个西班牙语元音，音高范围 F♯3～F4	240 个音频片段

四、常用特征的介绍

(一) 声门特征

声门特征或发声质量特征，是对声门估计信号(由原嗓音音频使用逆滤波方法得到)提取的特征，以下介绍几个常用的声门特征：

振幅商(Amplitude Quotient, AQ)：假设使用一个三角波脉冲简单地表示声门气流模型，其上升部分代表声门开放阶段，下降部分则代表了声门闭合阶段，那么振幅商被定义为声门气流的最大峰值与该脉冲导数的最大峰值之比。

闭合商(Closing Quotient, CQ)：声门闭合阶段与整个开放闭合周期长度的比值。

归一化振幅商(Normalized Amplitude Quotient, NAQ)：将振幅商除以其声门开放到闭合阶段的周期长度。相较于传统的振幅商和闭合商，归一化振幅商能更加鲁棒地区分四种发声方式中的漏气式发声、正常发声和挤压式发声。

开放商(Opening Quotient, OQ1)：声门打开时刻和关闭时刻的时间间隔与整个开放闭合周期长度的比值。

H1－H2(DH12)：声门气流波形中第一谐波与第二谐波的差。

谐波饱满度因子(Harmonic Richness Factor, HRF)：所有谐波的和与基频的幅度之比。

谐噪比(Harmonic-to-Noise Ratio, HNR)：谐波与噪声的比值。对于漏气式发声而言，由于其发声时气流较大而声门下压力较小，所以其谐噪比一般较大。

研究表明，NAQ 和 H1－H2 是声门特征中区分四种发声方式能力最强的两个特征。但由于逆滤波方法的缺陷，目前的研究主要将关注点放在那些能直接从嗓音音频信号提取的特征上。

(二) 音频特征

音频特征是指直接从原嗓音音频中提取的特征，下面介绍几种常用的音频特征：

基频微扰：为相邻周期中基频的差之和除以总周期数，是短时间内相邻周期基频变化的度量，常被用来反映声音沙哑的程度。

振幅微扰：为相邻周期中振幅的差之和除以总周期数。同基频微扰一样，该指标也常被用来反映声音沙哑的程度。

线性频率倒谱系数(Linear Frequency Cepstral Coefficients, LFCC)：LFCC 与 MFCC 在计算上较为相似，唯一的区别在于，MFCC 首先将频谱转换为梅尔频谱再经过三角形滤波器组，而 LFCC 则是直接采用了等间距的三角形滤波器组，使其更便于捕获高频的倒谱信息。

知线性预测(Perceptual Linear Prediction, PLP)：PLP 是一种谱特征，使用了诸多心理声学中的概念。PLP 系数的计算首先需要对功率谱使用关键频段分析(将频谱上的 Hz 度量转换为 Bark 度量)，之后使用强度-响度功率定律对信号进行等响度预加重和幅度压缩，最后对其进行逆离散傅里叶变换得到自相关函数并解出全极点模型的自回归系数。其相较于传统的线性预测(Linear Prediction, LP)，更符合人类的听觉感知。

此外，在自动发声识别研究中，也会使用其他已经被广泛使用的音频特征，如谱质心、谱能量和 MFCC 等。

五、算法举例

波琳娜·普罗茨科娃(Polina Proutskova)在 2013 年的研究被认为是第一个采用声信号进行发声方式自动识别的研究。其算法框架具有典型意义，这里以该算法作为例子，算法框架如图 23-38 所示。

图中 TKK Aparat 是由马蒂·艾拉斯(Matti Airas)于 2008 年发布的开源逆滤波算法 MATLAB 库。其要求输入两个参数：声带连接片段参数用以对声带通道进行建模；嘴唇辐射系数用以对嘴唇的滤波特性进行建模。

该算法通过 TKK Aparat 库对输入的音频信号进行逆滤波，估计出声门波形信号，之后对估计出的声

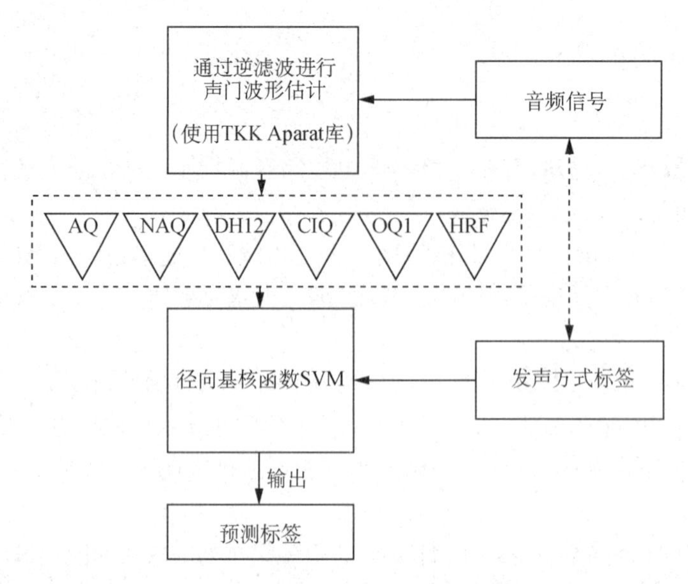

图 23-38 算法流程示意图

门波形信号提取六种声门特征，最后使用一个SVM分类器进行分类，SVM的核函数采用径向基核函数。值得一提的是，该算法对四种发声方式的分类正确率为55%～70%，这是由于该算法使用了逆滤波方法估计声门气流波形信号，之后提取该信号声门特征再进行分类。而前面提到的歌唱嗓音中由于通常具有很强的声源-滤波器耦合，逆滤波方法估计出的声门气流波形信号具有一定的误差，直接导致了较低的分类正确率。

参考文献

万明习，王素品，吴亮. 嗓音医学工程学[M]. 北京：科学出版社，2016.

韩宝强. 音的历程——现代音乐声学导论[M]. 北京：中国文联出版社，2003.

Sunberg J. The Science of the Singing Voice[M]. Dekalb：Northern Illinois University Press, 1987.

王士谦. 现代嗓声科学系列讲座之一——现代嗓声研究的范围、意义、方法、特点和分类[J]. 应用声学，1989，8(2)：42-45.

韩丽艳. 艺术嗓音医学[J]. 中国医学文摘(耳鼻咽喉科学)，2006(5)：278-279.

冯葆富. 声乐招生发声器官检查纲要和录取原则探讨[J]. 中央音乐学院学报，1986(1)：49-50.

钟静婷. 美声男高音不同声种的生理结构与声学特征的关系研究[D]. 北京：中央音乐学院，2019.

牛婉. 民族女高音与美声女高音在生理条件与机能状态的对比研究[D]. 北京：中央音乐学院，2018.

郭昭彤. 美声女中音的声种特点与生理条件、嗓音使用状况的关系研究[D]. 北京：中央音乐学院，2016.

黄薇. 抒情女高与抒情女中生理结构与声学特征的比较研究[D]. 北京：中央音乐学院，2019.

高胜男. 美声女高音声种特点与生理条件及用声特点的对比研究[D]. 北京：中央音乐学院，2018.

Benninger M S & Murry T. The Singer's Voice[M]. San Diego：Plural publishing I Inc., 2008.

江真. 声带长度及其变化与声部及高音的关系研究[D]. 北京：中央音乐学院，2015.

韩丽艳，牛婉，夏春霞. 美声与民族女高音声门开度及声带展长率的比较研究[C]//中华医学会第十六次全国耳鼻咽喉头颈外科学术会议，2019.

Seidner W, Nawka T. 嗓音诊断手册[M]. 郑宏良，主译. 北京：人民卫生出版社，2017.

Bunch M. 歌唱动力学[M]. 韩丽艳，蒋世雄，译. 北京：中国广播电视出版社，2009.

王士谦. 关于歌手共振峰概念的由来及一些讨论[J]. 应用声学，1987(4)：10-15.

王士谦. 嗓音机制和歌手的共振峰——兼答Sundberg[J]. 音乐艺术(上海音乐学院学报)，1993(1)：66-73.

韩宝强，项阳，林秀娣. 中西歌唱发声体系声音形态的比较研究[J]. 文艺研究，1996(2)：80-91.

王建群，高下，刘晓宙，等. 艺术嗓音中不同唱法的元音共振峰研究[J]. 临床耳鼻咽喉头颈外科杂志，2008，22(15)：679-682.

吴静. 歌唱音色的声学研究综述[J]. 艺海，2011(7)：39-43.

Sundberg J & Rossing T D. The science of singing voice[J]. *The Journal of the Acoustical Society of America*, 1990, 87(1):462-463.

Grillo E U & Verdolini K. Evidence for distinguishing pressed, normal, resonant, and breathy voice qualities by laryngeal resistance and vocal efficiency in vocally trained subjects[J]. *Journal of Voice*, 2008,22:546-552.

Proutskova P, Rhodes C, Crawford T, et al. Breathy, resonant, pressed-automatic detection of phonation mode from audio recordings of singing[J]. *Journal of New Music Research*, 2013,42(2): 171-186.

Rouas J L & Ioannidis L. Automatic classification of phonation modes in singing voice: Towards singing style characterisation and application to ethnomusicological recordings[C]// Proceedings of the Annual Conference of the International Speech Communication Association. San Francisco: International Speech Communication Association, 2016:150-154.

Yesiler F. Analysis and automatic classification of phonation modes in singing[D]. Barcelona: Universitat Pompeu Fabra,2018.

Gowda D & Kurimo M. Analysis of breathy, modal and pressed phonation based on low frequency spectral density[C]// Proceedings of the Annual Conference of the International Speech Communication Association. Lyon: International Speech Communication Association, 2013:3206-3210.

Kane J & Gobl C. Wavelet maxima dispersion for breathy to tense voice discrimination[J]. *IEEE Trans. Audio, Speech & Language Processing*,2013, 21(6): 1170-1179.

作者:韩丽艳(中央音乐学院) 佘乐(天津音乐学院) 徐申阳(中央音乐学院)

第二十四章
音乐机器人

第一节 音乐机器人的发展历程

一、音乐机器人概念

音乐机器人(Musical Robot)是一种借助数字化信息(数字、字符)对机器人进行自动控制而实现仿真表演或作曲等功能的智能控制系统,是多学科交叉的一门应用科学。近年来,音乐机器人在欧美以及日本等国家发展迅速,已成为服务机器人的一个重要分支。由于音乐机器人能将人类的创造力、情感表达、审美等智能与计算机的计算能力、机器人机械系统、自动化控制等技术相结合,突破人类演奏和作曲的专业技巧制约,创造更多具有新奇感的音乐效果,同时也可以通过节省人力成本来提高音乐表演和音乐创作的效率。在我国倡导"互联网+"以及"中国制造 2025"的新背景下,具备通信、网络与人机交互功能的音乐机器人进入音乐教育、科普教育、艺术表演市场以及娱乐服务等领域已是大势所趋。

随着智能机器人研发水平的快速提升,自 2013 年以来,我国已连续多年成为世界第一大机器人市场,在医疗康复、家庭养老、娱乐服务等行业有着广泛的需求。服务机器人产业也得到了快速发展,但用户对服务机器人也提出了更高的要求,希望机器人具有"情感智能"(Emotional Intelligence),能感知识别人类的情感、意图并主动为人类服务。因此,情感机器人已受到国内外科技工作者的广泛关注,具有情感计算的智能机器人已成为未来机器人的发展趋势。音乐是人类情感表达的重要艺术形式之一,音乐情感在概念上被认为是一种无定形的数量,且随着音乐的进行,情感发生着丰富的变化。以人工的方法和技术让音乐机器人快速识别光学乐谱和实时乐音,通过音乐情感模型的推理和优化,获取人类音乐情感的表达模式,主动与用户完成人机交互的智能作曲与演奏等相关服务,可为情感机器人发展提供新思路,对促进基于多源感知的服务机器人智能化发展具有重要的研究价值和科学意义。

二、音乐机器人的发展历程

如果将自动机(Automaton)视为现代机器人的始祖,那么音乐机器人则可追溯至 9 世纪出现的音乐自动机,即八音盒(Music Box)。在其漫长的发展进程中,根据其智能程度可以分为音乐自动机、类人音乐机器人和智能音乐机器人三个阶段。

(一) 音乐自动机

1796 年瑞士钟表匠安托·法布尔制造的世界上第一个具有现代意义的八音盒,一直到今天看到的藏于故宫博物院与上海八音盒陈列馆的八音盒珍品,可以看到千年以来八音盒的发展历史。另一个较为熟知的音乐自动机就是自动演奏钢琴,19 世纪末的欧洲出现了早期自动演奏钢琴(Player Piano)。最初人们尝试在普通钢琴前增加一部可移动的演奏器(Player),其外形就像一架小型簧风琴,一排 65～88 个"木手指"置于普通钢琴键盘上方,代替了钢琴家的双手,演奏器以打孔纸卷记谱(打孔位置与钢琴谱相符),用脚踏风箱鼓风作为动力,使纸卷缓缓转动,根据纸卷上的孔位驱动相应的"木手指"敲击琴键奏出音乐。

20 世纪 80 年代现代自动演奏钢琴问世,它利用计算机把演奏者手指对钢琴键盘弹奏的音高、节拍、速度和力度转换成特定的 MIDI 信号,通过存储介质传递给自动钢琴控制器,驱动安装在键盘底部的电磁线圈动力部件,推动钢琴的榔头敲击琴弦而产生音乐。如今自动演奏钢琴已被广泛地应用于各类商业与家庭娱乐场所中,著名的生产厂商有美国的 PIANODISC 公司、日本雅马哈公司等,而国内也有了一些生产自动演奏钢琴的厂家。

(二) 类人音乐机器人

类人机器人时期的音乐机器人,主要是指有着与人类相近的外观以及模仿人类的演奏方式而自主进行音乐表演的机器人。1738 年法国发明家与艺术家雅克·德沃坎逊(Jacques de Vaucanson, 1709～1782)设计了长笛与铃鼓演奏机器人,模仿人的演奏行为,在发音机制与音高控制的技术上实现了仿真技术的突破,一般将其视为类人音乐机器人的起源。1774 年瑞士钟表匠皮埃尔·雅克德罗制作出了可以自动演奏的机器人"音乐家"。

(三) 智能音乐机器人

智能音乐机器人是指具有一定音乐内容处理、表情性演奏、自适应学习能力以及某种程度上具有自主创作、即兴表演功能的音乐机器人,具有一定智能程度。其音乐的演奏方法更趋近于人类演奏家的真实表演。20 世纪 80 年代初,日本加藤一郎首次研制了全尺寸类人机器人"早稻田 1 号"(WABOT-1)和"早稻田 2 号"(WABOT-2),是首次具有机器学习功能并能将乐谱符号转换为音乐演奏行为的音乐机器人,标志着智能音乐机器人时代的到来。1990 年开始日本早稻田大学研发了 WF 系列长笛自动演奏机器人。1996 年,美国艾奥瓦州州立大学开发的机器人歌手"帕瓦罗蒂",在美国特种机器人协会举办了一场别开生面的音乐会。2003 年 7 月 15 日,日本东北大学开发出可以在人的带领下跳华尔兹的机器人,该机器人能够根据舞者的动作预测其下一个动作,从而代替人类跳舞。2004 年 3 月初,索尼公司开发出机器人 Qrio,它能够连贯地跳舞并在跳舞的时候手中握有扇子,还能指挥一场小型交响音乐会。2004 年在东北亚高新技术及产品博览会上,由中国科学院自动化所研制的"科普娱乐机器人"登台亮相,它能够灵活地用机器手指演奏乐曲。2005 年 1 月,日本产业技术研究所开发出机器人 HRP-2,实现机器人翩翩起舞。美国 Wow Wee 公司开发的机器人 Robosapien,能够做出 67 种复杂的动作,包括投掷、武术、舞蹈、闲逛等。2007 年日本丰田公司研发了丰田小提琴演奏机器人及小号演奏机器人。2009 年美国佐治亚理工学院音乐科技中心的吉尔·温伯格(Gil Winberg)教授研发了马林巴自动演奏机器人。

第二节 音乐机器人国内外发展现状

一、国外发展现状

21 世纪以来,机器人学(Robotics)相关领域取得的技术进步与创新成果,为音乐机器人的研发提供了新的发展空间。近年来,欧美和日本等国家的音乐机器人发展迅猛。以美国卡内基梅隆大学的风笛机器人 McBlare、日本丰田公司的小提琴机器人和小号机器人(图 24-1)、意大利钢琴机器人 Teo(图 24-2),和美国佐治亚理工学院的马林巴机器人 Shimon(图 24-3)为代表的音乐机器人已有了一定的智能水平。这些关键性的具体技术包括对人类运动控制的精确理解、表情化音乐演奏的特质提取、多通道(听觉、触觉、

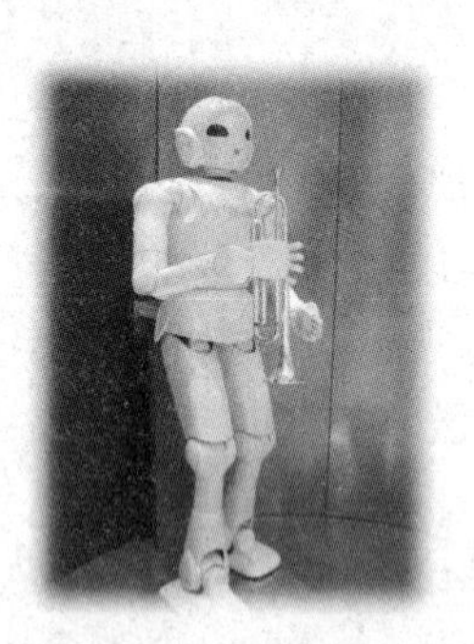

图 24-1 日本丰田公司小号音乐机器人

图 24-2 意大利钢琴音乐机器人 Teo

图 24-3 美国佐治亚理工学院的马林巴音乐机器人 Shimon

视觉)音乐交互方式的实现等。这些技术迅速地提升了音乐机器人在音乐分析与创作、精确快速地运动控制、交互合作与即兴表演等方面的性能。同时,更便捷的控制界面与仿真外形的开发,拓展了音乐机器人在教育、娱乐、服务业中的应用。

二、国内发展现状

国内机器人的研究主要集中在工业领域的应用研发,服务机器人如足球机器人和舞蹈机器人等也具有一定的发展水平,但音乐机器人的研究还处在起步阶段。20 世纪,国内一些乐器厂家从国外引进了钢琴自动演奏这一类的音乐自动机。进入 21 世纪,以四川自贡挚诚科技、安徽探奥自动化、北京航美工程技术开发、武汉需要智能技术四家公司为代表,研发出爵士鼓、电子琴、电吉他、萨克斯、沙锤等类人音乐机器人。其中最具代表性的是 2010 年上海世博会上展出的由扬琴、葫芦丝和阮 3 个音乐机器人组成的女子民乐机器人乐队(图 24-4),它们大多采用单片机控制技术预置乐曲进行自动演奏。这些机器人虽然已具有仿人的外形和演奏动作,但其智能化程度还是相对较低。2018 年 7 月,中国地质大学(武汉)研制成功海百合智能音乐机器人 1.0(图 24-5),具有了智能识谱、智能演奏以及智能作曲的功能。2019 年 4 月清华大学推出了墨甲机器人乐队(图 24-6),能进行多机器人协作演奏。

图 24-4　扬琴音乐机器人

图 24-5　海百合智能音乐机器人 1.0

图 24-6　墨甲机器人乐队

目前国内研究人员主要集中在演奏中国传统乐器的智能音乐机器人相关的研究领域,已取得了一定的技术进步与创新成果。

三、国内外现有研究之不足

现有的音乐机器人,在研究和实现过程中主要关注机械实现和自动化控制,在交互式音乐演奏过程中往往需要演奏者配合机器完成,大多难以做到真正意义上的人机交互。而在实际操作中,还存在着对于操纵者专业素养要求较高、对于陌生旋律和乐曲应变能力不足等问题。大部分音乐机器人由于缺乏人类的情感识别体系,无拟人化的演奏动作轨迹导致演奏呆板。人机交互系统也仅限于表层信息交流,机器人根据表层交流信息所传达的用户指令,以被动的形式执行相应的任务。在机器视觉等多通道智能信息融合、情感计算,基于深度学习的智能规划,以及针对复杂任务的智能化人机交互系统设计等方面仍有很多的问题亟待解决。

除此之外,利用智能作曲技术谱写伴奏声部音乐,可以更好地解决演奏者所演奏曲目没有配器方案的缺憾,有效提高音乐机器人的互动性,有利促进情感计算下的音乐机器人智能作曲和交互演奏关键技术的研究。

第三节　音乐机器人开发与应用

由于人工智能的迅猛发展，机器逐渐具有或者超过人的操控和创造能力。音乐机器人在机器视觉、机器听觉、机械手臂和机器大脑等方面的开发和应用得到了快速的发展。

一、机器视觉——智能图像识别

由于智能图像识别技术的发展，音乐机器人通过机器视觉，在光学乐谱识别、指挥手势识别、演奏情感识别等方面进行了较为广泛的开发和应用。

（一）光学乐谱识别

光学乐谱识别是音乐机器人的机器视觉拟人化发展的一个重要技术手段。光学乐谱识别技术是一项综合应用计算机视觉、数字图像处理、模式识别、人工智能、音乐理论等多门相关技术的交叉学科，是对乐谱文档的扫描图像加以处理、分析、识别，最终获得乐谱图形及音乐语义的数字表达的过程。纸质乐谱中主要包含的音乐符号有谱号、调号、独立音符、音符群、修饰符和谱线六大类。乐谱识别的目的是为了识别出乐谱中包含的所有音符信息，主要包括独立音符和音符群中每个音的音高和时值。进而将识别出的各个音按照音乐事件排序，并编码得到音乐的电子表现形式，一般为标准电子音乐格式 MIDI。其中，音符的基准音高由音符的符头和谱线的相对位置决定，在此基础上，部分修饰符（升降记号）会对其作用的音符的音高进行修改。音符的时值则与音符的种类有关，例如二分、四分、八分，等等，在此基础上，附点等修饰符会对其作用的音符时值进行修改。然而，乐谱图像本身是十分复杂的，它包含线性图形、块图像、符号、文字等多种形态元素，除此以外，所有的音乐符号均交错混杂的嵌入谱线中，相互黏连在一起，难以分割。音符符号的表现形式也多种多样，出现的位置和大小无法确定。这些因素在很大程度上提高了乐谱识别的难度。

目前，中国地质大学（武汉）研发的海百合音乐机器人 2.0（图 24-7）主要利用了音乐信息提取、人工神经网络、模式识别、交互式图形界面设计等技术，结合中国民族音乐艺术特征和中国民族管弦乐队演奏技法基础理论，通过机器视觉完成拟人化实时纸质乐谱识别，能将乐谱符号转化为 MIDI 数字信号。通常一面乐谱的识别时间大约为 5 s 左右（图 24-8）。

图 24-7　海百合音乐机器人 2.0

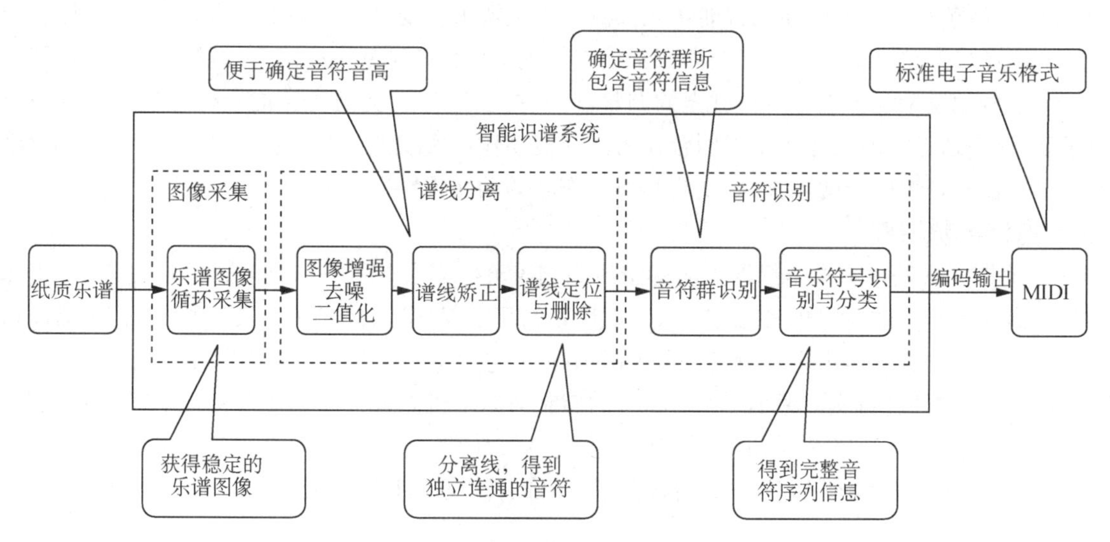

图 24-8　海百合音乐机器人识谱流程图

（二）演奏动作识别

Shimon 由美国佐治亚理工学院音乐科技中心的吉尔·温伯格教授在 2009 年主持开发，如图 24-9 所示，是一个能够即兴演奏，并与人类演奏家实时重奏的马林巴音乐机器人。

图 24-9　马林巴机器人 Shimon 与人合奏

音乐机器人 Shimon 拥有 4 个手臂，它们由螺旋管构成，每支手臂控制两支琴槌，分别对应于马林巴的下排键盘（自然音级）与上排键盘（变化音级），如图 24-10 所示。根据声敏传感器所发出的驱动信号沿着马林巴的键盘横向移动，最高可达到 $3g$ 的加速度，从而每四分之一秒跨越一个八度的速度进行键盘定位。

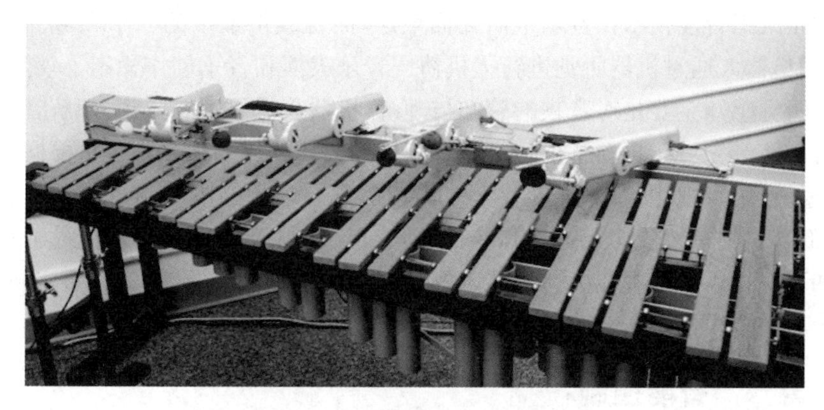

图 24-10　马林巴机器人 Shimon

Shimon 的特色在于它能够使用智能音乐预测行为系统来实现与人类演奏家合作，例如可以在爵士乐二重奏的演出形式下进行旋律与节奏的即兴演奏。同时，为了实现更为准确有效的同步互动，Shimon 还运用了视觉信号触发系统来进行演奏过程的调整，即其可以通过人类演奏家的动作分析而实现爵士乐中的竞奏互动，这是通过它的摄像头来识别合作者的演奏动作而实现的。其创新之处在于，它的即兴演奏行为并不仅仅是依靠音响信号的接收，而主要是对合作者的动作识别来完成。

（三）指挥手势识别

2004 年美国卡内基梅隆大学机器人实验室研制的风笛机器人 McBlare（如图 24-11、图 24-12）采用空气压缩机来提供空气动力，以电磁装置驱动机器人的手指来控制风笛音孔的开关而产生不同音高。McBlare 能够接收并响应 MIDI 控制器发送的 MIDI 信息，因此可以通过 MIDI 接口与键盘、计算机或 MIDI 音序器等软硬件进行实时通信。McBlare 的控制与运动机能远远超出人类演奏者的生理极限，因此它除了能够演奏传统的苏格兰风笛作品，还能够演奏实验性的高难度计算机音乐作品。风笛机器人 McBlare 的一个更重要的特征在于它拥有智能化的装饰音演奏与手势识别功能。

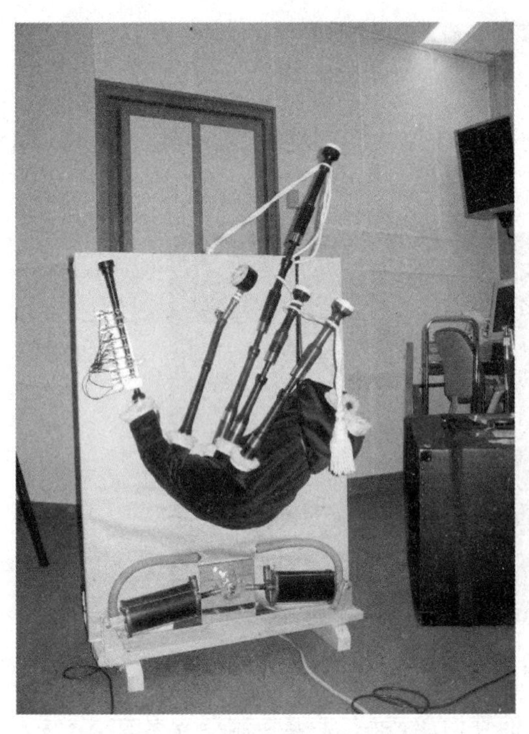

图 24-11　机器人 McBlare 背面图

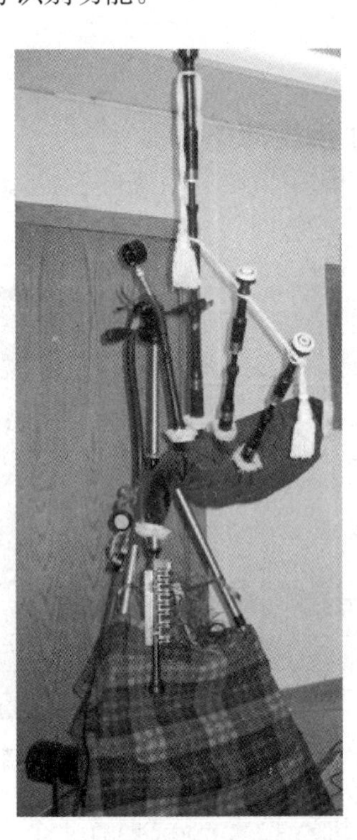

图 24-12　机器人 McBlare 正面图

二、机器听觉——智能音频识别

智能音频识别是人工智能技术在音乐中研究面最广，而且成果最多的一个领域。音乐各种音频属性的成功识别，为音乐机器人通过机器听觉进行人机协同音乐表演和音乐创作积累了较好的研发基础。

音乐机器人的听觉感知主要是对音频的感知与理解，机器人需要感知音频、理解音频。音频识别的相关研究属于自动音乐转录领域。自动音乐转录是音乐信号分析领域的一个十分重要同时也十分困难的工作，在音乐信息检索、音乐可视化、音乐辅助教学等领域都具有广阔的应用前景。乐音识别的底层是对音符检测，较高层级的需求则是对旋律、节奏、和弦、乐器音色、题材等识别。音乐视觉感知和音乐听觉感知是音乐机器人感知环境音乐的基本能力。机器人融合视觉和听觉两者的信息，从而实现人机交互演奏，以及多机器人演奏等多种多样富有新奇感的音乐表现形式。

三、机械手臂——智能控制

机械手臂是音乐机器人仿真结构中的核心部位，是控制智能化的重要呈现载体。目前，音乐机器人机械手臂智能控制主要通过 MIDI 信号、音频信号、肌电信号、脑电信号和多模态信号这五种信号转换为运动控制指令来完成音乐表演。

(一) MIDI 信号控制

20 世纪 80 年代现代自动演奏钢琴问世。它是一个将钢琴制造、电子工程、计算机软件及网络通信技术结合为一体的高科技机电一体化装置,如图 24-13 所示,由传统钢琴、机电转换装置、电子控制系统、曲库及作曲软件等部分组成。现代的自动演奏钢琴还可以被单独集成为一个自动钢琴演奏系统单元,安装在任何一台传统钢琴上而将其改装成为一架自动演奏钢琴。

其工作原理是利用计算机把演奏者手指对钢琴键盘的弹奏音高、节拍、速度和力度转换成特定的 MIDI 信号存于存储介质,并传递给自动钢琴控制器用以控制驱动器,驱动器安装在键盘底部的电磁线圈动力部件推动钢琴的榔头敲击琴弦而产生音乐。

乐曲中的有效信息如音乐中的表情符号、速度记号、音高变化、力度变化等都可以转化为特定的 MIDI 信号,通过计算机软件输入程序。同时著名钢琴演奏家的演奏方式,如对乐曲的音乐表现力、琴键的敲击力度、速度快慢等数据也可经过软件测量提取,编辑成 MIDI 信号输入程序。在音乐演奏中,充分提取乐谱中的音乐有效信息以及演奏家的演奏方式,使得自动演奏钢琴的表演更加丰富。但其不具备人工智能程度,不能模仿真人的行为进行音乐演奏,音乐表情化演奏也受所输入的固定数据限制。

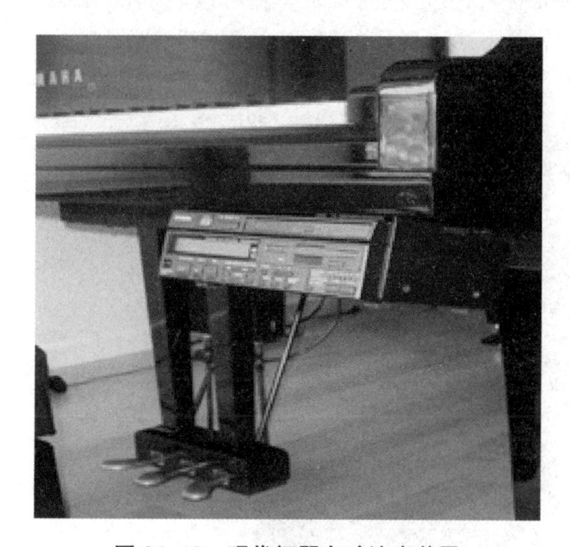

图 24-13 现代钢琴自动演奏装置

图 24-14 丰田汽车公司小提琴机器人

丰田公司于 2007 年研制成功了具有对乐曲微妙变化的表现能力——“感性”功能的小提琴机器人(图 24-14),并在东京进行了首演。2010 年又在上海世博会上演奏了中国观众熟知的中国民歌《茉莉花》。

丰田小提琴机器人身高 1.52 m,体重 56 kg,以右手持弓,具有六级自由度的右臂能够通过控制琴弓与琴弦摩擦而发出各种力度的乐音;左手手指由电磁驱动的螺旋管构成,由于小提琴的尺寸限制,左手只有 3 个手指用于按弦。它能够演奏中等技术难度的小提琴乐曲,并具有一定的音乐“感性”表达能力。一个能够表现出“感性”功能的小提琴机器人对于仿真机器人而言是一个巨大的挑战,在这方面日本的机器人研究走在了世界的前列。

由此可见,丰田小提琴机器人在手指的控制系统上和 MIDI 信号对于音乐数据的输入和提取上有了极大的改善,配合手指的灵活程度、右臂的自由度以及 MIDI 信号控制系统可以从生理上模拟人类演奏小提琴的姿势、力度以及方法,结合 MIDI 信号对于音乐数据(其中包括音符的高低和时值、音乐术语)的提取可以进行有表情的音乐演奏。在乐器声学上较之前的弦乐机器人有了较大的改良,在音乐心理声学上也可进行有感情的乐曲演奏,而且其音乐声学设计趋近完善。

中国地质大学(武汉)研发的海百合音乐机器人 2.0(如图 24-15)就是通过 MIDI 信号进行运动控制的,机器人识别 MIDI 信号并解析后下达运动控制指令,让机械手臂完成具有强弱表现力的精准敲击,目前最快演奏速度可达每秒敲击 15 次。

图 24-15　海百合音乐机器人二代机械臂

(二) 音频信号控制

如图 24-16 是美国佐治亚理工学院研发的马林巴机器人 Shimon 的机械臂，它是通过音频信号识别解析后下达运动控制指令，让机械手臂完成人机交互演奏。

Shimon 是世界上首个真正具备即兴演奏功能的机器人，也是目前人工智能程度较高的音乐机器人之一。通过对爵士音乐作品的海量数据分析与学习，它掌握了爵士音乐的旋律、节奏与和声风格。在整合了音乐感知、交互与即兴演奏等多个计算模型的基础上，Shimon 能够根据体势信号与音响信号的感知实时产生音乐。Shimon 通过对人类音乐感知的计算模型分析，激发演奏者与其互动而产生新颖奇特的音乐音响，这为人类合作者与听众带来了异常奇妙的音乐体验。

图 24-16　马林巴音乐机器人 Shimon 机械臂

(三) 肌电信号控制

如图 24-17 是美国佐治亚理工学院为失去手臂的鼓手巴恩斯(Jason Barnes)研制的机械手臂。它通

图 24-17　佐治亚理工学院研制的肌电信号控制手臂

过对人类肌电信号识别后下达运动控制指令，让机械手臂完成拟人化的演奏。这个机械臂是由佐治亚理工学院的吉尔·温伯格教授与他的同事借助超声波传感器和机器学习算法制造的仿生机械臂。当鼓手的大脑试图控制手指时，会引起断肢处的肌肉运动，每根手指的肌肉运动都不一样。在算法的帮助下，鼓手断臂处的每一次肌肉运动都会被识别出来，包括如何移动手指，以及使用多大的力量等。

（四）脑电信号控制

脑机接口（Brain-computer Interface，BCI）技术是一种将大脑活动产生的脑电信号转化为控制信号，并利用这些信号对外部输出设备进行控制的新型人机交互技术。

近年来脑科学研究发展迅速，脑电信号控制机械手臂已经成功实现。虽然这一技术目前在音乐机器人中还未进行开发和应用，但随着脑控机械臂技术的成熟，这一技术也将在音乐机器人中得到广泛的应用。图 24-18 是中国博瑞康公司研发的脑电控制机械臂完成了提拿物品的任务。

图 24-18　中国博睿康公司研制的脑电控制机械臂

（五）多模态信号控制

混合脑机接口（Hybrid Brain-computer Interface，HBCI）又称多模态脑机接口（Multi-modal Brain-computer Interface，MBCI）是脑机接口的研究重点。目前能够实现不太复杂的生理信号读取与转换，实现对外部设备进行操作，但在实际应用方面还有许多问题待解决，在生理信号获取、感知情绪影响等方面的研究还有待进一步探究，因此这一技术在未来的应用和发展前景十分广阔。

四、机器大脑

近年来服务机器人产业得到了快速发展。用户对服务机器人也提出了更高的要求，希望机器人具有情感智能，能感知识别人类的情感和意图，并主动为人类服务。因此，情感机器人已受到国内外科技工作者的广泛关注，具有情感计算的智能机器人已成为未来机器人的发展趋势。

音乐是人类情感表达的重要艺术形式之一，音乐情感在概念上被认为是一种无定形的数量，且随着音乐的进行，情感发生着丰富的变化。以人工的方法和技术让音乐机器人快速识别光学乐谱和实时乐音，通过音乐情感模型的推理和优化，获取人类音乐情感的表达模式，主动与用户完成人机交互的智能作曲与演奏等相关服务，可为机器大脑的发展提供新思路，促进基于多源感知的服务机器人智能化发展。

“情感计算”这一概念是美国麻省理工学院的皮卡德（Picard）在 1997 年提出来的，将与情感有关的、能够影响人类情感变化的因素进行量化计算。随着人工智能和模式识别等技术的飞速发展，情感计算是实现人机智能交互的基础，音乐情感计算则是其中一个重要的组成部分。音乐是以发声体的振动产生的乐音来表达人的思想和情感的声音艺术，情感表达是音乐的本质特征。构成音乐的多个音高、音色、响度、调式、节奏、速度和旋律等音乐声学符号中都蕴含着丰富的情感特征，从这些音乐声学符号中提取不同的音乐线索特征，再实行情感分类整合，从而构建基于音乐理论体系的音乐情感模型。同时，结合听众音乐情感体验的行为实验、脑电实验以及深度学习情感识别等多模态方法和技术手段，记录分析听众脑电事件相关电位一致与不一致情感视听信息(面部表情和音乐)的神经加工数据,通过高级音乐语义识别来优化和推理音乐情感模型,使机器大脑具有与人类相似的情感。

由此可见,机器大脑的研究需要从情感着手,具有情感的机器大脑是未来音乐机器人的发展趋势。情感型音乐机器人不仅仅只根据表层交流信息所传达的用户指令来关注机械实现和自动化控制,更注重在机器视觉、机器听觉等多通道智能信息融合、情感计算、基于深度学习的智能规划,从而实现针对复杂任务的智能化人机交互。

第四节　音乐机器人发展趋势

20 世纪 90 年代以来,具有一般功能的传统工业机器人的应用趋向饱和,而许多高级生产和特种应用需要具有各种智能的机器人参与,促使智能机器人获得较为迅速的发展。智能机器人出现了许多新的研究内容,这些研究内容对新型智能技术的概念和应用研究正酝酿着新的突破。在我国大力推进机器人发展的背景下,随着工业机器人、服务机器人、娱乐机器人发展水平的提高,智能型的音乐机器人也将成为一种发展趋势。

由于音乐机器人能将人类的创造力、行为模式、情感表达、审美等智能与计算机的计算能力、机械系统、自动化控制、音乐情感计算等技术相结合,可以突破人类音乐表演和音乐创作的专业技巧制约,从而创造出更多新奇感的音乐效果,同时也可以通过节省人力成本来提高音乐表演和音乐创作的效率。因此,音乐机器人已成为未来情感型服务机器人智能化技术发展的重要方向之一。具备智能感知与人机交互功能的音乐机器人,已成为我国高端服务机器人技术发展的代表,在音乐教育、科普教育、艺术表演等众多领域具有广阔的应用前景。

参考文献

Alpen A. Techniques for algorithmic composition of music[EB/OL]. 1995. http://alum. hampshire. edu/～adaF92/algocomp/algocomp95. html.

冯寅,周昌乐. 算法作曲的研究进展[J]. 厦门大学, 2006, 17(2): 209-215.

Järvelainen H. Algorithmic Musical Composition[R]. Working paper, 2000.

Bakogiannis K, Cambourakis G. Semiotics and memetics in algorithmic music composition[J]. *Technoetic Arts: A Journal of Speculative Research*, 2017, 15(2): 151-161.

胡雅丽. 机器人辅助教学及其应用[J]. 山西青年职业学院学报, 2018, 24(1): 111-112.

郭衡泽,汪镭. 交互式遗传算法智能作曲系统设计[J]. 微型电脑应用, 2017, 33(2): 10-13+34.

米格尔 A L, 尼科莱利斯, 西达他・里贝罗. 神经语言:老鼠胡须下的秘密[J]. 环球科学, 2007(1): 23-26.

刘明星. 基于 BP 神经网络的音乐分类模型[J]. 现代电子技术, 2018, 508 (5): 144-147.

Chen C C J, Miikkulainen R. Creating melodies with evolving recurrent neural networks[C]//Proceedings of the International Joint Conference on Neural Networks. Piscataway: IEEE, 2001.

殷波. 论音乐表演的直觉及素质[J]. 华章, 2013(10): 15-17.

陈魁. 基于音型数据库的钢琴自动伴奏系统的研究与设计[D]. 厦门:厦门大学, 2009.

Istituto Dalle Molle di Studi Sull'Intelligenza Artificiale. Artists-in-Labs Networking in the Margins[M]. Vienna: Springer, 2010.

刘晓翔. 光学乐谱识别技术研究与实现[D]. 西安:西北工业大学, 2006.

付晓东. 音乐机器人的发展历史与技术成果[J]. 演艺科技, 2015(5): 12-17.

曾超. 多乐器音乐自动转录关键技术的研究与实现[D]. 北京:北京邮电大学, 2019.

利娟,林鸿飞,闫俊. 基于 TLDA 和 SVSM 的音乐信息检索模型[J]. 计算机科学, 2018, 41(2): 174-178.

屈天喜,黄东军,童卡娜. 音乐可视化研究综述[J]. 计算机科学, 2017, 34(9): 16-22.

Lindgren A C, Johnson M T, Povinelli R J. Speech recognition using reconstructed C Phase space features[C]//The

2003 IEEE International Conference on Acoustics, Speech, and Signal Processing. Piscataway:IEEE,2003: 62-63.

王婷. 基于 iOS 平台的乐音识别关键技术研究与设计[D]. 青岛:中国海洋大学, 2012.

Wolpaw J R,Birbaumer N,McFarland D J, et al. Brain-computer interfaces for communication and control[J]. *Clinical Neurophysiology*,2002,113(6):767-791.

Liu Y,Bia L,Liana J, et al. A speed and direction-based cursor control system with P300 and SSVEP[J]. *Biomedical Signal Processing and Control*, 2014,14:126-133.

Salovey P, Mayer J D. Emotional intelligence[J]. *Imagination Cognition & Personality*, 1990,9(3): 185-211.

Picard R W. Affective Computing[M]. Cambridge:MIT Press, 1997.

Hevner K. Experimental studies of the elements of expression in music[J]. *American Journal of Psychology*, 1936, 48(2): 246-268.

刘涛. 音乐情感认知模型与交互技术研究[D]. 杭州:浙江大学, 2006.

Tay R Y L, Ng B C. Effects of affective priming through music on the use of emotion words[J]. *Public Library of Science*,2019,14(4):78-93.

张丽,潘发达. 速度与调式在诱发情绪反应中的作用:来自中西方传统音乐的证据[J]. 心理学探新, 2017, 37(6):549-554.

Huang S Q, Zhou L, Liu Z T, et al. Empirical research on a fuzzy model of music emotion classification based on pleasure-arousal model[C]//Proceeding of the 37th Chinese Control Conference. 北京:中国自动化学会控制理论专业委员会,2018:3239-3244.

Zhang J, Wu C G,Yuan Z, et al. Differentiating emotion-label words and emotion-laden words in emotion conflict: An ERP study[J]. *Experimental Brain Research*,2019,237(9):2423-2430.

唐霞,张晨曦,李江峰. 基于深度学习的音乐情感识别[J]. 电脑知识与技术. 2019,15(11):232-237.

Mado P A, Elisa C, Alessandra B. Multimodal recognition of emotions in music and facial expressions[J]. *Pubmed*, 2020,14(5):32-37.

作者:周莉(中国地质大学(武汉))

第二十五章
音乐治疗在康复医学中的临床应用进展

第一节　临床康复医学音乐治疗概述

康复医学中的音乐治疗(Rehabilitation Music Therapy，RMT)是指利用音乐的各类体验形式和治疗关系作为手段来增进伤病者的功能，使其功能恢复至伤病前水平或得到尽可能合理的调整。概括地说，康复音乐治疗是康复治疗的方式之一，在治疗过程中，音乐治疗师运用一切与音乐有关的活动形式(如聆听/欣赏、演唱/合唱、器乐演奏、音乐创作、歌词创作、即兴演奏、舞蹈律动等)，来为康复患者治疗疾病或促进身心健康。音乐治疗的过程包括三个关键因素：音乐(活动)、被治疗者和经过专门训练的音乐治疗师。

神经音乐治疗也称为神经系统音乐治疗，是针对脑血管病、脑外伤、神经系统退行性病变引发的语言、认知、运动、社会情感等障碍的音乐治疗方法。近年来，神经系统性致残的疾病发病率呈上升趋势。尽管脑血管病在发病后经过及时治疗，患者的存活率尚可，但由于此类疾病大部分为不可逆性损伤，因此会造成大部分患者神经系统功能性终身残疾，同时引起交流、认知、运动、情感等功能全部丧失或部分丧失。音乐作为一种结合了声音、乐音、音高、节奏、节拍、调性等因素的听觉感知载体，作用于大脑听觉神经中枢，通过听觉神经反馈对人的思维、表达、行为、运动等产生听觉信号指令，从而发生相应的神经机制作用，达到治疗的目的。音乐的不同呈现形式(如歌曲、器乐曲)、不同的表现形式(如录制音乐、现场演奏音乐等)都可以作为治疗手段对脑血管病患者的语言、认知、运动、社会情感等方面进行干预治疗，从而帮助他们进行功能性的康复。在涉及神经音乐治疗的过程中，音乐治疗师需要与医师、语言治疗师、物理治疗师、作业治疗师、心理治疗师、社会工作者共同协作，形成密切的小组治疗模式，帮助患者实现全面的康复。音乐治疗师通常也会应用音乐治疗的各类技术方法在交流、认知、生理运动、社会情感等方面对患者进行全面的治疗干预。

在最近20年里，音乐治疗在康复医学领域的干预、设计及效果评价方面产生了戏剧性的变化，主要表现在：第一，更加科学专业化，重视并加强循证医学(Evidenced Based Medicine，EBM)的研究方法，而非仅是依照未被证实的理论假设加以直觉观察的方式。第二，由于循证医学的科研证据支持，神经音乐治疗的学科教育由过去“手把手”的治疗方式逐渐转化为“放手”的教学方法。这些治疗原则的变化对音乐治疗师及其自身职业角色的理解有着非常重要的影响。这意味着音乐治疗师对于患者来说并不仅仅是一个“治疗者”或者“教师”的角色，而更多的是作为以疾病治疗为切入点，带有医学科研视角对患者进行治疗的“治疗师”“医学研究人员”及“医师”的角色。第三，以上发展都促使音乐治疗从最初的一对一模式，发展为有定量定性医学研究证实的治疗模式。在神经科学(Neuro Sciences)与行为科学(Behavioral Sciences)并行发展的今天，已经涌现出一大批可以总结精练的统计、计量生物医学的新型治疗方法，这些方法均遵循循证医学的固定方法模式设计并执行治疗。这种方法的优势在于，研究是遵循随机对照实验(Randomized Controlled Trials，RCTs)方法设计的，因此越来越多地用于神经康复治疗效果的证实中。

近年来，有越来越多的对照实验研究了音乐治疗在康复领域中的医学价值，如在神经系统疾病中的听音乐、唱歌，或运动系统疾病中的演奏乐器等。虽然研究的数量和现有证据在卒中和阿尔茨海默病中是最多的，但也还是有证据表明音乐干预对支持认知、运动功能、情绪、帕金森病、癫痫或多发性硬化症患者有积极的影响。音乐的干预可以产生不同功能的影响，如运动表现、语言，或认知障碍的患者。然而，有心理效应和神经生物学机制潜在影响的音乐干预可能会分享共同的神经系统奖励环路，影响调节、学习和驱动的可塑性。虽然还需要进一步的对照研究确定音乐在神经康复中的作用，但以音乐为基础的干预措施正在成为有希望的康复策略之一。

第二节　音乐治疗在卒中方面的干预

世界人口正在迅速老龄化，与年龄有关的严重神经系统疾病患者人数正在逐年增加。超过80%的慢性脑疾病的经济负担，大多是由急性治疗和护理之外的费用造成的。因此越来越多的临床医师和研究者都在寻求新的经济有效、易于应用的康复方法，这些方法既独立于传统的方法，如物理治疗、职业治疗和语言治疗，也可作为这些方法的补充。由于脑的神经系统损伤是不可逆的，因此功能的恢复依赖于被保留的神经元通过生长神经元突起和形成新的突触重建受损的神经网络，来弥补失去的功能。这种功能恢复在传统的康复方法中通过有针对性的训练实现退化的功能。另一种方法是通过感觉和认知刺激来提高大脑活动的整体水平。

听音乐可以改善健康人脑特定区域的神经元连接和音乐活动，如演奏乐器可以促进神经可塑性，诱导大脑多个区域尤其是颞叶前部灰质和白质变化。已经有学者证实听音乐对于接受大型手术的术后患者的康复也是有效的，这通过几个结果衡量，如疼痛和焦虑的程度、镇痛药的使用和患者的满意度，表明音乐有促进恢复的可能性。正式的音乐治疗是积极的干预，如演奏乐器、唱歌、音乐即兴创作，或接受性的介入式干预，如听音乐。以上均需要由经过资格认证的音乐治疗师进行。虽然科克兰(Cochrane)综述评估了音乐干预对脑损伤恢复作用的影响，但仍需对音乐相关干预进行分析，包括需要在退行性脑损伤在内的主要神经系统疾病中的作用进行全面综述。本章对查阅的随机对照实验进行了评估，即音乐干预在卒中、认知障碍、帕金森病、癫痫或多发性硬化症患者康复中的效果。

在全世界范围内卒中是导致长期残疾的主要原因之一。在主要的神经系统疾病中，音乐治疗对卒中的疗效已被多次报道。在查阅十六项随机对照试验后发现，音乐作为卒中后神经功能障碍或神经精神障碍的治疗，对运动功能如步态和上肢功能、语言功能、认知功能如记忆和注意力、情绪和生活质量均有积极的影响。记录这些评估结果的标准测试有 Fugl-Meyer 评估、箱盒测试(Box and Blocks Test)、伯格平衡量表(Berg Balance Scale)、临床神经心理评估(Clinical Neuropsychological Assessments)、波士顿诊断性失语症检查表(Boston Diagnostic Aphasia Examination)和各类调查问卷。此外，由于计算科学和神经科学的发展，计算机运行的运动神经元分析、MRI 分析、脑磁图和脑电图被用来评估运动性能和神经可塑性。

一、对运动症状的影响

偏瘫是卒中最常见的后果，超过70%的患者受到影响。在查阅的研究中，有八项研究报告了卒中患者在音乐干预后增强了运动功能，其中四项研究观察了步态训练中节奏性听觉刺激的作用。这四项研究都发现，与没有任何音乐支持的步态训练相比，这种干预能更好地改善步态参数。在3～6周的节奏性听觉刺激后，步态速度($d=0.46\sim2.13$，d 为独立样本 t 检验结果，下同)、步幅($d=0.49\sim1.50$)、足面接触长度($d=0.40$)、步频($d=0.02\sim1.82$)和对称性($d=0.52\sim0.83$)与没有节奏性听觉刺激的常规训练相比有显著改善。在一项对卒中患者步态训练8周的研究中发现，有节奏听觉刺激的一组患者其踝关节($d=0.61$)和手臂运动($d=0.99$)均得到改善。在结果比较中，音乐治疗师所做的节奏听觉刺激，与非音乐治疗师所做的相比，有更大的改善。有五项研究是通过访谈筛选出被试最喜欢的音乐，随后使用节拍器的节奏刺激，治疗卒中后的运动麻痹。有三项研究中使用了儿童歌曲和民歌。有五项研究中包括了训练有素的音乐治疗师。

(一) 对失语症的效果

失语症影响了大约30%的卒中患者。在两项随机对照试验中，音乐治疗改善了慢性失语症患者的语言能力。在一项研究中，针对非流畅性失语症患者的旋律发音治疗，以歌唱为基础，对10例亚急性期失语症患者进行干预后发现，旋律发音治疗改善了患者的日常生活交流能力(Cohen's $d=0.76$)和命名能力($d=1.73$)。相对于未经过治疗的对照组，旋律发音治疗组对比无音乐治疗的语言训练，对失语症更有效。

旋律发音治疗于1973年由阿尔伯特(Albert)、斯帕克思(Sparks)以及赫尔姆(Helm)运用在英语使用者身上。这一方法的主要特征包括对短语加入音调(歌唱)同时放慢说话速度并用左手敲打节奏，再加上分不同难度等级和步骤最终将歌唱转化为说话。旋律发音治疗在世界上享有盛誉并被不同的临床工作者、研究者进行不同的改编，包括将其改编以适应其他种类的语言、文化，甚至其他类型的语言功能障碍。尽管它现在被广泛应用，旋律发音治疗依然存在很多关键的问题需要探讨。

(二) 对认知和情绪缺陷的影响

认知功能如记忆、注意力、执行功能和情绪如焦虑、抑郁的功能障碍影响30%～50%的卒中患者。在

一项随机对照试验中，卒中患者在病后2个月内持续进行音乐聆听，每天听最喜欢的音乐1 h，这些音乐作品由音乐治疗师协助选择。结果显示，音乐听觉的刺激增强了认知恢复能力。在其后6个月的随访中，与对照组（有声读物听力）或标准护理相比，音乐组在测量非文字记忆（Cochrane $d=0.88$）和注意力集中程度（$d=0.92$）的任务表现上有显著改善。此外，听音乐也会较少诱发抑郁（$d=0.77$）和意识模糊（$d=0.72$）。在听音乐后进行认知评分，同时进行MRI扫描，发现颞叶脑区的听觉记忆相关功能有所增强，同时，未受卒中影响的前额叶区域的灰质体积也相应有所增加。聆听音乐后，消极情绪的评分减少与大脑边缘区域灰质体积的增加有关。除听音乐外，有节奏的听觉刺激治疗改善了患者的情绪，但效果不显著。虽然某些结果测量显示积极影响至少持续6个月，但这些结果需要重复测量。

第三节　音乐治疗在认知障碍方面的干预

认知障碍中最常见的原因是阿尔茨海默病、脑血管疾病，或两者的结合。在这些疾病中，神经退化持续数年，导致记忆问题和其他行为障碍。到目前为止，十七项随机对照试验评估了音乐对于阿尔茨海默病患者神经精神症状和行为焦虑的效果。除了一项研究外，所有的研究都由音乐治疗师或音乐专业人员进行干预。

一、对认知缺陷的影响

在四项研究中，与标准护理相比，听音乐与回忆、注意力训练等认知因素或体育锻炼相结合，可以改善认知障碍患者的整体认知能力。在测量注意力、执行功能（$d=0.48\sim0.76$）、定向力（$d=0.71$）、言语或情景记忆（$d=0.54\sim0.76$）的测试中，这些音乐干预措施的效果均有改善。在一项随机对照试验中，43名护理人员在轻度认知障碍的患者中进行了唱歌增强短期记忆和工作记忆的干预（$d=0.75$）。结果发现，音乐干预不但增强了神经功能，还减少了照顾者的负担（$d=0.85$）。相比之下，在中度至重度认知障碍患者中，以小组为基础的音乐干预或者作业治疗干预并没有观察到认知能力的显著变化。因此，只有在认知障碍的早期阶段进行音乐干预可增强认知功能、代偿性神经功能，并延缓病程进展。

二、对神经精神症状、情绪和生活质量的影响

六项研究结果表明，音乐治疗对改善认知障碍患者的神经精神症状是有效的（$d=0.42\sim2.32$）。其中三项研究评估了干预停止后的持续效果，持续时间从不足4周到2个月不等。在其中一项研究中，音乐干预项目还通过半结构化访谈的方式，改善了参与者与照顾者之间的互动，改善了参与者的幸福感（$d=3.85$）。相比之下，两项研究没有显示音乐治疗对神经精神症状有任何显著的影响。关于特定的神经精神症状，两项研究的结果表明音乐可以减少认知障碍患者的焦虑和躁动，但效果大小不同（$d=0.06$，$d=2.42$）。相比之下，四项随机对照试验的结果显示，音乐在减少焦虑方面没有效果。

有三项研究对生活质量进行了评估，尽管没有发现任何显著差异的影响，交叉设计研究显示，听音乐与标准治疗相比，可大幅增加生活质量（$d=0.99$），尤其是中度认知障碍和阿尔茨海默病以外的患者。有四项研究报道认知障碍患者抑郁程度降低或情绪改善（$d=0.21\sim1.05$）。另外两个随机对照实验的对照组接受了常规护理以外的干预，但并未显示出改善的效果。总体来说，音乐干预对认知障碍的影响可能是由熟悉的音乐所带来的舒适和情感安全所驱动的，这种音乐可以将一个人的注意力固定在一个积极熟悉的刺激物上，从而暂时克服情绪不适感。因此可以有效推测，此研究的扩大效应可以通过使用耳机来增强。熟悉的音乐也可以充满个人特有的情感，可以触发自传体记忆，帮助暂时恢复身份认同感。

第四节　音乐治疗对帕金森病的干预

早期帕金森病患者可出现自主神经系统功能障碍等非运动功能障碍，30%的患者发展为自主神经功

能障碍，直至晚期的认知能力下降。在五个随机对照试验中，研究了音乐对帕金森病几种症状的影响。有四项研究以运动参数为结果测量指标，检验了音乐辅助运动训练的效果。两项研究评估了非运动参数、生活质量、认知或社会参数。在所有的研究中，治疗帕金森病的药物在干预期间保持不变。

通用运动功能的评估采用统一帕金森病评定量表（UPDRS-III）中的运动部分。具体运动功能的评估采用伯格平衡量表和 6 min 步行测试。具体的步态参数分析使用视频记录和计算机辅助运动分析程序。使用有效问卷评估生活质量。在干预中使用的音乐从有节奏的听觉暗示到自我选择的最喜欢的音乐，尽管患者最喜欢的音乐类型没有被报道。音乐治疗师只在一项研究中进行了干预。

根据已发表的数据计算出的效果大小，跳舞对运动症状有最一致和临床显著的有益影响。在一项 48 名参与者的研究中，与标准护理相比，干预组在探戈、华尔兹或狐步舞的平衡方面都有提高，其中，在一项 19 名参与者的小规模研究中，华尔兹或狐步舞（$d=3.17$），6 min 步行测试（$d=2.50$，$d=2.24$），步幅（$d=2.19$，$d=1.96$）以及探戈的参与者改善了平衡感（$d=2.18$）。在另一项研究中，跳舞也提高了整体的灵活性（$d=2.50$）。音乐疗法结合有节奏的运动——这是一种运动和音乐的结合，类似于舞蹈可以改善帕金森病患者的整体活动能力。在另一项研究中，步态训练与音乐同步，结果提高了速度（$d=2.64$）、步幅时间（$d=1.76$）和节奏（$d=2.16$）。两项研究都报道了帕金森病特异性运动症状的减少（$d=0.50$）。

两项研究的结果表明，以音乐为基础的干预改善了生活质量，且效果显著。跳探戈似乎比跳华尔兹、狐步舞、太极或常规治疗更有效（$d=2.09$）。60 例患者在干预后获得了更好的社会支持（$d=2.97$）和认知能力的改善。

尽管这些研究的样本量相对较小，但有证据表明，舞蹈和与音乐同步的音乐干预对帕金森病患者维持运动能力是有益的。有节奏的使用音乐刺激弥补了锥体外系失去的控制，增强了听觉感知和动作同步。在音乐中感知的节奏会激活涉及运动动作的神经回路，并作为运动的外部提示，从而取代帕金森病患者受损的内部计时功能。在卒中后步态康复的研究中，使用音乐作为刺激可能比没有音乐的听觉刺激（例如节拍器的节拍）更有效，但需要进一步的研究。同样，外部暗示也可以解释跳舞对帕金森病患者的积极影响。此外，运动控制的改善和疾病特异性症状的减少会反过来改善生活质量。在所有回顾的研究中，随访时间太短，无法得出音乐干预的长期效果的结论。音乐对帕金森病自主神经紊乱的影响在对照研究中尚未得到证实。

第五节　音乐治疗对多发性硬化症的干预

多发性硬化是年轻人最常见的神经系统疾病之一，发病年龄多在 20～40 岁之间。尽管发病率相对较低，但患者需要昂贵的药物治疗，在大多数情况下需要终生康复。多发性硬化治疗的目的是在发作后改善功能或预防新发作。只有两项随机对照试验研究了音乐干预对缓解多发性硬化症状的影响。在这些研究中，结果是不同的，只有一项研究由音乐治疗师进行干预。

在没有音乐治疗师的情况下进行的试验包括 19 名患者，研究了键盘演奏（有声和无声）对手部功能的影响。经过验证的问卷（ABILHAND）显示，使用可听键盘显著提高了手的功能使用（Cohen's $d=0.60$）。一项使用计算机步态分析的可行性研究显示，在有节奏的听觉刺激下，10 名多发性硬化患者的步态问题得到了改善（$d=1.46$～1.61）。虽然双下肢支撑时间的减少可能反映了动态平衡的改善，但本研究测试的其他步态参数与接受标准护理的对照组没有任何不同。以音乐为基础的干预，治疗多发性硬化症的结果很少，而且对于音乐的康复作用没有明确的结论。虽然由于疾病缺陷、运动功能、痉挛、疲劳、认知缺陷和情绪的多样性，设计研究可能具有挑战性，但在未来的研究中将是可行的结果措施。

第六节　音乐治疗对癫痫的干预

癫痫是由大脑中异常的电活动同步引起的，而且它们中的大多数是通过未知的机制自动停止的。暴

露在有听觉刺激的模式下,对皮质产生非侵入性的兴奋性刺激,这可能会减少癫痫样活动。为了验证这一假设,一项随机对照试验检验了音乐对癫痫患者的疗效。64例患者连续1年每晚定期听莫扎特音乐,在研究期间癫痫发作频率显著降低17%($p=0.014$)。此外,16%的患者持续1年减少了癫痫发作的频率。虽然没有其他随机对照试验与成人参与者的研究,但在最近对十二项研究进行了荟萃分析,纳入了任何形式发病的儿童和成人癫痫患者,153名患者(85%)的音乐反应很好,癫痫发作平均减少31%。但因为这些研究中只有两项有单独的对照组,还需要进行进一步的研究。

第七节　音乐治疗的神经作用机制

考虑到疾病性质的多样性,其中音乐可以促进康复、增强康复或减轻症状,可以假定有几种不同的机制解释。

一、神经激活和神经可塑性

来自对健康参与者的功能性神经成像研究结果表明,音乐可以广泛地激活大脑的各种网络,并相应地自我调节增加大脑内动脉通过的血流,这应可为整体重塑提供有利的环境。例如,卒中后,与功能恢复相关的神经可塑性改变依赖于自主或非自主的活动。音乐活动与动物研究中使用的丰富环境概念有相似之处,这种概念有助于神经系统疾病动物模型在行为和神经生物学水平上的康复。

因为活跃的音乐相关康复涉及多个学习模块,类似于音乐训练和音乐学习(即运动加上听觉反馈迭代实践和广泛的认知处理),因此音乐相关的诱发类神经可塑性的结构在健康个体接受音乐训练时表现明显。有研究报道了听音乐后记忆相关的可塑性影响,还有一些研究报道了卒中患者在音乐支持干预后的神经重组。其他项研究提供了音乐支持性治疗和旋律发音治疗对卒中患者听力相关和运动相关神经可塑性的进一步证据。

然而,音乐诱发神经可塑性的具体细胞机制仍不清楚。虽然在老年人中实质性的神经再生似乎不太可能,但其他可能的机制包括神经元肥大、神经体积增加以及血管或胶质细胞的改变。目前,一个假设值得验证,即人一生中某一特定时期接触过音乐训练是否会影响大脑的可塑性。但需要考虑过度紧张或过早干预可能会导致负性可塑性的改变。

二、激活奖赏和情感网络

(一)音乐能激活中脑边缘系统的多巴胺及其他神经递质

奖赏系统的关键部分是控制情绪和快乐的伏隔核。在健康的个体中,伏隔核对音乐的强烈情感反应(所谓的寒颤)的激活,导致多巴胺分泌增加,与体验的强度成正比。细胞外多巴胺水平的升高可以部分解释神经障碍患者因音乐而获得的认知情绪收益。音乐诱发的情绪改善、觉醒和意识混乱的缓解可能因此促进这些患者认知功能的恢复。音乐诱发的认知障碍患者副交感神经系统的激活和交感神经系统的抑制,以及相应的儿茶酚胺和细胞因子分泌的变化,被认为是音乐的一种舒缓作用。这种增加的副交感神经活动也是音乐改善认知障碍患者神经精神症状的可能机制。

音乐还能产生可测量的心血管和内分泌反应,表现为降低血清皮质醇水平和抑制心血管应激反应。在动物模型中,长时间的应激可对神经可塑性产生不良适应影响,如树突状萎缩、突触丢失和海马神经发生减少。急性卒中患者的皮质醇水平升高与梗死面积增加相关,并增加抑郁、预后不良和死亡的风险。我们推测,在急性卒中患者中,听音乐可能会降低应激激素的分泌,就像术后患者聆听音乐会镇痛的效果一样。

(二)情绪、动力和心理机制

虽然被认为是很牵强的解释,心理机制或者情绪机制对于音乐治疗效果的影响可引起重视。这些假定的机制在既往文献中鲜有研究,但是间接证据显示它们或许有着显著的作用。参加音乐活动对于患者来说是一种愉快的自我表达的方式，这让他们更有动力参与高强度的治疗。已经有大量的文献指出将音乐作为运动或联系的刺激物，能提高患者的耐力，促进训练的效果。在康复医学领域中这个原理同样适用，因为内在的治疗动力已经显示出对康复的持续程度有着较强的影响。音乐治疗甚至已经在不愿参与其他治疗的精神科患者中推广治疗。这样的研究就说明了音乐对于心理情绪等精神动力因素的有效性。音乐与内在动力相关的神经生理数据显示了聆听音乐产生的愉快体验能刺激大脑奖励回路，并且促使大脑释放纹状体多巴胺，这种神经递质与快乐、动力和奖励相关。

除了直接参与音乐活动，在康复早期阶段使用音乐治疗师推荐的音乐在患者的日常生活中进行听觉感知，也会提升患者参与康复的意愿，因为这些经过筛选的音乐通常是专业人员根据患者既往生活经历、社会经历所选，对患者来说有高度的熟悉度和聆听意愿。甚至有时候音乐专业人员会与患者一起选择。虽然治疗动力并没有在音乐治疗领域直接被研究，但根据现有的临床经验，持续并且愿意参加音乐治疗的患者通常会主动表述非常有动力参与，并且大多数也确实完成了每天高强度的治疗。

作为康复中的一种形式，音乐治疗不仅能通过音乐提高患者的参与度和参与动力，还能将情绪导向积极的方向。不论是对健康人群，还是中风患者，仅仅通过听音乐就已经被证实了对消极情绪有改善作用。主动的音乐创作例如歌唱，同样能够促进积极情绪，减少消极情绪，并产生积极的生物化学反应。虽然到目前为止还没有实验证明音乐对情绪以及治疗动力的影响，但是它们或许能从某些程度上解释音乐治疗对情绪动力的疗效。使用康复治疗例如歌唱，能够同时影响语言功能以及情绪，这对于经常患有情绪低落或抑郁的中风后失语症群体来说或许是值得引用的。

总的来说，神经系统疾病和情绪障碍有很高的共病率，从20％到50％不等。常见的临床经验是，抑郁降低了对康复的坚持，研究表明抑郁损害了功能结果和生活质量，并增加了死亡率。根据先前讨论的数据，音乐可以改善认知障碍患者和卒中患者的情绪或减轻他们的焦虑。我们的结论是，音乐干预在改善神经障碍患者的情绪方面是可行的。然而，音乐引起的情绪改善和神经结果之间的因果关系仍有待证实。

（三）激活备用神经网络

音乐干预涉及与音乐节奏、运动、歌唱或记忆相关的特定区域，这些区域不直接受疾病影响。节奏的抑制性，即我们对音乐节拍的固有倾向，构成了听觉节奏刺激和基于演奏的音乐干预的基础，是建立在听觉系统和运动系统之间强连接性的基础上。在那些由于运动系统功能障碍而导致内部动作排序和监测不起作用的疾病中，节律性牵引可以作为外部计时器，提示动作的执行，从而绕过功能障碍。举例来说，卒中后肌肉协调能力受损的患者，或患有帕金森病、肌肉僵硬和运动迟缓的患者，可能会发现，在听音乐或跳舞提供有节奏的支持下，更容易执行运动任务。

唱歌是音乐治疗活动中较为关键的组成部分，涉及额颞叶语言和声音运动区域的双边活动，比说话更广泛。这种参与使失语症患者通过左半球保留区域和右半球同源区域进行语言训练成为可能。早在1745年，有文献记载了一位严重的失语症患者在卒中后失语，但是能够正确演唱熟悉的赞美诗的例子。

（四）神经可塑性的重组

使用音乐治疗促进大脑的神经可塑性是目前为止讨论最多的假定机制。第一个目的是为音乐中的旋律化刺激能促进右脑语言信息处理的假设提供神经生理学上的假定解释。这一假设基于当前右脑单侧音乐信息处理的行为数据，另一项研究发现，保有更好右脑完整性的患者接受音乐治疗后的疗效比双侧受损的患者更好，这从侧面支持了前一论点。施劳格（Schlaug）及其团队最近发表的功能性结构脑成像图为这一推测提供了部分支持。他们发现音乐治疗后的两名患者右脑语言激活区域增加的同时语言表达能力也相应提高。他们同时发现音乐治疗后右脑弓状束体积增大，而弓状束是连接颞骨和额叶语言区域的白质纤维束。音乐的旋律刺激结合正极经颅磁刺激导向右脑额下区域（让大脑更兴奋），比无明确干预目标的音乐刺激更有效地提高语言功能。这些不同形式的研究都表明了右脑参与了音乐中的旋律主导语言康复过程。

另外一项PET研究检验了法国版旋律化刺激（Thérapie Mélodique et Rythmique，TMR）后认为，TMR短语实际上激活了左脑的语言区域，而正常的说话则仅仅刺激到右脑。在一项针对两个个案的脑磁图研究中，旋律化刺激激活了两名患者左脑，而右脑出现发散式的激活变化。接受旋律化刺激后得到提高的个体中，右脑激活程度减退，而没有显著提高的患者中右脑激活程度增加。贾纳比(Janabi)等人报告了同样的弥散张量成像激活模式(使用 fMRI 前后测)和旋律刺激后的语言产出。他们发现语言有提高的患者右脑被激活，不论是否对右脑使用兴奋性重复经颅磁刺激。莱内(Laine)等介绍了一个患者在旋律刺激之后左脑显示被激活而右脑激活减退，并且治疗对这名患者没有起到疗效。这一发现与贝林(Belin)的研究结果一致，他们的脑成像研究发现，右脑激活的同时，非适应的语言处理过程也同时伴随持续性失语。

通常认为，旋律引导一定对语言重组的促进有着一致的内在机制(对所有接受治疗的失语症患者都一样)，例如将右脑音乐功能区域用来处理语言信息或者使用右侧皮质纹状体(Corticostriatal)功能性语言回路。当旋律引导对大脑中与音乐信息处理(不论左右脑)以及公式化语言信息处理的相邻区域都能有效激活时，神经重塑机制此时会有一个统一的机制解释，认为是旋律激活了重塑的机制。旋律引导有助于促进语言神经网更大面积的神经可塑性，而不是音乐或语言元素促进了某种语言功能重组，因为它使失语症患者具备高强度练习短语的能力。有证据显示能够促进高强度、复杂训练的治疗方法能够有效产生神经可塑性。其他证明了积极效果的失语症康复方法，例如密集的其他行为治疗，就是基于这一原则。在进一步综合当前治疗研究结果时，我们发现了治疗强度、说话和语言产出之间存在显著的关系。旋律化的刺激能使语言产出更容易，因此促进了练习的强度，也反过来导致了由训练引起的重组。

总而言之，大量的神经影像研究数据都证明了音乐能够同时促进功能性和结构性的神经重塑。我们依然不清楚治疗产生的神经可塑性的改变与患者个体化特征的联系以及是否神经可塑性与治疗中某个音乐元素直接相关。鉴于这一点，适合音乐治疗的患者更可能是患有严重失语并且左侧前脑区域大面积受损。然而，很多针对旋律对语言治疗的研究的被试都是没有满足这些情况的患者，其大脑受损面积或区域都各不相同，包括小面积受损或轻度到中度非流畅性失语。对旋律反馈产生较好效果的患者与没有出现或出现部分疗效的患者，旋律化的音乐治疗可能产生了不同的内在机制。神经重塑机制、个体化差异以及临床效果三者的关系需要进一步的探索。除了了解大脑可塑性和个体化差异之外，未来对这三者关系的了解也将具有很高的临床价值。

(五) 观察、模仿、整合与镜像神经系统

镜像神经元是一种展现多通道相应特性的神经元——它们被某种行为刺激，不论这些行为是被执行的还是被大脑接收到的(看到或听到)。近期研究，例如穆卡梅尔(Mukamel)发现有镜像功能的神经元大量地分布在人脑中；然而，很多人认为人类拥有一个镜像神经元系统，由特定的神经区域组成，包括运动前皮层、额下回和顶下区。虽然人类镜像神经元系统的功能(甚至其是否存在)引发热议，但是强有力的证据显示实验中不论是观察者(听或者看)还是行为执行者的额下回以及顶下区均同时被激活。这样的研究发现被大量运用在临床神经科学的康复范例中。例如埃特尔(Ertelt)将手臂运动这类身体运动与观察行为结合在一起用于中风后上臂运动康复。他们发现实验组比仅仅做身体运动的控制组的能力水平有更显著的提高。这一结果有助于镜像神经原系统的激活，尤其是在对比物品操控前后的神经影像数据，观察治疗中作为镜像神经元系统核心区域的顶额区激活水平增加。

弗雷德里克松(Fridriksson)等发现模仿听觉-视觉语言模式对于非流畅性失语群体或者并发性语言运用不能症患者，相较于单独的听觉模式或即时会话，能使语言输出和流畅性产生更显著的效果。如果这种机制能独立解释为旋律促进语言产生的疗效，那么旋律化的刺激可能不会在其他多模式治疗中产生效果。然而，拉奇特(Racette)认为左脑受损导致的失语可能会损害左脑中与自发性语言有关的听觉-口头表达的相互作用，而与听觉-口头表达相互作用相连的右脑区域或许承担了更多的歌唱和公式化语言作用。如果真的如此，就可以解释为什么即使唱歌与说话使用共同的旋律性短语也能比其他治疗更好地利用这一系统的优势。实际上，歌唱或者音调能激活双侧额颞叶神经网，它与假定的镜像神经元系统从某种程度上是重叠的。尽管如此，也没有直接证据证明旋律化的刺激能够影响手打节奏这个系统。我们对镜像神经元系统在歌唱中、构音运动中以及语言康复中的作用做进一步的研究显得尤为重要，并能为唱歌及参加音乐活动的神经生理学机制提供更多的见解。

熟悉的音乐，特别是老歌，能够激活健康大脑的前扣带皮层和内侧前额叶皮层，表明这些区域在音乐记忆中很重要。尽管 β-淀粉蛋白酶沉积与老年认知障碍症内侧前额叶皮质退化相关，但是比起其他皮层

区域和编码的区域，音乐记忆相对来说萎缩得最慢，且葡萄糖代谢下降。这些观察结果为阿尔茨海默病患者即使是在疾病的晚期也能够识别熟悉的歌曲，并在情绪上做出反应提供了一个可能的解释。

音乐治疗是一种多模式的治疗方法，因为治疗师为患者同时提供了听觉和视觉模式而且治疗方案包含观察、模仿以及整合的部分。开展试验研究对于治疗中不同的部分如何产生效果的猜想有很多。这些猜想包括：(1)施劳格提出在参与旋律化的刺激时，左手敲打节奏促进了右脑感官运动系统的整合从而使构音与手部运动紧密联系在一起；(2)拉奇特提出了同步歌唱可以促进听力-口头表达的相互作用(Auditory-vocal Interface)从而提高发音的运动功能。由于它们与大脑的整合功能，甚至包括人类镜像神经系统相联系，这些猜想可以因此被看作一个假定的治疗机制。

尽管有大量的研究文献证明了唱歌同时参与运动对言语及动作执行依然有很好的疗效，但从音乐治疗应用在临床开始，在唱歌的同时进行肢体或手敲打节奏就被认为是最关键的组成部分。戈德法布(Goldfarb)和巴德(Bader)发表的个案研究表明了单独使用音调比正常说话更能提高短语复述的能力，而手敲节奏能更进一步地提高这种能力。研究者对音乐治疗同时结合节奏敲打这一组成部分提出了很多潜在机制，包括音乐拆后分为的旋律(演唱)、节奏(包含在旋律内，通常由患者敲打节奏表现出来)以及语言输出的方法得到了提高和强化。右脑中通过感觉运动耦合形成构音的活动产生口腔肌肉协调性的运动调节。从理论上、神经生理学以及行为学角度来看，说话以及语言与运动控制有高度关联。基于这一发现，施劳格提出假设，认为左手敲打节奏能够激活右脑感觉运动神经网使其作用于构音运动。由于并发性的语言运动障碍如言语失用症、构音障碍等，患有非流畅性失语的患者经常会出现构音功能受损。因为口头运动和手部运动在运动控制系统里有高度相似性，施劳格推测手部同时进行节奏运动也能够对口面部运动以及构音运动产生激发效应。借鉴对这一观点的间接支持，另一项研究证实了通过完成复杂的非标志性的手敲节奏运动，结合表达口语能够改善患者的表现并促进其右脑神经活动。这项治疗背后的原因可能是它激活了右前额区域的意向机制(Intention Mechanism)从而使右脑语言活动做了预备。另一个对手打节奏的推测认为敲打产生的声音可能促进了感觉运动的整合，例如声音和共同产生的手部以及发音动作的神经生理配对。这种感觉运动整合从理论上以及神经解剖上通常与假定的镜像神经元系统有关。

(六) 争议：音乐与认知相关区域的特征以及共有的特征

当前研究最具争议的问题在于音乐所激活的认知区域在神经层面上与其他功能有多大程度的重叠。尽管二者之间的差异不可忽略，但是音乐和语言依然存在共同的神经网络共享特征，例如音高、节奏、音节和句法。这些共有的特征为音乐和语言具有共同神经通路的猜想提供了基础，例如帕泰尔的共有语法整合资源的猜想。音乐和语言共有的信息处理通路的想法为音乐的神经可塑性提供了潜在的认知机制，这些机制与前文提到的神经可塑性猜测相关。唱歌可以利用音乐和语言共同的特征，例如音高或韵律，通过音乐的神经通路间接处理语言信息。某种程度上看这是一个自我矛盾的推测。举例来说，两种神经系统的模式化已经有显著证明，而且语言受损和音乐能力受损区别明显。逻辑上说，音乐与语言交叉区域越大，语言受损伴随的音乐能力受损更严重。音调或歌唱怎样从认知层面与语言神经网络相重叠，并且在语言功能受损的情况下依然保持功能运转独立而又能够互相依赖足以承担语言功能的作用，到目前为止这一点缺乏清晰一致的解释。

对这种机制可能存在的两种争议来自比较说话和歌唱的研究文献。首先，说话和歌唱都涉及双侧大脑的神经活动，并使用高度重叠的近侧区，但是语言更偏左脑而歌唱更偏右脑。演唱歌词比说出歌词更少运用到左脑，即使歌词的种类节奏等都考虑在内。这种双侧化的差别可能解释了语言功能在左脑受损的情况下能够由右脑中负责歌唱的神经网络共同承担。然而，这很难与前文中讨论的神经影像的发现保持一致。

有一项调查歌唱与说话在神经认知上的关系的研究从专业性的角度提出了不一样的观点。这些研究者发现歌唱的专业性能分离歌唱和语言之间的神经网络，歌唱时有更多左侧功能性激活，虽然与语言神经激活依然相似，但是更加靠后。当同时考虑到假设存在的神经可塑性机制时，就产生了另外一些假设，包括唱歌可能对有过歌唱训练且已经发展出特殊的歌唱神经网络的人更有效；通过普通的歌唱练习可以促进更专业化的神经网络的形成从而占据左脑病灶周边区域。第一个假设在现有的研究中得到了支持，威

尔逊发现唱歌等活动比节奏化语言表达对于音乐家来说有更好的康复效果，而斯特尔(Stahl)在针对非音乐家的群体中做出同样的实验却并没有发现这一点。我们需要更多的研究来区分音乐和语言在失语症以及参与音乐治疗的患者中专业音乐背景的关系。尽管了解不多，我们依然认为完整的歌唱神经网络能最有效地促进语言产出。

另一种关于共有的认知信息处理的假定机制认为，音乐或语言的特定因素能够促进语言产出。参与音乐类活动，尤其是唱歌可能存在的益处因此被提出。例如拉奇特认为歌唱或者音调化的短语可能比正常的说话为运动计划和执行提供了更多的时间。这可以是语言产出更流利而且需要更少的练习。同样支持这一观点的是，劳克林(Laughlin)显示了非流畅性失语症患者在唱出目标语言中练习更长的音节能产出更多数量的正确短语。其他构音障碍的研究中，降低语言速度的干预技术能提高语言的可理解程度，尽管语言速度和可理解程度的关系还不清楚。歌唱更缓慢的构音有益于某些患者，但是对另一些患者无效。在旋律可能有效的其他例子中，威尔逊发现练习的短语如果含有旋律或者韵律的成分比仅仅只有韵律在有音乐背景的患者身上产生了更长远的效果。因此，研究者猜测旋律部分可能促进记忆中各自的作用，有益高级短语的存储和提取。

音乐中不同语境以及语言歌曲对其母语使用者同样也起到了促进的作用。在来自法国的一项研究中发现，治疗方案中演唱法语歌曲，字词的重音被大量强调从而产生强烈的节奏感，虽然法语实际上并没有词汇重音，歌唱可能比说话更有韵律。唱歌中使用的手打节奏和稳定的韵律同样也能扮演节拍器的作用，而节奏速度已经被广泛认为对构音障碍有益处。在他们关于歌唱对语言影响的研究中，拉奇特提出时间更加的规律化可能是为什么歌唱伴随模式化比单独以音节为节奏的说话(例如法语)更有效。对于韵律最后的一个观点是，斯特尔认为韵律可能对基底神经节大面积受损的语言障碍患者尤其有效。韵律对这类人群的语言产出效果尤佳，而对另一组基底神经节受损面积较小的患者并没有显示出同样的效果，因此再一次证明了治疗机制与患者大脑受损状况的差异性有关联。

除了旋律或韵律等音乐元素可能对语言康复有促进作用之外，治疗中使用特定种类的语言可能也很重要。在音乐治疗干预的早期阶段，大部分治疗师使用高度相似的唱歌或者旋律化的短语。虽然治疗的目标是提高自发性语言生成，将目标训练的短语纳入患者的功能性词库也是一个目标，尤其是针对有严重语言障碍的患者。尊班森(Zumbansen)将它描述为语言的音乐治疗。不论自发性语言功能的康复是否是治疗目标，公式化的目标短语使用可以通过敲打进入皮质纹状体区域(这通常发生在公式化非自发性语言过程中)从而提高语言能力。这一语言特征或许也和大量的行为假定机制相关，包括促进右脑语言区域的使用并提高患者的治疗动力。

第八节　结论与未来方向

上一节中讨论的不同机制从神经生理、认知到情绪的层面，为音乐治疗的神经学机制提供了可能的解释。以前对这些机制的研究通常把它们看作互相独立的假定机制，期望从中得到一个确切的答案，例如哪个机制才是有效的原因。然而，根据这些假设的直接数据以及其他文献中的间接数据，我们认为这些都是不同层面的解释而不是完整的解释，并且展示了音乐及其组成部分以不同的角度对语言康复产生影响。在绝大部分案例中，这些机制并不是互相排斥的，而是都对音乐治疗的整体效果产生作用。

这或许也能解释为什么音乐治疗被很多临床工作者认为是一项有效的治疗方法，尽管缺少大样本的随机对照的实验证据，并且对其治疗机制不甚了解。如同前面提到的，其他治疗都是基于本文中探讨的治疗机制而被设计出来的，包括强制性诱导疗法(Constraint-induced Therapy)、一种密集的行为治疗、节奏同步(Speech Entrainment)以及意图治疗(Intention Treatment)，这些治疗的成功支持了音乐治疗的疗效之下存在熟悉度的机制的观点。然而，与单一治疗机制的其他疗法不同的是，音乐治疗或许独有的同时囊括了所有这些机制的优势。对这一点有三个潜在的预示应该在此加以讨论，而且或许是未来研究需要关注的地方。

第一，使用多种机制或许有附加效果，使音乐治疗更加有效或者比其他只有一种治疗机制的疗法更有效。最理想的情况是，音乐治疗的整体效果与其他治疗方法做大范围的随机对照实验，有一些这样的研究实际上也正在进行。考虑到从高度统一的神经康复症候群体中获取这样的数据实现难度较大，也可以采用其他操作上更严谨的研究方法来比较音乐治疗和其他治疗的效果。将神经康复症候群体患者作为被试研究是一种可行性较高的选择。但是这种研究方法需要警惕的是治疗效果可能会持续或者延迟，但是严谨的实验设计能将这种问题最小化。抛开泛化到更多临床人群的问题不说，如果实验设计和数据分析选择得当，即使是个案研究也能解决这些问题。到目前为止很少有研究直接将音乐治疗与其他治疗方法做比较，并进行数据分析，音乐治疗的个案研究或案例系列中也很少使用效应量进行数据分析。当前文献的这些不足应当在未来的研究中进行提高才能更好地回答音乐治疗是否是更有效的治疗方法这一命题。

第二，使用各种机制结合因人而异的不同治疗机制，或许可以使音乐治疗在大群体多样化的患者治疗中变得更有灵活性。如同前文提到的，音乐治疗最开始是用于特定神经康复的非流畅性失语症患者之中。而现在，音乐治疗被用在各种不同的神经康复症候群体中，尤其是认知、运动、呼吸以及其他功能障碍人群。不仅如此，音乐治疗还对不同受损区域、不同受损面积、不同程度功能障碍的患者都有疗效。可能是因为各种不同的机制使治疗方法具有灵活性才使它对大量不同语言障碍的患者从这些不同机制中获得治疗功效。

第三，已经提出的音乐治疗中的各种行为机制可能存在协同作用(Synergistic Effect)。基本的神经科学文献数据显示不同机制的相互作用可能存在于音乐治疗中。例如，神经可塑性会受到压力和抑郁情绪的消极影响。如前文中提到的，情绪障碍经常发生在卒中后群体中。音乐治疗对情绪产生的积极影响，其治疗引起的神经可塑性也会相应增强。克尔施同样认为情绪信息处理过程能激活镜像神经元系统，潜在地将这两种机制关联在一起。其他例子也在前文中做出了探讨，包括认知与神经生理机制的关系，治疗动力能促进高强度训练的参与动力并影响神经可塑性。音乐治疗的音乐特征以及交流内容，例如公式化短语，都会与治疗动力以及情绪机制有联系。简而言之，这些神经生理、认知以及情绪机制肯定是相互影响的，并可能比单独的机制作用产生不一样的，甚至更强的治疗效果。

考虑到音乐治疗所包含的治疗机制产生了很多在未来研究中可以探讨的问题，包括音乐治疗导致的神经可塑性、镜像神经元系统的作用、音乐与语言潜在的认知过程的相互作用、短语公式化的作用、情绪与治疗动力的相对作用，以及音乐中各种音乐的以及非音乐的易化效应(Facilitatory Effect)。但是，我们认为将这些机制看作音乐治疗的完整机制并不能有效地了解音乐治疗这种多面化的治疗方法。虽然之前的研究旨在澄清音乐治疗的哪个部分或哪个机制是其疗效的根本原因，本章内容强调了多种作用机制，甚至协同作用机制。能将多种机制考虑在内的多变量的研究方法或许能有效解决这一疗法当前研究中的矛盾和差异的问题。对音乐治疗各部分协同作用机制的了解，而不是单独了解某一种机制的作用，能更好地将音乐治疗的效果最大化。

依据临床治疗的情况，神经系统疾病患者的长期治疗和康复费用占了相关费用相当大的比例，因此，研究新的康复策略以取代或补充传统方法是有必要的。基于这一目的，迄今为止，在四十一项随机对照试验中，研究了基于音乐的康复治疗对重大神经疾病的影响。音乐干预似乎是有益的，尤其是对卒中和帕金森病患者的运动康复。此外，音乐干预可以对卒中或认知障碍患者的认知、情绪和生活质量产生有利的影响。

虽然大多数研究报告了积极的影响，只有少数主要结果被反复研究。大多数研究的局限性来自研究设计中的小样本量和方法学的异质性，以及所使用的干预措施和结果测量。在大多数研究中，音乐诱发的康复效果的持续时间并没有得到系统的评估，而且在很大程度上仍是未知的。迄今为止，基于音乐的干预已被观察到对卒中(3 个月)、33 例认知障碍(最多 2 个月)和癫痫(12 个月)有长期影响。

在一些研究中，音乐治疗师(如果参与)的角色和积极的接受性干预之间的区别仍然不清楚。患者和治疗师之间的治疗关系是正式音乐治疗中固有的，可能会对结果产生额外的影响。虽然这方面很难从所使用的音乐干预中描述，但在某些情况下，音乐治疗师所提供的干预的结果可能比另一名医疗保健专业人员所提供的效果更好，就像步态康复中的节奏性听觉刺激所观察到的。然而，这里回顾的研究表明，不管有没有专门的音乐治疗师的参与，音乐治疗和其他基于音乐的干预都有有益的效果。大多数研究都没有充分地描述音乐类型。由于音乐类型可以有很大的不同(例如刺激和舒缓)，它们对生理参数、唤醒和影响调节的预期效果也不同。此外，大多数被审查的研究没有使用患者选择或最喜欢的音乐。由于音乐体验中强烈的情感成分，使用患者选择的音乐可能是有益的，因为它被认为比一般音乐对患者更有意义，有更良好的反馈。

因此，未来需要更多高质量的干预研究，特别是大规模的实验，如集群随机化、多中心随机对照实验。在这些实验中，已建立的音乐互动嵌入临床康复实践中，以确定这些方法在现实生活环境中的有效性和可行性。更好的可比性研究使用普通的结果也会有很重要的措施，明确文档干预的类型(活跃、接受)和音乐使用(患者 vs 实验者选择)，以及定义开始的最佳时间、长度和音乐干预措施，并确定长期的持续时间以及关注时间对于患者的康复效果。此外，需要将行为结果测量、神经影像学和神经内分泌学标记物相结合的多模式研究，以确定神经障碍患者的特定神经生理机制和各种基于音乐的干预措施的效果。

有必要广泛地推广音乐干预，并将音乐干预纳入城乡居民基本医疗保险，且可以用最少的投资轻松实现。这些干预包括自我实施或护理人员实施的音乐活动，如听音乐，以及基于群体的音乐干预，如群体唱歌或跳舞。在未来，移动音乐应用程序(如音乐、游戏)，以及音乐相关康复技术，使用虚拟现实或自适应音乐刺激系统专为运动康复，将发挥越来越大的作用，不断推动音乐治疗对神经障碍患者的效应最大化。

参考文献

Bruscia K E. Definition of Music Therapy. 2nd Edition[M]. Gilsum: Barcelona Publishers, 1989.

高天. 音乐治疗导论[M]. 北京：世界图书出版公司，2008.

Thaut M H, Hoemberg V. Handbook of Neurological Music Therapy[M]. New York: Oxford University Press, 2014.

WHO. World report on ageing and health[R/OL], 2015. http://apps.who.int/iris/bitstream/10665/186463/1/9789240694811_eng.pdf? ua=1 (accessed April 11, 2017).

PricewaterhouseCoopers Health Industries. The annual cost of brain disease 2012[R/OL], 2012. http://pwchealth.com/cgi-local/hregister.cgi/reg/ annual-cost-of-brain-disease-2012.pdf (accessed April 11, 2017).

Olesen J, Gustavsson A, Svensson M, et al. The economic cost of brain disorders in Europe[J]. *European Journal of Neurology*, 2012,19: 155-162.

Reetz K, Tadic V, Kasten M, et al. Structural imaging in the presymptomatic stage of genetically determined Parkinsonism[J]. *Neurobiology of Disease*, 2010,39(3): 402-408.

Cramer S C, Sur M, Dobkin B H, et al. Harnessing neuroplasticity for clinical applications[J]. *Brain*, 2011,134: 1591-1609.

Zeiler S R, Krakauer J W. The interaction between training and plasticity in the poststroke brain[J]. *Current Opinion in Neurology*, 2013,26(6): 609-616.

Herholz S C, Herholz R S, Herholz K. Non-pharmacological interventions and neuroplasticity in early stage Alzheimer's disease[J]. *Expert Review Neurotherapeutics*, 2013,13: 1235-1245.

Agosta F, Gatti R, Sarasso E, et al. Brain plasticity in Parkinson's disease with freezing of gait induced by action observation training[J]. *Jounal of Neurology*, 2017,264: 88-101.

Enzinger C, Pinter D, Rocca M A, et al. Longitudinal fMRI studies: Exploring brain plasticity and repair in MS[J]. *Multiple Sclerosis Journal*, 2016,22: 269-278.

Baroncelli L, Braschi C, Spolidoro M, et al. Nurturing brain plasticity: Impact of environmental enrichment[J]. *Cell Death and Differentiation*, 2010,17: 1092-1103.

Zatorre R J, Chen J L, Penhune V B. When the brain plays music: Auditory-motor interactions in music perception and production[J]. *Nature Reviews Neuroscience*, 2007, 8: 547-558.

Koelsch S. Brain correlates of music-evoked emotions[J]. *Nature Reviews Neuroscience*, 2014,15: 170-180.

Särkämö T, Tervaniemi M, Huotilainen M. Music perception and cognition: Development, neural basis, and rehabilitative use of music[J]. *Wiley Interdisciplinary Reviews: Cognitive Science*, 2013, 4: 441-451.

Alluri V, Toiviainen P, Jääskeläinen I P, et al. Large-scale brain networks emerge from dynamic processing of musical timbre, key and rhythm[J]. *Neuroimage*, 2012,59: 3677-3689.

Wan C Y, Schlaug G. Music making as a tool for promoting brain plasticity across the life span[J]. *Neuroscientist*, 2010,16: 566-577.

Schlaug G. Musicians and music making as a model for the study of brain plasticity[J]. *Progress in Brain Research*, 2015,217: 37-55.

Vaquero L, Hartmann K, Ripollés P, et al. Structural neuroplasticity in expert pianists depends on the age of musical training onset[J]. *Neuroimage*, 2016, 1: 106-119.

Hole J, Hirsch M, Ball E, et al. Music as an aid for postoperative recovery in adults: A systematic review and meta-analysis[J]. *Lancet*, 2015,386: 1659-1671.

Magee W L, Clark I, Tamplin J, et al. Music interventions for acquired brain injury[J]. *Cochrane Database of Systematic Reviews*,2017, 1: CD006787.

Benjamin E J, Blaha M J, Chiuve S E, et al. Heart disease and stroke statistics—2017 update: a report from the American Heart Association[J]. *Circulation*, 2017, 135: e146-e603.

Van Vugt F T, Kafczyk T, Kuhn W, et al. The role of auditory feedback in music-supported stroke rehabilitation: A single-blinded randomised controlled intervention[J]. *Restorative Neurology Neuroscience*, 2016,34: 297-311.

Scholz D S, Rohde S, Nikmaram N, et al. Sonification of arm movements in stroke rehabilitation—a novel approach in neurologic music therapy[J]. *Frontiers in Neurology*, 2016,7: 106.

Raglio A, Oasi O, Gianotti M, et al. Improvement of spontaneous language in stroke patients with chronic aphasia treated with music therapy: A randomized controlled trial[J]. *International Journal Neuroscience*, 2016,126: 235-242.

Tong Y, Forreider B, Sun X, et al. Music-supported therapy (MST) in improving post-stroke patients' upper-limb motor function: A randomised controlled pilot study[J]. *Neurological Research*, 2015,37: 434-40.

Särkämö T, Ripollés P, Vepsäläinen H, et al. Structural changes induced by daily music listening in the recovering brain after middle cerebral artery stroke: A voxel-based morphometry study[J]. *Frontiers in Human Neuroscience*, 2014, 8: 245.

van der Meulen I, van de Sandt-Koenderman W M, Heijenbrok-Kal M H, et al. The efficacy and timing of melodic intonation therapy in subacute aphasia[J]. *Neurorehabil Neural Repair*, 2014, 28: 536-544.

Cha Y, Kim Y, Hwang S, et al. Intensive gait training with rhythmic auditory stimulation in individuals with chronic hemiparetic stroke: A pilot randomized controlled study[J]. *Neuro Rehabilitation*, 2014,35: 681-688.

Whitall J, Waller S M, Sorkin J D, et al. Bilateral and unilateral arm training improve motor function through differing neuroplastic mechanisms: A single-blinded randomized controlled trial[J]. *Neurorehabil Neural Repair*, 2011,25: 118-129.

Särkämö T, Pihko E, Laitinen S, et al. Music and speech listening enhance the recovery of early sensory processing after stroke[J]. *Journal of Cognitive Neuroscience*, 2010,22: 2716-2727.

Särkämö T, Tervaniemi M, Laitinen S, et al. Music listening enhances cognitive recovery and mood after middle cerebral artery stroke[J]. *Brain*, 2008,131: 866-876.

Altenmüller E, Marco-Pallares J, Münte T F, et al. Neural reorganization underlies improvement in stroke-induced motor dysfunction by music-supported therapy[J]. *Annals of the New York Academy of Sciences*, 2009,1169: 395-405.

Schneider S, Schoenle P W, Altenmüller E, et al. Using musical instruments to improve motor skill recovery following a stroke[J]. *Journal of Neurology*, 2007, 254: 1339-1346.

Jeong S, Kim M T. Effects of a theory-driven music and movement program for stroke survivors in a community setting [J]. *Applied Nursing Research*:*ANR*, 2007, 20: 125-131.

Thaut M H, Leins A K, Rice R R, et al. Rhythmic auditory stimulation improves gait more than NDT/Bobath training in near-ambulatory patients early poststroke:A single-blind, randomized trial[J]. *Neurorehabil Neural Repair*, 2007, 21: 455-459.

Schauer M, Mauritz K. Musical motor feedback (MMF) in walking hemiparetic stroke patients:Randomized trials of gait improvement[J]. *Clinical Rehabilitation*, 2003,17: 713-722.

Thaut M H, McIntosh G C, Rice R R. Rhythmic facilitation of gait training in hemiparetic stroke rehabilitation[J]. *Journal of the Neurological Sciences*, 1997,151: 207-212.

Sánchez A, Maseda A, Marante-Moar M P, et al. Comparing the effects of multisensory stimulation and individualized music sessions on elderly people with severe dementia: A randomized controlled trial[J]. *Journal of Alzheimer's Disease*:

JAD, 2016,52: 303-315.

Särkämö T, Laitinen S, Numminen A, et al. Pattern of emotional benefits induced by regular singing and music listening in dementia[J]. *Journal of the American Geriatrics Society*, 2016, 64: 439-440.

Särkämö T, Laitinen S, Numminen A, et al. Clinical and demographic factors associated with the cognitive and emotional efficacy of regular musical activities in dementia[J]. *Journal of Alzheimer's Disease:JAD*, 2015,49: 767-781.

Särkämö T, Tervaniemi M, Laitinen S, et al. Cognitive, emotional, and social benefits of regular musical activities in early dementia: Randomized controlled study[J]. *Gerontologist*, 2014,54: 634-650.

Raglio A, Bellandi D, Baiardi P, et al. Effect of active music therapy and individualized listening to music on dementia: A multicenter randomized controlled trial[J]. *Journal of the American Geriatrics Society*, 2015, 63: 1534-1539.

Hsu M H, Flowerdew R, Parker M, et al. Individual music therapy for managing neuropsychiatric symptoms for people with dementia and their carers: A cluster randomised controlled feasibility study[J]. *BMC Geriatrics*, 2015, 15: 84.

Chu H, Yang C Y, Lin Y, et al. The impact of group music therapy on depression and cognition in elderly persons with dementia: A randomized controlled study[J]. *Biological Research for Nursing*, 2014, 16: 209-217.

Vink A C, Zuidersma M, Boersma F, et al. Effect of music therapy versus recreational activities on neuropsychiatric symptoms in elderly adults with dementia: An exploratory randomized controlled trial[J]. *Journal of the American Geriatrics Society*, 2014, 62: 392-393.

Vink A C, Zuidersma M, Boersma F, et al. The effect of music therapy compared with general recreational activities in reducing agitation in people with dementia: A randomised controlled trial[J]. *International Journal Geriatric Psychiatry*, 2013,28: 1031-1038.

Raglio A, Bellelli G, Traficante D, et al. Efficacy of music therapy in the treatment of behavioral and psychiatric symptoms of dementia[J]. *Alzheimer Disease & Associated Disorders*, 2008, 22: 158-162.

Narme P, Clement S, Ehrle N, et al. Efficacy of musical interventions in dementia: Evidence from a randomized controlled trial[J]. *Journal of Alzheimer's Disease:JAD*, 2014,38: 359-369.

Ceccato E, Vigato G, Bonetto C, et al. STAM protocol in dementia: A multicenter, single-blind, randomized, and controlled trial[J]. *American Journal of Alzheimer's Disease and Other Dementias*, 2012,27: 301-310.

Raglio A, Bellelli G, Traficante D, et al. Efficacy of music therapy treatment based on cycles of sessions: A randomised controlled trial[J]. *Aging & Mental Health*, 2010, 14: 900-904.

Sung H C, Lee W L, Li T L, et al. A group music intervention using percussion instruments with familiar music to reduce anxiety and agitation of institutionalized older adults with dementia[J]. *International Journal of Geriatric Psychiatry*, 2012, 27: 621-627.

Lin Y, Chu H, Yang C Y, et al. Effectiveness of group music intervention against agitated behavior in elderly persons with dementia[J]. *International Journal of Geriatric Psychiatry*, 2011,26: 670-678.

Cooke M L, Moyle W, Shum D H, et al. A randomized controlled trial exploring the effect of music on agitated behaviours and anxiety in older people with dementia[J]. *Aging Mental Health*, 2010,14: 905-916.

Guetin S, Portet F, Picot M C, et al. Effect of music therapy on anxiety and depression in patients with Alzheimer's type dementia: Randomised, controlled study[J]. *Dementia & Geriatric Cognitive Disorders*, 2009,28: 36-46.

Pohl P, Dizdar N, Hallert E. The Ronnie Gardiner rhythm and music method—a feasibility study in Parkinson's disease [J]. *Disability & Rehabilitation*, 2013, 35: 2197-2204.

de Bruin N, Doan J B, Turnbull G, et al. Walking with music is a safe and viable tool for gait training in Parkinson's disease: The effect of a 13-week feasibility study on single and dual task walking[J]. *Parkinson's Disease*,2010, 2010:1-7.

Hackney M E, Earhart G M. Effects of dance on movement control in Parkinson's disease: A comparison of Argentine tango and American ballroom[J]. *Journal Rehabilitation Medicine*, 2009,41: 475-481.

Hackney M E, Earhart G M. Health-related quality of life and alternative forms of exercise in Parkinson disease[J]. *Parkinsonism & Related Disorders*, 2009,15: 644-648.

Hackney M E, Kantorovich S, Levin R, et al. Effects of tango on functional mobility in Parkinson's disease: A preliminary study[J]. *Journal Neurologic Physical Therapy*, 2007,31: 173-179.

Gatti R, Tettamanti A, Lambiase S, et al. Improving hand functional use in subjects with multiple sclerosis using a musical keyboard: A randomized controlled trial[J]. *Physiotherapy Research International*, 2015,20: 100-107.

Conklyn D, Stough D, Novak E, et al. A home-based walking program using rhythmic auditory stimulation improves gait performance in patients with multiple sclerosis: A pilot study[J]. *Neurorehabilitation & Neural Repair*, 2010,24: 835-842.

Sparks R. Melodic intonation therapy[M]// Chapey R, ed. Language Intervention Strategies in Aphasia and Related Neurogenic Communication Disorders, 5th Edn. Baltimore: Lippincott Williams & Wilkins, 2008.

Sparks R, Helm N & Albert M. Aphasia rehabilitation resulting from Melodic Intonation Therapy[J]. *Cortex*, 1974, 10:303-316.

Helm-Estabrooks N & Albert M L. Melodic Intonation Therapy[M] //Manual of Aphasia and Aphasia Therapy. Austin: Pro-Ed, 2004.

Stroke Association. State of the Nation. Stroke statistics—January 2016[EB/OL]. 2015. [2017-4-11]. https://www.stroke.org.uk/sites/default/files/stroke_statistics _2015.pdf.

Nys G M, van Zandvoort M J, de Kort P L, et al. Cognitive disorders in acute stroke: Prevalence and clinical determinants[J]. *Cerebrovascular Diseases*, 2007, 23: 408-416.

Hackett M L, Pickles K. Part I: Frequency of depression after stroke: An updated systematic review and meta-analysis of observational studies[J]. *International Journal of Stroke*, 2014,9: 1017-1025.

Racette A, Bard C & Peretz I. Makingnon-fluentaphasicsspeak: Sing along! [J]. *Brain*, 2006, 129:2571-2584.

Hanagasi H A, Tufekcioglu Z, Emre M. Dementia in Parkinson's disease[J]. *Journal of Neurology Science*, 2017, 374: 26-31.

Nombela C, Hughes L E, Owen A M, et al. Into the groove: Can rhythm influence Parkinson's disease? [J]. *Neuroscience & Biobehavioral Reviews*, 2013,37: 2564-2570.

Karageorghis C I & Priest D L. Music in the exercise domain: A review and synthesis(Part I)[J]. *International Review of Sport and Exercise Psychology*, 2011, 5, 44-66.

Chan D K, Lonsdale C, Ho P Y, et al. Patient motivation and adherence to postsurgery rehabilitation exercise recommendations: The influence of physiotherapists' autonomy-supportive behaviors[J]. *Archives of Physical Medicine & Rehabilitation*, 2009,90:1977-1982.

Dastgheib S S, Layegh P, Sadeghi R, et al. The effects of Mozart's music on interictal activity in epileptic patients: Systematic review and meta-analysis of the literature[J]. *Current Neurology Neuroscience Reports*, 2014, 14: 420.

Meyer G F, Spray A, Fairlie J E, et al. Inferring common cognitive mechanisms from brain blood-flow lateralization data: A new methodology for fTCD analysis[J]. *Frontiers in Psychology*, 2014, 5: 552.

Murphy T H, Corbett D. Plasticity during stroke recovery: From synapse to behaviour [J]. *Nature Reviews Neuroscience*, 2009,10: 861-872.

Grau-Sanchez J, Amengual J L, Rojo N, et al. Plasticity in the sensorimotor cortex induced by music-supported therapy in stroke patients: A TMS study[J]. *Frontiers in Human Neuroscience*, 2013,7: 494.

Ripollés P, Rojo N, Grau-Sanchez J, et al. Music supported therapy promotes motor plasticity in individuals with chronic stroke[J]. *Brain Imaging and Behavior*, 2016,10: 1289-1307.

Amengual J L, Rojo N, Veciana de Las Heras M, et al. Sensorimotor plasticity after music-supported therapy in chronic stroke patients revealed by transcranial magnetic stimulation[J]. *PLoS One*, 2013,8: e61883.

Schlaug G, Marchina S, Norton A. Evidence for plasticity in white-matter tracts of patients with chronic Broca's aphasia undergoing intense intonation-based speech therapy[J]. *Annals of the New York Academy of Science*, 2009, 1169: 385-394.

Salimpoor V N, Benovoy M, Larcher K, et al. Anatomically distinct dopamine release during anticipation and experience of peak emotion to music[J]. *Natural Neuroscience*, 2011,14: 257-262.

Okada K, Kurita A, Takase B, et al. Effects of music therapy on autonomic nervous system activity, incidence of heart failure events, and plasma cytokine and catecholamine levels in elderly patients with cerebrovascular disease and dementia[J]. *International Heart Journal*, 2009,50: 95-110.

Bradt J, Dileo C, Potvin N. Music for stress and anxiety reduction in coronary heart disease patients[J]. *Cochrane Database of Systematic Reviews*, 2013,12.

Radley J, Morilak D, Viau V, et al. Chronic stress and brain plasticity: Mechanisms underlying adaptive and maladaptive changes and implications for stress-related CNS disorders[J]. *Neuroscience & Biobehavioral Reviews*, 2015, 58: 79-91.

Gold C，Mössler K，Grocke D，et al. Individual music therapy for mental health care clients with low therapy motivation：Multicentrer and omised controlled trial[J]. *Psychotherapy & Psychosomatic*，2013，82：319-331.

Blood A J，Zatorre R J. Intensely pleasurable responses to music correlate with activity in brain region simplicated in reward and emotion[J]. *Proceedings of the National Academy of Sciences*，*U. S. A*，2001，98：11818-11823.

Menon V，Levitin D J. The rewards of music listening：Response and physiological connectivity of the mesolimbic system[J]. *Neuroimage*，2005，28：175-184.

Raglio A，Attardo L，Gontero G，et al. Effects of music and music therapy on mood in neurological patients[J]. *World Journal of Psychiatry*，2015，5：68-78.

Pan A，Sun Q，Okereke O I，et al. Depression and risk of stroke morbidity and mortality：A meta-analysis and systematic review[J]. *Journal of the American Medical Association*，2011，306：1241-1249.

Salimpoor V N，Benovoy M，Larcher K，et al. Anatomically distinct dopamine release during anticipation and experience of peak emotion to music[J]. *Nature Neuroscience*，2011，14，257-262.

Zarate J M. The neural control of singing[J]. *Frontiers in Human Neuroscience*，2013：237.

Wan C Y，Zheng X，Marchina S，et al. Intensive therapy induces contralateral white matter changes in chronic stroke patients with Broca's aphasia[J]. *Brain & Language*，2014；136：1-7.

Dahlin O. Beräattelse om en dumbe，som kan siumga （On a mute who can sing）[J]. *Kungl. Svenska Vetenskapsakademiens Handlingar*，1745，6：114-115.

Jacobsen J H，Stelzer J，Fritz T H，et al. Why musical memory can be preserved in advanced Alzheimer's disease[J]. *Brain*，2015，138：2438-2450.

Pittenger C，Duman R S. Stress，depression，and neuroplasticity：A convergence of mechanisms [J]. *Neuropsychopharmacology*，2007，33：88-109.

Västfjäll D，Juslin P N，Hartig T. Music，subjective well-being，and health：The role of everyday emotions[M]// Macdonald R，Kreutz G，Mitchell L. Music，Health，and Well-Being. Oxford：Oxford University Press，2012.

Boothby D M，Robbins S J. The effects of music listening and art production on negative mood：A randomized，controlled trial[J]. *Arts in Psychotherapy*，2011，38：204-208.

Särkämö T，Tervaniemi M，Laitinen S，et al. Music listening enhances cognitive recovery and mood after middle cerebral artery stroke[J]. *Brain*，2008，131：866-876.

Kuhn D. The effects of active and passive participation in musical activity on the immune system as measured by salivary immunoglobulin A（SIgA）[J]. *Journal of Music Therapy*，2002，39：30-39.

Unwin M M，Kenny D T，Davis P J. The effects of group singing on mood[J]. *Psychology of Music*，2002，30：175-185.

Grape C，Sandgren M，Hansson L O，et al. Does singing promote well-being? An empirical study of professional and amateur singers during a singing lesson[J]. *Integrative Physiological & Behavioral Science*，2003，38：65-74.

Kreutz G，Bongard S，Rohrmann S，et al. Effects of choir singing or listening on secretory immunoglobulin A，cortisol，and emotional state[J]. *Journal Behavioral Medicine*. 2004，27：623-635.

Robinson R G. Poststroke depression：Prevalence，diagnosis，treatment，and disease progression[J]. *Biological Psychiatry*，2003，54：376-387.

Berthier M L. Poststroke aphasia-epidemiology，pathophysiology and treatment [J]. *Drugs & Aging*，2005，22：163-182.

Zipse L，Norton A，Marchina S，et al. When right is all that is left：Plasticity of right-hemisphere tracts in a young aphasic patient[J]. *Annals of the New York Academy Sciences*，2012，1252：237-245.

Vines B W，Norton A C，Schlaug G. Non-invasive brain stimulation enhances the effects of melodic intonation therapy [J]. *Frontiers Psychology*，2011，2：230.

Belin P，Eeckhout P V，Zilbovicius M，et al. Recovery from nonfluent aphasia after melodic intonation therapy：A PET study[J]. *Neurology*，1996，47：1504-1511.

Breier J I，Randle S，Maher L M，et al. Changes in maps of language activity activation following melodic intonation therapy using magnetoencephalography：Two case studies[J]. *Journal Clinical & Experimental Neuropsychology*，2010，32，309-314.

Al-Janabi S, Nickels L, Sowman P F, et al. Augmenting melodic intonation therapy with non-invasive brain stimulation to treat impaired left-hemisphere function: Two case studies[J]. *Frontiers in Psychology*, 2014, 5: 37.

Laine M, Tuomainen J, Ahonen A. Changes in hemispheric brain perfusion elicited by Melodic Intonation Therapy: A preliminary experiment with single photon emission computed tomography (SPECT) [J]. *Scandinavian Journal of Logopedics and Phoniatrics*, 1994, 19: 19-24.

Green C S, Bavelier D. Exercising your brain: A review of human brain plasticity and training-induced learning[J]. *Psychology & Aging*, 2008, 23, 692-701.

Difrancesco S, Pulvermüller F, Mohr B. Intensive language-action therapy (ILAT): The methods[J]. *Aphasiology*, 2012, 26: 1317-1351.

Bhogal S K, Teasell R, Speechley M. Intensity of aphasia therapy, impact on recovery[J]. *Stroke*, 2003, 34: 987-993.

Mukamel R, Ekstrom A D, Kaplan J, et al. Single-neuron responses in humans during execution and observation of actions[J]. *Current Biology*, 2010, 20: 750-756.

Iacoboni M, Mazziotta J C. Mirror neuron system: Basic findings and clinical applications[J]. *Annals of Neurology*, 2007, 62: 213-218.

Buccino G, Binkofski F, Fink G R, et al. Action observation activates premotor and parietal areas in a somatotopic manner: An fMRI study[J]. *The European Journal of Neuroscience*, 2001, 13: 400-404.

Ertelt D, Small S, Solodkin A, et al. Action observation has a positive impact on rehabilitation of motor deficits after stroke[J]. *Neuroimage*, 2007, 36: T164-T173.

Fridriksson J, Hubbard H I, Hudspeth S G, et al. Speech entrainment enables patients with Broca's aphasia to produce fluent speech[J]. *Brain*, 2012, 135: 3815-3829.

Hough M S. Melodic Intonation Therapy and aphasia: Another variation on a theme[J]. *Aphasiology*, 2010, 24: 775-786.

Goldfarb R, Bader E. Espousing melodic intonation therapy in aphasia rehabilitation: A case study[J]. *International Journal of Rehabilitation Research*, 1979, 2: 333-342.

Meister I G, Boroojerdi B, Foltys H, et al. Motor cortex hand area and speech: Implications for the development of language[J]. *Neuropsychologia*, 2003, 41: 401-406.

Crosson B, Fabrizio K S, Singletary F, et al. Treatment of naming in nonfluent aphasia through manipulation of intention and attention: A phase 1 comparison of two novel treatments[J]. *Journal of the International Neuropsychological Society*, 2007, 13(4): 582-594.

Crosson B, McGregor K, Gopinath K S, et al. Functional MRI of language in aphasia: A review of the literature and the methodological challenges[J]. *Neuropsychology Review*, 2007, 17: 157-177.

Crosson B, Moore A B, McGregor K M, et al. Regional changes in word-production laterality after a naming treatment designed to produce a rightward shift in frontal activity[J]. *Brain and Language*, 2009, 111: 73-85.

Patel A D. Language, music, syntax and the brain[J]. *Nature Neuroscience*, 2003, 6: 674-681.

Jeffries K J, Fritz J B, Braun A R. Words in melody: An $H_2{}^{15}O$ PET study of brain activation during singing and speaking[J]. *Neuroreport*, 2003, 14: 749-754.

Brown S, Martinez M J, Parsons L M. Music and language side by side in the brain: A PET study of the generation of melodies and sentences[J]. *The European Journal of Neuroscience*, 2006, 23: 2791-2803.

Callan D E, Tsytsarev V, Hanakawa T, et al. Song and speech: Brain regions involved with perception and covert production[J]. *Neuroimage*, 2006, 31: 1327-1342.

Ozdemir E, Norton A, Schlaug G. Shared and distinct neural correlates of singing and speaking[J]. *Neuroimage*, 2006, 33: 628-635.

Wilson S J, Abbott D F, Lusher D, et al. Finding your voice: A singing lesson from functional imaging[J]. *Human Brain Mapping*, 2011, 32: 2115-2130.

Wilson S J, Parsons K, Reutens D C. Preserved singing in aphasia: A case study of the efficacy of Melodic Intonation Therapy[J]. *Music Perception*, 2006, 24: 23-36.

Wilson S M, Saygin A P, Sereno M I, et al. Listening to speech activates motor areas involved in speech production[J]. *Nature Neuroscience*, 2004, 7: 701-702.

Stahl B, Henseler I, Turner R, et al. How to engage the right brain hemisphere in aphasics without even singing: Evidence for two paths of speech recovery[J]. *Frontiers in Human Neuroscience*,2013,7:35.

Stahl B, Kotz S A, Henseler I, et al. Rhythm in disguise: Why singing may not hold the key to recovery from aphasia [J]. *Brain*,2011,134:3083-3093.

Laughlin S A, Naeser M A, Gordon W P. Effects of three syllable durations using the Melodic Intonation Therapy technique[J]. *Journal of Speech and Hearing Research*,1979, 22: 311-320.

Hustad K C, Jones T, Dailey S. Implementing speech supplementation strategies: Effects on intelligibility and speech rate of individuals with chronic severe dysarthria[J]. *Journal of Speech Language and Hearing Research*, 2003, 46:462-474.

Zumbansen A, Peretz I, Hébert S. Melodic intonation therapy: Back to basics for future research[J]. *Frontiers in Neurology*, 2014,5:7.

Van Lancker Sidtis D. Formulaic language and language disorders[J]. *Annual Review Applied Linguistics*,2012,32: 62-80.

Carlomagno S, Van Eeckhout P, Blasi V, et al. The impact of functional neuroimaging methods on the development of a theory for cognitive remediation[J]. *Neuropsychological Rehabilitation*, 1997,7:311-326.

Brendel B, Ziegler W. Effectiveness of metrical pacing in the treatment of apraxia of speech[J]. *Aphasiology*,2008,22: 77-102.

Beeson P M, Robey R R. Evaluating single-subject treatment research: Lessons learned from the aphasia literature[J]. *Neuropsychology Review*,2006, 16:161-169.

作者:张晓颖(首都医科大学、中国康复研究中心)

附　　录

附录一　数据库及工具包

本文整理收录了计算机音频领域的一些知名数据库和工具包，数据库的内容涵盖情感计算、健康、音乐和其他领域。

一、情感数据集

1. Distress Analysis Interview Corpus-Wizard-of-Oz(DAIC-WOZ)

该数据集用于AVEC 2016视听情感识别挑战，是Distress Analysis Interview Corpus(DAIC)数据集的一部分，包含了如焦虑、抑郁等心理疾病的访谈。访谈包含人际访谈、向导式访谈和自动化访谈，其中人际访谈包含了面对面访谈和电话访谈，所有的访谈都是用英语进行的。该数据集主要是用于进行抑郁监测的研究。具体的数据集信息参见https://dcapswoz.ict.usc.edu/。

2. Ulm State-of-Mind in Speech elderly(USoMS-e)

这是INTERSPEECH 2020 Computational Paralinguistics Challenge(ComParE)中的Elderly Emotion Sub-Challenge所提供的数据集，该数据集由88位参与者组成，包括了两个消极和两个积极的叙述，每个叙述是3 min。参与者的情绪在“愉悦度”和“唤醒度”这两个水平上进行评估。评估方式是由参与者的自我评估以及专家评估的平均值进行的。最终将语音片段分成低、中、高三种类别。

3. EMOTional Sensitivity ASsistance System for people with disabilities(EmotAsS)

这是INTERSPEECH 2018 Computational Paralinguistics Challenge(ComParE)中的The Atypical Affect(A) Sub-Challenge所提供的数据集。总共收集了10 627条样本数据，时间大约为9.2 h，包含了愤怒、快乐、悲伤和中性四种情绪。其中训练集上的样本数为3 342，验证集上的样本数为4 186，测试集上的样本数为3 099。

4. Geneva Multimodal Emotion Portrayals(GEMEP)

这是INTERSPEECH 2013 Computational Paralinguistics Challenge(ComParE)中的The Emotion Sub-Challenge所提供的数据集。该数据集包含了10位专业演员的情感实例，包含十八种情感类别标签，总共为1 260个样本数据，其中训练集上的样本数有602个，验证集上的样本数有216个，测试集上的样本数据有442个。同时，该数据集也可进行唤醒度和愉悦度水平上二元分类。

5. CASIA Chinese Natural Emotional Audio-Visual Database(CHEAVD)

这个数据集包含了从电影、电视剧和脱口秀节目中提取的140 min包含情感的片段，同时包含了从儿童到老年人共238名参与者的录制，包含了二十六种非原型的情绪状态，提供了多种情绪标签，目前研究更多的是关于六种基本的情绪状态，即生气、高兴、害怕、悲伤、惊讶和中性。

6. Interactive Emotional Dyadic Motion Capture Database(IEMOCAP)

IEMOCAP数据集是一个动作、多模式和多峰值的数据集，它包含大约12 h的视听数据，由5位男演员和5位女演员录制，包含视频、语音、面部运动捕捉、文本转录。其包含类别标签，如愤怒、快乐、悲伤、中立等，以及维度标签，如配价、激活和支配。

7. FAU AIBO Corpus

该数据集记录了儿童与索尼宠物机器人AIBO的互动。语料集由自发的、带有情感色彩的德语语音组成。这些数据是在蒙特和欧姆两所不同的学校收集，他们来自51名儿童(年龄在10～13岁之间，男性21人，女性30人；大约9.2 h的语音没有停顿)。语音是用一个高质量的无线装置传输的，并用DAT记录器(16 bit, 48 kHz下采样到16 kHz)记录，对于五类问题，将愤怒(包含愤怒、敏感和斥责)、强调、中性、积极(包含母亲和快乐)和休息进行区分。数据集共有18 216个样本，被分为训练集、测试集，分别对应9 959、8 257个样本。

8. Maribor

该数据集由斯洛文尼亚马里博尔(Maribor)大学录制,包含八类情感语料库,通过四种语言(英语、斯洛文尼亚语、法语、西班牙语)演绎,每类情感各有 186 句语料。

9. Belfast

Belfast 情感数据集由英国贝尔法斯特女王大学的 R. 考伊(R. Cowie)和 E. 考伊(E. Cowie)录制,由 40 名录音人(20 男 20 女)对 5 个段落分别演绎得到,每个段落包含 7～8 个句子,且具有某种特定的情感倾向,分别为生气、悲伤、高兴、恐惧、中性。

10. Emotion Database(EMO-DB)

DMO-DB14 是由柏林工业大学录制的德语情感语音集,由 10 位演员(5 男 5 女)对 10 个语句(5 长 5 短)分别进行七种情感模拟得到,共包含 800 句语料,采样率为 48 kHz(后压缩至 16 kHz),16 bit 量化。

11. Berlin Emotion Speech database(BES)

BES 情感语料库由柏林工业大学录制而成,语言为德语,说话人包括 5 名男性和 5 名女性。被试在自然状态下模拟七种不同情感的表达,分别为自然、生气、无聊、厌恶、害怕、高兴和悲伤。该语料库共包含 535 句语音信号。

12. ACCorpus

该系列情感数据集由清华大学和中科院心理研究所合作录制,包含 5 个相关子集,其中有 1 个 ACCorpus_SR 情感语音识别数据集,该子集是由 50 名录音人(25 男 25 女)对五类情感各自演绎得到,16 kHz 采样率,16 bit 量化。

13. Semaine

Semainett31 是一个面向自然人机交互和人工智能研究的数据集,20 名用户(8 男 12 女)被要求同性格迥异的 4 个机器角色进行交谈,音频属性为 48 kHz 采样,24 bit 量化,标注工作由参与者在五个情感上进行维度标注。数据包括视频数据和语音数据,其中语音数据被划分为训练集、验证集、测试集,分别对应 31、32、32 个语音样本。

表 1　情感数据集

数据集名称	类别数
DAIC-WOZ	2
USoMS-e	3
EmotAsS	4
GEMEP	18
CASIA	6
IEMOCAP	10
FAU AIBO Corpus	5
Maribor	8
Belfast	5
EMO-DB	7
BES	7
ACCorpus	5
Semaine	5

二、健康数据集

1. Mask Augsburg Speech Corpus(MASC)

这是 INTERSPEECH 2020 Computational Paralinguistics Challenge(ComParE)中的 Mask Sub-

Challenge 所提供的数据集。该数据集包含了 16 名德国男性和 16 名德国女性的录音，年龄在 20～41 岁之间，平均年龄为 25.6 岁，录音的内容包括医学领域的相关词汇以及由参与者自行发挥的语音，采样频率下采样为 16 kHz。整个数据集的录音时长大约为 10 h，其中，训练集上的数据有 10 895 条，验证集上的数据有 14 647 条，测试集上的数据有 11 012 条。

2. SLEEP(Duesseldorf Sleepy Language) Corpus

这是 INTERSPEECH 2019 Computational Paralinguistics Challenge(ComParE)中的 The Continuous Sleepiness(CS) Sub-Challenge 所提供的数据集。该数据集由杜塞尔多夫心理生理学研究所和德国乌珀塔尔大学安全技术研究所创建。被试一共有 975 名，其中男性 551 名，女性 364 名，年龄 12～84 岁，每个被试的录制从 15 min 持续到 1 h，音频文件的采样频率为 44.1 kHz，并最终下采样到 16 kHz。最终的困倦值按照卡罗林斯卡困倦量表(KSS)进行判定，范围为 1(极度警觉)到 9(非常困倦)。最终收集到 16 462 个样本，其中，训练集、验证集和测试集上的样本数分别为 5 564、5 328、5 570。

3. Heart Sounds Shenzhen(HSS) Corpus

这是 INTERSPEECH 2018 Computational Paralinguistics Challenge(ComParE) 中的 The Heart Beats(H) Sub-Challenge 所提供的数据集。该数据集包含了 170 名健康状况不同的被试，并将其病症状况分为三个等级:正常、轻度和中度/重度(心脏病)。这些数据被分成训练集、验证集和测试集，对应的样本数依次为 502、180、163。

4. Upper Respiratory Tract Infection Corpus(URTIC)

这是 INTERSPEECH 2017 Computational Paralinguistics Challenge(ComParE)中的 The Cold(C) Sub-Challenge 所提供的数据集。该数据集通过平均年龄为 29.5 岁的 63 名被试采集得到，包含了 28 652 个样本片段，每个样本的持续时间在 3～10 s。这个数据集被分成训练集、验证集和测试集，对应的样本数依次是 9 505、9 596、9 551。最终的目标标签包含两种 cold 和 non-cold。

5. Munich-Passau Snore Sound Corpus(MPSSC)

这是 INTERSPEECH 2017 Computational Paralinguistics Challenge(ComParE)中的 The Snoring (S) Sub-Challenge 所提供的数据集。该数据集包含了 219 名被试的 828 个鼾声事件的音频样本，采样频率为 16 kHz。其中训练集上的样本数为 282，验证集上的样本数为 283，测试集上的样本数为 263。分类标签是四种:V-Velum(palate)、O-Oropharyngeal lateral walls、T-Tongue、E-Epiglottis。

6. Munich Bio-voice Corpus(MBC)

这是 INTERSPEECH 2014 Computational Paralinguistics Challenge(ComParE)中的 The Physical Load Sub-Challenge 所提供的数据集。该数据集提供了心率和皮肤电导测量信息以及音频记录，包含了 19 名被试在放松状态和锻炼之后不同体力负荷条件下的讲话。该数据集总共包含 1 088 个语音样本，其中在训练集上的样本数有 385 个，在验证集上的样本数有 384 个，在测试集上的样本数有 319 个。

7. Child Pathological Speech Database(CPSD)

这是 INTERSPEECH 2013 Computational Paralinguistics Challenge(ComParE)中的 The Autism Sub-Challenge 所提供的数据集。该数据集包含了 99 名 2～18 岁青少年的语音记录，并按照诊断类别分成典型的发展性、普遍性发展障碍、待分类的普遍性发展障碍和特定的语言障碍 4 类，按照典型和非典型分成两类。其中训练集上的样本数有 903 个，验证集上的样本数有 819 个，测试集上的样本数有 820 个。

8. NKI CCRT Speech Corpus(NCSC)

这是 INTERSPEECH 2012 Computational Paralinguistics Challenge(ComParE)中的 Pathology Sub-Challenge 所提供的数据集。数据集包含 55 名演讲者(10 名女性，45 名男性)的录音和感知评估，他们接受了针对无法手术的头颈部肿瘤的联合化疗，演讲者的平均年龄是 57 岁，共有 2 386 个样本，所有的样本都是人工转录的，其训练集、验证集以及测试集是根据说话人的年龄、性别和母语进行分层得到的，分别为 901、746、739 个样本。

9. Alcohol Language Corpus(ALC)

ALC 是第一个公开可用的语音语料库，记录是在汽车环境中进行，以允许自动酒精检测的发展，并确保酒精和清醒记录的一致声学环境，包括162名德语使用者（84名男性，78名女性）在醉酒时和清醒时的语音。在2011年ComParE中，为了获得一个性别均衡的集合，随机选择了154名演讲者（77名男性，77名女性），这些人被随机分成性别均衡的训练、验证和测试集，对应5 400、3 960、3 000个样本。

10. Sleepy Language Corpus

99名参与者参加了六项部分睡眠剥夺研究，录音发生在真实的汽车环境或演讲室（采样率44.1 kHz，下采样至16 kHz，量化16 bit，话筒到嘴距离0.3 m）。语音数据由不同的任务组成：孤立元音、持续元音发音、持续大声元音发音和持续微笑元音发音，共有9 089个样本，被分为训练集、验证集以及测试集，分别对应3 366、2 915、2 808个样本。

11. Medical Speech, Transcription, and Intent(English)

将8.5 h的语音与常见症状的文本配对，这份8.5 h的语音包含了数以千计的常见症状，比如膝盖疼痛、头疼等。每一条症状语音都由真实的人基于特定症状提供。这些音频片段可用于培训医疗领域的诊断助理。

表2　健康数据集

数据集名称	用　　途	样本总数
MASC	根据语音判断是否戴口罩	36 554
SLEEP	判定困倦值	16 462
HSS	判断病症状况（正常、轻度和重度）	845
URTIC		28 652
MPSSC	判断鼾声类别	828
MBC	分析心率和皮肤电导测量信息	1 088
CPSD	判断青少年障碍类别	2 542
NCSC	判断头颈部肿瘤是否可以手术	2 386
ALC	检测酒精浓度	12 360
Sleepy Language	睡眠剥夺研究	9 089
Medical Speech, Transcription, and Intent	用于训练医疗领域的诊断助理	8.5小时语音

三、音乐数据集

1. Free Music Archive(FMA)

FMA是一个音乐分析数据集。数据集由整首HQ(Full-length and HQ)音频、预先计算的特征(Precomputed Features)以及音轨和用户级元数据组成。其有161个流派的分级分类法，是一个公开数据集，提供全长和高质量的音频，预先计算的功能，以及轨道和用户级别的元数据，标签以及诸如传记之类的自由格式文本，分为训练、验证、测试三个子集，讨论一些合适的MIR任务，并评估一些用于体裁识别的基准。以下是其包含的csv文件列表：

tracks.csv：包含所有（106 574首）曲目的基本信息：ID、标题、艺术家、流派、标签和播放次数。

genres.csv：记录所有163种流派的ID与名称及上层风格名（用于推断流派层次和上层流派）。

features.csv：记录用librosa提取的常见特征。

echonest.csv：由Echonest（现在的Spotify）为13 129首音轨的子集提供的音频功能。

大小：约1 000 GB。

数量：约100 000曲目（tracks）。

SOTA：学习从音频中识别音乐类型。

2. Ballroom

该数据集由来自舞厅的音频数据组成。以实际音频格式提供了许多舞蹈风格的音频片段，具有以下特点：

总数：698。

单个时长：约 30 s。

总时长：约 20 940 s。

大小：14 GB(压缩)。

SOTA：一种考虑不同音乐风格的多模型节拍跟踪方法。

3. AMG1608 DataSet

AMG1608 是一个用于音乐情感分析的数据集，包含从 1 608 个 30 s 音乐片段中提取的帧级声学特征和由 665 名被试提供的相应价唤起(VA)注释。本数据集由两个子集组成：The campus subset 和 The Amazon Mechanical Turk(AMT) subset。

4. DEAM dataset — The MediaEval Database for Emotional Analysis of Music(DEAM)

该数据集包含 1 800 多首歌曲及其情感注释，该数据集是 2013～2015 年中世纪基准测试活动中"音乐中的情感"任务的数据集以及原始标签的集合。收集情感注释的目的是检测音乐和音乐人从内容中表达的情感。

5. emoMusic

从具有 1 000 首歌曲的数据集进行音乐情感分析。收集情感注释的目的是检测由音乐和音乐人从内容中表达的情感。后来此数据库降低到具有 744 首歌曲，训练集 619 首以及测试集 125 首。

6. Emotify

数据集由四个流派(摇滚、古典、流行、电子)的 400 首歌曲节选(时长 1 min)组成。注释是使用日内瓦情感音乐量表收集。每个参与者最多可以从量表中选择三个项目(他听这首歌时强烈感受到的情绪)。

7. International Affective Digital Sounds(IADS)

IADS 是国际情感数字声音的简称，为一组声学刺激提供情感的规范性评价(愉悦、唤醒、主导)，有 111 个样本声音片段，用于情感和注意力的实验研究。

8. MooDetector：Bi-Modal

Modal 是一个跨平台的音乐发作检测集，用 C++和 Python 编写，是在 GNU 通用公共许可证的条款下提供，由用于几种不同类型的发作检测功能的代码、用于实时和非实时发作检测的代码以及用于比较不同 ODF 性能的手段组成。Modal 还包括一个音乐样本数据集，带有手写注释的 ODF 评估目的的开始位置。该数据集是一个分层数据集，以 HDF5 格式存储，拥有 133 个样本音乐片段①。

9. Sound Tracks

Sound Tracks 是音乐和情感的原声数据集，用于音乐和情感研究的电影配乐，其产生的背景是：音乐和情感研究的一个缺点是用作刺激的音乐实例的选择数量少和质量低。以前的研究经常使用西方著名古典音乐的摘录，这些摘录是研究人员任意选择的，而且，即使基本的情感模型并不暗示情感是围绕特定类别构成，刺激也大多是所选情感的典型示例。

10. KKBOX

KKBOX 是第 11 届 ACM 国际 Web 搜索和数据挖掘国际会议(WSDM 2018)比赛使用的数据集，WSDM 2018 挑战选手使用 KKBOX 捐赠的数据集构建更好的音乐推荐系统，数据集来自亚洲领先的音乐流媒体服务商 KKBOX，它拥有世界上最全面的 Asia-Pop 音乐库，拥有超过 3 000 万首曲目②。

11. Spotify Song Attributes

具有 Spotify API 属性的 2017 年歌曲的数据集，每首歌都标有"1"，表示我喜欢，而标有"0"表示我不喜欢。用它来做数据，看是否可以建立 1 个分类器，预测是否想要 1 首歌。每行代表 1 首歌③。

---

① https://modal.readthedocs.io/en/latest.

② https://www.kaggle.com/c/kkbox-music-recommendation-challenge/overview.

③ https://www.kaggle.com/geomack/spotifyclassification.

表 3 音乐数据集

数据集名称	用　途	样本总数
FMA	识别音乐的风格	106 574
Ballroom	考虑不同音乐风格的多模型节拍跟踪方法	约 700
AMG1608	用于情感分析	1 608
DEAM	检测音乐和音乐人从内容中表达的情感	1 800
emoMusic	音乐情感分析	1 000
Emotify	判断音乐流派	400
IADS	用于情感和注意力的实验研究	111
MooDetector:Bi-Modal		133
Sound Tracks	用于音乐和情感研究的电影配乐刺激	360
FMA	评估 MIR 中的多个任务	106 917
KKBOX	用于构建音乐推荐系统	超过 3 000 万首歌曲
Spotify Song Attributes	建立一个分类器来预测是否想要一首歌	1 000

四、其他数据集

1. STYRIALECTS' dataset

这是 INTERSPEECH 2019 Computational Paralinguistics Challenge(ComParE)中的 The Styrian Dialect(SD) Sub-Challenge 提供的数据集。STYRIALECTS 数据集是奥地利格拉茨大学方言工作组收集的语音数据集。该数据集收集了 22 名男性和 33 名女性的录音,目标话语长度为 0.3～1.5 s。最终得到了 9 732 个方言样本,分三种类别:Northern Styrian(NorthernS)、Urban Sytrian(UrbanS)、Eastern Styrian(EasternS)。其中,训练集、验证集和测试集上的样本数分别是:5 227、2 570、1 935。

2. Baby Sound(BS)

这是 INTERSPEECH 2019 Computational Paralinguistics Challenge(ComParE)中的 The Baby Sound(BS) Sub-Challenge 提供的数据集。该数据集将婴儿声音分为五类:Canonical、Crying、Junk、Laughing、Non-canonical,共得到 11 304 个样本数据。其中,训练集上的样本数为 3 996,验证集上的样本数为 3 617,测试集上的样本数为 3 691。

3. Parts of DeepAL Fieldwork Data

这是 INTERSPEECH 2019 Computational Paralinguistics Challenge(ComParE)中的 The Orca Activity(OA) Sub-Challenge 提供的数据集。该数据集是 DeepAL Fieldwork Data 中的一部分数据,样本总时间大约为 4.6 h,每个样本声音在 0.3～5 s 之间。总样本数为 13 409,其中训练集上的样本数为 4 823,验证集上的样本数为 3 515,测试集上的样本数为 5 071。最终要区分的类别是噪声和虎鲸音。

4. Ulm State-of-Mind in Speech(USoMS) corpus

这是 INTERSPEECH 2018 Computational Paralinguistics Challenge(ComParE)中的 The Self-Assessed Affect(S) Sub-Challenge 提供的数据集。该数据集是通过 100 名年龄在 18～36 岁的学生录音收集的,采样频率为 44.1 kHz。最终收集到的样本数据为 2 313,这些样本数据总共分成三种类别,分别是低:0～4、中:5～7、高:8～10。在这些样本中用于训练的有 846 个,用于验证的有 742 个,用于测试的有 725 个。

5. Cry Recognition In Early Development(CRIED) database

这是 INTERSPEECH 2018 Computational Paralinguistics Challenge(ComParE)中的 The Crying(C)

Sub-Challenge 提供的数据集。这个数据集将婴儿的啼哭分为三类，分别是 Neutral/positive、Fussing、Crying。该数据集被分成了两部分：一部分被用于训练使用，并且留一个被试用于做交叉验证进行超参数的调整，这部分有 2 838 条数据；另一部分有 2 749 条数据，直接被用于测试。

6. Homebank Child/Adult Addressee Corpus(HB-CHAAC)

这是 INTERSPEECH 2017 Computational Paralinguistics Challenge(ComParE)中的 The Addressee (A) Sub-Challenge 提供的数据集。该数据集一共有 10 886 个样本，主要用于区分每个样本的标签是成人还是儿童。这个数据集被分为训练集、验证集和测试集，其对应的数据样本数依次是 3 742、3 550、3 594。

7. Deceptive Speech Database(DSD)

这是 INTERSPEECH 2016 Computational Paralinguistics Challenge(ComParE)中的 The Deception (D) Sub-Challenge 提供的数据集。这是一个用于判断说话人是否撒谎的数据集，包含了 72 位参与者的录音，采样频率为 16 kHz，最终获得了 1 555 个样本数据，并把数据集分为训练集、验证集和测试集，分别对应的样本数为 572、486、497。

8. Sincerity Speech Corpus(SSC)

这是 INTERSPEECH 2016 Computational Paralinguistics Challenge(ComParE)中的 The Sincerity (S) Sub-Challenge 提供的数据集。该数据集是在真诚交流的背景下进行的，提供了六种道歉背景下的语句，由 32 名参与者进行阅读并录音，总共获得 911 个样本数据，其中 22 名被试(655 个样本数据)作为训练集，10 名被试(256 个样本数据)作为测试集。

9. ETS Corpus of Non-Native Spoken English(ECONNSE)

这是 INTERSPEECH 2016 Computational Paralinguistics Challenge(ComParE)中的 The Native Language(N) Sub-Challenge 提供的数据集。该数据集由 Educational Testing Service(ETS)提供，包含了 5 132 名英语非母语的参与者的录音。这些参与者包含了十一种不同的母语背景。利用该数据集的使用任务是确定说话者所使用的母语，其中，使用 3 300 个样本作为训练集，965 个样本作为验证集，867 个样本作为测试集。

10. Cognitive Load with Speech and EGG(CLSE)

这是 INTERSPEECH 2014 Computational Paralinguistics Challenge(ComParE)中的 The Cognitive Load Sub-Challenge 提供的数据集。该数据集可用于评估说话人的认知负荷和工作记忆，提供了三个工作记忆的负荷水平，分别是 L1、L2、L3，代表了低、中、高三种水平。数据的采集是对拥有澳大利亚英语作为母语的 26 名参与者进行录音记录，采样频率为 16 kHz。最终获得了 2 418 个语音样本，其中训练集上的样本数为 1 023，验证集上的样本数为 651，测试集上的样本数为 744。

11. SSPNet Vocalisation Corpus(SVC)

这是 INTERSPEECH 2013 Computational Paralinguistics Challenge(ComParE)中的 The Social Signals Sub-Challenge 提供的数据集。这个数据集由 120 名参与者的电话交流录音所得，最终获得了 2 763 个音频片段，所有的音频片段均为 11 s。为了进行分类任务，将 70 名被试的音频用于训练，20 名被试的音频用于验证，其他的用于测试。

12. SSPNet Conflict Corpus(SC2)

这是 INTERSPEECH 2013 Computational Paralinguistics Challenge(ComParE)中的 The Conflict Sub-Challenge 提供的数据集。该数据集包含 1 430 个片段，每个片段的时间为 30 s，并根据冲突程度分为低冲突和高冲突两种。并将数据集划分为训练集、验证集和测试集，对应的样本数分别为 793、240、397。

13. Speaker Personality Corpus(SPC)

这是 INTERSPEECH 2012 Computational Paralinguistics Challenge(ComParE)中的 Personality Sub-Challenge 提供的数据集。该数据集包含 2005 年 2 月瑞士罗曼德电台(Radio Suisse Romande)转播的法国新闻公报中随机抽取的 640 个片段，每个片段中只出现了 1 个人的声音，每个片段的长度(只有个别的片段例外)为 10 s，总共 1 h 40 min 的数据。其中 256 个片段作为训练集，183 个片段作为验证集，201 个样本作为测试集。

14. Speaker Likability Database(SLD)

这是 INTERSPEECH 2012 Computational Paralinguistics Challenge(ComParE)中的 Likability Sub-Challenge 提供的数据集。SLD 是德国 Agender 数据集的 1 个子集，它最初是用来研究电话语音中年龄和性别的自动识别，语音以 8 kHz 的采样率通过固定电话和移动电话线记录。该数据集包含十八种话语类型，被划分为训练集、验证集以及测试集，分别对应 394、178、228 个样本。

15. Gender Corpus

在“年龄和性别子挑战”中，“性别者”语料库用于分析和比较，该数据集定义了四个年龄组——儿童、青年、成人和老年人，由于儿童没有被细分为女性和男性，产生了七个类别，总共收集了 954 名说话人 65 364个单句共 47 h 的讲话，平均话语长度为 2.58 s。在七个类别中随机选择 25 个说话人作为固定测试分区(17 332 个话语，12.45 h)，其他 770 个说话人作为训练分区(53 076 个话语，38.16 h)，并进一步细分为训练(471 个说话人 23.43 h 的 32 527 个话语)和验证(14.73 h 内 20 549 个话语)(299 个发言者的演讲)分区。

16. TUM AVIC Corpus

该数据集是在慕尼黑工业大学录制的视听兴趣语料库，视觉和语音数据由 1 个摄像头和 2 个麦克风(1 个耳机和 1 个远场麦克风)记录，录音频率为 44.1 kHz，16 bit，将 21 位演讲者(和 3 880 位次主讲人轮数)按照性别、年龄和种族划分为三个训练区(4 名女性和 4 名男性演讲者分别在 51 分 44 秒的演讲时间内完成 1 512 次子扬声器的转化)，验证集(43 分 7 秒的 1 161 次副演讲者轮数)(3 名女性演讲者、3 名男性演讲者)，并测试(3 名女性演讲者、4 名男性演讲者在 42 分 44 秒的演讲时间内转 1 207 次副演讲者)。

17. XENO-CANTO

这是一个包含了来自世界各地鸟声的数据集，一共有 576 648 条语音，10 242 种鸟类，具体详见网址 https://www.xeno-canto.org/。

18. Detection and Classification of Acoustic Scenes and Events(DCASE)

DCASE 是一个音频场景识别数据集，由来自各种声场的音频组成，例如公共汽车、咖啡厅、城市中心等，主要对不同声场的不同记录位置采集 3～5 min 的长音频记录，并将记录分割成 10 s 的片段，采样率为 44.1 kHz。数据集获取网址 http://www.cs.tut.fi/sgn/arg/dcase2016/task-acoustic-scene-classification#audio-dataset。

表 4　其他语音数据集

数据集名称	类别数
STYRIALECTS’	3
Baby Sound	5
Parts of DeepAL Fieldwork Data	2
USoMS	3
CRIED	3
HB-CHAAC	2
DSD	2
SSC	6
ECONNSE	11
CLSE	3
SVC	2
SPC	5

（续表）

数据集名称	类别数
SLD	2
Gender Corpus	7
TUM AVIC Corpus	5

五、工具包

1. Kaldi

Kaldi 是一个免费的用于语音识别的开源工具包，该工具包使用 C++编写，支持特征提取、各种声学模型、语音决策树等操作，并将 CNN、LSTM 等深度神经网络模型加入其中。

网址：https://github.com/kaldi-asr/kaldi

2. openSMILE

openSMILE 可用于语音信号特征的提取，是一种用于音频分析的完整的开源工具包，用 C++编写完成。

网址：https://github.com/naxingyu/openSMILE

3. auDeep

auDeep 是一个使用 DNN 进行无监督特征学习的工具包，该工具包使用 Python 编写。可利用该工具包的深度循环自动编码器从音频数据中提取特征。

网址：https://github.com/auDeep/auDeep

4. openXBOW

openXBOW 是第一个公开可用的跨模态单词包生成工具包，该工具包使用 Java 编写，可根据语音的一系列特征向量生成词包表示，同时该工具包的功能可用于不同的场景。

网址：https://github.com/openXBOW/openXBOW

5. End2You

End2You 是由伦敦帝国理工学院提供的，通过端到端深度学习的多模态分析工具包。该工具包使用 Python 编写，可与 Python API 一同使用，也可以使用命令行界面，提供了训练和评估模型。

网址：https://github.com/end2you/end2you

6. CMU Sphinx

CMU Sphinx 是由美国卡内基梅隆大学开发的一系列语音识别工具包以及相关工具的总称。Sphinx 包含许多工具包，可以用于搭建具有不同需求的应用：

① Pocketsphinx —— 用 C 语言编写的轻量级的语音识别库。

② Sphinxbase —— Pocketsphinx 的支撑库。

③ Sphinx4 —— 用 Java 编写的自适应的、可修改的语音识别库。

④ Sphinxtrain —— 声学模型训练软件。

网址：https://github.com/cjac/cmusphinx

7. Julius

Julius 是一种大词汇量连续语音识别解码器软件，最新版本还支持基于 DNN 的实时解码。

网址：https://github.com/julius-speech/julius

8. HTK

HTK(HMM Tools Kit)是由剑桥大学开发的专门用于建立和处理 HMM 的实验工具包，主要应用于自动语音识别研究。另外，HTK 还是一套源代码开放的工具箱，其基于 ANSI C 的模块化设计方式可以方便地嵌入用户系统中。

网址:https://github.com/ibillxia/htk_3_4_1

9. LIA-RAL

LIA-RAL2 是由 LIA 开发的一组用于说话人自动识别的实用程序。

网址:https://github.com/ALIZE-Speaker-Recognition/LIA_RAL

作者:钱昆(北京理工大学) 赵子平、乔玉、赵晓静(天津师范大学)

附录二　中英文专业术语

A

Acappella 无伴奏合唱
Accelerometer 加速度计
Acoustic 声学
Acoustic Guitar 原声吉他
Acoustic Sensor 声音传感器
Adaptive Digital Audio Effect（A-DAFx）自适应数字音频效果
Audio Event Detection（AED）音频事件检测
Aeolian Mode 爱奥利亚调式
Aerophone 气鸣乐器
Air Pressure Sensor 气压传感器
Alternate Controller 替代控制器
Apotome 阿波托美半音
Audio Scene Classification（ASC）音频场景分类
Audio Scene Recognition（ASR）音频场景识别
Attack Time 起振时间
Audio Authentication 音频认证
Audio Domain 音频域
Audio Event 音频事件
Audio Forensics 音频取证
Audio Information Hiding 音频信息隐藏
Audio Retrieval 音频检索
Audio Scene Cut 音频场景的起止时间即边界
Audio Scenes 音频场景
Audio Shot 音频镜头
Audio Tagging 音频打标签
Audio Tagging with Noisy Labels and Minimal Supervision 音频带噪标签分类
Augmented Instrument 增强乐器
Automatic Arrangement 自动编曲
Automatic Composition 自动作曲
Automatic Mixing 自动混音

B

Batch Normalization 批标准化
Bend Sensor 弯曲传感器
Bioacoustics 生物声学
Bird Audio Detection 鸟叫声音检测
Beat per Minute（BPM）每分钟节拍数
Block Gibbs Sampling 块吉布斯采样
Bridge 琴马

C

Capacitive Sensor 电容式传感器
Cent Value 音分值
Centitone 平均音程值
Chord Estimation 和弦识别
Chordophones 弦鸣乐器
Chromatic Semitone 变化半音
Chromatic Tetrachord 变化四音列
Circle-of-Fifths System 五度相生律
Cluster Analysis 聚类分析
Cocktail Party Problem 鸡尾酒会问题
Comma Maxima 最大音差
Common Comma 普通音差
Computational Musicology 计算音乐学
Computer Music 计算机音乐
Computer-aided Music Education 计算机辅助的音乐教育
Computer-aided Music Performance 计算机辅助的音乐表演
Conference on Sound and Music Technology (CSMT) 音频音乐技术会议
Connectionist Temporal Classification (CTC) 联结时间分类
Context Condition 上下文条件
Context Sensitive 上下文感知
Context Transfer 上下文迁移
Control Surface 控制界面
Convolutional Neural Network (CNN) 卷积神经网络
Convolutional Recurrent Neural Network (CRNN) 卷积循环神经网络
Creative Commons 知识共享
Cross Adaptive Digital Audio Effect (CA-DAFx) 交叉自适应数字音频效果
Cross-media 跨媒体
Cross-modal Mapping 跨模态映射
Computer Vision (CV) 计算机视觉

D

Deep Learning (DL) 深度学习
Denoising 去噪
Detection and Classification of Acoustic Scenes and Events (DCASE) 音频场景分类和事件检测
Diatonic Semitone 自然半音
Diatonic Tetrachord 自然四音列
Digital Audio Effect (DAFx) 数字音频效果
Direction-of-arrival (DoA) 到达方向
Disentanglement 解耦
Distortion Index (DI) 失真指数
Domain Adaptation 域适应
Domestic Audio Tagging 家庭场景中的音频打标签

Dorian 多里亚调式
Dynamic 力度

E

Echo 回声
Ecoacoustics 生态声学
Endpoint Detection（ED）端点检测
Electronic Music Creation and Production 电子音乐创作与制作
Electronphones 电鸣乐器
Element 元素
Embodied Cognition 具身认知
Embouchure Dystonia（EmD）口疮性肌张力障碍
Enharmonic 等音
Enharmonic Tetrachord 四分音四音列
Environmental Sound 环境声
Equal Error Rate（EER）等错误率
Error Rate 错误率
Environmental Sound Recognition（ESR）环境声音识别
Event-to-background Ratio（EBR）声音事件和背景声音信噪比
Evidence Lower Bound（ELBO）证据下界
Expectation-Maximization（EM）期望最大化

F

Factor Analysis 因子分析
Fader Gain 电平增益
Fast Fourier Transform（FFT）快速傅里叶变换
Feature Extraction 特征抽取
Feature Learning 特征学习
Feature Selection 特征选择
Feedforward 前馈
Force-sensitive Resistors（FSRs）力敏电阻
Form 曲式
Formant 共振峰
Frequency Modulation 调频
Full Connected Network 全连接网络
Fundamental Tone 基音

G

Gated Recurrent Unit（GRU）门控循环单元
Gaussian Mixture Model（GMM）高斯混合模型
General Audio 一般音频
General-purpose Audio Tagging of FreeSound Content with AudioSet Labels 通用音频打标签任务
Generation by Analogy 类比生成法
Generation by Prediction 预测生成法

Genre Identification 流派识别
Gestural Controller 姿势控制
Gyroscope 陀螺仪

H

Hall Effect Sensor 霍尔效应传感器
Harmonic 谐音
Harmonic Vibration 简谐振动
Harmonics 谐音列
Hidden Markov Model（HMM）隐马尔可夫模型
Historically Informed/Inspired Performance（HIP）历史知情/启迪表演
Homophony 主调音乐
Hop Size 帧移
Human Information Processing Model 人类信息处理模型
Human-Computer Co-Creation 人机协作创作
Hypodorian Mode 下多里亚调式
Hypolydian Mode 下利第亚调式
Hypophrygian Mode 下弗里吉亚调式
Hypothesis Test 假设检验

I

Ideal Ratio Mask（IRM）理想掩模
Idiophones 体鸣乐器
Impulse Response（IR）冲激响应
Inductive Bias 归纳偏置
Infrared Sensor 红外传感器
Instrument Inspired Controllers 启发控制器
Intelligent Algorithm 智能算法
Internal Validity 内部效度
Interpolate 插值
Interval Value 音程值
Inter Onset Interval（IOI）起奏间隔
Ionian Mode 伊奥尼亚调式
Irregular Temperament 不规则律

J

Just Intonation 纯律

K

Knowledge-based Systems（KBS）基于知识规则

L

Light Dependent Resistors（LDR）光敏电阻
Likert Scale 李克特量表

Locrian Mode 罗克里调式
Log Mel Spectrogram 对数梅尔谱图
Logarithmic Value 对数值
Long Short-term Memory (LSTM) 长短时记忆
Lossless/Lossy Compression 无损/有损压缩
Low-pass/High-pass/Band-pass/Band-stop Filtering 低通/高通/带通/带阻滤波
Lydian Mode 利第亚调式

M

Machine Listening 机器听觉
Magnetoresistive Sensor 磁阻传感器
Magnitude Modulation 调幅
Mapping strategy 映射策略
Marimba 马林巴
Mean Average Precision (MAP) 平均准确率均值
Mean-Tone Temperament 中庸全音律
Medieval Mode 中世纪调式
Music Encoding Initiative (MEI) 音乐编码倡议
Mel Spectrogram 梅尔频谱图
Mel-frequency Cepstral Coefficients (MFCC) 梅尔频率倒谱系数
Melody 旋律
Melody Extraction 旋律提取
Membranophones 膜鸣乐器
Music Information Retrieval (MIR) 音乐信息检索
Mix Assistant 缩混辅助
Mixolydian 混合利第亚调式
Model Output Variables (MOV) 模型输出变量
Monophony 单声音乐
Magnetic Resonance Imaging (MRI) 核磁共振
Mainstream Performance (MSP) 主流表演
Multi Stimuli Test with Hidden Reference and Anchor (MUSHRA) 利用隐藏参考项和标记项的多重刺激
Multidimensional Scaling (MDS) 多维尺度
Multimedia Technology 多媒体技术
Multiple Stops 和弦演奏法
Music Acoustics 音乐声学
Music AI 音乐人工智能
Music Discrimination 音乐判别
Music Emotion Calculation 音乐情感计算
Music Generation 音乐生成
Music Plagiarism 音乐抄袭
Music Printing 乐谱打印
Music Robot 音乐机器人
Music Therapy 音乐治疗

Music Transcription 音乐识谱
Musical Instrument Digital Interface（MIDI）乐器数字接口

N

Natural Temperament 自然律
New Interfaces for Musical Expression（NIME）新音乐表达界面
Non-negative Matrix Factorization（NMF）非负矩阵分解
Non-parametric Test 非参数检验
Normalized Raw Stress 正态化原始应力

O

Objective Difference Grade（ODG）客观差异等级
Octave Value 八度值
Onsets and Offsets 起止时间
Open Sound Control（OSC）开源声音控制
Optical Music Recognition 光学乐谱识别
Ornamentation 装饰音
Oscillation 振荡
Overlap-add 重叠-相加
Overtone 泛音

P

Paired Comparison Method 对偶比较法
Parametric Test 参数检验
Partials 分音
Perception and Cognition 感知和认知
Perceptual Evaluation of Audio Quality（PEAQ）音频质量感知评价
Perceptual Evaluation of Speech Quality（PESQ）语音质量感知评价
Performance Worm 演奏蠕虫
Permutation-invariant Loss 置换不变损失函数
Permutation-invariant Scale-invariant Signal-to-noise Ratio Improvement（SI-SNRi）对置换与尺度不变的信噪比提升
Phrase Arching 乐句拱形
Phrygian Mode 弗里吉亚调式
Piano Roll 钢琴卷帘
Piezoelectric Sensor 压电传感器
Polyphonic Sound Detection Score（PSDS）复音检测指标
Polyphony 复调音乐
Pretrained Audio Neural Networks（PANNs）预训练音频神经网络
Probabilistic Latent Semantic Analysis（PLSA）概率隐含语义分析
Pitch Shifting（PS）变调
Pseudospectrum 伪谱图
Pythagorean Intonation 毕达哥拉斯律

R

Resctricted Boltzmann Machine (RBM) 受限玻尔兹曼机
Recording and Remixing 录音混音
Recurrent Neural Network (RNN) 循环神经网络
Regression Analysis 回归分析
Reputation 信誉度
Resampling 重采样
Reverb 混响
Reversing Beeps 倒车声音
Rhythm 节奏
Rhythm Analysis 节奏分析
Ritornello 利都奈罗
Robust Audio Watermarking 鲁棒音频水印

S

Sampling 采样
Savart 沙伐
Scene Detection 场景检测
Sound Event Detection (SED) 声音事件检测
Self-attention Mechanism 自注意机制
Semantic Consistency 语义一致性
Sheet Music 乐谱
Short-Time Fourier Transform (STFT) 短时傅里叶变换
Significance Test 显著性检验
Singer Identification 歌手识别
Singing Evaluation 歌唱评价
Singing Voice Separation 歌声分离
Singing Voice Synthesis 歌声合成
Sound and Music Computing (SMC) 声音与音乐计算
Sound and Multi-channel Sound System 音响及多声道声音系统
Sound Design 声音设计
Sound Device 声音装置
Sound Effect 音效
Sound Event Detection and Separation in Domestic Environments 家居环境的声音事件检测及分离
Sound Event Detection in Real Life Audio 真实场景的声音事件检测
Sound Event Detection in Synthetic Audio 合成音频声音事件检测任务
Sound Event Localization and Detection 声音定位与检测
Sound Forge 声音伪造
Sound Synthesis 声音合成
Sound System 声音系统
Soundscape 声景
Spectral Analysis 频谱分析
Spectral Centroid 谱质心
Spectral Flatness Measurement (SFM) 谱平整度
Spectral Flux 谱通量

Spectral Slope 谱斜度
Spectrum 频谱
Speech 语音
Stacked Harmonics 堆叠的谐波
Statistical Conclusion Validity 统计结论效度
Subjective Evaluation 主观评价
Supervised Learning 监督学习
Syllable 音节
Symbolic Music 符号音乐

T

Tactile Linear Position Sensor 触觉线性位置传感器
Temperament 调律
Tempo 速度
Tetrachord 四音列
Texture 织体
Tilt Sensor 倾斜传感器
Timbre 音色
Time Scaling 时间缩放
Timescapes and Dynascapes 速度-力度图景
Tonality 调性
Transcoding 转码
Time-scale Modification/Time Stretching（TSM）保持音高不变的时间伸缩
Tuning System 律制
Twelve-Tone Equal Temperament 十二平均律

U

Ultrasonic Sensor 超声波传感器
Universal Sound Separation 通用声源分离
Urban Sound Tagging 城市声音打标签

V

Variational Auto-encoder（VAE）变分自编码器
Vibration 振动
Vibrato 颤音
Visible Light-sensing Devices 可见光感设备
Visualization 可视化
Voiceprint Recognition 声纹识别

W

Waveform 波形
Wavelet Transform（WT）小波变换

后　记

音乐与计算机的融合在国外20世纪50年代即开始萌芽，迄今已有近70年的研究历史。欧美各国、日本等发达国家先后创办了一批计算机音乐研究中心、国际学术期刊，举办了一系列国际会议，获得了丰硕的科研成果，有些已经产业化并给整个音乐产业带来了革命性的进步。在中国大陆，音乐科技及计算机听觉这种交叉学科长期得不到有效发展。从2000年左右开始萌芽，经过十几年的酝酿，到2013年才开始逐渐形成一定规模的学术组织。随着社会发展水平的日益提高，文理通识教育观念的普及，以及国家对原创性科技发展的需求，到2017年以后开始进入加速发展的快车道，更多的文理科大学、艺术院校、企业、学术组织以及其他社会资源开始进入这一在国内相对较新的交叉学科研究领域。

为奠定音乐科技与计算机听觉学科的底层知识体系，本书主编于2013年夏开始与复旦大学出版社编辑张咏梅博士商讨编著《音频音乐与计算机的交融——音频音乐技术》一书事宜。初始计划由复旦大学相关课题组FD——LAMT实验室独立完成编著，经3个月试写后发现内容过于庞杂，由一个单位无力完成，遂搁置。至2017年春，经张咏梅博士建议，联合其他相关单位联合编著，才重新启动教材编著计划。由于张咏梅博士工作变动，负责编辑由方毅超编辑接替。此次编写邀请了各子领域的国内外专家学者、企业研究人员及有科研经验的硕博研究生50余人，历时3年半，终于在2019年12月正式出版。在数年的编著过程中，随着编者知识面的扩展，对整个领域理解的逐步加深，发现尚有诸多重要内容没有包含进来，遂于2020年春启动该书第2册的编著工作。经过近50位国内外各领域专家教授、企业研究人员及相关专业硕博研究生的辛苦工作，历时1年半，于2022年1月由复旦大学出版社正式出版。

从2013年夏产生最初的设想起，本书历经8年时间，上百人次辛勤编写，终于即将全部完成。该书两册覆盖了音乐科技学科与计算机听觉领域的绝大多数科研内容，以此为基础还拍摄了《音频音乐与计算机的交融——音频音乐技术》中国大学MOOC课程，已于2020年12月正式上线，每年春秋开课两次。这些工作为进一步加快学科建设打下了良好的基础，很多章节适当扩展即可形成对应的专业课程。

最后，对参与本书两册编写的上百位作者，复旦大学出版社的各位编辑，尤其是2018年末不幸因病辞世的本书第一任编辑张咏梅博士，表示衷心感谢和祝福。大家的辛苦劳动必将在不远的未来为音乐科技和计算机听觉的学科发展做出重要贡献。

李伟
代表
《音频音乐与计算机的交融——音频音乐技术2》教材编委会
2021年8月13日于复旦大学

编委会简介

38. 李洪伟(哈尔滨工业大学,博士生)
39. 何天尧(上海交通大学,硕士生)
40. 刘文轩(上海交通大学,硕士生)
41. 张逸霄(伦敦玛丽皇后大学,博士生)
42. 曹寅(萨里大学,博士生)
43. 谢湛莹(中国传媒大学,本科生)
44. 刘兆蕤(中国音乐学院,硕士生)
45. 徐申阳(中央音乐学院,博士生)
46. 乔玉(天津师范大学,硕士生)
47. 赵晓静(天津师范大学,硕士生)